1 MONTH OF
FREE
READING

at

www.ForgottenBooks.com

By purchasing this book you are eligible for one month membership to ForgottenBooks.com, giving you unlimited access to our entire collection of over 1,000,000 titles via our web site and mobile apps.

To claim your free month visit:
www.forgottenbooks.com/free567218

ISBN 978-0-666-51104-1
PIBN 10567218

This book is a reproduction of an important historical work. Forgotten Books uses
state-of-the-art technology to digitally reconstruct the work, preserving the original format
whilst repairing imperfections present in the aged copy. In rare cases, an imperfection in
the original, such as a blemish or missing page, may be replicated in our edition. We do,
however, repair the vast majority of imperfections successfully; any imperfections that
remain are intentionally left to preserve the state of such historical works.

ZOOLOGISCHE JAHRBÜCHER

ABTEILUNG

FÜR

SYSTEMATIK, GEOGRAPHIE UND BIOLOGIE DER TIERE

HERAUSGEGEBEN

VON

PROF. DR. J. W. SPENGEL

IN GIESSEN

SIEBENUNDDREISSIGSTER BAND

MIT 30 TAFELN, 5 KARTEN UND 96 ABBILDUNGEN IM TEXT

JENA

VERLAG VON GUSTAV FISCHER

1914

Inhalt.

16316

Copulation und Spermatophoren von Grylliden und Locustiden.

II.

Von

Prof. Dr. **Ulrich Gerhardt**, Breslau.

Mit Tafel 1—3 und 7 Abbildungen im Text.

———

Im Sommer und Herbst 1913 hatte ich Gelegenheit, meine Studien über Copulation und Spermatophoren von Grylliden und Locustiden, deren erster Teil in dieser Zeitschrift[1]) erschienen ist, an einem verhältnismäßig reichen Material zu ergänzen. Ein Teil dieses Materials, aus den Familien der M e c o n e m i n i, L o c u s t i n i und D e c t i c i n i wurde in B r e s l a u und in H ö k e n d o r f, Pommern, gewonnen, ein anderer, größerer, der sich aus Mitgliedern der P h a n e r o p t e r i n i, C o n o c e p h a l i n i, E p h i p p i g e r i n i und D e c t i c i n i unter den Locustiden sowie der Gattung *Oecanthus* unter den G r y l l i d e n zusammensetzte, bei einem 14tägigen Aufenthalt an der Zoologischen Station in R o v i g n o, Istrien gesammelt. Außer der näheren Umgebung Rovignos wurde die Umgegend des Monte Maggiore abgesucht. Es ist mir eine angenehme Pflicht, Herrn Kollegen K r u m b a c h und dem Assistenten der Station, Herrn Dr. K r a f t, für liebenswürdiges Entgegenkommen und für größtmögliche Förderung meiner Bestrebungen hier herzlich zu danken.

———

1) Zool. Jahrb., Vol. 35, Syst, 1913, p. 415—532.

Zool. Jahrb. XXXVII. Abt. f. Syst.

Zu Dank verpflichtet bin ich ferner Herrn Kollegen Pax und Herrn Präparator Pohl, die mir mit gewohnter Gefälligkeit bei der Herstellung der Tafeln geholfen haben, sodann Fräulein Helene Limpricht, die ihre bewährte Kraft wieder in den Dienst meiner Arbeit gestellt hat.

Noch während des Druckes meiner ersten Abhandlung über diesen Gegenstand ist Boldyrev's bereits vorher angekündigte ausführliche Arbeit „Das Liebeswerben und die Spermatophoren bei einigen Locustodeen und Gryllodeen" [1]), erschienen. Es wurden von diesem Autor Copulationen von *Gryllus domesticus*, *Gr. desertus*, ferner Spermatophoren von *Oecanthus pellucens* unter den Gryllodeen, die Copulation von *Decticus albifrons*, *D. verrucivorus* und *Platycleis roeseli*, Spermatophoren von *Olynthoscelis pontica* (Decticide), *Locusta cantans* und *Tylopsis thymifolia* beobachtet. Ganz besonders wertvoll sind die schematischen Abbildungen, die dieser Autor von den Spermatophoren der einzelnen Typen gibt. Auf seine Befunde wird im Einzelfalle bei der Besprechung meiner Ergebnisse einzugehen sein, die sich naturgemäß mit den seinen in den meisten Punkten decken müssen.

Meine Erfahrungen des letzten Jahres lehren, daß bei einem größeren Material neue Befunde zutage kommen, denen gegenüber eine Revision des gefaßten Urteiles zuweilen notwendig wird. Es waren vor allem die Befunde an Meconemiden und Conocephaliden, die wesentliche Modifikationen des bisher kennen Gelernten bedeuteten. Meinen bereits veröffentlichten Beobachtungen an *Decticus verrucivorus* habe ich einige Additamente beizufügen, die an einem relativ reichlichem Material gefangener Tiere gewonnen wurden.

Material.

Alles in allem habe ich bisher Copulation und Spermatophoren folgender Grylliden und Locustiden untersucht (die bereits im ersten Teil dieser Abhandlung beschriebenen Formen sind mit * bezeichnet).

Subfam.   I. Gryllidae.

Gryllini

$\left\{\begin{array}{l} \text{1. } \textit{Liogryllus campestris } \text{L.} \\ \text{2. } \textit{*Gryllus domesticus } \text{L.} \\ \text{3. } \textit{*Nemobius sylvestris } \text{FABR.} \end{array}\right.$

---

1) In: Horae Soc. entomol. Rossicae, Vol. 40, No. 6; p. 1—54, 1913.

Subfam.		
Oecanthini	4.	*Oecanthus pellucens* SCOP.
Gryllotalpini	5.	**Gryllotalpa vulgaris* L.

II. Locustidae.

	1.	**Leptophyes punctatissima* BOSC
	2.	*Leptophyes bosci* FIEB.
Phaneropterini	3.	**Phaneroptera falcata* SCOP.
	4.	*Phaneroptera quadripunctata* BR.
	5.	*Tylopsis liliifolia* FAB.
Meconemini	6.	*Meconema varium* FAB.
Conocephalini	7.	*Conocephalus mandibularis* CHARP.
	8.	*Xiphidium fuscum* FABR.
Locustini	9.	*Locusta caudata* CHARF.
	10.	*Locusta viridissima* L.
	11.	**Decticus verrucivorus* L.
	12.	**Platycleis grisea* FABR.
Decticini	13.	**Platycleis roeseli* HAGENB.
	14.	*Thamnotrixon cinereus* L.
	15.	*Rhacocleis discrepans* FIEB.
Ephippigerini	16.	*Ephippigera limbata* FISCH.
Stenopelmatini	17.	**Diestrammena marmorata* DE HAAN.

Zur Vergleichung wurden außerdem noch Spermatophoren der Mantiden *Mantis religiosa* L. und *Ameles decolor* CHARF. untersucht.

Fast alle Beobachtungen wurden an gefangenen Tieren angestellt. Es ist bei den meisten Grylliden und Locustiden leicht, sie zur Copulation zu bringen, wenn man erst ihre Lebensgewohnheiten soweit kennt, daß man die Tageszeit weiß, zu der sie zu copulieren pflegen. Nur bei zwei Species ist es mir trotz reichlichen Materials nicht gelungen, Copulationen zu erzielen, nämlich bei der Stenopelmatide *Troglophilus neglectus*, von der mir Herr Revierförster HAUCKE in Planina, Krain, in liebenswürdigster Weise wiederholt erwachsene Exemplare schickte, und bei *Locusta cantans* FÜSSLY.

Bei manchen Species, wie bei *Gryllotalpa*, *Meconema*, dürfte eine Beobachtung des Sexuallebens im Freien schlechterdings unmöglich sein. Bei vielen anderen ist sie mindestens außerordentlich zeitraubend.

Bei der Konservierung der Spermatophoren bin ich bei Locustiden neuerdings mit gutem Erfolge so verfahren, daß ich das Weibchen mit der Spermatophore einige Sekunden in CARNOY'sche Flüssigkeit eintauchte und dann rasch in 4% Formol brachte. Auf die Art habe ich so gut wie keine Schrumpfung bekommen, und

außerdem hat sie den Vorteil, daß das Tier rasch bewegungslos wird
und sich nicht durch Strampeln eines Teiles der Spermatophore entledigen kann, wie das bei Fixierung nur in Formol sehr leicht vorkommen kann. Den genaueren Bau der Spermatophore studiert
man außer an Medianschnitten am besten an in Xylol aufgehellten
Präparaten; außerdem kann man, während das Weibchen die Spermatophore frißt, an deren Basalteil oft mancherlei Veränderungen
wahrnehmen, die sonst schwer erkennbare Struktureigentümlichkeiten
bemerkbar werden lassen. Ich habe das erste Weibchen einer
Species, das begattet worden war, jedesmal konserviert, wenn irgend
angängig aber an einem zweiten Tier das Nachspiel der Copulation,
das Schicksal der Spermatophore, zu beobachten gesucht.

I. Gryllidae.

Von Grylliden ist nur *Oecanthus pellucens* SCOP. zu meinem Be-
obachtungsmaterial neu hinzugekommen. Im ersten Teil dieser
Studien war bereits eine Schilderung der Copulation des amerikanischen
Oecanthus fasciatus, die HANKOCK gibt, zitiert worden. Ich finde bei
BOLDYREV noch zwei mir nicht zugängliche amerikanische Arbeiten
über den gleichen Gegenstand angeführt.

Ich konnte im September 1913 in Rovigno die Copulation von
Oecanthus pellucens wiederholt an dem gleichen Paare beobachten,
das ich bei Tage getrennt hielt und erst in der tiefen Dämmerung
zusammensetzte. An den ersten beiden Tagen wurde die Copulation
durch lautes, durchdringendes Zirpen des Männchens eingeleitet, das
dabei, wie HANKOCK es für *Oe. fasciatus* schildert, seine Flügel steil
in die Höhe hebt und dadurch dem Weibchen den Zutritt zur
Mündung einer Rückendrüse gestattet, die einen Saft secerniert, den
das Weibchen aufleckt. Das Männchen ist dabei außerordentlich
unruhig, stößt seinen Körper heftig hin und her und versucht, seine
Hinterleibsspitze unter den Kopf und Körper des Weibchens zu
schieben. Dieses geht dann ein wenig vorwärts, bis es mit seinen
Mundteilen bis unmittelbar caudal von den Wurzeln der Hinter-
flügel des Männchens gelangt. Unter fortwährenden Bewegungen
des Männchens leckt und nagt nun das Weibchen an dieser Stelle
herum, und dieser Vorgang wiederholt sich einige Male, jedesmal
durch Zirpen eingeleitet. Schließlich hebt das Männchen seine
Flügel, ohne zu zirpen, und nun kommt es zur Copulation. Am
dritten und den folgenden Abenden fiel das Vorspiel und das Zirpen
des Männchens fort, und es wurde sogleich nach dem Zusammen-

treffen beider Partner die Begattung eingeleitet. Auch bei ihr hält
das Männchen seine breiten Flügel senkrecht in die Höhe, und
während der ganzen, eine Minute dauernden Aktes leckt das Weibchen
an der angegebenen Stelle auf dem Rücken des Männchens herum.
Es besteht also allen anderen Grylliden gegenüber, bei denen das
Weibchen auf die Flügeldecken des Männchens steigt, der Unterschied, daß es hier, wie bei den Locustiden, zwischen Rückenfläche
und Flügel des Männchens kriecht (Fig. 3, Taf. 2).

Dem Männchen gelingt es, durch fortwährendes Rückwärts-
drücken der Hinterleibsspitze die des Weibchens zu erreichen, und
nun wird der „Penis" hervorgestülpt und der Titillator, wie bei
anderen Grillen, in die Vulva eingebracht. Sehr bald tritt, unter
großer Unruhe des Männchens, die Spermatophore aus, die hier,
abweichend von dem Verhalten anderer Grillen, noch an ihrem
Mittelstück von den beiden Wülsten der Penisrinne festgehalten
wird, wenn ihre Ampulle bereits frei sichtbar ist. Das hängt damit
zusammen, daß ihre später zu besprechende Befestigung in der Vulva
anders ist als die anderer Grillen. Nach Ablauf einer Minute lassen
die Klappen des Penis auch das Mittelstück der Spermatophore frei,
und sie hängt als fein gestielter ovaler Körper aus der Vulva des
Weibchens hervor (Fig. 1, Taf. 3).

Nun trennen sich zwar die Tiere, aber es kommt zu einem
Nachspiel der Begattung, das sehr dem ähnelt, das ich für *Nemobius sylvestris*[1]) beschrieben habe, aber bedeutend länger ausgedehnt
ist als dort. Das Weibchen besteigt immer wieder das außerordentlich unruhige, den Körper rhythmisch nach hinten stoßende Männchen
und leckt und nagt an dessen Metathorax herum. Sowie das Weibchen müde wird und absteigt, schiebt sich das Männchen sofort
wieder unter dessen Kopf und Brust, und das Spiel beginnt von
neuem. Dies wird etwa 10 Minuten (bei *Nemobius* 4 Minuten) fortgesetzt, und dann trennen sich die Tiere endgültig. Nun kommt es
beim Weibchen alsbald zur Entfernung der Spermatophore aus
der Vulva, die auf eine höchst eigenartige Weise geschieht. Das
Weibchen preßt und drückt mit Zeichen der Unruhe das Abdomen
zusammen, schließlich streift es mit dem Tarsus eines Sprungbeines
über die Vulva hin, holt die Spermatophore hervor und bringt sie
mit Hilfe dieses Sprungbeines an seine Mundöffnung, ergreift sie
mit den Kiefern und verzehrt sie. Daraus erklärt sich, weshalb

---

1) l. c., p. 443.

man, wenn man diesen Moment verpaßt hat, keine leere Spermatophore in dem Behälter zu finden vermag. Ich bin natürlich nicht
imstande zu behaupten, daß dies die e i n z i g e Weise der Entfernung
der Spermatophore aus der Vulva bei *Oecanthus* sei, ich habe aber
andere nicht gesehen.

Die S p e r m a t o p h o r e ist von BOLDYREV (l. c.) beschrieben und
abgebildet worden (Fig. A). Sie enthält alle Bestandteile der ersten
Gryllidenspermatophore, also Ampulle, Lamelle und Endfaden. Nur
ist hier die Bedeutung der Lamelle etwas anders als bei *Gryllus*
und *Nemobius*. Dort diente diese als Befestigungsmittel der Spermatophore in der Vulva des Weibchens. Nach der Begattung ist daher dort äußerlich nur die Ampulle mit dem kurzen Verbindungsstiel zur Lamelle hin sichtbar. Bei *Oecanthus* dagegen

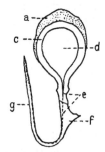

Fig. A.

Spermatophore von *Oecanthus pellucens*.

a äußere, *c* innere Hülle. *d* Binnenraum der Ampulle.
e Kanal. *f* Lamelle. *g* Endfaden (nach BOLDYREV).

liegt diese Lamelle außerhalb der Vulva, und es ist hier lediglich
der Endfaden, der in ihr befestigt ist. Diesen Zustand stellt Fig. 1,
Taf. 3 dar.

Entsprechend ihrer praktischen Bedeutungslosigkeit ist die
Lamelle auch sehr wenig ausgebildet und stellt eigentlich nur zwei
kleine, kurze Anhängsel dar. Dafür ist aber der Endfaden relativ
stark entwickelt. Die Ampulle selbst, die einer aufsitzenden Spitzenkappe entbehrt, ist nach dem Typus der normalen Grillenampulle
gebaut und besitzt eine doppelte Hülle.

Mit dieser Befestigung der Spermatophore nur durch den Endfaden hängt die vorhin erwähnte Tatsache zusammen, daß während
der Begattung zuerst die Ampulle frei sichtbar wird, während das
Mittelstück noch in der Penisrinne des Männchens festgehalten
wird. Das wäre natürlich nicht möglich, wenn das Mittelstück, wie
bei *Gryllus*, mit in die Vulva eingefügt wäre. Ich stelle mir den
Vorgang der Spermatophorenabgabe bei *Oecanthus* so vor, daß das
Männchen die ganze Spermatophore in die durch Penis plus Titillator gebildete Rinne aufnimmt, daß dann der Caudalteil des Penis
die Ampulle freigibt, sowie durch die Bewegung des Titillators nach
oben und vorn der Endfaden in die Vulva eingebracht ist. Nach
kurzer Pause erfolgt dann das vollständige Loslassen des Männchens.

Als Besonderheiten von *Oecanthus* gegenüber anderen Grillen wären zu betrachten: 1. Die Haltung der Flügel des Männchens, bedingt durch die Anwesenheit der Rückendrüse. 2. Das Nachspiel zur Begattung, das dem bei *Nemobius* ähnelt. 3. Die Art der Entfernung der leeren Spermatophore. 4. Der Bau der Lamelle der Spermatophore. 5. Deren Befestigung in der Vulva nur durch den Endfaden. Wesentliche Unterschiede zwischen *Oecanthus pellucens* und *Oe. fasciatus* scheinen nicht zu bestehen.

Die Gattung *Oecanthus* ist unter allen Grylliden diejenige, die in ihrem ganzen Habitus und in ihrer Lebensweise auf Pflanzen am meisten an die Locustiden erinnert. Locustidenähnlich wäre bei der Begattung allenfalls die Flügelhaltung des Männchens, durch die, wie bei den Locustiden, die Dorsalfläche des Hinterleibes frei wird. Sonst aber erweist sich *Oecanthus* in dem Ablauf des Begattungsvorganges wie auch im Bau der Spermatophore als echte Gryllide. [1])

II. Locustidae.

1. Subfam. *Phaneropterini*.

a) *Leptophyes bosci* Fieb.

Im ersten Teil dieser Arbeit war Begattung und Spermatophore unserer einheimischen *Leptophyes punctatissima* ausführlich geschildert worden. Die Besonderheit lag vor allem in dem sehr einfachen Bau der Spermatophore, die nur aus zwei sehr kleinen Ampullen mit Stiel und aus einer zähen, tropfenförmigen, schleimigen ungeformten Hülle bestand. Diese Spermatophore wich wesentlich ab von der von Bérenguier für die nahe verwandte Gattung *Isophya* beschriebene.

Es mußte für mich von ganz besonderem Interesse sein, festzustellen, daß bei der südeuropäischen Art *Leptophyes bosci*, von der ich am Monte Maggiore viele Männchen, aber nur ein Weibchen fand, die Spermatophore wesentlich anders gebaut ist als bei *L. punctatissima*.

---

1) Auf die inzwischen erschienene Arbeit Boldyrev's, Die Begattung und der Spermatophorenbau bei der Maulwurfsgrille (Gryllotalpa gryllotalpa L.), in: Zool. Anz., Vol. 42, 1913, p. 592, werde ich später besonders eingehen. (Anm. während der Korr.)

Das gefangene Weibchen paarte sich schon bei dem ersten Zusammensetzen mit einem Männchen. Die Stellung weicht von der
für *L. punctatissima* beschriebenen, wie es scheint, für alle Odonturen
charakteristischen, nicht ab, das Weibchen sitzt auf dem Männchen,
beide Tiere sind ventral stark konkav eingekrümmt. Auch die Art
der Befestigung der Cerci des Männchens an der Subgenitalplatte
des Weibchens ist für beide Arten gleich. Während aber bei *L.
punctatissima* der Austritt der Ampullen zur Spermatophore nicht
zu sehen ist, weil sich im Moment ihres Erscheinens die männliche
Subgenitalplatte dicht an die ventrale Legeröhrenkante anlegt, treten
bei *Leptophyes* aus dem hervorgestülpten „Penis" des Männchens zwei
voluminöse, weiße Ampullen aus, die durch eine Bewegung in dorsaler
und etwas oraler Richtung mit ihrem Stiel alsbald in der Vulva
befestigt wurden. Und während nun die zähe Spermatophorenhülle
bei *L. punctatissima* in langer Arbeit vom Männchen ausgepreßt
wird, erscheint bei *L. bosci*, so wie es Bérenguier für *Isophya pyre-
naeae* beschreibt, in wenigen Sekunden nach den Ampullen die ganze
kompakte, weiße und undurchsichtige Spermatophore, die Fig. 3,
Taf. 1 darstellt. Diese Spermatophore gleicht sehr der mancher
Decticiden-Arten und ist von der des Gattungsgenossen grundver-
schieden. — Da ich nur das eine Weibchen besaß, das gleich nach
der Copulation konserviert wurde, so vermag ich über die Häufigkeit
der Begattung bei einem Individuum sowie über den Modus des Auf-
fressens der Spermatophore nichts zu berichten. Gerade die Tatsache
aber, daß hier bei zwei Angehörigen der gleichen Gattung ein so
verschiedener Bau der Spermatophore vorkommt, scheint mir in
hohem Maße bemerkenswert.

b) *Phaneroptera quadripunctata* Br.

Von dieser südeuropäischen Vertreterin der Gattung *Phaneroptera*, die im südlichen Deutschland durch *Ph. falcata* vertreten ist,
brachte ich aus Rovigno ein Pärchen mit nach Breslau, das vom
8. Oktober ab 6mal in Intervallen von 1 bis 2 Tagen copulierte; die
Copulation erfolgte nur nachmittags. Vor ihrem Beginn zirpte das
Männchen jedesmal rauh und leise.

Da (l. c., p. 476) die Begattung von *Phaneroptera falcata* bereits
ausführlich geschildert worden ist und da sie bei *Ph. quadripunctata*
in den meisten Punkten übereinstimmend verläuft, sollen hier vor
allem die Unterschiede in dem Verhalten der beiden Arten besprochen werden. Charakteristisch für *Ph. falcata* waren folgende

Punkte: 1. Das Männchen ergreift von der Seite und von unten her mit seinen Cerci die Subgenitalplatte des Weibchens, ohne von diesem bestiegen zu werden. 2. Nach dem Erscheinen der Ampullen der Spermatophore, das sehr bald nach dem Beginn der Begattung statthat, streift das Männchen seine Cerci so über die Ampullen, daß diese dorsal von jenen zu liegen kommen, während sie vorher ventral lagen. In dieser Stellung wird die Spermatophorenhülle ausgestoßen. 3. Das Männchen kriecht unter dem Weibchen mit dem Kopf nach hinten durch. Wenn es die Cerci über die Ampullen zieht, hält es sich mit Kiefern und Vorderfüßen an der kurzen Legeröhre des Weibchens fest. 4. Die Spermatophore ist durchsichtig mit caudalem hornförmigem Fortsatz, der größte Durchmesser der Hülle liegt horizontal, parallel zur Leibesachse des Weibchens.

In aller Kürze kann gesagt werden, daß in den Punkten 1 und 2 volle Übereinstimmung zwischen *Phan. falcata* und *quadripunctata* herrscht. Im Punkt 3 besteht dagegen eine Abweichung: das Männchen von *Ph. quadripunctata*, das sich von der Seite her am Weibchen befestigt hat, läßt seine Unterlage mit den Vorderfüßen nicht los. Somit sitzt es mit etwas um die Längsachse gedrehtem Hinterleibe neben und gleichzeitig hinter dem Weibchen. Auch bei und nach dem Hinwegziehen der Cerci über die Ampullen nimmt zwar sein Hinterleib zu dem des Weibchens eine ganz ähnliche Stellung ein wie bei *Ph. falcata*, aber das Anklammern an der Legeröhre des Weibchens fehlt vollkommen. Das Männchen kriecht ein Stück nach hinten, dabei gleiten die Cerci über die Ampullen, und die männliche Subgenitalplatte drückt sich in den Spalt zwischen ihnen und der Wurzel der Legeröhre des Weibchens. Zu Punkt 4 ist zu bemerken, daß die Spermatophore von *Ph. quadripunctata*, obwohl in der Gesamterscheinung der von *Ph. falcata* ähnlich, doch eine wesentliche, sonst nicht beobachtete Besonderheit zeigt: ihre Hüllsubstanz tritt wie bei *Ph. falcata* aus, d. h. sie wird am Bauche des Weibchens entlang, von diesem aus gerechnet oralwärts, vorgeschoben, und erst bei der Trennung beider Tiere wird ihr caudaler Anhang secerniert. Das alles ist bei *Ph. quadripunctata* ebenso, aber die herzförmige, flache, mit der Spitze nach hinten stehende Hüllmasse ist bei *Ph. quadripunctata* mit einem freien, zähen, senkrecht stehenden Stiel an der Bauchwand des Weibchens, unmittelbar oral von dessen Subgenitalplatte, befestigt. Kurz vor der Trennung der Geschlechter reißt nun die vorher mit der Ampulle zusammenhängende Hülle von dieser ab und bleibt nur noch an diesem Stiel

haften, der sich nachher beim Verzehren der Spermatophore durch
das Weibchen als außerordentlich widerstandsfähig erweist.

Noch ein Unterschied ist zu erwähnen. Während das Weibchen
von *Ph. falcata,* wie schon FABRE beschreibt, die Spermatophore
zum kleinsten Teil frißt und deren halbvertrocknete Reste lange
(bis 48 Stunden nach der Begattung) mit sich herumträgt, wird bei
Ph. quadripunctata die kleinere Spermatophore kurze Zeit nach der
Begattung (etwa 5—10 Minuten) zu verzehren begonnen und in
wenigen Stunden vertilgt.

Besonders hinweisen möchte ich noch auf die für beide Geschlechter festgestellte Fähigkeit wiederholter Begattung.

Somit spielt sich bei beiden *Phaneroptera*-Arten die Begattung
vom gleichen Typus doch bei verschiedener Körperhaltung ab. Die
Phaneropteriden zeigen uns also schon in der zweiten hier besprochenen Gattung immerhin erwähnenswerte Unterschiede im Verhalten bei der Copulation. Von Interesse scheint es daher, wiederum
beträchtliche Abweichungen bei den Angehörigen einer nahe verwandten Gattung kennen zu lernen.

c) *Tylopsis liliifolia* FAB.

Gerade bei dieser Übereinstimmung zwischen den beiden
Phaneroptera-Arten ist es von besonderem Interesse, daß die ihnen
äußerlich sehr ähnliche Gattung *Tylopsis* in der Art der Begattung und in der Form der Spermatophore wesentlich abweicht.
Gemeinsam ist beiden der Austritt der Spermatophorenhülle d o r s a l
von den Cerci, obwohl die männliche Geschlechtsöffnung ventral von
diesen liegt und erst in dorsaler Richtung verschoben werden muß.
Übereinstimmend ist ferner die Befestigung der Spermatophore an
der ventralen Fläche des Weibchens bei beiden Gattungen. Sonst
aber überwiegen die Verschiedenheiten, die sich größtenteils aus
scheinbar geringfügigen Unterschieden im Bau der äußeren männlichen Genitalien erklären lassen.

Außerdem ist *Tylopsis liliifolia* durch eine Eigentümlichkeit ausgezeichnet, die sie von den meisten Locustiden unterscheidet. Es ist
zwar längst bekannt, daß bei den E p h i p p i g e r i d e n auch die W e i b-
c h e n z i r p e n, die dort ein wohlausgebildetes Stridulationsorgan
tragen. Nicht bekannt ist dagegen meines Wissens, daß das *Tylopsis*-
Weibchen, das kein morphologisch eigentlich differenziertes Zirporgan besitzt, trotzdem imstande ist, durch Aneinanderreiben der
Deckflügel, also in ganz gleicher Weise wie das Männchen, zirpende

Töne hervorzubringen. Das ist möglich durch starke Ausbildung einer großen Längsader auf der Unterfläche der linken Flügeldecke und einer entsprechend verstärkten, als allerdings sehr bescheidenes Resonanzorgan dienenden Ader des rechten Elytrums.[1]) Sehr leicht kann man sich davon überzeugen, daß man dieses Geräusch auch jederzeit am toten weiblichen Tier durch Reiben der Flügeldecken übereinander nachmachen kann. Nun besitzt aber das W e i b c h e n nicht bloß diese Fähigkeit, sondern e s z i r p t t a t s ä c h l i c h z u m A u s d r u c k s e i n e r g e s c h l e c h t l i c h e n E r r e g u n g a l s A n t - w o r t a u f d a s Z i r p e n d e s M ä n n c h e n s, g l e i c h z e i t i g m i t d i e s e m. Diese Tatsache habe ich nicht einmal, sondern sehr häufig beobachtet[2]), und an diesem Zirpen ließen sich jedesmal nach dem Zulassen der Männchen die begattungslustigen Weibchen erkennen. Auch aus einem von dem der Männchen getrennten Käfig hörte man die Weibchen auf das Zirpen antworten. Bei den Gattungen *Phaneroptera* und *Tylopsis* ist das Zirpen der Männchen ein klangloses, unmetallisches Kratzen. Das Geräusch, das die *Tylopsis*-Weibchen durch Bewegungen der Deckflügel, genau wie die Männchen, hervorbringen, ähnelt auch dem Zirpton des anderen Geschlechtes sehr, doch vermag ein geübtes Ohr sofort das kürzere, schärfere, aber leisere Zirpen des Weibchens zu unterscheiden.

Die Copulation wurde in 9 Fällen beobachtet, die erste am 11. September, die letzte am 2. Oktober 1913. Das Material stammte aus der Umgegend von Rovigno und gehörte der grünen Form an. In R o v i g n o war die Stunde, zu der die Tiere am meisten paarungslustig waren, zwischen 2 und 3 Uhr nachmittags. Bei einem Teil der Tiere, der mit nach B r e s l a u genommen wurde, fand hier im Zoologischen Institut die Copulation an sonnigen Tagen (das Zimmer liegt nach Süden) vormittags statt; die Paarungslust ist an dem eifrigen Zirpen des Männchens zu erkennen, dem das der begattungsbereiten Weibchen prompt antwortet.

Haben sich zwei zirpende Partner beiderlei Geschlechtes gefunden, so richtet sich das Weibchen mit Kopf und Vorderkörper auf, hebt sich hoch auf seinen Beinen empor und senkt die Hinter-

---

1) Vgl. hierzu PETRUNKEVITCH, A. und v. GUAITA, Über den geschlechtlichen Dimorphismus bei den Tonapparaten der Orthopteren, in: Zool. Jahrb, Vol. 14, Syst., 1901, p. 271.

2) Auch das Weibchen von *Phaneroptera quadripunctata* bewegt beim Zirpen des Männchens seine Flügeldecken, meist kommt dabei aber kein Geräusch zustande.

·leibsspitze fast senkrecht nach abwärts. Das Männchen schiebt
sich, anfangs meist recht ungeschickt und nach häufig mißlingenden
Versuchen, von vorn, rückwärtsgehend vor den herabhängenden
Hinterleib des Weibchens. Dabei greift dieses häufig mit Tastern
und Vorderfüßen nach dem tief abwärts gebogenen männlichen
Hinterleib. Schließlich berührt dessen Spitze die Gegend der Vulva,
die hakenförmigen, gekrümmten Cerci fassen die Außenfläche der
weiblichen Subgenitalplatte fest an, und · sofort tritt der gelbliche
Penis des Männchens, der dem von *Phaneroptera* ähnelt, aus der
Konkavität der langen männlichen Subgenitalplatte hervor. Es
·finden keinerlei rhythmische Aus- und Einstülpungen des Penis statt,
was wohl zweifellos mit dem Mangel eines Titillators zusammen-
·hängt. Nach knapp 1 Minute treten die weißen Ampullen der
Spermatophore aus der männlichen Geschlechtsöffnung hervor und
werden mit der gewöhnlichen Bewegung in der Vulva befestigt.
Nun findet die Ausscheidung der Gallerthülle der Spermatophore in
ganz anderer Weise statt als bei *Phaneroptera*, was darauf zurückzuführen ist, daß die Stellung der beiden Partner während der Begattung nicht mehr geändert wird (Fig. 4, Taf. 2). Während nun
die Ampullen wie bei allen Locustiden-Männchen, ventral, dicht über
der Subgenitalplatte erschienen sind, tritt die große Hauptmasse der
·Spermatophore d o r s a l von den am Weibchen befestigten Cerci
zwischen der Dorsalfläche des männlichen und der ventralen des
weiblichen Hinterleibes aus. Dieser Vorgang wird dadurch eingeleitet, daß das Männchen zwei grüne häutige Fortsätze aus seiner
Geschlechtsöffnung dorsal hervorstreckt, die sich der Ventralfläche
des weiblichen Hinterleibes anlegen. Zwischen ihr und diesen Fortsätzen quillt, in zwei lateralen und zwei medialen Wülsten, die
Schleimsubstanz der Spermatophore hervor, während die Cerci des
·Männchens genau in der Furche zwischen Ampulle und Hülle liegen.
Dies ist auf der Figur angedeutet. Je mehr Schleimmasse aus der
·männlichen Genitalöffnung austritt, desto weiter werden die Hinterleiber der beiden Tiere auseinandergedrängt, so daß zuletzt das
Weibchen die Hinterleibsspitze fast ganz nach vorn und nur wenig
nach unten hält. Die ganze Begattung dauert fast genau 3 Minuten,
und es ist erstaunlich, welche ungeheuren Secretmassen das Männchen in dieser kurzen Zeit ausscheidet. Ist die Abgabe der Spermatophore vollendet, so löst das Männchen seine Cerci ganz allmählich von der Spermatophore los, und das Weibchen trägt diese

davon. Ein Bild von der Größe dieser Spermatophore im Verhältnis zur Körpergröße des Tieres gibt Fig. 4, Taf. 1.

Es sollen nun die Punkte besprochen werden, in denen sich die Begattung von *Tylopsis* von der von *Phaneroptera* unterscheidet. Bei *Tylopsis* spielt das Männchen keine so rein aktive Rolle beim Ergreifen des Weibchens wie bei *Phaneroptera*. Dort läßt sich das Weibchen, wenn es begattungsbereit ist, einfach vom Männchen mit dessen Cerci packen, und diese Bereitschaft zeigt sich nur darin, daß es den Bestrebungen des Männchens keinen Widerstand entgegensetzt. Das Weibchen von *Tylopsis* antwortet auf den Lockruf des Männchens und kommt diesem bei seinen Befestigungsversuchen durch Einnehmen der richtigen Stellung selbständig entgegen. — Die Stellung während der Begattung ist bei beiden Species total verschieden. Bei *Phaneroptera falcata* bleibt das Weibchen ruhig sitzen, und das Männchen krümmt sich unter ihm hindurch, so daß es schließlich fast frei an der Hinterleibsspitze des Weibchens hängt, und auch bei *Ph. quadripunctata* ändert das Weibchen seine Stellung nicht, wohl aber das Männchen. Bei *Tylopsis* sitzt das Männchen unter dem hochaufgerichteten Weibchen, das schließlich ganz von der Unterlage abgehoben wird. Bei beiden Arten treten die Ampullen der Spermatophoren ungefähr in gleicher Weise aus dem Penis aus. Nach ihrer Befestigung in der Vulva aber verändert das Männchen von *Phaneroptera* seine Stellung so, daß Ampullen und Hüllsubstanz dorsal von seinen Cerci zu liegen kommen, bei *Tylopsis* liegen die Ampullen ventral, die Hülle dorsal von den Cerci des Männchens bis zur Lösung der Copula.

Die Spermatophore von *Tylopsis* ist relativ viel voluminöser als die von *Phaneroptera*. Der hornartige caudale Fortsatz, der bei jener vorhanden ist, fehlt ihr, da die Umdrehung des Männchens unter dem Weibchen nicht statthat.

Ich habe von der Spermatophore von *Tylopsis* (l. c., tab. 7 fig. 5) eine Abbildung gegeben, die völlig übereinstimmt mit einer schematischen Figur BOLDYREV's (Fig. B). Während das dieser Abbildung zugrundeliegende Präparat eine schon vom Weibchen angefressene Spermatophore war, zeigt Fig. 4, Taf. 1 eine frische, noch unverstümmelte, an der allerdings die Einzelheiten der Struktur sehr viel weniger deutlich zu sehen sind als an einer, die sich bereits längere Zeit in der Vulva befand. Der Freßinstinkt des Weibchens ist sehr ausgeprägt: ich habe in zwei Fällen gesehen, daß das Weibchen bereits während der Copulation — wegen der Lage der Hüllsubstanz dorsal vom Männchen ist dies bei dieser Species möglich — anfing, die Spermatophore zu benagen. Das Verzehren geschieht in kleinen Portionen, und im Gegensatz zu *Phaneroptera* werden hier binnen 6 Stunden meist auch die Ampullen völlig aus der Vulva entfernt. In einem Falle fand ich einen herausgefallenen Rest einer Spermatophore auf einem Blatt in dem Käfig der Tiere liegend. Jedenfalls findet sich bei *Tylopsis* nicht das lange Verweilen der Ampullen in der Vulva (bis 48 Stunden), wie es schon FABRE für *Phaneroptera falcata* beschrieben hat.

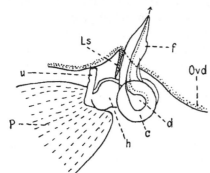

Fig. B.

Spermatophore von *Tylopsis thymifolia* PETAGNA (= *T. liliifolia* FAB.).

Ls Subgenitalplatte. *Ovd* Legeröhre des Weibchens. *c* die Ampullen der Spermatophore, *d* deren Binnenraum. *f* Spermatophorenstiel. *h* Stützgebilde. *u* oraler Befestigungsstiel (auch bei *Phaneroptera* ausgebildet). *p* Spermatophylax (nach BOLDYREV).

Wenn wir die an Phaneropteriden gewonnenen Befunde hier kurz zusammenstellen, so finden wir bei den ungeflügelten O d o n t u r e n zwar durchweg die gleiche Stellung (Weibchen auf dem Rücken des Männchens sitzend), aber verschiedene Gestalt der Spermatophorenhülle: massige, geformte bei *Isophya* und bei *Leptophyes bosci*, ungeformte, zähflüssige bei *L. punctatissima*.

Bei den geflügelten Phaneropteriden-Arten *Phaneroptera falcata* und *Tylopsis liliifolia* sind die Spermatophoren prinzipiell ähnlich gebaut trotz Unterschieden im Bau ihrer Hülle, die Begattungsstellung ist aber für beide Arten völlig verschieden.

Gerade für diese Subfamilie, in der der Begattungs- und Spermatophorentypus so großen Schwankungen unterliegt, wäre die Untersuchung ausgedehnteren Materials erwünscht. Insbesondere wäre das Verhalten weiterer geflügelter Gattungen, von denen in Europa noch *Acrometopa* vertreten ist, zu untersuchen.

2. Subfam. *Meconemini.*

M a t e r i a l. *Meconema varium* FAB. 5 Copulationen beobachtet. 3 Weibchen mit Spermatophoren konserviert.

Im August 1913 wurden in Hökendorf, Pommern, durch
Abschütteln von Eichenzweigen über einem aufgespannten Schirme
viele Exemplare von *Meconema varium* erbeutet. Das Sexualleben
dieser kleinen Locustide bietet eine Menge des Besonderen, doch
ist es nicht allzu leicht der Beobachtung zugänglich, da *Meconema*
eine nächtliche Lebensweise führt. Alle Versuche, bei Tage
Copulationen oder auch nur ein Reagieren der Geschlechter auf-
einander zu erzielen, waren völlig erfolglos. Sie gingen einander
aus dem Wege, sowie sie mit den Fühlern aneinanderstießen. Erst
bei Einbruch der Dunkelheit änderte sich das Bild. Nun setzten
sich die Männchen still auf Eichenzweige oder Blätter, die Flügel
bis ungefähr senkrecht zu dem leicht ventral konkaven, mit der
durch die hier außerordentlich langen Cerci gebildeten Endzange
der Unterlage angepreßten Hinterleib erhoben.

a.   b

Fig. C.

Männchen von *Meconema varium*
a während des „Trommelns“, b begattungsbereit.

Eine größere Regsamkeit entfalteten die Männchen aber erst,
wenn sie bei völliger Dunkelheit (ca. $\frac{1}{2}$11—$\frac{1}{2}$1 Uhr nachts) zu den
Weibchen gebracht wurden. Insbesondere mußte jetzt eine Laut-
äußerung sehr überraschen, die die in allen Büchern wegen des
fehlenden Zirporgans als stumm bezeichneten Männchen hören
ließen. Ich hatte nur einen Teil der Männchen in den Käfig der
Weibchen gesetzt, die anderen in dem für die Männchen während
der Trennung bestimmten belassen. Aus dem Käfig, der nun Tiere
beiden Geschlechts enthielt, tönte wiederholt ein lautes Trommeln
oder Schnurren, das sehr an das Trommeln der Spechte im
Frühjahr erinnert. Alsbald klang das gleiche Trommeln aus dem
Männchenkäfig als Antwort, aber mit einem anderen Timbre, dessen
Ursache sich bald herausstellte: die Männchen, die das Geräusch
hervorbrachten, saßen, wie oben geschildert, mit hochgehobenen
Flügeln, gesenktem Kopf und leicht gekrümmtem Hinterleib da (Fig. Ca)

und schlugen die Hinterleibsspitze in rascher Vibration gegen die Unterlage. Natürlich klingt das Geräusch nun ganz verschieden, je nachdem die Hinterleibsspitze auf ein Eichenblatt — wie das im Freien das Gewöhnliche sein dürfte — oder auf Holz — das war im Käfig der Weibchen, dessen Wände Holzrahmen besaßen, der Fall — oder endlich, wie in dem ganz metallenen Männchenkäfig, auf eisengefaßte Drahtwände trommelt. Es scheint mir von besonderem Interesse, daß bei dieser einzigen europäischen langgeflügelten Locustide ohne Zirporgan (das auch bei dem stummelflügeligen *M. brevipenne* und bei der verwandten gleichfalls kurzflügeligen Gattung *Cyrtaspis* fehlt) dennoch ein Lockgeräusch hervorgebracht wird, allerdings mit Mitteln, die sonst bei Locustiden ungebräuchlich sind.

Später verstummte dieses Geräusch mehr und mehr, und es nahmen die Männchen, soweit sie nicht umherkrochen, noch eine etwas andere Stellung ein, die eine Steigerung der vorher beschriebenen bedeutet: die Flügel sind so hoch erhoben, daß sie einen Winkel von ca. 120° zum Körper bilden. Dieser selbst ist ganz flach, ad maximum gedehnt, der Unterlage aufgelegt, und in dieser Stellung, in der seine Silhoutte eher einer Ephemeride oder Tipulide als einer Locustide ähnelt, verharrt das Tier regungslos, bis sich ein Weibchen naht (Fig. Cb).

Ist dies der Fall, so erfolgt auch hier das, was uns schon so oft begegnet ist: das Weibchen beleckt und benagt den ausgestreckten Hinterleib des Männchens, der in diesem Fall geradezu wie eine Angel ausgelegt ist. Denn nun schiebt sich, ganz plötzlich und blitzschnell, das Männchen mit der Haftzange seiner Cerci bis an die Legeröhrenwurzel des Weibchens, und diese umfassen in einem Moment dessen Hinterleib an seiner verjüngten Stelle. Das Weibchen springt sofort vorwärts, über die nach vorn gelegten Flügel des Männchens hinweg, dies überschlägt sich und dreht sich unter dem Weibchen, ähnlich wie das *Phaneroptera*-Männchen, nur viel rascher, so herum, daß es, mit dem Kopf nach hinten gerichtet, ventral von der Legeröhre des Weibchens liegt. Es ist besonders beachtenswert, daß bei *Meconema*, aber auch, soweit bis jetzt bekannt, nur bei ihm, die Cerci des Männchens nicht nur die Subgenitalplatte des Weibchens ergreifen, sondern dessen Hinterleibsende, gerade an der Ansatzstelle der Legeröhre, völlig umspannen.

Ist es so dem Männchen gelungen, ein Weibchen zu ergreifen, so braucht es deshalb noch lange nicht zur Begattung zu kommen.

Das Männchen sucht sofort, sich aus seiner Lage so weit aufzurichten, daß es die Legeröhrenspitze des Weibchens mit den Kiefern erfassen kann. Aber selbst wenn dies gelungen, wird doch in der Mehrzahl der Fälle das Männchen vom Weibchen durch heftige Bewegungen abgeschüttelt. Daß das Weibchen den Hinterleib des auf der Lauer sitzenden Männchens beleckt und sich von ihm ergreifen läßt, beweist noch nicht notwendig seine Begattungslust, wohl aber die Stärke des Reizes, den das so dasitzende Männchen auf das Weibchen ausüben muß.

Ist aber Begattungsneigung beim Weibchen vorhanden, so duldet es das Festbeißen des Männchens an der Legeröhrenspitze ohne allen Widerstand und außerdem auch, daß dieses sich an der Vulva in der richtig a Stellung befestigt. Ich habe den Eindruck gewonnen, daß die Basen der Cerci des Männchens zum Festhalten der weiblichen Subgenitalplatte dienen müssen. Die Stellung, die beide Tiere nun einnehmen, geht aus Fig. 5, Taf. 2 hervor. Das Männchen benutzt zu a Festhalten an der Legeröhre keines der beiden vorderen Beinpaare, sondern ausschließlich die Mundteile. Aus seiner Hinterleibsspitze, dicht dorsal von seiner Subgenitalplatte, die zunächst von der Legeröhre des Weibchens abgehoben bleibt, tritt die Penisschleimhaut hervor, und nach sehr kurzer Zeit, in der der Penis aus- und eingestülpt wird, erscheinen unter heftigen Preßbewegungen des Hinterleibes die sehr kleinen, weißen, undurchsichtigen Ampullen der Spermatophore ($^1/_2$—3 Minuten nach Beginn der Begattung). Sie treten zunächst ziemlich weit ventral von der Vulva aus, so daß die Bewegung, durch die sie in ihr befestigt werden, ausgiebiger ist als bei den Formen mit kürzeren Cerci des Männchens, bei denen die männliche der weiblichen Geschlechtsöffnung mehr genähert ist. Doch ist diese Einführungsbewegung bei weitem nicht so auffällig wie bei *Diestrammena* (l. c., p. 460). Nun beginnt das Männchen, $^1/_4$ Stunde bis 20 Minuten lang langsamere pumpende Bewegungen mit dem Hinterleibe auszuführen, durch die ein glasiger, zäher Schleim ausgepreßt wird. Die Styli liegen dabei der Legeröhrenwurzel an. Gegen Ende der Begattung wird das Weibchen unruhig, beginnt mit dem anhängenden Männchen umherzugehen und löst seinerseits die Copula auf. Das Männchen zeigt danach große Erschöpfung, in einem Falle war es am nächsten Morgen tot.

Bei 3 Copulationen wurde die Zeitdauer genau gemessen:

Paar No.	Beginn	Austritt der Ampullen	Trennung
I.	10^{46}	$10^{46^{1}/_{2}}$	11^{05}
II.	11^{01}	11^{04}	11^{17}
III.	12^{00}	12^{01}	12^{19}

Nach der Begattung trägt das Weibchen die auch relativ sehr kleine und unauffällige S p e r m a t o p h o r e in der Vulva, und, sich selbst überlassen, macht es sich schon 2 Minuten nach der Trennung vom Männchen da. , . e zu verzehren. Ungefähr 5 Minuten bleibt es in gekrümmter Stellung, die Mundöffnung in die Vulva gedrückt und eifrig fressend, dann streckt es sich wieder gerade, und soweit ich sehen konnte, sind unter der noch leicht von der Legeröhre ab-gehobenen Subgenitalplatte die Ampullen der Spermatophore ent-fernt. Während der langen Periode bei der Begattung nach der Ausstoßung der Ampullen ist auch genug Zeit zur Überleitung des Spermas in das Receptaculum seminis gegeben, so daß dieses baldige Auffressen der ganzen Spermatophore nicht wunderbar erscheint. Wir sahen, daß bei manchen Grillen (*Oecanthus*) die Entfernung der Spermatophore aus der Vulva noch rascher erfolgt.

Die S p e r m a t o p h o r e selbst (Fig. 2, 3, Taf. 3) ist im Gegen-satz zu der der übrigen bisher besprochenen Locustiden fast hüllen-los. Eine Betrachtung unter dem binokularen Mikroskop zeigt uns die paarigen, gestielten Ampullen und deren enge Ausführungsgänge, beide umschlossen von einem zähen und festen glasigen Schleim, der aber keine irgendwie charakteristische Form hat, sondern die Am-pullen als gleichmäßig dicke Schicht überzieht. Es ergibt sich hieraus, daß die großen Schleimmassen, die wir bisher als den (räumlichen) Hauptbestandteil der Locustiden-Spermatophoren kennen lernten, fast völlig unterdrückt sein können und daß dann der wesentliche Teil des Ganzen, die A m p u l l e n, fast allein die Masse der Spermatophore darstellt.

Besonders instruktiv ist ein Sagittalschnitt durch die in der Vulva festsitzende Spermatophore, wie ihn Fig. 3, Taf. 3 darstellt. Aus jeder der glasigen Ampullen zieht der weiße Samenkanal bis dicht an das Receptaculum seminis, dort eine schwache, birnförmige, terminale Anschwellung bildend. Wie äußerlich, so zeichnet sich auch innerlich diese Spermatophore durch Einfachheit und Über-sichtlichkeit des Baues aus.

Außer der geringen Ausbildung der Spermatophorenhülle sind

als Besonderheiten der Begattung von *Meconema* zusammenzufassen:
das Trommeln der Männchen statt des Zirpens, die eigentümliche,
lauernde Haltung des Männchens und das gewaltsame Ergreifen des
Weibchens, die Haltung während der Begattung, während der das
Männchen sich nur mit den Kiefern an der Legeröhre hält, der
frühe Austritt der Ampullen und die lange Tätigkeit des Männchens
nach deren Erscheinen.

3. Subfam. *Conocephalini.*

Von der Subfamilie der Conocepha.. ..,ι wurden bei Rovigno *Conocephalus mandibularis* CHARP. und *Xiphidium fuscum* FABR.
auf sumpfigen Wiesen an Schilf gefangen. Beide Arten wurden zur
Copulation gebracht, bei der beide Arten zwar die gleiche Haltung
einnahmen, deren Verlauf bei ihnen aber sehr bedeutende Unterschiede aufwies.

a) *Conocephalus mandibularis* CHARP.

Wenn ein begattungslustiges Männchen von *Conocephalus* einem
Weibchen begegnet, so betasten sich beide mit den Fühlern, und das
Männchen zirpt laut und schrill. Geht dann das Weibchen am
Männchen vorbei, so streckt dieses seinen hakenförmig gekrümmten
Hinterleib unter den Flügeln hervor seitwärts nach dem Weibchen
hin und versucht, mit seinen Cerci unter dessen Subgenitalplatte zu
gelangen. Sehr häufig gelingt dies nicht; ist das Weibchen aber
auch zur Begattung geneigt, so hält es still, und so vermag das
Männchen, unter sonderbarer Verdrehung seines Hinterleibes und
ohne vom Weibchen bestiegen zu werden, mit den Cerci dessen Subgenitalplatte zu fassen. Da das Männchen schon an dem Weibchen
vorbeigehen mußte, um diese Prozedur auszuführen, so waren schon
vor der Copulation die Köpfe der beiden Tiere nach entgegengesetzten Richtungen gekehrt, und diese Stellung wird auch während
der Begattung beibehalten, während der das Weibchen seine Ventralfläche etwas nach oben und seitwärts nach dem Männchen hin
drehen muß. Jedes der beiden Tiere bleibt dabei mit den 4 vorderen
Extremitäten auf seiner Unterlage (in den beiden von mir beobachteten Fällen der Drahtwand des Käfigs) sitzen, so daß kein
Festhalten des Männchens an der Legeröhre des Weibchens stattfindet (Fig. 6 Taf. 2). Diese Stellung scheint für die Conocephalinen charakteristisch zu sein.

Das Männchen befestigt sich mit seinen kurzen, aber sehr

2*

kräftigen, hakenförmigen Cerci an der unteren und äußeren Fläche
der weiblichen Subgenitalplatte, sein sehr kurzer bräunlicher Penis
mit dem hornigen Titillator streckt sich vor und wird dann unter
sehr starken Preßbewegungen des Abdomens und starker Erschütterung des weiblichen Körpers abwechselnd ein- und ausgestülpt, ganz
entsprechend den Bewegungen bei Decticiden. In den beiden beobachteten Fällen erfolgte 6 Minuten nach Beginn der Begattung
eine stärkere Streckung des Penis, der in kurzen, raschen Bewegungen vor- und rückwärts bewegt wurde, ohne nun noch vollständig eingezogen zu werden, also auch ganz wie bei *Decticus*
(Teil I dieser Arbeit, p. 492). Zwei sehr kleine Ampullen werden
sichtbar, der Penis wird tief in die Vulva eingedrückt und der
Spermatophorenstiel in ihr befestigt. Die Schleimhaut des Penis
wird nun wie überall nach dem Austritt der Ampullen eingezogen,
die männliche Subgenitalplatte mit dem Styli legt sich eng an die
ventrale Kante der Legeröhrenwurzel an, und es beginnt ein weiterer
Abschnitt der Copulation, der den bei *Meconema* beschriebenen Vor-
gängen in seinem Verlaufe und in seinem Ergebnis außerordentlich
ähnelt. Der Hinterleib des Männchens kontrahiert sich noch rhythmisch, und zwei weißliche Warzen sind zwischen Cerci und Styli
sichtbar. Man sieht aber, ebensowenig wie bei *Meconema*, außer
wenig glasiger Schleimmasse irgend etwas, was der typischen H ü l l e
der Locustiden-Spermatophore gliche. Wenn dann die Tiere sich
trennen, was in einem Falle erst nach über 2 Stunden (3[491/2] Beginn,
3[56] Austritt der Ampullen, 6[01] Trennung der Tiere), im anderen,
den ich für normaler halte, bereits nach etwa 25 Minuten erfolgte,
so findet man in der Vulva des Weibchens einen kleinen, die Subgenitalplatte nicht überragenden Schleimpfropf. Unter dem Mikroskop sieht man, daß ähnlich wie bei *Meconema* die Ampullen, die
aber hier viel tiefer in die Vulva eingesenkt sind, von einer gleich-
mäßigen, glasigen Schleimschicht überzogen sind, so daß auch hier
die Spermatophorenhülle nur ein sehr untergeordnetes Gebilde ist.
Es ist auffallend, daß bei *Meconema* und bei *Conocephalus*, bei den
Formen mit der kleinsten Spermatophorenhülle, deren Ausscheidung
außerordentlich lange Zeit braucht (Fig. 6 Taf. 1).

Die Einfachheit des Baues dieser Spermatophore geht auch aus
einem Medianschnitt (Taf. 3 Fig. 6) hervor. In die Vulva durch
den später secernierten Schleimpfropf tief eingedrückt sitzt jede der
beiden A m p u l l e n einem dicken, kurzen Stiel auf.

.Ich habe das Weibchen des ersten Paares unmittelbar post

coitum konserviert, bei dem des zweiten wollte ich das Auffressen der Spermatophore beobachten. Dies ist mir nicht gelungen. Ungefähr $^1/_2$ Stunde nach der Trennung der Tiere schlug das Weibchen, das nicht versucht hatte, die Spermatophore zu fressen, heftig mit den Flügeln, und dabei scheint es die Spermatophore aus der Vulva gepreßt zu haben, wenigstens war sie nachher verschwunden. Dieser Fall bedarf weiterer Beobachtung, mein Material ist erschöpft, die wenigen aus Rovigno mit nach Breslau gebrachten Tiere haben sich nicht mehr begattet. Sollte sich meine Beobachtung, was ich nicht für wahrscheinlich halte, als regelmäßiger Befund herausstellen, so wäre dies einer der wenigen, ja wohl der erste Fall, in dem bei einem Locustidenweibchen der Instinkt fehlte, die Spermatophore zu fressen.

b) *Xiphidium fuscum* Fab.

Von einer Sendung von *Xiphidium dorsale*, die ich Herrn Mittelschullehrer J. W. Stolz in Trachenberg verdanke, waren leider die Weibchen nicht am Leben geblieben, so daß ich nur Beobachtungen an X. *fuscum* anstellen konnte, das ich bei Rovigno auf zwei Sumpfgeländen in großer Menge fing. Die Copulation wurde verhältnismäßig häufig (7 mal) beobachtet, auch einmal ein Weibchen im Freien mit frischer Spermatophore aufgefunden. Es ist nicht schwer, diese Species zur Copulation zu bringen, die meist in den späten Nachmittagsstunden vor sich geht; doch fand ich einmal früh um 8 Uhr zwei Weibchen mit frischen Spermatophoren im Käfig vor, als ich die Männchen nachts darin gelassen hatte.

Über die Einleitung der Begattung und über die Stellung der beiden Partner ist deshalb nicht viel zu sagen, weil beides in gleicher Weise sich abspielt wie bei *Conocephalus*. Ebensowenig wie bei diesem findet hier ein Besteigen des Männchens durch das Weibchen statt, vielmehr ergreift das Männchen ebenso von der Seite her mit gekrümmtem Hinterleib die weibliche Subgenitalplatte. Wenn ein Weibchen ein Männchen so nahe herankommen läßt, daß es erst Begattungsversuche machen kann, kommt es fast immer auch bald zur Copulation.

Während dieses Aktes stehen die beiden Tiere genau so, wie wir es bei *Conocephalus* kennen gelernt haben; der erste Teil der Begattung, bis zum Austritt der Ampullen, verläuft in beiden Fällen auch ungefähr gleich. Auch bei *Xiphidium* stülpt das Männchen den Penis mit dem Titillator rhythmisch aus und ein, bis er schließlich gestreckt bleibt und aus ihm die hier gelblich-weiß gefärbten Ampullen austreten und wie gewöhnlich in die Vulva des Weibchens eingedrückt werden.

Nun aber beginnt ein Abschnitt der Begattung, der ganz anders als bei *Conocephalus* und auch als bei allen anderen mir bekannten Locustiden verläuft. Wie bei *Conocephalus* werden die Styli des Männchens gegen die Legeröhrenwurzel angedrückt. Dann tritt aus der männlichen Geschlechtsöffnung jederseits ein eigentümlicher, rotbrauner, zipfelförmiger Schleimhautfortsatz hervor, der sich von den beiden seitlichen Ecken der weiblichen Subgenitalplatte dorsalwärts auf Seiten- und Rückenhaut des Weibchens erstreckt. Von diesem Schleimhautzipfel aus tritt jederseits ein glasiger, heller Schleimtropfen aus, der sich mehr und mehr vergrößert und zu einem beulenartigen, durchsichtigen Auswuchs wird, der etwa einer längshalbierten Birne gleicht, deren Stiel caudalwärts gerichtet wäre (Fig. 7a, b, Taf. 1). Die Ausscheidung dieser Secretmassen stellt oft den längsten Teil der Begattung dar, während dessen aber noch etwas anderes geschieht: die unmittelbar nach ihrer Einfügung in die Vulva noch eine Weile sichtbaren Ampullen werden tiefer und tiefer in die weibliche Geschlechtsöffnung hineingepreßt und mit einer glasigen Secretschicht, ähnlich wie bei *Conocephalus*, überzogen. Von den beiden seitlichen Ecken der Vulva aus zieht je ein schmaler Schleimstreif zu den beiden großen seitlichen Halbkugeln hin, die somit nur in ganz lockerem Zusammenhang mit den Ampullen stehen. Nach ihrer Ausscheidung ziehen sich die beiden Schleimhautzipfel des Männchens wieder zurück. Die Dauer der einzelnen Begattungsabschnitte ist folgende: vom Beginn der Begattung bis zum Austritt der Ampullen, der selbst ca. 1 Minute dauert, vergehen 7—10 Minuten. Das Hervorpressen der seitlichen Schleimmassen dauert im kürzesten Fall 9, im längsten 18, durchschnittlich $12\frac{1}{2}$ Minuten.

Wenn sich beide Geschlechter getrennt haben — das Weibchen hebt die Verbindung auf, wobei das Männchen oft noch eine Strecke weit geschleift wird —, so klafft die Subgenitalplatte des Weibchens, und in ihr sind die tief eingesenkten, von Schleim überzogenen Ampullen nicht mehr sichtbar; auf den Flanken, oral von der Legeröhrenwurzel, bis nahe zur dorsalen Mittellinie reichend, sitzen die großen beulenförmigen Schleimmassen, die dem frisch begatteten Weibchen ein ganz eigenartiges Aussehen verleihen. Während sie im Leben glashell sind, werden sie bei der Konservierung trübe, weiß und undurchsichtig, wie es auf Fig. 7a, b, Taf. 1 zu sehen ist. Das

Bild, das ein Sagittalschnitt durch die Spermatophore bietet
(Taf. 3 Fig. 7), erinnert an das bei *Conocephalus* gesehene, zeigt aber
doch, daß wie äußerlich so auch innerlich die Spermatophore von
Xiphidium komplizierter gebaut ist. Hier wie dort sind die Ampullen
durch einen Schleimpfropf, der nach ihrem Austritt secerniert wird,
sehr tief in die Vulva hineingedrückt. Was sie besonders auszeichnet,
sind terminale Anschwellungen ihrer Ausführungsgänge, die viel
stärker entwickelt sind als bei *Meconema*. Auf unserer Abbildung
ist die caudale und orale Hälfte des in der Vulva gelegenen Spermato-
phorenabschnitts gut zu sehen, ebenso der dorsal von der Subgenitalplatte etwas nach außen ragende Schleimpfropf. Es scheint, daß
derartige innere Reservoire zwischen der Ampulle und dem Ende
ihres Ausgangskanales von irgendeiner uns noch nicht bekannten
größeren biologischen Bedeutung für die Ausleitung des Samens sind;
biologisch könnte die Erweiterung des Samenausführungsganges
im Innern der Spermatophore von *Gryllotalpa* eine ähnliche Bedeutung
haben.

Bei dem Weibchen von *Xiphidium* äußert sich der Instinkt, die
Spermatophore zu fressen, bereits wenige Minuten (von 2' ab) nach
der Begattung. Wegen der eigentümlichen Form der Spermatophore,
die hier in allen ihren Bestandteilen kaum ein einheitliches Ganze
bildet, verläuft die Prozedur ihres Verzehrens gleichfalls in besonderer
Weise: das Weibchen nimmt mit den Mundteilen erst die Schleimmasse der einen Seite und frißt sie in stundenlang dauernder Tätigkeit auf. Sie wird vollkommen sauber vom Hinterleib abpräpariert.
Dann kommt die der anderen Seite daran, und das Weibchen muß
jedesmal beim Erfassen der Spermatophorenhälfte die Legeröhren-
basis an seinem Kopfe vorbeibiegen. Ich konnte nicht beobachten,
ob das Weibchen schließlich die Ampullen selbst auch auffrißt, nach
Analogie mit anderen Locustiden ist es aber wahrscheinlich.

Xiphidium teilt also die Methode des Männchens, das Weibchen
aktiv von der Seite her zu erfassen, und die Stellung bei der Begattung mit *Conocephalus*. Der Bau seiner Spermatophore steht
dagegen bis jetzt unvermittelt da. Das was BOLDYREV[1]) als
„Spermatophylax" bezeichnet, die lediglich zum Gefressenwerden
durch das Weibchen vorhandenen Schleimmassen der Spermatophore,
sind in diesem Falle räumlich von den Ampullen völlig getrennt,
und während sie sonst als mehr oder minder paarige, aber zusammen-

---

1) l. c., p. 152.

hängende Masse ventral von den Ampullen angebracht sind (bei *Diestrammena* von der Ampulle), sind sie hier vollkommen voneinander unabhängige, paarige Bildungen. Ampullen und „Spermatophylax" bilden also hier nicht den einheitlichen Körper, als den wir sonst die „Spermatophore" der Locustiden überall kennen gelernt haben.

Für die Conocephalinen läßt sich also bei einheitlicher Begattungsstellung kein einheitlicher Bau der Spermatophore feststellen.

4. Subfam. *Locustini*.

Die Literatur wurde l. c., p. 500 angeführt, BOLDYREV's (l. c.) neue Arbeit schildert die Spermatophore von *Locusta cantans*.

Mein hauptsächliches Material lieferte die als selten geltende *Locusta caudata* CHARP., während ich von *L. viridissima* L., deren Spermatophore ich (l. c.) bereits beschrieben habe, nur ein Pärchen im Freien in copula angetroffen habe.

a) *Locusta caudata* CHARP.

Das Material von dieser Species stammte durchweg aus einem beschränkten Komplex von Feldern bei dem Dorfe Oswitz bei Breslau. Zur Zeit der letzten Häutung wurden Nymphen und Imagines beider Geschlechter an einem Wegrain in dieser Gegend auf Meldestauden, Klettenbüschen etc. am 4. Juni 1913 und den folgenden Tagen gefangen. Die Männchen begannen alsbald ihr von dem Laut der *Loc. viridissima* sehr abweichendes Zirpen hören zu lassen, und am 17. Juli abends kam es beim Zusammensetzen der Geschlechter zur ersten Copulation. Am 21. und 28. Juli fanden je zwei weitere Begattungen statt, von denen also im ganzen 5 beobachtet werden konnten.

Nach der Schilderung TÜMPEL's von der Copulation von *Locusta viridissima* mußte auch bei unserer Art erwartet werden, daß kein Besteigen des Männchens durch das Weibchen stattfinden, daß vielmehr das Männchen von unten her aktiv das Weibchen mit den Cerci ergreifen würde. Das war aber nicht der Fall. Das Männchen zirpt vielmehr vor dem Weibchen, dreht sich langsam, tanzartig, im Kreise herum (dieses Vorspiel wurde auch in genau gleicher Weise im Freien beobachtet) und streckt schließlich dem Weibchen die stark abwärts gekrümmte Hinterleibsspitze entgegen und versucht, sich unter dessen Kopf und Thorax zu schieben. Ist das

Weibchen zur Begattung geneigt, so ergreift es mit seinen Vorderfüßen, wie dies auch das *Decticus*-Weibchen zu tun pflegt, die dorsale
Partie des männlichen Hinterleibes, den es zu belecken anfängt.
Nun richtet das Männchen seinen Hinterleib mehr und mehr auf,
während nur dessen Spitze gekrümmt bleibt, und diese gekrümmte
Spitze stößt mit weit geöffneten Cerci gegen die Ventralfläche des
weiblichen Hinterleibes. An ihm entlang gleitet sie, wie bei allen
Locustiden, bei denen das Männchen vom Weibchen bestiegen wird,
nach hinten, bis die Cerci an zwei Gruben an der Außen-(Ventral-)
fläche der weiblichen Subgenitalplatte stoßen. Ihre nach innen
sehenden Zähne greifen fest in diese Vertiefungen ein, und damit
ist die Befestigung des Männchens am Weibchen vollzogen. Sofort
krümmt sich das Männchen noch viel stärker ventral ein, das
Weibchen geht weiter vor, und schließlich sehen die Köpfe der
beiden Tiere nach verschiedenen Seiten, die Ventralflächen sind einander zugekehrt, und das zweite, niemals das erste Fußpaar des
Männchens ergreift die Legeröhre des Weibchens, während das erste
sich an irgendeiner Unterlage, bei meinen Gefangenen oft in sehr
schwierigen Stellungen am Draht des Gitters, festhält.

Dieses Ergreifen der Legeröhre mit dem 2. Fußpaar, das sich
auch bei den Deciticiden findet, scheint mir, wenigstens sicher für
Locusta, kein eigentliches Anklammern zu sein, wie es bei
Ephippigera und *Phaneroptera* zweifellos der Fall ist. Vielmehr
drängt das Männchen die Legeröhre von sich weg, hebt sie dorsalwärts empor, so daß dadurch die Vulva erweitert wird.

Durch die Drehung des Männchens nach hinten werden die
Styli seiner Subgenitalplatte an die ventrale Legeröhrenkante angepreßt, die sie genau zwischen sich fassen und auf der sie bei den
nun erfolgenden rhythmischen Aus- und Einstülpungen des Penis
hin- und hergleiten. Der gesamte ausgestülpte männliche Apparat
paßt genau in den durch das Abheben der weiblichen Subgenitalplatte, die von den männlichen Cerci wie ein Deckel aufgeklappt
wird, freiwerdenden Raum. Fig. 8, Taf. 2 gibt in schematischer
Form die hierbei in Betracht kommenden Gebilde in ihrer gegen-
seitigen Lage wieder. Am meisten oral (links) sehen wir die von
den Cerci des Männchens (*c*) oralwärts abgehobene weibliche Subgenitalplatte (*ls* ♀), am meisten caudal die auf der ventralen Legeröhrenkante mit Hilfe ihrer Styli (*st*) reitende männliche Subgenitalplatte (*ls* ♂). Der durch das Abheben der weiblichen Subgenitalplatte freigewordene Raum wird größtenteils von einer kielförmigen

Erhöhung eingenommen, die die orale Fortsetzung der ventralen Legeröhrenkante bildet, aber mit weicher, obwohl ziemlich straff ge-
spannter Haut überzogen ist (*v*). Auch die Innenfläche der weiblichen Subgenitalplatte, die in der Ruhe dorsalwärts sieht, ist mit
weicher, schleimhautähnlicher, an den Rändern gewulsteter, gelblicher
Haut ausgekleidet.

Aus dem Spalt der männlichen Hinterleibsspitze, der sich
zwischen dem 9. und 10. Segment, also zwischen After und Cerci
einerseits, der Subgenitalplatte mit den Styli andrerseits, öffnet,
dringt nun der weichhäutige Organkomplex hervor, der die männliche Geschlechtsöffnung und den hornigen Titillator trägt und
der in seiner Gesamtheit als P e n i s bezeichnet wird (*p*). Man kann
sagen, daß der Penis während seiner vorbereitenden Tätigkeit bei
der Begattung, vor dem Austritt der Spermatophore, ein seitlich
komprimiertes glocken- oder kelchförmiges Gebilde darstellt und
im Innern dieser Glocke sitzt, wie der Klöppel, der gabelförmige
Titillator (*t*). Der freie Rand der Glocke ist mit kontraktilen
Lappen oder Warzen versehen (*w*), die, wenn völlig ausgestülpt,
sich genau dem Relief der Vulva anschließen. In unserem Schema
ist ein Moment unvollständiger Ausstülpung gewählt, um die Genitalien beider Partner erkennen zu lassen.

Dieser Penisapparat tritt aus der männlichen Hinterleibsspitze
allmählich, in kurzen, ruckweise ausgeführten Bewegungen, hervor,
und noch während seiner völligen Entfaltung wird bereits der
Titillator, der e i n e c h i t i n ö s e G a b e l darstellt, auf die ventrale
Legeröhrenkante aufgesetzt und, auf ihr reitend, in oraler Richtung
gegen den weichhäutigen Grund der Vulva hingezogen. Während
dieser Vorgang rhythmisch wiederholt wird, stülpen sich die Peniswarzen immer mehr aus, bis sie schließlich genau in die oralen
Ecken der Vulva, zwischen deren Grund und weiblicher Subgenitalplatte, eingepreßt werden. Dann gleiten sie entlang der weichhäutigen Innenfläche dieser Subgenitalplatte nach außen, und der
ganze Apparat wird wieder in den Spalt der männlichen Hinterleibsspitze zurückgezogen. Bei *Locusta caudata* ist der ganze Penis
meist rein grün, seltner gelblich-grün.

Diese Ausstülpungen, von denen jede etwa 1 Minute lang dauert,
erfolgen nun ununterbrochen hintereinander während der sehr langen
Dauer der Begattung. Es scheint, daß einerseits das Gleiten des
harten Titillators auf der weichen Haut der Vulva für das Weibchen
einen sexualen Reiz abgeben muß, während andrerseits das An-

pressen der Peniswarzen gegen die weiblichen Organe schließlich beim Männchen den Grad gesteigerter Erregung hervorruft, der zur A b g a b e d e r S p e r m a t o p h o r e führt.

Die ersten Anzeichen, daß dieser Vorgang erfolgen wird, stärkerer Turgor des Penis, der aufgestülpt bleibt, Austritt der Umgebung der eigentlichen männlichen Geschlechtsöffnung an der mit * bezeichneten Stelle der Figur, treten nach Verlauf von 40—60 Minuten auf. Die ganze bisher beschriebene glockenförmige Penispartie mit dem Titillator entspricht nur dem d o r s a l von der Geschlechtsöffnung gelegenen Abschnitt dieses Organs. Die v e n t r a l e Partie die nun sichtbar wird, trägt vier ganz kleine Schleimhautwärzchen, die aber nur zu sehen sind, solange die Schleimhaut dieser Gegend noch nicht völlig gespannt ist. Nun wird die ganze Umgebung der Geschlechtsöffnung durch die von innen andrängenden Ampullen der Spermatophore ad maximum gespannt, und man sieht diese als kuglige, zunächst glasige, dann weiße Bildungen langsam hervortreten.

Ich habe diesen Akt des Austritts der Ampullen, der bei L o c u s t i n e n, Decticinen und Ephippigerinen äußerlich übereinstimmend vor sich geht, sehr häufig gesehen, bin aber über einige seiner Einzelheiten noch zu keinem ganz klaren Urteil gelangt. Der eigentliche Stiel der Spermatophore ist als solcher vor seiner Einführung in die Vulva nicht sichtbar. Die Schwierigkeit, das, was bei der Ausscheidung der Ampullen vor sich geht, deutlich zu erkennen, liegt hauptsächlich darin, daß bei den beiden ersten der genannten drei Subfamilien die eigentlichen Samenbehälter gleichzeitig mit einer sie umgebenden, nach ihrer Befestigung caudal von ihnen liegenden, paarigen Hüllmasse austreten, die ich als A m p u l l e n l a p p e n bezeichnen möchte.

Das bei dem Ampullenaustritt zu beobachtende Tatsächliche ist etwa folgendes: aus der stark angeschwollenen gelblich durchsichtigen Umgebung der männlichen Genitalöffnung tritt durch diese selbst ein Paar kugliger Körper aus. Diese Körper, die erst noch weißlich durchscheinend sein können, werden undurchsichtig, leuchtend weiß, und zwar ist dabei schwer zu erkennen, ob i n die durchsichtigen Kugeln ein weißes Secret ergossen wird, ob sie von einem solchen umhüllt werden oder ob beides der Fall ist. Manchmal sieht man die Kugeln (bei *Locusta* und *Decticus*) bereits i n n e r h a l b des Penis, durch dessen Schleimhaut rein weiß durchschimmernd, sichtbar werden, so daß ihre Fertigstellung bei ihrem Austritt schon

vollendet ist. Nun treten die beiden Kugeln aus der sich in Falten
zurückstreifenden Schleimhaut der Geschlechtsöffnung als Ganzes
hervor, als leuchtend weiße, bei *Locusta caudata* fast erbsengroße
Kugeln, und es erfolgt, ohne daß, wie erwähnt, ein Stiel der Spermatophore sichtbar würde, ihre Einfügung in die Vulva durch eine
Bewegung des männlichen Hinterleibes, bei der in oraler und dorsaler
Richtung die männliche gegen die weibliche Geschlechtsöffnung gepreßt wird, also eine Bewegung, wie wir sie auch sonst in der
ganzen Familie der Locustiden wiederfinden. Es muß angenommen
werden, daß der Spermatophorenstiel den Ampullen nachfolgt, aber
schon während seines Erscheinens in die Vulva hineingedrückt wird.
Die ganze dorsal von der männlichen Geschlechtsöffnung gelegene
Penispartie zieht sich im Moment der Ampullenbefestigung vollkommen zurück. Nun tritt eine kurze Ruhepause ein, aber gleich
darauf quillt nun in außerordentlicher Fülle die zähe, undurchsichtige
Masse der Spermatophorenhülle aus der maximal sich ausdehnenden
Genitalöffnung des Männchens hervor, während seine Cerci an der
weiblichen Subgenitalplatte haften bleiben.

Die Produktion dieser Secretmassen dauert bei *Loc. caudata*
länger als sonst bei Formen mit diesem Typus der Spermatophore
(Decticinen, Ephippigerinen). Das Secret tritt in dicken Ballen aus,
die zwar im ganzen einigermaßen paarig, aber außerordentlich unregelmäßig und bei den einzelnen Individuen recht verschieden angeordnet sind. Ein Bild von der großen Spermatophore dieser Species
gibt Fig. 1, Taf. 2.

Die Dauer des Begattungsvorganges und seiner Phasen soll für
die fünf beobachteten Fälle angegeben werden:

Paar No.	Beginn	Austritt der Ampullen	Trennung
I.	6^{15}	7^{15}	7^{27}
II.	6^{07}	7^{09}	7^{20}
III.	6^{20}	7^{12}	7^{25}
IV.	5^{16}	$5^{57^{1/2}}$	6^{07}
V.	5^{59}	6^{40}	$6^{57^{1/2}}$

Daraus geht hervor, daß bis zum Austritt der Ampullen durchschnittlich $51^{1}/_{2}$, von da bis zur Trennung der Geschlechter durchschnittlich $13^{1}/_{2}$ Minuten vergehen, so daß also die Begattung dieser
Art in all ihren Einzelphasen verhältnismäßig langer Zeit bedarf.

Der Bau der Spermatophore läßt sich am besten auf

Rasiermesserschnitten studieren, die man an post coitum gut konservierten Weibchen bei genügender Schärfe des Messers leicht durch
in situ befindliche Spermatophoren legen kann. Fig. 8, Taf. 3, zeigt
einen so gewonnenen Medianschnitt einer Spermatophore von *Locusta
viridissima*, von der mir ein besser konserviertes Präparat vorliegt
als von der sich in allen Punkten gleich verhaltenden *L. caudata*.
Das Charakteristische dieser Art von Spermatophoren hat BOLDYREV
bereits betont: es finden sich in ihr nicht ein, sondern zwei Paare
von Kapseln, von denen BOLDYREV die mehr nach innen, in der
Vulva gelegenen als eigentliche Ampullen (retortenförmige Hohlräume), „Flacon", und die äußerlich aus ihr hervorragenden als
„akzessorische Reservoire" auffaßt. Die Abbildung zeigt eine der
weißen gebogenen, inneren Kapseln und eine der äußeren, die ich
für die eigentliche Ampulle halten möchte und die in den „Ampullenlappen" liegen. Gerade bei den *Locusta*-Arten ist die innere
Kapsel von der äußeren scharf geschieden.

Bei der Einbringung der Spermatophore in die Vulva ist von
den inneren Kapseln nichts zu sehen; die äußeren sind das, was bei
der Copulation als die beiden aus dem Penis austretenden weißen
Kugeln auffällt, denen sich erst später der „Spermatophylax" anfügt.

Zunächst sind diese beiden Kugeln undurchsichtig weiß, sie
werden aber später glasig durchsichtig. Solange sie noch undurchsichtig sind, machen sie auf dem Schnitt den Eindruck ziemlich
massiver Körper. Sie müssen also, um durchsichtig zu werden, einen
Inhalt entleeren, und das ist wohl auch zweifellos der Fall. Über
die eigentliche morphologische Bedeutung der beiden Kapselpaare
soll noch später in einer zusammenfassenden Übersicht nach der
Besprechung der beiden nächsten Subfamilien einiges gesagt werden.

b) *Locusta viridissima* L.

Während es mir im letzten Sommer bei meinem Aufenthalt in
Hökendorf (Pommern) trotz ziemlich reichlichen gefangenen
Materials nicht gelungen ist, die dort überaus häufige *Locusta cantans*
Füssli zur Copulation zu bringen, habe ich ebendort am 4. August
ein Pärchen von *Locusta viridissima* in copula [1]) auf einer Distelstaude
in einem Haferfelde angetroffen. Wenn TÜMPEL, der anscheinend

---

1) von der schon BOLIVAR eine vorzügliche, Teil I dieser Abb.,
p. 501 wiedergegebene Schilderung gibt.

nur die Abbildung Bolivar's (Fig. C) beschreibt, meint, das Männchen unserer Species müsse bei der Copulation mit dem Kopf nach unten sitzen, so bewies mir mein Fall, daß das nicht notwendig ist, hier saß gerade das Weibchen mit dem Kopf nach unten. Die Stellung war ganz so, wie Bolivar sie abbildet (Fig. D), nur hielt das Männchen mit dem zweiten Beinpaar die Legeröhre des Weibchens umfaßt, und seine Cerci waren genau so wie bei *L. caudata* an der Außenseite der weiblichen Sub-genitalplatte befestigt. Überhaupt war, wie ja auch zu erwarten, zwischen der Begattungsstellung von *L. caudata* und *viridissima* kein Unterschied festzustellen. Es scheint mir daher, solange nicht das Gegenteil bewiesen, in höchstem Maße wahrscheinlich, daß auch in beiden Fällen die Tiere auf gleiche Weise in diese Stellung zueinander kommen, daß also auch bei *L. viridissima* beim Beginn der Begattung, entgegen Tümpel's Angabe, das Männchen vom · Weibchen bestiegen wird.

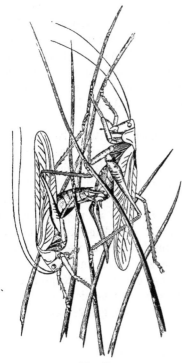

Fig. D.
Begattungsstellung von *Locusta viridissima* (nach Bolivar).

Der weitere Verlauf der Begattung, das Aus- und Einstülpen des hier weniger grün gefärbten Penisapparats, der Austritt der Ampullen nnd des Restes der Spermatophore, ist bei beiden Arten fast völlig gleich. Die Tiere wurden um 4^{45} aufgefunden, 5^{11} wurden die Ampullen sichtbar, 5^{18} trennten sich die Tiere, so daß also die Absonderung der Spermatophorenhülle unwesentlich kürzere Zeit in Anspruch nahm als bei *L. caudata*.

Die Spermatophore, die aus dieser Vereinigung hervorging, zeigt Fig. 2, Taf. 2. Sie gleicht fast vollständig einer von mir 1912 gefundenen, die ich (l. c. tab. 18 fig. 10a) abgebildet habe, und zeigt, wie ein Vergleich mit Fig. 2, Taf. 2 lehrt, eine etwas andere Form als die Spermatophore von *L. caudata*. Sie ist weniger unregelmäßig und höckerig, etwas symmetrischer, nicht ganz so voluminös. Im frischen Zustand sind ihre beiden größten und am meisten ventral gelegenen Lappen durchscheinend mit ausgesprochen eigelben Flecken, was auch schon an der frischen Spermatophore von 1912 festgestellt wurde. Die sonstige Struktur ist aber mit der von *L. caudata* übereinstimmend, so daß die Unterschiede, die konstant zu sein scheinen, sich nur in dem Relief der Hülle ausdrücken. Beide Spermatophoren gehören im übrigen durchaus dem gleichen Typus an, wie auch in dem Begattungsmodus selbst keine nennenswerten Unterschiede vorhanden zu sein scheinen. Einen Medianschnitt durch die Spermatophore dieser Art in der Vulva des Weibchens zeigt Fig. 8 Taf. 3.

5. Subfam. *Decticini*.

Obwohl ich im ersten Teil dieser Studie (p. 489 ff.) bereits Copulation und Spermatophore von *Decticus verrucivorus* beschrieben habe, so muß ich doch noch einmal hier auf diese Art zu sprechen kommen, und zwar aus zwei Gründen: einmal habe ich meine damaligen wenigen (2) Beobachtungen an freilebenden Tieren inzwischen durch das Studium reichlichen Materiales von Gefangenen ergänzen und in mancher Beziehung vervollständigen können, so daß ich über einige Fragen Antwort erhielt, die ich damals offen lassen mußte. Zweitens beschäftigt sich BOLDYREV's inzwischen erschienene Arbeit in erster Linie mit der Copulation von *Decticus* und der einiger anderer Decticiden, darunter der von *Platycleis roeseli*, die ich gleichfalls schon geschildert habe; außerdem beschreibt BOLDYREV aber auch noch die Spermatophore von *Olynthoscelis pontica*, die viel Interessantes bietet.

Ich habe die Copulation von *Thamnotrizon cinereus* und *Rhacocleis discrepans* neu beobachtet, den riesigen Decticiden *Psorodonotus fieberi*, von dem ich am Monte Maggiore 5 Männchen und 1 Weibchen fing, konnte ich nicht zur Copulation bringen. Bemerkt sei hier nur, daß das Männchen dieser Form, wenn man es ergreift, sein sehr lautes Zirpen hören läßt, ebenso wie die *Ephippigera*-Arten.

Decticus albifrons FABR.

Von der Begattung und Spermatophore dieser schon von FABRE studierten Art hat BOLDYREV eine ausführliche Schilderung gegeben und auch eine Zeichnung der Begattungsstellung beigefügt. Ich

möchte mir die Bemerkung erlauben, daß auf dieser Zeichnung wohl
irrtümlich die Cerci als c a u d a l von der weiblichen Subgenitalplatte,
in die Vulva selbst eingreifend dargestellt sind. Abweichend von
der Stellung bei *D. verrucivorus* ist die stärker caudal umgebogene
Haltung des Männchens, dessen Flügelspitzen bei *D. verrucivorus*
immer noch den Kopf des Weibchens berühren. Sonst ist alles
ebenso wie bei der einheimischen Art, insbesondere hält auch hier,
wie bei allen Decticiden, das Männchen die Legeröhre des Weibchens zwischen dem 2. Paare seiner Vorderfüße.

Die Spermatophoren von *Decticus albifrons* und *verrucivorus*
werden von Boldyrev eingehend beschrieben und abgebildet (Fig. E).
Seine Befunde sollen hier im Anschluß an die meinigen an *D. verrucivorus* gewonnenen besprochen werden.

a) *Decticus verrucivorus* L.

Die Begattung von *Decticus verrucivorus* wurde schon frühzeitig
in diesem Sommer (zuerst am 4. Juli) an größtenteils aus Hökendorf
mitgebrachten, teilweise aber auch auf Wiesen bei Breslau gefangenen Exemplaren in 8 Fällen beobachtet. Ich habe meiner
früheren Schilderung (l. c., p. 489 ff.) wenig zuzufügen. Genauer als
früher konnte ich das Spiel des Titillators beobachten, der, wie für
Locusta caudata beschrieben, innerhalb der Vulva auf dem Grunde
der Legeröhre hin- und herbewegt wird. Die Ausstülpung des Penis
geschieht in rascheren Intervallen und auch bei jedem einzelnen
Male schneller als bei den *Locusta*-Arten, mit deren Begattungsmodus
sonst, bis auf die in allen Phasen kürzere Zeitdauer, der von *Decticus*
im wesentlichen übereinstimmt. Als Z e i t d a u e r der Begattung
bei unserer Art habe ich mit fast absoluter Regelmäßigkeit 8 Minuten
gemessen, und zwar vergingen 5 Minuten bis zum ersten Anzeichen
des Erscheinens der Ampullen. — Die S t e l l u n g weicht von der
von *Locusta* darin ab, daß das Männchen hier lange nicht so stark
unter dem Weibchen nach hinten gebogen ist. Das zweite Fußpaar drückt gegen die Legeröhre, das erste greift nach irgendwelchen
Gegenständen der Umgebung. Einmal erfolgte bei meinen Gefangenen ein Coitus an der Drahtdecke des Behälters, wobei beide
Partner hängen mußten, sonst immer wie auch im Freien im Gras-
boden.

Was den A u s t r i t t d e r S p e r m a t o p h o r e anbelangt, so erfolgt er in der Hauptsache wie bei *Locusta*. Die beiden Ampullen

mit ihrer weißen Hülle treten während der Höhe der Erregung des
Männchens aus, dann folgt rasch die eigentliche Spermatophorenhülle, der „Spermatophylax" BOLDYREV's, der hier so in einem
Guß hervortritt, daß man den Eindruck hat, es werde ein im ganzen
vorher im Körper des Tieres fertig vorbereiteter Gegenstand durch
eine Art von Geburtsvorgang herausgepreßt. Diese Auffassung hatte
ich noch beim Niederschreiben meiner ersten Abhandlung über diesen
Gegenstand, weil ich damals außer der Begattung einiger Decticiden
nur noch die von *Diestrammena* und die zweier Phaneropteriden
kannte. Schon damals betonte ich, daß bei *Leptophyes* die Spermatophorenhülle allmählich secerniert werde. Ich bin jetzt durch Vergleichung eines viel umfangreicheren Materials zu der Überzeugung
gekommen, daß bei allen Locustiden die eigentlichen Ampullen als
Ganzes ausgestoßen, daß aber da, wo sie von besonderen „Ampullenlappen", wie ich es nennen möchte, umgeben werden, diese um die
Ampullen während ihres Austrittes secerniert werden. Der „Spermatophylax" wird wohl immer erst nach der Befestigung der Ampullen
als mehr oder minder zähe Masse abgesondert; die relativ nicht
übermäßig große Spermatophore der Decticiden (s. Fig. 8, Taf. 2)
würde bei manchen Arten zwar die männliche Geschlechtsöffnung
passieren können, für die ungeheuren Secretmassen, die von den
Männchen von *Tylopsis*, *Locusta* und *Ephippigera* produziert werden,
wäre das nicht möglich. Auf dem Medianschnitt ähnelt die Struktur
der Spermatophore von *Decticus* im ganzen sehr der von *Locusta*,
doch sind die inneren Kapseln der Spermatophore viel weniger
tief in die Vulva des Weibchens eingesenkt als dort. Die äußeren
Kapseln (BOLDYREV's akzessorische Hohlräume) sind hier ähnlich
angebracht wie bei *Locusta*, was aus der BOLDYREV entnommenen
Fig. E hervorgeht. Auch bei *Decticus* finden wir jenen bei *Locusta*
beschriebenen Vorgang, daß diese weißen, nach der Begattung unmittelbar dorsal von dem großen Klumpen der Freßsubstanz gelegenen
Kapseln allmählich durchsichtiger werden, obwohl noch lange ein
weißlicher Kern in ihnen sichtbar bleibt.

Es kann nun nach BOLDYREV's Untersuchungen nicht zweifelhaft
sein, daß die eigentliche große Spermamasse in den inneren
Kapseln enthalten ist, während dieser Autor die Frage nach der
Funktion der äußeren offen lassen muß.

Vielleicht läßt sich aber, obwohl die physiologischen Vorgänge,
die sich in den innersten Teilen der Spermatophore abspielen, der
direkten Beobachtung entzogen sind, hier eine Vermutung aussprechen:

Es wäre wohl möglich, daß die äußeren Kapseln dieser Spermatophoren etwas zu tun hätten mit der Bildung der Eiweißhülle, die
Spermatozoenmassen im Receptaculum seminis zu den „Spermato-
dosen" (Cholodkovsky) vereinigen, die Siebold zuerst bei *Decticus
verrucivorus* entdeckt hat. Es scheint eine Art von Arbeitsteilung
in der ursprünglich einheitlichen Ampulle jeder Körperseite insofern
aufgetreten zu sein, als die innere Kapsel als Spermareservoir,
die äußere als Eiweißbehälter ausgebildet ist. Boldyrev schreibt,
daß noch vor dem Eindringen des Spermas ins Receptaculum Eiweiß
hineinströme, das nachher die Spermatodosenhülle bildet. Boldyrev
scheint außerdem einen temporären Zusammenhang zwischen äußeren
und inneren Kapseln anzunehmen, da er schreibt: „schon 20 Minuten
nach der Befruchtung standen diese Reservoire in keinem Zusammenhange mit den retortenförmigen Hohlräumen und den Geschlechts-
gängen des Weibchens."

Mir kommt es also nach meinen gerade zur Aufklärung dieser
komplizierten Verhältnisse intensiv betriebenen Beobachtungen an
den drei in Frage kommenden Subfamilien der Locustiden,
Decticiden und Ephippigeriden so vor, als ob die Ampullenlappen allmählich durch Entleerung ihrer eiweißhaltigen Rinden-
substanz zu hohlen Körpern würden.

Es wurde (l. c., p. 494, vgl. außerdem Fabre und Boldyrev) geschildert, daß *Decticus* die Hülle der Spermatophore auf einmal ab-
reißt und dann langsam zerkaut und auffrißt. Die Demarkationslinie,
längs derer sich die Hülle von den Ampullen bei diesem Vorgang
trennt, verläuft so, daß die ganzen Ampullenlappen mit dem Spermatophorenstiel in der Vulva befestigt bleiben. Bei einem Weibchen,
das ich unmittelbar nach der Copulation mit der Spermatophore
konservieren wollte, mißlang mir dies zweimal deshalb, weil die
ventrale Partie der Spermatophore in dem Augenblick abfiel, in dem
ich das Weibchen, und zwar am Prothorax, ergriff. Beide Spermatophoren stammten von dem gleichen Männchen. Bei ihnen muß die
erwähnte Demarkationslinie besonders scharf ausgeprägt gewesen
sein. Später gelang es mir in zwei Fällen leicht, von anderen
Männchen produzierte Spermatophoren am Weibchen zu konservieren.

Sicherlich bestehen noch mancherlei Unklarheiten in der Be-
antwortung der Frage nach der Bedeutung der Ampullenlappen und
der Boldyrev'schen „akzessorischen Hohlräume". Ich glaube, daß
diese Unklarheiten nur durch immer genaueres Studium der Spermatophore während der Entleerung des Spermas ins Receptaculum seminis

einigermaßen werden beseitigt werden können, am konservierten
Material werden sich manche Fragen schwer lösen lassen.

Ich habe mein Material von *Decticus verrucivorus* ferner noch
zur Entscheidung der Frage verwandt, ob bei dieser Species ein-
oder mehrmalige Begattung die Regel ist. Ein Weibchen, das
gleiche, bei dem zweimal die ventrale Partie der Spermatophore
abfiel, begattete sich viermal. In zwei Fällen konnte es in Ruhe
die ganze Spermatophore fressen, in zweien nur die Ampullen. Ein
anderes Weibchen begattete sich zweimal. Zwei wurden gleich nach
der Copulation getötet, eines begattete sich nur einmal und begann
dann schon mit der Eiablage. Was die Fähigkeit der Männchen
anbelangt, die Begattung zu wiederholen, so lieferte ein Männchen
vier, ein anderes zwei Spermatophoren. In beiden Geschlechtern ist
also wiederholte Begattung möglich.[1]) Wieweit im Freien diese
Möglichkeit ausgenutzt wird, ist natürlich schwer zu entscheiden.
Ich nehme an, daß zu einem Männchen, solange es zirpt und
zeugungsfähig ist, mehrere Weibchen kommen werden, und es ist
kein Gegengrund, weshalb nicht auch ein Weibchen im Freien
mehrere Männchen aufsuchen sollte.

Fig. E.
Spermatophore (halbsche-
matisch) von *Decticus*.
Ovd Legeröhre. *ls* weibliche Subgenitalplatte. *b*
ihre Lappen. *m* Schleim-
schicht auf deren Lappen.
c Wandung, *f* Hals, *d*
Binnenraum der Ampulle.
r, *i*, *n* akzessorische Hohlräume (hier als primäre
Ampullen aufgefaßt) mit
doppelter Wand. *P* Sper-
matophylax (nach Boldy-
rev).

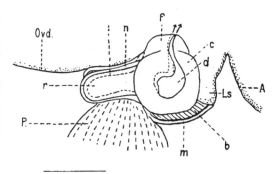

Hier soll noch kurz hingewiesen werden auf Boldyrev's Angaben über *Platycleis roeseli* Hagenb., dessen Begattung und Spermatophore auch von mir (l. c., p. 495) beschrieben wurde, und über
Olynthoscelis pontica Retow (Spermatophore). Boldyrev gibt eine
vortreffliche schematische Zeichnung des Baues der Spermatophore mit den Ampullen und den akzessorischen Räumen (Fig. F).
Wegen ihrer Klarheit gebe ich diese Figur hier wieder sowie das

---

1) Vgl. Boldyrev, l. c., p. 53.

äußere Bild der Spermatophore der zweiten Art (Fig. G), bei der
die Ampullen viel tiefer in die Vulva eingesenkt sind als bei *Platycleis*
oder gar bei *Decticus*. So ist bei dieser Art von außen nur der
„Spermatophylax" zu sehen. Auch bei *Olynthoscelis* beschreibt BOLDYREV
die „ergänzenden Reservoire", die er für *Decticus* schildert.

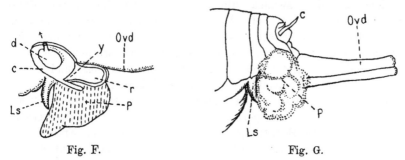

Fig. F.   Fig. G.

Fig. F. Spermatophore von *Platycleis roeseli*. *c* Ampulle, *d* ihr Binnenraum.
r akzessorisches Reservoir (hier als primäre Ampulle betrachtet). *y* Stütze des
Spermatophylax. *p* Spermatophylax. *Ovd* Legeröhre, *s* Subgenitalplatte des
Weibchens (nach BOLDYREV).
Fig. G. Spermatophore von *Olynthoscelis pontica* in situ. *c* Cerci. *Ovd*
Legeröhre. *Ls* Subgenitalplatte des Weibchens. *p* der allein von der Spermato-
phore sichtbare Spermatophylax (nach BOLDYREV).

b) *Thamnotrizon cinereus* L.

Die Spermatophore dieser gemeinen Art habe ich schon (l. c.,
p. 497, tab. 18 fig. 9) beschrieben und abgebildet, die Copulation
konnte ich erst im letzten Sommer in drei Fällen beobachten, und
zwar jedesmal am Nachmittag, während die Weibchen vormittags
nicht auf das Zirpen der Männchen reagierten. Wie es bei den
Decticiden üblich, spielt bei der Einleitung der Begattung das
Weibchen die mehr aktive Rolle, es betastet lange die Fühler des
sich immer tiefer krümmenden Männchens mit den seinen und steigt
diesem endlich auf den Rücken. Das alles geht bedeutend langsamer
vor sich als bei *Decticus*. Die Stellung ist die bei allen bisher
bekannten Decticiden übliche: das Männchen ist stark gekrümmt
und hält mit dem zweiten Fußpaar die Legeröhre des Weibchens‘
von sich weg. Auch das Weibchen ist ventral stark eingekrümmt
(s. Fig. 7, Taf. 2). Während der ersten Periode der Copulation
erfolgen Aus- und Einstülpungen des Penis wie bei *Decticus*. Wodurch nun die Copulation dieser Art, und zwar, worauf Wert zu
legen ist, in allen drei beobachteten Fällen, sich von der aller

anderen bekannten Locustiden unterschied, das ist der Umstand,
daß sie mehrfach unterbrochen wurde. Zweimal wurde sie plötzlich
ohne ersichtlichen Grund abgebrochen, obwohl die Cerci des Männchens
ganz normal an der Subgenitalplatte des Weibchens befestigt waren.
Auch wenn schließlich die Spermatophore erscheint, läßt vorher von
Zeit zu Zeit das Männchen das Weibchen frei, das dann entweder, ohne
seine Stellung zu verändern, wie auch im Anfang, den Rücken des
Männchens benagt, bis dieses die Begattung fortsetzt, oder auch dessen
Rücken verläßt, um ihn gleich darauf wieder zu besteigen.

Am 17. August dieses Jahres begann um 4^{32} nachmittags die
Copulation eines *Thamnotrizon*-Paares. Dreimal ließ das Männchen
das Weibchen los, das dazwischen jedesmal dessen Abdomen beleckte.
4^{51} begann dann der Austritt der Ampullen der Spermatophore, dann
quoll, ähnlich wie bei *Locusta*, die dicke undurchsichtige Masse hervor,
die schließlich die Ampullenlappen so umgreift, daß sie nur zum
Teil sichtbar bleiben. 4^{55} erfolgte die Trennung der Tiere.

Ein zweites Paar copulierte am 27. August um 4^{42} nachmittags.
4^{43} erfolgte bereits eine, diesmal vollständige Trennung, darauf
Wiedervereinigung, 4^{44} und 4^{45} kurze Trennung. 4^{46} erfolgt wieder
eine Vereinigung; diesmal kommt es schon 4^{48} zum Austritt der
Ampullen, 4^{51} ist die Copulation zu Ende, die das Weibchen aktiv
auflöst.

Die Spermatophore (Taf. 1 Fig. 9) fällt durch ihre unregelmäßige Form auf und dadurch, daß ihr sagittaler Durchmesser
den queren übertrifft. Sie ist kaum in zwei Hauptlappen gespalten,
wie das sonst bei Decticidenspermatophoren meist den Fall ist.
Einen Sagittalschnitt durch diese Spermatophore stellt Taf. 3 Fig. 11
dar. Auch hier finden wir zwei Paare von Hohlräumen, vor denen
die inneren, BOLDYREV's retortenförmige Räume, hier fast so tief
in die Vulva eingedrückt sind wie bei *Locusta*. Die „Ampullenlappen"
sind von der dicken Masse der Hüllsubstanz dicht umgeben, so daß
sie in caudaler Richtung nicht frei hervorragen. Somit scheinen
Anklänge an die von BOLDYREV bei *Olynthoscelis pontica* geschilderten
Verhältnisse vorzuliegen, was bei der nahen Verwandtschaft beider
Gattungen nicht überraschend sein kann.

c) *Rhacocleis discrepans* FIEB.

Von dieser in der Nähe von Rovigno unter und auf Gebüsch
außerordentlich häufigen Art wurden an Gefangenen vier Copulationen beobachtet. Die Einleitung der Begattung und die Stellung

dabei erinnern sehr an *Thamnotrizon cinereus*, doch sind einige Unterschiede festzustellen. Die Begattung erfährt keine Unterbrechung.
Nach 9—10 Minuten erscheinen die Ampullen, und eine Minute darauf
ist bereits die rundliche, relativ nicht große Spermatophorenhülle
herausgepreßt. Das Weibchen, das manchmal während des Schluß-
aktes den Rücken des Männchens beleckt, streift das Männchen mit
Hilfe eines Sprungbeines von sich, dieses wird dadurch von der im
Weibchen bleibenden Spermatophore gelöst, und die beiden Tiere
trennen sich. Auch hier hält das Männchen die Legeröhre des
Weibchens zwischen den Tarsen seines zweiten Fußpaares, die Bewegungen des Penis und Titillator sind, wie bei *Thamnotrizon*, sehr
heftig.

Die Spermatophore hat kleine Ampullenlappen, die Hülle ist
hier in zwei paarigen, runden, weißen Lappen angeordnet, die sehr
leicht von den Ampullen zu lösen sind. Wie bei *Decticus* wird bei
dieser Art die Spermatophorenhülle (ca. 10 Minuten post coitum) in
toto von den Ampullen gelöst, und zwar läßt sich hier leicht feststellen, daß die Ampullen allein in der Vulva zurückbleiben (s. Fig. 10,
Taf. 1).

Auf dem Medianschnitt durch die Spermatophore zeigt sich,
daß in ihr die Ampullenlappen weniger weit caudal von den inneren
Kapseln liegen, ein Befund, auf den noch einmal eingegangen
werden soll.

Anhangsweise sei hier noch erwähnt, daß am 8. September
zwischen L u p o g l a v a und dem Monte Maggiore ein Weibchen von
Thamnotrizon dalmaticus mit frischer, verhältnismäßig sehr kleiner,
runder, an die von *Rhacocleis* erinnernder Spermatophore aufgefunden
wurde, die unterwegs verzehrt wurde.

Alles in allem kann festgestellt werden, daß die Spermatophore
der Decticiden in der Ausbildung zweier Paare von Hohlräumen und
in der Gesamtanordnung der der Locustiden ähnlich gebaut ist. Die
Hülle (der Spermatophylax) erreicht nicht die Dimensionen wie bei
Locusta. — Die Begattungsstellung ist, soweit bisher bekannt, bei
den Decticiden überall gleich, das Männchen ist ventral viel weniger
weit unter dem Weibchen zurückgebogen als bei *Locusta*, wie bei
dieser Gattung hält sein zweites Fußpaar die Legeröhre des Weibchens und drückt sie dorsalwärts. Die rhythmischen Bewegungen
des Titillators werden auch hier ausgeführt, die Begattung dauert
aber meist kürzer als bei *Locusta*, bei *Thamnotrizon cinereus* wird
sie einige Male unterbrochen und wieder fortgesetzt.

Von Interesse wäre es, das Verhalten der recht abweichend gebauten Art *Psorodonotus fieberi*, deren Copulation zu beobachten mir in diesem Jahre nicht gelungen ist, kennen zu lernen.

Subfam. *Ephippigerini.*

a) *Ephippigera limbata* Br.

Diese Art ist im istrianischen Karst und an den Hängen des Monte Maggiore besonders auf Juniperusbüschen ungemein häufig, und das Zirpen der Männchen ertönt im Sonnenschein allenthalben. Die Weibchen sind viel seltener, und ich habe von ihnen nur 7 Stück gefunden. Im Gebirge findet sich überall die F o r m a m i n o r dieser Species, am letzten Tage meines Rovigneser Aufenthaltes fand ich dicht bei Rovigno ein Weibchen der F o r m a m a j o r, das am 8. Oktober in Breslau mit einem Männchen der kleineren Form copulierte und dabei photographiert werden konnte (Taf. 1 Fig. 1 u. 2).

Es ist längst bekannt, daß bei *Ephippigera* beide Geschlechter zirpen können und daß es außerdem bei dieser Gattung außer dem von Männchen und Weibchen, von diesem allerdings sehr viel leiser, ausgeübten Zirpen aus Begattungstrieb noch ein Zirpen des Schreckens, der Abwehr gibt, das beim Ergreifen der Tiere, besonders beim Anfassen am Prothorax, prompt ertönt. Die Art ist ausschließlich im Sonnenschein wirklich lebhaft.

An Gefangenen wurden fünf Copulationen beobachtet, eine noch in Rovigno, die übrigen vier in Breslau. Der Verlauf der Begattung bietet mancherlei Besonderheiten, die teilweise schon von Bérenguier[1]) für *Eph. terrestris* Yers. geschildert worden sind. Ich muß hier noch einmal auf die schon früher (l. c., p. 484) herangezogene Schilderung dieses Autors kurz eingehen.

Bérenguier schildert, wie das Männchen das Weibchen ergreift: (Le mâle) se glisse à reculons sous la ♀ qui de son côté, relevée sur le plus haut de ses pattes, grimpe en partie sur le dos du ♂ dont l'extrémité abdominale est en ce moment complêtement recourbée la face ventrale en haut. Les cerques saisissent brusquement la plaque sousgénitale de la ♀ et implantent leurs crochets latéraux dans les petites impressions situées de chaque côté de

---

1) P. Bérenguier, Notes orthopterologiques, IV—VII, in: Bull. Soc. Ét. Sc. nat. Nimes, Vol. 36, 1908.

cette plaque qui devient baillante tandis que la plaque sousgénitale du ♂ s'applique au dessous de l'oviscapte et que les titillàteurs s'insinuent dans l'entrebaillement de la plaque sousgénitale de la ♀."

Bei *E. limbata* wird die Copulation dadurch eingeleitet, daß das Weibchen beginnt, die Dorsalfläche des männlichen Hinterleibes zu benagen. Dann rückt es, was sehr lange dauern kann, allmählich immer weiter nach vorn, wobei es dieses Benagen immer fortsetzt und auch auf die Flanken des Männchens ausdehnt. Das Männchen sitzt während dieser Zeit still, und ich habe niemals gesehen, daß es aktiv nach hinten unter das Weibchen gekrochen wäre. Schließlich gelangt das Weibchen mit seinen Mundteilen bis auf Pronotum und Hinterkopf des Männchens, und die Berührung dieser Teile löst die eigentümliche Haltung des Hinterleibsendes aus, die Bérenguier schildert. Die Analpartie des Männchens mit den Cerci biegt sich dorsal aufwärts und gleichzeitig oralwärts, so wie der Stachel des Skorpions, wenn er stechen will. Das Weibchen senkt die Legeröhre etwas, und nun kommt die weibliche Subgenitalplatte, wie es Bérenguier schildert, so zwischen die Cerci des Männchens zu liegen, daß deren mediale (nicht laterale, wie Bérenguier sagt) Zähne mit einem plötzlichen Ruck in zwei Gruben der Platte einspringen. Nun sind die Tiere außerordentlich fest verbunden, und aus dem 9. Segment des Männchens tritt der Penis mit dem Titillator aus.

Was diesen Begattungsanfang von dem anderer Locustiden unterscheidet, ist vor allem die abweichende Körperhaltung des Männchens. Bei allen anderen mir bekannten Locustiden, außer bei *Diastrammena*, krümmt das begattungslustige Männchen den Hinterleib mit der Spitze tief abwärts. Hier ist dies nicht der Fall, sondern das Männchen sitzt während des Aufsteigens des Weibchens in gestreckter Haltung und biegt dann sogar die Hinterleibsspitze hoch empor.

Was nun, nach einigen Sekunden bis einigen Minuten, erfolgt, ist die Umdrehung des Männchens unter dem Weibchen, die durch einen Sprung des letzteren, ganz ähnlich wie bei *Meconema* (S. 16), bewirkt wird. Für *E. terrestris* schildert Bérenguier diesen Sprung sehr anschaulich: „A ce contact, la ♀ lâche le pronotum du ♂ qu'elle mordillait et esquisse un bond en avant qui a pour effet de culbuter le ♂ dont les organes génitaux ne lâchent pas prise et qui se trouve de la sorte couché sur le dos, la

tête en arrière et sous l'oviscapte de la ♀ auquel il se cramponne
à l'aide de ses membres antérieurs, les postérieurs en partie repliés."

Von dieser Stellung, die bei *E. limbata* in ganz gleicher Weise
eingenommen wird, gibt Fig. 1, Taf. 1 eine Darstellung. Man sieht,
wie das zweite Beinpaar auch hier die Legeröhre des Weibchens
dorsal in die Höhe drückt, während das erste an ihr einen Halt
sucht und sie umschließt. Von der Stellung, die *Meconema* bei der
Copulation einnimmt, unterscheidet sich die von *Ephippigera* dadurch,
daß *Meconema* sich nur mit den Kiefern, *Ephippigera* mit den Füßen
an der Legeröhre festhält und deshalb tiefer unter dieser herab-
hängt.

Während nun BÉRENGUIER die weiteren Vorgänge bei der Copulation von *E. terrestris* so schildert, daß alles sich in kürzester Zeit
abspielt, ist dies bei *E. limbata* keineswegs der Fall. BÉRENGUIER
schreibt: „Presque immédiatement [nach dem Sprung des Weibchens]
les flancs du ♂ se contractent avec violence, le spermatophore surgit,
les titillateurs s'écartent pour lui livrer passage; en quelques
secondes le spermatophore est fixé, puis, d'un brusque mouvement, la
♀ se sépare du ♂ qu'elle abandonne couché sur le dos ..."

Bei *E. limbata* beginnen nach dem Sichüberschlagen des Männchens
heftige, rhythmische Ausstülpungen des Penis, und genau wie bei
Locusta und *Decticus* wird der Titillator im Grunde der Vulva hin-
und herbewegt. Genau wie dort pressen sich bei jeder maximalen
Entfaltung des voluminösen Schleimhautkomplexes zwei seitliche
Warzen in die sie genau aufnehmenden Ecken der Vulva hinein.
Die männliche Geschlechtsöffnung bleibt geschlossen, sie ist von
drei Lappen umgeben, einem dorsalen medianen unpaaren und zwei
ventralen paarigen. In der ausgestülpten Schleimhaut sieht man
deutlich den Verlauf gegabelter, weißer Tracheen.

Die Dauer dieser Preßbewegungen ist unter normalen Umständen verhältnismäßig sehr lang. In einem Falle hatte sich das
Weibchen mit der Spitze seiner Legeröhre in den Maschen des
Drahtkäfigs verfangen und konnte deshalb den Sprung nach vorwärts nicht ausführen, und das Männchen gelangte nicht in die
normale Begattungsstellung, die aber eingenommen wurde, als ich
nach etwas über einer Stunde das Weibchen aus seiner Lage befreite. In diesem Falle dauerte die Copulation, die mit der Abgabe
einer normalen Spermatophore endete, fast 2 Stunden. Ich gebe
die einzelnen Abschnitte der beobachteten Begattungen hier an, die
sämtlich vormittags stattfanden.

Paar No.	Datum	Beginn	Austritt der Ampullen	Trennung	Bemerkungen
I.	15./9.	8^{42}	9^{13}	9^{15}	Rovigno
II.	22./9.	11^{03}	12^{52-53}	12^{55}	abnorm
III.	23./9.	9^{55}	10^{40}	10^{42}	Breslau
IV.	8./10.	12^{12}	—	12^{52}	Breslau
V.	13./10.	10^{41}	11^{16-17}	11^{20}	

Wenn wir von dem zweiten, abnormen Falle absehen, so erfolgt also der Austritt der Ampullen nach 31—45 Minuten. Der Austritt der Ampullen selbst dauert ca. 1 Minute, der Rest der Spermatophore wird in 2—3 Minuten zutage gefördert. Wie Fig. 11, Taf. 1 lehrt, ist diese Spermatophore ganz außerordentlich groß im Verhältnis zum Körper des Tieres, besonders des sie produzierenden Männchens. Es ist erstaunlich, daß diese Spermatophore zu ihrem Austritt viel kürzere Zeit braucht als die relativ etwas kleinere von *Locusta*, die ihr sonst im ganzen Aufbau ungemein ähnelt.

Den Vorgang ihres Erscheinens habe ich jedesmal mit großer Deutlichkeit, einmal besonders gut unter dem SEIBERT'schen binokularen Mikroskop, verfolgen können. Er spielt sich äußerlich so ab wie bei *Locusta*; zunächst wird die männliche Geschlechtsöffnung, unter kurzen rhythmischen Kontraktionen der Penisschleimhaut durch die von innen vordrängenden Ampullen, stark vorgewölbt, die sie begrenzenden drei Klappen klaffen und lassen die weißen Kugeln der auch hier sehr ausgebildeten A m p u l l e n l a p p e n sichtbar werden, die rasch zu außerordentlicher Größe anwachsen und, sowie die Penisschleimhaut ganz über sie hinweggestreift worden ist, mit einem Ruck in der Vulva befestigt werden. Dabei sieht man, daß sie birnförmig sind mit oral gerichtetem Stiel. Nun quillt, oral von den Ampullen, rechts und links aus den Winkeln zwischen der dorsalen und den ventralen Klappen der männlichen Geschlechtsöffnung je ein glasiger, zäher Schleimtropfen, und u n t e r die Oberfläche dieses Tropfens quillt nun die unregelmäßig gelappte Hauptmasse der Spermatophore, die wie bei *Locusta caudata* angeordnet ist. Der zähe, vorher ausfließende, glasige Schleim hat offenbar die Aufgabe, eine feste Verbindung zwischen Ampullenlappen und der Spermatophorenhülle herzustellen.

Die ganze Spermatophore ist zunächst rein weiß. BÉRENGUIER sagt von der von *E. terrestris*: „Le spermatophore est d'une forme presque sphérique, partagé par de légers sillons en quatre lobes, les supérieurs deux fois moins volumineux que les inférieurs, d'une couleur blanc nacré qui tourna rapidement en jaune d'ivoire . . ."

Es wird also hier eine Farbenänderung bei der Spermatophore beschrieben. FISCHER[1]) schildert die Spermatophore von *E. vitium* als erbsengroß, symmetrisch, halbdurchsichtig, eiweißartig; über die Ampullen sagt er: „ad cuius basin utrinque bulla magis hyalina cum nucleo croceo vel aurantiaco conspicienda erat".

Bei *E. limbata* sind nun diese „Nuclei aurantiaci" in der Spermatophore einige Zeit nach dem Coitus zu sehen, während die Ampullen als dicke undurchsichtige Kugeln austreten. Es tritt also auch hier eine Farbenänderung innerhalb der Spermatophore auf, die sich lediglich an den Ampullen abspielt und die geeignet erscheint, über deren Bau einige Aufklärung zu geben, insbesondere über den der „Ampullenlappen".

Betrachtet man ein Weibchen unserer *Ephippigera*-Art etwa ¹/₄ Stunde nach der Begattung, so ist die Spermatophore schon etwas angefressen, ihre Oberfläche etwas geglättet, die Ampullenlappen sind durchsichtig geworden, und in ihnen ist ein lebhaft orangerot gefärbtes Zentrum sichtbar, von dem ein feiner, ebenfalls orangefarbener Strang durch den Spermatophorenstiel ins Innere der weiblichen Genitalien führt. Es kann nicht zweifelhaft sein, daß es sich um die eigentlichen Ampullen und ihre Ausführungsgänge handelt. An der caudalen Fläche der Ampullen bleibt längs der Linie, in der sie median zusammenstoßen, zunächst noch ein weißer Streif stehen.

Einige Stunden nach der Begattung sind die Ampullen noch durchsichtiger, ihre orangeroten Kerne noch leuchtender geworden. Bei der Größe der Spermatophore dieser Art läßt sich das allmähliche Schwinden der undurchsichtigen Massen aus den Ampullenlappen gut verfolgen.

Einen Medianschnitt durch eine frische Spermatophore zeigt Fig. 4, Taf. 3. Es zeigt sich, daß bereits bei ihr die „nuclei aurantiaci" vorhanden sind, verdeckt durch die dicke äußere Eiweißmasse der Ampullenlappen. Ferner zeigt uns der Schnitt noch, daß die Spermatophore mit kurzem gebogenem Stiel in der Vulva befestigt ist, aus der sich das ganze Gebilde leicht unverletzt auslösen läßt. Innere Kapseln fehlen. Somit ist zwar von außen gesehen die Spermatophore von *Ephippigera* der von *Locusta*

---

1) Orthoptera europaea, Leipzig 1853, p. 193.

außerordentlich ähnlich, aber im inneren Bau besteht ein wesentlicher Unterschied.

Während nach BÉRENGUIER bei *E. terrestris* die Spermatophore vom Weibchen in wenigen Stunden verzehrt wird, kann diese Prozedur bei *E. limbata*, wie bei *Locusta caudata*, bis über 24 Stunden dauern. Dabei wird allmählich die ganze Masse der Spermatophore gefressen, nicht, wie es FABRE für *E. vitium* beschreibt, bis zum Vertrocknen und Herausfallen mit herumgetragen. Bei einem Weibchen fand ich etwa 24 Stunden nach der Begattung die Ampullen dadurch eröffnet, daß ihre orale Wand weggefressen war, während die hintere noch stand. Es liegt hier also ein ähnliches Verhalten vor wie bei *Locusta caudata*. Eine nach 24 Stunden herausgenommene Spermatophore wurde in Alkohol konserviert und in Xylol aufgehellt. Sie zeigte die Ampullen von einer doppelten Wand umgeben, von dem „Spermatophylax" waren nur noch halbtrockene Reste da, ebenso von den „Ampullenlappen". Dagegen war der Spermatophorenstiel mit den beiden Ausführungsgängen sehr gut zu sehen.

Es kann im ganzen gesagt werden, daß trotz innerlich verschiedenen Baues die Art der Abgabe der *Ephippigera*-Spermatophore wenig von dem bei der Gattung *Locusta* beschriebenen abweicht. Eigentümlich ist die Stellung, sowohl bei der Einleitung der Begattung, wobei das Männchen im Gegensatz zu denen anderer Locustiden-Arten seine Hinterleibsspitze dorsalwärts krümmt, wie bei dem eigentlichen Begattungsakt selbst, bei dem das Männchen mit dem Kopf nach hinten unter der Legeröhre des Weibchens hängt.

Zusammenfassendes über die Spermatophoren der Locustinen, Decticinen und Ephippigerinen.

Wenn wir die Spermatophoren der drei letztbesprochenen Subfamilien vergleichend betrachten, so können wir feststellen, daß bei den Locustinen und Decticinen zwei Paare von Hohlräumen vorhanden sind, bei *Ephippigera limbata* dagegen nur eines, während VOSSELER [1]) für die Ephippigeride *Platystolus* einen akzessorischen Körper im

---

1) A. VOSSELER, Beitr. zur Faunistik u. Biologie der Orthopteren Algeriens und Tunesiens, in: Zool. Jahrb., Vol. 17, Syst., 1903, p. 49 (Spermatophoren von Eugaster und Platystolus). Die VOSSELER'schen Abbildungen sind im ersten Teil dieser Abhandlung, p. 487, kopiert.

Spermatophorenstiel beschreibt, der den „retortenförmigen Räumen" von *Decticus, Locusta* usw. vergleichbar zu sein scheint.

Fragen wir uns, welcher Teil der Spermatophore der Decticinen und Locustinen den Ampullen der Phaneropterinen, Meconeminen und Conocephalinen zu homologisieren sei, so möchte ich auf Grund der Vosseler'schen Feststellung an *Platystolus* und außerdem an der Hand eigener Schnittpräparate, die in Fig. 8—11, Taf. 3 zusammengestellt sind, der Meinung zuneigen, daß dies die ä u ß e r e n, von mir als A m p u l l e n l a p p e n bezeichneten Körper seien. Hierfür habe ich folgende Gründe:

1. Die topographische Lage aller dieser Kapseln im Verhältnis zur Vulva des Weibchens, ferner die Art ihres Austrittes bei der Begattung ist überall gleich. Dies gilt insbesondere für die „Ampullenlappen" von *Locusta* und die von dicker Eiweißschicht umgebenen Ampullen von *Ephippigera limbata.*

2. Es finden sich Übergangsformen zwischen dem Typus mit einem und dem mit zwei Paar Hohlräumen. Abgesehen von *Platystolus* sehe ich einen solchen Übergangstypus in der Spermatophore von *Platycleis grisea* (Fig. 10, Taf. 3, Präparat von 1912), die sich von der von *Thamnotrizon cinereus* (Fig. 11) oder gar der des Gattungsgenossen *Platycleis roeseli* (Fig. 9) wesentlich unterscheidet. Während bei beiden letztgenannten Arten die Boldyrev'schen retortenförmigen und akzessorischen Hohlräume scharf getrennt sind, bildet der äußere (akzessorische) Raum bei *Ph. grisea* nur eine kappenförmige Umhüllung des weiten inneren Raumes. Ähnlich verhält sich *Rhacocleis.*

Ich möchte daher die Meinung äußern, daß uns *Platystolus* etwa lehren kann, wie der im Spermatophorenstiel enthaltene, in die Vulva eingesenkte Ausführungsgang der Ampullen Schlängelungen, Erweiterungen usw. erfahren kann, so daß schließlich ein Sperma führender (innerer) von einem wesentlich Eiweißmasse enthaltenden (äußeren) Raum gesondert wird. Bei *Ephippigera limbata* haben wir die außerhalb der Vulva gelegenen Ampullen selbst von einem dicken Eiweißmantel umgeben, der allmählich entleert wird, so daß nach dieser Entleerung die eigentlichen Samenkapseln in einem weiteren leeren kugelförmigen Raum suspendiert sind.

Ich meine daher, daß bei den Decticiden und Locustiden die i n n e r e n Kapseln sich als sekundäre Differenzierungen der ursprünglichen Ampullen entwickelt haben, die diesen ihre Funktion mehr und mehr abgenommen haben. Dabei meine ich, daß die Eiweiß-

massen der Ampullenlappen vielleicht mit dazu dienen könnten,
während des Spermatophorenaustrittes das Sperma vor sich her in
die inneren Kapseln zu drängen. Bestärkt werde ich in dieser Ansicht noch durch das Vorkommen weniger ausgeprägter terminaler
Anschwellungen des Lumens im Ampullenstiel bei *Xiphidium* und
noch geringerer bei *Meconema*.

Anhang. Die Spermatophoren der Mantiden.

Es wurde (l. c., p. 517) bereits der Befund PRZIBRAM's[1]) erwähnt,
nach dem bei *Mantis religiosa* nach der Begattung eine Spermatophore in den Geschlechtsteilen des Weibchens sichtbar ist. Da deren
Vorkommen bei anderen Orthopteren als den Locustiden und Grylliden von einem vergleichend-phylogenetischen Interesse für uns sein
muß, so habe ich mir im Herbst 1913 Spermatophoren von *Mantis
religiosa* L. und von *Ameles decolor* CHARP. in Rovigno verschafft.
Beide Arten sind leicht zur Copulation zu bringen, bei der, wie
PRZIBRAM bereits schildert, das Männchen auf dem Weibchen sitzt
und seinen Hinterleib von rechts her um die Hinterleibsspitze des
Weibchens schlingt. Dabei muß, besonders bei *Ameles*, das männliche Abdomen eine sehr starke Krümmung beschreiben. Der hornige
Penis des Männchens dringt nun von links her (das Männchen langt
mit seinem Abdomen völlig um das des Weibchens herum) zwischen
9. und 10. Segment des Weibchens ein, dessen einem rinnenförmig
zusammengelegten Blatt gleichende Subgenitalplatte ventral abwärts
gedrängt wird. In den so entstehenden, tief klaffenden, frontalen
Spalt der weiblichen Hinterleibsspitze zwängt das Männchen die
seinige hinein und zwar so, daß die linke laterale Kante seines
Rumpfes nach oben sieht. Der männliche Hinterleib ist also nicht
nur schlingenförmig gebogen, sondern auch um seine Längsachse um
ca. 90° gedreht. Während der Copulation hält das Männchen bei
beiden Arten das Weibchen zwischen seine beiden geschlossenen
Fangarme gepreßt. Das Weibchen von *Ameles* krümmt während der
Copulation den Hinterleib etwas dorsalwärts. Bei *Mantis* dauert
die Copulation, wie auch PRZIBRAM angibt, meist $2^1/_2$ Stunden, bei
Ameles $1-1^1/_2$ Stunden.

Von *Ameles* werden 4, von *Mantis* 6 Copulationen beobachtet;
nur in einem Falle wurde bei *Mantis* dem Männchen intra oder

---

1) Die Lebensgeschichte der Gottesanbeterinnen (Fang-Heuschrecken);
in: Z. wiss. Insektenbiol., Vol. 3, 1907, p. 117, 146.

post coitum (die Begattung wurde nachts beendet) der Kopf und
Prothorax von Weibchen abgefressen, was ich früher (1900) in
Rovigno öfters gesehen hatte.

An der Hinterleibsspitze der Weibchen beider Gattungen war
nach der Begattung von außen wenig besonderes zu sehen. Die
Subgenitalplatte war noch ventralwärts abgebogen, und man konnte
vermuten, daß dies durch einen in ihrem Innern verborgenen festen
Gegenstand geschähe. Beim Auseinanderbiegen der Subgenitalplatte
und der dorsal davon liegenden, hakenförmig gekrümmten Legeröhre
sieht man die weißliche, mit einem undurchsichtigen weißen Kern
versehene S p e r m a t o p h o r e in der Vulva stecken.

Herauspräparierte Spermatophoren von *Mantis* zeigen außerordentlich unregelmäßige Begrenzung, eine Menge von Zacken und
Fortsätzen, die auch in der von Przibram gegebenen Textfigur angedeutet zu sein scheinen. Das ganze Gebilde hat etwa die Größe
eines Hanfkornes. Mir liegen zwei konservierte Exemplare vor, von
denen die eine nur ganz unbedeutend größer ist als die andere.
Der größte Durchmesser beträgt nicht ganz 3 mm. Jede Spermatophore besteht aus einer K a p s e l, die das Sperma enthält und die
von zwei Membranen umgeben ist: die innere Kapsel, die den Samenbehälter selbst begrenzt. ist außerordentlich unregelmäßig gestaltet;
trotzdem läßt sich an ihr ein nach außen (caudal) gerichtetes
stumpfes und ein orales, in zwei Hauptspitzen ausgezogenes Ende
unterscheiden. Die größte dieser beiden Spitzen birgt den A u s -
f ü h r u n g s g a n g, der das Sperma in das Receptaculum des Weibchens
zu leiten hat. Außer ihnen ist die Kapsel noch in einige unregelmäßige, stumpfere, kleinere Fortsätze ausgezogen.

An der Mündungsstelle des Ausführungsganges stoßen innere
und äußere Haut der Spermatophore zusammen. Im wesentlichen
wiederbolt die äußere die mannigfachen Auszackungen der inneren,
ihre äußere Oberfläche ist von einer dünnen unregelmäßig aufliegenden Schleimschicht überzogen. Fig. 5, Taf. 3 zeigt eine solche
vergrößerte Spermatophore.

Etwas regelmäßiger gestaltet ist .die Spermatophore von
Ameles decolor, die naturgemäß viel kleiner ist als die von *Mantis*,
etwa $1^1/_2$ mm lang. Das Ganze ist ein stumpf kegelförmiges Gebilde
ohne die für die Spermatophore von *Mantis* charakteristischen zackigen
Fortsätze. Auch hier besitzt der eigentliche, den Samen bergende
Hohlraum eine doppelte Hülle, die aber hier durch einen geringeren
Zwischenraum getrennt sind. Die etwas abgerundete und abgeschrägte

Spitze dieses Kegels wird sichtbar, wenn man die Legeröhre und
Subgenitalplatte des Weibchens auseinanderbiegt, sie ragt dann
nach außen hervor, während die Basis des Kegels in die Vulva eingesenkt ist, ähnlich wie das zweispitzige Spermatophorenende bei
Mantis. Auch hier mündet der Ausführungsgang durch einen kurzen,
stumpfen Fortsatz an der Basis des Kegels, und an dieser Stelle
stoßen äußere und innere Membran der Spermatophoren zusammen.

Es ist mir durch Zufall nicht gelungen, die von PRZIBRAM beschriebene A u s s t o ß u n g der entleerten Spermatophore zu beobachten,
weder bei *Ameles* noch bei *Mantis*, obwohl auf diesen Punkt geachtet wurde. Ich muß den richtigen Moment verpaßt haben,
konnte aber auch in den Käfigen keine leeren Spermatophoren
auffinden.

Die uns hier interessierende Frage ist naturgemäß die nach
der V e r g l e i c h b a r k e i t der Mantidenspermatophoren mit denen der
uns eigentlich nur beschäftigenden Familien der Grylliden und
L o c u s t i d e n. Zunächst sind alle drei Spermatophorentypen insofern vergleichbar, als sie neben einer Kapsel, die den Samen enthält, noch weitere Bildungen aufweisen, die als Hüllen, Befestigungsmittel usf. auftreten.

Meines Erachtens ist aber, wenn wir von diesen ganz allgemeinen
Ähnlichkeiten absehen, nur ein Spermatophorentypus einigermaßen
mit dem der Mantiden vergleichbar, nämlich der von *Gryllotalpa*,
der im ersten Teil dieser Arbeit ausführlich geschildert und abgebildet worden ist. Bei *Gryllotalpa* wie bei den Mantiden enthält
eine äußere Membran in ihrem Innern die kleinere eigentliche,
unpaare Samenkapsel, und nur an der Mündungsstelle des Ausführungsganges berühren sich beide. In der ganzen äußeren Form,
in der Aufhängung der inneren Kapsel innerhalb der äußeren, vor
allem aber in der sehr viel komplizierteren Ausgestaltung des Ausführungsganges bei *Gryllotalpa* weichen beide Formen voneinander
ab. Immerhin meine ich, daß, w e n n überhaupt eine Möglichkeit
besteht, die Mantidenspermatophoren an die der Grylliden und
Locustiden anzuknüpfen, dieser Punkt der Anknüpfung hier zu
suchen ist. Es ist, wie mir wohl bewußt ist, ebensogut möglich,
daß diese Vergleichbarkeit kein Beweis für einen genetischen Zusammenhang zu sein braucht, und ich bin weit entfernt davon, einen
solchen zu behaupten. Nur möchte ich vor allem feststellen, daß
die Spermatophorenformen der e i g e n t l i c h e n Grillen (*Gryllus*,
Nemobius, *Oecanthus*) sich mit denen von *Mantis* ebensowenig in

den Einzelheiten ihres Aufbaues vergleichen lassen, wie die der
Locustiden.

III. Besprechung der Ergebnisse.

1. Ergebnisse an Grylliden.

Wenn wir versuchen, aus dem bis jetzt vorliegenden Material
die gewonnenen Ergebnisse zusammenzustellen, so ist zunächst festzustellen, daß für die Grylliden alle im ersten Teile dieser Abhandlung ausgesprochenen Folgerungen weiter zu recht bestehen.
Neu beobachtet wurde *Oecanthus*, dessen Copulation und Spermatophore im wesentlichen keine Abweichungen von dem bei den
Gattungen *Liogryllus*, *Gryllus* und *Nemobius* festgestellten Typus
zeigen, mit einigen Ausnahmen: 1. Die Flügelhaltung von *Oecanthus*,
durch die ein im Winkel zwischen Flügeln und Körper des Männchens
gelegenes Drüsenfeld entblößt wird, erinnert einigermaßen an die
vieler Locustidenmännchen, ohne daß dieser Ähnlichkeit eine tiefere
Bedeutung zukommen müßte. 2. Die Copulation von *Oecanthus* hat
ein ähnliches Nachspiel wie die von *Nemobius*; da nach dessen
Beendigung die Spermatophore aus der Vulva entfernt wird, so wird
zweifellos während seiner Dauer das Sperma ins Receptaculum des
Weibchens geleitet. 3. Die Spermatophore, die mit einem Hinterfuß
aus der Vulva genommen wurde, wird vom Weibchen gefressen.
Dieser Modus ihrer Entfernung wurde bei anderen Grillen nicht
beobachtet.

Im übrigen ist *Oecanthus* im Bau seiner Spermatophore und in
der Ausführung der Copulation trotz seines locustidenähnlichen Habitus ein echter Gryllide, und die Hoffnung, bei ihm vermittelnde
Eigenschaften zu finden, hat sich nicht erfüllt.

Die Sonderstellung, die *Gryllotalpa* unter den Grylliden im Bau
ihrer Spermatophore einnimmt, bleibt weiter bestehen, so daß
zwar bei den Grylliden im weiteren Sinne die gleiche Begattungsstellung (Weibchen auf dem Männchen sitzend) sich findet,
aber zwei sehr verschiedene Spermatophorenformen vorkommen.[1]

---

1) An dieser meiner Auffassung wird wenig geändert durch die unmittelbar nach Fertigstellung dieser Arbeit erschienene Abhandlung BOL-
DYREV's, „Die Begattung und der Spermatophorenbau bei der Maulwurfsgrille (Gryllotalpa gryllotalpa L.)", in: Zool. Anz., Vol. 42, p. 592—605,
worin er einen äußeren fadenförmigen Anhang der *Gryllotalpa*-Spermato-

Die soeben besprochene Vergleichbarkeit des gröberen Baues der
Gryllotalpa- und Mantidenspermatophore könnte auf eine primitive
Ausgangsform bei blattidenartigen Vorfahren hinweisen. Doch fehlen
vorläufig hierfür festere Anhaltspunkte.

Wenn somit die Ergebnisse an Grylliden, wie sie im ersten
Teile dieser Studie niedergelegt wurden, durch die neu hinzu-
gekommenen Beobachtungen keine wesentlich andere Auffassung
verlangen, so scheinen mir die neuen Untersuchungen an Locustiden für diese Familie eine ganze Reihe von neuen Gesichtspunkten zu ergeben.

2· Ergebnisse an Locustiden.

Es wird zweckmäßig sein, an diesem Orte noch einmal die Beobachtungen zusammenzustellen, die, soweit mir bekannt, über die
Begattung und die Spermatophoren von Locustiden vorliegen. Dabei
sollen zunächst die Formen mit bekanntem Copulationsmodus mit
Angabe des Gewährsmannes, sodann die, von denen zwar die
Spermatophore, nicht aber die Begattung bekannt ist, aufgeführt
werden. Es zeigt sich dabei, daß ganz überwiegend europäische
Arten beobachtet worden sind, dagegen über tropische Formen nur
wenige Angaben, die noch dazu sehr unvollkommen sind, vorliegen.

1. Begattung und Spermatophore wurden beschrieben von:

Subfamilie	Art	Gewährsmann
	Barbitistes bérenguieri	
	Isophya pyrenaeae	Bérenguier
	Orphania denticauda	
Phaneropterini	*Leptophyes punctatissima*	Tümpel
	Leptophyes bosci	
	Phaneroptera falcata	
	Phaneroptera quadripunctata	Gerhardt
	Tylopsis liliifolia	(Spermatophore auch von
Meconemini	*Meconema varium*	Boldyrev)
Conocephalini	*Conocephalus mandibularis*	
	Xiphidium fuscum	
Locustini	*Locusta caudata*	
	Locusta veridissima	Bolivar, Fabre,
		Gerhardt

---

phore beschreibt, den ich nicht gesehen hatte. Inzwischen hat Herr
Boldyrev mir liebenswürdigerweise ein Präparat übersandt, aus dem die
Existenz dieses Fadens zweifellos hervorgeht. Ich werde anderen Ortes
auf diesen Gegenstand näher eingehen. Br., 17. Januar 1914.

Subfamilie	Art	Gewährsmann
	Decticus albifrons	FABRE, BOLDYREV
	Decticus verrucivorus	RÖSEL, BOLDYREV, GERHARDT
Decticini	*Platycleis roeseli*	BOLDYREV, GERHARDT
	Platycleis grisea	
	Thamnotrizon cinereus	GERHARDT
	Rhacocleis discrepans	
	Ephippigera vitium	FISCHER
Ephippigerini	*Ephippigera terrestris*	BÉRENGUIER
	Ephippigera limbata	GERHARDT
Stenopelmatini	*Diestrammena marmorata*	BAUMGARTNER, BOLDYREV, GERHARDT

2. Außerdem wurden Spermatophoren beschrieben von:

Subfamilie	Art	Gewährsmann
Phaneropterini	*Eurycorypha sp.*	VOSSELER [1]
Decticini	*Olynthoscelis pontica*	BOLDYREV
	Thamnotrizon dalmaticus	GERHARDT
Ephippigerini	*Platystolus pachygaster*	VOSSELER
	Eugaster guyoni	

Von europäischen Familien fehlen bisher bei dieser Übersicht die der Sagiden, die europäischen Stenopelmatiden und die Callimeniden. Unter den exotischen Familien ist wohl am meisten der Mangel an Beobachtungen an Gryllacriden zu bedauern.

Wenn wir die verschiedenen Copulationsmodi der daraufhin studierten Locustidenformen vergleichend betrachten, so wird zunächst die Einleitung der Begattung ins Auge zu fassen sein. Sie wird bei den mit Stridulationsorganen begabten Männchen durch Zirpen vorbereitet, das bei Berührung mit den Fühlern des Weibchens ausgelöst, aber auch vom Männchen, das fern vom Weibchen ist, als Lockmittel angewendet wird. Ist das Weibchen begattungsbereit, so wird deutlich diese Bereitschaft durch das Zirpen des Männchens gesteigert.

Bei *Meconema* ersetzt das Männchen, das kein Stridulationsorgan besitzt, das Zirpen durch ein lautes Trommeln mit der Hinterleibsspitze auf Blättern, bei *Tylopsis* antwortet das Weibchen dem zirpenden Männchen durch deutlich hörbares Stridulieren. Bei *Ephippigera*

---

1) J. VOSSELER, Die Gattung Myrmecophana BRUNNER. Ihre hypertelische und Ameisennachahmung: in: Zool. Jahrb., Vol. 27, Syst., 1909, p. 157.

zirpt das Weibchen gleichfalls, aber, wie es scheint, weniger als Antwort auf den Ruf des Männchens.

Schon bei den Grylliden sahen wir (Teil I, p. 448), daß hier bei
manchen Arten das Weibchen aktiv das Männchen besteigt (*Gryllotalpa*), während bei *Liogryllus* sich das Männchen mehr aktiv unter
das Weibchen schiebt. Die größere Aktivität oder Passivität des
Männchens bei den Locustiden hängt zum Teil mit der bei der
Begattung eingenommenen, starken Modifikationen unterworfenen
Stellung zusammen, die bei den Grylliden einheitlicher beibehalten
wird. Dort sitzt immer das Weibchen auf dem ruhig auf dem Boden
sitzenden Männchen, die Köpfe beider Tiere sind dabei immer gleich
gerichtet.

Bei der Stenopelmatide *Diestrammena* lernten wir (Teil I, p. 458)
ein ähnliches Verhalten des Männchens wie bei den Grillen kennen.
Das Männchen schiebt sich in der Hauptsache aktiv unter das
Weibchen, das aber zuweilen dem Männchen dabei seinerseits ent-
gegenkommt. Wie bei den Grylliden das Weibchen vor, bei oder
nach der Begattung das Abdomen des Männchens zu benagen pflegt,
so auch das Weibchen von *Diestrammena* am Anfang und am Ende
des Coitus. Wir finden dieses Verfahren bei allen Locustiden wieder,
bei denen das Weibchen aktiv auf den Rücken des Männchens steigt,
und konnten (l. c.) feststellen, daß in dem Reiz, den ein Secret auf
der Dorsalfläche des männlichen Körpers auf das Weibchen ausübt, mit großer Wahrscheinlichkeit den Grund für dessen oft
zu beobachtende Aktivität bei der Einleitung der Begattung zu
sehen ist.

Unter den Locustiden, deren Cerci beim Männchen zu Haft-
organen geworden sind, wird das Männchen bei den flügellosen
Phaneropteriden (Odonturen), bei *Locusta*, den Decticiden und Ephippigeriden vom Weibchen bestiegen. Bei *Meconema* beleckt das Weibchen den weit ausgestreckten Hinterleib des Männchens, wird dann
aber von diesem gewaltsam mit den Cerci ergriffen.

Eine vermittelnde Stellung nimmt *Tylopsis* ein. Hier schiebt
das Männchen seine Hinterleibsspitze unter das hochaufgerichtete
Weibchen, das die seinige senkrecht abwärts hält und auch wohl
mit seinen Tastern und Vorderbeinen die Rückenfläche des männlichen Abdomens betastet, nicht aber das Männchen eigentlich
besteigt.

. Bei *Phaneroptera* dagegen erfaßt das Männchen von der Seite
her das Weibchen, indem es die Zange seiner Cerci unter die weib-

liche Subgenitalplatte biegt. Noch auffallender ist ein ähnliches Verhalten bei den bisher beobachteten Conocephaliden.

Wo das Männchen vom Weibchen bestiegen wird, fallen naturgemäß die Sagittalebenen beider Tiere in eine gemeinsame Ebene. Im einfachsten Falle bleibt das Männchen, das das Weibchen auf seinem Rücken trägt, auf seiner Unterlage mit allen seinen Füßen sitzen. Soweit bisher bekannt, ist das, außer bei *Diestrammena*, nur bei den Odonturen der Fall, während das Männchen sonst eine mehr oder weniger starke Umbiegung unter dem Weibchen nach hinten ausführt. Bei den Decticiden erreicht diese Umbiegung einen relativ geringen Grad, der Winkel zwischen beiden Körpern beträgt noch nicht 90°, immer aber faßt das zweite Fußpaar an die Legeröhre des Weibchens, während das erste sich irgendwo festhält. Bei den Locustiden geht die Umdrehung des Männchens so weit, daß die Köpfe der Tiere entgegengesetzt gerichtet sind. Sie erfolgt, wie bei den Decticiden, nach der Vereinigung allmählich, nicht mit einem plötzlichen Ruck. Die beiden ersten Fußpaare verhalten sich wie bei den Decticiden. Bei den Ephippigeriden wird endlich das unter dem Weibchen sitzende Männchen durch eine purzelbaumartige Bewegung bei einem plötzlichen Sprung des Weibchens gewaltsam mit dem Kopf nach hinten geworfen, und seine 4 Vorderextremitäten erfassen dessen Legeröhre. Es wurde darauf hingewiesen, daß das zweite Fußpaar in allen diesen Fällen die Legeröhre dorsal in die Höhe drückt und so die Vulva erweitert.

Bei *Meconema varium* findet ein sehr ähnliches Sichüberschlagen des Männchens unter dem Weibchen statt, dessen Legeröhre aber hier nicht von den Füßen, sondern den Kiefern des Männchens ergriffen wird.

Bei *Tylopsis*, bei der das Männchen von vorn her aktiv das Weibchen ergreift, bleiben die Tiere mit ihren Sagittalebenen in einer Ebene stehen, das Weibchen lehnt sich immer stärker hintenüber, so daß beide Körper einen sehr stumpfen Winkel miteinander bilden.

Unter den Formen, bei denen das Weibchen von der Seite und von unten her vom Männchen ergriffen wird, dreht sich bei *Phaneroptera falcata* das Männchen so unter dem Weibchen herum, daß eine ähnliche Stellung wie bei *Ephippigera* zustande kommt, also das Männchen nach hinten gekehrt unter der Legeröhre hängt, die Sagittalebene ist beiden gemeinsam. Bei *Ph. quadripunctata*, deren Begattung sonst wie die der Gattungsgenossin verläuft, bleibt das

Männchen, obwohl es sich nach hinten wendet, an seiner Unterlage sitzen. Bei den Conocephaliden endlich sitzen die Tiere mit entgegengesetzt gerichteten Köpfen so, daß die etwas um die Längsachse gedrehten Hinterleiber einander zugekehrt sind, während die Füße jedes Partners ihre Unterlage festhalten. In den drei letztgenannten Fällen hält sich das Männchen nicht an der Legeröhre des Weibchens.

Es wird hier die Frage aufzuwerfen sein, wie wir uns das Zustandekommen dieser zum Teil komplizierten und seltsamen Begattungsstellungen bei den Locustiden vorzustellen haben, die in einem überraschenden Gegensatz zu der verhältnismäßig sehr einheitlichen Haltung der Grylliden stehen.

Wir können es als sicher annehmen, daß die fadenförmigen, fühlerartigen Cerci der Grylliden, Stenopelmatiden und Gryllacriden, die wir auch bei den meisten übrigen Orthopteren, insbesondere bei den Blattiden und Mantiden, antreffen, primitiver sind als die zu Greiforganen differenzierten der übrigen Locustiden. Deshalb werden wir auch den Modus der Vereinigung der äußeren Geschlechtsorgane, wie wir ihn bei den Formen mit fadenförmigen Cerci antreffen, für ursprünglicher halten müssen. Soweit diese Formen auf ihre Begattung hin bekannt sind, sitzt bei ihnen das Weibchen auf dem Männchen, das seine Unterlage nicht verläßt. Daher wird dies der ursprüngliche Begattungsmodus der Grylliden und Locustiden gewesen sein. Bei den Formen mit umgewandelten Cerci finden wir nun auch einen höheren Grad der Differenzierung der männlichen Subgenitalplatte, die in den meisten Fällen mit Styli versehen ist. Dadurch ergibt sich insofern eine Verschiebung der Tätigkeit der bei der Copulation als Haftorgane fungierenden Gebilde, als bei den Grylliden der Penis mit dem extrem entwickelten Titillator die Befestigung des Männchens am Weibchen bewirkt, während bei *Diestrammena* eigentlich eine solche nur durch die schon im Weibchen und noch im Männchen haftende Spermatophore vollzogen wird, den anderen Locustiden aber bereits in den festen, hakenförmigen Cerci ein Befestigungsmittel des Männchens am Weibchen gegeben ist. Es ist anzunehmen und zu hoffen, daß das Studium der Begattungsgewohnheiten anderer Stenopelmatiden und der Gryllacriden uns Übergänge zwischen dem sehr primitiven Verfahren von *Diestrammena* und dem anderer Locustiden kennen lehren wird. Vorläufig klafft hier eine Lücke.

Die als Greiforgane ausgebildeten Cerci, die eine Zange darstellen, passen fast immer in zwei Gruben an der äußeren (ventralen) Fläche der weiblichen Subgenitalplatte, und zwar entweder (Locustiden, Decticiden, Ephippigeriden, *Xiphidium*) mit einem an ihrer medialen Kante vorspringenden Zahn oder (Phaneropteriden, *Conocephalus*) mit ihrer hakenförmig nach innen gebogenen Spitze selbst. Ein besonderes Verhalten zeigt *Meconema*, dessen lange Cerci im Leben sich niemals, wie dies oft abgebildet wird, kreuzen, sondern sich mit ihren Spitzen berühren und so eine weite Zange darstellen. Diese Zange umfaßt hier die ganze Dicke des an der Legeröhrenwurzel verjüngten weiblichen Hinterleibes.

In der Mehrzahl der Fälle wird nun der Kontakt der beiderseitigen Geschlechtsorgane noch dadurch hergestellt, daß die Styli der männlichen Subgenitalplatte und — wo vorhanden — die chitinöse Gabel des Titillators der ventralen Legeröhrenkante des Weibchens angelegt werden, so daß sie sie zwischen sich fassen, gewissermaßen auf ihr reiten. Das ist nun oft nur zu erreichen durch die erwähnte Umdrehung des Männchens, und in der Konfiguration von Titillator und männlicher Subgenitalplatte scheint mir ihre Hauptursache zu liegen. Daß auch bei den eines Titillators ermangelnden *Phaneroptera*-Arten eine Umdrehung des Männchens stattfindet, hängt mit dem ungewöhnlichen Modus des Spermatophorenaustrittes zusammen.

Ganz abweichend von dem von uns als ursprünglich angenommenen Verfahren und sicher sekundär erworben erscheint das Ergreifen des Weibchens durch das Männchen, ohne daß ein Besteigen stattfindet, bei *Phaneroptera* und den Conocephaliden. Hier ist der bei *Tylopsis* noch angedeutete vom Rücken des Männchens ausgehende Reiz, der das Weibchen veranlaßt, dieses zu belecken und zu benagen, vollständig weggefallen.

Für flügellose Formen wie die Odonturen, die den ursprünglichen Begattungsmodus, Männchen sitzend, Weibchen auf seinem Rücken, beibehalten haben, mag es wegen ihrer Verwandtschaft mit den abweichend verfahrenden geflügelten Phaneropteriden zweifelhaft sein, ob sie nicht sekundär wieder diesen Copulationsmodus erworben haben. Jedenfalls ergibt unsere Übersicht, daß die Zahl der modifizierten Fälle ganz wesentlich die der ursprünglichen überwiegt.

Was den Verlauf der Begattung angeht, so liegt deren Höhepunkt, wie aus dem Verhalten des Männchens zu ersehen ist, überall in der Ausstoßung der Ampullen der Spermatophore. Vorher ist ein Unterschied festzustellen zwischen den Formen mit und

ohne Titillator. Wo dieses Gebilde fehlt oder rudimentär ist (Stenopelmatiden, Phaneropteriden), wird unmittelbar nach dem Eingreifen
der männlichen Cerci an die Subgenitalplatte des Weibchens der
weichhäutige Penis vorgestreckt, und ohne daß er wieder eingezogen
würde, treten aus ihm die Ampullen hervor, und zwar sowohl bei
Diestrammena wie bei den Phaneropteriden nach sehr kurzer Zeit
(ca. 1 Minute).

Bei den Locustiden, die einen wohlausgebildeten Titillator besitzen, wird dieser wohl immer während des ersten Teiles der
Copulation unter abwechselndem Aus- und Einstülpen des Penis
auf der innerhalb der durch das Abheben der weiblichen Subgenitalplatte geöffneten Vulva liegenden weichhäutigen Wurzel der Legeröhre hin- und herbewegt. Gleichzeitig legen sich die Warzen, die
der Penis trägt, bei dessen Ausstülpung dicht in die Ecken der
Vulva hinein. Durch diese Bewegungen wird sicher einerseits eine
Reizung der weiblichen Organe bewirkt, andrerseits beim Männchen
die Ausstoßung der Ampullen herbeigeführt.

Dieser Akt kündigt sich bei allen Locustiden durch erhöhten
Turgor des Penis, vor allem durch das Hervortreten der eigentlichen männlichen Geschlechtsöffnung an. Die ausgiebigen Bewegungen von Penis und Titillator hören auf und werden durch
raschere, rhythmische Preßbewegungen des ausgestülpten Organs
abgelöst. Bei *Diestrammena* tritt fast gleichzeitig mit der unpaaren
Ampulle eine paarige Secretmasse aus, die später den Kern der
seitlichen Spermatophorenkugeln bildet; bei den übrigen Locustiden
mit hakenförmigen Cerci treten paarige Ampullen hervor, die bei
Deceticiden, Locustiden und Ephipperiden von einem dicken undurchsichtigen Secretmantel umschlossen sind.

Sind die Ampullen erschienen, so werden sie bei allen Locustiden durch eine rasche Bewegung von hinten unten nach vorn
oben mit ihrem Stiel, der beim Austritt nachfolgt, in die Vulva eingedrückt. Am ausgiebigsten ist diese Bewegung bei *Diestrammena*; bei
Ephippigera, *Locusta* etc. ist sie schwerer wahrzunehmen, weil da die
kurzen Cerci nur einen geringen Spielraum für sie lassen. Das vorher gar nicht am Weibchen befestigte *Diestrammena*-Männchen muß
erst mit seiner Hinterleibsspitze die Vulva des Weibchens suchen.

Während bei dieser Gattung außer der unpaaren Ampulle zwei seitliche Secretkugeln und bei Locustiden, Deceticiden und Ephippigeriden
(*Platystolus*) außer komplizierten akzessorischen Gebilden des Sper-
matophorenstieles die eiweißhaltigen Ampullenmäntel mit den Samen-

behältern zusammen aus der männlichen Geschlechtsöffnung ausgeschieden werden, treten bei den Phaneropteriden, *Meconema* und den Coconocephaliden die Ampullen ohne besondere Hülle hervor.

Besondere s c h l e i m i g e H ü l l m a s s e n der eigentlichen Samenbehälter werden bei allen Locustiden produziert, doch existieren in der Art ihrer Abgabe wesentliche Unterschiede.

Bei dem e r s t e n T y p u s, der die am häufigsten anzutreffende Form der Locustidenspermatophore darstellt, wird unmittelbar oder fast unmittelbar nach der Befestigung der Ampullen in der Vulva eine kompakte, einigermaßen oder sehr charakteristisch geformte Secretmasse abgesondert, die mit den Ampullen eng zusammenhängt und ventral und in der Hauptsache oral von ihnen gelegen ist. Der typische Hergang ist der, daß zwischen Cercis und Subgenitalplatte des Männchens die Ampullen hervorgetreten sind, daß nun an dem gleichen Ort die Secretmasse des „Spermatophylax" (BOLDYREV) hervorzuquellen beginnt. Das kann so rasch und in so abgerundeter Form (*Decticus*, *Rhacocleis*) geschehen, daß der Eindruck erweckt wird, die ganze Spermatophore, Ampulle plus Hülle, werde als einheitlicher Körper ausgestoßen. Oder aber (*Locusta*, *Ephippigera*) das Secret dringt in enormen Massen langsam aus der männlichen Genitalöffnung hervor, diese oft weit zum Klaffen bringend.

Bei dem erwähnten Typus des Spermatophorenaustrittes, der sich auch bei *Leptophyes bosci* unter den Phaneropteriden findet, tritt die Secretmasse v e n t r a l von den Cerci des Männchens aus. Bei den geflügelten Phaneropteriden ist dies nicht der Fall. Bei *Tylopsis* treten zwar die Ampullen an der angegebenen Stelle aus, die Schleimhülle erscheint aber d o r s a l von den männlichen Cerci, in dem Winkel zwischen männlichem und weiblichem Abdomen. Das ist dadurch möglich, daß hier jederseits ein zipfelförmiger Fortsatz der männlichen Genitalschleimhaut hervorgestreckt wird. Bei den *Phaneroptera*-Arten streift das Männchen seine Cerci über die bereits befestigten Ampullen hinweg, die so, wie die dann austretende Spermatophorenhülle, dorsal von jenen zu liegen kommt.

Einen z w e i t e n T y p u s weist *Leptophyes punctatissima* auf, bei der der Austritt der Spermatophorenhülle ventral von den Cercis des Männchens als die Secretion eines zähen ungeformten Schleimtropfens erfolgt, der langsam unter rhythmischen Kontraktionen des Abdomens ausgepreßt wird.

Bei den C o n o c e p h a l i d e n werden die Ampullen außerordentlich tief in die Vulva eingesenkt. Bei *Xiphidium* erfolgt dieses

tiefere Einpressen der vorher auf normale Art ausgetretenen Ampullen erst während der Secretion der Schleimmassen. Hier legt das
Männchen einen Schleimhautzipfel aus seiner Genitalöffnung jederseits von der Vulva der Seitenwand des weiblichen Hinterleibes an.
Dabei sind seine Styli der Legeröhre angepreßt. Es tritt nun jederseits ein glasiger Schleimtropfen aus, der mehr und mehr wächst
und zu einer Art Beule erhärtet.

Bei *Conocephalus* ist hiervon nichts zu bemerken, aber, wie auch
bei *Meconema*, wird nach dem Einbringen der Ampullen der Hinterleib des Männchens noch lange kontrahiert, ohne daß größere Secretmassen sichtbar würden.

Während also bei den übrigen Locustiden dem Austritt der
Ampullen in kurzer Zeit die Secretion voluminöser Schleimmassen
folgt, zieht sich bei Conocephaliden und Meconemiden der auf jenen
folgende Begattungsabschnitt bedeutend in die Länge. Das bedeutet
einen d r i t t e n Begattungstypus.

Endlich stellt *Diestrammena* auch in bezug auf die Ausscheidung
der Spermatophorenhülle einen S o n d e r t y p u s dar.

Die S p e r m a t o p h o r e selbst besteht bei a l l e n Locustiden aus
Ampullen und Hülle. Die Ampulle ist unpaar nur bei *Diestrammena*.

Bei D e c t i c i d e n, E p h i p p i g e r i d e n und L o c u s t i d e n sind
besondere Ampullenmäntel, A m p u l l e n l a p p e n, vorhanden, die
bald nach der Copulation durchsichtig werden, bei den Decticiden,
Locustiden und *Platystolus* außerdem akzessorische Hohlräume (BOL-
DYREV). — Die H ü l l e, S p e r m a t o p h y l a x (BOLDYREV), S p e r -
m a t o p h r a g m a (CHOLODKOWSKY), ist, soweit sie als besonderer
Körper geformt ist, immer oral und ventral von der Spermatophore
gelegen, außer bei *Xiphidium*. Sie ist am voluminösesten bei *Tylopsis*,
Ephippigera und *Locusta*, bei *Phaneroptera falcata* mit einem besonderen
Stiel am Bauche des Weibchens befestigt und von den Ampullen
gelöst. Bei *Leptophyes punctatissima* ist sie zähflüssig und ungeformt,
bei *Xiphidium* ist sie paarig, hat keinen Zusammenhang mit den
Ampullen und ist auf die Flanken des Weibchens verlagert, während
in die Vulva nur eine kleinere Schleimmasse ergossen wird. Fast
hüllenlos, nur mit dünner, glasiger Secretschicht überzogen, sind die
Ampullen von *Meconema*. Gleichfalls wenig entwickelt ist die Hülle
bei *Conocephalus*.

Da wir in *Diestrammena* eine Form mit primitiver, in *Meconema*
und *Conocephalus* solche mit stark modifizierter Begattungsweise
sehen, so wird bei den beiden letzten Gattungen die geringe Ent-

wicklung der Spermatophorenhülle kein primitives Merkmal zu sein brauchen, zumal die Ampullen auch hier paarig sind, also ihr Bau nicht auf einen Anschluß an niedere Formen hinweist.

Die Dauer der Begattung ist bei den einzelnen Gattungen und Arten sehr verschieden, die kürzeste beobachtete Zeit ist 3 Minuten bei Phanopteriden, bei *Decticus* sind 8 Minuten die Regel, bei anderen Decticiden 20—40 Minuten, bei *Locusta caudata* über eine Stunde. Es soll daran erinnert werden, daß bei Grillen 1 Minute (*Oecanthus*) als Minimum, 4 Minuten (*Gryllotalpa*) als Maximum beobachtet wurde.

Bei Decticiden, Ephippigeriden und Locustiden verstreicht die Hauptzeit der Begattung bis zum Austritt der Ampullen; bei Conocephaliden und bei *Meconema* nimmt der darauf folgende Abschnitt die längste Zeit in Anspruch.

Bei *Conocephalus* konnte (vielleicht, weil das Tier erschreckt war) ein Verzehren der Spermatophore durch das Weibchen nicht gesehen werden. Sonst fressen alle Locustiden-Weibchen (und wahrscheinlich unter normalen Umständen auch das von *Conocephalus*) mindestens die Schleimhülle, meist aber (außer *Phaneroptera falcata*) auch die Ampullen nach deren Entleerung auf. Auch *Meconema*, dessen Spermatophore fast hüllenlos ist, frißt sie bald nach der Copulation auf.

Daß der schon bei Grillen angedeutete oder vorhandene Freßinstinkt des Weibchens bei Locustiden festere Form angenommen hat, hat zu einer biologischen Besonderheit dieser Familie geführt. BOLDYREV sieht in dem Schutze des Spermas vor diesem Freßinstinkt, solange es noch nicht in das Receptaculum des Weibchens gelangt ist, die Bedeutung der Spermatophorenhülle, für die er deshalb den Namen Spermatophylax vorschlägt. Immerhin ist es, wie *Meconema* zeigt, auch sehr wohl möglich, daß der Freßinstinkt des Weibchens in vollem Umfang besteht und befriedigt wird, ohne daß ein eigenes, als Spermatophylax zu bezeichnendes Gebilde existierte. Bei lange dauerndem Vereinigtbleiben der Geschlechter nach der Befestigung der Ampullen kann noch während der Copulation das Sperma aus den Ampullen in das Receptaculum des Weibchens gelangen, so daß dann die Spermatophore fast unmittelbar nach der Beendigung der Copulation gefressen werden kann. Auch bei manchen Grylliden (*Oecanthus, Gryllotalpa*) wird die Spermatophore nur 10—20 Minuten vom Weibchen getragen.

Es ist nicht zu bezweifeln, daß die oft enorme Ausbildung des

Spermatophylax in engstem Konnex mit der Ausbildung des Freß-
instinkts der Weibchen steht. Desto überraschender sind solche
Fälle, in denen das weibliche Tier nur einen sehr geringen Teil der
Spermatophore frißt und den Rest tagelang mit sich herumträgt, bis
er abfällt (*Phaneroptera falcata, Ephippigerum vitium* nach FABRE).
Besonders merkwürdig liegt der Fall von *Xiphidium*, wo die zum
Fressen bestimmten Schleimmassen räumlich von den Ampullen weit
getrennt sind.

Soweit bisher bekannt, reißen nur einige Decticiden (*Decticus,
Rhacocleis,* wahrscheinlich *Platycleis grisea*) den gesamten Spermatophylax auf einmal ab und zerkauen ihn allmählich. *Xiphidium*
nimmt jede der paarigen Schleimmassen in toto ab und verfährt
damit ebenso, sonst wird wohl überall die Spermatophorenmasse in
kleinen Portionen gefressen.

Die Tatsache, daß auch bei Grylliden, wenn auch weniger regelmäßig, der Instinkt der Weibchen, sich der leeren Spermatophore
durch Auffressen zu entledigen, vorkommt[1]), könnte darauf schließen
lassen, daß bereits die gemeinsamen Vorfahren von Grylliden und
Locustiden ihn besaßen. Es wäre wünschenswert, daß über das Verhalten der Grillenweibchen in diesem Punkte weitere Beobachtungen
angestellt würden.

Hier muß auch noch einmal auf die im ersten Teile dieser Studie
bereits erörterte Frage nach der ein- oder mehrmaligen Begattung der Locustiden eingegangen werden. Es kann nicht mehr
zweifelhaft sein, daß bei den meisten Gattungen und Arten mehrmalige Begattung vorkommt. Ich habe sie mit Sicherheit beobachtet
bei den Gattungen *Leptophyes, Phaneroptera, Decticus* und *Diestrammena* für beide Geschlechter, für *Xiphidium* und *Locusta* für die
Männchen. Nur einmalige Begattung würde nach BÉRENGUIER
für *Isophya* feststehen; ich halte für möglich, daß sie bei *Conocephalus*
die Regel ist.

Wenn also auch sicherlich die mehrmalige Begattung für beide
Geschlechter bei den Grillen in viel ausgedehnterem Maße vor-
kommt als bei den Locustiden, so wird sie doch auch in dieser
Familie zweifellos bei einer großen Reihe von Gattungen ausgeübt.

Schließlich möchte ich hier noch die Jahres- und Tages-
zeiten angeben, an denen ich meine Beobachtungen anstellte.

---

1) Nach BOLDYREV's Beobachtungen frißt auch das Weibchen von
Gryllotalpa die Spermatophore auf. (Anm. w. d. Korr.)

Grylliden.

Art	Monat	Tageszeit	Fundort
Liogryllus campestris	Juni, Juli	mehrmals am Tage	Breslau
Gryllus domesticus	Das ganze Jahr	mittags	Quedlinburg (an vielen Orten ausgerottet)
Nemobuis sylvestris	Aug., Sept.	vorm., nachm.	Gamburg a. T.
Oecanthus pellucens	Okt.	nach Eintritt der Dunkelheit	Rovigno
Gryllotalpa vulgaris	Mai, Juni	abends, nach Eintritt der Dunkelheit	Breslau

Locustiden.

Art	Monat	Tageszeit	Fundort
Leptophyes punctatissima	Aug., Sept.	vorm., nachm.	Gamburg a. T.
Leptophyes bosci	Sept.	nachm.	Monte Maggiore
Phaneroptera falcata	Aug., Sept.	nachm. auch morgens	Gamburg a. T.
Phaneroptera quadripunctata	Okt.	später Nachm.	Rovigno
Tylopsis liliifolia	Sept., Okt.	Vor- und früher Nachm.	Rovigno, Ragusa, Mostar
Meconema varium	Aug.	nachts	Hökendorf
Xiphidium fuscum	Sept., Okt.	nachm. u. abends	Rovigno
Conocephalus mandibularis	Sept.	nachm. u. abends	Rovigno
Locusta caudata	Juli	abends	Oswitz bei Breslau
Locusta viridissima	Juli, Aug.	nachm., abends	Gamburg a. T., Hökendorf
Decticus verrucivorus	Juli, Aug.	vorm.	Hökendorf, Breslau
Platycleis roeseli	Juli bis Sept.	vorm.	Breslau, Hökendorf
Platycleis grisea	Aug.	vorm.	Gamburg a. T.,
Thamnotrizon cinereus	Aug., Sept.	nachm.	Gamburg a. T., Hökendorf
Rhacocleis discrepans	Sept.	nach Eintritt der Dunkelheit	Rovigno
Ephippigera limbata	Sept., Okt.	vorm.	Monte Maggiore, Rovigno
Diestrammena marmorata	das ganze Jahr	Dämmerung und Dunkelheit	eingeschleppt in Warmhäusern

3. Allgemeine Ergebnisse.

Wenn ich mir auch wohl bewußt bin, daß es mir nicht gelungen ist, die Copulation und noch weniger den Bau der Spermatophoren bei Locustiden und Grylliden auf eine gemeinsame Basis zurückzuführen, so scheint mir doch in diesem negativen Ergebnis immerhin eine Feststellung zu liegen, die in ihren Schlußfolgerungen lehrreich ist.

Die Begattung von Grylliden und Locustiden bietet zweifellos viel Gemeinsames. Aber es sind verschiedene Entwicklungsrichtungen eingeschlagen worden. Die primitive Begattungsstellung ist von den Grylliden konsequenter beibehalten worden als von den Locustiden, die mit der Differenzierung der Cerci und der Subgenitalplatte beim Männchen, also mit morphologischen Fortschritten, biologische Veränderungen eingehen mußten.

Lassen sich aber bei den Locustiden unter Berücksichtigung tatsächlich vorhandener vermittelnder Formen diese Modifikationen der Begattungsstellung, der Verwendungsweise der Anhangsgebilde des Hinterleibes beim Männchen etc. mit dem primitiveren Verhalten der Grylliden unschwer in Zusammenhang bringen, so ist eine solche Zurückführung bedeutend schwerer in bezug auf den Bau der Spermatophoren.

Wir hatten früher drei Spermatophorentypen, die der *Gryllotalpa*, der echten Grillen, inkl. *Oecanthus*, und der Locustiden, unterschieden. Eine Vergleichung mit *Mantis*- und *Ameles*-Spermatophoren ergab wenig Positives, da dort weniger spezialisierte Gebilde vorliegen. Die drei Typen unter sich scheinen nur sehr allgemein vergleichbar. Unpaar sind die Samenbehälter in den Spermatophoren der Formen mit wenig differenzierten männlichen Cerci, der Grylliden und der von *Diestrammena*. Darin liegt vielleicht ein verwertbarer Hinweis. Im übrigen sind aber alle Locustidenspermatophoren Entwicklungswege gegangen, die sie von denen der Grylliden weit entfernt haben, und eigentlich verbindende Formen stehen noch aus.

Werden solche Formen zu finden sein? Die Antwort hierauf ist vorläufig nicht zu geben, aber es kann nur immer wieder auf die Fülle der tropischen Formen hingewiesen werden; was bei dieser unendlichen Menge unerschlossenen Materiales noch zutage gefördert werden kann, läßt sich gar nicht abschätzen.

Daß die beiden nahe verwandten Familien der Grylliden und Locustiden in bezug auf die Ausgestaltung ihrer Spermatophoren so verschiedene Wege eingeschlagen haben, weist vielleicht auf eine frühe Trennung beider hin. Gerade bei der scharfen Ausprägung der trennenden Charaktere würde das Auffinden von etwaigen vermittelnden Spermatophorenformen für die Phylogenie der beiden so ähnlichen und doch so divergent entwickelten Orthopterenfamilien sicher von weittragender Bedeutung sein.

Breslau, 29. Oktober 1913.

<hr/>

Erklärung der Abbildungen.

<hr/>

Tafel 1.

Fig. 1 u. 2. Momentaufnahmen von *Ephippigera limbata* während der Begattung, aufgenommen von Herrn L. POHL.

Fig. 1. Stellung vor dem Austritt der Spermatophore.

Fig. 2. Austritt der Ampullenlappen beendet.

Fig. 3—11. Photogramme von Locustidenweibchen mit Spermatophore. Aufnahmen in ca. $1\frac{1}{2} : 1$, angefertigt von Herrn Priv.-Doz. Dr. PAX. Alle Tiere waren unmittelbar nach der Begattung konserviert worden, alle Spermatophoren sind unverletzt. Formolpräparate.

Fig. 3. *Leptophyes bosci* FIEB.

Fig. 4. *Tylopsis liliifolia* FAB.

Fig. 5. *Meconema varium* FAB.

Fig. 6. *Conocephalus mandibularis* CHARP.

Fig. 7. *Xiphidium fuscum* FABR. a) seitliche, b) ventrale Ansicht.

Fig. 8. *Decticus verrucivorus* L.

Fig. 9. *Thamnotrixon cinereus* L.

Fig. 10. *Rhacocleis discrepans* FIEB.

Fig. 11. *Ephippigera limbata* FISCH.

Tafel 2.

Fig. 1. *Locusta caudata* CHARP. ⎱ Weibchen mit Spermatophore wie
Fig. 2. *Locusta viridissima* L. ⎰ Fig. 3—11 der vorigen Tafel.

Fig. 3—7. Schematische Darstellung von Begattungsstellungen. Nach Skizzen des Verfassers, die nach dem Leben entworfen waren, gezeichnet von Herrn L. POHL. ♂ rot, ♀ schwarz, Spermatophore punktiert.

Fig. 3. *Oecanthus pellucens* SCOP.

Fig. 4. *Tylopsis liliifolia* FAB.

Fig. 5. *Meconema varium* FAB.

Fig. 6. *Conocephalus mandibularis* CHARP. (kaum schematisiert).

Fig. 7. *Thamnotrixon cinereus* L.

Fig. 8. Hinterleibsenden des ♂ und ♀ von *Locusta caudata* CHARP. während der Begattung vor dem Austritt der Spermatophore. *c* Cerci des Männchens. *p* Penis. *ls♂* seine Subgenitalplatte. * Ort der männlichen Geschlechtsöffnung. *t* Titillator. *w* Schleimhautwarzen des Penis. *ovd* Legeröhre. *v* Grund der Vulva. *ls♀* Subgenitalplatte des Weibchens.

Tafel 3.

Sämtliche Figuren, nach Präparaten des Verfassers von Fräulein HELENE LIMPRICHT gezeichnet, sind nicht schematisiert.

Fig. 1—5. Gezeichnet mit dem ZEISS'schen Präpariermikroskop.

Fig. 1. Spermatophore von *Oecanthus pellucens* SCOP. in der Vulva des Weibchens. Ventralfläche nach oben orientiert. Unter der Spermatophore die Legeröhre, darunter Subanalklappe und Cerci. 32 : 1.

Fig. 2 u. 3. Spermatophore von *Meconema varium* FAB.

Fig. 2. Spermatophore in der Vulva. Orientierung wie in der vorigen Figur. Links Subgenitalplatte, rechts Legeröhrenwurzel. Konserv. Formol, unmittelbar post coitum. 32 : 1.

Fig. 3. Sagittalschnitt, unmittelbar neben der Medianebene durch ein gleiches Präparat. Orientierung mit der Bauchfläche nach unten. Oben der kotgefüllte Enddarm, in der Mitte Receptaculum seminis, unten Spermatophore mit Ausführungsgang der einen Ampulle, der eine terminale Erweiterung trägt. Im Receptaculum ein weißer kugliger Spermaklumpen. 16 : 1.

Fig. 4. Medianschnitt durch die frisch konservierte Spermatophore von *Ephippigera limbata* FISCH. Unten homogene Hüllmasse, oben die durch den linken Ampullenlappen rot durchscheinende linke Ampulle. Rechts oben der Spermatophorenstiel. 16 : 1.

Fig. 5. Spermatophore von *Mantis religiosa*, Formolpräparat, in Alkohol konserviert. 16 : 1.

Fig. 6—11. Medianschnitte durch Locustidenweibchen mit Spermatophore. Formolpräparate. Rasiermesserschnitte, Lupenvergrößerung. 3 : 2.

Fig. 6. *Conocephalus mandibularis* CHARP.

Fig. 7. *Xiphidium fuscum.*

Fig. 8. *Locusta viridissima* L.

Fig. 9. *Platycleis roeseli* HAGENB. } Spermatophylax (Hülle)
Fig. 10. *Platycleis grisea* FABR. } entfernt.

Fig. 11. *Thamnotrizon cinereus* L.

Das 10. Abdominalsegment der Käferlarven als Bewegungsorgan.

Von

Paul Brass.

(Aus dem Zoologischen Institut zu Greifswald.)

Mit Tafel 4—7 und 7 Abbildungen im Text.

Inhalt.

F. Byturidae.
   Byturus tomentosus FABR.
G. Cryptophagidae.
   Cryptophagus subfumatus KR.
   zweifelhafte Form
H. Elateridae.
   Melanotus castanipes PAYK.
J. Pyrochroidae.
   Pyrochroa coccinea L.
K. Tenebrionidae.
   Tenebria molitor L.
L. Carabidae.
   Nebria brevicollis F.
   Cychrus rostratus FABR.
   Calosoma sycophanta L.
M. Silphidae.
   Silpha rugosa L.
N. Staphylinidae.
   Omalium rivulare PAYK.
   Omalium excavatum STEPH.
   Xantholinus lentus GRAV.
   Staphylinus sp.
O. Histeridae.
   Platysoma compressum HRBST.
   zweifelhafte Form
Rückblick und Vergleich.

Einleitung.

Es ist eine überraschende und auffällige Tatsache, daß man trotz der umfangreichen Literatur über Coleopteren doch über viele biologische Fragen im unklaren ist. Es mag dies daher kommen, daß die zahlreichen Arbeiten früherer Forscher meist systematischen Inhalts waren und man sich verhältnismäßig wenig mit den biologischen Verhältnissen beschäftigte. So fand ich auch wenig genaue Mitteilungen über ein Gebiet, das mir besonders interessant erschien: die mannigfaltige Ausbildung des „Nachschiebers" und die Verschiedenheit seiner Funktion bei der Bewegung. Man hatte zwar schon sehr früh beobachtet (RÖSEL, DE GEER etc.), daß den Tieren bei der Fortbewegung ein „Nachschieber" als Hilfsorgan diente, aber man schwieg fast allgemein über die Herkunft und Natur dieses Organs oder deutete es so, daß mir berechtigte Zweifel an der Richtigkeit dieser Auffassung kamen.

So schien es mir interessant, einmal im Zusammenhang diese Verhältnisse und die mannigfache Art in der Ausbildung zu studieren.

Wenn ich auch nicht alle Familien untersuchen konnte, so gelang es mir doch, Vertreter der Hauptfamilien zu sammeln, so daß ich mir von der Verschiedenartigkeit des „Nachschiebers" und den mannigfachsten Anpassungen desselben an das umgebende Medium ein Bild machen konnte.

Historischer Überblick.

Die ersten Angaben über die Unterstützung bei der Fortbewegung mit Hilfe eines Nachschiebers fand ich bei FRISCH (1727), der in seiner „Beschreibung von allerlei Insekten in Teutschland" neben einer Beschreibung von *Cassida* und *Crioceris* auch auf einige andere Formen eingeht. So sagt er außer über *Tenebrio molitor* (vgl. unten S. 95) auch von *Staphylinus*: „Unter der Schwantzzange geht aus dem hinteren etwas als ein Fuß, welches ich den Nachschieber bey diesen und anderen langleibigen Würmern zu nennen pflege, dann er setzt diesen Nachschieber auf die Erde, und schiebt den Leib damit fort oder hält sich damit an." Nur wenige Jahre später (1734) veröffentlicht RENÉ A. RÉAUMUR seine „Histoire des Insectes", aber auch er gibt neben einer sehr ausführlichen und zutreffenden Darstellung der Lebensweise von *Cassida* und *Crioceris* fast gar keine Schilderung von anderen Formen. Erst RÖSEL v. ROSENHOF (1749) gibt uns in seinen „Monatlichen Insektenbelustigungen" eine Beschreibung von den meisten damals bekannten Käfern und auch deren Larven. Die erst nach seinem Tode von KLEMANN veröffentlichte Darstellung der Lebensweise und Metamorphose von *Necrophorus vespillo* gehört zweifellos zu den vorzüglichsten Leistungen der biologischen Literatur des 18. Jahrhunderts, wenn sie uns auch über die Natur des „siebten Fußes" im unklaren läßt. Überragt werden aber alle diese Forscher von DE GEER, der in seiner „Histoire des Insectes" (1774—1775) die Lebensweise der Käfer und ihre früheren Zustände so ausführlich und genau beschreibt, daß man sie noch heute sehr oft als die besten Darstellungen wörtlich zitieren kann (s. S. 78). Er spricht von einer „septième patte" und von einer „masse de chairs molles et flexibles, de figure variable", die aus dem After heraustritt; aber leider schweigt auch er über die Natur und Herkunft dieser „masse de chairs", sagt allerdings, daß sich der After in der Mitte der ausgestülpten Masse befindet.

Viel neues vermag LATREILLE in seiner „Histoire" (1801—1805) auch nicht zu sagen. Er wiederholt meist ältere Angaben, be-

schäftigt sich aber auch mit Formen, die keinen direkten „Nachschieber" haben und mit anderen Hilfsmitteln zur Fortbewegung
ausgestattet sind. P. FR. BOUCHÉ gibt in seiner „Naturgeschichte
der Insekten" (1834) zum erstenmal eine Art Larvenkatalog der
Käfer mit ausführlicher Beschreibung und ist deshalb interessant.
Sonst beziehen sich seine Mitteilungen über den „Nachschieber" wie
auch die von WESTWOOD in seiner „Introduction" (1839) und von
RATZEBURG in seinen „Forstinsekten" (1837) auf Angaben früherer
Autoren. Bei MAILLE (1826) finden wir ausführliche Angaben über
die Art des Fixierens bei den Larven der Lampyriden (l. c., p. 354).
Über die Haftschläuche derselben äußert sich E. HAASE (1889, l. c.,
p. 405), s. auch G. W. MÜLLER (l. c., p. 235).

Erst bei CHAPUIS (1853) finden wir auch diese lang vermißte
Deutung des „Nachschiebers". In seinem „Catalogue des larves des
Coléoptères" (1853), Vol. 8 sagt er in der Einleitung: „Mais l'organ
le plus important sous ce rapport est certainement l'appendice saillant
dont est souvent muni en dessous le segment terminal. Cette fausse
patte anale, comme on l'a nommée, n'est le plus souvent autre chose
que l'anus prolongé en tube et pouvant s'allonger ou se retirer à
la volonté de l'animal." Ganz in seinem Sinne deutet auch IMHOFF
die Herkunft dieses „Nachschiebers". Das sind die beiden einzigen
Forscher des vorigen Jahrhunderts, die uns wenigstens eine Deutung
des „siebten Fußes" zu geben versucht haben. ERICHSON und PERRIS
vgl. weiter unten S. 69. Zahlreiche Angaben über die Fixierung
des Hinterendes durch die „Verrucae ambulatoriae" finden wir bei
SCHIÖDTE (1861—1880), den ich auch des öfteren zitiert habe.
GANGLBAUER wiederholt im wesentlichen die Angaben SCHIÖDTE's.
Erst in letzterer Zeit erschien eine Arbeit von G. W. MÜLLER, der
sich eingehender mit der Natur des „siebten Fußes" beschäftigt und
zahlreiche neue Beobachtungen mitteilt. Auch er nimmt in Übereinstimmung mit CHAPUIS und IMHOFF an, daß der „siebte Fuß"
nichts anderes als ein Stück des ausgestülpten Enddarmes sei.

Zweifelhaft ist vielen Autoren die Anzahl der Abdominalsegmente
bei den Lamellicorniern, Cerambyciden etc. ERICHSON sagt
bei der Beschreibung der Scarabiden (Naturg. d. Insekt. Deutschlands, Vol. 3, p. 560): „Der Körper der Larven besteht aus zwölf
oder bei den meisten scheinbar aus dreizehn Ringen. Der neunte
Hinterleibsring nämlich, welcher den sehr weiten Dickdarm enthält,
ist sackförmig ausgedehnt, in der Mitte meist durch eine kleine
Querfalte geteilt; der hintere Teil ist als dem aus einem ein-

gestülpten After gebildeten Nachschieber vieler anderer Käferlarven entsprechend anzusehen.' Gleicher Meinung ist CHAPUIS, wenn er sagt (Cat. d. larves): „Anus saillant, simulant un dixième segment", und weiter p. 472 „un autre point sur lequel les auteurs ne sont pas d'accord, est le nombre des segments abdominaux, les uns en comptent neuf, les autres dix. La question n'est pas décidée, mais il nous parait, que le dixième segment peut-être regardé comme un développement considérable de cet anus prolongé, que l'on trouve dans un si grand nombre de larves". Ähnlich glaubt auch PERRIS das 13. Segment als Neuerwerbung ansehen zu müssen (Hist. d. ins. de Pin. mar., p. 107): „J'ose établir en principe . . . que le corps des Lamellicornes est formé de treize segments: trois thoraciques et dix abdominaux, avec quelque variantes dans les dimensions relatives des deux derniers segments et dans la structure du dernier. Je ne connais d'autre exception que celle que présentent les larves de Cétoines qui n'ont que neuf segments abdominaux, en tout douze segments. Les larves des Lamellicornes partagent donc généralement l'avantage d'avoir treize segments. J'en ai donné pour ces dernières une raison en telle quelle dans un mémoire sur les métamorphoses de divers „Agrilus". J'ai dit, que le prothorax, étant presque entièrement occupé par la tête, et ne pouvant dès lors concourir au travail d'organisation de la nymphe, il avait sans doute nécessaire, à titre de compensation d'augmenter le nombre des segments. La même explication ne saurait s'appliquer aux larves des Lamellicornes, dont la tête est parfaitement libre et n'inquiète nullement sur le prothorax. Mais peut-être serait-il permis de dire que, dans ces larves les trois segments thoraciques sont exceptionellement si petits, qu'ils équivalent à peine au prothorax de la plupart des larves à tête libre que cette organisation aurait pu être un obstacle [à l'évolution de la nymphe et qu'ici encore la nature toujours fidèle à sont but, a compensé l'insuffisance du thorax un plus grand développement de l'abdomen. Les larves des Cétoines qui, comme je l'ai dit, n'ont que douze segments semblent enlever à cette explication tout caractère de vraisemblance, mais il est bon d'observer, que dans ces larves, le douzième segment est très considérable et aussi volumineux que dans les autres, les deux derniers réunis."

Von den neueren Coleopterologen äußert sich fast keiner über die Natur des 13. Segments. SCHIÖDTE sagt bei der allgemeinen Charakteristik der Scarabiden (Vol. 9, p. 239): „Annulus analis

exsertus, corpori continuus." RUPERTSBERGER geht eingehender auf
diese Frage ein und sagt in seiner Abhandlung: „Die Larven der
Käfer" (1878, Vol. 22, p. 78): „die Gliederung des Hinterleibes wird
von den meisten Schriftstellern als neuntheilig bezeichnet, und diese
Theilung ist dann richtig, wenn der als Nachschieber bezeichnete
Ring als vom Hinterleibe gesonderter Theil nicht unter diesen neun
Theilen mitgezählt, sondern besonders erwähnt wird. Es dürfte aber
gewiss angezeigter sein, diesen ganz treffend Nachschieber genannten
Körperring als Analsegment den Abdominalringen zuzuzählen, so
dass der Hinterleib dann zehn Segmente zählen würde. Der Analring ist wohl oft charakteristisch unterschieden von den übrigen
Abdominalringen, er ist schmäler, von der Längsrichtung des Leibes
abweichend und in einem mehr oder weniger scharfen Winkel von
derselben nach unten abstehend, wie z. B. bei den Carabiden,
Staphyliniden etc., er tritt aber auch als natürlicher Abschluss des
Hinterleibes auf, indem er weder in der Grösse noch in der Stellung
noch irgendwie von den übrigen Abdominalringen auffallend sich
abhebt. Zudem bildet er einen konstanten Bestandtheil des Larven-
körpers, da er in den wenigen Fällen, in denen er nicht entwickelt
sich erkennen lässt, doch sicher in rudimentärer Form aufzufinden
ist. Aus diesen Gründen rechtfertigt es sich, den Hinterleib als
zehntheilig zu bezeichnen, aber doch den Analring als separat den
neun Hinterleibsringen beizufügen".

Ich betrachte in Übereinstimmung mit RUPERTSBERGER das Abdomen als 10gliedrig. Das Schicksal des 10. Ringes (Analsegment-
Conus) soll uns im Folgenden beschäftigen.

Technik.

Meine Untersuchungen mußten natürlich zum größten Teil an
lebendem Material ausgeführt werden, um die verschiedenartigsten Be-
wegungsmöglichkeiten zu studieren. Einfach war dies bei den frei und
oberirdisch lebenden Formen, die man bei ihrem Kriechen auf freier
Ebene wohl beobachten konnte. Bei den Chrysomeliden,
Coccinelliden etc., die ihren „siebten Fuß" noch durch ein Secret
besonders fest fixieren, war es auch möglich, die Schale, in der sie
sich befanden, umzudrehen und sie von unten zu beobachten. So
gewann ich ein Bild von der Verschiedenartigkeit des ausgestülpten
Teiles. Anders war es bei Larven, die ein verborgenes Leben
führten. Um diese genau, namentlich aber das Zusammenwirken
von Analsegment und den Chitinbildungen des 9. Segments zu

studieren, fertigte ich mir folgenden Apparat in verschiedenen Größen an. Und zwar war der erste für Elateriden, Pyrochroiden oder Larven dieser Größe bestimmt, während der kleinste nur so groß war, daß ich mit ihm bequem unter dem Mikroskop arbeiten konnte, also für Larven von 3—4 mm Größe.

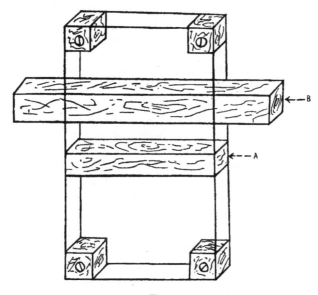

Fig. A.

Der Apparat selbst besteht, wie uns Fig. A zeigt, aus 2 Glasplatten, die miteinander verbunden sind und zwischen sich ein Lumen frei lassen, in das eine Holzleiste *A* paßt, die unbeweglich angebracht ist. Über dieser Leiste läßt sich eine andere (*B*) von gleichem Durchmesser beliebig verschieben, so daß man sie parallel mit *A* stellen oder den Raum nach einer Seite hin mehr oder weniger verjüngen kann. Die Reibung zwischen Holzleiste *B* und den beiden Glasplatten muß so groß sein, daß die Leiste in jeder beliebigen Stellung festgehalten werden kann. Indem ich nun die Larve zwischen *A* und *B* brachte, gelang es mir durch eine geeignete Verschiebung von *B* ihr ähnliche Voraussetzungen zur Fortbewegung zu bieten, wie ihr gewöhnlicher Lebensort zwischen Holz und Rinde. Es ist ja schwer, die verborgenen Tiere auch nur unter annähernd ähnlichen Lebensbedingungen zu beobachten, aber immer-

hin erscheint mir dieser Apparat als der geeignetste, um die Art
der Bewegung bei den Tieren zu studieren.

Um die anatomischen Verhältnisse kennen zu lernen, präparierte
ich am frisch getöteten Tier den Darm heraus und färbte ihn mit
Boraxkarmin, Karmalaun und Alaunkarmin, die alle gute Bilder
gaben. Ferner war es nötig, Schnitte von Tieren mit ein- und ausgestülptem „siebtem Fuß" zu bekommen. Die in Äther getöteten
Larven hielten meist das Organ eingestülpt, während ich es bei
anderen durch Tötung in kochendem Wasser oder Alkohol stets zur
Ausstülpung brachte. Bei *Telephorus* und anderen großen weichhäutigen Larven versuchte ich es auch durch Injektion einer
flüssigen Paraffinmasse in den Körper, wodurch dieser prall aufgetrieben wurde und die ausstülpbare Masse voll austrat. Fixiert wurden
die Tiere neben ZENKER, Pikrin-Schwefelsäure hauptsächlich in
Formol-Chrom-Essigsäure, die einmal die Form der Larven und ihre
Prallheit erhält, andrerseits aber auch bei der Färbung mit Eisen-
hämatoxylin (HEIDENHAIN) ganz ausgezeichnete klare Bilder gibt.
Ich habe diese beiden fast ausschließlich benutzt und die feinsten
histologischen Einzelheiten an solchen Präparaten erkennen können.
Um das Abschwimmen der Schnitte zu verhindern, das bei dieser
Methode leicht eintritt, wandte ich nach den Angaben SCHWABE's
eine Photoxylinlösung an, in die ich die Schnitte nach dem Auf-
lösen des Paraffins brachte. Es gelang mir so, fast stets die ganzen
Schnittserien auf dem Objektträger festzuhalten. Bei einfachen
Übersichtsbildern färbte ich mit Boraxkarmin, die nach der Diffe-
renzierung mit salzsaurem Alkohol auch gute Präparate ergaben.
Bei diesen Mikrotomschnitten fehlte mir aber immer der ganze Ver-
lauf der Intersegmentalmuskulatur. Um diese in den verschiedenen
Ebenen beobachten zu können, fertigte ich mir Handschnitte an,
ebenfalls von Tieren mit ausgestülptem und eingestülptem Organ.
Ich gewann diese entweder dadurch, daß ich den Körper in der
Medianebene halbierte und die beiden Hälften aufklebte (und solche
Schnitte lieferten die besten Resultate), oder aber, indem ich von
beiden Seiten etwas mit dem Handschnittmesser oder einem guten
Skalpell entfernte; gefärbt wurden sie ebenfalls mit Boraxkarmin,
aufgehellt in Kreosot. So erhielt ich ein einwandfreies Bild von
der natürlichen Lage der inneren Organe und dem Verlauf der
Muskulatur. Wenn auch die Mikrotomschnitte unerläßlich waren
für die histologischen Feinheiten, so förderten doch gerade die Handschnitte die Deutung des „siebten Fußes" ungemein.

Eine andere Aufgabe war auch die Zucht der Larven, da eine Bestimmung an Hand der Literatur in einzelnen Fällen unmöglich war. Verhältnismäßig einfach war dies bei den frei lebenden Larven. Ich brachte in verschiedene Glashäfen Erde mit Grasnarbe und stellte in ein besonderes Gefäß beblätterte Zweige des Baumes, auf dem sie lebten, hinein. So konnten sie sich ernähren und zur Verpuppung in die Erde gehen oder sich an den Blättern festheften. Schwierig war die Aufzucht bei den verborgenen Tieren, die vielfach Carnivoren sind. Ich brachte sie in eine Glasschale, deren Boden mit Filtrierpapier und darüber mit Stücken der Rinde, in und auf der sie lebten, bedeckt war. Mit Hilfe des Filtrierpapieres konnte ich so gut die Feuchtigkeit regulieren, die den Tieren unbedingt nötig ist. Zur Ernährung dienten Fliegenlarven und andere kleine Käferlarven, die zusammen mit ihnen vorkamen. Ich hatte diese Gefäße erst frei dem Licht ausgesetzt stehen und keine Larve wollte sich verpuppen. Erst als ich sie ins Dunkle setzte, erhielt ich von einigen Formen Puppen und später auch Imagines. Es scheint also, als ob das Licht irgendeinen Einfluß auf sie ausübe. Von anderen Formen gelang es mir aber trotzdem nicht, Puppen zu bekommen, obwohl ich die Versuche immer wieder von neuem begann. Jedenfalls ist es bei manchen kleinen Formen ungemein schwierig, die Tiere zur Verpuppung zu bringen.

Spezieller Teil.

A. Chrysomelidae.

Galerucella viburni PAYK. Im Juni und Juli findet man diese Kaferlarven ziemlich häufig auf Viburnum, dessen Blätter sie vollkommen skeletieren. Es sind im ausgewachsenen Zustand etwa 5—7 mm lange, fast gleichmäßig breite Larven. Das Abdomen besteht aus 10 Ringen, wovon die 8 ersten in regelmäßiger Anordnung mit schwarzen, warzenähnlichen und mit steifen Haaren versehenen Gebilden bedeckt sind. Das 9. Abdominalsegment (Taf. 4 Fig. 6) unterscheidet sich von den vorhergehenden Segmenten dadurch, daß es nur lateral noch warzenähnliche Gebilde in geringerer Zahl aufweist, während die dorsalen zu einer etwas chitinisierten Platte verschmolzen sind, die ihrerseits mit starken borstenähnlichen Haaren versehen ist. Dadurch bekommt das Segment von der dorsalen oder ventralen Seite betrachtet das Aussehen einer halbkreisförmigen

Scheibe, in deren Mitte das Analsegment eingefügt ist. Dieses ist
etwas ventralwärts gebogen und bildet den Abschluß des sich nach
hinten schwach verjüngenden Körpers. Es ist morphologisch nichts
anderes als ein typisches Abdominalsegment und trägt wie die
vorhergehenden Segmente noch schwarze Warzen, aber lateral nur
je eine, ist also stark verkürzt. Das Analsegment ist etwas einziehbar, denn bei der Fortbewegung sieht man, wie das Segment
mehr oder weniger in das 9. Segment hineingezogen wird, wobei
dieses mit seiner Platte sich nach unten krümmt und so einen gewissen Schutz für die austretenden weichen Massen (vgl. unten)
bietet (Taf. 4 Fig. 8).

. Beobachtet man nun eine Larve, die aus der Ruhe in Bewegung
übergeht, so sieht man, wie sie den ganzen Körper so weit als nur
eben möglich streckt. Während sie dabei etwa 3—4 Schritte vorwärts macht, bleibt das Analsegment der Unterlage fest angeheftet.
Erst wenn sie ihre Maximalstreckung erreicht hat, hebt sie das
ganze Abdomen und schiebt den After unter geringer Krümmung
und starker Kontraktion der letzten 5 Segmente um etwa 3 bis
4 Segmentlängen nach vorn. Dann setzt sie ihn nieder, streckt
unter abermaligem Festhaften des Afters den Körper und wiederholt den Vorgang von neuem. Beim Aufsetzen sieht man aus der
Afteröffnung des Analsegments eine gelblich-weiße Masse heraus-
quellen von grob gelappter, unregelmäßiger Form (Taf. 4 Fig. 6).
Die Zahl der Lappen schwankt zwischen 4 und 6. Sie legt sich
der Unterlage mit all ihren Unebenheiten dicht an und bietet so
dem Tiere bei seiner Fortbewegung eine willkommene Stütze. Mit
dem Aufheben des Abdomens verschwindet aber auch wieder die
lappige Masse in dem Analsegment, um aufs neue bei der folgenden
Niedersetzung zu erscheinen. Dabei sitzt das Tier so fest an seiner
Unterlage, daß es an der Unterseite der Blätter laufen, ja selbst
mit dem ganzen Gewicht seines Körpers an dem ausgestülpten Gebilde hängen und sich emporrichten kann. Eine derartig feste Anheftung kann nur durch Absonderung eines klebrigen Secrets bewirkt werden. Ich sah zwar nicht, daß *Galerucella viburni* derartige
Secrettropfen auf ihrer Unterlage hinterließ, dafür aber bei anderen
weiter unten noch zu beschreibenden Blattkäferlarven desto deutlicher. Auch LATREILLE hat solches beobachtet (l. c., Vol. 11, p. 332):
„Le corps des larves est garni vers l'extrémité d'un mamelon
charnu, le mamelon fait l'office d'une septième patte; la larve le

pose sur le plan qu'elle parcourt et comme il est enduit d'une liqueur gluante, il sert à la retenir sur la feuille où elle se tient."

Was zunächst die Mechanik des Aus- und Einstülpens an. betrifft, so erfolgt das Ausstülpen dadurch, daß sich infolge der Kontraktion der Körpermuskulatur das Körperlumen verringert und das Blut, das ja frei in der Leibeshöhle in offenen Bahnen sich be. wegt, die weiße Masse zum After herauspreßt — ein Vorgang ganz analog. dem Ausstülpen der Fühler bei den Pulmonaten etc. Daß das Blut diesen Vorgang bewirkt, beweisen die zahllosen Blut. körperchen, die ich auf Schnitten in dem ausgestülpten Organ fand. Die Einstülpung wird durch Retractoren bewirkt, die sich einerseits an der Grenze vom 8. und 9., dann vom 9. und 10. und von der Mitte des 9. Segments, andrerseits an der äußersten Grenze des ausgestülpten Teiles inserieren. Die Anheftung der Retractoren bestimmt die Form der ausgestülpten Masse, im besonderen die Zahl der Lappen.

Was ist nun das Organ, das dem Tier bei seiner Fortbewegung eine so große Unterstützung bietet? Rein äußerlich betrachtet, er- scheint es uns nur als eine lappige Masse, die ein- und ausstülpbar ist, ohne uns aber einen Schluß auf ihre Herkunft zu gestatten. Auf diese Frage geben uns Handschnitte von Larven, bei denen das Organ in der oben schon näher angeführten Weise zur Ausstülpung gebracht ist, gute Aufschlüsse. Die Schnitte sind so geführt, daß sie den Körper in der Medianebene halbieren. Von großem Vorteil ist es, daß man auf ihnen die Anheftungsstellen der verschiedenen Muskeln, die sich doch in allen möglichen Ebenen inserieren, klar und deutlich erkennen kann, was bei Mikrotomschnitten nicht mög- lich ist. Fig. 2, Taf. 4 zeigt uns einen Handschnitt von einer Larve, die ihre Masse ausgestülpt hat. Die Zahlen bezeichnen die Ab- dominalsegmente in ihrer Reihenfolge; rot gezeichnet ist der aus- gestülpte Teil.

Der Schnitt zeigt uns, daß das ausgestülpte Stück das Ende des Darmes ist, also in der Hauptsache die Ansicht von CHAPUIS, IMHOFF und G. W. MÜLLER bestätigt wird, wonach die weiße Masse nichts anderes ist als das Ende des Darmes.

Eine andere Frage ist die nach der morphologischen Deutung des ausgestülpten Stückes. CHAPUIS sagt darüber in seinem „Cata- logue des larves des Coléoptères" (1853, Vol. 8, p. 358): „Cette fausse patte anale, comme on l'a nommée, n'est le plus souvent autre chose que l'anus prolongé en tube et. pouvant s'allonger ou se retirer à la volonté de l'animal. Dans beaucoup de Chrysomeliens il n'y a qu'un seul prolongement, situé sur la ligne médiane en avant de l'anus, mais son extrémité charnue est tantôt bifide, tantôt simple." Auch nach IMHOFF ·ist das Hilfsorgan, der „siebte Fuß", nichts anderes als der ein- und ausstülpbare After (l. c., 1856, p. 25): „Alle diese Teile (Warzen, Häckchen etc.) werden aber an Wichtigkeit übertroffen durch den bei vielen unten am letzten Segment hervortretenden Nachschieber. Er ist meist nichts anderes als der in eine Röhre verlängerte, aus- und einziehbare After. In vielen Chrysomeliden findet sich vor dem After derselbe Teil wieder einfach, mit ungeteiltem zweispaltigen Ende." Gleicher Ansicht ist auch G. W. MÜLLER (l. c., 1912).

In der Hauptsache stimme ich darin mit den genannten Forschern überein, daß es sich um eine Ausstülpung aus dem After handelt, zweifelhaft ist mir nur, ob man das ausstülpbare Stück als Enddarm oder als Körpercuticula, die in der Ruhe eingezogen ist, ansprechen soll.

.Zur Klärung dieser Frage muß man, meiner Ansicht nach, zuzunächst feststellen, von wo an man die äußere Körpercuticula rechnen soll, — also die Grenze zwischen Darm und Körpercuticula. Da ist ein brauchbarer Stützpunkt gegeben in der Muskulatur des Intestinalkanals.

Betrachten wir mit Rücksicht auf diese Frage den Schnitt, wobei wir besonders die Muskulatur beobachten! Wir sehen die Intersegmentalmuskulatur (*IM*) regelmäßig von einer Intersegmentalfalte zur anderen verlaufen, nur in den beiden letzten, d. h. im 9. und 10. Segment, zeigt sie abweichende Anordnung. Hier finden wir an der dorsalen Seite des 9. Segments neben Muskeln von ähnlicbem Verlauf wie in den vorhergehenden Segmenten solche, die von der Grenze. des 8. und 9. Segments oder von der Mitte des 9. allein zu dem ausgestülpten Organ verlaufen. Weiter haben wir auch Muskeln, die, von der Intersegmentalfalte des 9. und des Analsegments ausgehend, an derselben Stelle ansetzen. Es sind dies alles Muskeln, welche die Einstülpung des ausgestülpten Teiles bewirken (Retractoren). In ihrer Anordnung haben sie die größte Ähnlichkeit mit der Intersegmentalmuskulatur, und die Annahme, daß wir es in den Retractoren (*Rt*) mit wenig modifizierten Intersegmentalmuskeln zu tun haben, scheint unabweisbar. Danach würde die eigentliche Grenze des Darmes da liegen, wo sich die Retractoren inserieren.

Wie aus der Figur des weiteren ersichtlich ist, verlauft die Ringmuskulatur (*Rm*) des Enddarmes bei diesem Tiere bis zur äußersten Grenze des ausstülpbaren Gebildes. Es führt uns also die Betrachtung der Ringmuskulatur zu der gleichen Anschauung wie die Betrachtung der Retractoren, daß nämlich der ausgestülpte Teil nicht eigentlich dem Darm angehört, vielmehr ein sekundär eingestülptes Stück der äußeren Körperhaut darstellt. Der für gewöhnlich sichtbare After ist mithin auch gar nicht der eigentliche, sondern ein scheinbarer; ich nenne ihn „sekundären After". Wenn ich also auch in der Hauptsache mit den oben genannten Autoren (Chapuis, Imhoff, G. W. Müller) übereinstimme, daß es sich in der weißen Masse um das Endstück des Darmes handelt, so vertrete ich in der morphologischen Deutung des ausgestulpten Teils einen wesentlich anderen Standpunkt.

Auf die Herkunft des klebrigen Secrets möchte ich bei der Beschreibung von *Agelastica alni* zurückkommen, deren anatomischer Aufbau mir besonders zur Klärung dieser Frage geeignet erscheint.

Agelastica alni L. Die meist dunkel gefärbte Blattkäferlarve (Taf. 4 Fig. 14), die in ihren Jugendständen die Blätter von Alnus skeletiert, zeigt wohl die auffallendste Art der Fortbewegung unter allen Chrysomeliden. Ihr Körper besteht wie der von *Galerucella viburni* ebenfalls aus 13 Ringen — 3 thoracalen und 10 abdominalen, einschließlich des Analsegments — und ist nach den beiden Enden schwach verjüngt. Die beiden hinteren Brust- und die 8 ersten Abdominalringe sind mit je 2 Querreihen stacheliger oder spärlich behaarter Tuberkel besetzt, die am 9. Ringe fehlen. Das 10. oder Analsegment ist stets einfach und auch hier ein stark verkürztes Abdominalsegment, dem jegliche Warzen fehlen. Wir finden hier eine ganz ähnliche Art der Bewegung wie bei *Galerucella viburni*. Ein wesentlicher Unterschied besteht darin, daß bei *Galerucella* das Vorschieben des Hinterendes in erster Linie durch eine starke Kontraktion der Abdominalsegmente, hier fast ausschließlich durch eine starke Krümmung des Abdomens erfolgt — ähnlich wie bei den Spannerraupen. Auch die Herkunft der ausgestülpten grauweißen Masse ist, wie uns ein Medianschnitt lehrt, die gleiche. Die Photographie zeigt das Tier gerade im Augenblick der höchsten Krümmung und der soeben erfolgten Niedersetzung des „sekundären Afters".

Eine meisterhafte Beschreibung über die Bewegung von *Age-lastica alni* finden wir bei DE GEER in seiner „Histoire des Insectes" (Vol. 5, 1775, p. 309): „Ces larves ont encore comme une septième patte. Elles font sortir du dernier anneau du corps une masse de chairs molles et flexibles, de figure variable: car les larves peuvent les gonfler et les affaisser à leur gré. Quand elles marchent, elles font paroître cette masse membraneuse qu' elles posent et fixent sur le plan où elles se trouvent, au moyen d'une matière gluante et en retirant les chairs qui se trouvent au milieu de la masse, ce qui y forme un petite vuide, et c'est par ce moyen qu'elles se tiennent fortement attachées aux feuilles. Elles marchent en quelque façon comme les chenilles arpenteuses; après avoir allongé le corps autant qu'il leur est possible, elles détachent le mamelon ou la patte membraneuse et courbant le corps en dessous, elles posent la patte plus avant et l'y fixent; en-suite elles avancent de nouveaux le devant du corps au moyen des pattes écailleuses; c'est leur marche la plus ordinaire. Quelque-fois pourtant elles se contentent de marcher avec les pattes écailleuses seulement, et alors le derrière ne fait simplement que trainer. Elles peuvent encore retirer la masse entièrement dans le corps et la faire disparoître. Ce mamelon, au milieu duquel se trouve l'anus est d'une couleur jaune livide et griseâtre."

Die Angaben von DE GEER, daß das Abdomen einfach ohne Zuhilfenahme des „septième patte" nachgeschleppt wird, bezieht sich nach meinen Beobachtungen fast ausschließlich auf die jungen Stadien. Auffälliger als bei *Agelastica* aber war der Gegensatz in der Bewegung zwischen jungen und älteren Larven bei *Lina tremulae*.

Woher stammt aber nun die „matière gluante", von der DE GEER in seiner Abhandlung spricht? Nach dem Aufheben des Abdomens findet man zuweilen kleine, dem unbewaffneten Auge kaum sichtbare, dann aber auch größere klebrige Massen. Diese heften das ausgestülpte Organ derart fest an, daß das Tier an seinem After hängen bleiben kann. Man könnte zunächst annehmen, daß es sich um ein spezifisches Drüsensecret handle, von Drüsen, die im Abdomen liegen und am After münden; nach derartigen Drüsen habe ich vergeblich gesucht. Andrerseits könnte das Secret aus Darmzellen stammen, also von ähnlicher Herkunft sein, wie sie PÜTTER annimmt (l. c., 1911, p. 308): „Eine eigenartige Stellung nimmt der Absonderungsmodus in den Darmzellen einiger Insekten ein: hier wird ein Teil der Zellen abgeschnürt und bildet, sich lösend, das Sekret. Diese Art der Sekretion vermittelt einerseits den Übergang zu den ‚geformten Sekreten‘ oder auch den ‚lebenden Sekreten‘, andrerseits zu jenen Fällen, in denen die ganze Zelle zugrunde geht und so das Sekret bildet (*Ptychoptera, Musca*).“ Aber auch derartige Zellen fand ich nicht. Es ist allerdings die Möglichkeit kaum auszuschließen, daß Darmzellen das Secret liefern; irgendwelchen Anhalt für diese Annahme habe ich aber nicht auffinden können. Eine dritte Möglichkeit der Herkunft des Klebstoffes wäre die aus den MALPIGHI'schen Gefäßen, ähnlich dem Spinnstoff der M y r m e l e o - n i d e n l a r v e n (LOZINSKI, 1911).

Untersuchungen, die ich unter diesem Gesichtspunkt bei den Chrysomeliden anstellte, ließen in den MALPIGHI'schen Gefäßen aller von mir beobachteter Blattkäferlarven nach dem verschiedenen Alter eine Verschiedenheit in dem anatomischen Aufbau erkennen. Nach der Beschaffenheit der MALPIGHI'schen Gefäße konnte ich einigermaßen 3 Stadien unterscheiden, von denen die beiden ersten jedes etwa 2—3 Häutungen umfaßt, wohingegen sich das letzte auf die Zeit kurz vor der Verpuppung beschränkt. Während des 1. Stadiums, in dem der After nur eine geringe Rolle bei der Fortbewegung spielt (vgl. oben), zeigten die MALPIGHI'schen Gefäße das gewöhnliche Aussehen (Taf. 4 Fig. 17), d. h. es waren etwa 6 relativ lange aber gleichmäßig dicke Gefäße, von ca. 0,052 mm Durchmesser, deren einzelne Kerne etwa 0,021 mm maßen. Sie ließen keine Unterschiede gegenüber den Formen erkennen, die während ihres larvalen Lebens keinen Klebstoff absondern, wie z. B. die C e r a m b y c i d e n. Es waren eben die typischen MALPIGHI'schen Gefäße der Hexapoden. Bald nach der 2. Häutung aber, wo also auch der „siebte Fuß“ stark zur Fortbewegung herangezogen wird, zeigten sich Modifikationen in dem Aufbau der Gefäße. Der distale Teil der MALPIGHI-schen Gefäße trat in einen stets stärker werdenden Gegensatz zum proximalen. Während dieser seinen gewöhnlichen Habitus beibehielt, wurde der distale Teil, und zwar von der Mitte der Schläuche anfangend, nach dem Ende zu immer dicker, so daß er zum Schluß ungefähr den dreifachen Durchmesser des basalen Teiles (der seine ursprüngliche Dicke beibehalten hat) erreichte, d. h. eine Stärke von ca. 0,168 mm (Taf. 4 Fig. 16). Damit im Zusammenhang steht eine Vergrößerung der Zellkerne, die nun etwa eine Länge von ca. 0,052—0,072 mm erreichen, wobei auch die vorher fast ganz runden Kerne nunmehr eine ellipsoide Gestalt annahmen. Das Zellplasma, das vorher noch das ganze Volumen der Zelle erfüllte, ließ nun zahlreiche kleine Vacuolen erkennen, die, miteinander ver-

schmelzend, immer größere Tropfen in der Zelle bildeten. Zerdrückt
man die frisch herauspräparierten Schläuche eines Tieres zwischen
zwei Deckgläsern und setzt einige Tropfen Wasser hinzu, so sieht
man neben zahllosen mikroskopisch kleinen, braunen Körnchen auch
größere gelbe Kugeln, die sich nicht mit Wasser vermischen, also
wohl von ölartiger Beschaffenheit sind. Aller Wahrscheinlichkeit
nach bilden diese Secrete, die man wohl als ein Produkt der differenzierten Malpighi'schen Gefäße ansehen muß, den Klebstoff zur
Festheftung des Hinterendes. Im 3. Stadium sah ich die sonst ganz
kompakt erscheinende Kernmasse sich in ein kompliziertes Kern-
gerüst mit zahlreichen Chromatinkörnern auflösen, zusammengehalten
durch die Kernmembran.

Während der letzten Larvenperiode, also kurz vor der Verpuppung, schwanden auch die ganzen Kerne, und es blieb nur der
Zellkörper erhalten, wobei das ganze distale Stück der Malpighi'schen
Gefäße ein eigentümlich gestreiftes Aussehen annahm, wie es die
Fig. 15, Taf. 4 veranschaulicht. Wie uns die Figur zeigt, findet
man undeutlich konturierte Körper ohne Zellkern, die augenscheinlich
den Zellen der Malpighi'schen Gefäße entsprechen. Manche enthalten noch einen vollständigen Kern von annähernd ovaler Gestalt
(Zk'). In anderen wieder sieht man einen Kern von halbmond-
förmiger Gestalt (Zk''). Übergangsformen von diesen zu den kern-
losen Zellen habe ich vermißt, so daß die Auflösung des Kernes,
um die es sich augenscheinlich handelt, sehr schnell vor sich zu
gehen scheint. Weiter sieht man auf der Oberfläche zahlreiche
Kerne (Bk), die nichts anderes sind, als die Zellkerne des bindegewebigen Überzuges. Es ergibt sich dies aus der Tatsache, daß
beim Loslösen des Bindegewebes auch die Kerne verschwinden.
Schließlich finden wir noch kleine runde Kerne mit zentralem Kernkörperchen (Mk). Ich betrachte sie als die Matrixzellen, von denen
aus der Wiederaufbau der Malpighi'schen Gefäße erfolgt. Mit den
alten Kernen der Malpighi'schen Gefäße dürften sie nichts zu tun
haben.

Wir finden also die Beschaffenheit der Malpighi'schen Gefäße
im engsten Zusammenhang mit der Klebfunktion des ausstülpbaren
Organs. Solange der After nur eine untergeordnete Rolle für die
Bewegung spielt, zeigen die Malpighi'schen Gefäße keine nennens-
werte Differenzierung. Sobald dann das Ankleben an Bedeutung
gewinnt, zeigen die Malpighi'schen Gefäße eine gewisse Differenzierung und Umgestaltung der Zellen. Wenn wir schließlich

kurz vor der Verpuppung sich sehr auffällige Veränderungen an dem erweiterten distalen Teil der MALPIGHI'schen Gefäße vollziehen sehen, so liegt es nahe, diese Veränderungen in engen Zusammenhang zu bringen mit der Rolle, die ein klebriges, aus dem After austretendes Secret für die Anheftung der Puppe spielt. Bei der Herstellung dieses Secrets scheint eine vollständige Auflösung des Kernes zu erfolgen, während sich der Zellkörper einigermaßen unverändert erhält. Alles in allem sprechen die beschriebenen anatomischen Verhältnisse und die Veränderungen an den MALPIGHI'schen Gefäßen sehr dafür, daß die klebrige Masse aus ihnen stammt.[1]

Plagiodera amoraciae L. Auf den Blättern von Salixarten lebend, findet man die Larve häufig in den Sommermonaten. Sie erreicht eine Länge von ca. 4—6 mm und stimmt in ihrem Habitus fast ganz mit *Agelastica alni* überein. Das Analsegment ist aber hier fast ganz verschwunden und nur als ein Rudiment erhalten. Die ausstülpbare Masse ist relativ größer als bei solchen Formen, die noch ein wohl entwickeltes Analsegment erkennen lassen. Auch sie gebraucht, wie überhaupt fast alle Blattkäferlarven (Ausnahme machen: *Crioceris* und *Cassida*), den „siebten Fuß" als Unterstützung bei der Fortbewegung. Die ausstülpbare, gelbe Masse ist wiederum nichts anderes als ein großes Stück modifizierten Analsegments. Man kann diese Larve wohl in gewisser Beziehung, nämlich hinsichtlich der Größe des Analsegments und der Modifikation desselben zum „siebten Fuß", als einen Übergang zur folgenden Art ansehen.

Lina tremulae FABR. Wenn man im August die Blätter von Populus tremulae beachtet, so findet man sehr häufig diese Blattkäferlarve, die einerseits durch ihre Plumpheit, andrerseits durch ein unangenehm riechendes Secret, das sie bei Berührung absondert, auffällt (Taf. 4 Fig. 7). Sie ist in ausgewachsenem Zustand etwa 8—10 mm lang und vom Kopf nach dem Abdomen zu stark verjüngt. Die beiden letzten Thorax- und die 7 ersten Abdominalringe tragen lateral je eine Reihe wenig oder gar nicht behaarter, zitzenförmiger Tuberkel, aus denen bei Berührung das ätzende, für kleinere Insecten tödlich wirkende Secret austritt. Vom Abdomen

---

[1] Während des Druckes lernte ich noch eine Arbeit von SILVESTRI: „Contribuzione alla conoscenza della metamorfosi e dei costumi della Lebia scapularis" kennen. Der Autor stellt fest, daß bei dem genannten Käfer die MALPIGHI'schen Gefäße den Stoff für das Puppengespinst liefern und zwar der proximale erweiterte Abschnitt.

sind nur noch 9 Ringe vorhanden; das 10. Segment fehlt anscheinend vollständig. Während seiner ersten Jugendstadien gebraucht die Larve den „siebten Fuß" fast gar nicht, da sie noch verhältnismäßig schlank und leicht ist. Nach der 1. oder 2. Häutung, wo also auch die Form des Körpers eine immer plumpere und das zu bewegende Gewicht ein immer größeres wird, beobachtet man eigentlich nie ein bloßes Nachschleppen des Abdomens ohne irgendeine Niedersetzung des Afters. Dieser dient nun in ausgesprochenstem Maße als Hilfsorgan bei der Fortbewegung. Das ausstülpbare Organ hat bei diesem Tier — wohl die extremste Bildung bei den Chrysomeliden — die ganze Größe eines Abdominalsegments (Taf. 4 Fig. 5). Sieht man sich die Handschnitte an, die gleicherweise wie vorher hergestellt wurden, so findet man, daß das ausstülpbare Organ nichts anderes als das modifizierte Analsegment ist, das sekundär eingestülpt wurde. Während aber bei *Galerucella viburni* und auch bei *Agelastica alni* das Hilfsorgan nur ein Teil des umgewandelten Analsegments darstellte, bei *Plagiodera amoraciae* die Einstülpung noch weiter gediehen war, haben wir es hier mit einer vollkommenen Modifikation des ganzen Analsegments zu tun. Das will also sagen, daß ein Abdominalsegment allmählich eine vollkommene funktionelle Umbildung erlitten hat. Das Analsegment schwindet nicht, wie man zuerst glauben könnte, sondern es erscheint dem beobachtenden Auge als das, was schon DE GEER aus dem letzten Ringe des Körpers austreten sah: die „masse de chairs molles et flexibles, de figure variable".

Bei den bisher besprochenen Chrysomeliden bildet der „sekundäre After" den natürlichen Abschluß des Körpers, und eine Beteiligung des „siebten Fußes" scheint in dieser Familie allgemein vorzukommen. Eine Ausnahme machen nur zwei Formen, bei denen das Analsegment infolge besonderer Anpassung eine vollkommene Umgestaltung erfahren hat: *Cassida rubiginosa* und *Crioceris merdigera*. CHAPUIS sagt dazu in seinem „Catologue des larves" bei der allgemeinen Charakteristik der Chrysomelidenlarven: „Dans le plus grand nombre, le segment terminal se prolonge en dessous en un tube retractil simple ou bifide, qui sert à la progression et derrière le quel aboutit le canal intestinal. Le point le plus intéressant de l'histoire de ces larves est sans contredit l'étude des moyens aux-quels elles ont recours pour se protéger, soit contre les intempéries de l'air ou l'ardeur du soleil, soit contre leurs ennemis. Ils consistent toujours dans l'emploi de leurs excrémens avec lesquels elles recouvrent leur corps."

Eine treffende Schilderung der Lebensweise von *Crioceris merdigera* finden wir bei G. W. MÜLLER (l. c. 1912, p. 225): „Auch beim Lilien_hähnchen beteiligt sich der Enddarm nicht an der Bewegung. Die Larve dieses Käfers bedeckt sich mit ihrem Kot, wandert als ekel_haftes Schmutzhäufchen auf den Lilienblättern umher. Die An_sammlung des Kotes auf dem Rücken des Tieres wird bewirkt durch eine Verschiebung des Afters nach dem Rücken. Mit dieser Ver_schiebung des Afters ist eine Verwendung des Enddarmes als Be_wegungsorgan ebenso unvereinbar wie bei *Cassida* mit der Umbiegung des hinteren Körperendes."

Eine derartige Verschiebung des Afters von seiner terminalen Lage, als natürlicher Abschluß des Körpers, nach dem Rücken zu, ist eine einzig dastehende Tatsache. Es haben zwar sehr zahlreiche Käferlarven auch ihren After verschoben, doch immer ventralwärts, nie aber dorsal. Noch eine andere Eigentümlichkeit finden wir in dem anatomischen Aufbau dieses Sonderlings unter den Käferlarven. Wie uns die Medianschnitte anderer Chrysomelidenlarven zeigen, verläuft der ganze Enddarm fast vollkommen gerade ohne jegliche größere Windung im Abdomen. Betrachtet man daraufhin einen Medianschnitt von *Crioceris merdigera*, so sieht man hier den ganzen Darm in vielfachen, unentwirrbaren Schlingungen im Körper ver_laufen, eine Erscheinung, die vielleicht mit der Verkürzung des Körpers zusammenhängt. Andrerseits könnte man aber daraus schließen — und die Longicornier bestärken uns in dieser Auf_fassung —, daß den Larven mit gewundenem Enddarm die Möglich_keit, den After als „siebten Fuß" zu gebrauchen, abgeht und daß der gerade Verlauf desselben als eine unerläßliche Voraussetzung bei dieser Funktion anzusehen ist. Bemerkenswert scheint auch die Tatsache, daß hier der After mit der Grenze der Ringmuskulatur zusammenfällt.

Bei *Cassida rubiginosa* — und die meisten Arten der Familie machen es ebenso — ist das Afterende mit der Aftergabel dorsal_wärts umgebogen. Damit im Einklang steht, genau wie bei der Verschiebung der Afterspalte bei *Crioceris*, auch die Unmöglichkeit, den After zur Fortbewegung heranzuziehen. Wie dort, so dient das Hinterende auch hier rein schützenden Funktionen: „Comme celles de *Crioceris*, elles se recouvrent de leurs excrémens, mais ceux-ci sont disposés d'une manière différente: la fourche que porte le segment terminal se replie vers la partie antérieure de l'insecte de manière à former avec le corps un angle ouvert en avant; l'anus s'ouvre prés de cet appendice et lorsque la larve rejette ses excrémens, ils sont retenus sur la fourche; par suite de leur accumulation ils sont poussés en avant, se collent les uns aux autres et forment ainsi une espèce de toit sous lequel la larve disparaît presque en entier" (CHAPUIS, Cat., p. 601).

Wir zählen bei *Cassida* nur 9 Abdominalringe; der 9. ist in die Gabel verlängert, welche den Kot etc. trägt. Über den After sagt FIEBRIG (l. c., 1910, p. 164). „Der am neunten Segment befindliche After erscheint manchmal durch den etwas herausgezogenen Endteil des Rectums als ein besonderes Segment." Die Annahme liegt nahe, daß auch hier das Einziehen des Analsegments im Zusammenhang mit seiner Funktion als Bewegungsorgan erfolgte oder, mit anderen Worten, daß *Cassida* von Formen abstammt von ähnlichem Habitus und ähnlicher Art der Bewegung wie die Mehrzahl der Chrysomeliden.

B. Coccinellidae.

Untersucht wurden von mir verschiedene Arten, die aber in allen ihren Verhältnissen nichts wesentlich Neues gegenüber den Chrysomeliden boten. Auch sie gebrauchen den „siebten Fuß", der wie bei *Lina tremulae* durch Modifikation des Analsegments, das im ganzen Umfange eingezogen wird, entstanden ist: „Le dernier anneau du corps est petit et la larve en fait souvent sortir un mamelon charnu assez gros, qu'il appuie sur le plan de position et qu'alors lui sert comme d'une septième patte" (DE GEER, Vol. 5, p. 366) Sie sondert auch ein reichliches Secret ab, das dem ausgestülpten Organ zur Festheftung dient. Die Herkunft desselben ist wohl die gleiche wie bei *Agelastica alni*, da man dieselben anatomischen Veränderungen in den MALPIGHI'schen Gefäßen wiederfindet. Wie man im System die Familien selbst in nahe Beziehungen miteinander bringt, so zeigen auch die Larven sehr weitgehende Übereinstimmungen.

C. Cantharidae (Telephoridae).

Cantharis rufipes L. Ziemlich eng an die Chrysomeliden schließen sich die Canthariden, von denen mir eine Form zur Untersuchung vorlag. Das Abdomen ist bei der Larve, die eine Länge von 15—20 mm erreicht, fast vollkommen gleich stark. Das 9. Segment ist etwas schmäler und flacher als die vorhergehenden, so daß es von der dorsalen oder ventralen Seite gesehen, das Aussehen einer halbmondförmigen Scheibe hat, in dessen Mitte das Analsegment liegt (Taf. 4 Fig. 1). Dieses sitzt an dem etwas schrag nach hinten abgestutzten 9. Abdominalsegment und ist, wie bei *Galerucella viburni*, noch zum Teil erhalten (Taf. 4 Fig. 4). Die untersuchte Form bot in der Art der Fortbewegung keine Unterschiede gegenüber der von G. W. MÜLLER (l. c., p. 221) beschriebenen; wahrscheinlich ist sie sogar damit identisch. Ich möchte ihn daher wörtlich zitieren: „Die durch ihre sammetartige Beschaffenheit und schwarze Farbe leicht kenntliche Larve fixiert ebenfalls das Hinterende während des Wanderns, und zwar anscheinend stets; wenigstens konnte ich bei den von mir untersuchten Individuen nie ein einfaches Nachschleppen des Hinterleibes beobachten. Das Abdomen wird nicht, oder nur unbedeutend gekrümmt, vielmehr kontrahiert und ausgedehnt, entsprechend sind die Schritte, die das Hinterende macht, klein, etwa so groß, wie ein hinteres Abdominalsegment breit. Der sehr kleine Analring ist auf die Ventralseite des neunten Abdominalsegments gerückt. Am Vorderrande des Afters sehen wir eine etwa halbmondförmige, weiße Falte mit radiärer Streifung, die sich scharf gegen die übrige schwarze Körperhaut abgrenzt. Ich betrachte diese Falte als einen Teil des Enddarmes, der infolge des Anteils an der Bewegung ausgestülpt bleibt. Beim Fixieren verbreitet sich diese Falte mehr oder weniger stark, so daß sie die ganze Afteröffnung verdecken kann."

Nach meinen Beobachtungen verschwindet aber die ganze weiße ausgestülpte Masse bei *Cantharis rufipes*, wenn sie das 9. Segment bei der Fortbewegung hebt, in dem Analsegment, um bei der Niedersetzung desselben wieder zu erscheinen. Eine Absonderung irgend eines Secrets zur Festheftung findet nicht statt, vielmehr dürfte die radiäre Streifung auf eine saugnapfähnliche Funktion schließen lassen. Wie bei den Chrysomeliden betrachte ich auch hier das ausgestülpte Stück als ein Teil des modifizierten Analsegments. Die anatomischen Verhältnisse liegen ähnlich wie bei diesen.

D. Lampyridae.

Luciola italica LAP. Als einzigen Vertreter dieser Familie untersuchte ich *Luciola italica*, die man in Italien häufig findet. Der Liebenswürdigkeit des Herrn Geheimrat MÜLLER verdanke ich lebendes wie auch konserviertes Material, das er mir in entgegenkommenster Weise zur Verfügung stellte. Die Larven sind charakteristisch durch ihren 25—30 mm langen Körper, der relativ breit aber sehr flach ist (Taf. 4 Fig. 10). Die einzelnen Segmente laufen lateral in je zwei stumpfe, fleischige Spitzen aus, sind sonst aber gleichmäßig breit. Das 9. Segment ist etwas schmaler als die vorangehenden und trägt in seiner Mitte ein kurzes Analsegment (Taf. 4 Fig. 13). Meine Beobachtungen decken sich vollkommen mit jenen von G. W. MÜLLER, dessen Beschreibung ich als die treffendste wieder wörtlich anführen möchte (l. c., p. 221): „Bei normaler Bewegung wird das Abdomen besonders an der Grenze vom sechsten und siebten Abdominalsegment stark gekrümmt, die drei letzten Segmente werden stark nach vorn gebogen, so daß der After etwa unter den Hinterrand des fünften Abdominalsegmentes zu liegen kommt. Dann wird das Hinterende aufgesetzt, wobei ein dicker Haufen kurzer, weißer Schläuche erscheint, der das Hinterende fixiert. Dann wird das Abdomen gestreckt, der Körper auf diese Weise vorgeschoben, dann das Hinterende unter gleichzeitiger Einziehung der Schläuche gehoben, wieder gekrümmt usw. An der Stelle des Niedersetzens können wir stets einen kleinen Tropfen wahrnehmen. Auf diese Weise kommt eine Bewegung zustande, die, wie gesagt, einigermaßen an die der Spannerraupen erinnert, wenn auch die Bewegung und Streckung des Abdomens viel weniger ausgiebig ist."[1] Die Photographien zeigen uns deutlich die verschiedenen Phasen der Bewegung. Fig. 10 Taf. 4 zeigt uns eine Larve, die das gekrümmte Hinterende soeben niedergesetzt hat; in Fig. 9 sehen wir zwei Larven, von denen die linke den Körper streckt, während die rechte gerade das Maximum der Streckung erreicht hat. Die Schläuche treten ungefähr zu 30 aus der Afteröffnung; jeder teilt sich wieder dichotomisch in vier, so daß wir überhaupt etwa 120 Schläuche austreten sehen, die sich strahlen-

---

[1] Bei TASCHENBERG fand ich eine Mitteilung, die sich aber im wesentlichen wohl nur auf Angaben früherer Autoren stützen dürfte (MAILLE, l. c., p. 354): „Der letzte Ring kann eine Art von Trichter vorstrecken, bestehend aus zwei ineinander stehenden Kreisen knorpelartiger Strahlen, welche durch eine gallertartige Haut miteinander verbunden sind. Diese beiden Strahlenkreise sind ein- und ausziehbar und bilden ein für die Lebensweise notwendiges Reinigungswerkzeug. Die Larve ernährt sich nämlich von Schnecken und wird dabei durch den von diesen reichlich ausgeschiedenen Schleim und durch anhaftende Erdkrümchen vielfach verunreinigt. Indem sie nun mit dem aufsaugenden Pinsel am Körper hin und her tastet, nimmt sie den Schmutz weg." Ich habe auch Fütterungen mit Schnecken angestellt, aber nie ähnliche Beobachtungen machen können. Es dürfte auch wohl vollkommen verfehlt sein, von einer aufsaugenden Wirkung des Pinsels zu sprechen, der nach den anatomischen Befunden lediglich für die Bewegung eine Rolle spielen dürfte.

förmig in einem Kreis um die Aftermündung legen. An der ventralen Seite ist ein jeder dieser Schläuche mit kleinen Chitinhäckchen
bewaffnet, die fast auf der ganzen Fläche verteilt sind, während
die Dorsalseite — wie auch G. W. MÜLLER erkannt hat (s. dort
tab. 7 fig. 1) — frei von solcher Bewaffnung ist oder höchstens
schuppenartige Gebilde erkennen läßt.

Über den weiteren Aufbau geben uns Medianschnitte gute Auskunft (Taf. 4 Fig. 11). Wir sehen den gewöhnlichen Verlauf der
Intersegmentalmuskulatur (Im) in dem 8. und 9. Segment. Weiter
gehen Muskeln von der Grenze des 9. und 10. Segments zur äußersten
Grenze des ausgestülpten Teiles des 10. Segments (Retractoren).
Die Gesamtzahl der Schläuche ordnet sich in 4 Bündeln an, entsprechend der Anordnung der Intersegmentalmuskulatur (Rib), so
daß also auf ein jedes ca. 7—8 Schläuche, mit den sekundären
ca. 30 entfallen. An ein jedes dieser Schlauchbündel tritt ein entsprechend starkes Muskelbündel heran, das sich an der Grenze vom
8. und 7. Abdominalsegment von der übrigen Intersegmentalmuskulatur
abtrennt und im 9. Segment sich in einzelne Muskeln aufteilt. Diese
verbinden sich dann mit der korrespondierenden Anzahl der Schläuche,
verlaufen bis in die Spitze derselben (Taf. 4 Fig. 12) und ziehen die durch
Blutdruck ausgestülpten Schläuche wieder ein. Die Retractoren sind
hier also wiederum auch nichts weiter als modifizierte Intersegmentalmuskeln. Die Ringmuskulatur (Rm) des Rectums reicht bis an die
Basis der Schläuche heran; hier ist also der primäre After (pA). Die
Schläuche sind morphologisch mithin wieder nichts anderes als ein
großes Stück modifizierten Analsegments, das besondere Anpassung zu
solch extremer Bildung geführt hat. Die Entstehung derselben läßt
sich so erklären, daß bei der Einziehung des Analsegments natürlich diejenigen Stellen am stärksten eingestülpt, umgekehrt auch am
stärksten ausgestülpt wurden, an denen sich die Intersegmentalmuskeln (Retractoren) inserierten. So kam es über die Lappenform
(vgl. unten S. 88, 89) zu wohl differenzierten Schläuchen. Während
wir diese wohl erst in der Vierzahl hatten (Staphyliniden), kam es durch
Dichotomie zu 8 Schläuchen (Silphiden), um bei *Luciola* das Extrem
zu erreichen. Der Ursprung des tropfenartigen Secrets ist jedenfalls
derselbe wie bei den Chrysomeliden, da man dieselben anatomischen
Veränderungen in den MALPIGHI'schen Gefäßen findet. Auffallend
bei dieser Form ist die relativ außerordentliche Größe der Hypodermiszellen (Hz), die sich scharf vom übrigen Gewebe abheben.

E. Cleridae.

Clerus formicarius GEOFFR. Die Bienenkäferlarve findet man zuweilen häufig unter der Rinde von Kiefernholz, wo sie in Gängen anderer Larven lebt. Der auffallend rote Körper ist in seiner ganzen Länge gleichförmig zylindrisch (Taf. 5 Fig. 22) und stark behaart. Das 9. Segment trägt dorsal 2 stark chitinisierte dorsalwärts umgebogene Dornen. Das kurze ebenfalls behaarte Analsegment sitzt auf der Unterseite des 9. Abdominalsegments. Bei der Vorwärtsbewegung krümmt die Larve das Abdomen nur vom 7. oder 8. Segment an, die Krümmung ist also sehr gering und damit auch der Schritt, den die Larve vorwärts macht. Bei dem Niedersetzen des Abdomens erscheinen aus dem Analsegment 4 kurze schlauch- oder lappenartige Gebilde (Taf. 5 Fig. 23), deren Gestalt durch Retractoren, die an ihrem äußersten Ende sich inserieren, bedingt ist. Häufig findet ein bloßes Nachschleppen statt. In einem engen Lumen, das ungefähr dem Gange entspricht, in dem die Larve sonst lebt, gebraucht sie den „siebten Fuß" immer zur Rückwärtsbewegung. Sie streckt dabei den Körper so viel als irgend möglich und indem sie die Masse vorstülpt, preßt sie die Dornen, die ja auch nur für eine Rückwärtsbewegung von Nutzen sein können, gegen die obere Decke und zieht den übrigen Körper heran. Diese Art der Fixierung, wobei das Hinterende des Körpers zusammen mit den Chitinbildungen des 9. Segments wirkt, finden wir noch bei vielen verborgenen Formen (vgl. auch Cychrus unten S. 98).

F. Byturidae.

Byturus tomentosus FABR. Diese als Himbeermade sehr bekannte Larve ähnelt in ihrem ganzen Habitus der vorhergehenden (Taf. 5 Fig. 19). Auch sie trägt wie diese auf der dorsalen Seite des 9. Segments 2 starke nach vorn umgebogene Dornen. Das Analsegment sitzt an dem schräg nach unten abgestutzten 9. Segment und ist ebenso lang wie dieses. Bei der Fortbewegung beobachtet man ein Einziehen des Analsegments in das 9. Segment, so daß es bis zu zwei Drittel seiner Länge verschwindet (Taf. 5 Fig. 20). An der Spitze des Analsegments erscheint wieder eine weiße, ausstülpbare Masse, die noch formloser als bei *Clerus formicarius* ist und höchstens als ein traubiges Gebilde zu erkennen ist. Sonst bietet sie sowohl bei der Vorwärtsbewegung als auch bei der Rückwärtsbewegung keine wesentlichen Unterschiede gegenüber der obigen Form.

G. Cryptophagidae.

Cryptophagus subfumatus KR. Diese Larve, die in Rüben ziemlich häufig vorkommt, schließt sich sehr eng an die vorher besprochene Form an (Taf. 5 Fig. 21). Es fehlen ihr bloß die dorsalen chitinisierten Rückenschilder des Abdomens, auch sind die Dornen des 9. Segments nicht so stark dorsal gebogen und chitinisiert wie die von *Byturus*. Das noch zur Hälfte erhaltene Analsegment ist ebenfalls einziehbar und läßt an seiner Spitze etwa 4 grobe Schläuche austreten, von denen die nach vorn gelegenen meist kräftiger entwickelt sind, Da sie in einem ähnlichen Medium wie *Byturus* lebt, so zeigt sie dieselbe Bewegungsart.

Ich schalte hier eine Form ein, deren Familienzugehörigkeit ich zwar nicht feststellen konnte, die mir aber doch interessant genug erschien, sie hier zu erwähnen.

Äußerlich zwar sehr den Elateriden ähnelnd, kann diese Larve nach ihrem ganzen Habitus doch den oben besprochenen Formen angeschlossen werden. Der etwa 6 mm lange Körper ist in seiner ganzen Länge fast gleichmäßig zylindrisch und trägt auf der dorsalen Seite des Abdomens verhornte Platten (Taf. 5 Fig. 18). Das 9. Segment ist etwas abweichend gebaut. Auf seiner Rückenseite trägt es lateralwärts verschoben je 3 größere Chitinbildungen, deren Gestalt aus der Figur erkennbar ist. Das Analsegment ist halb so lang wie ein Abdominalring und stülpt bei der Niedersetzung 4 deutliche, aber relativ kurze Schläuche aus, die jeglicher Bewaffnung entbehren. Das Tier lebt verborgen unter der Rinde abgestorbener Kiefern. Läßt man die Larve auf freiem Plan laufen, so schleppt sie das Abdomen nach; erst wenn das Lumen, in dem sie sich bewegt, so eng wird, daß sie noch eben vorwärts kommen kann, gebraucht sie das Hilfsorgan in ähnlicher Weise wie *Clerus*, *Byturus* usw. und dann stets. Ebenso wird der „siebte Fuß" bei der Rückwärtsbewegung zur besseren Fixierung stets gebraucht.

H. Elateridae.

Melanotus castanipes PAYK. Von dieser Familie lagen mir verschiedene Vertreter zur Untersuchung vor, die aber gegenüber von *Melanotus castanipes* nichts neues boten. Ich möchte also näher allein auf diese Larve eingehen, die ich häufig in der Greifswalder Umgebung unter der Rinde alter Baumstrünke fand. Die Larven, die etwa 30—35 cm lang werden, sind schlank, fast vollkommen zylindrisch, gleichmäßig segmentiert und außerordentlich stark chitinisiert — „Drahtwürmer" (Taf. 5 Fig. 28). Abweichend gebaut von den übrigen Segmenten ist das 9. Abdominalsegment, das etwas flacher als das übrige Abdomen, sich schwach dorsalwärts krümmt und in einer stumpfen Spitze ausläuft. Der sehr kurze Analring ist noch mehr wie bei *Byturus, Clerus* usw. auf die Ventralseite des 9. Segments verschoben und liegt nahe der Grenze vom 8. und 9. Abdominalring. Aus ihm tritt das ausstülpbare Organ als eine weiße, kreisrunde und radiär gestreifte Falte heraus von derber Beschaffenheit. Die Falte ist nichts anderes als die weiße Masse, nur ist sie viel weniger umfangreich als bei den bisher besprochenen Formen.

Läßt man das Tier über eine freie Ebene kriechen, so schleppt es das ganze Abdomen einfach nach, und man wird nie irgendwelche Unterstützung mit Hilfe des „siebten Fußes" beobachten können. Das ist ja auch ganz erklärlich, da das Tier sich nun unter ganz anderen Verhältnissen bewegt als gewöhnlich, zudem macht die Chitinisierung des Körpers eine starke Krümmung oder eine Kontraktion fast unmöglich. Gibt man aber dem Tier nur annähernd natürliche Lebensbedingungen, indem man es z. B. zwischen 2 Objektträgern oder in dem oben beschriebenen Apparat kriechen läßt, wobei die Holzleisten nur soweit auseinander sind, daß das Tier sich eben bewegen kann, so beobachtet man ein Anpressen des gestreiften Ringes, wobei zu gleicher Zeit auch innerhalb der Peripherie desselben 2 kleine runde Warzen erscheinen, die sich dicht der Unterlage anlegen (Taf. 5 Fig. 26, auch G. W. MÜLLER, tab. 7 fig. 7). Die Anpressung erfolgt weniger durch eine Vergrößerung des Ringes, der seine Form nur wenig ändert, als vielmehr durch ein Vorstrecken des Analsegments (Taf. 5 Fig. 25 u. 27). Durch diese Anpressung wird die Spitze des 9. Segments erhoben und gegen die dorsale Wand gedrückt, so daß auf diese Weise eine sehr starke Verankerung erfolgt. Zu diesem so fixierten Hinterende kann dann die Larve den Körper mit Leichtigkeit zurückziehen. Es sind also wieder im wesentlichen dieselben Verhältnisse wie bei anderen weiter oben beschriebenen, verborgen lebenden Käferlarven, wo auch das Analsegment in erster Linie der Rückwärtsbewegung dient. Andrerseits beobachtet man aber hier auch eine Heranziehung des „siebten Fußes" bei der Vorwärtsbewegung. Durch die beschriebene Anpressung wird es dem Tiere möglich, mit großer Gewalt nach vorwärts zu drängen und einen starken Widerstand zu überwinden. Mit dieser eigenartigen Bewegung scheint die Struktur der Intersegmentalhäute in irgendeinem Zusammenhang zu stehen. Jeden. falls wirken das Analsegment und die Spitze des 9. Segments zu. sammen zur Vorwärtsbewegung der Larve (s. G. W. Müller, l. c., p. 228). Bei den Elateridenlarven dürfte wohl diese Art der Fixie. rung allgemein verbreitet sein, da der Körper meist (Schiödte. Vol. 6, tab. 1—10) wie bei *Melanotus* zylindrisch und mit denselben Hilfsmitteln der Bewegung ausgestattet ist. Der Analring ist bei einigen Formen noch mit besonderen, starken Chitinhaken bewaffnet (Schiödte, Vol. 6, p. 479): „Annulus analis valde exsertus plerisque, brevissimus Melasi, Cebrioni inermis plerisque, hamis duobus scansoriis armatus Cardiophoro, Calcolepidio, Alao, Agrypno, Laconi.." Diese dürften im wesentlichen auch der Rückwärtsbewegung dienen.

J. Pyrochroidae.

Pyrochroa coccinea L. Die Larve lebt ebenfalls unter der Rinde alter Baumstrümke in selbst gefertigten, ihrer Gestalt entsprechend sehr flachen Gängen. Sie erscheint sehr stark dorsoventral zusammengedrückt. Die 7 ersten Abdominalsegmente des sonst gleichmäßig breiten Körpers sind vollkommen gleich; abweichend ist das 8. und 9. Segment. Ersteres ist länger als die vorhergehenden Abdominalringe und trägt auf der Ventralseite nahe der Grenze des 9. Segments eine halbkreisförmige, an dem Vorderrand stark gezahnte, stark chitinisierte Platte (G. W. Müller, tab. 7 fig. 11). Das 9. Segment ist ganz auffällig unterschieden und um ca. 90° aufrichtbar. An seiner Basis lateral etwas wulstig hervortretend, endigt es in 2 langen, sehr stark chitinisierten Spitzen. Ventral befindet sich eine tiefe Grube, die sich nach hinten in einer Rinne fortsetzt, die zwischen den beiden spitzen Fortsätzen des 9. Ringes mündet. Der „sekundäre After" liegt auf einer weißen, ausstülpbaren Masse, die an der Grenze des 8. und 9. Segments erscheint. Das Analsegment ist scheinbar vollkommen verschwunden. In Wirklichkeit ist es aber, wie uns die Medianschnitte zeigen (Taf. 6 Fig. 35), in der weißen,. ausstülpbaren Masse erhalten, also vollständig modifiziert. Das Analsegment wäre nach dieser Auffassung einmal ganz an den Vorderrand des 9. Segments verschoben, so daß es an der Grenze des 8. und 9. erscheint, andrerseits wäre es hier in der Ruhe vollständig eingestülpt, scheinbar, wie schon gesagt, vollkommen verschwunden (Taf. 6 Fig. 34).

Was nun die Funktion der einzelnen Teile betrifft, so dürfte die harte gezähnte Platte (*Rp*) dazu dienen, den Raum zu reinigen,

auf den später der „siebte Fuß" gepreßt wird, vielleicht spielt sie
aber auch, und darauf deuten auch die anatomischen Befunde
(Fig. 34), eine gewisse Rolle bei der Fixierung des Hinterendes.
Die tiefe Grube (*Gr*) mit der anschließenden Rinne (*Ri*) dient augenscheinlich der Entleerung des Kotes, der sonst bei niedergedrücktem
9. Segment keinen Ausweg fände. Was schließlich die Bedeutung
des ausstülpbaren Analringes betrifft, so mögen darüber die folgenden Beobachtungen Aufschluß geben.

Bewegt sich das Tier auf einer freien Fläche, so hat sie das
letzte Segment mit seinen Spitzen fast senkrecht nach oben gerichtet,
wobei das ausgestülpte Stück wie ein Polster unter dem Segment
erscheint (G. W. Müller, tab. 7 fig. 12). Kriecht die Larve zwischen
den Leisten des Apparats, wobei sich das Lumen nach dem Kopfe
zu verjüngt, so sieht man, wie sie die Gabel horizontal legt und nach
hinten schiebt. Dann erscheint in der Höhle die weiße Masse, womit
zugleich auch ein Aufrichten der Spitzen erfolgt, die sich gegen die
dorsale Wand anpressen und so das Hinterende fixieren, so daß der
Körper zum Hinterende nachgezogen werden kann. Wie verhält sie
sich aber bei der Vorwärtsbewegung? Dazu sagt G. W. Müller
folgendes (l. c., p. 229): „Für die Vorwärtsbewegung liegt es nahe,
ihm (dem Enddarm) eine ähnliche Bedeutung zuzuschreiben, wie wir
sie für die Elateridenlarven, speziell *Melanotus castanipes* annahmen:
der austretende Enddarm drückt die Spitzen des neunten Abdominalsegmentes gegen die dorsale Wand der Höhle. So plausibel die
Deutung ist, so ist sie jedoch nicht zutreffend. Läßt man die Larve
zwischen den Fingern durchkriechen, so überzeugt man sich leicht,
daß ein Aufrichten des letzten Ringes, und zwar ein sehr kräftiges,
auch ohne Mitwirkung des Enddarmes erfolgt. Es wird bewirkt
durch die starke Muskulatur des vorletzten Ringes. Danach scheint
der Enddarm bei der Vorwärtsbewegung zum mindesten als Mittel
den letzten Ring aufzurichten, überflüssig. Ob er sonst eine Rolle
spielt, ob er doch vielleicht beim Aufrichten mitwirkt, weiß ich
nicht. Die Bewegung, in der wir ihn beim Kriechen sehen, macht
es mir wahrscheinlich, daß er nicht ganz bedeutungslos."

Diese Beobachtungen decken sich fast vollkommen mit den
meinigen. Wenn auch das ausstülpbare Organ keinen Einfluß auf
die Aufrichtung der starken Spitzen hat, die, wie ganz richtig erkannt wurde, nur durch die starke Muskulatur (*Im'*) erfolgt, die an
der Intersegmentalfalte des 7. und 8. Segments ansetzt, so spielt
andrerseits der „siebte Fuß" bei der Fixierung für die Vorwärts-

bewegung doch eine gewisse Rolle. Die Fixierung wurde nämlich
nicht so fest sein, wenn nicht die Spitzen einerseits und die Ausstülpung andrerseits zusammenwirkten. So ist ein kräftiger Unter-
stützungspunkt geschaffen, welcher der Larve beim Graben ihres
Ganges und bei der Vorwärtsbewegung sehr zu statten kommt. In
der Hauptsache spielt der „siebte Fuß" aber auch hier wieder für
die Rückwärtsbewegung die größere Rolle.

K. Tenebrinoidae.

Tenebrio molitor L. Die als Mehlkäferlarve allgemein bekannte
Form bietet in der Umgestaltung des Analsegments sehr interessante
Verhältnisse. Die ausgewachsene etwa 30 mm lange Larve ähnelt
in ihrem äußeren Habitus sehr den Elateridenlarven, ist wie diese
zylindrisch und außerordentlich stark chitinisiert (Taf. 5 Fig. 29).
Auch das 9. Segment zeigt eine ähnliche Bewaffnung, nur ist es mit
zwei Fortsätzen versehen, die stärker dorsalwärts gebogen und auch
stärker zugespitzt sind als die von *Melanotus castanipes*. Es läßt
deutlich ein Sternit und Tergit erkennen; ersteres ist durch eine
weichhäutige Membran mit dem Tergit verbunden, so daß es gegen
dieses hin etwas verschoben werden und zusammen mit dem übrigen
Segment zum Teil in das 8. hineingezogen werden kann (Taf. 5
Fig. 33). Das Analsegment ist scheinbar verschwunden, in Wirklichkeit aber, wie uns ein Medianschnitt zeigt (Taf. 5 Fig. 31), nur
modifiziert und in der Ruhe zwischen Sternit und Tergit vollkommen
eingestülpt. In ausgestülptem Zustand erscheint es als ein weich-
häutiges Gebilde, das auf seiner Oberfläche zwei zapfenartige, etwas
ventralwärts gebogene und schwach chitinisierte, borstentragende
Anhänge (*Aw*) aufweist, die zugleich mit dem Einstülpen der weichen
Haut (also des Analsegments) eingezogen, nicht aber wie diese eingestülpt werden, so daß der distale Teil der Anhänge auch distal
bleibt. Zwischen den beiden Warzen liegt der After auf einer
kleinen, wulstigen Erhebung. Die weiche Masse kann mit den Zapfen
derart in das 9. Segment eingezogen werden, daß die Zapfen vollständig verschwinden (Taf. 5 Fig. 32).
    Über Lage und Ursprung der Warzen gibt uns ein Median-
schnitt die beste Auskunft. Fig. 30, Taf. 5 zeigt uns einen solchen
Schnitt von einem Tier mit ausgestülpten Warzen. Die Intersegmentalmuskulatur (*Im*) zeigt den gewöhnlichen Verlauf bis zum 8. Abdominalring. An der Intersegmentalfalte des 8. und 9. Segments setzt eine
stark entwickelte Muskulatur an, die die Aufrichtung des 9. Segments

bewirkt (*Im'*). Weiter verlaufen von dieser Grenze Muskeln, die an dem Ende des Analsegments ansetzen, und andere, die zur Intersegmentalfalte des 9. und 10. Ringes verlaufen. Schließlich gibt es auch noch Muskeln, die sich einerseits an der Mitte der dorsalen Seite des 9. Segments, andrerseits an der äußersten Grenze des Analsegments inserieren (*Rt*). Außerdem verlaufen in den Warzen auch noch Muskeln, die zur Intersegmentalmuskulatur der ventralen Seite zu rechnen sind und die eine Bewegung der Warzen herbeiführen. Die Warzen selbst münden mit ihrem basalen Teil nicht in den Enddarm, sondern liegen seitlich davon. Daß sie mit diesem nichts zu tun haben, kann man auch dadurch zeigen, daß man den Enddarm durch starken Druck zur Ausstülpung bringt, wobei er dann zwischen den beiden Warzen erscheint. Man muß diese also zwar auch als ein Gebilde des Analsegments auffassen, das aber nicht wie sonst (vgl. Staphyliniden, Silphiden etc.) dem Darm resp. dem „sekundären After" angehört, sondern lateral davon steht.

Wie verhält sich das Analsegment bei der Fortbewegung? Läßt man die Larve auf ebener Fläche kriechen, so beobachtet man, daß sie das Analsegment ausstülpt, mit ihr zusammen die erwähnten Warzen vorstreckt, so das Hinterende des Körpers fixiert und durch Streckung des Abdomens den Körper möglichst weit vorwärts schiebt. Hat sie die Maximalstreckung erreicht, dann verkürzt sie den Körper durch möglichst starke Kontraktion des Abdomens und wiederholt den Vorgang. Ebenso häufig beobachtet man ein bloßes Nachschleppen des Abdomens, so daß also bei freier Bewegung die Unterstützung für die Vorwärtsbewegung nicht absolut erforderlich ist. Anders ist es bei der Rückwärtsbewegung, da werden die Warzen immer zur Fixierung herangezogen. Man kann dies sowohl bei einer Larve beobachten, die sich frei rückwärts bewegt, als auch in dem schon öfters erwähnten Apparat. Die Larve streckt dann den Körper so weit als möglich, und indem sie die Spitzen des 9. Segments gegen die dorsale Wand, und die Warzen gegen die Unterlage preßt, verankert sie sich so gut, daß sie mit Leichtigkeit den übrigen Körper zu diesem Punkt hinziehen kann. Die Warzen sind also dem Tier unerläßlich zur Fortbewegung, was auch schon DE GEER erkannt hat (l. c., Vol. 5, p. 36): „Quand la larve marche, elle fait sortir du dessous du derrière d'entre la jointure du pénultième et du dernier anneau, une grosse masse charnue blancheâtre, garnie en dessous de deux mamelons allongés un peu écailleux et mobiles qui ressemblent à de petites pattes pour s'appuier sur le plan de position

ou pour aider à pousser le corps en avant. Ces deux mamelons ou
ces deux espèces de pattes sont un peu courbées du côté de la tête
ou vers le devant du corps et quand la larve n'en fait point usage,
elles rentrent entièrement dans le corps ensemble avec la masse
charnue; mais par une forte pression on les fait sortir quand on
veut. L'anus de l'insecte ne se trouve point au dernier anneau,
mais sur la masse charnue, dont nous venons de parler, imédiatement
derrière les deux mamelons." Eine gleiche Beobachtung finden wir
auch bei Frisch (l. c., Vol. 3, p. 2): „Unten am Schwanzkeile gehen
zwei stumpfe Spitzen heraus, womit er den langen Hinterleib, der
sonst keine Füße hat, nicht allein fortschiebt, sondern auch, weil
diese Spitzen nebst dem dickeren Theil, woran sie stehen, hinein-
und herausgehen können, sich damit fest anhängen kann."

Vergleicht man die einstülpbare weiche Masse, die bei *Tenebrio
molitor* um den After herum liegt, mit der weißen Masse der weiter
oben beschriebenen Formen, so erscheint letztere bei den Chrysomeliden etc. bei oberflächlicher Betrachtung als ein Stück des
Enddarmes; anders hier. Hier würde kaum jemand auf die Idee
kommen, daß der ein- und ausstülpbare Teil des Analsegments ein
Stück des Enddarmes sein könnte. Bei den anderen Formen konnten
die Anhänge des Analsegments — seien es nun Schläuche oder nur
lappige Ausbuchtungen — unabhängig von der sonstigen weichen
Masse eingestülpt werden, so daß also der bei der Ausstülpung
distale Teil nun am weitesten in das Analsegment hineingezogen
wurde. Die Anhänge von *Tenebrio molitor* können aber nur zusammen mit der weichen, um den After herum gelegenen Haut eingezogen und auch nicht eingestülpt werden. Ihre Einziehung ist
also sekundär und geschieht mit Einstülpung der Masse. Wenn
also rein äußerlich fast dieselben Verhältnisse bei *Tenebrio molitor*
vorliegen wie bei ähnlichen anderen Formen (Staphyliniden, Silphiden etc.), so haben wir es doch in Wirklichkeit mit vollkommen
anderen Erscheinungen zu tun.

Die meisten Tenebrionidenlarven scheinen diese Warzen zu besitzen, die zwar bei anderen Formen größer noch als bei *Tenebrio
molitor* sind und in ihrer äußeren Gestalt die mannigfachsten Variationen zeigen, die aber gleicherweise zur Bewegung dienen. Schiödte
behandelt die Tenebrioniden im 11. Bd. seiner „Naturhistorisk Tıd-
skrift" und sagt über die Warzen bei der allgemeinen Charakteristık
dieser Familie (p. 491): „Annulus analis brevis, duabus instructus
verrucis exsertilibus, ambulatorius." G. W. Müller glaubt die

Warzen mit den Anhängen des 9. Segments anderer Käferlarven vergleichen zu können (l. c., p. 230): „Die fraglichen Gebilde (nämlich die warzenartigen Fortsätze) haben eine ähnliche Beschaffenheit wie die übrige Körperbedeckung, sie sind nicht einstülpbar, mit den Rectalschläuchen haben sie morphologisch nichts zu tun. Möglich, daß sie den paarigen Anhängern (Cerci) entsprechen; für diese Annahme würde anscheinend das Verhalten von *Acis reflexa* sprechen." Meiner Meinung nach haben wir es in den Cerci mit Gebilden des 9. Segments zu tun, während die warzenartigen Fortsätze doch zweifellos Bildungen des Analsegments sind; ein Vergleich beider ist damit ausgeschlossen. Ferner glaubt derselbe Autor annehmen zu dürfen, daß die Warzen nur eine geringe Rolle bei der Bewegung spielen (l. c., p. 230): „Bringt man eine Larve von *Tenebrio molitor* bei schwachem Druck zwischen 2 Glasplatten, so werden die Warzen deutlich verlängert, werden gegen das Glas angestemmt. Sicher ist hier der Anteil an der Bewegung ein sehr geringer, in der natürlichen Umgebung dürften sie überhaupt kaum jemals der Bewegung dienen."

Mit dieser Auffassung stehen meine Beobachtungen im Widerspruch, da ich, wie schon weiter oben angeführt, bei der Rückwärtsbewegung stets, bei der Vorwärtsbewegung auch mindestens in der Hälfte aller Beobachtungen eine starke Beteiligung dieser Warzen bei der Bewegung als Hilfsorgan konstatieren konnte. Man muß bei dieser Frage auch berücksichtigen, daß die Tiere ja nicht immer im Mulm leben, sondern mit Vorliebe sich zwischen alten Säcken usw. aufhalten, wo die Bedingungen für eine Beteiligung der Warzen an der Bewegung sehr günstig sind. Andere Tenebrioniden-Larven leben nach SCHIÖDTE (Vol. 11, p. 549—561) unter der Rinde von Bäumen oder in Holz. Auch bei diesen Formen dürften die Warzen eine große Rolle für die Bewegung spielen, wofür ja auch ihre Bewaffnung mit starken Dornen usw. spricht.

L. Carabidae.

Nebria brevicollis F. Die Larve, die man wohl zu allen Zeiten unter verwesendem Laub findet, ist ein typischer Vertreter der Carabiden, sowohl in ihrem ganzen Habitus als auch in der Art der Fortbewegung. Der Körper ist in seiner ganzen Länge fast gleichmäßig zylindrisch und läßt deutlich 13 Segmente erkennen. Die ersten 8 Abdominalsegmente sind vollkommen gleich gebildet, das 9. Segment (Taf. 6 Fig. 40) besitzt nur etwa ein Drittel der Länge der vorhergehenden und ist nur halb so breit wie diese. An der dorsalen Seite trägt es 2 beweglich inserierte, lange Cerci. Zwischen diesen bewegt sich das Analsegment, das etwas ventralwärts verschoben, am 9. Segment articulierend eingefügt ist. In seiner äußeren Gestalt ist es auffällig von allen anderen Abdominalsegmenten unterschieden. Nach SCHIÖDTE (Vol. 4, p. 464) ist der „annulus analis productus, tenuis, cylindricus, annulo nono abdominis sesqui longior". An seinem proximalen Ende ist das Analsegment ziemlich stark chitinisiert, während das Chitin nach dem After zu immer mehr an Stärke verliert und schließlich ebenso weichhäutig wie die anderen Segmente wird. Während bei den Chrysomeliden das Anal-segment in der Regel den Abschluß des Körpers bildete und kaum beweglich in der Vertikalebene war, kann es bei den Carabiden einen Bogen von ca. 60—70° beschreiben, d. h. also, daß es aus seiner gewöhnlich schräg nach hinten gerichteten Stellung sich direkt senkrecht stellen kann. Damit steht auch folgende Erscheinung im Zusammenhang.

Bei den Chrysomeliden geschah die Vorwärtsbewegung dadurch, daß sich der Körper, nach der erst erfolgten möglichst großen Streckung, dadurch verkürzte, daß sich derselbe stark kontrahierte oder aber, und das in den meisten Fällen, krümmte. Beobachtet man aber die Carabiden bei ihrer Fortbewegung, so sieht man, daß sie unter geringer Hebung des Abdomens das Analsegment allein möglichst weit nach vorn schieben, d. h. ungefähr senkrecht niederstellen, dann den Körper vorwärts schieben, wobei sich das Analsegment allmählich schräg nach hinten einstellt. Erst wenn das Tier seine größte Streckung erreicht hat, hebt es, wie vorhin schon gesagt, das Abdomen und wiederholt den Vorgang von neuem; dabei ist der Schritt viel kleiner als der der Chrysomeliden. Auch hier sieht man beim Niedersetzen des „siebten Fußes" aus dem „sekundären After" eine weißgraue Masse heraustreten, wenn auch lange nicht in dem Maße wie bei den Blattkäferlarven. Beim Aufheben des Analsegments verschwindet sie wieder in der Analöffnung. Dabei erfolgt die Anheftung ohne Absonderung eines Secrets; jedenfalls habe ich nie ein solches beobachten können. Unterstützt wurde ich in dieser Auffassung durch den anatomischen Befund, der in keinerlei Weise irgendeine Veränderung der MALPIGHI'schen Gefäße, auch in den verschiedensten Stadien, noch irgend sonstige Drüsengebilde erkennen ließ.

Wir haben es rein äußerlich bei dem Hilfsorgan mit derselben

Erscheinung wie bei den Chrysomeliden zu tun: „The part where the anus is situated is prolonged into a membranous deflexed tube, which serves as a support to the tail" (Westwood's Introduction, p. 65). Kann man rein äußerlich schon durch einen Vergleich mit den Chrysomeliden (vgl. *Galerucella*, S. 77) auf die Herkunft der einfachen, aus dem After austretenden Masse schließen, so zeigt uns ein Medianschnitt des Tieres (Taf. 6 Fig. 41), daß wir es in dem ausgestülpten Teil wieder mit einem Stück modifizierter Körperhaut zu tun haben. Auch hier führt uns die Betrachtung des Verlaufes der Intersegmentalmuskeln und der Ringmuskulatur des Intestinalkanals zur gleichen morphologischen Deutung des Hilfsorgans. Die Muskeln (Retractoren) sitzen gleichmäßig verteilt an dem ausgestülpten Organ an.

Cychrus rostratus Fabr. Ich fand diese Larve, die ebenfalls unter feuchten Blättern lebt, in den Herbstmonaten. Bestimmt wurde sie nach Schiödte, der von ihr sagt (Vol. 4, p. 472): „Annulus analis cylindricus, longitudine annuli noni, breviter pilosus, apice molli exsertili, inermi." Auf den ersten Blick unterscheidet sie sich von *Nebria brevicollis* durch die Beschaffenheit der Anhänge des 9. Segments (Taf. 6 Fig. 36 u. 37). Während es dort 2 lange, relativ weiche Cerci waren von der Länge des halben Abdomens, sind es hier 2 kurze, aber stark chitinisierte Fortsätze von der Länge eines Abdominalsegments; das Analsegment reicht also noch über die beiden Enden der Cerci hinaus. Diese Anordnung ist, wie wir gleich unten sehen werden, wichtig für die Art der Fortbewegung. Das Analsegment ist, wie Schiödte sagt, zylindrisch und kurz, dabei verschwindet ebenso wie bei *Nebria brevicollis* der chitinige Charakter des Analkonus nach dem Distalende hin.

Beobachtet man eine auf freiem Plan laufende Larve, so findet man eine völlige Übereinstimmung in der Fortbewegung mit oben beschriebener Form. Nur die ausstülpbare Masse zeigt nicht mehr die vollkommen einheitliche, abgerundete Gestalt, sondern man kann deutlich 4 kurze Schläuche erkennen (Taf. 6 Fig. 39), die sich dadurch voneinander unterscheiden, daß die beiden dorsalen Schläuche etwas länger sind als die ventralen; sie entbehren aber auch wie diese jeglicher Bewaffnung. Bedingt wird die Gestaltung der Schläuche, wie uns ein Medianschnitt lehrt (Taf. 6 Fig. 38), wieder durch den Ansatz der Retractoren. Wie ich schon weiter oben sagte (vgl. S. 75) setzen die Retractoren bei den Chrysomeliden und auch bei *Nebria brevicollis* auf der ganzen Fläche des ausgestülpten Organs gleichmäßig verteilt an. Bei *Luciola italica* und ebenso *Cychrus rostratus* hingegen findet man 4 starke Muskel bündel — entsprechend der Anordnung der Intersegmentalmuskulatur, —, von denen ein jedes in der schlauchartigen Ausstülpung ansetzt. Die Entstehung derselben kann man sich also gleichermaßen wie bei *Luciola italica* erklären, mit dem Unterschiede nur, daß hier die Ein- resp. Ausstülpung entsprechend schwächer war, es also bei der Lappenbildung blieb.

Bei *Nebria* wie auch bei den Chrysomeliden beobachtete ich keinerlei Rückwärtsbewegung; anders ist es bei *Cychrus*. Läßt man diese Larve zwischen 2 Glasplatten, besser aber noch in dem schon weiter oben beschriebenen Apparat laufen, so kann man sie durch Verjüngen des Spaltes nach dem Kopfe hin zur Rückwärtsbewegung bringen, was mir bei den vorher genannten Larven immer mißlungen ist. Dabei ist das Abdomen in seiner Mitte etwas nach unten ge bögen, wodurch die beiden oben erwähnten starken Fortsätze des 9. Segments sich nach oben richten und die obere Platte berühren. Dadurch nun, daß die Larve ihr Analsegment senkrecht niederstellt, klemmt sie sich, mit der ausgestülpten Masse einerseits und den beiden Fortsätzen andrerseits, derart zwischen die Platten oder Hölzer, daß sie den Vorderkörper bequem zu diesem Stützpunkt hin ziehen kann. Nach der Heranziehung desselben schiebt die Larve das Analsegment schräg nach hinten, und indem sie es dann wieder senkrecht stellt, wiederholt sie das Zurückziehen von neuem. Damit tritt uns das Analsegment in einer doppelten Funktion entgegen, es dient nicht nur der Vorwärts-, sondern auch der Rückwärtsbewegung. Und diese letztere Funktion ist nötig bei Larven, die ein ver borgenes Leben führen, d. h. in Gängen usw. leben. In engstem Zusammenhange mit der Rückwärtsbewegung steht also bei Larven mit verborgener Lebensweise die Ausbildung der Anhänge des 9. Segments. Bestärkt wurde ich in dieser Meinung durch den folgenden Vertreter dieser Familie.

Calosoma sycophanta L. Die allgemein als Puppenräuber be kannte Larve führt ein teils oberflächliches, teils verborgenes Leben. Mit dieser doppelten Lebensweise steht auch der ganze Habitus des Körpers in Übereinstimmung (Taf. 6 Fig. 42). Die Rückenplatten des Abdomens sind stark chitinisiert, und besonders das 9. Segment zeigt eine sehr starke Chitinisierung der dorsalen Seite. Die An

7*

hänge, die bei *Cychrus rostratus* noch verhältnismäßig schwach und einfach waren, stellen hier Chitingebilde dar von besonders ausgeprägter Form. Es sind 2 dorsalwärts gerichtete, außerordentlich stark chitinisierte Spitzen, die jede an ihrer Basis einen relativ mächtigen Dorn tragen, der, wie auch die Anhänge selbst, etwas dorsalwärts und nach vorn umgebogen ist. Diese ganze Form hat nur einen Sinn für die Art der Rückbewegung. Das Analsegment sitzt gleicherweise wie bei den vorhergehenden Larven articulierend an dem etwas schräg nach unten abgestutzten 9. Segment. Das Tier verrät also in seinem ganzen Habitus den Höhlenbewohner, der nur selten noch an die Oberfläche kommt und dessen Hilfsmittel besonders für eine Rückwärtsbewegung eingerichtet sind. Die Bewegung in ihrer doppelten Art ist eigentlich die gleiche wie bei *Cychrus rostratus*, nur erscheint die ausstülpbare Masse nicht gegliedert in Schläuchen wie bei dieser, sondern einfach und fast gleichmäßig ringförmig wie bei *Nebria brevicollis*.

Im Anschluß an die Carabiden möchte ich kurz auf eine Form zu sprechen kommen mit einer höchst eigenartigen Anpassung an das Leben in Höhlen: *Cicindela hybrida*. Diese Larve lebt in senkrechten Gängen, die sie in festen Sand gräbt. Wegen der überaus interessanten Form verweise ich auf Schiödte (Vol. 4, p. 440—445). Ich beschränke mich hier auf seine Angaben über das Analsegment (p. 444): „Annulus analis annulo nono paulo longior, conici cylindricus, deorsum directus, corneus, breviter spinose ciliatus." Die Larve besitzt nur ein kleines ausstülpbares Organ. Der „siebte Fuß" ist also zwar vorhanden, aber klein und scheint für die Bewegung nur eine geringe Rolle zu spielen. Die Fixierung geschieht hauptsächlich durch die stark chitinisierten und nach vorn gebogenen Spitzen des 5. Abdominalsegments. Dabei sitzt die Larve S-förmig in der Röhre, so daß sie Thorax und das 5.—6. Segment an die eine Wand derselben, 1. und 2. Abdominalsegment und kurzes Analsegment an die gegenüberliegende Wand preßt.

M. Silphidae.

Silpha rugosa L. Die Larve lebt, wie Schiödte sagt (l. c., Vol. 1, p. 227): „Gregatim cadaveribus animalium majorum vertebratorum", ist also ein Vertreter der verborgen lebenden Formen und kommt nur selten an die Oberfläche. Sie verzehrt fast das ganze Innere des Aases, in dem sie sich aufhält, lebt also in den Lücken eines

sehr klebrigen, formlosen Mediums. Entsprechend diesen Lebensbedingungen zeigt der Körper verschiedene Hilfsmittel für die Fortbewegung (Taf. 6 Fig. 45). So besitzen die Abdominalsegmente
nicht nur relativ außerordentlich große Intersegmentalhäute, sondern
jedes Segment trägt eine dorsale, stark chitinisierte Platte, die
lateral in je eine nach hinten gebogene Spitze ausläuft. Außerdem
tragen diese Platten an der hinteren Seite eine dichte Reihe von
starken, borstenähnlichen Haaren. Das 9. Segment ist etwas kürzer
als die vorhergehenden und trägt dorsalwärts 2 relativ kurze
und stark chitinisierte Cerci. Das Analsegment, das sich nach der
Spitze zu etwas verjüngt, ist ebenfalls chitinisiert und etwa so lang
wie an der Basis breit. Es dient, wie Schiödte bei der allgemeinen
Besprechung der *Silphidae* sagt, der Fortbewegung: „Annulus analis
exsertus, motorius" (Vol. 1, p. 224).

Beobachtet man genau das ausstülpbare Organ (Taf. 6 Fig. 47)
bei der Fortbewegung — die im übrigen vollkommen mit der Bewegung der Carabiden übereinstimmt —, so sieht man hier nicht
mehr eine einfache runde Falte austreten, sondern man kann deutlich
4 Schläuche erkennen, von denen sich jeder wieder dichotomisch in
2 Schläuche teilt. Im Gegensatz zu *Cychrus rostratus*, bei der die
kurzen Schläuche jeglicher Bewaffnung entbehrten, finden wir hier
die distalen Enden mit zahlreichen kurzen Chitinhäkchen besetzt,
die alle ihre Spitzen nach dem proximalen Teil hin umgebogen
haben. Der After liegt am Grunde des ausgestülpten Organs. Infolge der Bewaffnung mit Häkchen ist es der Larve ermöglicht, sich
fest mit dem Abdominalsegment zu verankern, ein Hilfsmittel, das
bei den gegebenen Lebensbedingungen nicht entbehrt werden kann.
Zu diesem Zweck sind auch die Schläuche besser geeignet, als es
eine einfache geschlossene Masse sein würde, und ich erblicke in
dieser Differenzierung eine weitgehende Anpassung an die Art des
Mediums, in dem die Larven sich aufhalten. Die Schläuche sind,
wie uns ein Medianschnitt (Taf. 6 Fig. 48), andrerseits aber auch
ein Vergleich mit *Luciola italica* (vgl. S. 87) zeigt, gleicher Herkunft
wie diese. Die Dichotomie ist hier nur nicht so weit vorgeschritten
wie bei obiger Form. Die Entstehung der Schläuche läßt sich
auch auf eine gleiche Ursache wie bei *Cychrus rostratus* und *Luciola
italica* zurückführen. Ein einzelner Schlauch (Taf. 6 Fig. 49) läßt
uns deutlich die Retractoren in seinem Innern erkennen und auch
die Tendenz, die Schläuche nochmals zu teilen.

Leider hatte ich nur einen Vertreter dieser Familie zur Unter-

suchung, aber eine Beteiligung des „siebten Fußes" scheint bei den
Silphiden allgemein vorzukommen, wie auch aus der Angabe von
WESTWOOD hervorgeht (Introduction, p. 139): „In some of my larvae
the body exhibits thirteen distinct segments exclusive of the head;
the twelfth segment is transverse from the sides of which is emitted
the pair of short slender conical processes above mentioned, which
are about the length of the following joint. which is probably the
exserted portion of the anal apparatus." Auffällig ist der vordere
und hintere Teil des Rectums, der lateral je 2 Reihen von halbmondförmigen, flachen Blindschläuchen trägt (*Bs*).

N. Staphylinidae.

Omalium rivulare PAYK. Diese Larve, die im ausgewachsenen
Zustand etwa 5—6 mm groß wird, fand ich unter abgefallenem
Laub, wo sie mit *Nebria brevicollis* zusammen lebte. Es handelt
sich also um eine Form, die äußerst selten oder wohl gar nicht
mehr an die Oberfläche kommt. Der Körper ist fast gleichmäßig
zylindrisch, das Abdomen trägt dorsal chitinisierte Platten, die
zwischen sich verhältnismäßig große Intersegmentalhäute frei lassen.
Dadurch ist es dem Tiere möglich, den Körper stark zu kontrahieren,
was ihm bei der Vorwärtsbewegung sehr zustatten kommt. An
dem Rückgleiten wird es durch starke Borsten verhindert, die man
einerseits auf den Platten der Abdominalsegmente, andrerseits auch
besonders stark an den beiden chitinisierten Cerci des 9. Segments
findet (Taf. 7 Fig. 52). Unterstützt wird es aber auch noch durch
das Analsegment, das, halb so lang wie die Cerci, terminal am
9. Segment inseriert ist. Dieses ist auch chitinisiert und trägt an
der Grenze des einstülpbaren Organs 4 starke Chitinborsten, von
denen die 2 unteren dem ausstülpbaren Organ bei der Fixierung
behilflich sind. Läßt man das Tier auf einem Objektträger laufen,
so wird man fast regelmäßig eine Unterstützung durch den „siebten
Fuß" beobachten können; selten erfolgt nur ein einfaches Nachschleppen des Abdomens. Bringt man das Tier in den beschriebenen
Apparat, dessen Raum man so verengt, daß er sich nach der einen
Seite hin verjüngt, so sieht man sofort eine Ausstülpung einer ge-
gliederten Masse, an der sich das Tier zurückzieht (Taf. 7 Fig. 53).
Die gegliederte Masse ist nichts anderes als Schläuche, die man zu
vieren austreten sieht. Sie spielen zweifelsohne eine große Rolle
bei der Bewegung, ja es scheint, daß das Tier sich nur mit ihrer
Hilfe rückwärts bewegen kann. Dazu kommt noch, daß die langen,

zylindrischen Schläuche nicht unbewaffnet, sondern fast in ihrer ganzen Länge mit starken, dem proximalen Ende zu gebogenen Chitinhaken versehen sind (Taf. 7 Fig. 51). Die kleine Larve vermag sich also fest in dem umgebenden Medium zu verankern und so mit Hilfe der Schläuche den Körper leicht nachzuziehen. Die Schläuche entspringen an der Grenze von Darm und Körperhaut (s. Fig. 53) und sind, wie uns ein Handschnitt als auch ein Vergleich mit *Silpha rugosa* lehrt, morphologisch nichts anderes als ein modifiziertes Stück der letzteren. Sie sind, wie ich schon sagte, gleichmäßig mit Chitinhäkchen besetzt, lassen also keine Differenzierung zwischen der dorsalen und ventralen Seite — wie wir es in ausgesprochenstem Maße bei *Luciola italica* finden — erkennen. Die Schläuche können unabhängig voneinander aus- und eingestülpt und in jeder Ebene bewegt werden.

Omalium excavatum STEPH. Der Gegensatz zwischen dieser und der vorhergehenden Larve ist kein bedeutender. Sie erreicht fast die gleiche Länge und ist etwas schmäler, zeigt aber auch sonst die Chitinplatten des Abdomens und deren Bewaffnung mit starken Borsten. Das Analsegment ist relativ etwas länger und an seiner Basis stärker chitinisiert. Nach dem Ende zu verjüngt es sich etwas, so daß man wohl von einem Analkonus sprechen kann. Sie lebt in dem Gangmaterial anderer Käferlarven, namentlich von Cerambyciden, wo ich sie unter Kiefernrinde häufig antraf. In der Bewegung unterscheidet sie sich eigentlich gar nicht von *Omalium rivulare*. Sie erinnert allerdings in der Art der Rückwärtsbewegung an *Pyrochroa coccinea*, da sie wie diese auch ihre Cerci gegen die oberen Objektträger preßt und dann den Vorderkörper zu sich hinzieht. Sie stülpt auch 4 Schläuche aus, die aber nicht zylindrische Form haben, sondern sackartig gestaltet sind (Taf. 7 Fig. 54). Die Bewaffnung besteht auch nicht in Häkchen, sondern in Chitinwärzchen, die im Durchschnitt eine rechteckige Form zeigen. Es ist fraglich, ob man diese Bildungen als Vorläufer oder als Rudimente der Chitinhaken ansprechen soll. Immerhin gewähren sie dem Tier in ihrer Form eine starke Unterstützung bei Verankerung der Schläuche.

Xantholinus lentus, die ich in einigen Exemplaren fand, bietet gegenüber den beiden vorher beschriebenen Formen nichts Neues. Sie besitzt wie diese auch 4 mit Häkchen bewaffnete Schläuche, die sie entsprechend jenen Formen bei der Rückwärtsbewegung verwertet; allgemein scheinen die Staphyliniden 4 mehr oder weniger bewaffnete Schläuche zu besitzen, die sie zur Fortbewegung

gebrauchen, was auch aus der allgemeinen Charakteristik dieser
Familie durch Schiödte hervorgeht (Vol. 3, p. 195): „Annulus analis
oblique descendens, setis ambulatoriis sparsus apex membranaceus,
introrsum retractilis interdum longius exsertilis, Xantolino (lento) et
speciebus quibusdam minoribus Quedii quadrifidus, lobis cylindricis,
hamulis retroversis crebro manitis, scansorius."

Staphylinidarum genus species tub. Staphylinus? [1]) Man findet diese
kleine Form, die eine größte Länge von 5 mm erreicht, zuweilen
häufig unter der Rinde abgestorbener oder gefällter Kiefern, wo sie
in Spalten, meist aber in dem Gangmaterial anderer größerer Käferlarven lebt. Ich fand bei ihr den kompliziertesten Mechanismus
der Ausstülpung, den ich je beobachten konnte. Das 9gliedrige
Abdomen der Larve ist fast gleichmäßig zylindrisch, nur das 8. und
9. Segment zeigen Abweichungen (Taf. 7 Fig. 59). Das 8. Segment
trägt eine dorsale, etwas chitinisierte, mit borstenähnlichen Haaren
besetzte Platte und endigt in einer etwas dorsal und nach hinten
gebogenen stumpfen Spitze. Diese stellt den Ausführungsgang einer
Drüse dar, auf die ich weiter unten noch kurz zurückkommen werde.
Das 9. Segment ist nur halb so breit wie die übrigen Abdominalringe und trägt an seinem Ende zwei dorsal gelegene, gegliederte,
schwach chitinisierte und relativ kurze Cerci. Außerdem ist es an
seiner ventralen Seite (Taf. 7 Fig. 60) mit einer halbkreisförmigen
Reihe von kurzen, aber außerordentlich stark chitinisierten Borsten
besetzt. Das Analsegment, das in der Verlängerung des vorhergehenden liegt, ist ungefähr $^2/_3$ so lang wie das 9. Segment und bis
zu einem Borstenkranz von gleicher Beschaffenheit wie der des vorletzten Ringes einziehbar (Fig. 60); beide Borstenkränze stehen
also auf der Peripherie eines Ellipsoids. Das Analsegment endigt
nicht gerade abgeschnitten, sondern mit einem fingerartigen Gebilde,
einem Stück des ausstülpbaren Organs, das aber nie vollkommen
eingestülpt wird. An seinem Ende erscheint das ausstülpbare Organ,
das von abgerundeter Form und an seinem Ende mit 4 relativ
sehr großen und stark chitinisierten Haken versehen ist (Taf. 7
Fig. 62).

Bei der Vorwärtsbewegung gebraucht die Larve das ausstülp-

---

1) Es gelang mir leider nicht, diese keineswegs seltne Larve zur
Verpuppung zu bringen, so daß ich deren Speciesnamen auch nicht bestimmen konnte.

bare Organ wohl gar nicht, ich konnte jedenfalls eine solche Funktion nie beobachten, fixiert vielmehr das Hinterende mit Hilfe des Borstenkranzes. Sie krümmt dabei ihren Körper wenig, bewirkt vielmehr das Vorsetzen des Hinterendes hauptsächlich durch Kontraktion des Abdomens. Daß dies zweckmäßig ist, leuchtet auch ein, wenn man bedenkt, daß das Tier ja in engen Spalten oder in dem Gangmaterial lebt, wo also eine Krümmung des Abdomens fast vollkommen ausgeschlossen ist. Dabei wirkt der oben erwähnte Borstenkranz in der Weise, daß er ein Zurückweichen des Körpers verhindert und so dem Abdomen bei der Streckung einen guten Stützpunkt darbietet. Anders ist es bei der Rückwärtsbewegung, hier dient allein das ausstülpbare Stück der Fixierung. Die Larve stülpt erst das bis dahin immer eingezogene Analsegment vollkommen aus und legt die Borsten möglichst dicht dem Körper an (Taf. 7 Fig. 61). Dann schiebt sie das Abdomen so weit als möglich nach hinten und läßt nun erst die weiße, abgerundete Masse in Form eines Ellipsoids aus dem Analsegment austreten. Mit Hilfe der starken Haken verankert sie sich in dem umgebenden Medium und kann dann mit Leichtigkeit den übrigen Körper zu dieser Verankerung hinziehen.

Während also bei den frei und oberirdisch lebenden Larven der „siebte Fuß" hauptsächlich oder nur in dem Dienst der Vorwärtsbewegung stand, dient er dieser Form gerade zu entgegengesetzter Funktion, d. h. zur Rückwärtsbewegung.

Welche Rolle spielt das 8. Segment mit seiner Drüse bei der Bewegung? Bei der Rückwärtsbewegung zieht die Larve ihr Abdomen zu dem fest verankerten ausgestülpten Organ hin; hier fällt also jede Mithilfe fort. Wie verhält es sich aber bei der Vorwärtsbewegung? Wir sahen, daß das Analsegment und auch der „siebte Fuß" so weit als möglich eingestülpt werden. Der Borstenkranz liegt also ziemlich nahe der Grenze des 8. Segments, ja fast unter dem Ende der Drüsenmündung. Beobachtet man nun das Tier zwischen 2 Glasplatten, wobei der Raum so eng sein muß, daß die Larve sich eben noch bewegen kann, so bemerkt man vor der Streckung des Körpers ein geringes Vorwärtssetzen des 9. Segments, das fast wie das Analsegment der Carabidenlarven, nur in weit geringerem Maße, articulierend am 8. Segment sitzt. Die Cerci des 9. Segments sind, wie schon gesagt, sehr klein, so daß sie nicht über den Fortsatz des 8. Segments hervorragen, der seinerseits der weitvorgeschobenste Punkt des ganzen Abdomens bildet. Durch das

Niedersetzen des 9. Segments mit dem Borstenkranz und der Anpressung des Fortsatzes des 8. Segments wird der Larve ein Stützpunkt geboten, so daß sie den Vorderkörper vorwärtsschieben kann
(vgl. Elateriden, S. 90).

Der Drüsenapparat selbst besteht aus einem umfangreichen
Sammelraum, 4 Drüsenleitern und den Drüsenzellen. Am lebenden
Tier sieht man das Reservoir durchschimmern, das in seinem Innern
zwei Systeme von Linien erkennen läßt, die sich in der Mitte des
Sammelraumes kreuzen, an den beiden Enden aber parallel zueinander verlaufen. In den weiteren anatomischen Aufbau läßt uns
Fig. 58, Taf. 7 einen Einblick tun. Die scheinbaren Chitinbalken
des Vorhofes sind starke Falten einer Chitinmembran. Die Faltelung
ist derart, daß dem gefalteten Stück der einen Seite ein glattes
Stück der anderen Seite gegenübersteht. Die Spitze des Reservoirs
(*Rs*) zeigt auf der ventralen Seite eine Erhebung, die genau in eine
entsprechende Vertiefung der dorsalen Fläche eingreift, also einen
dichten Verschluß nach außen hin ermöglicht. In das Reservoir
münden 4 Drüsenleiter (*Drl*), von denen ein jeder aus einer stark
chitinisierten und in 3—5 kreisrunden Windungen gebogenen Röhre
besteht. Des weiteren erkennen wir auf der Figur den gewundenen
Drüsenleiter, der einerseits in den Vorhof mündet, andrerseits mit
der Drüse (*Dr*) durch einen gegabelten Schlauch in Verbindung steht.
Die Drüse selbst ist ein einzelliges, verhältnismäßig großes Gebilde.
Sie liefert ein gelbes, zähflüssiges Secret von neutralem oder schwach
saurem Charakter. Das Secret dient vielleicht der besseren Fixierung
des 8. Segments bei der Vorwärtsbewegung, vielleicht aber auch,
und die Annahme erscheint mir wegen des sauren Charakters wahrscheinlicher, als Abwehrmittel der räuberischen Larve gegenüber
anderen ihr überlegenen.

O. Histeridae.

Platysoma compressum HRBST. Wie die Histeriden im System
sich eng an die Gruppe der **Silphiden** und **Staphyliniden** anschließen, zeigen auch die Larven große Ähnlichkeiten. Schon der
ganze äußere Bau, namentlich der abgeplattete Kopf von *Platysoma
compressum* (Taf. 7 Fig. 57), läßt den Höhlenbewohner erkennen, der
sich an tierischen und pflanzlichen in Verwesung begriffenen Stoffen
meist unterirdisch aufhält. Das 9gliedrige Abdomen ist fast gleichmäßig zylindrisch und trägt am Ende des 9. Segments einen kurzen
Analkonus, der nur $1/3$ so lang und $1/4$ so breit wie das 9. Segment

ist. Die rotbraunen Cerci des 9. Segments sind 2gliedrig, relativ massiv und chitinisiert, etwas dorsalwärts gebogen (Taf. 7 Fig. 56). Die Füße des Thorax sind verhältnismäßig sehr klein, und als Ersatz dafür ist das Abdomen mit Segmentalwülsten (*Sw*) versehen, von denen die ventralen stärker als die dorsalen ausgebildet sind. Diese haben eine ähnliche Funktion wie die Scheinfüße der Schmetterlings-larven. Aus der Öffnung des Analsegments erscheint eine un-gegliederte Masse, die undeutlich traubenartigen Charakter zeigt.

Wenn die Larve frei läuft, sieht man zwar, daß das Organ aus-gestülpt wird, doch spielt es keine große Rolle bei der Fixierung; sie bewegt sich vielmehr mit Hilfe der Segmentalwarzen. Anders ist es mit der Bewegung in engen Spalten, wo sie sich ruckwärts in ähnlicher Weise wie die Silphiden bewegt, d. h. also, den Anal-konus nach hinten schiebt und den Körper zu sich hinzieht. Während also noch bei den Silphiden und Staphyliniden, erst recht aber bei den Carabiden der Analkonus die größte Rolle bei der Fortbewegung spielte, verliert er bei den Histe-riden mit Ausbildung der Segmentalwarzen fast ganz seine Be-deutung. Es scheint also diese Larve einen gewissen Übergang zu vermitteln von Formen, die das Analsegment stets gebrauchen, zu solchen, bei denen die Fortbewegung ganz oder fast ausschließ-lich durch die Segmentalwarzen geschieht, wie z. B. bei den Ce-rambyciden.

An die genannten Gruppen schließt sich auch wohl diese Form an, die unter der Rinde abgeschlagener Bäume lebt (Taf. 7 Fig. 55). Der etwa 5—7 mm lange walzenförmige Körper trägt in der Mitte eines jeden Segments eine stumpfe Erhebung, die ventral stärker ausgeprägt erscheint als dorsal. Diese wohl als Scheinfüße an-zusprechenden Gebilde sind einziehbar und wie der übrige ganze Körper mit zahlreichen kleinen Chitinhäkchen besetzt. Die Segment-grenzen sind sehr verwischt und äußerlich nur durch die Lage der Segmentalwarzen erkennbar. Das 9. Segment trägt dorsal 2 stark entwickelte, mit starken Borsten besetzte und schwach chitinisierte Cerci, während es ventral in das Analsegment übergeht, das sich nach der Spitze zu schwach verjüngt. Das ausstülpbare Stück hat eine ungefähr kuglige Form und ist gleicherweise wie der übrige Körper bewaffnet. Es unterscheidet sich in nichts von dem Anal-konus und erscheint nur als das aufgeblasene Endstück desselben. Das ausgestülpte Organ dient wie bei *Platysoma compressum* haupt-

sächlich der Rückwärtsbewegung, worauf auch schon die Anordnung
und Gestalt der Chitinhaken schließen läßt.

Auf die zahlreichen, wasserbewohnenden Käferlarven will ich
nicht näher eingehen, da ich den Ausführungen von G. W. Müller
(l. c., p. 231 u. 232) nichts Neues hinzuzufügen habe. Erwähnen
möchte ich noch eine kleine Gruppe, die infolge verborgener Lebensweise ihren Körper ganz diesen Lebensbedingungen angepaßt hat:
die Cerambyciden, Bostrychiden, Curculioniden, Lamellicornier etc. Alle diese besitzen wohl 10 typische Abdominalsegmente, wenn auch häufig die Grenze zwischen 9. und 10. Segment sehr verwischt ist und Zweifel an der Zahl derselben aufkommen können. Die Grenze der Ringmuskulatur des Enddarmes
fällt mit der Lage des Afters zusammen. Es besteht hier also kein
Unterschied zwischen „primärem" und „sekundärem After", d. h.
mit anderen Worten, daß das Analsegment nicht eingestülpt ist.
Entsprechend spielt es bei der Fortbewegung keine besondere Rolle,
so daß man von einer Unterstützung oder gar von Ausbildung eines
„siebten Fußes" gar nicht sprechen kann. Sie leben zum Teil
(Cerambyciden) in selbst gefressenen Gängen, die dem größten
Umfange ihres Körpers entsprechen, d. h. meistenteils dem Querschnitt des außerordentlich stark chitinisierten Kopfes. Der übrige
Körper ist weichhäutig, kann also seine Form einigermaßen verändern. Die Bewegung geschieht einfach durch Anpressen von
Segmentgruppen, in ähnlicher Weise wie bei einem Regenwurm.
Hinzu treten noch besondere Bildungen, wie Chitindornen (Cerambyciden) oder sonstige Chitingebilde in der mannigfachsten Form,
die dem Tier bei der Bewegung dienen. Ähnlich verhalten sich
die Bostrychiden, Curculioniden und Lamellicornier, die
allerdings zum größten Teil nicht in ähnlichen hartwandigen Gängen,
sondern unter Baumrinde und in weichen Massen (Erde, Mist,
Früchte etc.) leben. Die Art der Bewegung ist natürlich nicht
genau die gleiche wie bei den Cerambyciden, aber doch eine
ähnliche; auch die Anpassung an das umgebende Medium ist nicht
so vollkommen wie bei diesen.

Rückblick und Vergleich.[1])

Meine Untersuchungen, die ich des näheren im speziellen Teil
niedergelegt habe, bestärken die Beobachtungen vieler Forscher

---

1) Ich möchte dazu bemerken, daß die Zusammenstellung der Larven

(RÖSEL v. ROSENHOF, DE GEER, CHAPUIS, PERRIS, SCHIODTE etc.), daß
einer großen Anzahl von Käferlarven ein „Nachschieber" zur Unterstützung bei der Bewegung dient. Die Coleopterologen schweigen
allerdings über die Natur und Herkunft dieses „Nachschiebers".
Bei CHAPUIS, IMHOFF und G. W. MÜLLER fand ich aber Angaben
über die morphologische Deutung des „siebten Fußes", wonach dieser
nichts weiter als ein ausgestülptes Stück des Enddarmes sei. Wenn
man bei oberflächlicher Betrachtung zu dieser Anschauung kommen
konnte, so führt uns ein Studium der Ringmuskulatur des Intestinalkanals und der Retractoren zu der Überzeugung, daß der ausgestülpte Teil nicht eigentlich dem Darm angehört, sondern ein
sekundär eingestülptes Stück der modifizierten äußeren Körperhaut
darstellt. Der dem Auge sichtbare After ist mithin auch gar nicht
der eigentliche, sondern ein scheinbarer, den ich als „sekundären
After" bezeichne (vgl. S. 77).

Bei der weiteren Betrachtung dieses Organs mögen wir zwischen
den anatomischen Umbildungen und der physiologischen Wirkung
unterscheiden. Ich betrachte zuerst die anatomischen Modifikationen.

An dem Analsegment mag man einen eingestülpten und einen
nicht eingestülpten Teil unterscheiden. Ich beschäftige mich zunächst
mit dem nicht eingestülpten Teil.

Unter den Formen mit „sekundärem After" dürften manche
C h r y s o m e l i d e n wohl als die ursprünglichsten zu betrachten seien.
Bei *Galerucella viburni* (Fig. 6) ist das Analsegment, das etwas
ventralwärts verschoben am 9. Segment sitzt, fast vollkommen sichtbar; nur ein geringes Stück ist modifiziert und in der Ruhe eingestülpt (Fig. 8). Bei *Agelastica alni* liegt es ähnlich, ist aber schon
mehr verkürzt, um endlich bei *Lina tremulae* (Fig. 5) scheinbar
vollkommen zu verschwinden. In Wirklichkeit ist aber hier das
Analsegment vollständig modifiziert und ganz eingezogen. Sehr
ähnlich liegen die Verhältnisse bei den C o c c i n e l l i d e n, wo das
Analsegment auch stark verkürzt ist. Ebenso eng wie die C o c c i -
n e l l i d e n schließen sich auch die C a n t h a r i d e n und L a m p y r i d e n
an die C h r y s o m e l i d e n, speziell *Galerucella viburni*, an. Bei allen
ist das Analsegment schräg nach unten und hinten gerichtet, und
bei allen sind mehr oder weniger umfangreiche Reste des Anal-

---

nicht nach systematischen Gewichtspunkten erfolgt ist, sondern lediglich
in bezug auf die Gleichartigkeit oder Ähnlichkeit in der Ausbildung der
Hilfsorgane für die Fortbewegung.

segments sichtbar. Andere Formen (Elateriden) (Fig. 28) zeigen das Analsegment weiter nach vorn verschoben. Diese Verschiebung erreicht schließlich bei *Pyrochroa coccinea* (Fig. 34, 35) das Extrem, d. h. es rückt ganz auf die Grenze des 8. und 9. Segments und verschwindet scheinbar ganz; es ist erhalten als die weiße Masse, die in der Grube des 9. Segments erscheint.

Eine besondere Modifikation erleidet das Analsegment bei den Cleriden, Byturiden, Cryptophagiden, Elateriden (also Formen mit verborgener Lebensweise), die am „sekundären After" ein wenig umfangreiches ausstülpbares Stück haben, bei denen aber außerdem das Analsegment mehr oder weniger vollständig in das 9. Segment eingezogen (nicht eingestülpt) werden kann (Fig. 20, 24). Im übrigen schließen sich diese Formen eng an die Chrysomeliden an.

Bei einer anderen Gruppe erleidet das Analsegment eine anderweitige Modifikation. Bei den Carabiden (Fig. 37, 40), Silphiden (Fig. 45), Staphyliniden (Fig. 52) und Histeriden (Fig. 56) kommt es zur Bildung eines stark chitinisierten, mehr oder weniger schlanken Analconus, d. h. das Analsegment nimmt eine konische Form an und unterscheidet sich dadurch sehr von allen übrigen Abdominalsegmenten. Dabei ist der Analconus articulierend mit dem 9. Segment verbunden, so daß er um einen Winkel von ca. 60—70° erhoben und gesenkt werden kann. Abgesehen von dieser Eigenschaft und der schlanken Gestalt des Analsegments erinnern auch diese Formen lebhaft an *Galerucella viburni*, so daß man sie auch wohl von ähnlichen Larvenformen ableiten kann. Das Analsegment ist an ähnlicher Stelle angeheftet, nur schlanker und beweglicher.

Das eingestülpte modifizierte Stück des Analsegments, das aus dem „sekundären After" ausgestülpt werden kann, ist in den einfachsten Fällen (Chrysomeliden, Canthariden, Carabiden etc.) eine ringförmige, meist weiche Masse, die im ausgestülpten Zustand und im einfachsten Falle eine ringförmige Falte um den After herum bildet. Bei anderen Formen [*Galerucella* (Fig. 6), *Cychrus* (Fig. 39)] finden wir 4 mehr oder weniger ausgeprägte Lappen, die ihrerseits nur als Vorläufer zu wohl differenzierten Schläuchen aufzufassen sind. Bedingt wird diese lappige Gestalt des „siebten Fußes" durch die Insertion der Retractoren, die in den Lappen resp. in den Schläuchen ansetzen und das durch Blutdruck ausgestülpte Organ wieder einziehen. Wenn wir die Zahl 4 häufig bei der Ausbildung der Lappen und Schläuche finden, so erklärt sich dieses wohl aus der Anordnung der Intersegmentalmuskulatur, die in 4 groben Bündeln das Abdomen durchzieht. Durch Dichotomie kam es dann zur Ausbildung von 8, 16 etc. Schläuchen, um schließlich bei *Luciola italica* die Zahl von 120 Schläuchen zu erreichen (Fig. 13). Die Entstehung der Lappen und Schläuche kann man sich so erklären, daß bei der Einziehung des Analsegments natürlich diejenigen Stellen am stärksten eingestülpt wurden, umgekehrt auch am stärksten ausgestülpt wurden, an denen sich die Intersegmentalmuskulatur inserierte. So entwickelten sich allmählich aus der zuerst gleichförmigen Masse die Lappen und aus diesem dann weiter die Schläuche.

Unterstützt wird die Fixierung des „siebten Fußes" bei Formen mit Schläuchen durch eine Bewaffnung derselben, sei es durch Chitinwärzchen (vgl. S. 103) oder durch wohl ausgebildete Chitinhaken (vgl. S. 102). Diese Haken können vollkommen gleichmäßig auf der Oberfläche der einzelnen Schläuche verteilt sein oder aber sich im wesentlichen auf die ventrale Seite derselben beschränken (*Luciola*), wobei die dorsale Seite schuppenartige Gebilde aufweist. Eine besondere Ausbildung in der Bewaffnung zeigt *Staphylinus sp.*, bei der das ausgestülpte ellipsoide Stück mit 4 sehr starken Chitinhaken bewaffnet ist. Bei den Chrysomeliden, Coccinelliden etc. wird das Anheften durch ein Secret unterstützt, das höchst wahrscheinlich (vgl. S. 80 u. 81) aus modifizierten distalen Teilen der Malpighi'schen Gefäße herrührt und namentlich im letzten Larvenstadium, also kurz vor der Verpuppung, so reichlich abgeschieden wird, daß es zu einer vollkommenen Kernauflösung kommt. Bei *Cantharis rufipes* und vielleicht auch bei den Elateriden dürfte wohl die Fixierung durch eine saugnapfähnliche Wirkung der radiär gestreiften, ausgestülpten Masse erfolgen.

Hand in Hand mit der Umgestaltung des 10. Segments geht auch eine mehr oder weniger starke Umbildung des 9. Segments. Während es bei den immer frei lebenden Formen annähernd ein typisches Abdominalsegment ist, erfährt es bei den verborgen lebenden Formen insofern eine Umgestaltung, als es bei diesen mit stark chitinisierten, häufig dorsalwärts und nach vorn umgebogenen Bildungen bewaffnet wird [*Cychrus* (Fig. 36), *Calosoma* (Fig. 42) etc.], die man vielleicht als homologe Gebilde der Cerci ansprechen kann (s. auch Schiödte, Vol. 4, p. 439). Bei einigen Formen erleidet es eine vollkommene Chitinisierung, so daß die hintere Hälfte des 9. Segments scheinbar nur ein außerordentlich stark entwickelter

Chitinfortsatz ist [E l a t e r i d e n (Fig. 28), T e n e b r i o n i d e n (Fig. 29), P y r o c h r o i d e n (Fig. 35)]. Es stehen diese Bildungen im Zusammenhang mit einer besonderen Art der Bewegung.

Wie verhält es sich mit der Wirkung des Analsegments bei den verschiedenen Formen? Bei Larven der C h r y s o m e l i d e n, C o c c i n e l l i d e n, C a n t h a r i d e n etc. dient der mehr oder weniger stark modifizierte „siebte Fuß" allein der Fixierung. Dabei spielt er bei jugendlichen Formen nicht die Rolle wie bei älteren Stadien, bei denen auch das zu bewegende Gewicht des Körpers immer größer wird (*Lina tremulae*). Das Vorwärtsschieben des Körpers geschieht durch Streckung des zuerst stark kontrahierten (vgl. S. 74) oder stark gekrümmten (vgl. S. 77) Abdomens. Die bisher besprochenen Larven lebten durchweg oberflächlich. Bei den verborgen lebenden Larven, mit schlankem und stark chitinisiertem Analconus geschieht die Fortbewegung durch die hebelartige Kraft desselben, während sich die übrigen Abdominalsegmente im allgemeinen nicht an der Vorwärtsbewegung beteiligen. Fixiert wird aber das Hinterende hier nicht allein durch das ausgestülpte Organ, sondern auch durch Anpressung der Chitinbildungen gegen die dorsale Fläche (C a r a - b i d e n, S i l p h i d e n etc.). Während die zuerst besprochenen Larven niemals eine Rückwärtsbewegung zeigten, finden wir sie bei diesen Formen recht ausgeprägt. Dabei kann die Fixierung, namentlich bei Formen mit bewaffneten Schläuchen [S t a p h y l i n i d e n (Fig. 53)], nur durch diese allein erfolgen, mit denen sich das Tier fest verankert und dann den übrigen Körper leicht heranzieht, oder sie geschieht durch Zusammenwirkung des „siebten Fußes" und der dorsalen Chitinbildungen des 9. Segments (deren Gestalt für diese Art der Bewegung besonders geeignet erscheint).

Hier würde sich naturgemäß auch die kleine Gruppe anschließen bei denen das ganze Analsegment eingezogen wird (C l e r i d e n, B y t u r i d e n, E l a t e r i d e n etc.). Die Wirkung des Analsegments ist eine ähnliche wie bei den Formen mit schlankem Analconus; auch hier spielt es eine besondere Rolle für die Rückwärtsbewegung.

Wie ich schon sagte, geschieht die Bewegung des Körpers bei den C a r a b i d e n, S i l p h i d e n, S t a p h y l i n i d e n und H i s t e - r i d e n hauptsächlich durch die Hebelkraft des Analconus (Fig. 36). Damit im Zusammenhang steht auch eine gewisse Kleinheit des ein- und ausstülpbaren Teiles [C a r a b i d e n (Fig. 41)]. Erst durch Anpassung an besondere Lebensbedingungen kommt es zur Bildung wohl differenzierter und bewaffneter Schläuche, mit deren Hilfe sich das Tier in dem umgebenden Medium zu bewegen vermag [Sil. phiden (Fig. 47), Staphyliniden (Fig. 53)]. Wo aber das umgebende Medium eine relativ feste Konsistenz zeigt, bleibt es auch bei der einfachen und geringen Umbildung des Analconus [Histe. riden (Fig. 56). Immer steht also die Ausbildung des „siebten Fußes" in allen seinen Variationen — und das möchte ich besonders betonen — im engsten Zusammenhange mit dem umgebenden Medium und den Bedingungen, unter denen die Larven leben, so daß eine Kenntnis der letzteren einen gewissen Schluß auf die Ausbildung des ausstülpbaren Organs zuläßt.

Mit dem Übergang vom freien zum verborgenen Leben steht also einmal eine Verschiebung des Analsegments nach der Grenze des 8. und 9. Segments im Zusammenhang, dann eine Einziehung desselben in das 9. Segment und schließlich eine besondere Bewaff. nung des 9. Segments. Diese wirkt zusammen mit dem „siebten Fuß" bei der Rückwärtsbewegung, wie schon oben (vgl. S. 99) ausgeführt wurde.

Eine besondere Stellung nehmen die Tenebrioniden ein, bei denen auch eine weiche Haut, die um den After herumliegt und mit Warzen bewaffnet ist, aus- und eingestülpt wird, aber nicht in den After. Da wir uns doch vorstellen müssen, daß die einstülpbare Masse bei den anderen Formen ursprünglich in der Umgebung des Afters lag, sekundär in diesen eingezogen wurde, so könnte man versucht sein, die Verhältnisse bei *Tenebrio molitor* als besonders ursprüngliche zu betrachten und von ihnen die beiden anderen Formen abzuleiten. Dagegen spricht aber die Tatsache, daß *Tenebrio molitor* in der Bewaffnung des Analsegments und des 9. Abdominalsegments keineswegs ursprüngliche Verhältnisse zeigt.

Wie kam es zur Ausbildung eines „siebten Fußes"? Wir sahen, daß er nichts anderes ist als ein kleineres oder größeres Stück modifizierten Analsegments, das seinerseits wiederum nur ein typisches Abdominalsegment ist, wie es z. B. noch die Cerambyciden erkennen lassen. Es muß also eine Form gegeben haben, bei der alle 10 Abdominalsegmente annähernd gleichartig waren. Als der Schwerpunkt der Larven noch ziemlich weit vorn, nahe dem Thorax lag, wurde das Abdomen einfach nachgeschleppt, wie man heute noch bei allen Larven der Ametabolen, Hemimetabolen und allen Imagines beobachten kann. Erst durch eine Verschiebung dieses Schwerpunktes weiter nach hinten, vielleicht durch starke Ausbildung des Fettkörpers bedingt, wurde das Gewicht des

Abdomens für das Tier so groß, daß es das Hinterende nicht einfach nachschleppen konnte. Das Abdomen bedurfte irgendwelcher Unterstützung. Interessant ist es, daß, wie ich schon weiter oben sagte (vgl. S. 82), bei jugendlichen Formen das Hinterende nicht sehr stark zur Fixierung herangezogen wird. Erst bei den älteren Larvenstadien, d. h. also mit Zunahme des Gewichtes des Abdomens, wurde der „siebte Fuß" immer zur Unterstützung gebraucht (s. auch G. W. MÜLLER, l. c., p. 233).

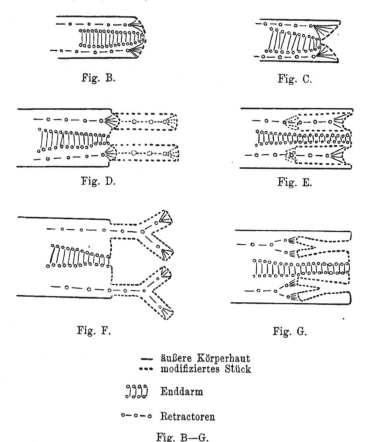

Fig. B.   Fig. C.

Fig. D.   Fig. E.

Fig. F.   Fig. G.

— äußere Körperhaut
••• modifiziertes Stück

)))) Enddarm

∘−∘−∘ Retractoren

Fig. B—G.

Schematische Darstellung der Einziehuug und Modifikation des 10. Segments.
Vgl. S. 115.

Die Unterstützung geschah in sehr verschiedener Weise: häufig durch Ausbildung von Kriechwarzen an den verschiedensten Abdominalringen, in anderen Fällen (Coleopteren-, Megalopteren-larven) durch Aufsetzen und Anpressen des Hinterendes an die Unterlage. Es leuchtet ein, daß diese Fixierung um so besser war, je dichter sich dieser Teil der Unterlage anlegte. Das geschah bei weichen Teilen besser als bei stark chitinisierten, und darum wurde der After bevorzugt. Je umfangreicher die weiche Haut war, desto vollkommener war auch die Fixierung, und so sehen wir die Haut um den After in immer größerem Umfange eine weiche Beschaffenheit annehmen. Diese weichhäutigeren Teile mußte das Tier schützen, wenn es sie nicht gebrauchte; das konnte es am einfachsten durch Einziehung und so entstand ein „sekundärer After". Damit haben wir den „siebten Fuß" in der Ausbildung, wie ihn uns noch *Galerucella viburni* zeigt. Was wir in der Ruhe sehen, ist der „sekundäre After", aus dem die Masse, d. h. also das modifizierte Stück des Analsegments austritt. Eine schematische Skizze zeigt dieses am besten, ebenso auch die Entstehung der Schläuche, auf die ich ja schon weiter oben (S. 111) eingegangen bin.

Fig. B zeigt uns den ausgestülpten „siebten Fuß" in seiner einfachsten Gestalt, Fig. C denselben eingestülpt. Fig. D und E läßt die Entstehung der Schläuche aus den Lappen erkennen, Fig. F und G auch die dichotomische Teilung der Schläuche.

Zum Schluß sei es mir gestattet, meinem hochverehrten Lehrer Herrn Geheimrat G. W. Müller meinen herzlichsten Dank auszusprechen für die vielseitigen Ratschläge und die Förderungen jeglicher Art, die er meiner Arbeit zukommen ließ.

Dank schulde ich auch dem Assistenten Herrn Dr. W. Baunacke für mancherlei nützliche Winke.

Nachtrag.

Nach Abgabe dieser Arbeit erschien noch eine kleine Abband-
lung von Kemner über das Analsegment und die Rectalschläuche
einiger schwedischer Carabidenlarven. Er erörtert die anatomischen Verhältnisse zweier Vertreter dieser Familie, ohne uns aber
eine eigene morphologische Auffassung des ausstülpbaren Organs zu
geben.

Literaturverzeichnis.

AHRENS, A., Description de la larve de la Pyrochroa coccinea, in: SILBERMANN's Revue entomol., Vol. 1, 1833.

ALTUM, B., Forstzoologie, Berlin 1871—1874.

BELING, TH., Beitrag zur Methamorphose der Käfer, in: Arch. Naturg., Jg. 43, 1877.

BLANCHARD, EM., Notice sur les métamorphoses du Coléoptère du genre Telephorus, in: Mag. Zool. (GUÉRIN-MÉNEVILLE), 1836.

BLISSON, J., Description des larves du Silpha obscura, in: Ann. Soc. entomol. France (2), Vol. 4, 1846.

—, Description de la larve et la nymphe de la Nebria brevicollis, ibid. (2), Vol. 6, 1848.

BORDAS, L., Anatomie et structure histologique de l'intestin terminal de quelques Silphidae, in: CR. Soc. Biol. Paris, Vol. 55, p. 137, 1904.

BOS, J., Thierische Schädlinge und Nützlinge für Ackerbau, Viehzucht, Wald- und Gartenbau, Berlin 1891.

BOUCHÉ, P. FR., Naturgeschichte der Insekten, besonders in Hinsicht ihrer ersten Zustände als Larven und Puppen, Berlin 1834.

BRULLÉ, AUG., Histoire naturelle des insectes, Paris, Vol. 6, 1837.

CHAPUIS, F., Catalogue des larves des Coléoptères connues jusqu'à ce jour avec la description de plusieurs espèces (avec E. CANDÈZE), in: Mém. Soc. Sc. Liège, Vol. 8, 1853.

CORNELIUS, C., Entwicklung und Ernährung einiger Blattkäfer, in: Stettin. entomol. Ztg., Vol. 11, 1850—1859.

CUVIER, Das Thierreich, übersetzt von F. VOIGT, Leipzig, Vol. 5, 1839.

DUFOUR, LÉON, Mém. sur les métamorphoses et l'anatomie de Pyrochroa cocc., in: Ann. Sc. nat. (2), Vol. 13, 1840.

ERICHSON, Zur systematischen Kenntnis der Insektenlarven, in: Arch. Naturg., Jg. 7, 8, 13, 1841—1847.

—, Naturgeschichte der Insekten Deutschlands, Abt. I, Berlin, Vol. 3, 1845—1848.

FIEBRIG, C., Cassiden und Cryptocephaliden Paraguays: Ihre Entwicklungsstadien und Schutzvorrichtungen, in: Zool. Jahrb., Suppl. 12, 1910.

FOREL, A., Expériences et remarques critiques sur les sensations des Insectes, in: Recueil zool. Suisse, Vol. 4, 1887.

FRISCH, J., Beschreibung von allerlei Insekten in Teutschland, Berlin, Vol. 5—6, 1724—1727.

GANGLBAUR, L., Die Käfer von Mitteleuropa, Wien, Vol. 1—3, 1892—1899.

DE GEER, C. H., Mémoires pour servir à l'histoire des Insectes, Stockholm, Vol. 4—5, 1874—1875.

GEOFFROY, M., Histoire abrégée des Insectes, Paris, Vol. 1, 1864.

HAASE, E., Die Abdominalanhänge der Insekten mit Berücksichtigung der Myriopoden, in: Morphol. Jahrb., Vol. 15, 1889.

IMHOFF, L., Versuch einer Einführung in das Studium der Coleopteren, Basel 1856.

JUDEICH, F., Lehrbuch der mitteleuropäischen Forstinsektenkunde, Berlin, Vol. 1—2, 1895.

KEMNER, H., Beiträge zur Kenntniss einiger schwedischer Koleopterenlarven. II. Das Analsegment und die Rektalschläuche einiger Carabidenlarven, in: Ark. Zool., Vol. 8, Nr. 13a, 1913.

v. KIESENWETTER, E., Naturgeschichte der Insekten Deutschlands (cf. ERICHSON), Vol. 4, 1863.

LACORDAIRE, I. TH., Monographie des coléoptères subpentamêres de la famille des Phytophagues, in: Mém. Soc. Sc. Liége, Vol. 3, 1845.

LATREILLE, P. A., Histoire naturelle générale et particulière des Crustacés et des Insectes, Paris, Vol. 8—12, 1804.

—, —, in: Règne animal de CUVIER. Paris, Vol. 3, 1817.

DE LOCHE, FR., Observations diverses sur les Insectes, in: Mém. Acad. Turin, Vol. 11, 1861.

LOZINSKI, P., Über die MALPIGHI'schen Gefäße der Myrmeleonidenlarven als Spinndrüsen, in: Zool. Anz., Vol. 38, 1911.

MAILLE, M., Note sur les habitudes naturelles des larves de Lampyris, in: Ann. Sc. nat., Vol. 7, 1826.

MÜLLER, G. W., Der Enddarm einiger Insektenlarven als Bewegungsorgan, in: Zool. Jahrb., Suppl. 15, Bd. 3, 1912.

MULSANT, E., Brévipennes IIe fam.: Xantholiniens, in: Mém. Acad. Sc. Lyon, Vol. 22, 1876.

—, Histoire des métamorphoses de diverses espèces de Coléoptères, ibid., Vol. 19, 1872.

PERRIS, E., Larves des Coléoptères, in: Ann. Soc. Linn. Lyon, Vol. 22, 1876.

—, Histoire des Insectes du Pin maritime, in: Ann. Soc. entomol. France (3), Vol. 2, 1854.

—, Nouvelles promenades entomologiques, ibid. (5), Vol. 6, 1876.

—, Histoire des métamorphoses du Cryptophagus dentatus, ibid. (2), Vol. 10, 1852.

—, Notes pour servir à l'histoire des Trichopterix, ibid. (2), Vol. 4, 1846.

PÜTTER, A., Vergleichende Physiologie, Jena 1911.

RATZEBURG, Forstinsekten, Berlin, Vol. 1, 1837.

RÉAUMUR, R. A., Mém. pour servir à l'histoire des Insectes, Paris, Vol. 3, 1737.

REITTER, E., Fauna germanica: Die Käfer des Deutschen Reiches, Stutt. gart 1908.

—, Naturgeschichte der Insekten Deutschlands, Berlin, Abt. 1, Vol. 3, 1882.

RÖSEL, A. I., Der monatlich herausgegebenen Insektenbelustigungen 2. Teil, welche in 8 Kl. Insekten erhält, alle nach ihrem Ursprung, Ver_ wandlung und anderen wunderbaren Eigenschaften, größtenteils aus eigener Erfahrung beschrieben, u. in sauber illuminierten Kupfern nach dem Leben abgebildet, vorgestellt, Nürnberg 1749.

ROSENHAUER, W., Käferlarven, in: Stettin. entomol. Ztg., 1882.

RUPERTSBERGER, M., Die Schildkäfer, in: Nat. Offenb., Vol. 22, 1876.

—, Die Larven der Käfer, ibid., Vol. 21—22, 1875—1876.

—, Biologie der Käfer Europas, Linz a. Don., 1880.

SCHIÖDTE, I. C., De metamorphosi Eleatheratorum observationes, in: Nat. Tidskr. (3), Vol. 1, 3, 4, 6, 8—12, 1861—1880.

SCHMIDT, R., Silpharum monographica, Diss. Inaug., Breslau 1841.

SEIDLITZ, G., Naturgeschichte der Insekten Deutschlands (cf. ERICHSON u. v. KIESENWETTER), Berlin, Vol. 5, 1893.

SILVESTRI, FILIPPO, Contribuzione alla conoscenza della metamorfosi e dei costumi della Lebia scapularis, in: Redia, Vol. 2, 1904.

STURM, J., Deutschlands Fauna in Abbildungen mit Beschreibungen. V. Insekt., Nürnberg, Vol. 2—13, 1807—1838.

TASCHENBERG, E., in: BREHM's Thierleben, Leipzig, Vol. 9, 1892, 3. Aufl.

THOMSON, C. G., Skandinaviens Coleoptera, Lund, Vol. 1—10, 1859—1868.

WATERHOUSE, G., Description of the larva and puppae of various species of Coleopterus Insects, in: Trans. entomol. Soc. London, Vol. 1, 1834.

WEISE, J., Naturgeschichte der Insekten Deutschlands (cfr. ERICHSON), Abt. 1, Vol. 6, 1893.

WESTWOOD, J., An introduction to the modern classification of Insects, founded on the natural habits and corresponding organisation of the different families, London, Vol. 1 u. 2, 1839—1840.

Erklärung der Abbildungen.

Aw Analwarzen
Bk Bindegewebskern
Bkr Borstenkranz
Bs Blindschläuche
Chf Chitinfalten
Dr Drüse
Drl Drüsenleiter
Ed Enddarm
Gr Grube
Hz Hypodermiszellen
Im Intersegmentalmuskulatur

Mk Matrixkern
pA primärer After
Ri Rinne
Rm Ringmuskulatur
Rp Reibplatte
Rs Reservoir
Rt Retractor
Rtb Retractorenbündel
sA sekundärer After
Sw Segmentalwarzen
Zk Zellkern

Die Zeichnungen stellen fast ausnahmslos die letzten Abdominalringe dar, rot gezeichnet ist das modifizierte ein- und ausstülpbare Stück des Analsegments. Die Vergrößerung ist, soweit nicht besonders angegeben, Lupenvergrößerung. *7, 8, 9, 10* etc. bezeichnen die Abdominalsegmente.

Tafel 4.

Fig. 1.   *Cantharis rufipes*, ventral. Organ ausgestülpt.

Fig. 2.   *Galerucella viburni*, Medianschnitt. Org. ausgest. 40 : 1.

Fig. 3.   *Luciola italica*, ventral.

Fig. 4.   *Cantharis rufipes*, Profil. Org. ausgest.

Fig. 5.   *Lina tremulae*, Profil. Org. ausgest.

Fig. 6.   *Galerucella viburni*, Profil. Org. ausgest.

Fig. 7.   *Lina tremulae*, ventral. Org. ausgest.

Fig. 8.   *Galerucella viburni*, Profil. Org. eingest.

Fig. 9—13. *Luciola italica.*

Fig. 9.   Zwei Stadien der Streckung des Körpers.
Fig. 10. Larve mit niedergesetztem Abdomen.
Fig. 11. Medianschnitt. Schläuche zum˙ Teil ausgest. 25 : 1.
Fig. 12. Einzelner ausgest. Schlauch. 80 : 1.
Fig. 13. Profil. Org. ausgest.

Fig. 14—17. *Agelastica alni.*

Fig. 14. Larve mit niedergesetztem Abdomen.
Fig. 15. MALPIGHI'sches Gefäß, im 3. Stadium. 115 : 1.
Fig. 16. Dasselbe im 2. Stadium. 115 : 1.
Fig. 17. Dasselbe im 1. Stadium. 115 : 1.

Tafel 5.

Fig. 18. Zweifelhafte Form, Profil. Org. ausgest.
Fig. 19. *Byturus tomentosus,* Profil. Analring vorgestreckt, Org. ausgest.
Fig. 20. *Byturus tomentosus.* Analring eingezogen, Org. eingest.
Fig. 21. *Cryptophagus subfumatus,* Profil. Wie Fig. 19.
Fig. 22. *Clerus formicarius,* Profil. Wie Fig. 19.
Fig. 23. *C. formicarius,* ventral.
Fig. 24. *Cryptophagus subfumatus,* Profil. Wie Fig. 20.

Fig. 25—28. *Melanotus castanipes.*

Fig. 25. Medianschnitt. Analring vorgestreckt, Org. ausgest. 9 : 1.
Fig. 26. Ventral.
Fig. 27. Medianschnitt. Analring eingezogen, Org. eingest. 25 : 1.
Fig. 28. Profil. Analring vorgestreckt, Org. ausgest.

Fig. 29—33. *Tenebrio molitor.*

Fig. 29. Profil.
Fig. 30. Medianschnitt. Analsegment ausgest. 15 : 1.
Fig. 31. Medianschnitt. Analsegment eingest. 25 : 1.
Fig. 32. Ventralseite.
Fig. 33. Profil. Das 9. Segment zum Teil ins 8. hineingezogen.

Tafel 6.

Fig. 34. *Pyrochroa coccinea.* Medianschnitt. Org. eingest. 25 : 1.
Fig. 35. *P. coccinea,* Medianschnitt. Org. ausgest. 40 : 1.

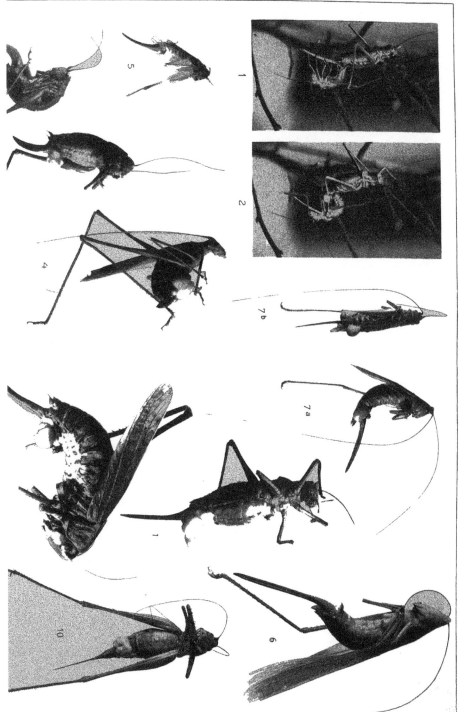

Gerhardt.

Verlag von Gustav Fischer in Jena.

Lith Anst v. A. Gïltsch, Jena.

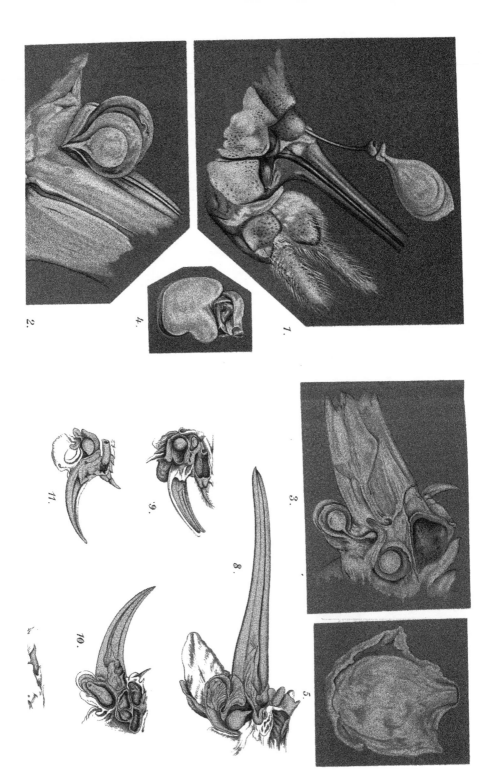

Verlag von Gustav Fischer in Jena.

Lith.Anst.P.Weise,Jena.

Verlag von Gustav Fischer in Jena.

Lith.Anst.P.Weise,Jena.

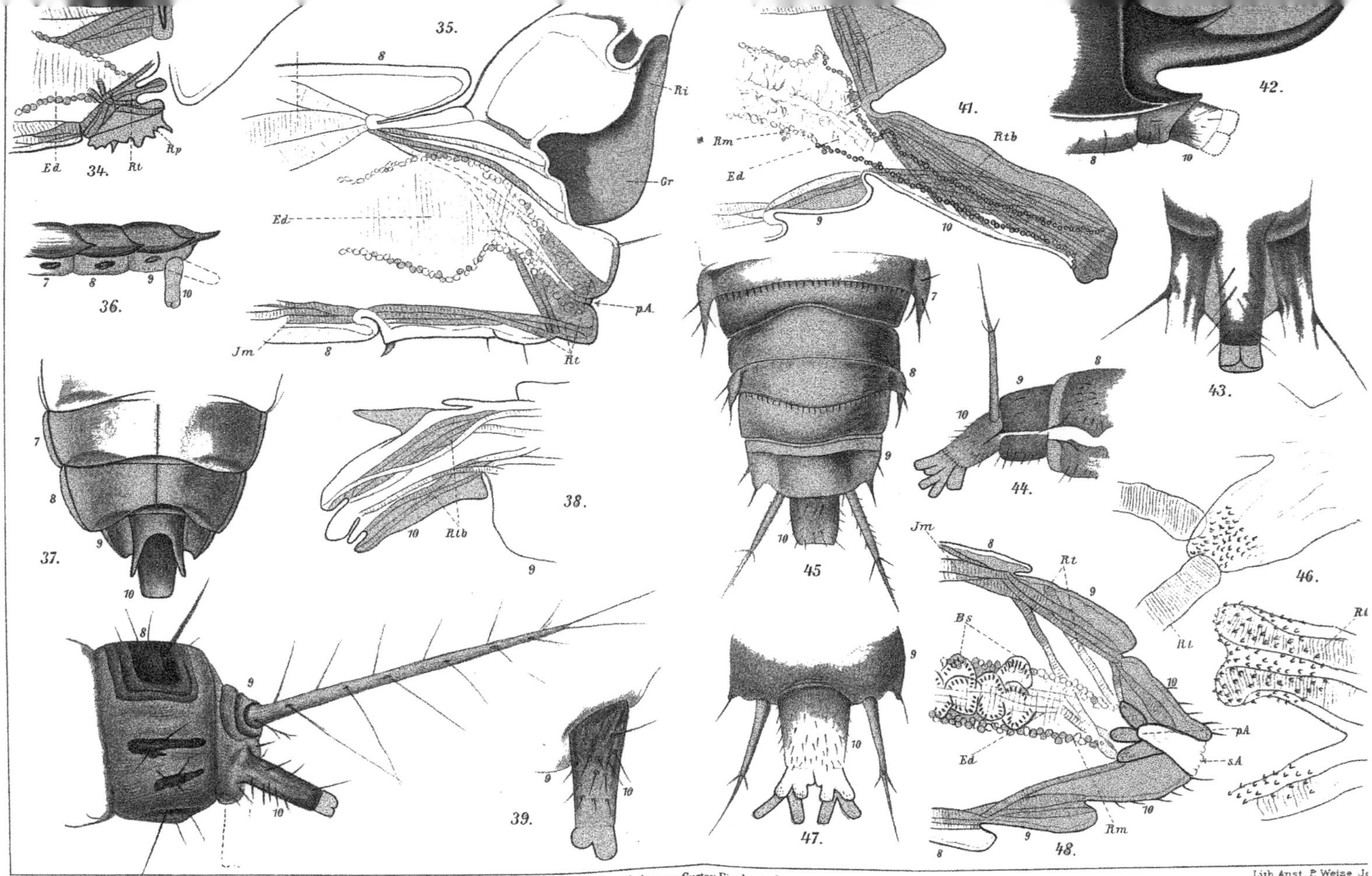

B

Verlag von Gustav Fischer in Jena.

Lith. Anst. P. Weise, J

Jsq von Gustav Fischer in Jena.

Lith.Anst. F.Weise, Jena.

Der Zug des sibirischen Tannenhähers durch Europa im Herbst 1911.

Eine Übersicht aller diesen Zug betreffenden
Erscheinungen, von seinem Ausgangspunkt, dem
nördlichen Inner-Asien, an bis zu seiner Auflösung
in West-Europa.

Von

Eduard Paul Tratz.

Mit 5 Karten im Text.

———

Inhaltsübersicht.

Vorwort.

Das Jahr 1911 brachte uns wieder eine Invasion des sibirischen Tannenhähers (*Nucifraga caryocatactes macrorhynchos* BREHM).

Herr VIKTOR Ritter v. TSCHUSI ZU SCHMIDHOFFEN hatte bekanntlich auch diesmal die Absicht, den gesamten Zugverlauf zu bearbeiten, und bemühte sich, ein umfangreiches Datenmaterial darüber zu beschaffen. Anderweitige Arbeitsüberbürdung zwang ihn dann aber, von seinem Vorhaben abzukommen, und veranlaßte ihn, das bis dahin gesammelte Material zur Bearbeitung mir zu übergeben. So kam es, daß die vorliegende Arbeit nicht von ihm, wie vielleicht allgemein erwartet, sondern von mir zur Durchführung gebracht wurde.

Bevor ich nun an die Darlegung der wissenschaftlichen Ergebnisse meiner Untersuchungen herantrete, muß ich allen jenen, die sich in irgendeiner Weise um das Zustandekommen der Arbeit verdient machten, meinen ergebensten Dank aussprechen.

In erster Linie gebührt er unserem Altmeister Herrn VIKTOR Ritter v. TSCHUSI ZU SCHMIDHOFFEN, der nicht nur den Anstoß zur Inangriffnahme der Arbeit gab, ferner mir das von ihm gesammelte Material zur Verfügung stellte, sondern mir auch nachträglich noch beim Aufsuchen der verschiedenen einschlägigen, leider so sehr verstreuten Literatur behilflich war und mir wie immer mit seinen wertvollen Ratschlägen zur Seite stand.

Der Redaktion der Jagdzeitschrift „W i l d u n d H u n d" wurde ich gleichfalls zu großem Dank verbunden, da sie die Liebenswürdigkeit hatte, eine Reihe von an sie gerichteten Mitteilungen über den Verlauf des Zuges in verschiedenen Teilen Deutschlands zur Durchsicht einzusenden.

Ferner verpflichteten mich die Herren W. BACMEISTER, A. v. JORDANS und H. KURELLA sowie Dr. A. LAUBMANN zu großem Dank, da sie mir Bürstenabzüge, bzw. Separata von ihren den 1911er Tannenhäherzug betreffenden Veröffentlichungen sandten und mir dadurch die ziemlich mühsame und zeitraubende Arbeit des Aufsuchens und Exzerpierens um manches erleichterten.

Allen jenen, die in liebenswürdigster Weise Beiträge sandten, speziell den Herren M. Barač, A. Bau, R. J. Fromholz, L. v. Führer, Dr. J. Gengler, A. Ghidini, Dr. Hennicke, N. Johansen, K. Knězourek, J. Michel, Regr. O. Reiser, H. Precht, Dr. W. Riegler, Dr. O. le Roi, J. Roth, Dr. Schiavuzzi, Dr. G. Schiebel, A. Watzinger und vielen Anderen, sei gleichfalls an dieser Stelle bestens gedankt.

Salzburg, Herbst 1913.

Spezieller Teil.

Über den 1911er Tannenhäherzug liegt bereits eine Reihe größerer Abhandlungen vor, die den Zugverlauf in einzelnen Gegenden, meist im Rahmen politischer Grenzen, behandeln. Wir sind infolgedessen über einzelne Phasen dieses Zuges recht eingehend unterrichtet und können daher auch ein halbwegs vollständiges Bild über den gesamten Zugverlauf geben.

Die meisten Arbeiten stammen aus dem Deutschen Reich, was einerseits der dortigen großen Intensität des Zuges, andrerseits dem großen Interesse, das die dortigen ornithologischen und jagdlichen Zentralstellen der Sache entgegenbrachten, zu danken ist. Auch aus Österreich-Ungarn liegen mehrere umfangreiche Zusammenstellungen vor. Je eine sehr eingehende Untersuchung lieferten Rußland, Dänemark, Belgien und die Schweiz. — Im übrigen sind die mir vorgelegenen Abhandlungen nachfolgend angeführt und sei, zwecks eingehender Orientierung über den Zugverlauf in den einzelnen Ländern, darauf verwiesen.

Allgemein.

1. „Über den heurigen Tannenhäher-Zug" von Viktor Ritter von Tschusi zu Schmidhoffen, in: Ornith. Monatsberichte, Vol. 20, 1912, No. 3, p. 43—44.

Belgien.

2. „La migration de Casse-noix en Belgique durant l'automne de 1911" von Chev. G. van Havre, in: Le Gerfaut, Vol. 2, 1912, No. 1.

Dänemark.

3. „Nöddekrigens (*Nucifraga caryocatactes*) Indvandring i Danmark i Efteraaret 1911" von P. Jespersen, in: Dansk Ornithol. Foren. Tidsskr., Vol. 7, 1913, Heft 3.

Deutschland.

4. „Zum Tannenhäherzug im Jahre 1911" von A. v. Jordans und
   H. Kurella, Bonn, in: Veröffentl. Inst. Jagdkde, Vol. 1, 1913,
   No. 4.

5. „Zum Tannenhäherzug 1911" von O. Kleinschmidt, in: Falco, Vol. 7,
   1911, No. 2, p. 21—22.

6. „Zum Tannenhäherzug im Herbst 1911" von W. Rüdiger, in:
   Ztschr. Ool. Ornithol. 1912, No. 2, p. 29.

7. „Zum Tannenhäherzug im Herbste 1911" von Rudolf Zimmermann
   (Rochlitz i. S.), in: Zool. Beob., Vol. 54, 1913, No. 8, p. 219—220.

8. „Der Zug des sibirischen Tannenhähers in Bayern im Jahre 1911"
   von A. Laubmann, in: Verb. ornithol. Ges. Bayern, Vol. 11,
   1913, Heft 3.

9. „Das Auftreten des sibirischen Tannenhähers in der Leipziger Umgebung im Jahre 1911" von Oskar Grimm, Leipzig, in: Zool.
   Beob., Vol. 53, 1912, Heft 8.

10. „Über das Auftreten des Tannenhähers im Sauerlande im Herbst 1911"
    von W. Hennemann, Werdohl, in: Ornithol. Jahrb., Vol. 23,
    1912, Heft 1, 2.

11. „Der Tannenhäherzug in Ostpreußen" von F. Tischler, in: Falco,
    Vol. 8, 1912, No. 4.

12. „Über den Tannenhäherzug von 1911 in Schlesien" Paul Kollibay,
    in: Journ. Ornithol., Vol. 51, 1913, Heft 4, p. 612—617. —
    Bericht Ver. Schles. Ornithologen, Vol. 5, 1911 u. 1912.

13. „Die sibirischen Tannenhäher in Württemberg im Herbst 1911"
    von Walter Bacmeister, in: Ornithol. Jahrb., Vol. 23, 1912,
    Heft 3, 4, p. 141—142.

14. „Der Tannenhäher in Württemberg und sein letztes zahlreiches Auf-
    treten daselbst im Herbst 1911" von Walter Bacmeister, in:
    Jahresschr. Ver. vaterländ. Naturk. Württemberg, Vol. 69, 1913.

Österreich-Ungarn.

15. „Das Auftreten des Tannenhähers in Böhmen während des Herbstes
    1911" von Kurt Loos, in: Ornithol. Jahrb., Vol 23, 1912,
    Heft 3, 4, p. 133—141.

16. „Über das Auftreten des Tannenhähers in Mödling bei Wien" von
    Robert Eder, ibid., Vol. 23, 1912, Heft 3, 4, p. 149—150.

17. „Über den Tannenhäher 1911/12 im Wiener Becken" von Alfred
    Mintus, ibid., Vol. 23, 1912, Heft 5, 6, p. 210—212.

18. „Die Invasion von Nucifraga caryocatactes macrorhyncha Brehm in
    Ungarn im Herbst 1911" von der Königl. Ungar. orn. Zentrale,
    in: Aquila, Vol. 8, 1911, p. 394—399.

19. „Ergänzungsdaten zur Invasion von Nucifraga caryocatactes macro-
    rhyncha nach Ungarn im Jahre 1911" von der Königl. Ungar.
    orn. Zentrale, ibid., Vol. 19, 1912, p. 462—463.

Rußland.

20. „L'apparition en grand nombre de cassenoix de Siberie (Nucifraga caryocatactes macrorhynchos BREHM) dans la Russie d'Europe pendant l'automne de 1911" de E. CHARLEMAGNE, in: Trav. Soc. ornithol. de Kief du nom de K. TH. KESSLER, sous la rédaction du président de la Société V. M. ARTOBOLEVSKY, Vol. 1, 1913, 1.

Schweiz.

21. „Der Tannenhäher und seine Wanderung im Herbst 1911" von K. DAUT, in: Ornithol. Beobachter, 1912.

Außer diesen eben genannten Arbeiten wurden natürlich noch ein ganze Reihe von kleinen Notizen aus verschiedenen Jagd- und Fachzeitschriften sowie auch aus Tagesblättern herangezogen. Daß mir dabei, trotz des sorgfältigsten Vorgehens, dennoch so mancher kurzer Vermerk entgangen sein wird, ist bei der großen Zersplitterung unserer Berichterstattung wohl selbstverständlich. Immerhin hoffe ich jenen Grad der Vollkommenheit erreicht zu haben, der eben bei der Durchführung einer solchen Arbeit überhaupt möglich ist.

Ich lasse nun sämtliche mir zur Verfügung gestandenen Daten hier folgen, und zwar, gleich den übrigen Arbeiten dieser Art, nach der geographisch-chronologischen Reihenfolge des Erscheinens der Häher, jedoch, wegen Platzmangel, nur auszugsweise. Die einzelnen biologischen Vermerke mußten ganz weggelassen werden, finden sich jedoch zusammengefaßt in den Schlußfolgerungen, wobei jeweils auf die Originalnotiz verwiesen wird.

Da mir die tabellarische Zusammenstellung des ganzen Materials am zweckentsprechendsten schien, wählte ich diese Form und habe außerdem bei den meisten Quellenangaben Abkürzungen verwendet, wofür im Nachfolgenden der Schlüssel gegeben ist.

B.B.	= British Birds
D.F.u.B.	= Der Forstmann und Berufsjäger
D.J.Z.	= Deutsche Jäger-Zeitung
D.O.F.T.	= Danske ornithologisk Forenings Tidsskrift
F.	= Falco
F.o.F.	= Fauna och Flora
G.W.	= Gefiederte Welt
J.f O.	= Journal für Ornithologie
J.Z.	= Jäger-Zeitung
J.V.N.W.	= Jahresschrift d. Ver. f. vaterländ. Naturk. in Württemberg
M.V.	= Mitteilungen über die Vogelwelt
N.B.W.	= Neue Baltische Waidmannsblätter

O.B   = Ornithologischer Beobachter
O.J.   = Ornithologisches Jahrbuch
O.Mb.   = Ornithologische Monatsberichte
O.Ms.   = Ornithologische Monatsschrift
R.f.O.   = Revue française d'Ornithologie
V.I.J.   = Veröffentlichung des Institutes für Jagdkunde
V.O.G.B.   = Verhandlungen der Ornithologischen Gesellschaft in Bayern
W.   = Waidmannsheil
W.u.H.   = Wild und Hund
W.u.Hs.   = Waidwerk und Hundesport
Z.B.   = Zoologischer Beobachter
Z.O.O.   = Zeitschrift für Oologie und Ornithologie
Z.u.F.   = Zwinger und Feld
T.S.O.K.   = Travaux de la Société ornithologique de Kief

Ort der Beobachtungen	Zeit	Stärke des Zuges, bzw. Anzahl der beobachteten Exemplare	Beobachter, bzw. Berichterstatter	Literaturnachweis, bzw. Originalnotiz
Asien.				
Baikalien.				
West-Baikalsee-Gebiete	Anf. Sommer	in Massen	v. Schaefer	W.u.H., 1912, p. 332
„	Spätsommer	seltner	„	„
.	Ende Aug.	in ungeheur. Mengen	„	
„	5./10.	vereinzelt	„	
Altai.				
Turotschak	Sommer	hunderte	Mallner	W.u.H., 1912, p. 69
	Winter	kein St.	„	„
Europa.				
Rußland.				
Apern	Ende Juli	2 St.	Prestle	N.B.W., 1911, p. 425
„	Mitte Aug.	sehr zahlreich	„	„
„	7./9.	häufig	„	
Pensa	Aug.	—	Semja Ochotnikow	N.B.W., 1912, p. 87
Alt Karkell	Aug.	viele	· Tilintz	N.B.W., 1911, p. 401
Süd-Livland	2. Hälfte Aug.	„	M—n.	V.I.J., 1912, No. 4
Kief	20. u. 29./8	die 1. Trupps	Charlemagne	T.S.O.K., 1913, p. 14
„	Sept. u. Okt.	Durchzug	„	„
„	Ende Nov.	letzter	„	
Radomysl	—	—	„	
Petschki		5 St.	„	
Tschernigoff	10./8.	—	„	
Ivanovka	10. u. 28./8.	—	„	
Staroselje	Sept.	1 St.	„	
Voliza	10./10.	„	„	

der Beobachtungen	Zeit	Stärke des Zuges, bzw. Anzahl der beobachteten Exemplare	Beobachter, bzw. Berichterstatter	Literaturnachweis, Originalnotiz
olien	Mitte Okt.	2 St.	CHARLEMAGNE	T.S.O.K., 1913, p. 14
aly	31./10.	1 St.	"	"
terinovslaff	Okt.	5 St.	"	
"	15./8.	1 St.	"	
ochnoje	18./8.	"	"	
ijany	Ende Aug.	—	"	
om	20./8.	die ersten	"	
	Anfang Sept.	Hauptzug	"	
lez	Sept.	nicht viel	"	
din	2 /10.	1 St.	"	
chezk (Pskoff)	Mitte Aug.	—	"	
"	9./8.	2 St.	"	

Deutschland.

Ostpreußen.

der Beobachtungen	Zeit	Stärke des Zuges	Beobachter	Literaturnachweis
reußen	Ende Aug. bis Mitte Nov.	bedeutender Zug	F. TISCHLER	O.Mb., 1912, No. 2, p
medien	Spätsommer u. Herbst	—	v. BEDECKER	W.u.H., 1911, No. 43,
eden	29. u. 30./8.	2 St.	CZECZATKA	D.J.Z., 1911. No. 51,
el	Ende Aug.	truppweise	ROHRLE	V.I.J., 1912, Vol. 1,
	13./10.	"	"	"
stutschen b. Schillehnen	Ende Aug.	die ersten	PUPPEL	"
	10.—15./9.	sehr viele	"	
elsang, Fr. Nehrung	31./8.	2 St.	WICHT	D.J.Z., 1911, No. 50,
ehnen bei Nenendorf	1./9.	1 St.	KLEMUSCH	V.I.J., 1912, Vol. 1,
"	Herbst	recht viele	"	"
	13./10.	1 St.	"	
ız	3./9.	2 St.	ACKERMANN	
	7./9.	10 St.	"	
	5./10.	die letzten	"	"
ıwalde	30./8.	1 St.	SCHÜTZE	F., Vol. 8, No. 4
ıauen	Ende Aug.	1 "	SCHUCHMANN	"
nit	29./8.	1 "	SONDERMANN	"
ische Nehrung	4./9.	die ersten	THIENEMANN	"
ıehnen b. Bartenstein	10./9.	1 St.	TISCHLER	" (O.Mb.,1911
ıreußen	Ende Sept. bis Anf. Okt.	Höhepunkt	"	F., Vol. 8, No. 4
ıbinnen	18./12.	1 St.	"	
ıebude	Herbst	häufig	BRETTMANN	
ɪawischken	"	"	WELS	
ıgken	"	"	LIEBENEINER	
ɪerung		sehr stark	SONDERMANN	
"	16./11.	der letzte	"	
ıenstein und Heilsberg	—	öfters	TISCHLER	
ıehnen	10./9., 14./9., 2./10., 11. bis 14./10.	1 St.	"	
ɪingen	18./9.	1 St.		
ısertal, Wichertshof	26./10., 18./11.	je 1 St.		

Ort der Beobachtungen	Zeit	Stärke des Zuges, bzw. Anzahl der beobachteten Exemplare	Beobachter, bzw. Berichterstatter	Literaturnachw Originalno
Kurische Nehrung	5.—6./9. bis Nov.	großart. Zug einzelne	THIENEMANN	F., Vol. 8, No. 4
Weidgirren	Anf. Sept.	in größerer Anzahl	BEMBENNEK	V.I.J., 1912, Vol.
Cranz	8.—19./9.	einzelne	KUCK	..
Lyk	1. Hälfte Sept.	1 St.	REINBERGER	
Grünhoff	16. u. 17./9.	1 „	v. BÜLOW	
Königsberg	Ende Sept.	viele	REGER	
„	25./9.	1 St.	BOGUN	„
Bartenstein	27./9.	1 „	WURM	„
„	4./10.	1 „	„	„
Rudau (Samland)	um den 20./9.	6—8 St.	ERNER	..
Bawien b. Gerdauen	Anf. Okt.	10—12 St.	KLUGKIST	
Kuggen	7./10.	1 St.	v. MEERSCHEIDT	
Elchwalde, Ganleden	11. u. 15./10.	die letzten	CZECZATKA	
Osterode	4./10.	1 St.	v. ROSAINSKY	
Pillau	Ende Okt.	in groß. Anz.	REINBERGER	
Ostpreußen	—	reichlich	Hochwildjäger	
Westpreußen.				
Oliva	Ende Juli	30—40 St.	v. LENGERKEN	G.W., Vol. 40, 19 p. 335
Britz, Kreis Angermünde	19./9.	2 St.	ZEHFUSS	Z.O.O., 1912, No.
Danzig	4./10.	kleine Flüge	v. LENGERKEN	G.W., Vol. 40, 19 p. 335
Dirschau	ab 7./9.	einzelne	DOBBRIK	V.I.J., 1912. Vol.
Swaroschin	9./10.	1 St.	„	„
Dirschau—Pr. Stargard	13./9.	4 St.	„	
Dirschau	27./9.	1 ♀ ad.	„	
Praust	8./10.	1 St.	„	
Kl. Waczmirs	23./10.	der letzte	„	
Kaschubische Wälder; Tucheler Heide	Mitte Sept.	—	„	
Zacharin	„	10 St.	FRANKE	
Westpreußen	„	Hauptzug	H. KURELLA u. v. JORDANS	
Danzig	16 /9.	2 St.	A. Z.	
Graudenz	20./9.	6—8 St.	„	
Praust	23./9.	2 St.	BEURMANN	
„	25./9.	1 „	„	„
Breitenstein	29./9 —5./10.	1 „	POLZIN	
Schwetz a. W., Prangenau, Zoppot, Sobbowitz, Karthaus, Mettkau, Berent, Gartschin	Anf. Okt. bis Anf. Nov.	—	Dr. W. LA BAUME	O.Mb., Vol. 19, 19 p. 107
Dombrowken	Herbst	einige	TEMME	V.I.J., 1912, Vol.
Posen.				
Pinsk	18./9.—3./10.	einige	POMMERENKE	
Wirsa bei Wirsitz	ab 21./9.	—	HEINRICH	
„	27./9.	1 St.	„	„

rt der Beobachtungen	Zeit	Stärke des Zuges, bzw. Anzahl der beobachteten Exemplare	Beobachter, bzw. Berichterstatter	Literaturnachwei Originalnot
emessen	28./9.	1 St.	BIRNÉ	V.I.J., 1912, Vol.
rau bei Deutschrode	14./10.	—	POMRÄNKE	„
orzewo	15./10.	einige	NACHTIGALL	
ndlewo	—	1 St.	WYCISK	
Schlesien.				
rlitz	Anf. Sept.	häufig	NEUMANN	in litt. 14./10.1911,
kultschütz	Mitte Sept.	34 St.	RAUER	in litt. 9./11. 1911
	bis Anf. Nov.			
nth	15. u. 16./9.	4 „	SCHELENZ	W.u.H., Vol. 17, 19
erschlesien	—	3 „	„	
gohütte bei Tarnowitz	15./9. bis	Anzahl	HANKE	V.I.J., 1912, Vol.
	Ende Sept.			
blinitz	Mitte Sept.	4 St.	ADELT	
nuenberg	Anf. Okt.	einige	„	..
blinitz	Okt.	„	„	„
geshöhe bei Liegnitz	—	—	—	„Oberschles. Wan
				5./10. 1911. G.V
				1911, No. 42, p.
ilesien	Herbst	sehr zahlreich	—	„Oberschles. Wan
				7./10. 1911
nchmotschelnitz	18./9.	2 St.	GRASSME	V.I.J., 1912, Vol.
	3./10.	1 „	„	„
iltsch bei Wartha	19., 20./9. u.	einige	WEIDLICH	„
	7./10.			
ittelwalde	30./9.	1 St.	FENSTEL	Z.B., Vol. 13, Hei
ogau und Fraustadt	um 20./9.	8—10 St.	SCHUDER	V.I.J., 1912, Vol.
iskowitz	„ 20./9.	3 St.	WACKWITZ	„
euplitz (Sagan, Sorau u.	vom 20./9. bis	42 St.	LOOTZMANN	
Rothenburg)	29./10.			
orok	seit EndeSept.	—	FORGE	
erzogswalde	21./9.	4 St.	SEECHT	
„	23., 25. u.	je 1 St. bzw.	„	
	27./9.	20 St.		
rieger Kreis	—	vielfach	„	
byllenort	20./9.	2 St.	SPEER	O.Mb., Vol. 19, 19
egda	22./9.	2 „	POLLAK	V.J.J., 1912, Vol.
	10. u. 11./10.	je 1 St.		„
alinowitz	22. u. 23./9.		v. THUY	„
eterwitz	24./9.	2 St.	ZUDER	
hwenting b. Zobten	vom 26 /9. bis	Durchzug	Graf ZEDLITZ	J.f.O.. 1913, p. 17
	Ende Nov.			
yslowitz	seit 20./9.	—	NATORP	in litt. 25./9. 1912
ipsa	seit 20./9.	viele	NAUMANN	V.I.J., 1912, Vol.
atibor und Rybnitz	seit ca. 20./9.	—	POMMER	„
rzesnitz	6./10.	5 St.	„	
etrowitz b. Frankenstein	27./9.	2 „	Graf STRACHWITZ	W.u.H., Vol. 17, 1
				p. 741
rarsine	Ende Sept.	größereFlüge	HADAMZIK	V.I.J., 1912, Vol.
	27./10.	1 St.	„	„
iegnitz und Kunitz	Ende Sept.	—	MICHAEL	..
amenz	„	3 St.	KRAUSE	

Ort der Beobachtungen	Zeit	Stärke des Zuges, bzw. Anzahl der beobachteten Exemplare	Beobachter, bzw. Berichterstatter	Literaturnachw Originalnc
Saganer Kreis	Ende Sept.	mehrfach	LÖWE	in litt. 14./10. 19
				W.u.H.
Hirschberg	1./10.	1 St.	HAIN	V.I.J., 1912, Vol.
Niedergorpe	2. u. 4./10.	2 „	LERCH	
Gieschewald	4./10.	1 „	LEHNHOFF	„
Lampersdorf b. Franken-stein	5./10.	mehrere	WELIOWSKI	
Eichberg, Kr. Gollnisch	11./10.	1 St.	JACOBS	
Braunau, Kr. Lüben	11./10.	1 St.	WENNRICH	
Barzdorf bei Jarischau	13./10.	mehrere	SIEGERT	„
Ullersdorf	ab 15./10.	6—8 St.	THANHÄUSER	„
Oberau b. Lüben	16./10.	1 St.	GRAF ZU STOLLBERG	in litt. a. W.u.H.
Sürchen, Kr. Wohlau	—	1 St.	v. HAUGWITZ	M.V., Vol. 12, 19
Kunzendorf b. Münsterberg	—	starker Durchzug	SCHOTTLÄNDER	V.I.J., 1912, Vol.
Schweidnitz	—	1 St.	RITTNER	J.f.O., 1913, p. 61
Lonschnik O.-S.	—	1 St.	SCHEER	„
Falkenberg O.-S.	—	3 St.	RICHTER	..
?	?	?	KINNE	
Leobschütz	?	?	?	
Brandenburg.				
Seevorwerk b. Zielenzig	12./9.	1 St.	v. BOLTENSTERN	V.I.J., 1912, Vol.
Menz	15. u. 17./9.	mehrere	v. PLETTENBERG	O.Mb., Vol. 19, 1!
Grapow b. Woldenberg	Ende Sept.	2 St.	W. RÜDIGER	Z.O.O., 1912, No.
Eberswalde	17. u. 18./9.	je 1 St.	„	„
„	ab 20./9.	mehrere	„	..
„	7./11.	letzter	„	
Gr. Buckow	24./9.	2 St.	„	„
Herzsprung	Ende Sept.	1 St.	BLETTERMANN	
Kittlitz b. Lübbenau	22./9., 6./10.	je 1 St.	SCHULZ	V.I.J., 1912, Vol.
Kuhhorst	24./9.	1 St.	HESSE	O.Mb., Vol. 19, 1
Bernau	25./9.	2 St.	SCHMIDT	in litt. 13./10. 1911
	8./10.	2 St.	„	„
Alt-Ruppin	25. u. 26./9.	1 St.	MANCKE	V.I.J., 1912, Vol.
Dolzig	25. u. 27./9.	1 St.	KELLER	„
Frankfurt a. Oder	seit 29./9.	1 St.	BURMEISTER	„
Hochzeit u. Woldenberg	3./9.	1 St.	W. RÜDIGER	in litt. 10./10. 19
Hochzeit	9./10.	1 St.	„	„
Neumannswalde	Ende Sept.	12 St.	MÜLLER	V.I.J., 1912, Vol.
Penzlin b. Meyenberg	Ende Sept. bis Anf. Okt.	häufig	HAUSMANN	„
Mückenburg	1. u. 10./10.	mehrere	THOMAS	„
Grüna	Anf. Okt.	mehrere	NEUNZIG	G.W., Vol. 40, 1!
Friesack	6./10.	1 St.	JANSEN	V.I.J., 1912, Vol.
Hirschfelde	6./10.	1 St.	SCHLOSSER	„
Grumsin	8./10.	1 St.	HAUCHECORNE	„
Chorin	11./10.	einige	WINTER	„
Köpenicker Forst	11./10.	2 St.	PUHLMANN	O.Ms., 1912, p. 2
Frankfurt a. Oder	14./10.	1 St.	ZIRZOW	in litt. 17./10. 1911
Gadow	Ende Okt.	vereinzelt	Graf WILAMOWITZ	in litt. 8./11. 191

Ort der Beobachtungen	Zeit	Stärke des Zuges, bzw. Anzahl der beobachteten Exemplare	Beobachter, bzw. Berichterstatter	Literaturnachwei Originalnoti
ei Schnakenburg	Mitte bis 20./10	1 St.	Graf Wilamowitz	in litt. 8./11. 1911.
berswalde	31./10.	1 St.	Fromholz	"
"	Herbst[1])	viele, auch 1 Dickschnabel	"	
rabkow b. Bärenklau	3./11.	1 St.	Ketzler	Z.u.F., Vol. 20, 191
egermühle b. Strausberg	10./11.	2 St.	"	
hönwalde	?	—	Trust	V.I.J. 1912, Vol. 1,
Pommern.				
ammin	seitMitteSept.	mehrere	Bonnke	V.I.J., 1912, No. 4
erg-Dievenow	8./9.	2 St.	Zehfuss	Z O.O., 1912, No. 2
ievenow-Mündung	II./9.	1 St.	Fromholz	in litt. u. O.J., Vol.
"	12./9.	11 St.	"	"
	13./9.[1])	6 St. einzelne Flüge, 1 Dickschnabel	"	"
	14./9.	2 St.		
	16./9.	1 St.		
	18./9.	1 St.	"	
	19./9.	—	"	
	20./9.[1])	starker Zug, 1 Dickschnab.		
	21./9.	wenige		
	22., 23./9.	einzelne		
	1./10.	5 St.		
	4., 5., 6./10.	einzelne		
	7./10.	2 St.		
	15./10.	3 St.	"	"
"	1./11.	1 St.	"	"
r. Wardin	seitMitt.Sept.	—	Eggert	V.I.J., 1912, Vol. 1
chwirsen	15./9.	1 St.	Rietz	"
"	Mitte Sept.	4 "	"	"
	5./10.	1 "	"	
trellin	16./9.	1 "	Werner	D.J.Z.,1911,p.16,V
ann.-Münden	19. u. 20./9.	je 1 St.	Schmock	V.I.J., Vol. 1, 1912
	Anf. Okt.	1 St.	"	
renzow b. Anklam	seitMitt.Sept.		Wilke	
tuchow b. Schwirsen		täglich	Thiele	
ventin b. Wandhagen	vom 28./9. bis 4./10.	großer Zug	Andrée	
tolp	24./9. u.13./10.	2 St.	Land	"
iedrichshagen	25./9.	2 "	Tnebben	"
Vödtke b. Bresin	25./9.	1 "	Schwabe	"
ommern	26./9.	einzelne	v. Lucanus	J.f.O., 1913, p. 174
hiessow	27./9.	4 St.	Sikiera	V.I.J., Vol. 1, 1912
obreck	8./10.	5 "	"	"
iederzaden	1./10.	1 "	Lüdtke	
essenthin	1./10.	1 "	v. Borcke	

[1]) Siehe S. 171.

Ort der Beobachtungen	Zeit	Stärke des Zuges, bzw. Anzahl der beobachteten Exemplare	Beobachter, bzw. Berichterstatter	Literaturnachwe Originalno
Potsdam	Anf. Okt.	3 St.	v. Wedel	V.I.J. Vol. 1, 191
Kannenberg	Mitte Okt.	Anzahl	„	„
Lindenhof b. Demin	4./10.	1 St.	v. Heyden	W.u.H., 1911, No. 1911, p. 123.
Groß-Spiegel	5. u. 11./10.	je 1 St.	Leutzner	V.I.J., Vol. 1, 191
Stagnietz	20./9. u.16./10.	je 1 „	Claassen	„
Cunsow	Mitte Okt.	mehrere	Plath	..
Stolp	28./10., 1./11.	1 u. 3 St.	Land	
Freetz	1./11.	4 St.	„	„
Reddentin	1./11.	7 „	„	
Wiek b. Greifswald	Anf. Nov.	1 „	Huhnholz	G.W., 1911, p. 37
Greifswald	19./11.	2 „	Pyl	G.W., 1911, p. 39
Kannenberg	Sept. u. Okt.	—	v. Wedel	V.I.J., Vol. 1, 191
Köslin	?	2 St.	Trienke	
„ Greifswald	Herbst „dieses Jahr"	ca. 40 St. zahlreich	Scheele Pyl	M.V., 1912, p. 11 G.W., 1911, p. 32
Provinz Sachsen.				
Tauschwitz	24./9.	1 St.	v. Hausen	V.I.J., Vol. 1, 191
Ochtmersleben	28./9.	1 „	Otto	
Dubro b. Herzberg	30./9., 6./10., 12./10., 16./10.	je 1 St.	Tyrkosch	„
Neuhaus	Anf. Okt.	mehrere	Häfele	„
Erfurt	1. bis Ende Okt.	„ganze An- zahl"	Fenk	G.W., 1911, p. 37
Reichheim	2./10.	1 St.	„	G.W., 1911, p. 35
Magdeburg	3./10.	3 St.	Stenzke	V.J.J., 1912, No.
Crimderode	5. u. 13 /10.	1 u. 2 St.	Ahrens	„
Pabsdorf b. Stegelitz	6./10.	1 St.	Loesener	„
Halle a. Saale	7./10.	1 „	Schirmann	„
Schönebeck a. Elbe	10 /10.	1 „	Baron Geyr	O.Mb., 1911, p. 1
Großhennersdorf b. Herren-hut	20./10.	1 „	Koepert	O.Ms., 1912, p. 3
Oberruppersdorf	3./11.	1 „	„	..
Kgr. Sachsen.				
Leipzig	16./9.	1 St.	Grimm	Z.B., 1912, Heft
Berlinchen	20 /9.	1 „	„	„
Erzgebirge	24 /9.	erster	Jacobi	O.Mb., 1912, p. 2
Lipsa	26 /9.	1 St.	„	„
Gottleuba	29./9.	4 St.	„	„
Dresden	ab 2./10.	überall	„	„
Kleinaundorf	24. u. 29./9.	je 2 St.	Mandel	V.I.J., 1912, No.
Borsdorf	25./9.	1 St.	Grimm	Z.B., 1912, Heft
bei Leipzig	26./9.	1 „	„	„
Eilenburg	26./9.	1 „	„	
Steinbrücken	26./9.	1 „	„	
Ebersdorf	26./9.	1 „	„	
Schleifreisen	28./9.	1 „	„	
Lindenau	29./9.	1 „	„	
Hummelshain	29./9.	1 „	„	
Rasdorf b. Wittenberg	Ende Sept.	1 „	„	

rt der Beobachtungen	Zeit	Stärke des Zuges, bzw. Anzahl der beobachteten Exemplare	Beobachter, bzw. Berichterstatter	Literaturnachweis Originalnoti
cknitz	Ende Sept.	1 St.	GRIMM	Z.B. 1912, Heft 8
chirnstein	„	1 „	KOEPERT	O.Mb. 1911, p. 196
arandt	Mitte Okt.	1 „	„	„
usnitz	1./10.	1 „	HEYDER	O.Mb. 1911, p. 185
hlen b. Markranstedt	1./10.	1 „	SCHMIDT	Z.B. 1912, Heft 8
tzen	2./10.	2 „	GRIMM	„
usigk i. S.	2./10.	2 „	GEORGI	V.I.J., 1912, No. 4
menz	3./10.	1 „	WILHELM	
ittenberg	4./10.	1 „	GRIMM	Z.B., 1912, Heft 8
hweinsburg a. P.	5./10.	1 „	„	„
hren	6./10.	1 „	„	
tenburg	6./10.	1 „	„	
chlitz	6 /10.	1 „	„	„
ebenwerda	6./10.	1 „	„	
ttweida	7./10.	1 „	PFAFF	V.I.J., 1912, No. 4
eiberg	8. u. 23 /10.	je 1 St.	WEIDNER	
ötteritz	8./10.	1 St.	GRIMM	Z.B., 1912, Heft 8
chern	Anf. Okt.	1 „	„	„
urzen	„	2 „	„	
mreichenbach	„	1 „	„	
nig	10./10.	3 „	„	
hkeuditz	10./10.	1 „	„	
ipzig	15/10.	1 „	„	
gnitz	16/10.	1 „	„	„
emnitz	Mitte Okt.	2 „	„	
eerane	17/10.	1 „	LEHMANN	V.I.J., 1912, No. 4
urzen	12./10.	1 „	GRIMM	Z.B., 1912, Heft 8
„	12./10.	1 „	„	„
hildau	17./10.	1 „	„	„
rsdorf	18./10.	1 „	„	
auchau	18/10.	1 „	KLEMM	V.J.J., 1912, No. 4
eichenfels	19./10.	1 ♀	GRIMM	Z.B., 1912, Heft 8
tenburg	19./10.	1 St.	„	„
	20./10.	1 „	„	
ichau a. M.	20./10.	1 „	„	
ipzig	21./10.	1 „	„	
adefeld	22./10.	1 „	„	
rgau	25./10.	1 „	„	
	26./10.	1 „	„	
. „Gangloff	26./10.	1 ♂	„	
usnitz b. Neustadt	28./10.	1 St.	„	„
egau b. Schleiz	29./10.	1 „	„	
außig	30./10.	mehrere	Baron GEYR	in litt. 29./3. 1912
„	Ende Aug.	erster		
iedersdorf (Erzgebirge)	30./10.	1 St.	SCHALLER	V.I.J., 1912, No. 4
eida	30./10.	1 „	GRIMM	Z.B, 1912, Heft 8
adebeul	Ende Okt.	1 „	KOEPERT	O.Ms., 1912, p. 15?
ipzig	„	1 „	GRIMM	Z.B., 1912, Heft 8
urzen	„	1 „	„	„
nnewitz	„	2 „	„	
urzen	„	1 „	„	
hallwitz	„	1 „	„	

Ort der Beobachtungen	Zeit	Stärke des Zuges, bzw. Anzahl der beobachteten Exemplare	Beobachter, bzw. Berichterstatter	Literaturnachw Originaln
Collmen	Ende Okt.	1 St.	GRIMM	Z.B. 1912, Heft 8
Dahlen		1 „	„	„
Schleitz	Okt.	—		
Wünschendorf	„	—		
Köstritz	..	—		
Hain	„	—		
Gera	„	—		
Schildau		1 St.		
Wurzen	Anf. Nov.	1 „		
Gera	5./11.	1 „	„	
Roda	10./11.	1 „		
Leipzig	14./11.	1 „		
Ballenstedt	14./11.	1 „		
Thüringen	Mitte Nov.	2 „		
Greiz	„	1 „	„	
Ebersbach b. Geithain		1 „		
Leipzig	18./11.	1 „	„	„
Mölbis	26./11.	1 „		
Greiz	—	mehrere	v. NALKETT	M.V., 1912. p. 36
Plauen	—	zahlreich	„	
Dresden	—	—	REUNER	V.I.J., 1912, Nr.
Rochlitz	28./9.	erster	ZIMMERMANN	Z.B., 1913, No. 8,
„	17./10.	2 St.		
	18./10.	14 St.	„	„
	25./10.	1 St.		
	9./10.	2—5 St.		
„	27./10.	1 St.		
	4./11.	letzter	„	
Penig	Mitte Okt.	1 St.		
Meerane	—	2 „	„	
Mecklenburg.				
Gadebusch	15.—26./9.	öfter 2—7 St.	NAEF	V.I.J., 1912, No.
Friedland (Schwanbeck)	17./9.	1 St.	KÖNIG	D.J.Z., 1911, p. 1
„	22./9.	1 „	KNUST	V.I.J., 1912, No.
Parchim	22./9.	erster	v. VIERECK	
„	27./9.	Hauptz. (100)	„	„
	1./10.			
Tessin	22./9.	2 St.	v. D. DECKEN	
	24./9.	1 „		
Ribnitz	23./9.	1 „	FALCK	
Spark b. Kratzeburg	24./9.	2 „	ÖSTREICH	„
Redewisch	2./10.	1 „	GERDO	
Vollrathsruhe		1 „	Baron GEYR	O.Mb., 1911, p. 1
Schwerin	10./11.	1 „	BIEDERMANN	
Gadebusch	4./10.	2 „	BEDESTRÖM	V.J.J., 1912, No.
Malino		1 „	SCHUREDEPS	„
Stade i. H.	9./10.	1 „	v. DÜRING	
Rostock	Nov.	—	Graf MILANOWITZ	in litt. 17./12. 191
Lübeck	14./9.	1 St.	CLODIUS	Arch. d. Ver. d. Fr. in Mecklenburg,
Woldegk	Anf. Sept.	1 „		„

Ort der Beobachtungen	Zeit	Stärke des Zuges, bzw. Anzahl der beobachteten Exemplare	Beobachter, bzw. Berichterstatter	Literaturnachwe⬝ Originalno⬝
⎫oberan	von Mitte Sept. an	1 St.	CLODIUS	Arch. d. Ver. d. Fr. in Mecklenburg ⬝
⎰amin	22., 23./9.	1 „		„
⎰aren	24./9.	2 „		
⎰eustrelitz	28./9.	1 „		
⎰amin	29. u. 30./9.	3 „		
„	27./10.	letzter		
Freie Stadt Lübeck und Fürstentum Lübeck.				
⎰übeck	17./9.	erster	BLOHM	O.Mb., 1911, No.
„	23./9.	2 St.	WAACK	„
⎰ölln	26./9.	1 „	WOLF	„
⎰utin	6./10.	1 „	BIEDERMANN	„
⎰übeck	Ende Okt. bis Anf. Nov.	à 40 St.	HAGEN	O.Mb., 1912, p. 1⬝
⎰utin	27./12.	1 St.	BIEDERMANN	O.Mb., 1912, p. 4⬝
Schleswig-Holstein.				
⎰iel	23./9.	1 St.	NÄGE	V.I.J., 1912, No.
⎰lzburg	Anf. Okt.	1 „	BRORS	„
⎰oldrup	2./10.	1 „	WOLFF	-
⎰önning	„	1 „	v. STEINKE	
⎰andsbek	4./10	2 „	WESTPHAL	
⎰riedrichsruh	seit Anf. Okt.	—	REICHARDT	
„	25./10.	letzter	„	
⎰rügge	5./10.	1 St.	STOLTENBERG	„
⎰tzehoe	6./10.	1 „	GEERDTS	„
⎰ellingen	seit Mitte Okt.	einzeln	v. MÜLLER	G.W., 1911, p. 3⬝
⎰ylt	—	1 St.	HAGENDEFELDT	M.V., 1912, p. 36
⎰lankenese	28./12.	1 „	KÜHL	V.I.J., 1912, No.
Hannover.				
⎰opels	19./9.	1 St.	POGGE	in litt. 21./9. 191⬝
⎰öhme	22./9.	2 „	v. D. DECKEN	V.I.J., 1912, No.
⎰ethmar	29./9.	6 „	GRONE	„
„	28./9.	1 „		„
⎰ifhorn	Ende Sept.	1 „	NOACK	O.Mb., 1911, p. 1⬝
⎰ildesheim	Anf. Okt.	mehrfach	SCHRÖDER	M.V. 1912, p. 13
⎰alkenberg		erster	PRECHT	in litt. 10./11. 19⬝
„	23./10.	letzter	„	
⎰riedeburg	Anf. Okt. bis 20./11.	—	BRÜNIG	V.I.J., 1912, No.
⎰ordhorn	3./10.	1 St.	THOOFT	..
⎰lze b. Bennemühlen	5./10.	1 „	MANN	„
⎰mmensen	„	1 „	ENGELKEN	
⎰ildesheim	2. Hälft. d. Okt.	1 „	BÄHRMANN	in litt. 28./10. 19⬝
⎰orderney	20./10.	2 „	LEEGE	O.Ms. 1912, p. 28
„	„	7—8 St.	„	„
„	26./10.	1 St.	„	
⎰riedeburg	6./11.	1 „	„	

Ort der Beobachtungen	Zeit	Stärke des Zuges, bzw. Anzahl der beobachteten Exemplare	Beobachter, bzw. Berichterstatter	Literaturnachw Originaln
Ostmarsch	29./10.	2 St.	Leege	O.Ms., 1912, p. 2
„	31./10.	3 „	„	„
Westmarsch	28./9.	2 „	„	
Tarmstedt	24./10.	1 „	Nagel	V.I.J., 1912. N. 4
Hildesheim	Ende Okt.	1 „	Bährmann	in litt. 28./10. 19
Hopels	6./11.	1 ♀	Fritze	in litt. 11./11. 19
Lingen a. d. E.	—	1 ♂	„	
Ahlden	—	einige	Feuerhahn	in litt. 23./11. 19
Friedeburg	Winter	2 St.	Pogge	in litt. 26./3. 191
Bremen.				
Bremen	3./10.	2—6 St.	Johanning	V.I.J., 1912, No.
Westfalen.				
Ramsbeck	25./9.	1 St.	Hennemann	O J., 1912, p. 65
Meschede	3./10.	1 „	„	„
Bestnig	4./10.	1 „		..
Fredeburg	5./10.	1 „		
Nieder-Fleckenberg	7./10.	1 „		
Plettenberg, Meschede, Nuttlar	8./10.	1 „		
Heinrichstal	8./10.	1 „		
Blüggelscheid	10./10.	1 „		
Meschede	11./10.	1 „		
Enkhausen, Arnsberg	12./10.	1 „		
Herscheid	16./10.	1 „		
Gevelinghausen	22./10.	1 „		
Arnsberg, Blüggelscheid	28./10.	I „	„	
Antfeld b. Olsberg	31./10.	1 „	..	
Arnsberg	4./11.	1 „	„	„
Nieder-Fleckenberg	29./9.	2 „	„	„
Unna	1./10.	3 „	le Roi	in litt. 11./10. 191
Gütersloh	24./10.	—	„	„
Gelsenkirchen	3./11.	—	„	„
Peckelsheim	1. u. 5./10.	je 1 St.	Maüptenberg	V.I.J., 1912, No.
Gelsenkirchen	2./10.	3 St.	Meyer	
Berntrop b. Neuenrade	3..10.	1 „	Hennemann	in litt. 4./10. 19 1912, p. 67. V Nr. 4
Dortmund	seit Anf. Okt.	2 „	Bömcke	V.I.J., 1912, No.
Arfeld b. Berleburg	4./10.	1 „	Hennemann	O.J., 1912, p. 66
„	7 /10.	1 „	„	„
Berleburg	8.—13./10.	1 „		
„	10 /10.	1 „		
Züschen	13./10.	1 „		
Arfeld	18./10.	1 „	„	„
Elshof, Girkhausen	21./10.	1 „	„	
Legden	5. u. 8./10	je 1 St.	Wortmann	V.I.J., 1912, No.
Siegtal	7./10.	3—4 St.	le Roi	in litt. 4 /11. 191
Werdohl	7./10.	1 St.	Hennemann	O.J., 1912, p. 67
Münster	7./10.	3 „	Enning	V.I.J., 1912, No.
Schee	8./10.	1 „	le Roi	in litt. 16./11. 19

Ort der Beobachtungen	Zeit	Stärke des Zuges, bzw. Anzahl der beobachteten Exemplare	Beobachter, bzw. Berichterstatter	Literaturnachwe Originalnot
ortmund	17./10.	1 St.	BARTH	V.I.J., 1912, No. 4
ünster	18./10.	1 „	RÖDIGER	
erentrop	23./10.	1 „	HENNEMANN	O.J., 1912, p. 67
amm a. d. L.	23./10.	3 „	BARTH	V.I.J, 1912, No. 4
üstelberg b. Medebach	Okt.	viele	HENNEMANN	O.J., 1912, p. 67
agen	Mitte Okt.	3 St.	„	O.J., 1912, p. 68
Vengermühle	Ende Okt.	1 „	HARNICKELL	V.I.J., 1912, No. 4
ünster	—	viele	KREYENBERG	
Verdohl	Anf. Nov.	2 St.	BECKER	O.J., 1912, p. 68
Rheinprovinz.				
eimersheim	1./10.	1 St.	v. BOESELAGER	V.I.J., 1912, No. 4
üsseldorf	9./10.	—	LE ROI	in litt. II./10. 191
l.-Königsdorf, Duisburg	24./10.	2 St.	„	„
ümlen b. Ürdingen	30 /10.	—		
örs	9./11.	—		
euß	6./11.	—		
armen	16./11.	—	„	
.-Gladbach	16./10.	—	„	
osbach	8. u. 28./11.	---	„	
Vissen	1./10.	—	„	
raben	16./10.	—	..	
eimersheim	1./10.	—	..	„
emünd	23./12.	—		„
inslaken	6./10.	—	..	in litt. 16./11. 191
tzenrath	3./10.	—	..	„
ahlheim	24./10.	—	„	
Veiderswist	3 /10.	1 ♀	„	in litt. 4./11. 1911
achen	21./10.	1 St.	„	„
Königswinter	17./10.	1 „	„	„
Iagerhof	18./10.	1 „	„	
leinich (Hunsrück)	6./10.	1 „	„	in litt. 4./11. 191 1912, No. 4
ensberg b. Köln	3./10.	1 „	NAUSESTER	V.I.J., 1912, No. 4
lurig	7./10.	—	LE ROI	in litt. 16./11. 191
einsfeld	Okt.	—	„	„
rier	8./10.	—		
rier, Igel, Biwer, Ensek	Okt.	—		
ehring	Mitte Okt.	—	..	
ensborn, Prüm	Okt.	—		
ehren	1./11.	—		
lberfeld	8./10.	—		
ergbausen	6./10.	—		
önsahl	26./9.	—		
uppichteroth	Ende Sept.	—		
eldern	4 /11.	—		
angelt	29./10.	—	„	„
Essen a. R.	2.—25./10.	—	„	„
Hochscheid b. Bleinich	7./10.	1 St.	„	O.Mb., 1911, p. 1 1912, No. 4.
ronenberg	7./10.	1 „	BAUER	V.I.J., 1912, No.
affig b. Coblenz	8./10.	1 „	BUSCHFELD	„

Ort der Beobachtungen	Zeit	Stärke des Zuges, bzw. Anzahl der beobachteten Exemplare	Beobachter, bzw. Berichterstatter	Literaturnachwe Originalno
Rath-Heumar	18. u. 19./10.	15—20 St.	—	V.I.J., 1912, No.
„	23., 24., 26., 29./10. u.9./11.	einzeln	—	„
Bonn	21./10.	1 St.	LE ROI	in litt. 16./11. 19
Buchholz b. Wickrath	24./10.	1 „	WAGENER	V.I.J., 1912, No.
Biewer, Föhren, Dörbach	Anf. Okt.	—	LE ROI	in litt. 15./3. 191
Neuerburg i. d. Eifel	„	—		
Neupfalz	Nov.	1 St.	Baron „ GEYR	in litt. 29./3. 191
Koblenz	28./11.	1 „	SCHOTT	Z.u.F., 1911, p. 8
Zell a. Mosel	—	1 „	KISCHER	Natur, 1911, p. 1
Mörs a. Rh.	Ende Okt.	mehrfach	OTTO	V.I.J., 1912, No.
Provinz Hessen.				
Kirchheim	26./9.	1 St.	v. BAUMBACH	V.I.J., 1912, No.
Winckel	3./10.	1 ♂	BLÜMLEIN	in litt. 6./11. 191
„	8./10.	1 ♀	„	„
Johannisberg		1 ♂	„	
Frankfurt, Bebra, Kassel und Waldeck, Velmede	seit Anf. Okt.	—	BOLMANN	in litt. 7. Nov. 1
Frankfurt a. M.	seit Anf. Okt.	mehrfach	—	Z.u.F., 1911, p. 8
Homberg	—	2 St.	—	„
Walldorf	—	1 „	—	„
Frankfurt	—	12 „	—	
Geisenheim a. Rh.	5./10.	1 „	FLORY	V.I J., 1912, No.
Rotenburg a. d. F.	5./10.	1 „	SCHWARZ	„
Niederhausen	6./10.	1 „	BREUDEL	
Homberg a. d. E.	8 /10.	1 „	ELLRICH	
Wiesbaden	9./10.	1 „	RIEBELING	
Rotenburg a. d. F.	10./10.	1 „	SCHWARZ	„
Hersfeld a. d. F.	10./10.	1 „	LE ROI	in litt. 16./11. 191
Hachenburg	11./10.	—	„	in litt. 11./10. 191
Schwarzenfels b. Kassel	12./10.	—	„	„
Eschwege	11./10.	1 St.	SUNCKEL	M.V., 1911, p. 26
Gettenbach	17./10.	3 „	KIRCHER	V.I.J., 1912, No.
Mainz	18./10.	2 „	GRÄFF	Z.u.F., 1911, p. 7
Kauffunger Wald	Anf. Okt.	1 „	—	M.V., 1912, p. 11
Wilhelmshöhe	20./10.	1 „	SCHNURRE	„
„	23./10.	4 „	„	..
„	1./11.	1 „	„	„
Kassel	Herbst	30 „	—	„
Obergladbach i. Taunus	26. u. 28./10.	1 u. 2 St.	SCHNEIDER	V.I.J., 1912, No.
Hausen b. Oberaula	30./10.	3 St.	WALPER	„
Frankfurt	Herbst	1 „	CARTER	„
Kassel	7./12.	50 „	SCHNURRE	M.V., 1912, p. 40
Großherzogt. Hessen.				
Sickendorf b. Lauterbach	26./9.	2 St.	PUCHERT	V.I.J., 1912, No.
Langenbergheim	6./10.	1 „	KIRCHER	„
Lauterbach	1. Hälfte Okt.	—	EULEFELD	„
Uhlerborn	18./10.	2 St.	GRÄFF	„
Heidesheim b. Bingen	20./10.	2 „	—	Natur, 1911, p. 1

Ort der Beobachtungen	Zeit	Stärke des Zuges, bzw. Anzahl der beobachteten Exemplare	Beobachter, bzw. Berichterstatter	Literaturnachwei Originalnoti
ellersheim	21./10.	mehrmals	SPRENGEL	V.I.J., 1912, No. 4
ngen	21./10.	40 St.	MÜLLER	„
Thüring. Staaten.				
awinkel	27./9.	2 St.	GOTHE	V.I.J., 1912, No. 4
interstein	29 /9.	1 „	SCHNEIDER	„
tstedt a. B.	29./9.	1 „	—	„
hönfeld b. Greiz	3./10.	1 „	JACOB	„
burstadt	Ende Okt.	2 „	HAUMER	in litt. 31./10. 1911 ε
lzungen	„	1 „	FENK	G.W., 1911, p. 375
hwarzenbrunn	—	5 „	KERN	Naturalien-Kab., 19
Anhalt.				
then	19. u. 20./9.	je 1 St.	BUCHNER	O.Ms., 1912, p. 218
„	24./9.	1 St.	„	„
Braunschweig.				
raunschweig	Ende Sept. bis Anf. Okt	5 St.	NOACK	O.Mb., 1911, p. 197
önigslutter	3./10.	1 „	MÜLLER	V.I.J., 1912, No. 4
raunschweig	Dez.	—	NOACK	O.Mb., 1912, p. 30
Lippe.				
hötmar	7./10.	erster	WOLF	G.W., 1911, p. 351
ppe	Anf. Okt.	2 St.	BRÜGGEMANN	M.V., 1912, p. 13
„	—	—	KÖHLER	V.I.J., 1912, No. 4
Bayern.				
Oberfranken.				
mberg	29./9.	1 St.	RIES	V.O.G.B., Vol. 11,
„	1., 3.,7.,12./10.	je 1 St.	„	„
heßlitz	12./10.	2 St.		
ailsdorf	13./10.	1 „		
rchaich	22./10.	1 „	„	
uter	1./11.	1 „		
ensdorf	8./11.	1 „	„	
dwigstadt	Sept. bis 20./10.	5 „	REINHART	
ldkronach	25./9.	1 „	ZWIERLEIN	
„	Ende Sept. bis Anf. Okt.	2 „	DOMBART	
andholz	Mitte Sept. bis 20./9.	2 „	STEGER	
„	7. u. 9./10.	je 1 St.	„	
hmolz	Anf. Okt.	—	HERRMANN	
d Steben	4. u. 18./10.	2 bzw. 1 St.	GRIMM	
rach	4.—8. u. 9./10.	je 1 St.	Forstamt Gerolds- grün	
halkhausen	6./10.	3 St.	„	
„	4. u. 9./10.	je 1 St.		
„	19./10.	1 St.	„	

Ort der Beobachtungen	Zeit	Stärke des Zuges, bzw. Anzahl der beobachteten Exemplare	Beobachter, bzw. Berichterstatter	Literaturnachwe Originalno
Lindenhardt	seit 7./10	häufig	Wild	V.O.G.B., Vol. 11
Heroldsbach	10., 30. u. 31./10.	einzeln	Forstamt	„
Höchstadt a. Aisch	10. u. 11./10.	1 bzw. 2 St.	Klinger	
Trebgast	seit MitteOkt.	einzeln	Forstamt	
Altdrossenfeld	Okt.	allgemein	Schurek	
Bamberg West	21./10.	1 St.	Rauh	
Ailsbach	20./10.	1 „	Fromm	
Röhrenhof	Mitte u.22./10.	je 1 St.	Häffner	„
Hohenberg a. Eger	22./10.	erster	Forstamt	
Bayreuth	Ende Okt.	häufig	Schuler	in litt. 7./11. 191
Arzberg	27./10.	1 St.	Forstamt	V.O.G.B., Vol. 11
Kulmbach	Nov.	3 „	„	„
Lindenhardt	7./11.	1 „	Wild	„
Tschirn	„	1 „	Reissinger	..
Heroldsbach	13./11.	1 „	Fuchs	
Oberpfalz.				
Parsberg	ab 20./8.	ständig	Klotz	
Freihöls	ab 21./8. bis 15./9.	täglich	Brischenk	
Wiesau	18./9.	erster	Ebert	
„	11./10.	2 St.	„	
„	16./10.	1 „	„	
Biberbach	29./9.	1 „	Förster	
„	4. u. 5./10.	je 1 St.	„	
Burgriesbach	Ende Sept.	einige	Meiler	
Neuhaus a. P.	Okt., Nov., Dez.	vereinzelt	Gottschalk	
Nabburg	15./10. (26./7.)	1 St.	Lindersberger	
Burglengfeld	19., 21 /10.	3 „	Langensass	
Hessenreuth	—		Müller	
Pullenried	Ende Okt., Auf. Nov.	1—2 St.	Forstamt	
„	14./10.	1 St.	„	
Sulzbach	—	—	„	
Regensburg	7./11.	1 St.	„	
Tirschenreuth	15./11.	1 „	Wagenhäuser	
„	17./11.	2 „	„	
Rusel	24./11.	letzter	Leuchtl	
Niederbayern.				
Schönau	29., 30 /9.	1 St. u. 3 St.	Post	
„	15., 16. u. 30./10.	1 St.	„	
Pfaffenhofen	2 /10.	4 „	Heim	
Vilsbiburg	3./10.	einige	Forstamt	„
Hammerberg	5./10.	1 St.	Liebl	
Arnstorf	Anf. Okt.	großeAnzahl	„	M.V., 1912, p. 13
Ludwigsthal	10./10.—3./11.	täglich	Denninger	V.O.G.B., Vol. 11
Pfarrkirchen	1./10. Drittel	sehr zahlreich	Wimmer	in litt. 9./12. 191
Griesbach i. R.	12. u. 20./10.	2, bzw. 1 St.	Schnitzlein	V.O.G.B., Vol. 11

rt der Beobachtungen	Zeit	Stärke des Zuges, bzw. Anzahl der beobachteten Exemplare	Beobachter, bzw. Berichterstatter	Literaturnachwe Originalno
of	12/10.	1 St.	—	V.I.J., 1912, No.
wiesel	13., 28./10.	5–6 St.	Hornung	V.O.G.B., Vol. 11
hönberg	14. u. 19./10.	je 1 St.	Ziegler	„
affenhausen	16./10.	1 St.	Herrle	
andshut	17./10.	ein Flug	Herberich	
affenhofen	22./10.	1 St.	Steinbrenner	
ilshofen	ca. 18./10.	6 „	Welzl	„
assau	Ende Okt.	1 „	Axthalb	„
aßberg	31./10.	2 „	Lingolf	M.V., 1912, p. 36
odenmais	8./2.	1 „	Hirschmann	V.O.G.B., Vol. 11
ösingried	5./1.	8 „	Augustin	„
Oberbayern.				
. Wolfgang	Herbst	—	Richtstein	
bergrainau	Anf Sept. bis Ende Okt.	ca. 300 St.	Hilpoltsteiner	
riesen	Anf. Okt.	„ 10 „	Hohenadl	
armisch	Mitte Sept. bis Ende Okt.	„ 60 „	Osterhäuser	
„	Anf. Okt.	„ 100 „	Krembs	
„	Mitte Nov.	„ 150 „	v. Berg	
„		„ 10 „	„	
ammelsdorf b. Moosburg	20./9.—12./10.	je 1 St.	Fries	
ad Tölz	24. u. 29./9.	5 St.	Herrle	
„	bis Anf. Nov	täglich	„	
reising	26./9.—12./10.	je 2 St.	Reindl	
ndechs	29./9.—15./10.	—	Anherlen	
„	30./9.	1 St.	Heindl	
auerland	„	1 „	Forstamt	
schorrschwaige	„	die ersten	Meidinger	
ünchen	—	6 St.	Dahlem	
/eßling	30./9.	4 „	„	
eefeld	5./10.	1 „	„	
all	seit Ende Okt.	Flüge	Hörmann	
reising	Anf. Okt.	oft	Hage	
halhausen	2., 3., 15., 23. u. 25./10.	—	Quanté	
ndorf	3. u. 10./10.	—	Eder	
ergkirchen	8./10.	2 St.	Frauenhofer	
eit	11. u. 24./10.	1 „	Heiler	
halhausen	23./10.	3 „	Quanté	
ohenzell	26./10.	1 Ex.	Mühlberger	
enediktbeuern	Anf. Nov.	einige	Lutz	
öhenkirchen	9./11.	1 St.	Forstamt	
ühldorf	3./11.	2 „	Kraft	
chrobenhausen	6./12.	1 „	Unold	
amsau	5./1. 1912	1 „	Zeller	
Mittelfranken.				
euhaus a. P.	7./8.	erster	Gebhardt	M.V., 1912, p. 1
ürnberg, Fürth, Herolds- berg, Kalchreuth, Ans-	Herbst	—	„	„

Ort der Beobachtungen	Zeit	Stärke des Zuges, bzw. Anzahl der beobachteten Exemplare	Beobachter, bzw. Berichterstatter	Literaturnachw Originaln
bach, Schwarzenbruck, Brumm b. Emskirchen, Rappenzell, Gungelding, Wassertrüdingen, Sulz				
Mittelfranken	bis Anf. Nov.	in Trupps	GEBHARDT	M.V., 1912, p. 12
Neumarkt	ab 1./10.	1 St.	RIEDERER	V.O.G.B., Vol. 11
Neuhaus	1./10.	2 „	GENGLER	in litt. 24./10. 19
Dechsendorf	1./10.	Flüge	„	„
Erlangen	4./10.	1 St.		
Dechsendorf	8./10.	4	„	„
Erlangen	19./10.	1 ♀		
Schnaittach	3./10.	1 St.	MÜLLER	V.O.G.B., Vol. 11
Altorf	Mitte Sept.	1 „	NEINHAUS	V.I.J., 1912, No.
Roth	8/10.	1 „	EHRENBRAND	in litt. 17./10. 19
Herrnhütte	8./10., 27./10.	1 bew. 2 St.	ECKERT	V.O.G.B., Vol. 11
Altdorf	14./10.	2 St.	RICHARD	„
Gungolding	15./10.	2 „	NAEPFEL	
Wellheim	17./10.	2 „	CHASELON	
Heroldsberg	19./10.	1 „	Forstamt	
Obermässing	20. u. 25./10.	2 u. 1 St.	STADELMANN	
Schernfeld	23./10.	2 St.	Forstamt	„
Lellenfeld	24./10.	1 „	ROTH	
Baiersdorf	24./10.	1 „	GENGLER	in litt. 28./10. 19
Gungelding	25./10.	1 „	„	„
Obermässing	25./10.	5 „	STADELMANN	V.O.G.B., Vol. 11
Buch	26. u. 30./10.	je 1 St.	KAISER	„
Buchenhof	29./10.	1 St.	BÖRNER	
Schopfloch	30./10.	1 „	v. WEYHERN	
Engenthal, Brunn, Kalchreuth, Schwarzenbruck, Ansbach, Wasser, Trübingen, Rappertszell	—	—	GENGLER	in litt. 1./11. 191
Ansbach	6./11.	1 St.	Forstamt	V.O.G.B., Vol. 11
Möhrendorf	seit II./11.	Flüge	GENGLER	in litt. 14./11. 19
Rothenburg a. T., Ansbach, Kalchreuth	erste Nov.-Hälfte	—	GEBHARDT	M.V., 1912, p. 36
Dörndorf	28./11.	1 St.	GÜNTHER	V.O.G.B., Vol. 11
Erlangen	10./12.	2 „	GENGLER	in litt. 15./12. 19
Unterfranken.				
Mittelsinn	26./9.	1 St.	MACHLOT	V.I.J., 1912, No.
Erlenbach	27./9., 10./10.	je 1 St.	SCHMITT	V.O.G.B., Vol. 11
Zeil	31./9.	1 St.	HILTENBRAND	„
Lohrerstraße	5.—20./10.	täglich	MÜLLER	
Neidenfels	15./10.	1 St.	Forstamt	
Höchberg	20. u. 25./10.	je 1 St.	BECK	
Schonungen	Ende Okt., 9./11.	je 1 „	DIETRICH	
Vormwald	30./10.	2 St.	SCHMIDT	
Hammelsburg	—	1 „	RUOFF	
Schweinfurt	2./11.	1 „	SCHMIDT	

Ort der Beobachtungen	Zeit	Stärke des Zuges, bzw. Anzahl der beobachteten Exemplare	Beobachter, bzw. Berichterstatter	Literaturnachwe Originalnot
Verneck	7./11.	1 St.	Forstamt .	V.O.G.B., Vol. 11,
ohr	Ende Nov., Dez.	je 1 St.	STADLER	"
Schwaben.				
aufbeuren	5. u. 28./10.	je 1 St.	ERDT	
üssen	29./9.	1 St.	"	
ösingen	1./10.	1 "	"	
empten	4./10.	1 "	"	..
üssen	5./10.	1 "	"	
aufbeuren	11. u. 12./10	je 1 St.	"	
uchloe	13. u. 24./10.	1 St.	"	
indelheim	7./11.	1 "	"	"
mmenhofen	15/11.	1 "	"	
üdbayern	bis 21./11.	—	"	in litt. 25./12. 191
mmerfeld	Ende Sept.	1 St.	POEHLMANN	V.O.G.B., Vol. 11,
berroth	4./10.	erster	ASCHAUER	"
"	18./10.	2 St.	"	"
"	22./10.	4 "	"	"
aufbeuren	Anf. Okt.	16 St.	UHL	"
rünau	5./10.	3 "	SCHNEIDER	"
Vettenhausen	7., 8./10.	je 1 St.	v. KÖNIGSTHAL	
"	2./11.	1 St.	"	
hierhaupten	7., 8., 15., 17./10.	je 1 St.	Forstamt	..
"	18./10.	5 St.	"	
Vallerdorf	20./10.	1 "	"	"
Donauwörth	15./10.	1 "	STRIEGEL	"
artenkirchen u. Bernbronn	17. u. 19./10	je 1 St.	v. LASSBERG	Z. F., 1911, p. 8
Dillingen	18./10.	1 St.	KRAMMER	V.O.G.B., Vol. 11,
urgberg	—	—	MILLER	"
ttobeuren	25./10.	1 St.	ARNOLD	"
euburg	—	3 "	Forstamt	"
oßhaupten	10/11.	1 "	BAUER	"
Dienhausen	seit Anf. Okt.	einzeln	PEMSEL	"
berbayern, Franken, Schwaben, Pfalz	—	viele	NUSSBAUMER	in litt. 15./10. a.
Württemberg.				
eubronn	19./9.	1 ♂	BACMEISTER	O.J., 1912, p. 141
leinbrettheim	17./9.	1 ♂	"	"
erabronn	17./9.	1 ♀	"	
ergentheim	19./9.	1 ♂	"	
leinbettlingen	24./9.	1 St.	"	"
bstatt	29./9.	1 "	"	"
arhördt	30./9.	1 "	"	"
Ravensburg	Mitte Sept.	1 "	"	J.V.N.W., 1913
Bebenhausen, Tübingen, Wachendorf, Horb, Rottenburg a. N., Balingen	Ende Sept., Anf. Okt.	mehrere	"	O.J., 1912, p. 141
Mettenberg	1./10.	1 ♂, 1 ♀	"	J.V.N.W., 1913

Ort der Beobachtungen	Zeit	Stärke des Zuges, bzw. Anzahl der beobachteten Exemplare	Beobachter, bzw. Berichterstatter	Literaturnachw Originaln
Bergerhausen, Klingenberg, Riedenberg	2./10.	je 1 St.	Bacmeister	J.V.N.W., 1913
Reutte, Schönebuch	3./10.	je 1 „	„	
Horrheim, Biberach	4./10.	je 1 „	„	
Ebingen	5./10.	5 St.	„	
Magstadt, Burren	6./10.	1 bzw. 3 St.	„	
Lauffen a. N., Laubach	8./10.	2 St.	„	
Calw, Ludwigsburg, Eßlingen, Beinstein, Waiblingen, Göppingen, Illingen, Maulbronn	9./10.	je 1 St.	„	
Biberach	10./10.	1 ♀	„	
Emingen	11./10.	1 St.	„	O.J., 1912, p. 14
Ebingen	11./10.	2 „	„	
Zuben, Eßlingen, Ludwigsburg, Ochenhausen, Biberach	12./10.	je 1 St.	„	J.V.N.W., 1913
Kirchheim	13./10.	1 St.	„	
Gutershofen	14./10.	2 „	„	„
Ebingen, Baiersbronn	16./10.	je 1 St.	„	
Schwenningen, Rottweil	18./10.	„	„	O.J., 1912, p. 141
Urach, Kohlberg	19./10.	„	„	„
Rottweil, Kappishäusern	20./10.	„	„	
Erolzheim, Biberach	22./10.	„	„	J.V.N.W., 1913
Ebingen	23., 27.,31./10.	4 St.	„	O.J., 1912, p. 141
Baiersbronn	23./10.	1 „	„	J.V.N.W., 1913
Eßlingen, Mitteltal	27./10.	je 1 St.		„
Heidenheim, Rottweil, Spaichingen	Okt.	mehrere	„	
Tübingen	Ende Okt.	1 St.		
Ebingen	5., 9., 11./10.	4 „		O.J., 1912, p. 141
Lindelfingen	16./10.	je 1 St.	„	J.V.N.W., 1913
Klosterreichenbach	17./10.	„		„
Steinenberg	20./10.	„		
Hohenhardtsweiler	25./10.	„		
Riedlingen	Ende Nov.	1 St.		
Ebingen	1./12.	1 „		
Ailingen, Tettnang, Bodenseegegend	Dez.	je 1 St.		„
Heilbronn	—	—	„	M.V., 1912, p. 36
Abstatt	29./9.	je 1 St.		„
Klingenberg	2./10.	„	„	„
Laufen, Gundelsheim	8./10.	„	„	
Neckargebiet, Donaugebiet und Schwarzwald	2.—17./10.	stets mehrere	Lampert	in litt. 13./3. 191
Witthau	5./10.	2 St.	Braun	V.I.J., 1912. No.
Hermaringen	Okt.	4 „	Roedter	in litt. 6./11. 191
Ravensburg		20 St.	Stier	Z.u.F., 1911, p. 8
Höchstberg	10./10.	1 St.	Pröschle	
Stuttgart	Anf. Okt.	9 „	Merkle	Natur, 1911, p. 1
„	Ende Okt., Anf. Nov.	—	Rudolph	V.I.J., 1912, No.
Rosenberg	—	1 St.	Gangler	Z.u.F., 1911, p. 8

Ort der Beobachtungen	Zeit	Stärke des Zuges, bzw. Anzahl der beobachteten Exemplare	Beobachter, bzw. Berichterstatter	Literaturnachwei Originalnot
Baden.				
arbach a. Bodensee	3./10.	3 St.	Hornung	V.I.J., 1912, No. 4
bergimmpern	Anf. Okt. (4./10.)	2 „	Schuster	M.V., 1912, p. 13
erohingen	5./10.	1 „	Bacmeister	M.V., 1912, p. 36
iersberg	4./10.	1 „	„	
raldhof	6. u. 27./10.	je 1 St.	Hini	V.I.J., 1912, No. 4
reingarten	11./10.	2 St.	Stenberger	in litt. 14./12. a.
reiburg	22 /10.	1 „	v. Eschwege	V.I.J., 1912, No. 4
Rheinpfalz.				
ürkheim, Elmstein	Anf. Okt.	2 St.	Sunnstein	V.O.G.B., Vol. 11,
andau	10 , 13./10., 3./11.	je 1 St.	Weber	„
aiserslautern	20./10.	1 St.	Gogg	
ürkheim	1./11.	1 „	Böhm	
amberg	1./11.	1 „	Reichardt	
irmasens	7./11.	2 „	Zapp	
„	17 /11.	1 „	Forstamt	
Elsaß.				
olmar	4./10.	1 St.	Chappuis	V.I.J., 1912, No.
„	4./10.	1 „	Stoewer	„
limbach b. Weißenburg	10./10.	2 „	Henck	in litt. 17./10. 1911
Österreich-Ungarn.				
Ungarn.				
erencsvölgy (Kom. Zó-lyom)	Ende Aug.	Zugsbeginn	Mohelnitzky	W., 1912, p. 118
	Ende Okt.	Höhepunkt des Zuges		
„	Nov. u. Dez.	vereinzelt	„	V.I.J., 1912, No.
sarad	seit Anf.Sept.	ca. 20 St.	v. Bemert	in litt. 8./11 1911
agy-Mihaly	MitteSept.bis Mitte Okt.	—	Graf Wilamowitz	
sákvar	20.—30./9.	einzeln	Esterhazy	in litt. 16./10. 1911
.övi	1. Dez.-Hälfte	mehrfach	Eschenberg	D.J.Z., 1912, p. 8
agyszaláncz	20./12.	1 St.	Kochwasser	W., 1912, p. 42
ünfkirchen u. Esseg	—	4 „	Neher	M.V., 1912. p. 17
olozsvár	7./9.	—	Lendl	Aquila, Vol. 18,
zamosfalva	16./9.	—	„	„
ornócz	19./9.	—	„	„
yitra	20./9.	—	„	„
iád	21./9.	—	„	
zaváta	23./9.	—	„	„
ógrád, Zalagóganfa, Tas-siógyörgye	26./9.	—	„	„
eszthely	29./9.	—	„	
udapest	30./9.	—	„	„

Ort der Beobachtungen	Zeit	Stärke des Zuges, bzw. Anzahl der beobachteten Exemplare	Beobachter. bzw. Berichterstatter	Literaturnach Original
Lakompak	5./10.	—	Lendl	Aquila, Vol. 18,
Keszthely	6./10.	—	„	„
Kohóvölgy	7./10.	—	„	..
Ujmajor	9./10.	—	..	
Szentes, Sárospatak,Perlasz	10./10.	—		
Jászóvár	11./10.	—		
Bács, Bönyrétalap	12./10.	—	„	
Dunapentele	16./10.	—	„	
Drávatamási	18./10.	—	„	
Szováta	1./9.—15./10.	—	v. Illyés	„
Less	23./9.	2 St.	v. Lacsny	
Zugliget	8./10.	1 „	Entz	
Keszthely	27./9., 4./10.	je 1 St.	—	
Baranyaszentlőrincz	5./11.	1 St.	—	
Eperjes	Okt.	—	—	
Zámoly	24./9.	1 St.	Mihók	
„	28./9.	1 „	v. Külley	
Tárnok	28./9.	1 „	v. Radetzky	
Csákvár	28 /9.	1 „	Lang	
Kolozsvár	30./9.	12—14 St.	Kárpat	
Nyiregyháza	Anf. Okt.	häufig	v. Szomjas	
Szepesszombat, Sátoraljau-jhely	5./10.	je 1 St.	Neubauer	
Béla Rácz	7./10.	1 St.	Szerep	
Dunapataj	7./10.	1 „	v. Hajdu	
Tiszacsege	11./10.	einige	v. Selley	
Királyhelmecz	11./10.	1 St.	v. Szemere	
Czikcsekefalva	12./10.	1 „	„	
Galánta	13./10.	1 „	v. Döbrentey	
Visegrad	15./10.		Lágler	
Györ,Györszentiván,Vének, Tömörd,Ogyalla, Kabold	bis 17./10.	—	v. Hegymeghy	
Kiskunfélegyháza	18./10.	1 St.	Pinkert	
Dés	Anf. Nov.	zahlreich	Osoztián	
Pleternicza (Kroatien)	2./11.	1 St.	Sajgo	
Kisújszállás	9./11.	1 „	Bana	
Mezözáh	15./11.	zahlreich	Graf Wass	
Budapest	25./11.	1 St.	Dorning	
Kisekemezö	9./10.	—	Hausmann	
Szászkézd	12./10.	—	„	
Medgyes	14./10.	—		
Székelykeresztur	23./10.	—		
Válaszut	2./11.	—		
Segesvár	9./11.	—		
Berethalom	11./11.	—		
Nagysink	16./11.	—	„	
Savós	25./11.	—	„	„
Garamneszele	21 /10.	—	Lendl	Aquila, Vol. 19,
Sztropkó	24./10.	—	„	„
Kolozsvár	26./10.	—		
Polgárdi	30./10.	—		
Nagykároly	31./10.	—		

rt der Beobachtungen	Zeit	Stärke des Zuges, bzw. Anzahl der beobachteten Exemplare	Beobachter bzw. Berichterstatter	Literaturnachwei Originalnot
zölaborcz	1./11.	—	LENDL	Aquila. Vol. 19, 19:
iregyháza	3./11.	—	„	„
kos	6./11.	—		
tútköz	7./11.	—		
lágynagyfalu	8./11.	—		
zölaborcz	10./11.	—		
gamér	11./11.	—		
mencze	13./11.	—	„	
iregyháza	14./11.	—	„	
nyár	17./11.	—	„	
empcz	18./11.	—	„	
lsána	20./11.	—	„	
roszka	27./11.	—	„	
mihályfalva	30./11.	—	„	
lsána	30./11.	—	„	
lak	1./12.	—	„	
ar	7./2. 1912	—	„	
merin	20./10.	1 St.	· NAGY	
lak	Okt.	1 „		
myabükk	29., 30./12.	6—8 St.	Karp. Verein	
konynána	5./11.	2 St.	v. BODOLAY	
lsövásárd	21.—30./9.	—	BLUM	
ibo	Anf. Okt. bis Nov.	größere Anzahl	FEKETE	
szentkirály	28./10.	1 St.	„SZILÁGYSAG"	
lah	30./11.	1 „	„	
lozsvár	Winter	häufig	—	
Siebenbürgen.				
ausenburg	Sept. bis März	—	v. FÜHRER	in litt. 20./5. 1912
„	15./9.	ca. 50 St.	„	
rnest	—	viele	SCHISCHKA	D.F.u.B., 1911, N(
agyaherepe	Dez.	—	ESCHENBERG	D.J.Z, 1912, p. 3(
Kroatien-Slavonien				
dsused	24./9.	—	HIRTZ	in litt. 7./10. 191:
omar	1./10.	—	„	„
akócsa	—	—	„	
omar-Vinica	—	—	„	
agrebbačka gora	—	—	„	
osiljevo	—	—	„	„
veti Ksaver	—	—		in litt. 18./12. 19:
ačetin	—	—		„
jakovo	—	—		„
osnica	—	—		„
Steiermark.				
larburg a. Drau	3.—21./10	4 St.	REISER	in litt. 27./10. 19:
leichenberg	Nov.	größ. Anzahl	—	GrazerTagblatt,N

Beobachtungen	Zeit	Stärke des Zuges, bzw. Anzahl der beobachteten Exemplare	Beobachter, bzw. Berichterstatter	Literaturnachweis, bzw. Originalnotiz
Österreich.				
	20./9. bis 28./9.	ca. 20 St. Flüge von 20—40 St.	Grössinger „	D.F.u.B., 1911, p. 8 „
	20./9.	5 St.	Krissl	O.J., 1912, p. 212
	2./10.	5 „	„	„
	27./10.	letzter	„	
	seit 24./9.	—	Riegler	in litt. 4./10. 1911
·runn	26./9.	Flüge von 15—20 St.	Blaha	W., 1911, p. 502
	26./9.	1 St.	Mintus	O.J., 1912, p. 211
	30./9.	1 „	„	„
·ems	27./9.	3—5 St.	Lischka	Natur, 1911, p. 123
·n	28./9.	erster Flug	Riegler	N. Wiener Tagbltt., 1911 No. 285. Tierw., 1911 p. 166
·brunn	28./9.	3 St.	Ragowsky	in litt. 3./11. 1911
	—	1 „	„	„
	—	4 „	„	„
·	Ende Sept., Anf. Okt.	16—20 St.	Kepda	in litt. 13./11. 1911
·ems	—	starkes Auf-treten	Lischka	W.u.H., 1911, p. 741
·h	1./10.	1 St.	Mintus	O.J., 1912, p. 211
	1./10.	1 „	„	„
	3./10.	2 „	„	
f	4./10.	2 „	„	
	10./10.	1 „	„	
·f	12./10.	1 „	„	
	15./10.	4 „	„	
	Anf. Okt.	einzelne	„	O.J., 1912, p. 212
	„	2 Flüge	Riegler·	O.J., 1912, p. 211
·	„	wiederholt	„	„
	„	1 St.	„	„
	„	1 „	„	„
·orf	8./10.	2 Exemplare	Mintus	in litt. 9./10. 1911. O.J.. 1912, p. 211
	8./10.	Flug	Kny	O.J., 1912, p. 212
·h	8./10.	2 St.	Gmehling	
	13./10.	1 „	Riegler	O.J., 1912, p. 211
·ems	Okt.	Anzahl	Sproseč	W., 1911, p. 502
·dorf	Anf. Nov.	1 St.	Werlisch	O.J., 1912, p. 211
·d	5./11.	1 „	Mintus	
	Okt.	5 „	Schumann	Tierwelt, p. 181, 1911
·g	26./11.	12—20 St.	Alvis	O.J., 1912, p. 212
	—	zahlreich	—	D.F.u.B., 1911, p. 5
	—	wenige	Roth	in litt. 10./12. 1911
	Mitte Sept.	erster	Mintus	O.J. 1912, p. 210
	1. Hälfte Okt.	Höhepunkt des Zuges	„	„

Ort der Beobachtungen	Zeit	Stärke des Zuges, bzw. Anzahl der beobachteten Exemplare	Beobachter, bzw. Berichterstatter	Literaturnachwei Originalnot
Mähren.				
urgholz	20./9.	erster	Novotny	V.I.J., 1912, No. 4
rottowitz	seit 20./9.	in Menge	Schimitschek	
"	Ende Sept. u. 10.–15./10.	Hauptzug	"	W., 1912, p. 62—6
"	13./11.	12 St.	"	"
"	Ende Nov.	sporadisch	"	
ubrina b. Göding	23./9.	1 St.	Freyn	in litt. 7./11. 1911
oznau	24./9.	1 "	Floericke	Z.u.F., 1911, p. 76 1911, p. 241
lawietitz	Ende Sept.	in Menge	Schimitschek	V.I.J., 1912, No. 4
Vranowicer Wälder (Brünn)	"	—	—	„Háj", 1911, p. 24
glau	"	1 St.	Halker	M.V., 1912, p. 85
"	—	15 "	"	
chattau	Okt.	1 "	Wildt	Jägerztg., 1911, p.
Böhmen.				
yssa b. Peterswald	13./9.	2 St.	Michel	in litt. 7./1. 1912
"	25./11.	letzter	"	"
"	Anf. Dez.	einzelne		
erzdorf	4/10.	1 St.	"	"
odenbach	—	viele		
st-Böhmen	19/9.—22./11.	17 St. (viele)	Knĕžourek	in litt. 21./12. 191
leb	9./11.	1 St.	"	"
"	22./11.	2 "		
leb-Markovic	seit Okt.	—		
obrovitov	Okt.	3 St.		
obinov	Mitte Okt.	5 "	"	"
leb-Chválovic	Ende Okt.	4 "		
chlüsselburg	2. Hälfte Sept. bis Anf. Okt	überall	Iwvoltski	in litt. 31./10. 191
odenbach	23./9.	1 St.	Michel	in litt. 2./10. 1911
umburg	28./9.	Schwärme	W. H.	W., 1911, p. 459
roß-Zdickau	28./9.	3 St.	Schallner	in litt. 3./11. 1911
Veckelsdorf	—	1 "	Popper	W.u.Hs., 1911, p.
roß-Aupa	Sept.	Flüge	Bönsch	M.V., 1911, p. 262
irna, Königinhof, Weiß-wasser	Ende Sept.	viele	Háj	M.V., 1911, p. 265
reudenberg	8./10.	1 St.	Fischer	V.I.J., 1912, No. 4
gerland, Saaz	10. u. 12./10.	—	Junger	J.Z., 1911, p. 603
ord-Böhmen	—	—	K. F.	M.V., 1911, p. 241
eichenberg	—	viele	—	D.F.u.B., 1911, p.
reibitz	8., 26 , 30./9.	je 1 St.	Heide	O.J., Vol. 23, p. 1
"	10./10.	3 St.	"	"
umburg	28./9.	Schwärme	„Waidmannsheil"	
Volfsberg	10./10.	1 St.	Wachutka	
ichtenberg	12./10.	2 "	"	
berkreibitz	13.—16./10.	Anzahl	"	
Veißenbach	27./10.	3 St.	"	
rum	16./11.	1 "	Mysik	

Ort der Beobachtungen	Zeit	Stärke des Zuges, bzw. Anzahl der beobachteten Exemplare	Beobachter, bzw. Berichterstatter	Literaturnachv Originaln
Böhmische Schweiz	15. u. 16./8.	Zugsbeginn	GRASSE	O.J., Vol. 23, p.
„	Mitte Okt.	Hauptzug	„	„
„	Ende Nov.	Zugsende	„	„
Bodenbach	—	51 St.	TSCHINKEL	
Dobern	Anf. Sept.	2 St.	ARNDT	
Bodenbach	—	Anzahl	BEUTEL	
Grulich	ab 19./9.	—	PLASCHKE	
„	4./10.	zahlreich	„	
„	10./11.	2 St.	„	
Ober-Erlitz	14. u. 16./11.	je 1 St.	„	
Mittel- und Erzgebirge	seit 18./9.	zahlreich	BEUTEL	
Milleschauer u. Außig	Ende Sept.	—	PREIDL	
Außig	2. Hälfte Sept.	häufig	MICHEL	
Brzesina	Mitte Okt.	einige	BORJAN	
Pitschkowitz	27./9.	1 St.	STORCH	
Leitmeritz, Taschow	29./9.	1 „	METLITZKY	
Libochowan	8./10.	1 „	„	
Klösterle	28./11.	8—10 St. wiederholt	BAIER	
Zibisch	—	oft 4 St.	—	
Brüx	28./10.	häufig	„Leitmeritzer Ztg."	
Graslitz	2. Hälfte Sept.	mehrere	STEPHAN	
Preßnitz	4./10.	Zugsbeginn	HAJEK	
Weipert	—	mehrere	SCHWALB	
Hasberg	11./10.	1 St.	„	
Oberleutendorf - Klostergrab	Mitte Sept. bis 10./11.	sporadisch	NEUMANN	
Marschendorf	22./9.	2 St.	ROTT	
„	5. u. 6./10.	je 1 St.	„	
Groß-Aupa	Sept. bis Okt.	Flüge	—	
Gr.-Zdickau	28./9.—2./10.	—	SCHALLNER	
Daubaer Schweiz und Umgebung	25./9.	8 St.	LOOS	
;	26., 27./9., 1./10.	je 1 St.		
	2./10.	5 St.	„	
	5./10.	3 „	„	
	6, 7., 10., 13./10.	je 1—2 St.	„	
	14., 17., 20., 21., 22 /10.	je 1 St.		
	18./10.	3 St.	„	
	1. Hälfte Sept.	3 „	„	
	23./10.	2 „	„	
„	24. u. 31./10.	je 2 St.	„	
	30./10.	4 St.	„	
	1. u. 3./11.	je 1 St.	„	
	2. u. 4./11.	je 2 „	„	
	4., 5., 6., 7., 21./11.	je 1 „	„	
Zittnai	2. Hälfte Sept.	5—7 St.	„	
„	4. u. 6./10.	je 1 St.	„	

der Beobachtungen	Zeit	Stärke der Zuges, bzw. Anzahl der beobachteten Exemplare	Beobachter, bzw. Berichterstatter	Literaturnachweis, t Originalnotiz
ıi	5./10.	2 St.	Loos	O.J., Vol. 23, p. 133—
	8./10.	4 „	„	„
ı	1. Hälfte Okt.	3 „	„	
ıitz	28./9., Mitte Okt.	je 1 St.	KRAUS	
ital	30./9., 7./10	15 St.	MÜLLER	
ısam	2.Hälfte Sept., Anf. Okt.	—	WIRTH	„
ıu, Eger, Saaz, Pilsen	—	—	BENTEL	
ıbach	—	—	JUNKER	
	—	Züge von 30—50 St.	HERBRICH	
ıin	8./12.	1 St.	Graf SAZANSKY	
berösterreich.				
	seit 2. Sept.-Hälfte	große Menge	KAUFMANN	W., 1911, p. 459.
	23./9.	erster	ROTH	in litt. 29./9. 1911
ıald (Mühlviertel)	24.—30 /9.	Flüge	—	D.F.u.B., 1911, p. 7
ıach-Wels	Sept. bis Okt.	zahlreich	WATZINGER	in litt. 2./10. 1911
ıonrad b. Gmunden	6 /10.	1 St.	LINDORFER	in litt. 28./12. 1911
ıgarten	7./10.	1 „	„	„
ıu	10./10.	1 „	POFERL	in litt. 21./10. 1911
ıach	Anf. Okt.	1 „	LINDORFER	in litt. 18./10. 1911
ırkirchen a. T.	·11./10.	2 „	„	
ıau	11./10.	1 „	WENNRICH	V.I.J., 1912, No. 4
ıirchen, Lambach	15. u. 17./10	je 1 St.	TRATZ	—
ı	21 /10.	1 St.	SCHIKOLA	POFERL in litt. 22./10.
ısberg	2./11.	1 „	POFERL	in litt. 8./11. 1911
·bach	5 /11.	1 „	SASSI	in litt. 10./11. 1911
ıberg	23./11.	1 „	POFERL	in litt. 24./11. 1911
Mühlviertel	—	zahlreich	ROTH	in litt. 10./12. 1911
au	—	12 St.	„	„
Salzburg.				
ırg, Umgebung	Herbst	sehr viele	Graf PLAZ	in litt. 11./1. 1912
„	3./10.	1 St.	„	„
Tirol.				
ıein	Okt.	2 St.	PENZ	in litt.
ıu-Innsbruck	Mitte Dez.	1 „	SCHÖPF	
ılach	27./12.	1 „	LEHNER	in litt.
Vorarlberg.				
ınz	29./10.—2 /11.	2 St.	BAU	in litt. 19./11. 1911
Istrien.				
	4./10.	1 St.	SCHIAVUZZI	—
nj (Veglia)	3./11.	1 „	BARAČ	in litt. 9./2. 1912

Ort der Beobachtungen	Zeit	Stärke des Zuges, bzw. Anzahl der beobachteten Exemplare	Beobachter, bzw. Berichterstatter	Literaturnachwe Originalnot
Dalmatien.				
Metković	27./9.	2 St.	Reiser	in litt. 20/11. 191
Zara	29./9. u.17./10.	3 „	„	in litt. 27./11. 191
Zdrelac b. Zara	7./10.	3 „	—	—
Castelnuovo	10./10.	1 „	Reiser	in litt. 3./5. 1912
Bosnien.				
Bos.-Gradiška	28./10.	Schar	Reiser	in litt. 3./2. 1912
Herzegowina.				
Mostar	11./10.	1 St.	Reiser	in litt. 20./11. 191
Dänemark.				
Seeland.				
Kopenhagen und Amager	10./9.	3 St.	Lange	D.O.F.T., 1913, H
„	Sept. bis Nov.	11 „	Manniche	„
„	21./9.—11./10.	14 „	Rasmussen	
„	Mitte Sept.	2 „	„	
„	11./10.	1 „	„	
„	5./10.	2 „	Buchwald	
Nord-Seeland.				
An verschiedenen Orten	5., 17., 24., 27., u. 29./9., 18./10. 1., 2., 6., 10., 22./12.	—	Pirtzel, Saxtorph, Rasmussen, Herning, Nielsen, Madsen	
Rude Skov	Herbst u. Winter	Anzahl	Weibüll	
Slangerup Mark	Sept.	1 St.	Rasmussen	
„	7./10.	1 „	Jörgensen	
„	27./10.	1 „	Scheel	
Geel Skov	Herbst	—	Hörning	
Roskilde	14./10.,10./11., 16/11.	—	Manniche, Herning, Collin	„
Køge	Sept. bis Nov.	—	Scholten	
Storehedinge	20. u. 25./9., 4.,5. u. 11./10., 13./11.	—	D. o. F. Jensen Herning	
Praestø	2./10.	2 St.	Pedersen	
„	6. u. 16./10	über 10 St.	„	
Vordingborg	Herbst	—	Pirtzel	
Kallundborg	17., 25., 27., 28./9. 1., 7., 21./10. 10./11.	—	Lange, Koch, Odder, Herning	
	Herbst	6 St., 20 St.	Fredericia, Tulstrupp	..

Ort der Beobachtungen	Zeit	Stärke des Zuges, bzw. Anzahl der beobachteten Exemplare	Beobachter, bzw. Berichterstatter	Literaturnachw Originaln
:allundborg	24./9.	1 St.	JENSEN	D.O.F.T., 1913, I
„	Okt. u. Nov.	Flüge	HØRRING	„
[olbæk	4.,14. u.20./10.	2, 1, 4 St.	ODDER	፤
„	14., 17./10.,	je 1 St.	HERNING	„
	2./11.			
:ingsted	22., 25., 27.,	je 1 „	WINGE, PEDERSEN,	
	29./9.		HERNING	
„	14./9.	1 ♀	RASMUSSEN	
orø	11., 19./10.	je 1 St.	OLSEN, RASMUSSEN	
lagelse	26., 27./9.	je 1 „	HAMMER, HERNING	
„	16./10.	1 St.	ODDER	
løng	—	1 „	—	
΄orsør	19./9.	4 „	—	
„	21./9., 8., 12.,	je 1 St.	HERNING	
	17./10.			
„	20 /11.	1 St.	ODDER	
„	16./9., 5./10.	ca. 20 u. 1 St.	KLINGE	
:kelskør	12./9.	1 St.	Baron ROSENKRANTZ	
„	5 /10.	1 „	„	
„	7./10.	2 „	HERNING	
΄æstned	29./9., 7. u.	1 bzw. 2 St.	ODDER	
	26./10.			
	Herbst	2 St.	CLAUSEN	
	13., 25., 27.	je 1 St.	HANSEN	
	u. 29./9.			
	30./9.	1 St.	LAKJER	
	Sept.	ca. 30 St.	SCHOLTEN	
Møen.				
:lintholm	Herbst	—	SCAVENIUS	
Falster.				
:kørringe	13./10.	1 St.	NIELSEN	
)ustrup Skov	Herbst	1 „	OLSEN	
„	1., 31./10.,	je 1 oder 2 St.	„	
	1., 7 /11.			
3øtøgaards	Mitte Okt.	erster	ANDERSEN	
΄edser	5./11.	1 ♀	OLSEN	
΄ykøbing	1. Hälfte Nov.	erster	PETERSEN	
„	Nov.	1 u. 2 St.	„	„
΄indeskov	2./12.	3 St.	„	
Jmgegend der Stadt	20. u. 24 /9.	—	OLSEN	
„	26./10.	—	„	
„	24./11.	—	„	
΄ykøbing	23., 29./9.	1 u. 2 St.	PETERSEN	
„	3., 4., 12..	1 u. 2 „	„	
	13./10.			
„	Herbst	4 St.	OLSEN	
„	29./12.	1 „	LUNDAHL	
3angsebro	—	—	TERMANSEN	
3ødøgaard	—	—	ANDERSEN	

Ort der Beobachtungen	Zeit	Stärke des Zuges, bzw. Anzahl der beobachteten Exemplare	Beobachter, bzw. Berichterstatter	Literaturnachwe Originalno
Laaland.				
Saxkøbing	Herbst	wiederholt	Holck	D.O.F.T., 1913, H
Storskoven	2./10.	„	Kring	„
Nysted	5. u. 17./10.	—	Olsen	
Hovængegaard	Sept.	mehrere	—	
„	Herbst	1 St.	Lippert	
Maribo	—	1 St.	Møller	
Rødby	21./9.	erster	Rasmussen	
„	25.—31./9.	3 St.	„	
„	14./11.	1 „	Baron Rosenkrantz	
Nakskov	16. u. 17./10.	2 „	Møller	
„	15. u. 6./10.	je 1 St.	Nørgaard, Odder	
Bornholm.	seit Sept.	—	Jensen	
Fyn.				
Odense	15., 16.,18./10.	je 1 St.	Hjeronimus, Hammer, Herning	
„	Herbst	1 St.	Steenbach	
Nyborg	Anf. Okt.	4, 2, 2 St.	Scholten	
„	28./10.	1 St.	Herning	
„	5./11.	1 „	„	
Svendborg	27./9., 28./10., 3./11.	je 1 St.	Odder	
„	Herbst	2 St.	—	
Faaborg	Sept.	—	Fabricius	
„	21./10.	1 St.	—	
Middelfart	Herbst	1 „	—	
Langeland.				
Østerkov	11./10.	1 St.	Hammer	
Ribe	—	2 „	Clausen	
„	14./10.	1 „	Herning	
Jylland.				
Kolding	1./11.	1 St.	Tulstrup	
„	17./10.	1 „	Odder	
„	Herbst	11 St.	Windeballe	
Fredericia	25./10.	1 St.	Hammer	
„	Herbst	30 St.	Windeballe	
„	18./9.	erster	„	
„	11./11.	letzter	„	
Vejle	19./10.	1 St.	Odder	
„	1./10.	1 „	Schäffer	
„	—	4 „	—	
Horsens	8.,11.,15,18., 23, 26./10.	—	Jørgensen	
„	—	38 St.	Petersen	
.Ebeltoft	13 /10.	2 St.	Herning	
Grenaa	11., 17./10.	1 u. 2 St.	„	

rt der Beobachtungen	Zeit	Stärke des Zuges, bzw. Anzahl der beobachteten Exemplare	Beobachter, bzw. Berichterstatter	Literaturnachweis Originalnoti
naa	9. u. 5./11.	je 1 St.	OLSEN	D.O.F.T., 1913, Hef
,	Mitte Okt. bis 7./11.	—	„	„
ιders	Okt.	3—4 St.	TAANING	
	Herbst	—	KLINGE	
org	7., 24./10.	je 1 St.	ODDER, HERNING	
„	1./11.	1 St.	ODDER	
ve	30./10.	1 „	„	
ɔro-Mariager	21., 31./10.	je 1 St.	„	
„	16.,21.,28./10., 5./11.	je 1 „	HERNING	
	9. od. 10./10.	1 St.	LETH	
	16./10.	1 „	„	
e	4./11.	1 „	ODDER	„
	Winter	—	THOMSEN	
borg	Okt.	—	KALKAU	
	30./10.	1 St.	HERNING	
„rring	7. u. 16./10.	1 u. 2 St.	NØRGAARD	
„	8./11.	1 St.	ODDER	
y	Okt.	—	HANSEN	
	Herbst	1 St.	WINDEBALLE	
	26./11.	1 „	HERNING	
lstebro	Herbst	1 „	CLAUSEN	
„	12./10.	1 „	HANSEN	
„	19./10.	1 „	HERNING	
ɑgkøbing	8., 19., 20./10.	1 u. 2 St.	„	
ιby	Okt.	oft	JEPPESEN	
ɹde	23./10., 8./11.	—	ODDER	
,	11,13.,21./10.	je 1 St.	HERNING	
be	Herbst	1 St.	—	
	Sept.	1 „	CLAUSEN	
elland, Langeland	Okt.	—	„	
Schweden.				
tergötland	10./9.	2 St.	EKMAN	F.o.F., 1911, p. 233
Anna, Gryts	—	überall	„	„
ɜne bis Uppland	—	„	LÖNNBERG	
naryd im Småland	—	zahlreich	„	
Belgien.				
vers	26./9.—28./11.	11 St.	v. HAVRE	Le Gerfaut, 1912, p.
ιbant	5.—27./10.	4 St.	„	„
ɜst-Flandern	Okt.	1 „	„	
ɹ-Flandern	12./10.—5./11.	3 „		
inaut	14/10. bis 10./12.	9 „		
ɜge	23./9.—14./12.	28 St.		
nbourg	6./10.—5./11.	5 St.	„	„
xembourg	Okt.	2 „		
mur	10./10 bis 18./12.	14 St.	„	„
rviers	—	—	GALLASCH	V.I.J., 1912, No. 4

11*

Ort der Beobachtungen	Zeit	Stärke des Zuges, bzw. Anzahl der beobachteten Exemplare	Beobachter, bzw. Berichterstatter	Literaturnachwe Originalno
Holland.				
Groningen	26./9.	erster	v. Snoukaert	in litt. 6./12. 1911
„	6. u. 7./10.	je 5 St.	„	„
	8., 11./10.	2 St.	„	
	9., 10., 13./10.	1 „	„ ·	
	14., 17., 24., 27./10.	je 2 St.	„	
„	15., 16., 19., 20., 26., 29./10.	je 1 „	„	
Boxtel	1.—8 /10.	mehrere	„	„
	23./11.	1 St.	„	„
Twello (Gelderland)	9 /10.	1 „	Willers	V.I J., 1912, No.
Weert (Limburg)	9./10.	1 „	Baron Geyr	in litt. 29./3. 191
Frankreich.				
Daix	2./10.	1 St.	Marion	R.f.O., 1911, p. 2
Dijon	Mitte Okt.	3 „	Chaumelle	„
Pers-Jussy	28./10.	1 ♀	Ghidini	in litt. 17./12. 19
Mt. de Sion	12./10.	Flug	„	1911, p. 189. p. 66
Chars	15./10.	1 St.	Baer	R.f.O., 1911, p. 2
Faute	15./10.—7./11.	5 „	Seguin	R.f.O., 1911, p. 3
Garcelles-Secqueville	15./10.	1 „	Brasil	R.f.O., 1911, p. 3
Douvres	„	1 „	„	„
Saint-Aubin-de-Bouneval	4./11.	1 „	„	„
Dompierre-sur-Besbre	Mitte Okt.	1 „	Meilheurat	R.f.O., 1911, p. 2
Meillers, Noyant	17./11.	2 „	„	„
La Ferté-Alais	16./10.	1 „	Fagart	R.f.O., 1911, p. 2
Ponts-et-Maracs	16./10.	1 „	„	„
Plaines	Mitte Okt.	1 „	Bouget	„
Auxerre	Okt.	4 „	Millet	R.f.O., 1911, p. 2
Saint-Geniès de Malgoires	31./10.	1 ♀	Hagues	R.f.O., 1911, p. 2
Gard	—	einzelne	„	„
St.-Gatière-des-Bois	9./11.	1 St.	Ternier	„
Suzane b. Bray-sur-Somme	Nov.	1 „	Chabot	R.f.O., 1911, p. 3
Amiens	Nov.	1 „	„	„
Eu, Eure	—	—		
England.				
Hempstead	5./10.	1—2 St. (♀)	Gurney	B.B., 1911, p. 19
Sparham	9./10.	1 St. (♀)	„	„
Whitechurch	7./10.	1 St.	Hollis	B.B., 1911, p. 16
Beyton b. Burg St. Edmunds	11./11.	1 ♀	Tuck	B.B., 1911, p. 19
Brede (Sussex)	2./12.	1 ♀	Ford	B.B., 1911, p. 22
Schweiz.				
Hergiswil (Menzberg)	8./10.	3 St.	Daut	O.B., 1912, p. 130
	14./10.	2 „	„	„
Stein a. Rh.	9. u. 16./10.	je 1 St.		..
Ramsen	5./11.	5 St.		

Ort der Beobachtungen	Zeit	Stärke des Zuges, bzw. Anzahl der beobachteten Exemplare	Beobachter, bzw. Berichterstatter	Literaturnachweis, bzw. Originalnotiz
ːhweiz	seit 10./10.	überall	v. Burg	O.B., 1912, p. 29
olle	10./10.	1 ♂	Ghidini	in litt. 17./12. 1911. Diana, 1911, p. 189. O.B., 1912, p. 66
ːhweiz	10./10.—12.	—	Daut	O.B., 1912, p. 136
ofingen	11./10.	1—2 St.	Fischer	Diana, 1911, p. 189
enf	seit Mitte Okt.	(1 St.)	Ghidini	Diana, 1911, p. 189. O.B., ·1912, p. 66
"	12./10.	1 St.	"	"
̃eligny b. Genf	17./10.	1 ♂	"	"
mmenthal	seit 13./10.	9 St.	v. Burg	in litt. 9./11. 1911. Diana, 1911, p. 205. O.B., 1912, p. 135
ptingen	seit Mitte Okt.	—	"	Diana, 1911, p. 205
"	1./11.	—	"	"
̃iggertal	Okt.	—	Daut	O.B., 1912, p. 135
ofingen	3./11.	1 St.	"	"
arau	—	mehrere	v. Burg	Diana, 1911, p. 205
st-Schweiz	—	in groß. Zahl	Horber	Diana, 1912, p. 10
Viggertal	bis 25./11.	8 St.	Daut	O.B., 1912, p. 136
tein a. Rh.	—	2 "	"	O.B., 1912, p. 137
chweiz	1911	überall	v. Burg	Diana, 1913, p. 136
Italien.				
Verona	Mitte Okt.	1 St.	v. Chernel	Aquila, 1912, p. 11

Schlußfolgerungen.

Aus Allem geht hervor, daß diese Dünnschnäbler-Invasion nicht zu den stärksten gehört, obgleich sie in manchen Gegenden ihresgleichen noch nie gehabt haben soll.

Eine haltbare Quantitätsangabe über die Gäste zu machen, ist wohl unmöglich, und auch die Summierung der erlegten Häher, bzw. der bekannten Erlegungsdaten bietet keinen zuverlässigen Anhaltspunkt. Immerhin ist es interessant, die Zahl der erbeuteten Vögel, soweit sie sich eben prüfen läßt, festzuhalten. Sie beträgt ungefähr (für ganz Europa) 5000 Exemplare — also eine ganz ansehnliche Zahl. Wenn man aber bedenkt, daß das nur ein Teil der ganzen Masse ist und außerdem auch nicht alle Erlegten, denn es werden doch bestimmt ebensoviel, wenn nicht mehr erbeutet worden sein, wovon man aber nichts erfahren hat, ferner annimmt, daß eine große Zahl auf natürlichem Weg verunglückte und zugrunde ging, so glaube ich ohne irgendwelche Überschätzung die Zahl

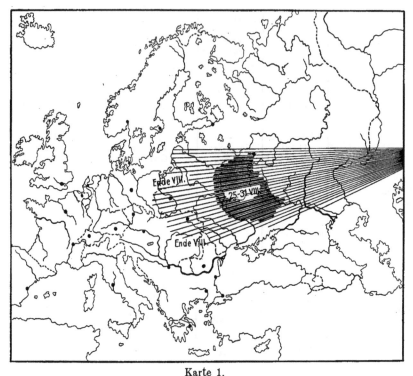

Karte 1.
Der Tannenhäherzug durch Europa in der Zeit vom 15.—31. Aug. 1911.

der in Europa im Jahre 1911 umgekommenen Schlankschnäbler auf
ca. 10000 Stücke beziffern zu können.

Über die Ursachen, also den hypothetischen Teil, des Zuges
zu sprechen, ist hier nicht der Ort, wohl vermögen wir aber positive
Angaben über die veranlassenden Momente zu machen.

Wie bereits von TSCHUSI in den „Ornith. Monatsberichten“, 1912,
No. 3, p. 43—44, kurz ausführte, war laut einer Mitteilung von
N. JOHANSEN, Konservator am Universitätsmuseum in Tomsk, die
Veranlassung zur diesjährigen Auswanderung das Mißraten der
Zirbelnüsse in den Heimatsgebieten des Hähers. Auch F. MALLNER
(vgl. W. u. H., 1912, p. 69) berichtet aus dem Altai in diesem
Sinne, wie folgt: „Schon im Herbst 1910 war die Zirbelnußernte
eine nur mäßige, so daß die Tannenhäher gegen Neujahr die Zirbel-
wälder verließen und ihre Nahrung in den Kiefernregionen, in
welchen sie sonst ganz fehlten, suchten. Im Jahre 1911 sind die

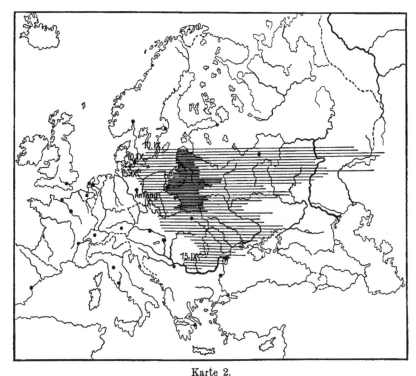

Karte 2.
Der Tannenhäherzug durch Europa in der Zeit vom 1.—15. Sept. 1911.

Zirbelnüsse völlig mißraten, und die Tannenhäher sind spurlos verschwunden. Bei einer dreitägigen Fahrt durch dichten Zirben- und
Tannenwald, im Dezember, wo man im Sommer viele Hunderte beobachten konnte, sah ich nicht ein einziges Stück." — Diese beiden
Angaben sprechen wohl deutlich, daß auch diesmal die Veranlassung zum Auswandern der sibirischen Tannenhäher das Mißraten der Zirbelnüsse (ihrer Hauptnahrung) in den Heimatsgebieten war.

Nach dem vorliegenden Beobachtungsmaterial erstreckte sich
der Zug von Baikalien, also dem süd-östlichen Sibirien und
dem Altai, durch die Kirgisensteppe nach Mittel-Rußland
und wendete sich dann in ausgesprochen westlicher Richtung nach
Deutschland, bzw. Dänemark, dem südlichen Schweden,
Holland und Belgien, dem nördlichen und mittleren Österreich-Ungarn und der Schweiz. Bedeutend geschwächt wurde

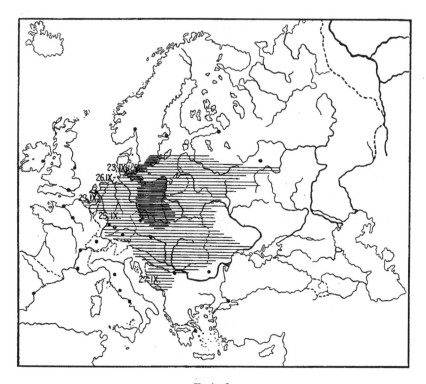

Karte 3.

Der Tannenhäherzug durch Europa in der Zeit vom 15.—30. Sept. 1911.

er ferner noch in Frankreich, England und Italien bemerkt
Er erstreckte sich somit über eine ungefähre Längenausdehnung von
110 Graden, bzw. ca. 12 200 km.

Die wiederholt geäußerte Ansicht, daß dieser Zug eine nordost-
südwestliche Richtung inne hielt, kann eigentlich auf Grund des
gesamten vorliegenden Materials nicht bestätigt werden, wohl aber
die Tendenz nach einer fächerartigen Ausbreitung in Europa, wobei
dies naturgemäß im südlicheren Mittel-Europa besonders stark zur
Geltung kam. — Nach der überaus großen Massenhaftigkeit des
Zuges im nördlichen Mittel-Europa zu schließen, hatte der Zug eine
Ost-West-Richtung. Es ist übrigens sehr schwer, die tatsächliche
Zugrichtung, soweit von einer solchen in diesem Fall überhaupt die
Rede sein kann, festzustellen, da uns sowohl aus dem Norden

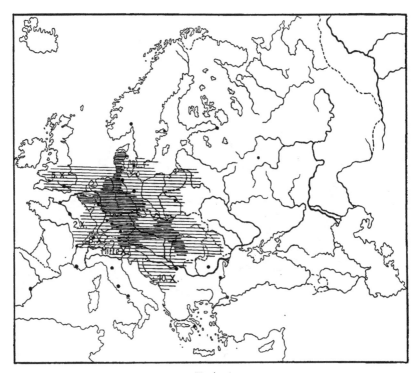

Karte 4.
Der Tannenhäherzug durch Europa in der Zeit vom 1.—15. Okt. 1911.

Europas wie aus dessen Süden jede Nachricht[1]) (auch negative)
fehlt. Die nördlichsten Beobachtungen liegen uns aus dem südlichen
Schweden vor, die südlichsten aus Dalmatien und Bosnien-
Herzegowina, in welch letzterem Land die ersten Belegstücke
vom *macrorhynchos* überhaupt erbeutet wurden.

In Zentral-Asien und zwar um Irkutsk und im Altai begann
der Zug im Sommer. Ende Juli wurden die ersten Vögel bereits in
Rußland und im östlichen Deutschland gesehen. Jedoch waren
das nur Vorläufer. Der eigentliche Zug begann in Rußland erst
in der Mitte vom August. In Deutschland nahm er seinen Anfang im ersten Drittel des Septembers (es sollen jedoch Flüge schon
im Juli in Ost-Deutschland gesehen worden sein), ebenso in

---

1) Nach einer Mitteilung von Rob. Ritter v. Dombrowski-Bukarest,
kamen in Rumänien keine Dünnschnäbler zur Beobachtung.

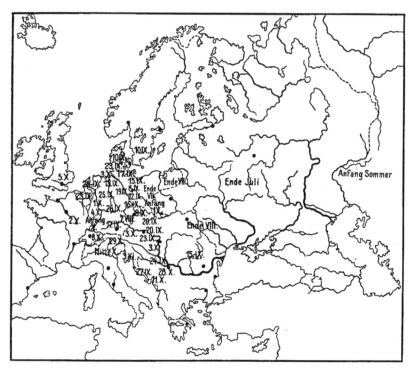

Karte 5.
Erste Ankunftsdaten des Tannenhähers im mittleren Europa im Jahre 1911.

Österreich-Ungarn, Dänemark und Schweden. Gegen
Ende des Septembers macht er sich auch in Belgien und Holland
bemerkbar, und in den ersten Oktobertagen hat er bereits Frankreich, England, die Schweiz und wahrscheinlich auch Italien
erreicht. — Über den Beginn des Zuges in den einzelnen Teilen
(Provinzen) der europäischen Länder gibt die nachfolgende Zusammenstellung Aufschluß.

Die ersten Beobachtungen in den einzelnen Ländern.

Asien.

Irkutsk. Anfang Sommer. | Altai.   Sommer.

Europa.

Rußland.

Gouv.	Ende Juli
„ Tschernigoff	10./8.
„ Pskoff	Mitte Aug.
„ Orol	18./8.
„ Livland	2. Hälfte Aug.
„ Kief	20./8.
„ Radom	20./8.
„ Pensa	Aug.
„ Vilno	Ende Aug.
„ Sedlez	Sept.
„ Petrokoff	2./10.
„ Podolien	Mitte Okt.
„ Poltava	31./10.

Deutschland.

Westpreußen	Ende Juli
Bayern	7./8. (?)
Ostpreußen	Ende Aug.
Schlesien	Anf. Sept.
Pommern	8./9.
Brandenburg	12./9.
Mecklenburg	15./9.
Kgr. Sachsen	16./9.
Lübeck	17./9.
Württemberg	17./9.
Posen	18./9.
Hannover	19./9.
Anhalt	19./9.
Schleswig-Holstein	23./9.
Prov. Sachsen	24./9.
Westfalen	25./9.
Prov. Hessen	26./9.
Großhrzgt. Hessen	26./9.
Thüring. Staaten	27./9.
Braunschweig	Ende Sept.
Rheinprovinz	1./10.
Baden	3./10.
Bremen	3./10.
Elsaß	4./10.
Lippe	7./10.
Rheinpfalz	Anf. Okt.

Österreich-Ungarn.

Ungarn	Ende Aug.
Böhmen	8./9.
Siebenbürgen	15./9.
Mähren	20./9.
Niederösterreich	20./9.
Oberösterreich	23./9.
Kroatien	24./9.
Dalmatien	27./9.
Steiermark	3./10.
Salzburg	3./10.
Tirol	Okt.
Herzegowina	11./10.
Bosnien	28./10.
Vorarlberg	29./10.
Istrien	3./11.

Dänemark.

Seeland	10./9.
Jütland	18./9.
Falster	20./9.
Laaland	21./9.
Bornholm	Sept.
Fyn	27./9.
Langeland	11./10.

Schweden.

Östergötland	10./9.

Belgien.

Liège	23./9.
Anvers	26./9.
Brabant	5./10.
Limbourg	6./10.
Namur	10./10.
Ost-Flandern	12./10.
Hainaut	14./10.
West-Flandern	Okt.
Luxembourg	Okt.

Holland.

Groningen	26./9.

Frankreich.

Dep. Côte d'Ors	2./10.
„ Allier	15./10.
„ Seine-et-Oise	15./10.
„ Vendée	15./10.

Dep. Calvados	15./10.	Schweiz.	
„ Seine Infér.	16./10.		
„ Aube	2. Hälfte des Okt.	Unterwalden	8./10.
„ Jone	Okt.	Thurgau	9./10.
„ Haute Savoie	28./10.	Waadt	10./10.
, Gard	31./10.	Aargau	11./10.
, Orne	4./11.	Genf	12./10.
		Bern	13./10.
		Baselland	Mitte Okt.
England.		Luzern	Okt.
Hertford	5./10.	Italien.	
Sussex	2./12.	Verona	Mitte Okt.

Die Hauptinvasion, also die eigentliche Masse, war in Rußland von Mitte August bis in die ersten Tage des Septembers. In
Deutschland wurde sie von Mitte September bis Mitte Oktober
bemerkt, ebenso in Österreich-Ungarn und Dänemark. In
Schweden war sie Ende September, in Belgien Mitte Oktober,
in Holland und Frankreich in der zweiten Hälfte des Oktobers
(vgl. hierzu die Karten No. 1—4 und die nachfolgende Tabelle).

Von da ab flaute der Zug wieder merklich ab, hörte zum Teil
ganz auf, was wohl durch die Unmenge von zugrunde gegangenen,
bzw. getöteten Vögeln bedingt wurde, und schien somit seiner ur-
sächlichen Bestimmung des „Todwanderns" (cf. O. KLEINSCHMIDT,
Berajah 1910, Corvus Nucifraga, p. 22) gerecht geworden zu sein.

Der Zug verlief sehr gleichmäßig; es war ein allmähliches, ununterbrochenes Vordringen. Nach Allem zu schließen, hatte dabei
die Witterung fast gar keinen oder nur lokalen Einfluß. Das dürfte
wohl zum guten Teil einerseits auf die „Wetterfestigkeit" der Häher,
andrerseits auf ihr strichweises und verhältnismäßig doch sehr
niederes Fliegen (im Gegensatz zu den echten Zugvögeln) zurückzuführen sein. Überaus interessant sind übrigens die vorliegenden
Beobachtungen über den Flug bzw. das Ziehen der Häher. — Aus
ihnen geht nämlich hervor, daß zu Beginn des Zuges ein oft durch
Tage währendes, ununterbrochenes Fliegen von größeren Trupps in
mäßiger Höhe stattfand. Eine diesbezügliche Nachricht aus dem
Altai (vgl. W. u. H., 1912, p. 69) besagt, daß Ende August die Häher
in ungeheuren Mengen von Ost nach West ziehend, zuerst in Trupps
von 20—30 Stück, später ununterbrochen in großen Schwärmen beobachtet wurden, und zwar durch 3 Wochen hindurch, in gleicher
Zugrichtung, bei klarem Wetter hoch in schnellem, ununterbrochenen
Flug, bei trübem Wetter tief und öfters Aufenthalt nehmend. Auch

in Rußland werden Ende August bis Anfang September „große Züge in kleinen Truppen" bemerkt. Im Deutschen Reich werden größere Gesellschaften, im Osten bis Ende September, im nördlichen Mittel-Deutschland bis Anfang Oktober, in West-Deutschland überhaupt keine beobachtet. In Ungarn werden Ende August Flüge von 10—30 Stück, von Ost nach West ziehend gesehen, zum Teil auch noch im September. In Österreich werden im Laufe des Septembers größere Schwärme beobachtet. Im ganzen westlichen Europa werden aber keine größeren Trupps bemerkt.

Daraus geht hervor, daß der Wanderzug der Häher tatsächlich etwas zugvogelartiges an sich hat, wenigstens so lange als seine Scharen noch halbwegs ungelichtet sind, und dies übrigens dort, wo ihnen am wenigsten Verfolgung zustößt, auch beibehält, wie z. B. an den Küsten Deutschlands. — Für den teilweise echten Zugcharakter des Häherzuges spricht auch die Beobachtung THIENEMANN's, der sagt (vgl. TISCHLER, in Falco, 1912, No. 4): „Mitunter erinnerte der Zug an den Herbsthäherzug an den besten Tagen. Binnen wenigen Minuten flogen 30—40 Tannenhäher über ein Gestell."

Im Westen Europas, auch im südlichen Mitteleuropa ist allerdings von einem echten Zugcharakter der Wanderung nichts mehr zu bemerken. Die Häher haben sich einerseits infolge Nahrungssuche, andrerseits durch die überaus starke Verfolgung verteilt, bzw. sind dezimiert und treten daher in diesen erst später aufgesuchten Gegenden nur mehr einzeln oder höchstens in Gesellschaften von 2—4 Stücken auf. Ausnahmen gibt es allerdings auch da, aber selten.

Wie das Wetter, so scheint auch das Gelände die Häher nicht zu beeinflussen, denn irgendwelche markante temporale Unterschiede, bezüglich der Ankunft in der Ebene und im Gebirgsland, sind nicht ersichtlich.

Bezüglich der Wahl ihres Aufenthaltsortes sind die Häher überaus gleichgültig. Sie kommen im Wald und an dessen Rändern genau so vor wie auf Wiesen, Feldern, Äckern, Hecken, Gärten, Höfen von Häusern, Straßen usw. oder auf Bäumen, Sträuchern, Stauden, Giebeln von Häusern und mit besonderer Vorliebe auf dem Boden usw. vor.

Ein Beobachter aus Nieder-Österreich berichtet uns über das Baden von ca. 20 Stück in einer Wasserlache (vgl. D.F.u.B., 1911, p. 8).

Chronologische Übersicht des Zugverlaufes.

		Juli	August 1.–5.	5.–10.	10.–15.	15.–20.	20.–25.	25.–31.	September 1.–5.	5.–10.	10.–15.	15.–20.	20.–25.	25.–30.
Asien	West-Sibirien													
Asien	Altai													
Rußland	Ost-Rußland													
Rußland	Zentral-Rußland													
Rußland	West-Rußland													
Deutschland	Ost-Deutschland													
Deutschland	Mittel-Deutschland													
Deutschland	West-Deutschland													
Österreich-Ungarn	Ungarn													
Österreich-Ungarn	Östl. Österreich													
Österreich-Ungarn	Mittel-Österreich													
Österreich-Ungarn	Westl. Österreich													
Nord-Europa	Dänemark													
Nord-Europa	Schweden													
Nord-Europa	Belgien													
Nord-Europa	Holland													
West-Europa	Frankreich													
West-Europa	England													
Süd-Europa	Schweiz													
Süd-Europa	Italien													

Oktober 1.—5. | 5.—10. | 10.—15. | 15.—20. | 20.—25. | 25.—31. | November 1.—5. | 5.—10. | 10.—15. | 15.—20. | 20.—25. | 25.—30. | Dezember 1.—5. | 5.—10. | 10.—15. | 15.—20. | 20.—25. | 25.—31.

· vereinzelt. : häufig. | Massenzug.

Oft genug ist die große Scheulosigkeit der sibirischen Gäste
hervorgehoben und deren Ursache besprochen worden, so daß ich
mich darüber hier nicht weiter auszulassen brauche. Von scheuen
Vögeln sind nur wenig Fälle bekannt und die nur aus dem späteren
Verlauf des Zuges, also wohl Häher betreffend, die bereits beschossen,
beworfen oder dgl. wurden.

Meist verhielten sich die Häher still, nur einmal wird ein
„schnarrender Ruf" (vgl. V.I.J., 1912, No. 4, p. 54), ein „heiseres
Krächzen" (vgl. V.I.J., 1912, No. 4, p. 60), ein „mörderisches Schreien"
(Hennemann, O.J., 1912, p. 66) erwähnt, und Kollibay berichtet in
seinem Artikel (s. p. 126) von einem Stück, das unaufhörlich sehr
laut krächzte.

Des den Hähern, ebenso wie den Spechten, eigentümlichen
Hämmerns wird des öfteren Erwähnung getan. — Einmal wird auch
von einem auf einen Steinkauz stoßenden Häher berichtet (W.u.H.,
1911, p. 741).

Im übrigen scheinen die Häher von Raubvögeln nur selten geschlagen zu werden. Im ganzen vorliegenden Material sind nebst
2 Angaben über tot gefundene nur 2 Fälle von „geschlagenen"
Vögeln vorhanden.

Die Konstitution der Häher war zu Beginn des Zuges durchaus
sehr gut. Meist waren sie gut bei Leibe, zum Teil auch fett. Gegen
Ende des Zuges jedoch, in Deutschland und Österreich ca. im
Oktober, waren sie bedeutend abgemagert.

Was nun die Nahrung der Gäste betrifft, so scheinen sie in der
Tat alles, was nur irgendwie aufzunehmen und genießbar schien,
verzehrt zu haben. Es ist völlig unmöglich, hier alle diesbezüg-
lichen Untersuchungen zu rekapitulieren oder aufzuzählen, und ich
glaube, es genügt vollauf, um ein klares Bild über diese gefiederten
„Omnivoren" zu bekommen, wenn nur die augenfälligsten Beobachtungen bzw. Untersuchungen angeführt werden.

Die Hauptnahrung bestand in vegetabilischer Kost. Davon zogen
sie naturgemäß die Samen von Nadelholzarten, wie von Fichten,
Tannen, Föhren, Weymouthkiefern usw., besonders vor; daneben
wurden aber die Beerenfrüchte, speziell die der Eberesche, mit Vorliebe
genommen. Pflaumen, auch Weintrauben und Brombeeren, ebenso
Eicheln, auf Äckern aufgelesene Roggenkörner, Buchweizen, Samen
von Hanfstauden und Sonnenblumen, Tomatenäpfel usw., sonder-
barerweise auch wiederholt Wal- und Haselnüsse dienten ihnen als
hauptsächliche Nahrung. Im Großen und Ganzen bildete ihre Haupt-

nahrung eben stets die den einzelnen Gegenden eigene und dort
auch besonders reichlich vorkommende Frucht.

Die animalische Kost war ebenfalls sehr mannigfaltig. Die
karge Kost des Insektenfressers, wie die des Raubvogels, fand in
den Hähern ihren Abnehmer. Am häufigsten wurden Kuh- und
Pferdedung nach Insecten durchstöbert. Magenuntersuchungen
lehrten, daß sie vorwiegend kleine und große Käfer, meist Mist-
käferarten, nebst Würmern und Wespen — von diesen plünderten sie
zuweilen die Nester und fingen die einzelnen Tiere im Fluge — aufnahmen. Auch Ameisen, Engerlinge, Drahtwürmer, Schaben, Grillen,
Kieferspannerraupen, Puppen usw. verzehrten sie; kleine Schnecken
gleichfalls, und die Feldmäuse hatten in ihnen eifrige Verfolger.
Aus Mähren wird beispielsweise berichtet, daß dort einige Exemplare
ausschließlich Feldmäuse fingen. Kleine Vögel und selbst Schlangen
(Kreuzottern, vgl. Laubmann, V.O.G.B., Vol. 11, 1913) wurden gekröpft.

Die Aufnahme von Steinchen wurde natürlich auch wiederholt
festgestellt.

Kollibary berichtet übrigens noch, daß mehrfach intensives
Aufnehmen von Wasser beobachtet wurde.

Zum Schlusse seien noch einige Bemerkungen über das Alter,
die systematische Stellung, Abnormitäten usw. der Vögel dieses
Zuges gemacht.

Wie fast bei allen bisher eingehender erforschten Zügen der
Tannenhäher waren auch diesmal die Wanderer meist oder überhaupt junge Vögel. Es finden sich leider in den einzelnen Berichten
zu wenig Vermerke darüber, aber auch alle von mir untersuchten
Vögel waren junge.

Das Hauptkontingent der Zügler stellten die Dünnschnäbler
(Nucifraga caryocatactes macrorhynchos Brehm); diesen beige-
mischt bzw. angeschlossen haben sich auch dickschnäbelige Tannenhäher (Nucifraga caryocatactes caryocatactes (L.)). Eingehendere
Untersuchungen lassen sich leider infolge Mangels an umfang-
reicherem Notizenmaterial nicht anstellen. In gewissen Teilen
Deutschlands scheinen aber die Dickschnäbler verhältnismäßig zahlreich gezogen zu sein. So werden z. B. aus Norddeutschland, aus
Brandenburg und Pommern, nicht weniger als 9 erbeutete
Dickschnäbler angeführt. — In Holland wurde nach Snoukaert
von Schauburg ebenfalls 1 Stück erlegt, das der erste Nachweis
des Dickschnabels für Holland ist (in litt. 6./12. 1911).

Abnormitäten werden sich natürlich vielfach gefunden haben.

Verzeichnet sind leider nur zwei. Einmal wird von einem kolbig-
verdickten Unterschnabel, in dem sich eine Haselnuß, deren Schale
wie poliert war, festgeklemmt hatte, Erwähnung getan (s. Fromholz, O.J., 1913, p. 100), und das andere Mal wird von einem „erheblich verlängerten Oberschnabel" berichtet (vgl. Rüdiger, Z.f.O.O.,
1912, No. 2).

Durchaus möglich ist es, daß sich an dem Zug auch noch andere
Formen des Tannenhähers in vereinzelten Exemplaren beteiligten.
So wird man unwillkürlich, obzwar es nicht ohne weiteres angenommen werden kann, bei dem von Hannover (Leege, O.Ms., 1912,
p. 283—284) erwähnten „ausnehmend kräftig gefleckten" Häher an
rothschildi zu denken verleitet. Eine Nachprüfung wäre daher
sehr erwünscht. Die beiden aus Brandenburg angeführten
Häher, deren Rückengefieder „recht hellfahl" war, dürften wahrscheinlich aberrante Stücke gewesen sein.

Hiermit ist über die wesentlichsten Erscheinungen des 1911er
Tannenhäherzuges berichtet worden, und es würde sich nur noch
erübrigen über das Ende, bzw. den Rückzug desselben zu sprechen.

Soweit das vorliegende Beobachtungsmaterial einen Schluß zuläßt, ist der weitaus größte Teil der Häher in Europa und zwar im
mittleren Europa zugrunde gegangen. Vereinzelte Exemplare, und
vielleicht sogar kleine Trupps, vom Glück besonders begünstigt, erhielten sich, überdauerten den Winter (darüber liegen mir mehrere
Beobachtungen vor) und traten nun im Laufe des kommenden
Jahres, mehr oder weniger direkt, einen Rückzug, allerdings wer
weiß wohin, an. — Von einem offenbar direkten Rückzug liegt mir
übrigens auch eine Angabe vor, und zwar eine sehr interessante.
Kustos v. Führer in Kronstadt in Siebenbürgen beobachtete
nämlich am 27. März 1912 um 7 h a. m. eine Schar von über
100 Stück bei Nordwind ungefähr 200 m hoch in östlicher Richtung
fliegend. — Ob es sich hierbei auch tatsächlich um Dünnschnäbler
handelte, läßt sich allerdings nicht positiv nachweisen, immerhin ist
es möglich: — Weitere Angaben über einen eventuellen wirklichen
Rückzug liegen mir nicht vor. Im Übrigen läßt sich ein Rückzug,
genau so wie die Art der Einwanderung, deren Schnelligkeiten,
sowie sonstige biologische Momente, positiv, nur mit Hilfe des Ring-
experiments nachweisen.

Zoologische Studien an Hummeln.[1]

IIa. Berichtigungen und Ergänzungen zu I und II nebst theoretischen Bemerkungen zur Methodik der Hummelforschung.

Von

Dr. **H. Friese**   und   Prof. Dr. **F. v. Wagner**
(Schwerin i. M.)   (Graz).

Mit Tafel 8.

Inhaltsverzeichnis.

Einleitung.

Die vorliegende kleine Publikation ist kein neues Glied in der programmgemäßen Folge unserer „Zoologischen Studien an Hummeln",

---

1) Vgl. Zool. Jahrb., Vol. 29, Syst., 1909, p. 1—104 u. Suppl. 15, Bd. 1, 1912, p. 155—210.

hängt aber mit dem Gegenstande dieser Studien so unmittelbar zusammen, daß wir sie in die Reihe derselben aufgenommen, aber
durch die Bezeichnung IIa in ihrer Besonderheit kenntlich gemacht
haben.

In unserer Abhandlung II, die die Hummeln der Arktis, des
Hochgebirges und der Steppe behandelt, ist durch widrige Umstände
in einer Anzahl Figuren der letzten Tafel (tab. 9) die Farbengebung
nicht entsprechend, besonders die Rotfärbung nicht genau wieder-
gegeben worden, und dies auch bei Formen, die aus unserer Abhandlung I wiederholt wurden, so daß ein Vergleich dieser letzteren
mit den ursprünglich gegebenen Bildern den Leser in Verlegenheit
setzen muß, welche der beiden Darstellungen nun die richtige sei.
Eine solche Sachlage wirkt irreführend und bedeutet daher einen
Mißstand, dessen tunlichst rasche Beseitigung selbstverständliche
Pflicht ist.   Unsere erste Absicht war, die Richtigstellung anhangsweise mit der Abhandlung III unserer „Studien“, deren Gegenstand
die asiatischen (sibirischen) Hummeln sind, zu verbinden. Dieser
Plan mußte indes fallen gelassen werden, da sich bei näherem Zusehen herausstellte, daß wir wohl nicht imstande sein werden, vor
Ablauf von 2—3 Jahren jene Abhandlung den Fachgenossen vorzu-
legen.   Auf eine so weite Zukunft aber durfte unsere Korrektur
begreiflicherweise nicht vertagt werden. Wir entschlossen uns daher, dieselbe sofort in einer besonderen Publikation vorzunehmen,
ein Ausweg, der sich uns auch dadurch empfahl, daß uns damit
Gelegenheit gegeben wurde, neben der Erledigung einiger anderen
kleinen Berichtigungen und Ergänzungen zu den eigenartigen Ausführungen O. Vogt's Stellung nehmen zu können, die dieser Forscher
in den letzten Jahren veröffentlicht hat.

Demnach zerfällt unsere Arbeit naturgemäß in zwei Teile. Der
erste bringt die Berichtigungen und Ergänzungen zu den
beiden früheren Abhandlungen 1 und II, der zweite dagegen enthält
theoretische Darlegungen, die im Anschlusse an unsere Auseinandersetzung mit Vogt's Ansichten insbesondere die Methodik der
Hummelforschung zum Gegenstande haben.

I. Teil.
Berichtigungen und Ergänzungen.

A) Berichtigungen.

a) Bei *Bombus pomorum var. armeniacus* RAD. ist das Segment 6 schwarz (Taf. 8 Fig. 1). Diese Schwarzfärbung ist besonders hervorzuheben, weil darin das sinnenfälligste Unterscheidungsmerkmal von *B. niveatus var. sulfureus* gelegen ist, was um so beachtenswerter erscheint, als beide Formen in Kleinasien zusammen vorkommen (vgl. Lit. 6, tab. 6 fig. 13 und 7, tab. 9 fig. 22).

b) Für *Bombus subterraneus var. frisius* VERHOEFF hat ALFKEN gezeigt (Lit. 3, p. 79), daß dieselbe von *B. subterraneus var. distinguendus* MOR. nicht verschieden ist. Unsere ganz gelb behaarte Form ist daher neu zu bezeichnen; wir geben ihr den Namen *var. flavidissimus n. v.* (vgl. Lit. 6, tab. 6 fig. 17).

c) Das Rotbraun in fig. 7—15, fig. 20 und fig. 24 auf tab. 9 (Lit. 7) war zu intensiv ausgefallen und dadurch irreführend; es handelt sich um eine mehr braungelbe Färbung, so wie sie bereits in Lit. 6, tab. 5 zur Darstellung gekommen ist (Taf. 8 Fig. 2—12).

B) Ergänzungen.

a) *Bombus hortorum var. transigens* (Taf. 8 Fig. 13) ist eine neue Form, die in der Färbung zwischen dem typischen *B. hortorum* (vgl. Lit. 6, tab. 7 fig. 1) und der *var. opulentus* (vgl. Lit. 7, tab. 9 fig. 23) vermittelt, also eine Übergangsform darstellt, die um so interessanter ist, als sie aus dem Kaukasus (Murut) stammt, demnach von unserem Alpengebiet durchaus geschieden ist, in dem beide Formen sonst konstant und auch nebeneinander vorkommen.

b) Hier sei auch eine neue Färbungsform des *Bombus derhamellus* angeführt, die kürzlich von M. MÜLLER als *var. rutilus* beschrieben worden ist (Lit. 12, p. 121). Sie stammt aus der Mark Brandenburg und zeigt das ♂ des typischen *B. derhamellus* mit einer fuchsrot behaarten Thoraxscheibe ausgestattet. Da uns das Tier nicht vorliegt, müssen wir von einer Abbildung desselben einstweilen absehen.

c) Für *Bombus subterraneus var. latreillellus* ist als südlichster Fundort nunmehr Bozen anzugeben, wo diese Form bei Siegmundskron auf einem Feld von Lamium purpureum am 19. April dieses Jahres (1913) von uns gefangen wurde. Das Collare zeigt in der gelben Binde viele schwarze Haare und tritt deshalb nur schwach hervor, das Scutellum besitzt nur am Hinterrande einen Kranz gelber Haare, und die weiße Endbehaarung zeigt besonders auf Segment 4 auch viele schwarzbraune Härchen, so daß das Weiß schmutzig wird und sich nicht mehr scharf abhebt. Damit nähert sich diese Form der typischen Färbung von *B. subterraneus*. — Als östlichster Punkt seiner Verbreitung ist Djarkent (Turkestan) zu nennen, von wo uns ein ♀ zu Gesicht kam, das durch reichliche Gelbfärbung ausgezeichnet war.

d) Auch bezüglich *Bombus confusus* können wir jetzt Bozen als den südlichsten Fundort bezeichnen. Wir fingen auf demselben Felde wie die vorhergehende Form ebenfalls am 19. April ein ♀, das besonders durch die dünne rote Behaarung auf dem 4. Segment auffällt.

Im Anschlusse an die vorstehenden Berichtigungen und Ergänzungen möchten wir nachdrücklich auf die ganz beträchtlichen Färbungsverschiedenheiten hinweisen, die zwischen den frisch geschlüpften Hummeln, also den Nestexemplaren, und denjenigen zutage treten, die schon einige Zeit (mehrere Wochen) geflogen sind und gearbeitet haben. In diesen Differenzen liegt gewiß die Ursache mancher Mißverständnisse und Irrtümer, wobei freilich zugegeben werden muß, daß es oft sehr schwierig ist und reicher Erfahrung bedarf, um sich in diesen Verhältnissen zurechtzufinden.

Gelbbraune und rotgelbe Färbung verblassen außerordentlich rasch und stark, so z. B. bei *B. muscorum*, *B. agrorum var. pascuorum*, *B. variabilis*, *B. hypnorum*; ja auch bei den rein gelb behaarten *B. distinguendus* tritt die gleiche Erscheinung auf. Dabei gehen nun meistens auch die eigenartigen Feinheiten in der Behaarung und Farbe, die sonst den Kenner die Formen meist auf den ersten Blick unterscheiden lassen, verloren. Oft treten auch bei diesen Abbleichungsvorgängen Abweichungen zutage, die man nur sehen und festhalten kann, wenn man Nestexemplare und abgeflogene Tiere unmittelbar nebeneinander vor sich hat und vergleichen kann. Dadurch wird es erst möglich, die charakteristischen Abstände zwischen beiden scharf zu erfassen. So zeigt beispielsweise der *B. muscorum* ganz frisch einen hellgelben Hauch, der die gelbe bis rotgelbe Behaarung umsäumt; der *B. agrorum var. pascuorum*, der bei Bozen (Siegmundskron) zusammen mit *B. muscorum* Lamium-Felder nicht selten beflog, zeigt frisch eine herrliche, ganz dunkel rotgelbe, dabei geradezu leuchtende Behaarung,

die struppig ist und nur zu bald in ein mehr oder weniger
schmutziges Gelbbraun abbleicht. *B. distinguendus* hat frisch eine
wunderbar zarte, weiße Umrahmung des dichten gelben Haarpelzes,
die aber schon in wenigen Tagen verblaßt und nur das eintönig
gelbe Kleid übrig läßt. Und so verhalten sich noch manche andere
Formen, ja in irgendeinem Ausmaße dürfte das Verfärben eine ganz
allgemeine Erscheinung bei unseren Tieren darstellen. Daher Vorsicht, besonders bei geringem Material!

Anhang.

Zur Bezeichnungsweise der Formengruppen bei den Hummeln.

Wir haben uns in der Bezeichnungsweise der Hummelarten dem
Catalogus Hymenopterorum von DALLA TORRE (4) angeschlossen in
der Überzeugung, daß mit diesem Werke eine durchaus sachliche
Grundlage gegeben ist, die sich zu eigen zu machen ein gemeinsames Interesse aller auf diesem Gebiete arbeitenden Forscher sei,
zumal jenes Werk auf den Arbeiten der besten Hymenopterologen
der Vergangenheit wie der Gegenwart fußt. Bedauerlicherweise
begegnen wir trotzdem in der modernen Hummelliteratur immer
wieder alten Bezeichnungen, deren Fortführen wohl kaum ordnungs-
gemäß zu rechtfertigen, vom Standpunkte der Praxis aber jedenfalls
nur verwirrend ist. So nennt ALFKEN (1, p. 118) den *B. derhamellus* K.
noch *B. ruderarius* MÜLL., VOGT — gelegentlich auch ALFKEN
(3, p. 74) — bezeichnet den *B. mastrucatus* GERST., eine ganz allgemein angenommene Benennung, als *B. lefebrei* LEP., und der *B. variabilis* SCHMIED. heißt bei VOGT *B. helferanus* SEIDL und bei ALFKEN
(3, p. 78) einmal *B. solstitialis* PZ., ein andermal wieder (1, p. 119
und 2, p. 340) *B. venustus* SMITH. Man wird zugeben müssen, daß
das ein so wenig erfreulicher Zustand ist, daß dessen Abstellung
wohl das Opfer persönlicher Neigungen wert wäre. Wir möchten
diesem Wunsche um so nachdrücklicher Ausdruck geben, als es sich
ja nicht um eine von uns aufgestellte Benennungsweise handelt und
wir auch keinerlei Absicht hegen, in eine Erörterung der Frage ein-
zutreten, ob diese oder jene Art der Bezeichnung mehr oder weniger
Berechtigung für sich habe, demnach jedes persönliche Moment in
der Sache fortfällt.

II. Teil.

Zur Methodik der Hummelforschung:
O. Vogt, Die Hummeln und wir.

Wenn wir in den folgenden Blättern auf die Aufstellungen eingehen, die Vogt in seinen „Studien über das Artproblem", 1. Mitteilung, veröffentlicht hat, so geschieht dies nicht, um mit diesem
Forscher eine Polemik zu eröffnen. Derartiges liegt uns schon deshalb ferne, weil eine solche Diskussion der ganzen Sachlage nach
unfruchtbar und daher zwecklos wäre; unsere Absicht geht vielmehr
dahin, darzutun, daß und warum wir keinen Anlaß sehen, der Ausführungen Vogt's wegen unsere Anschauungen und das von uns
eingeschlagene und seither festgehaltene Verfahren zu ändern. Das
ist nun freilich nicht möglich, ohne die Ansichten Vogt's einer
kritischen Untersuchung zu unterziehen, doch möchten wir ausdrücklich hervorheben, daß wir dabei ausschließlich unser Ziel im Auge
haben und in unseren Darlegungen deshalb auch nur soweit gehen,
als es unser Zweck erfordert.

Wenden wir uns nun den von Vogt vertretenen Auffassungen
selbst zu, so müssen wir bezüglich derselben eine allgemeine Bemerkung vorausschicken. Die theoretischen Ausführungen Vogt's
sind zum Teil von fast aphoristischer Kürze, zum Teil an sich so
wenig klar — wir dürfen dies so aussprechen, weil wir uns überzeugen konnten, daß auch andere Forscher denselben Eindruck gewonnen haben —, daß wir es dahingestellt sein lassen müssen, ob
und inwieweit wir die Ansichten unseres Autors richtig verstehen.
Wie der Arzt eine Krankheit, deren Natur er nicht zu erkennen
vermag, nur symptomatisch behandeln kann, so steht auch uns kein
anderer Weg zu Gebote, wollen wir nicht allzusehr riskieren, um-
ständliche Erörterungen an Mißverständnisse zu verschwenden. Er-
freulicherweise genügt es für unsere gegenwärtige Aufgabe, wenn
wir uns auf die Diskussion zweier, gewiß grundsätzlicher Aufstellungen Vogt's beschränken, seine Auffassung des Artbegriffs
und die Methodik, mit der dieser Forscher seinen Gegenstand behandelt. Zunächst indes müssen wir die wenigen Bemerkungen ins
Auge fassen, die Vogt unseren Arbeiten hat angedeihen lassen; die
Erörterung derselben wird uns übrigens sogleich in medias res ver-
setzen.

Abhandlung I unserer „Zoologischen Studien an Hummeln" er-

schien 1909 und lag im Manuskript fertig vor, als Vogt die erste
Mitteilung seiner „Studien über das Artproblem" unter dem Titel
„Über das Variieren der Hummeln" 1. Teil veröffentlichte. Wir
nahmen damals in der allein noch möglichen Form von Anmerkungen
auf diese Publikation mit folgenden Worten Bezug (6, p. 5 An-
merk.): „Begreiflicherweise sind wir nicht mehr imstande, auf diese
Arbeit hier noch näher einzugehen, und müssen uns deshalb eine
entsprechende Würdigung derselben für eine spätere Publikation
vorbehalten. Zudem ist auch die Art und Weise, wie Vogt sein
Thema angreift und behandelt, von unserem Verfahren fast grund-
sätzlich verschieden. Diese Differenz ist zwar im Interesse der
Sache gewiß nur mit Freuden zu begrüßen, macht aber eine frucht-
bare Auseinandersetzung, zumal in Kürze, dermalen unmöglich,
da der Natur der Sache nach eine bestimmte Stellungnahme
unsrerseits zu Vogt's Ansichten vorerst überhaupt ausgeschlossen
erscheint. Soweit noch tunlich, soll indes bei tatsächlichen Berüh-
rungspunkten auf Vogt's Aufstellungen kurz Bezug genommen
werden." Letzteres konnte noch an 2 Stellen geschehen. Zweifellos
hat der seither erschienene abschließende 2. Teil von Vogt's Arbeit
„Über das Variieren der Hummeln" die in der eben zitierten Anmerkung bereits kurz gekennzeichnete sachliche Gegensätzlichkeit
zwischen uns wesentlich und zwar so verschärft, daß uns eine Ver-
ständigung zwischen den beiderseitigen Anschauungen und Bestrebungen nunmehr so gut wie ausgeschlossen erscheint.

In diesem abschließenden Teil nimmt nun Vogt in Form von
Anmerkungen an 2 Stellen (11, p. 36 u. p. 49) Bezug auf unsere
Arbeiten. Wir halten es für geboten, dieselben hier im Wortlaut
wiederzugeben. Die erste Anmerkung bezieht sich auf die in unserem
Beitrag zur Festschrift für A. Weismann aufgestellte Unterscheidung homonider und heteronider ♀♀ (5, p. 563); sie lautet (11, p. 36):
„Friese und v. Wagner haben jüngst die sehr guten Ausdrücke
‚homonid' und ‚heteronid' geprägt. Leider fahren die Autoren aber
fort, von homoniden und heteroniden ‚Varietäten' und ‚Subspecies'
zu sprechen, und werden nicht gewahr, daß sie mit diesen Namen
die Existenz physiologisch ganz differenter Kategorien zum Ausdruck
bringen." Die 2. Anmerkung (11, p. 49) besagt: „Ich halte es für
meine Pflicht, die systematischen Versuche Friese's und v. Wagner's
nicht einfach mit Stillschweigen zu übergehen. Leider muß ich aber
fast jede von Friese in seiner ‚Systematische Übersicht der Bombus-
Arten des paläarktischen Gebietes' (1905) aufgestellte Verwandt-

schaftsbeziehung für unrichtig ansehen. Die neuerdings von Friese
und v. Wagner unternommene Konstruktion eines monophyletischen
Stammbaumes der deutschen Hummeln halte ich vollends a priori
für verfehlt. Ebenso finde ich ihr ‚Gesetz der Farbenfolge‘ in
Gegensatz zu den Tatsachen."

Es bedarf keiner besonderen Begründung, daß wir Äußerungen,
wie sie in den angeführten Anmerkungen vorliegen, nicht einfach
auf sich beruhen lassen können; nicht die landläufige Meinung, qui
tacet, consentit, sondern die selbstverständliche Rücksicht auf die
Leser unserer Arbeiten nötigt uns, die Sachlage zwischen Vogt
und uns einmal klarzustellen. Was dabei auf Rechnung der Gegensätzlichkeit unserer beiderseitigen Grundanschauungen zu setzen
ist, soll im Zusammenhange der folgenden Kapitel seine Erledigung
finden, hier wollen wir uns nur mit 2 Aussagen Vogt's kurz be-
fassen, derjenigen, daß unser Entwurf eines Stammbaums der
deutschen Hummeln „a priori für verfehlt" anzusehen sei, und dann
die Widerrede Vogt's gegen das von uns aufgestellte Gesetz der
Farbenfolge. In beiden Fällen hat sich Vogt lediglich auf die einfache Ablehnung beschränkt, zudem ohne Gründe oder Tatsachen
namhaft zu machen, die ihn zu dieser Abweisung veranlassen. Wir
können dem Leser nicht zumuten, die Erwägungen hier zu wiederholen, die wir am gegebenen Orte niedergelegt haben (6, p. 79 u. ff.)
und aus denen heraus wir zu der Aufstellung unseres Stammbaums
gekommen sind. Es sei uns gestattet, nur darauf hinzuweisen,
daß wir selbst erklärt haben (6, p. 83): „Manchem Forscher mag
es wohl verfrüht erscheinen, bei dem gegenwärtigen, gewiß noch
recht unzulänglichen Zustande unseres einschlägigen Wissens überhaupt das Wagnis zu unternehmen, einen Stammbaum zu entwerfen,
zumal innerhalb einer verhältnismäßig eng begrenzten und unter
ihresgleichen sicherlich nicht zusammenhanglos und isoliert stehenden
Formengruppe. Wer indes in Studien wie den unsrigen mitten
innesteht, wird mit dem Bedürfnis nach einer, und sei es auch nur
provisorischen, Ordnung die Nötigung zu einem solchen Wagestück
als unabweislich empfinden. Übrigens soll auch für uns damit zunächst nichts weiter als ein erstes Gerippe gegeben sein, dessen
Ausbau und zweifellos auch Richtigstellung künftige Forschungen
zu dienen haben werden." Den provisorischen Charakter unseres
phyletischen Entwurfes haben wir übrigens auch sonst mehrfach
betont, und wir meinen, daß gerade dieses Verfahren einer sachlich
fördernden Diskussion den breitesten Spielraum offen ließ. Vogt

erklärt aber kurzweg unsere Aufstellung „a priori für verfehlt".
Aus dem Zusammenhang dieses Urteilsspruches mit dem ihm
vorangehenden Satze sowie Vogt's ganzer Darstellungsweise geht
allerdings hervor, daß unser Autor hinsichtlich der Verwandtschaftsbeziehungen der verschiedenen Hummelformen anderer Ansicht ist
als Friese und wir. Da wäre es gewiß zweckdienlich gewesen,
wenigstens die wichtigsten Differenzen näher zu bezeichnen und
die Motive anzugeben, die der abweichenden Auffassung zugrunde
liegen. Indes vermag auch die Tatsache, andere vorläufige Vorstellungen über die verwandtschaftlichen Zusammenhänge der Hummelformen zu hegen als wir, die Ablehnung unseres Entwurfes „a priori"
nicht verständlich zu machen. Dafür sehen wir nur 2 Möglichkeiten.
Entweder stößt sich Vogt an dem monophyletischen Charakter
unseres Stammbaumes, oder er erachtet unsere ganze wissenschaftliche Arbeitsweise auf dem Gebiete der Hummelforschung für verfehlt. Das erstere hätte nur dann eine Berechtigung, wenn für die
Herkunft der heutigen Hummelwelt ein di- oder polyphyletischer
Ursprung anzunehmen wäre; in diesem Falle müßte zwar nicht,
aber könnte doch die deutsche Hummelfauna aus 2 oder mehreren
Quellen hervorgegangen sein. Die ganz außerordentlich weitgehende
Übereinstimmung der mannigfaltigen Hummelarten und -varianten
verleiht der Gattung *Bombus* ein so einheitliches Gepräge, daß wir
wenigstens an der monophyletischen Entstehung derselben Zweifel
zu hegen keinen Anlaß haben. Wir glauben sogar — mindestens
bis zur Aussage des Gegenteils — in dieser Ansicht mit Vogt einig
zu sein. Bleibt demnach nur die zweite Möglichkeit, und in diesem
Falle wäre es schon aus allgemeinen Gründen am Platze gewesen,
das Verfehlte unserer Arbeitsweise doch mit einigen Worten zu
kennzeichnen, und dies um so mehr, als wir uns ja eines in der
wissenschaftlichen Zoologie gang und gäben Verfahrens bedienen,
also keine neuen Wege wandeln, deren Berechtigung erst nachzuweisen wäre. Vogt hat eine derartige Auseinandersetzung nicht
für nötig gehalten.

Was das „Gesetz der Farbenfolge" betrifft, so findet es Vogt,
wie schon angeführt wurde, „in Gegensatz zu den Tatsachen". Unser
Autor hat auch in diesem Falle — vom Sachlichen ganz abgesehen —
kein Gefühl dafür, daß man derartige Abweisungen doch begründen
müsse und eine solche Begründung geradezu zur Pflicht wird, wenn
die Unterlassung derselben die Vorstellung erweckt, als ob wir
unsere Angaben leichtfertig gemacht oder gar sozusagen aus den

Fingern gesogen hätten. Wir beschränken uns darauf, die Tatsachen anzuführen, auf die sich unsere Aufstellung stützt, und wiederholen nur die schon seinerzeit (6, p. 17) einer abweichenden Angabe
Vogt's gegenüber anmerkungsweise ausgedrückte Ansicht, daß vereinzelte widersprechende Verhalten in der angezogenen Richtung
„nicht alsbald die Regel umstoßen". Die Erfahrungen, die uns zur
Feststellung der im Gesetz der Farbenfolge zusammengefaßten
Regelmäßigkeit geführt haben, wurden an *B. lapidarius, muscorum,*
hypnorum, variabilis, subterraneus var. distinguendus und *lapponicus*
var. praticola gewonnen, und zwar in der Weise, daß die aus den
Cocons (Zellen) ausschlüpfenden, zunächst einfarbig schmutzig weißen
jungen Tiere hinsichtlich ihrer weiteren Ausfärbung zur definitiven
Gestaltung in künstlich gehaltenen Nestern beständig beobachtet
wurden (Friese).

Wir wenden uns nun den grundsätzlichen Aufstellungen Vogt's
zu, soweit uns dieselben hier angehen. Wir werden dabei die Auffassung des Artbegriffes und die Methodik der Hummelforschung
seitens dieses Autors gesondert in 2 Abschnitten behandeln und den
Darlegungen derselben ein kurzes Schlußwort über unseren eigenen
Standpunkt folgen lassen.

A) O. Vogt, Die Hummeln und das Artproblem.

Vogt's Hummelstudien zielen, wie schon der Titel der Arbeit
kund gibt, auf den Artbegriff, dieser steht daher auch im Mittelpunkt des Interesses unseres Autors. Die Frage nach der Natur
der organischen Art ist bekanntlich ein Grundproblem der Biologie
gewesen, das seine über Jahrhunderte sich erstreckende Geschichte
besitzt und erst in der durch Darwin vermittelten Anerkennung des
Descendenzprinzips seine theoretische Lösung gefunden hat. Man
muß diese ebenso interessante wie lehrreiche Geschichte des Species-
problems kennen, muß die Grundlagen und Zusammenhänge, aus
welchen heraus die Frage von Darwin beantwortet worden ist,
übersehen, wenn man eine richtige und klare Einsicht in die seither
allgemein anerkannte Sachlage von heute gewinnen will; man muß
sich vor allem vor Augen halten, welche Vorstellungen früher mit
dem Artbegriff verbunden wurden und daß es nicht theoretische
Spekulation, sondern die Macht der Tatsachen war, die uns erkennen
lehrte, daß in der Species auch nichts anderes vorliegt als eine
Abstraktion, die wir in die Natur hineinlegen, ohne daß in dieser
eine ihr entsprechende Wirklichkeit vorhanden ist. Deshalb hat

auch die Frage, ob eine Formengruppe als Art, Unterart usw. zu
bezeichnen sei, heutzutage ihre frühere Wichtigkeit ganz wesentlich
eingebüßt; als elementare systematische Kategorie bewahrt freilich
die Species ihre Bedeutung, entnimmt diese jetzt aber ganz anderen
Quellgebieten als einstmals, und diese Bedeutung wird sie behalten,
denn der Systematiker hat in erster Linie das Interesse, die unendlich mannigfaltigen Tierformen möglichst scharf zu umschreiben,
eine Forderung, die auch für den ganzen praktischen Wissenschafts-
betrieb eine Lebensfrage darstellt und deren Erfüllung daher auch
niemals ohne Schaden für die Wissenschaft wird hintangesetzt werden
können. Gerade deshalb aber, weil es sich dabei auch um die Be-
friedigung praktischer Bedürfnisse handelt, wird es stets geboten
sein, Inhalt und Umfang der Species zwar jeweils entsprechend dem
gegebenen Material, aber doch in tunlichst gleichartiger Weise zu
bestimmen. Auch liegt es auf der Hand, daß, soll sich die Systematik
nicht ins Uferlose verlieren, der Artbegriff auf einer gewissen Höhe
erhalten werden muß, zumal die Species die elementare Kategorie
des Systems repräsentiert und die systematische Einheit bleiben
soll. Ein Zustreben auf den schon von LAMARCK ausgesprochenen
Satz, daß die Natur nicht Arten, sondern nur Individuen schafft,
würde, so zutreffend diese Aussage auch theoretisch ist, in der
Praxis geradezu verhängnisvoll wirken müssen.

VOGT kann sich der Auffassung, daß die Species keine Realität
der Natur, sondern eine Abstraktion des Menschen ist, „ganz und
gar nicht anschließen". Alle Hummelformen, von welchen er ge-
nügendes Material besitzt, lassen sich nach anderen Formengruppen
dieser Tiere hin als „scharf begrenzt" erweisen. Aus gegenteiligen
Fällen dürfe man nur folgern, „daß sich auch für die Gegenwart
die Lehre von der absoluten Konstanz der Art widerlegen läßt,
nicht aber, daß es überhaupt keine Arten gibt". Demgegenüber ist
zunächst zu bemerken, daß der Artbegriff doch nicht bloß für die
Hummeln zu gelten hat, sondern für die ganze Tierwelt festzustellen
ist, daher die Erfahrungen, die bei den zahlreichen anderen Tier-
gruppen gemacht werden, in demselben Maße zu berücksichtigen
sind. Wenn trotzdem der Begriff der Species in den verschiedenen
Abteilungen des Tierreichs da und dort in differenter Weise angewendet wird, so liegt dies gewiß nicht ausschließlich an den cha-
rakterisierenden Abweichungen der Objekte, sondern zu einem guten
Teile auch daran, daß der beständig wechselnde Fluß von Veränderungen, der die organische Formenwelt dauernd beherrscht, eine so

bunte Mannigfaltigkeit von Gestalten hervorbringen kann, daß je
nach der Natur derselben bald mehr, bald weniger eine weitere
oder engere Fassung des Artbegriffs nicht zu umgehen ist, eine
Sachlage, die die Species mit durchaus hinreichender Deutlichkeit
als einen im Grunde konventionellen Begriff kennzeichnet. Das
sind nun freilich allbekannte Dinge; wir müssen aber an dieselben
erinnern, weil Vogt so vorgeht, als ob seine Erfahrungen an Hummeln eine Grundlage darböten, um eine völlige Neuordnung unserer
Vorstellungen über die tierische Systematik zu rechtfertigen. Des
weiteren ist darauf hinzuweisen, daß wir selbstverständlich ebensowenig wie irgendein anderer Forscher in Abrede stellen, daß allgemein in der lebendigen Natur relativ konstante Formen gegeben
sind; darauf beruht ja überhaupt die Möglichkeit einer Systematik.
Konstante Formen können aber sehr verschiedenartige Bildungen
sein — und sind es oft genug! —, so daß es durchaus nicht angeht, sie einander gleich zu setzen und Arten zu nennen oder — umgekehrt — sie als Arten zu bezeichnen und damit einander gleich-
zustellen. Wir haben schon in unseren früheren Arbeiten wiederholt hervorgehoben, daß die Beurteilung des systematischen Wertes
der unterscheidbaren Formen davon abhängt, „auf welcher Stufe
des ganzen Entwicklungsganges wir gerade eine Tiergruppe antreffen oder infolge noch unzureichender Kenntnisse anzutreffen
glauben, um dieselbe als Varietät, Subspecies oder gar als Art zu
klassifizieren" (5, p. 563 u. 6, p. 11).

Daß zur Unterscheidung der systematischen Gruppen gerade
morphologische Charaktere verwendet werden, leuchtet ohne weiteres
ein; so ist es auch bezüglich der Artengliederung zu allen Zeiten
gehalten worden, gleichviel welche theoretischen Anschauungen
damit verbunden wurden, und Linné selbst bediente sich für die
Artdiagnosen durchaus morphologischer Merkmale. Formverschieden-
heit kann eben nur auf diesem Wege entsprechend gekennzeichnet
werden. Vogt's Widerspruch greift deshalb auch tiefer und will
eine — unserer Ansicht nach glücklich — überwundene Auffassung
wieder aufleben lassen: die Artensonderung beruhe auf physiologischen Ursachen, und die Species sei daher ein physiologischer Begriff, der auch physiologisch bestimmt werden müsse. Wir meinen,
daß sich Vogt da von den gewiß außerordentlich bedeutungsvollen
Errungenschaften der modernen Erblichkeitsforschung allzusehr hat
blenden lassen. Wenn Vogt versichert, daß es bei den Hummeln
„zahlreiche physiologische Arten" gebe, so wollen wir die Existenz

solcher Formen a priori nicht nur nicht bestreiten, sondern vielmehr
als sehr wahrscheinlich anerkennen, ohne freilich damit zugleich
zugeben zu können, daß die von unserem Autor so bezeichneten
Formen tatsächlich auch als „physiologische Arten" irgendwie erwiesen seien. Doch lassen wir Vogt selbst zu Worte kommen. Die
Art definiert dieser Forscher (10, p. 67 u. ff.) „als den Kreis der
gegenwärtig endogam erhaltungsfähigen Individuen", wobei unter
Endogamie „die Copulation zwischen Vertretern einer Gruppe" im
Gegensatze zur Exogamie zu verstehen ist, bei welcher es sich um
die Copulation „zwischen Angehörigen verschiedener Gruppen"
handelt. Indes ist diese Definition des Artbegriffs „sicherlich"
keine „endgültige". „Einmal ist es nämlich durchaus nicht not-.
wendig, dass die endogene Unfruchtbarkeit immer dieselbe Ätiologie
hat. Beruht aber die Unfruchtbarkeit auf ungleichen Ursachen, so
resultirt daraus, dass unser physiologischer Artbegriff kein einheitlicher ist. Und dann geht ferner aus der bekannten Tatsache der ganz ungleichen Lebensfähigkeit der Bastarde und weiter
aus den neuen, mir sehr wichtig erscheinenden Untersuchungen
Poll's und seiner Schüler klar hervor, dass man eine Reihe von
Graden endogener Unfruchtbarkeit unterscheiden muss. Auch diese
Erkenntnis lässt vermuten, dass der physiologische Artbegriff, wie
wir ihn oben definirt haben, in der Zukunft noch eine schärfere
Präzision zu erfahren hat. Diese feinere Begriffsbestimmung muss
nun aber einerseits erst erkämpft werden und andererseits wird
ihre praktische Durchführung auf noch grössere Schwierigkeiten
stossen als die Abgrenzung physiologischer Arten nach unserer heutigen Definition." Dazu kommt nach Vogt noch, daß eine morphologische Unterscheidung der physiologischen Arten nicht möglich
sei: „Eine morphologische Formel — sagt Vogt (10, p. 71) —
lässt sich ... für die physiologische Art nicht finden. Die
Arten zeigen untereinander ganz differente morphologische Verwandt-
schaftsgrade. Daraus ergibt sich, dass wir uns denjenigen Forschern
anschließen müssen, welche die morphologische und die physiologische Gruppierung der Lebewesen scharf getrennt wissen wollen. Eine Vermengung dieser beiden ganz verschiedenen Probleme, die sich vor allem dadurch dokumentirt, dass
man auf gewisse morphologische Sippen den physiologischen Begriff
der Art angewendet hat, ist die Ursache zu vielen Konfusionen und
zu mancher unnützen Polemik geworden."

Wenn wir Vogt richtig verstehen, so beziehen sich seine Ausführungen wohl einerseits auf die sogenannten Elementararten, andrerseits auf die Erfahrungen Poll's (9) an Mischlingen und die damit zusammenhängenden Feststellungen bezüglich des histologischen Baues der Gonaden dieser Formen. Gewiß sind die Forschungen Poll's interessant und bedeutungsvoll, allein wir sind der Ansicht, daß gerade sie eindringlich lehren, wie außerordentlich gering die Aussicht ist, mit der „Erbgutmethode", zumal bei den sozialen Insecten, erfolgreich arbeiten zu können. Und hierin, vor allem bezüglich der endogenen Unfruchtbarkeit, vermag lediglich das Experiment entscheidenden Aufschluß zu geben, alle aus morphologischen Differenzen abgeleiteten Folgerungen, mögen sie auch aus einem noch so reichen Material geschöpft sein, müssen Vermutungen bleiben, die richtig, aber auch falsch sein können. Und was die Elementararten betrifft, so zweifeln wir nicht daran, daß in unseren morphologischen Arten, wie bei anderen Tierformen, auch bei den Hummeln solche enthalten sind. Wir pflichten indes Plate bei, daß die Elementararten niemals die Einheiten der Systematik sein dürfen: „Schon aus rein praktischen Gründen — sagt dieser Forscher — kann die Systematik die große Zahl der in der Natur vorkommenden und die noch größere der künstlich durch Bastardierung zu gewinnenden Kombinationsformen nicht als ihre Basis ansehen. Wohin sollte es führen, wenn man nach und nach jede gewöhnliche Art in einige Hundert Elementararten auflösen würde! ... Wichtiger aber ist der theoretische Gesichtspunkt, daß die systematische Einheit mit der natürlichen übereinstimmen muß, und das trifft nur für die Großart zu" (8, p. 448). Doch wir brauchen nicht näher auf all diese Dinge einzugehen, denn Vogt selbst fährt an der oben angezogenen Stelle folgendermaßen fort: „Beide Forschungswege sind berechtigt: aber sie basieren auf verschiedenen Prinzipien. Die Gliederung in (physiologische) Arten hat wesentlich größere Schwierigkeiten zu überwinden als die Feststellung der morphologischen Verwandtschaften. Letztere wird daher der ersteren voranzugehen haben. Sie wird vielfach heute allein möglich sein." Das sind Worte, denen wir nur durchaus zustimmen können, nur müssen wir dabei mit Mephistopheles fragen: „Wozu der Lärm?"

Wenn dann freilich Vogt anschließend die Forderung aufstellt, die Morphologie solle, „um auch den Schein zu vermeiden, als ob sie in der Lage sei, eine (physiologische) Artgliederung durchzuführen, für keine ihrer Sippen den Begriff der Art verwenden", so muß ein derartiges Ansinnen geradezu Befremden erwecken, denn der Art-

begriff von heute ist, so verschieden auch unsere theoretischen Vorstellungen von demselben früheren Zeiten gegenüber geworden sind,
doch — wenn wir uns so ausdrücken dürfen — der Rechtsnach-
folger des Artbegriffs der alten Systematiker, und es liegt auch
nicht der geringste Anlaß vor, darin einen Wandel zu schaffen, der
zudem nur Verwirrung stiften würde. Altes Herkommen und allgemeiner Gebrauch dürfen da nicht leichthin beiseite geschoben werden.
Auch ist die Besorgnis VOGT's, die Morphologie könnte den „Schein"
erwecken, als ob sie eine physiologische Artgliederung zu geben
vermöge, unbegründet, denn jedermann weiß, daß die systematische
Einheit in erster Linie auf dem morphologischen Verhalten beruht,
das ja nach VOGT's eigenem Zeugnis schon aus Schwierigkeits-
gründen der physiologischen Untersuchung vorauszugehen hat. Dazu
kommen noch sehr triftige Gründe allgemeiner Natur. Das Übergreifen auf Probleme, für deren Bearbeitung noch so gut wie alle
Voraussetzungen fehlen, müßte schon vom Standpunkte einer ratio-
nellen Ökonomie in der wissenschaftlichen Arbeit beklagt werden,
und es bleibt unverständlich, daß VOGT trotz seiner eigenen Ausführungen nicht erkennt, wie sehr er den Bogen überspannt. Gewiß
ist das Tatsächliche, was VOGT an seinem einzig individuenreichen
Material ermittelt hat, schätzenswert und interessant, und wir sind
die letzten, die dies nicht rückhaltlos anerkennen. Allein fast alles,
was VOGT aus diesen Tatsachen herausliest oder in sie hineinlegt,
hält der Kritik nicht Stand, nicht als ob alle bezüglichen Aufstellungen unrichtig wären, wohl aber in dem Sinne, daß uns eben
jede Grundlage fehlt, um entscheiden zu können, ob sie zutreffend
oder falsch sind: sie hängen in der Luft. So schreibt VOGT (10, p. 67):
„Überall da, wo einer exogenen Beschränkung der Endogamie das
Auftreten differenzierter Charaktere parallel gegangen ist, kommen
die Übergangsformen in Wegfall. Solche exogene Beschränkungen
der Endogamie sind nun aber natürlich physiologisch ganz anders
zu bewerten als die auf internen Gründen beruhende Aufhebung
der unbegrenzten Fruchtbarkeit." Da müssen wir doch fragen:
was wissen wir denn von einer exogenen Beschränkung der Endogamie bei den Hummeln, was von den internen Gründen, die die
unbegrenzte Fruchtbarkeit dieser Tiere aufzuheben vermögen sollen?
Doch, schlicht gesagt, nichts. Ein anderes Beispiel. VOGT ist „unbedingt" der Ansicht, daß die Artdifferenzierung bei den Hummeln
eine Folge der Milieueinflüsse darstelle (10, p. 73). Wir kennen
auch die Grundlagen, auf die sich diese Aussage stützt, müssen

aber bekennen, daß wir nicht den Mut hätten, eine derartige Meinung
mit solcher Bestimmtheit hinzustellen, schon deshalb nicht, weil wir
nicht nur noch sehr unvollkommen in der Materie unterrichtet sind,
sondern auch das Wenige, was wir wissen, lediglich Schlußfolgerungen sind, mögen diese auch immerhin ein Maß von Wahrscheinlichkeit für sich haben. Dazu kommt noch, daß es keineswegs schon
feststeht, daß die Varietätenbildung bei den Hummeln, gerade was
Färbung und Zeichnung betrifft, in Bausch und Bogen den Einflüssen
der Umgebung zugeschoben werden darf, vielmehr erscheint es uns
durchaus wahrscheinlich, daß ein gut Teil jener Abänderungen der
den Tieren eigentümlichen (endogenen) Variabilität entspringt. Sei
dem indes, wie ihm wolle, auf alle Fälle sind diese Verhältnisse
heute noch viel zu wenig geklärt, um eine so bestimmte Stellungnahme zu gestatten, wie dies von seiten Vogt's geschieht.

Von der Idee physiologischer Arten präokkupiert und eifrig be-
strebt, die Existenz solcher Arten nachzuweisen, wird Vogt offenbar
gar nicht gewahr, daß seine Gedankengänge die Tatsachen weit
hinter sich zurücklassen und sein Verfahren auch den berechtigten
Kern seiner Ausführungen nicht eindringlich macht. Und schließlich besteht doch das Tierreich nicht bloß aus Hummeln oder Insecten. Wer so tief in die praktische wissenschaftliche Arbeit ein-
schneidende Umwälzungen in unseren theoretischen Anschauungen
anfordert, wie dies Vogt tut, der muß, wenigstens nach unserer
Überzeugung, ganz andere Fundamente bieten, als die sind, die unser
Autor vorlegt. Bisher dürfte wohl kaum ein Sachkundiger durch
die Darlegungen Vogt's überzeugt worden sein, aber es bleibt zu
besorgen, daß die letzteren doch da und dort verwirrend wirken
könnten. Deshalb halten wir auch ein nüchternes, noch so unvoll-
kommenes Provisorium für nützlicher und zweckmäßiger als ein so
phantasievolles Gedankengebäude wie dasjenige Vogt's, das sozusagen einer Welt angehört, die erst dazu geschaffen werden muß.

B) O. Vogt's Methodik und die Hummeln.

Nachdem wir im eben vorangegangenen Abschnitt die theoretischen Anschauungen Vogt's kurz erörtert haben, wollen wir nun im
Folgenden die Methodik dieses Forschers kennzeichnen und dabei
zugleich — auch wieder in tunlichster Kürze — zeigen, wohin dieselbe führt.

Greifen wir den von Vogt als *B. helferanus* bezeichneten *B.
variabilis* heraus, so lehrt ein Vergleich unserer hierher gehörigen

Aufstellungen (6, p. 59) mit denjenigen Vogt's (10, p. 35 ff.), daß dieser
statt unserer 8 Varietäten deren 27 unterscheidet, die auch besonders
benannt werden. Es handelt sich dabei um das zentral-europäische
Material, also um das Material eines Gebietes, das demjenigen entspricht, das wir in unserer Hummelfauna Deutschlands absteckten;
indem wir uns ja nicht auf das sprachlich deutsche Gebiet beschränkten, sondern auch die exotischen Varietäten unserer einheimischen Hummelarten aufnahmen. Woher kommen diese doch
beträchtlichen Differenzen zwischen Vogt und uns? Wir unterschieden *B. variabilis var. fuscus* und *var. fuliginosus* und bestimmten
dieselben folgendermaßen: *var. fuscus*: Ganzer Körper schwarz behaart, Abdomen mit mehr oder weniger hellen Haaren, die selbst
Binden bilden können — und *var. fuliginosus*: Braun behaart, Thoraxseiten fast schwarz, Abdomen mit eingestreuten schwarzen Haaren.
Vogt stellt zwischen diesen beiden Varianten noch eine Zwischen-
form *var. fieberanus-*[1]*fuscus*, die dahin gekennzeichnet wird, daß
der Thorax mit vielen schwarzen Haaren versehen, Segment 1—3
größtenteils schwarz ist und die Corbiculahaare rostfarbig sind.
Man darf uns Glauben schenken, wenn wir erklären, daß auch wir
imstande gewesen wären, die von uns unterschiedenen 8 Varietäten
beträchtlich zu vermehren. Daß wir es nicht taten und nicht tun
durften, gebot uns die selbstverständliche Pflicht, innerhalb jedes
Artkreises dieselben Grundsätze bei der Aufstellung der Varianten
walten zu lassen, ganz abgesehen von dem praktischen Gesichtspunkte leichterer Anschaulichkeit und Übersichtlichkeit. Ist es schon
keine leichte Sache, die von uns unterschiedenen 8 Formensippen
des *B. variabilis* scharf auseinander zu halten, so hört dies bei Annahme der Differenzierungsweise Vogt's wohl bald völlig auf, und
man kommt dann ganz naturgemäß zu so widersprechenden Angaben,
wie die, daß die 27 Varianten der in Rede stehenden Hummelart
„gut von einander trennbare, aber durch Zwischenstufen mit einander
verbundene Formen" (10, p. 34) darstellen. Wir fragen, wie verträgt
sich gute Trennbarkeit mit Verbindung durch Zwischenstufen? Da
kann doch schließlich nur mehr das subjektivste Urteil die Entscheidung treffen. Und dabei sehen wir ganz ab von jenen schon
früher besprochenen Wandlungen der Färbung, die als Verfärbungs-
oder Bleichungsprozesse zusammengefaßt werden können.[2]

---

1) *Var. fieberanus* Seidl ist gleich unserer *var. fuliginosus.*
2) Vgl. das oben im Anschlusse an die „Ergänzungen" über diese
Erscheinungen Gesagte (S. 176).

Indes hat Vogt im zweiten Teil seiner Arbeit gerade den *B. variabilis* herangezogen, um zu zeigen, daß zwischen einzelnen der von ihm unterschiedenen Varianten bzw. Variantengruppen dieser Hummelform Übergänge fehlen, d. h. „eine ziemlich schroffe Unterbrechung" besteht, so daß von fließenden Übergängen nur „im allgemeinen" gesprochen werden dürfe (11, p. 32 ff.). Wir wollen uns nicht dabei aufhalten, diese Aussage wieder mit den beiden gerade erörterten zu vergleichen, denn Vogt findet bei Berücksichtigung der auf die einzelnen Varianten entfallenden Individuenzahlen, daß sich sogar gegeneinander wohl abgegrenzte Varietäten ergeben, die als ‚Rassen' bezeichnet werden; sie kommen „n e b e n e i n a n d e r a l s K i n d e r e i n e r M u t t e r i m g l e i c h e n N e s t" vor, wodurch sie sich von den Arten unterscheiden, die dies niemals tun. Aus der geographischen Verteilung wird nun gefolgert, daß z. B. die Schweizer *variabilis*-Formen aus wenigstens 3 Rassen, die Tirols aus 5 Rassen bestehen. Aus diesen Ausführungen läßt sich der Einfluß der modernen Erblichkeitsforschung nicht verkennen, und wenn wir Vogt richtig verstehen, entsprechen die sogenannten Rassen dem, was bei selbstbefruchtenden Pflanzen nach Johannsen's Vorgang „reine Linien", in unserem Falle „Elementararten" genannt wird. Zwischen diesen und Vogt's ‚Rassen' besteht aber ein sehr wesentlicher Unterschied. Während nämlich die ersteren auf positiven, experimentell festgestellten Tatsachen ruhen, handelt es sich bei den letzteren lediglich um Schlüsse, und zwar aus Befunden, deren Zufälligkeit nicht ausgeschlossen ist. Wir möchten nicht mißverstanden werden. Wir bezweifeln keineswegs die Möglichkeit, daß Zusammenhänge von der Artung, wie sie Vogt aus seinem reichen Material erschließen will, tatsächlich bestehen, ja nach den bisherigen Erfahrungen der experimentellen Erblichkeitsforschung werden sich wohl auch die Hummeln nicht anders verhalten als andere Tiere, d. h. die systematischen (morphologischen) Arten werden sich aus Elementararten zusammensetzen. So wenig man aber einen Hausbau mit den obersten Stockwerken beginnen kann, so wenig geht es an, auf nicht entsprechend festen Grundlagen und mit Hilfe einer nicht adäquaten Methodik Thesen aufzustellen, die wir zur Zeit auf ihre Richtigkeit überhaupt nicht zu prüfen vermögen.[1]

---

1) Vogt fordert (11, p. 45) als erste „Vorarbeit für die physiologische Systematik der Zukunft" die Aussonderung der „Rassen". „Wir müssen Variationsstatistik treiben". Unser Autor bekennt dazu freilich selbst, daß man „mit dieser Rassenisolierung nicht überall zu den r e i n e n Rassen

Vogt meint, die Unterscheidung seiner Rassen von Arten sei „eine sehr einfache" und bestehe, wie wir oben schon anführten, darin, daß die ersteren in demselben Neste angetroffen werden, also Abkömmlinge einer Mutter sind. Auch wir haben schon zu Beginn unserer Studien an Hummeln von freilich ganz anderen Grundlagen ausgehend dem gleichen Gedanken Ausdruck gegeben, indem wir — wie schon oben angeführt wurde — homonide und heteronide Formen unterschieden. Vogt billigt diese Unterscheidungs- und Bezeichnungsweise, fügt aber hinzu, daß wir dabei von Varietäten und Subspecies sprechen, ohne gewahr zu werden, daß wir damit „die Existenz physiologisch ganz differenter Kategorien zum Ausdruck bringen". Wir müssen bekennen, daß wir diese Ausstellung Vogt's nicht recht verstehen können, zumal wir ja keinerlei Absichten auf physiologische Feststellungen hegten, unsere ganzen Untersuchungen sich vielmehr von Anfang an und mit voller Absicht auf morphologischem Boden bewegten. Im übrigen liegen die systematischen Resultate, zu denen Vogt gekommen ist, von den unserigen im großen und ganzen nicht so weit ab, als es auf den ersten Blick vielleicht den Anschein hat, denn im allgemeinen entsprechen unsere Subspecies teilweise den Arten bei Vogt und unsere Varietäten zum Teil wenigstens den sogenannten physiologischen Arten, unsere Species aber hat Vogt zu Subgenera avancieren lassen und bezeichnet dieselben als *Pratobombus, Hortobombus, Lapidariobombus* usw., ein Verfahren, das Vogt „in Anlehnung an den Brauch der Systematiker" (11, p. 49) eingeschlagen haben will.

Wir haben schon oben an *B. variabilis* dargetan, wie Vogt's physiologische Bestrebungen ihn zur Aufstellung immer neuer Formen führen. Das muß natürlich die Übersichtlichkeit und damit die Verständigungsmöglichkeit immer mehr erschweren und schließlich in einen chaotischen Zustand auslaufen, in dem das Zurechtfinden

des Experimentators gelangen" werde, meint aber doch, „ein großer Schritt würde immerhin in dieser Richtung erfolgen". Wir erachten zur Lösung der hier in Rede stehenden Frage (wie vieler anderer) nur die experimentelle Methode für zuständig, ganz abgesehen davon, daß eine variationsstatistische Untersuchung so subtiler Unterschiede, wie sie Vogt im Auge hat, geradezu undurchführbar erscheint. Es sei übrigens bei dieser Gelegenheit hervorgehoben, daß wir schon zu Beginn unserer Hummelstudien (6, p. 3) erklärt haben, daß der experimentellen Methode eine wichtige Rolle zuzuweisen sein werde, „um komplexe Größen, seien es nun innere Anlagen oder äußere Einflüsse, in ihre Komponenten zu zerlegen und deren Wirkungsweisen nach ihrem Anteil an der Formgestaltung zu ermitteln."

zur Unmöglichkeit wird, und das, ohne daß damit dem angestrebten
Ziele nach einer anderen Richtung hin in bestimmter Weise gedient
wäre. Wichtiger und zweckmäßiger als das Einfangen unzähliger
Hummeln, sei es auch zu variationsstatistischen Zwecken, wäre z. B.
die Untersuchung der Nester dieser Tiere, denn damit würden wir
ein völlig einwandfreies Material zur Erkenntnis gewisser Zusammenhänge zwischen den unterschiedenen Varianten usw. gewinnen und
uns rasch und sicher über das, was zusammengehört und was nicht,
orientieren können. Und der Befund eines einzigen Nestes wiegt
da mehr, als die schönsten Schlüsse aus einem noch so individuenreichen Material freier Fänge. Wir wissen sehr wohl, daß das hier
empfohlene Verfahren seine beträchtlichen Schwierigkeiten in sich
trägt, trotzdem wird dasselbe so wenig wie das Experiment auf die
Dauer entbehrt werden können. Jedenfalls aber sollte man sich,
ehe dafür nicht ein strikter Nachweis erbracht ist, so apodiktischer
Aufstellungen enthalten, wie sie von Vogt in den seine Resultate
resumierenden Zusammenfassungen gegeben werden. Da heißt es
z. B. im I. Teil (10, p. 73): „7. Da sich für die geographischen
Farbenabweichungen ein direkter oder indirekter Nutzen nicht nachweisen läßt, so muß ihre Entstehung auf eine direkte Wirkung der
Umgebung zurückgeführt werden." Ja, welche biologischen Untersuchungen haben festgestellt, daß z. B. ein indirekter Nutzen absolut
ausgeschlossen ist, oder auf welche Tatsachen stützt sich die Aussage, daß die Entstehung jener Farbenabweichungen gerade eine
„direkte Wirkung der Umgebung" sein müsse und eine indirekte
Einflußnahme unmöglich sei? Wir wissen doch in allen diesen
Dingen von den Hummeln heute noch so gut wie nichts. Für Vogt
ist es überhaupt, wie schon oben bemerkt wurde, eine ausgemachte
Sache, daß die „Milieueinflüsse" das Entscheidende sind und so auch
die Färbung bedingen, und das, trotzdem nicht eine Tatsache bekannt ist, die einen solchen, in irgendeiner Form gewiß möglichen
und wohl auch wahrscheinlichen Zusammenhang bezeugte. „Nicht
einzelne aberrierende Individuen — schreibt Vogt (11, p. 47) —,
sondern die durch Milieuänderung modifizierte ganze Bewohner-
schaft einer Gegend, also die geographische Varietät, bildet die
einzelne Stufe in der Artentwicklung. Die Art selbst entsteht allmählich aus der orthogenetischen Gradation solcher Stufen infolge
Summierung von Milieuänderungen." Wir möchten da mit Faust
sagen:

„Die Botschaft hör' ich wohl, allein mir fehlt der Glaube."

Gibt es doch zahlreiche Beispiele, die zeigen, daß Milieueinflüsse gewiß nicht immer die Ursache der Färbungsverschiedenheiten sein können. Wenn *B. soroensis* im deutschen Gebiet in weiß-, rot- und schwarzafterigen Formen vorkommt, so ist es doch höchst unwahrscheinlich, daß diese Verschiedenheiten auf Differenzen der Agentien der Außenwelt beruhen, und wenn umgekehrt *B. derhamellus* in Mitteleuropa ebenso wie in Rußland und im Kaukasus die gleiche Rotafterigkeit zur Schau trägt, so spricht dies ebensowenig für einen die Färbung bestimmenden Einfluß des Milieus. Solcher Exempel ließen sich noch viele vorführen, doch genügen diese ohne Wahl herausgegriffenen Vorkommnisse, um darzutun, wie wenig es angebracht ist, auf dem Ruhekissen der Agentien der Außenwelt, auf das freilich heutzutage vielfach und mit kaum geprüftem Vertrauen das Ursachenbündel der Formbildung niedergelegt wird, auszuruhen. Wir sind der Anschauung, daß für die Färbungsverschiedenheiten gewiß nicht nur „Milieueinflüsse" in Betracht kommen, sondern auch Wirkungen der allgemeinen Variabilität bestimmend sind.

Wir dürfen diese Darlegungen nicht schließen, ohne noch auf einen Punkt einzugehen, der nicht so sehr theoretischer als praktischer Natur ist. Vogt hat zur Unterscheidung der Varianten außer der Färbung in besonderem Maße auch die Behaarung (Länge und Dicke der Haare, Dichte derselben) herangezogen, während wir in bezug auf den letzteren Faktor mehr summarisch verfahren sind; immerhin sind wir auch dem allgemeinen Charakter der Behaarung, wie derselbe in der Zeichnung unserer Tiere sich kundgibt, sorgsam nachgegangen und haben auch speziellere Eigentümlichkeiten beachtet, wie die Charakteristika „geschoren" oder „struppig" und ähnliche Bezeichnungen dartun. Auf die Länge und Dicke der Haare im einzelnen Rücksicht zu nehmen, haben wir allerdings und nicht ohne Absicht unterlassen. Derartige Merkmale scheinen uns von Anfang an in Einzelheiten auszulaufen, die in keinem Verhältnis mehr zu ihrer formbestimmenden Bedeutung stehen, auch praktisch wenig brauchbar sind. Vogt ist darin anderer Meinung und sucht die Bedeutung der Variation in den Haardimensionen an verschiedenen Beispielen klarzulegen, von welchen zweifellos das der *armeniacus*-Formen und das der *incertus*-Formen unsere volle Beachtung verdienen (10, p. 58 u. ff.). Indes darf dabei nicht übersehen werden, daß solche weitgehende Unterscheidungen sehr relativ und nur dann faßbar sind, wenn man die betreffenden Formen unmittelbar vor sich hat; im allgemeinen dürfte für so difficile Differenzen ein einigermaßen zuverlässiger Maßstab nicht zu finden sein.

C. Die Hummeln und wir.

Die Erörterungen der beiden vorausgegangenen Abschnitte dürften wohl genügen, um zu zeigen, wie sehr unsere beiderseitigen Anschauungsweisen auseinandergehen und wie verschieden Vogt's Methodik von der unserigen ist. Diese Differenzen können nicht durch den Umstand eine Milderung erfahren, daß Vogt seine Untersuchungen im Hinblick auf das „Artproblem" unternommen hat, wir aber mit den unserigen ein descendenztheoretisches Ziel verfolgen, die Wege aufzudecken, „auf welchen die Hervorbildung relativ konstanter Formtypen (Arten) gegenwärtig vor sich geht oder in der Vergangenheit vollzogen worden ist" (6, p. 13). Die beiderseitigen Absichten stehen sich zu nahe, um jene Gegensätze zu rechtfertigen; sie sind grundsätzlicher Natur in der Theorie wie in der Methodik. Dies festzustellen, war der Zweck unserer Auseinandersetzung mit Vogt's Hummelarbeiten, denn damit ist zugleich dargetan, was wir eingangs dieser theoretischen Darlegungen als unsere Ansicht aussprachen, daß und warum wir keinen Anlaß sehen, der Ausführungen Vogt's wegen unsere Anschauungen und das von uns eingeschlagene und seither festgehaltene Verfahren zu ändern.

Über Absicht und Ziel unserer Hummelstudien haben wir uns schon 1909 in der „Einleitung" zu unserer ersten Abhandlung (6, p. 1—5) ausgesprochen. Wir möchten schon Gesagtes hier nicht wiederholen, zumal auch aus unserer Besprechung der Vogt'schen Auffassung und Methodik der von uns selbst eingenommene Standpunkt wohl unzweideutig zu erkennen ist. Immerhin mag es am Platze sein, bei dem vorliegenden Anlaß ein paar zu weiterer Klärung der Sachlage geeignete Bemerkungen über unsere Arbeiten anzufügen.

Wir stehen auf dem Boden der modernen, vom Geiste der Descendenztheorie erfüllten Systematik, für die die Species ein morphologischer Begriff von ganz bestimmter Artung ist. Unser Ziel ist, die Verwandtschaftsbeziehungen der Hummelarten aufzudecken, d. h. die Zusammenhänge der verschiedenen unterscheidbaren Hummelformen zu ermitteln und damit deren Wert in der Artbildung festzustellen, kurz eine descendenztheoretische Bearbeitung dieser Tiergruppe. Zu diesem Zwecke schien uns eine Durcharbeitung der bis jetzt bekannten Hummelformen eine unerläßliche

Voraussetzung, und zwar deshalb, weil nur auf diesem Wege eine brauchbare Übersicht über diese Formenwelt gewonnen werden kann, die als Materialbeschaffung begreiflicherweise der Materialbearbeitung vorauszugehen hat. Die Materialbeschaffung mußte natürlich eine geordnete sein, denn sonst ständen wir vor einem Chaos, mit dem niemand etwas anfangen könnte; sie bedeutet daher zugleich eine wenigstens provisorische Ordnung der zu unterscheidenden Hummelformen, Arten wie Varianten. Diese notwendige Unterscheidung kann selbstverständlich von verschiedenen Gesichtspunkten aus durchgeführt werden; wir haben deshalb auch z. B. für die von uns unterschieden deutschen Hummelarten „ohne weiteres" zugegeben, „daß andere Forscher wohl in mancher Hinsicht anders verfahren wären" (6, p. 23). Wir sind aber von der Überzeugung durchdrungen, daß es nicht so sehr auf die Gesichtspunkte an sich ankommt als darauf, daß bei der ganzen Ordnungsarbeit immer dieselben Gesichtspunkte maßgebend bleiben, und das auch dort, wo sich der Forscher nur von seinem systematischen Gefühl oder Takt leiten lassen kann und muß. Aus diesen Überlegungen heraus haben wir zuerst die Bearbeitung der deutschen Hummelfauna als der am besten gekannten durchgeführt und ihr die der Hummeln der Arktis, des Hochgebirges und der Steppe folgen lassen; unsere nächste Abhandlung wird die asiatischen (sibirischen) Hummeln behandeln, und in einer vierten Studie hoffen wir den Rest erledigen und damit diese Untersuchungen abschließen zu können. Daß sich schon aus solchen Untersuchungen allgemeinere Einsichten gewinnen lassen, namentlich bei einem relativ so gut bekannten Material, wie es die deutsche Hummelfauna ist, glauben wir am betreffenden Orte zur Genüge gezeigt zu haben, mag man denselben heute auch nur einen heuristischen Wert zubilligen.

Diesen von uns von vornherein als notwendige Voraussetzung für weiteres qualifizierten Untersuchungen werden natürlich weitere, und zwar gerade die wichtigsten unserer ganzen Arbeit, zu folgen haben, die — zumeist wenigstens — erst durch diese mit Aussicht auf Erfolg in Angriff genommen werden können. Systematische Erforschung der Nester, Prüfung der Frage, ob Beziehungen zwischen Färbung und Zeichnung einerseits und dem Bau der männlichen Copulationsorgane andrerseits bestehen und wenn ja, von welcher Art dieselben sind, und nicht zuletzt das Experiment bei Haltung in künstlichen Nestern, was natürlich die Ausarbeitung einer ent-

sprechenden Methodik bedingt[1]), sind Aufgaben, die dann an uns
herantreten werden und für die, wie für jede künftige wissenschaftliche Beschäftigung mit Hummeln, eine von einheitlichen und gleichartigen Gesichtspunkten durchgeführte und dabei doch auch für die
Praxis brauchbare Übersicht der Hummelfauna der Erde eine nicht
nur erwünschte, sondern auch notwendige Grundlage bietet. Doch
das ist einstweilen noch Zukunftsmusik; wir wollten auch nur mit
ein paar Worten zeigen, daß wir nicht planlos vorgehen, uns vielmehr ein weites Ziel gesetzt haben, von dem es vielleicht mehr als
fraglich ist, daß wir es erreichen werden. Um so mehr liegt uns
am Herzen, unsere Vorarbeiten nach Möglichkeit zu fördern und
tunlichst rasch zum Abschluß zu bringen, um zur Hauptsache übergehen zu können. Und zu diesem Ende können und dürfen wir,
auch wenn es uns sonst sympathisch wäre, kein anderes Verfahren
einschlagen als wie bisher das allgemein geübte und dem heutigen
Stande der Wissenschaft entsprechende, denn nur dieses hält die
richtige Mitte zwischen dem Zuviel und dem Zuwenig und erfüllt
damit die unerläßliche Forderung der wissenschaftlichen wie der
praktischen Arbeit: sine systemate chaos.

---

1) Daß eine solche möglich sein werde, kann im Prinzip wohl schon
heute bejaht werden.

Literaturverzeichnis.

1. ALFKEN, J. D., Beitrag zur Kenntnis der Apidenfauna von West-preussen (Sammelbericht), in: 31. Ber. Westpreuss. bot.-zool. Ver. Danzig, 1909.

2. —, Beitrag zur Kenntnis der Apidenfauna von Ostpreussen (Sammel-bericht), in: Schrift. physikal.-oekon. Ges. Königsberg i. P., Jg. 50, 1909.

3. —, Die Bienenfauna von Westpreussen, in: 34. Ber. Westpreuss. bot.-zool. Ver. Danzig, 1912.

4. DE DALLA TORRE, O. G., Catalogus Hymenopterorum hucusque descriptorum systematicus et synonymicus, Vol. 10, Apidae (Anthophila), Lipsiae 1896.

5. FRIESE, H., und F. v. WAGNER, Über die Hummeln als Zeugen natürlicher Formenbildung, in: Zool. Jahrb., Suppl. 7 (WEISMANN-Festschrift), 1904.

6. —, Zoologische Studien an Hummeln. I. Die Hummeln der deutschen Fauna, in: Zool. Jahrb., Vol. 29, Syst., 1909.

7. —, Dasselbe, II. Die Hummeln der Arktis, des Hochgebirges und der Steppe, in: Zool. Jahrb., Suppl. 15, Bd. 1, 1912.

8. PLATE, L., Vererbungslehre, Leipzig 1913.

9. POLL, H., Mischlingskunde, Ähnlichkeitsforschung und Verwandtschafts-lehre, in: Arch. Rass.- u. Gesellsch.-Biol., Jg. 8, 1913.

10. VOGT, O., Studien üb. d. Artproblem. I. Mitteilung: Über das Variieren der Hummeln, 1. Teil, in: SB. Ges. naturf. Fr., Berlin, Jg. 1909, No. 1.

11. Dasselbe, 2. Teil (Schluß), ibid., Jg. 1911, No. 1.

12. MÜLLER, M., Beitr. z. Kenntnis unserer Hummeln, in: Arch. Naturg., 1913, p. 121.

Erklärung der Abbildungen.[1])

Tafel 8.

Fig. 1. *Bombus pomorum var. armeniacus* Rad. ♀. Rußland, Armenien.

Fig. 2. *B. muscorum var. smithianus* White. ♀. Norwegen, Orkney.

Fig. 3. *B. agrorum var. arcticus* Acerbi. ♀. Norwegen.

Fig. 4. *B. agrorum var. obscuriventris* Friese. ♀. Nord-Europa.

Fig. 5. *B. agrorum var. nigerrimus* Friese. ♀. Sibirien.

Fig. 6. *B. hypnorum var. hiemalis* Friese. ♀. Sibirien.

Fig. 7. *B. hypnorum var. calidus* Ev. ♀. Sibirien.

Fig. 8. *B. hypnorum var. cingulatus* Wahlbg. ♀. Schweden, Lappland.

Fig. 9. *B. hypnorum var. atratulus* Friese. ♀. Sibirien.

Fig. 10. *B. hypnorum var. rossicus* Friese. ♀. Sibirien.

Fig. 11. *B. silvarum var. unicolor* Friese. ♂. Sibirien.

Fig. 12. *B. hortorum var. consobrinus* Dahlb. ♀. Arktische Region.

Fig. 13. *B. hortorum var. transigens* Friese. ♂. Kaukasus.

---

1) Die Figuren 1—12 sind aus unseren früheren Arbeiten (6, tab. 6 fig. 13 und 7, tab. 9 fig. 7—15, 20 und 24) hier richtiggestellt wiederholt.

Beitrag zur Kenntnis der Anatomie von Otodistomum veliporum (Creplin), Distomum fuscum Poirier und Distomum ingens Moniez.

Von

Georg Mühlschlag.

(Aus dem Zoologischen Museum zu Königsberg i. Pr.)

Mit Tafel 9—10 und 15 Abbildungen im Text.

———

Einleitung.

Im März 1912 hatte Herr Geheimrat Prof. Dr. M. BRAUN die Güte, mir eine Anzahl von Distomen zur selbständigen Bearbeitung anzuvertrauen. Außer einer Distomen-Art aus dem hiesigen Zoologischen Museum erhielt ich durch seine liebenswürdige Vermittlung aus der Sammlung des Königlichen Zoologischen Museums zu Berlin Exemplare von *Distomum veliporum* CREPLIN, *D. clavatum* RUDOLPHI aus ihren verschiedenen Wirten und auch einige Distomen, die nicht näher bezeichnet waren; ferner aus dem Naturhistorischen Museum zu Hamburg Distomen, die zur Gruppe des *Distomum clavatum* (MENZIES) gehörten. Ein Versuch, die Typen der von POIRIER bearbeiteten Arten aus dem Pariser Zoologischen Museum zu erlangen, scheiterte leider.

In dem Berliner Material sind als Wirtstiere für *D. veliporum* CREPLIN *Hexanchus griseus*, *Scymnus spinosus*, *Scymnus nicaeensis*, *Laemargus borealis*, *Pristiurus melanostoma*, *Scyllium canicula* und *Chimaera monstrosa* angegeben.

Glas No. 2986, „*Dist. veliporum* CREPL. Spec. juvenile? *Pristiurus melanostoma* Cyst. stomach.“ bezeichnet, enthält ein äußerst kleines Distomum von 1,44 mm Länge und 0,4 mm Breite. Nach Aufhellung in Kreosot konnte ich von inneren Organen nur die Darmschenkel erkennen. Genitalorgane sind noch nicht angelegt.

Glas No. 2985, „*D. veliporum* CREPL. Spec. juvenile? *Chimaera monstrosa* Cyst. intest.“, enthält ein Distomum von 3,6 mm Länge und 0,75 mm Breite. Es sind von inneren Organen die Darmschenkel und die Excretionsgefäße zu erkennen. Die Geschlechtsdrüsen sind noch nicht angelegt.

Glas No. 2984, „*D. veliporum* CREPL. Spec. juvenile? *Scyllium canicula*, Cyst. stomach.“ enthält ein Distomum von 5,4 mm Länge und 1,23 mm Breite. Das Lumen des Bauchsaugnapfes beträgt 0,6 mm, das des Mundsaugnapfes 0,45 mm. Die Darmschenkel sind deutlich sichtbar, und es scheinen auch die Genitaldrüsen schon angelegt zu sein. Jedoch ist es nicht geschlechtsreif.

Bei Glas No. 2984 und 2985 handelt es sich nach meiner Ansicht bestimmt um Jugendformen von *D. veliporum* CREPLIN, bei Glas No. 2986 kann ich es nicht mit Sicherheit behaupten.

Glas No. 2464, „*Distoma Dermatopterus* (Fisch!)“ enthält ein *Distomum* von etwa 35 mm Länge. Während seine Breite in der Mitte des Körpers nur 2 mm beträgt, ist sie an der blasenförmigen Auftreibung des Hinterendes 6,5 mm. An der charakteristischen Form ist es leicht als *D. clavatum* (MENZ.) zu erkennen.

Glas No. 3252, „*Distomum*, Intest. eines Labriden (*Pseudoscarus?*)“ enthält 2 Exemplare, die ich für *D. ingens* MONIEZ halte. Sie sind von gleicher Größe und haben die typische ampullenförmige Gestalt. Ihre Länge beträgt 35 mm, die Dicke 14 mm und die Breite 15 mm. Der Bauchsaugnapf hat ein Lumen von 3 mm, der Mundsaugnapf ein Lumen von 1,5 mm. Der Genitalporus ist deutlich sichtbar und liegt auf der Ventralseite des Halses in einer Entfernung von 4 mm vom Bauchsaugnapf und von 2 mm vom Mundsaugnapf. Die Länge des Halses beträgt 7 mm.

Glas No. 4534, „*Distomum. Xiphias gladius.* Japan“, enthält 1 Exemplar, das meiner Meinung nach *Distomum fuscum* POIRIER ist. Die Länge beträgt 10 mm, die Breite 6 mm, die Dicke 5 mm. Die kragenförmige Verbreiterung des Bauchsaugnapfes hat einen Durchmesser von 4 mm. Seine Öffnung ist ein Spalt von 1 mm Länge und $\frac{1}{2}$ mm Breite.

Ebenso waren die Distomen aus dem Hamburger Naturhistorischen Museum nicht näher bezeichnet, auch fehlte eine genaue Wirtsangabe. Meiner Meinung nach handelt es sich um *D. ingens* Moniez und *D. fuscum* Poirier. Als *D. ingens* Moniez betrachte ich: „*Distoma* aus dem Magen eines *Albicore* (Thunfisch-ähnlich). Kophamel Süd-Atlantik." 4 Expl.

„John Pricket leg. d. Im Magen eines Fisches im Indischen Ozean." 2 Expl.

„D. Pöhl d." 2 Expl.

„Tamatave, Henry O'Swald ded. 5./4. 1893." 2 Expl.

„Im Eingeweide des Delphins, Madagaskar. M. O'Swald leg. d." 1 Expl.

„*Dist. clavatum* Rud. Grube del." 2 Expl.

Als *Distomum fuscum* Poirier betrachte ich: „5183 Campeche Bay, Putze vend. 1882." 2 Expl.

„E. K. 4325 Dolphin Magen." 1 Expl.

„3809 Azoren, San Miquel, Ponta Delgada, Pöhl leg. d. Juni 95." 1 Expl.

Otodistomum veliporum (Creplin).

(*Distomum insigne* Diesing 1850, Villot 1878, Poirier 1885.)

Ein Teil meines Materials hatte sich ohne jede Bezeichnung, auch ohne Angabe des Wirtstieres und Fundortes, in der Sammlung des hiesigen Zoologischen Museums vorgefunden. Nach dem äußeren Aussehen zu urteilen, handelte es sich um Distomen und wahrscheinlich um *Distomum veliporum* Creplin. Meine Vermutung bestätigte sich, als ich einige Exemplare einer näheren anatomischen Untersuchung unterzog. Obwohl diese Art schon seit langer Zeit bekannt und auch recht häufig zu finden ist, gibt es außer den älteren Arbeiten von Villot (1878) und Poirier (1885) und einer kurzen Abhandlung von Odhner (1911), in der die systematische Stellung von *Distomum veliporum* klar gelegt wird, keine eingehenderen Untersuchungen über den anatomischen Bau dieses Distomums. Daher schien es mir auf Anregung von Herrn Geheimrat Braun lohnend, einen Beitrag zur Kenntnis der Anatomie von *Distomum veliporum* Creplin zu liefern.

Bevor ich jedoch zu meinem eigentlichen Thema komme, möchte ich einen kurzen geschichtlichen Überblick über das Bekanntsein von *Distomum veliporum* geben. Zum erstenmal macht Creplin im

Jahre 1837 in einem Aufsatz über die Gattung *Distomum* einige
Angaben über die Größe von *D. veliporum*, „einer noch nicht beschriebenen Art aus *Squalus griseus*". In seinen „Endozoologischen
Beiträgen" vom Jahre 1842 findet sich dann eine nähere Beschreibung des *Distomum veliporum* CREPLIN, deren kurze Zusammenfassung
folgendermaßen lautet:

„*D. giganteum, depressum, inerme, ore antico, semiinfero pori
ventralis maioris tunica interiore utrinque in veli speciem protracta,
collo brevi, conico, corpore perlongo, sublineari s. parum sensim
attenuato.*"

Auch bei seiner rein äußerlichen Untersuchung erkennt er
schon, daß die „drei breiten rundlichen Flecke" der durchscheinenden
inneren Organe die beiden Hoden und das Ovarium sind, während
MEHLIS bei *D. lanceolatum* einen dritten Hoden nachgewiesen zu
haben meinte.

Im Jahre 1845 wird *D. veliporum* CREPL. von DUJARDIN in
seiner Naturgeschichte der Eingeweidewürmer unter „Distomes des
Squales" kurz beschrieben. Er gibt eine Länge von 8 cm an,
während die größten Exemplare von CREPLIN im Durchschnitt 6 cm
lang waren. Ferner bezeichnet DUJARDIN die Eier als sehr klein
und von bräuner Farbe.

In seinem Werke „Systema helminthum" gibt DIESING (1850)
eine kurze Beschreibung von *D. veliporum* CREPL., die im wesentlichen mit derjenigen von CREPLIN übereinstimmt. Er gibt jedoch
eine Länge von 18 mm bis 6,8 cm und eine Breite von 3,4—6,8 mm
an, und als Wirte nennt er *Prionodon milberti* und *Hexanchus
griseus*.

1852 erwähnt dann WAGENER das Vorkommen von *D. veliporum*
CREPLIN in *Chimaera monstrosa*.

VILLOT berichtet in einer Arbeit aus dem Jahre 1878, daß von
Trematoden als Parasiten der Squaliden besonders 3 Arten vorkommen, nämlich *D. megastomum*, *D. veliporum* und *D. insigne*, von
denen die beiden letzteren sich durch ihre Größe auszeichnen. Wie
schon VAN BENEDEN glaubt auch er an einen Zusammenhang zwischen
der Größe des Wirts und des Parasiten, was jedoch nach heutigen
Beobachtungen nicht immer der Fall zu sein braucht.

1884 läßt CARUS *Fasciola, Squali grisei* RISSO, *D. Scimna* RISSO,
D. insigne DIESING und *D. veliporum* CREPLIN miteinander identisch
sein und gibt dieselbe Beschreibung wie DIESING. Als Wirte führt

er *Echinorhinus spinosus, Prionodon milberti* et *Notidanus griseus* und *Chimaera monstrosa* an.

Erst POIRIER macht im Jahre 1885 bei seiner Bearbeitung der Gruppe des *D. clavatum* (MENZ.) im Anschluß an *D. insigne* DIESING auch kurze Angaben über den inneren, anatomischen Bau von *D. veliporum* CREPLIN.

Ebenso erhalten wir auch nur wenige Angaben über die Anatomie von *D. veliporum* durch MONTICELLI, hauptsächlich in seinem Werke „Studii sui Trematodi endoparassiti". Auch er hält *D. veliporum* für synonym mit *D. insigne*.

Ungefähr um dieselbe Zeit wird es auch in BRAUN's Bearbeitung der Trematoden (in: BRONN, Class. Ordn. Thier-Reich) im Vergleich mit Distomen der Gruppe des *D. clavatum* kurz behandelt und ebenso seine systematische Stellung und Verbreitung erörtert. ARIOLA teilt in einer Arbeit aus dem Jahre 1899 mit, daß *D. veliporum* zusammen mit *D. megastomum* in *Carcharias rondeletti* gefunden sei, und erklärt es auch für identisch mit *D. microcephalum* BAIRD, *D. insigne* DIESING und *D. scymni* RISSO.

JÄGERSKIÖLD geht bei seiner Untersuchung des Geschlechtssinus von *D. megastomum* auf POIRIER's Bearbeitung von *D. insigne* zurück. Noch ursprünglicher und einfacher sind nach seiner Meinung die Verhältnisse bei *D. veliporum*, das er aus einigen Raja-Arten kennt.

Schon aus dieser kurzen Zusammenstellung ersieht man, daß wegen des wenig bekannten inneren Baues auch die systematische Stellung von *D. veliporum* CREPLIN noch recht zweifelhaft sein mußte. Vor einer Reihe von Jahren hat dann STAFFORD *D. veliporum* CREPLIN unter dem Namen *Otodistomum veliporum* CREPLIN als Vertreter einer besonderen Gattung aufgestellt, ohne sie jedoch näher zu charakterisieren. In neuester Zeit hat ODHNER, der die Identität mit *D. insigne* erkannte, unsere Art mit bekanntem systematischem Scharfblick in das natürliche System der digenen Trematoden eingereiht. Ich kann mich seiner Meinung nur anschließen und will auf diesen Punkt noch einmal am Schlusse meiner anatomischen Untersuchungen zurückkommen. Diese wurden mit Hilfe von Querschnitt- und Längsschnittserien ausgeführt, und zur Färbung der Schnitte wurde teils Hämatoxylin und Eosin, teils Boraxkarmin und BLOCHMANN'scher Farbstoff verwandt.

Aussehen und Größe.

Die Farbe der Tiere, die in etwa 70 % Alkohol konserviert sind,
ist gelblich-weiß. Sie sind von flacher, abgeplatteter Gestalt, und
hinter dem Bauchsaugnapfe sowohl auf der Ventral- als auch auf
der Dorsalfläche scheinen die inneren Organe mit bläulich-schwarzer
Farbe durch. Vom Bauchsaugnapfe ab sind die Tiere nach vorn
und hinten zu seitlich verschmälert, jedoch nach dem Vorderende zu
mehr als nach dem Hinterende. Der Bauchsaugnapf liegt weit nach
vorn, so daß der Hals besonders bei großen Exemplaren kurz erscheint. Der Bauchsaugnapf tritt im Gegensatz zum Mundsaugnapf

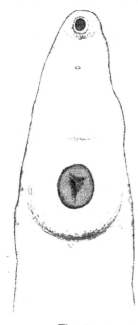

Fig. A.
Vorderende von *Otodistomum
veliporum* (CREPLIN).

deutlich aus seiner Umgebung hervor und
hat eine mittelgroße Öffnung, die meistens
ganz rund ist. CREPLIN erwähnt in seiner
sonst vortrefflichen äußeren Beschreibung,
daß „der innere Randteil des Bauchsaugnapfes von jeder Seite her gerade einwärts
in eine Hautfalte auslief“, und ferner, „daß
der Napf sich wie durch einen innen vor
seine Öffnung von beiden Seiten her ge-
zogenen Vorhang geschlossen zeigte.“ Hierzu
muß ich jedoch bemerken, daß bei meinen
zahlreichen Exemplaren solche Hautfalten
auch bei anatomischer Untersuchung nicht
zu beobachten sind. Vielmehr sieht man im
Innern des Saugnapfes bei einigen Individuen infolge einer eigenartigen Kontraktion der Muskulatur zwei oder drei
Wülste, welche sich von jeder Seite und
manchmal auch von vorn in das Lumen
erheben und eine flache Rinne in der Mitte
frei lassen. Zur Veranschaulichung diene
nebenstehende Textfig. A. Oft jedoch sind
diese Erhebungen nicht vorhanden, so daß

dann die Öffnung breit und tief erscheint. Der Mundsaugnapf ist
im Verhältnis klein und meistens kreisrund. Dicht hinter dem Mundsaugnapf auf der Ventralseite des Körpers erblickt man eine kleine
rundliche Erhebung, den Genitalporus (Fig. A). Ein ausgestülpter
Cirrus ist, wie ihn CREPLIN bei einem Exemplar zu sehen geglaubt
hat, niemals zu bemerken. Der Excretionsporus ist oft mit bloßem

Auge erkennbar und befindet sich an der Spitze des Hinterendes mehr ventral gelegen. Die Oberfläche der Tiere zeigt feine Ringfalten, die wohl nur eine Kontraktionserscheinung sind. Geschlechtsreife Exemplare, die in Kreosot aufgehellt sind, lassen deutlich den prall gefüllten Uterus, die Dotterstöcke, die Excretionsgefäße und die Darmschenkel erkennen (Taf. 9 Fig. 1).

Die Größe der einzelnen Tiere ist sehr verschieden. Das kleinste, mit Eiern versehene, geschlechtsreife Tier, das zur Beobachtung gelangte, hatte eine Länge von 12 mm, seine Breite betrug 3,5 mm, die Länge des Halses 3 mm, der Durchmesser des Bauchsaugnapfes 1 mm, der des Mundsaugnapfes 0,5 mm. Das Verhältnis der Halslänge zur Länge des ganzen Tieres ist wie 1:4. Das größte Exemplar war 55 mm lang, seine Breite betrug 5,5 mm, die Länge des Halses 7 mm, der Durchmesser des Bauchsaugnapfes 2 mm, der des Mundsaugnapfes 1 mm. Das Verhältnis der Halslänge zur Länge des ganzen Tieres ist wie 1:7,8. Man sieht hieraus, daß bei verschiedener Größe der Tiere der Hinterkörper relativ viel stärker wächst als der Vorderkörper.

Körperbedeckung, Parenchym und Muskulatur.

Der ganze Körper wird von der Cuticula bedeckt, die leicht färbbar ist und ebenso wie das Parenchym bei Hämatoxylin-Eosin-Färbung blau erscheint, während sich die Muskulatur rot färbt. Die Cuticula ist ohne Struktur und homogen. In dünner Schicht kleidet sie auch die Saugnäpfe aus, ebenso das Genitalatrium und den kurzen Gang, welcher den Excretionsporus mit der Excretionsblase verbindet. Die Dicke der Cuticula beträgt im Mund- und Bauchsaugnapfe durchschnittlich 7,2 μ, am Halse auf der Ventralseite und in der Höhe des zweiten Hodens im Durchschnitt 14,5 μ. Sie nimmt nach dem Hinterende des Körpers an Dicke zu, die hier durchschnittlich 18 μ beträgt. Auf der Dorsalseite ist die Dicke der Cuticula im allgemeinen etwas größer, sie beträgt am Halse 21,6 μ, in der Höhe des zweiten Hodens an einer Hautfalte 28,8 μ, in der Einbuchtung der Falte 14,6 μ. Die auffallenden Unterschiede sind offenbar auf Kontraktionszustände zurückzuführen. Da ja die Cuticula elastisch ist, so wird bei Streckung des Körpers eine Verdünnung, bei Zusammenziehung eine Verdickung derselben eintreten. Ist die Kontraktion sehr stark, so treten Ringfalten auf, und an ihnen ist auch naturgemäß die Dicke der Cuticula am größten, ebenso wie sie in der Vertiefung der Falten, wo Dehnung stattfindet, ihre geringste Dicke zeigt. Wie man sieht, ist aber auch die Cuticula im Vorder- und Hinterkörper nicht gleichmäßig dick. Ferner ist ihre Stärke von der Größe des Tieres abhängig, indem sie bei großen, ausgewachsenen Exemplaren bedeutend mehr beträgt als bei jungen. Unmittelbar unter der Cuticula befindet sich eine Ringfaserschicht, die etwas mehr als halb so dick wie die Cuticula oder bisweilen eben so dick erscheint (Taf. 9 Fig. 2). Die Muskeln, die sie zusammensetzen, sind nicht zu Bündeln zusammengeschlossen, sondern mehr zerstreut in ein parenchymartiges Gewebe eingebettet. Hierauf folgt die Längsmuskellage, die ungefähr ebenso dick ist wie die vorhergehende Schicht und deren Elemente zu Bündeln vereinigt sind. Man findet also bei *Otodistomum veliporum* (CREPL.) zwischen Cuticula und Hautmuskelschlauch keine „subcuticulare Schicht", wie sie v. BUTTEL-REEPEN in seiner Bearbeitung der Gruppe des *D. clavatum* (MENZ.) genannt hat, bei dem sie besonders stark ausgebildet ist.

Auf die Längsmuskeln folgt dann das Parenchym, welches als engmaschige Masse mit zahlreichen Kernen, in denen sich mehrere Kernkörperchen befinden, den ganzen Körper erfüllt und in das alle Organe eingebettet sind. Das Parenchym ist in allen Richtungen von dünnen Muskelbündeln durchsetzt. Hauptsächlich jedoch ist dies der Fall in der Richtung der Längs- und Dorsoventralachse, auch verlaufen in diesen Richtungen die stärksten Muskeln. Besonders reich an verschiedenen Muskelpartien ist der Hals, weit mehr als der übrige Körper. Man bemerkt überhaupt eine Abnahme der Muskulatur vom Vorder- zum Hinterende des Tieres. Die Längsmuskeln des Parenchyms beginnen bald unter dem Hautmuskelschlauch mit einzelnen Bündeln und vermehren sich nach dem Körperinnern zu. In geringer Entfernung umgeben sie dann die Darmschenkel und Excretionskanäle. Die Längsmuskeln im Parenchym ziehen vor allem zahlreich nach dem Bauchsaugnapf hin und setzen sich in den Hals in bedeutend geringerer Anzahl fort. Hier zeigen sich besonders die dorsoventralen Muskeln stark ausgebildet. Ferner ist das Parenchym von zahlreichen, zerstreuten Diagonalfasern durchzogen.

Saugnäpfe.

Der Bauchsaugnapf hat bei einem der untersuchten Exemplare einen größten Durchmesser von 1,79 mm, sein Lumen beträgt 1,03 mm, die Länge der Radialmuskeln im Innern durchschnittlich 0.41 mm. Er bildet ungefähr eine Halbkugel, die in der Längs-

achse des Körpers etwas vorgewölbt ist, so daß er auf Tangential-
schnitten in der Medianebene etwa als halbe Ellipse erscheint. Der
Hinterrand des Napfes ist bedeutend mehr entwickelt als der Vorderrand, infolgedessen erscheint das Lumen des Napfes mehr nach vorn
gerichtet (Taf. 9 Fig. 2). Die Hauptmasse der Saugnapfmuskulatur
machen die Radialfasern aus; viel schwächer sind die Meridional- und
Äquatorialfasern entwickelt. Die Radialmuskeln sind zu kleinen
Bündeln vereinigt, welche durch eine zellige Bindesubstanz ähnlich
dem Körperparenchym getrennt werden. In ihr befinden sich recht
zahlreich die „großen Zellen", die von Leuckart, Stieda, Sommer
und Poirier als Ganglienzellen aufgefaßt sind. Neuere Untersuchungen von Bettendorf haben jedoch unzweifelhaft ergeben, wie
es auch schon die Ansicht von Looss war, daß „wir die ‚großen
Zellen' der Trematoden als Bildungszellen der Muskelfasern, als
Myoblasten, auffassen müssen". Die Meridionalfasern durchflechten
sowohl in der Nähe der äußeren als auch der inneren Oberfläche
des Organs die Radiärmuskeln. Jedoch sind sie von den drei Muskel-
systemen am spärlichsten vertreten. Bedeutend zahlreicher finden
sich die Äquatorialfasern, die senkrecht zu den Radial- und Meridionalfasern verlaufen und besonders am Vorder- und Hinterrande unter
der äußeren und inneren Oberfläche stark ausgebildet sind.

Unterstützt wird die Funktion der Saugnapfmuskulatur, die
Braun in seinem bekannten Werke über die Trematoden (in:
Bronn, Class. Ordn. Thier-Reich) ausführlich erläutert hat, durch
Muskeln, welche von außen an den Napf herantreten. Diese Muskel-
bündel sind verhältnismäßig kräftig entwickelt, wenn auch nicht so
stark und zahlreich wie bei *D. clavatum* (Menz.). Zum Vorder- und
Hinterrande ziehen kräftige Muskelbündel, die sich von den Längsmuskeln des ventralen Hautmuskelschlauches abspalten. Ferner
sind besonders zwei seitliche Bündel ausgebildet, die sich vom dorsalen Hautmuskelschlauch zur Medianfläche des Saugnapfes erstrecken.
Der Durchmesser des Mundsaugnapfes beträgt 1 mm, sein
Lumen 0,34 mm, seine Gestalt ist fast kuglig. Die Radialmuskeln
bilden auch hier die Hauptmasse, und auch die „großen Zellen"
finden sich in der wohl entwickelten Bindegewebsmasse, welche die
Radialmuskeln voneinander trennt. Die inneren Äquatorialmuskeln
fehlen nicht, wie es Poirier für *D. insigne* und *veliporum* angibt.
Die Beschreibung Poirier's, daß auf Querschnitten die Höhlung des
Organs ein gleichseitiges Dreieck bildet, dessen eine Ecke ventral
gerichtet ist, trifft bei meinen Exemplaren von *Otodistomum veliporum*

nicht zu, vielmehr ist die Öffnung kreisförmig und das ganze Lumen etwa trichterförmig. Die dreieckige Form scheint mir daher nur eine Kontraktionserscheinung zu sein. Eine Faltenbildung am Rande der Saugnäpfe, wie sie DARR für *D. gigas* und auch für *D. veliporum* erwähnt, habe ich nicht beobachtet. Jedenfalls hängt diese Erscheinung auch von der Konservierungsart der Tiere ab.

Verdauungsapparat.

Die allgemeine Gestaltung des Verdauungsapparats ist aus Taf. 9 Fig. 1 ersichtlich, einer Zeichnung, die ich nach drei in Kreosot aufgehellten Exemplaren ausgeführt habe. Der Pharynx, der eine Länge von 756 μ und eine Breite von 504 μ hat, ist eiförmig und kräftig entwickelt und ragt ein wenig in den Mundsaugnapf hinein. Ebenso wie dieser ist er von einer cuticulaartigen Membran ausgekleidet. Die Muskulatur ist ebenso wie in den Saugnäpfen stark ausgebildet. Am zahlreichsten sind auch hier die Radialmuskeln, außerdem bemerkt man Äquatorialmuskeln, die peripher und zentral um die spaltenförmige Öffnung des Pharynx liegen. In seinem Vorderende verlaufen ferner kurze, schräge Meridionalmuskeln, die wohl zur Öffnung des Pharynx mit beitragen können. An den Pharynx schließt sich der Ösophagus an, der sich stark zu einer becherförmigen Aussackung vergrößert. Dann verengert er sich und geht in die Darmschenkel über, welche sich schräg nach vorn bis zur mittleren Höhe des Pharynx stark erweitern. Sie durchziehen fast den ganzen Körper und reichen ungefähr bis zum Ausführungskanal der Excretionsblase, wo sie blind endigen. Das Lumen der Darmschenkel ist bis zum Bauchsaugnapf am kleinsten, hier vergrößert es sich auffallend stark und nimmt nach dem Hinterende zu allmählich wieder ab. In der vorderen Körperhälfte sind die beiden Darmschenkel infolge der Ausbildung der Geschlechtsorgane mehr lateralwärts auseinandergerückt, während sie in der hinteren Hälfte medianwärts näher zusammenliegen.

Der Ösophagus, dessen becherförmige Erweiterung manchmal infolge Kontraktion auch dorsal über dem Pharynx liegen kann, ist von einer cuticularen Membran ausgekleidet. Während diese im Pharynx glatt erscheint, bemerkt man, daß sie im Ösophagus runzlig und faltig wird, eine Beobachtung, die auch v. BUTTEL-REEPEN bei *D. ampullaceum* gemacht hat. Über ähnliche Verhältnisse der Auskleidung des Ösophagus berichtet DARR bei *Hirudinella clavata*. Der Ösophagus von *Otodistomum veliporum* ist auch stark muskulös (Fig. B).

Man bemerkt innere Ring- und äußere Längsmuskeln, die sich an
der Übergangsstelle von Ösophagus und Darmschenkel sphincter-
artig zu verdicken scheinen. Jedoch ist diese Frage bei der großen
Kontraktionsfähigkeit dieser muskulösen Trematoden schwer zu entscheiden. Die Darmschenkel sind von einem deutlich erkennbaren
Cylinderepithel ausgekleidet, dessen lange, scheinbar protoplasmatische
Fortsätze bisweilen fast das ganze Darmlumen ausfüllen. Am Grunde
der Zellen, die durch eine gut färbbare Basalmembran von dem
Körperparenchym abgegrenzt werden, liegen große, leicht tingierbare
Kerne mit Kernkörperchen. . Eine direkte Darmmuskulatur, welche
der Basalmembran aufliegt, ist nicht vorhanden. Wohl aber bemerkt
man in einiger Entfernung rings um die Darmschenkel zerstreut
liegende Ring- und Längsmuskeln.

Nervensystem.

Die Konservierung in Spiritus war nicht günstig, um eingehende
Untersuchungen über das Nervensystem anzustellen. Ich kann daher nur folgende kurze Angaben machen. Zu beiden Seiten und
schräg über dem Vorderende des Pharynx liegen die sehr großen
Cerebralganglien, die nach vorn zwei Äste senden, welche den Mundsaugnapf umgeben. Nach hinten zu ziehen von den Ganglien zwei
Stränge zunächst zu beiden Seiten des Pharynx, biegen sich dann
auf die Ventralseite und verlaufen hier immer seitlich unter den
Darmschenkeln. In der Höhe des Cirrusbeutels findet eine Commissur
der Ventralstränge statt. Weitere Verbindungen der beiden Seitennerven, wie sie POIRIER für *D. clavatum* und auch für *D. insigne* und
D. veliporum angegeben hat, konnte ich bei meinem Material nicht
feststellen. Ebensowenig konnte ich weitere Längsnerven, deren
nach Analogie mit anderen Distomen noch vier vorhanden sein
müßten, erkennen. Im Hinterkörper, wo die Darmschenkel sich einander nähern, verlaufen auch die Nervenstränge näher aneinander.
Sie werden immer dünner, und in der Höhe der halben Excretionsblase sind sie dann nicht mehr zu verfolgen. Die großen Nervenstränge sind aus einer Anzahl von Nervenfasern zusammengesetzt,
infolgedessen ihre Querschnitte netzartig aussehen. Über die feinere
Struktur der Fasern kann ich nichts Genaues mitteilen. Während
nach POIRIER's Angaben bei *D. clavatum* die Nervenscheide dick,
mehrfach geschichtet und leicht färbbar ist, findet man bei *Otodistomum
veliporum* nur eine sehr dünne Membran.

Excretionsapparat.

Von dem Excretionsapparat sind auch nur die Hauptteile zu erkennen. Die Excretionsblase ist lang und von ziemlich gleichmäßiger Breite, nur im letzten Viertel ihrer Länge ist sie bei manchen Individuen stark erweitert. Das Innere der Blase ist von einer dünnen, homogenen Membran überzogen, die in zahlreiche Falten gelegt ist, so daß sie oft ein zottiges Aussehen hat. Unter dieser liegt eine dünne Ringmuskulatur. Durch einen schmalen Gang mündet die Excretionsblase nach außen. Dieser kurze, zylindrische Kanal ist von einer Muscularis umgeben, die offenbar als Sphincter dient. Infolge Kontraktion ist die Cuticula besonders in seinem Anfangsteil stark gefaltet, und sein Lumen hat daher auf Querschnitten ein sternförmiges Aussehen. Auf sie folgt eine dünne Schicht von Ringfasern, die sich oft kontrahiert und so ausgebuchtet haben. Dünne Längsmuskeln sind auch vorhanden. Das Vorderende der Blase verschmälert sich etwas und teilt sich in 2 große Hauptkanäle, die auf Querschnitten manchmal kreisrund, sehr oft unregelmäßig ausgebuchtet erscheinen. Sie verlaufen immer ventral an den äußeren Seiten der Darmschenkel. So ziehen sie bis an den Mundsaugnapf hin, wenden sich dorsalwärts und vereinigen sich über diesem Organ zu einem kurzen unpaaren Gang. Außerdem ist das Parenchym von dünneren Excretionskanälen durchzogen; so laufen z. B. ventral dicht unter den Darmschenkeln 2 Kanäle, die im Querschnitt kreisförmig sind und keine Auslappungen wie die beiden Hauptkanäle zeigen (Fig. B). Die großen und kleineren Gefäße sind auch von einer homogenen Membran ausgekleidet, eine besondere Ring- und Längsmuskulatur ist nicht festzustellen.

Geschlechtsorgane.

Auf der Ventralseite in der Höhe des Ösophagus befindet sich der median gelegene Genitalporus. Er liegt also sehr nahe dem Mundsaugnapfe (Fig. A). Die querovale Öffnung ist oft schon mit bloßem Auge zu erkennen. Das Genitalatrium bildet eine tiefe, zylindrische Höhlung, die sich allmählich im Innern erweitert und schräg dorsalwärts von vorn nach hinten in das Körperinnere hineinzieht. Es ist mit einer cuticularen Membran ausgekleidet, die sich infolge Kontraktion der Muskulatur stark gefaltet hat, so daß das Lumen besonders im vorderen schmalen Teile sehr unregelmäßig erscheint (Fig. B). Auf die Cuticula folgt eine Schicht von Ring-

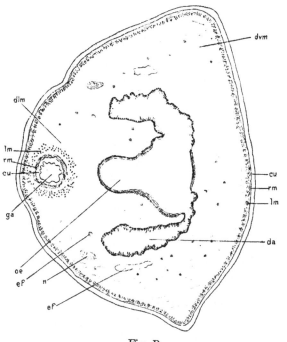

Fig. B.

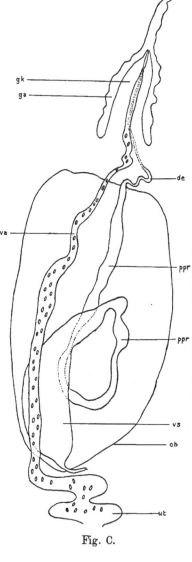

Fig. B. Querschnitt durch den Hals von
Otodistomum veliporum (CREPLIN). Einmündungsstelle des Ösophagus in die Darmschenkel.[1]
    Fig. C. Rekonstruktion des Endabschnittes
der Genitalwege von *Otodistomum veliporum*
(CREPLIN). 48:1.

muskeln, deren Zahl um den Genitalporus
größer ist als weiter am Grunde des
Atriums. In weiterem Abstande wird
dann das Genitalatrium von Längsmuskeln
umgeben; auch schräge Diagonalmuskeln
ziehen nach ihm hin, wie ja überhaupt
der Hals sehr reich an Muskeln ist. In
das Atrium hinein ragt ungefähr bis zur

Fig. C.

Hälfte der Genitalkegel, der eine Länge von ca. 0,597 mm und eine
Dicke von 72 μ am Vorderende und von 274 μ am Hinterende hat.
In ihm verlaufen nebeneinander, und zwar der weibliche ventral und

---

1) Erklärung der Buchstaben s. S. 251.

der männliche dorsal, die Ausführungsgänge des männlichen und weiblichen Geschlechtsapparats. Sie vereinigen sich dann zu einem kurzen gemeinsamen Kanal und münden durch ihn in das Genitalatrium (Fig. C). Während sonst der Genitalapparat von *D. insigne*, wie ihn POIRIER beschrieben hat, und der von *Otodistomum veliporum* vollkommen gleich gebaut ist, münden nach POIRIER's Angaben der Ductus ejaculatorius und die Vagina getrennt nebeneinander aus. Hier liegt offenbar ein Irrtum POIRIER's vor, worauf auch ODHNER in seiner Abhandlung „Zum natürlichen System der digenen Trematoden, IV" hinweist. Die cuticulare Membran, welche das ganze Geschlechtsatrium auskleidet, umgibt auch in etwas dünnerer Lage den ganzen Genitalkegel und zieht auch in den gemeinsamen Geschlechtsporus hinein. Die Ring- und Längsmuskelschicht, welche das Atrium umgeben, setzen sich an seinem Grunde auch in den Genitalkegel fort und geben dem „Begattungskegel", wie ihn BRAUN bei Holostomiden, wo eine ähnliche Bildung vorkommt, genannt hat, die Möglichkeit, sich stark zu verkürzen und zu verlängern.

Männlicher Geschlechtsapparat.

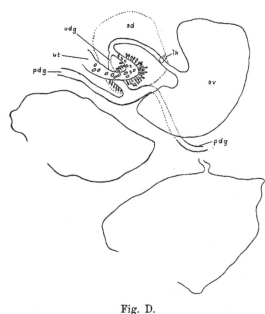

Zur topographischen Übersicht der Genitaldrüsen möge nebenstehende Textfig. D dienen. Man sieht 2 Hoden von 0,91 mm Durchmesser und kugliger Gestalt, die ungefähr in einer Entfernung vom Bauchsaugnapf, die der Länge des Halses entspricht, ziemlich median im Körperparenchym eingebettet liegen. Jedoch ragt der hintere Hoden mehr nach der linken und der vordere nach der rechten Seite herüber. Die Wände der

Fig. D.
Rekonstruktion des Anfangsteiles der Genitalwege von *Otodistomum veliporum* (CREPLIN). 48 : 1.

Hoden werden von einer dünnen, strukturlosen Membran gebildet; eine Muskulatur, wie sie Poirier bei *D. insigne* beschreibt, konnte ich nicht feststellen. Der Inhalt des Hodens erfüllt bei den untersuchten Exemplaren nicht den ganzen Hohlraum, es bleibt ein freier Raum an der Wandung bestehen. Bei vorliegender Art sind die Elemente der Hoden groß und leicht färbbar. Diese Entwicklungsstadien der Spermatozoen sind von Monticelli eingehend untersucht und gelten in gleicher Weise für alle Trematoden.

Leider sind bei den von mir untersuchten Exemplaren die Vasa efferentia, da sie nicht mit Sperma gefüllt sind, auch nicht zu verfolgen. Nur bei einem Individuum habe ich die Abgangsstelle des Vas efferens vom hinteren Hoden erkennen können. Sie liegt am Vorderende des Hodens ungefähr gleich weit von der Dorsal- und Ventralseite. Das kurze Vas deferens, das aus der Vereinigung der Vas efferentia entsteht, kommt von der Dorsalseite und mündet in der Medianlinie des Körpers in den großen Cirrusbeutel. Es weitet sich hier unmittelbar nach seinem Eintritt zu der Vesicula seminalis aus, welche eine Breite von 0,253 mm und eine Länge von 1,08 mm hat. Sie zieht in schwachem Bogen nach der rechten Seite ungefähr bis zur halben Länge des Cirrusbeutels und verengert sich dann zur Pars prostatica. Diese wendet sich in flacher Kurve nach der linken Körperseite, läuft nach hinten, biegt in kurzem Bogen um und zieht in ziemlich geradem Verlauf über der Vesicula seminalis nach dem vorderen Ende des Cirrusbeutels. Nach ihrem Austritt aus demselben verengert sie sich zum Ductus ejaculatorius, der nach kurzen Schlingen in den Genitalkegel eintritt. Den Verlauf der Vesicula seminalis, der Pars prostatica und des Ductus ejaculatorius läßt vorstehende Textfig. C erkennen.

Der Cirrusbeutel umschließt bei vorliegender Art die Vesicula seminalis und die Pars prostatica. Er ist von eiförmiger Gestalt und hat eine Länge von 1,418 mm und eine Breite von 0,849 mm. Er zieht sich ungefähr von der halben Länge des Bauchsaugnapfes bis zur Mitte des Halses hin. Seine Wandung besteht aus einer bindegewebigen Tunica propria und einer umgebenden dünnen Ringmuskellage. In der Vesicula seminalis sieht man Spermatozoen, die in dichter unentwirrbarer Masse das ganze Lumen ausfüllen. Sie ist muskulös und ebenso wie die Pars prostatica in eine auffallend große Drüsenmasse eingebettet, welche den ganzen Cirrusbeutel erfüllt. Es sind leicht tingierbare, birnförmige Zellen mit großen granulierten Kernen (Taf. 9 Fig. 3). Die Struktur der Pars prostatica ist

eigenartig. Sie wird von einer sehr dünnen Ringmuskulatur umgeben, und auf diese folgt eine breite Schicht, die anscheinend aus
Cylinderepithelzellen zusammengesetzt ist. Diese sind durchzogen
von den Ausführungsgängen der Drüsenzellen, welche den Kanal
umgeben und deren Kerne leicht sichtbar die Pars prostatica um-
lagern. Im Innern des Ganges befindet sich anscheinend eine
Wimper- oder Flimmerschicht, wie sie auch bei Distomen der *D. cla-*
vatum-Gruppe konstatiert ist. Beim Austritt aus dem Cirrusbeutel
ändert sich die Struktur der Pars prostatica und auch ihr Lumen.
Der Durchmesser desselben beträgt hier nur noch 0,014 mm, während er im Innern 0,036 mm groß war. Die Wände des so ent-
standenen Ductus ejaculatorius werden von einer verhältnismäßig
dicken, oft gefalteten cuticularen Membran ausgekleidet, die als
Fortsetzung der Cuticula des Genitalsinus anzusehen ist. Umgeben
wird der Ductus ejaculatorius hier von einer starken Ringmuskulatur;
ob zwischen dieser und der cuticularen Membran noch eine Längsmuskellage verläuft, wie es POIRIER und auch ODHNER angibt, ist
bei meinem Material von *Otodistomum veliporum* nicht festzustellen.

Weiblicher Geschlechtsapparat.

Wie gewöhnlich besteht der weibliche Genitalapparat aus dem
Ovarium oder Keimstock, dem MEHLIS'schen Körper (Schalendrüse)
und den beiden Dotterstöcken. Das Ovarium liegt schräg vor den
beiden Hoden. Es ist nicht so kugelförmig, wie es POIRIER für
D. insigne beschreibt, sondern medianwärts schwach eingebuchtet
und erscheint daher auf Frontalschnitten in nierenförmiger Gestalt.
Der größte Durchmesser beträgt 0,705 mm. Es ist wie meistens
bei Trematoden kleiner als ein Hoden und erfüllt mit Keimzellen
in verschiedenen Entwicklungszuständen. Diese sind runde Zellen
ohne umgebende Membran von 0,021 mm Durchmesser, und in ihnen
befinden sich deutlich erkennbare Kerne von 0,007 mm Durchmesser
und Kernkörperchen. Umgeben ist das Ovarium von einer Membrana propria, auf der eine besondere Muskelschicht nicht vorhanden ist.

Der MEHLIS'sche Körper liegt schräg vor dem Ovarium und
hat ebenfalls auf Frontalschnitten ein nierenförmiges Aussehen. Er
ist nicht, wie POIRIER es für *D. insigne* und *veliporum* angibt, von
einer dünnen strukturlosen Membran umgeben, die ihn vom Körperparenchym abgrenzt.

Die Dotterstöcke sind wie bei den meisten Trematoden paarig

und liegen als traubige Drüsen auf jeder Seite des Körpers (Taf. 9 Fig. 1). Sie erstrecken sich, hauptsächlich zwischen den Excretionskanälen und Darmschenkeln sich hinziehend, auf der linken Seite nach vorn bis in die Nähe des Bauchsaugnapfes, auf der rechten Seite bisweilen nicht ganz so weit. Kurz hinter dem zweiten Hoden treten sie nahe zusammen und ziehen unter den Darmschenkeln ungefähr bis zum Beginn des letzten Körperdrittels. Die Drüsen münden jederseits in einen vorderen und hinteren longitudinalen Dottergang. Aus diesen gehen in der Höhe des Ovariums die paarigen, queren Dottergänge hervor, die sich zu einem unpaaren Dottergang vereinigen. Die Vereinigungsstelle der queren Dottergänge ist stark erweitert bis zur doppelten Dicke eines einzelnen Ganges und ganz erfüllt mit Dotterzellen. Der unpaare Dottergang mündet innerhalb des Mehlis'schen Körpers in den Keimgang, nachdem dieser kurz nach seinem Austritt aus dem Ovarium den Laurer'schen Kanal aufgenommen hat.

Dieser beginnt auf der Rückenfläche, aber nicht in der Höhe des Ovariums, sondern mehr nach dem Vorderende zu. Auch liegt seine Öffnung nicht in der Medianlinie, sondern etwas links seitlich Er zieht dann in zahlreichen kleinen Windungen schräg nach hinten in den Körper hinein bis an die Dorsalseite des Ovariums. Hierauf wendet er sich, am Keimstock dicht entlang laufend, in die Medianlinie des Körpers und mündet in dem Mehlis'schen Körper, ohne ein Receptaculum seminis zu bilden, in den Keimgang. Der Laurersche Kanal hat durchschnittlich ein Lumen von 0,007 mm und ist sehr dickwandig (0,005 mm). Seine Auskleidung besteht aus einer homogenen, oft gefalteten Membran. Was nun den Inhalt betrifft, so kann ich nur mitteilen, daß sich an wenigen Stellen Spermatozoen fanden. Dotterzellen, Keimzellen und Eier, wie sie vielfach von Autoren als Inhalt des Laurer'schen Kanals der Trematoden beobachtet sind, konnte ich nicht bemerken. Umgeben ist der Kanal von einer dünnen Schicht Ringmuskeln, auf welche einzelne Längsmuskeln folgen. Wie schon Monticelli es beobachtet hat, ist das Parenchym um den Kanal reich an großen, leicht färbbaren Kernen, die ihn ringförmig umgeben.

Der Uterus beginnt nach der Vereinigung von Oviduct und unpaarem Dottergang und hat anfangs eine Breite von 0,036 mm. Er erweitert sich allmählich immer mehr, bis er beim Austritt aus dem Mehlis'schen Körper einen Durchmesser von 0,223 mm besitzt. In seinem späteren Verlauf vergrößert sich sein Lumen bis zu 0,612 mm und darüber. Er erstreckt sich nach hinten über die Schalendrüse nicht hinaus, sondern nimmt, mit Eiern prall gefüllt, in zahlreichen Windungen fast den ganzen Mittelkörper bis zum Bauchsaugnapf ein (Taf. 9 Fig. 1). Hier verengert er sich bedeutend und zieht außerhalb des Cirrusbeutels auf der Ventralseite in den Genitalkegel. Die Wandung des Uterus ist seinem Verlaufe durch das Körperparenchym verschieden gestaltet. In dem MEHLIS'schen Körper wird sie von Cylinderepithelzellen gebildet, an deren Grunde sich leicht färbbare Kerne befinden. Eine dünne Secretmasse ist dem Epithel aufgelagert. Umgeben ist hier der Uterus anscheinend von einer dünnen Ringmuskelschicht. Diese Struktur ändert sich nach dem Austritt aus dem MEHLIS'schen Körper, wo seine Wandung nur von einer dünnen Membran gebildet wird. In der Höhe des Cirrusbeutels, also in seinem letzten Abschnitt, den Looss die Vagina nennt, wird er dann wieder muskulös, indem eine innere Ring- und eine äußere Längsmuskelschicht auftritt. In dem Teile des Uterus, der in dem MEHLIS'schen Körper liegt, besonders jedoch im Anfangsteile außerhalb desselben finden sich zahllose Spermatozoen, so daß die Eier in die Spermamasse eingebettet erscheinen, eine Beobachtung, die von verschiedenen Autoren gemacht ist. Die Länge der Eier beträgt bis zu 0,09 mm, die Breite durchschnittlich 0,053 mm, die Dicke der Schale bis zu 0,007 mm.

Die guten anatomischen Angaben POIRIER's über *D. insigne* und *veliporum*, der also 2 Arten unterscheidet, habe ich nur in folgenden wenigen Punkten zu ändern. Die Excretionsblase mündet durch einen kurzen Kanal aus. Der männliche und weibliche Geschlechtsapparat hat einen gemeinsamen Ausführungskanal. Der MEHLIS'sche Körper ist nicht von einer strukturlosen Membran umgeben. Die Hoden und das Ovarium entbehren einer Muskulatur. Aus den übrigen anatomischen Daten, die mit meinen Untersuchungen gut übereinstimmen, bin ich jedoch ebenso wie ODHNER zu der Überzeugung gekommen, daß vorliegende Art identisch mit *Distomum insigne* (DIESING, 1850, VILLOT, 1878, POIRIER, 1885) ist.

Was die systematische Stellung von *Otodistomum veliporum* (CREPLIN) betrifft, kann ich auf die Arbeit von ODHNER „Zum natürlichen System der digenen Trematoden IV" verweisen. Hiernach gehört unser *Distomum* zur Familie der *Azygiidae* und zur Gattung *Otodistomum* STAFFORD, 1904, welche die beiden Arten *Otodistomum veliporum* (CREPLIN) und *Otodistomum cestoides* (VAN BEN.) umfaßt. Die Merkmale der Familie und Gattung sind von ODHNER in vortrefflicher Weise zusammengestellt, so daß ich nichts wesentliches hinzuzufügen habe. *Otodistomum veliporum* (Crepl.) unterscheidet sich von dem nahe verwandten *Otodistomum cestoides* (van Ben.) durch seine im allgemeinen geringere Länge und größere Breite. Die Eier sind größer und besitzen eine dickere Schale. Ferner scheint mir eine so große Variabilität in der Ausdehnung der Dotterstöcke, wie sie nach Odhner bei *Otodistomum cestoides* (van Ben.) vorkommt, hier nicht zu bestehen.

Distomum fuscum Poirier (Bosc) und *Distomum ingens* Moniez.

Distomum fuscum Poirier und *Distomum ingens* Moniez gebören zur Gruppe des *Distomum clavatum* (Menzies). Zu ihr rechnet man Distomen, die sich durch ihre Größe auszeichnen und parasitisch im Magen der *Scombridae* (Makrelen) leben. Die Geschichte dieser Arten ist zuerst von Blanchard, dann von Moniez und in neuerer Zeit von Darr und v. Buttel-Reepen, der auch eine Tafel mit Abbildungen gibt, zusammengestellt, und ich kann in dieser Hinsicht auf die betreffenden Arbeiten verweisen. Man ersieht aus ihnen, daß eine Einigung der Ansichten, welche von diesen Trematoden zu einer Art zusammenzufassen oder selbständige Arten sind, bis jetzt nicht erreicht ist, da das äußere Aussehen der Tiere oft keinen genügenden Anhalt bietet. Daher sagt v. Buttel-Reepen in seiner Abhandlung über die *D. clavatum*-Gruppe sehr richtig: „Die Klarlegung der Synonymie in dieser Gruppe wird nur erreicht werden durch eingehende anatomische und histologische Neuuntersuchungen der verschiedenen Arten, die zu dieser Gruppe gerechnet werden." Durch die folgende Beschreibung von *Distomum fnscum* Poirier und *Distomum ingens* Moniez möchte ich den Versuch machen, etwas zur Klärung der Synonymie in vorliegender Gruppe beizutragen.

Distomum fuscum Poirier (Bosc).

Im Jahre 1802 entdeckte Bosc an den Kiemen, im Magen und im Darm der „Dorade" (*Coryphaena hippuris*) 3 Arten von Distomen, die er als *Fasciola fusca, Fasciola coryphaenae* und *Fasciola caudata* bezeichnete. In der „Entozoorum historia naturalis" von Rudolphi werden *Hirudinella marina* Garsin und *Fasciola clavata* Menzies zu einer Art *Distoma clavatum* Rudolphi vereinigt, während die 3 von Bosc gefundenen Distomen unter dem Namen *Distoma coryphaenae*

zu den zweifelhaften Arten gezählt werden. DIESING hält für
synonym *Fasciola caudata* Bosc und *Distoma tornatum* RUDOLPHI und
betrachtet sie als Cercarie von *Fasciola fusca* Bosc, da dieser sie
auf den Kiemen der „Dorade" als geschwänzte Form (*Fasciola
caudata*) und zugleich im Magen und im Darmtractus gefunden hat
(*Fasciola fusca* und *Fasciola coryphaenae*). *Fasciola fusca* und *Fasciola
coryphaenae* sind für ihn dieselbe Form. BAIRD stellt zu der schon
von BLAINVILLE für *Distoma clavatum* RUD. aufgestellten Gattung
Hirudinella als zweite Art *Fasciola ventricosa* PALLAS, mit der er *Distomum clavatum* OWEN uud *Fasciola fusca* Bosc identifiziert.

COBBOLD faßt alle bisher bekannten Arten der *D. clavatum*-
Gruppe, einschließlich des *Distoma gigas* NARDO, zu einer Art *D. clavatum* zusammen. Im Jahre 1885 veröffentlicht dann POIRIER eine
interessaute Arbeit über die *D. clavatum*-Gruppe. Er stellt 8 verschiedene Arten auf, darunter *D. fuscum* POIRIER (BOSC) = *D. coryphaenae* TILESIUS auf Grund eines einzigen Exemplars ohne Wirtsangabe „rapporté de Sainte-Lucie". Er gibt eine äußere Beschreibung und 2 Abbildungen. Nach BLANCHARD sind fast alle Arten
der *D. clavatum*-Gruppe miteinander identisch, und als Typus der
Gruppe gilt ihm *Fasciola ventricosa* PALLAS. Die von Bosc gefundenen
Trematoden sind nach seiner Meinung verschieden alte Exemplare
derselben Art.

MONIEZ erwähnt in einer Schrift, in welcher er die Identitäts-
frage der *D. clavatum*-Gruppe erörtert, daß unter den Distomen, die
während der Expedition der „Hirondelle" gesammelt wurden, sich
2 Exemplare befanden, die offenbar mit POIRIER's Beschreibung von
D. fuscum übereinstimmten. Das größere wurde im Darm eines
Germon (*Thynnus alalunga*), das kleinere im Magen eines Bonite
(*Thynnus pelamys*) von J. DE GUERNE gefunden. Die Arbeiten von DARR
und v. BUTTEL-REEPEN bringen über *D. fuscum* POIRIER nichts Neues.

Man sieht aus dieser kurzen Zusammenstellung, daß die Anatomie von *D. fuscum* noch gar nicht bekannt ist, da Bosc und
POIRIER nur äußere Beschreibungen gegeben haben.

Von den Distomen des Hamburger Materials, die ich als *Distomum fuscum* POIRIER bezeichnet habe, verwandte ich zur anatomischen Untersuchung zwei Exemplare, von denen das größere fast
vollkommen mit den charakteristischen Figuren POIRIER's überein-
stimmte. Da das Hinterende des Tieres verletzt war, habe ich keine
Abbildung von diesem Exemplar gegeben. Eine Angabe des Wirtstieres fehlte, die Signatur des Glases lautete nur: „5183 Campêche

Bay, PUTZE vend. 1882, 2 E." Taf. 9 Fig. 4 und 5 stellt ein Distomum dar, das sicher auch als *Distomum fuscum* POIRIER anzusehen ist. In der Sammlung ist es mit „E. K. 4315 Dolphin Magen 1 E." bezeichnet. Da nun aber nach v. BUTTEL-REEPEN die *Coryphaena* von den Seeleuten Delphin (holländisch Dolphin) genannt wird, so ist als Wirt für die von POIRIER beschriebene Art auch die *Coryphaena* anzusehen. Die ursprünglich von Bosc abgebildete Art, *Fasciola fusca*, wurde ebenfalls im Magen einer „Dorade" (*Coryphaena hippuris*) gefunden.

Die Länge des größeren untersuchten Tieres betrug 17 mm, seine größte Breite 13 mm und seine größte Dicke 7 mm, also Maße, die auch mit POIRIER's Angaben ganz gut übereinstimmen. Ein gutes Bild der äußeren Form bieten die Figuren POIRIER's, nur war bei meinem Exemplar die Öffnung des Bauchsaugnapfes rund und nicht elliptisch, die des Mundsaugnapfes nach POIRIER's Abbildung rund, während sie hier ein Rechteck bildete. Jedoch sind diese Unterschiede nur als eine Kontraktionserscheinung anzusehen. Das ganze Tier hatte ein keuliges Aussehen und eine gelblich-graue Farbe. Charakteristisch waren bei diesem Exemplar die auffallend breiten Ringfalten, welche den ganzen Körper so regelmäßig umgaben, mit Ausnahme des Halses, der ziemlich faltenlos war. Er war schwach nach hinten gebogen und hatte eine Länge von 6 mm und an der Basis eine Breite von 4 mm. Der Mundsaugnapf war klein und hatte eine Öffnung von etwa 1 mm Durchmesser. Der Genitalporus war nur sehr schwer zu erkennen, jedoch befindet er sich näher am Mundsaugnapfe und nicht, wie es POIRIER in seiner Beschreibung angibt, in gleichem Abstande von den beiden Saugorganen. Der Bauchsaugnapf war groß und von der Körperwand in Form eines runden Kragens umgeben, der mit eigentümlichen, charakteristischen Falten versehen war und im Durchmesser eine Größe von 6 mm hatte. Die Öffnung des Excretionsporus war von konzentrisch gelegenen Falten dicht umgeben.

Körperbedeckung und Muskulatur.

Der ganze Körper ist von der leicht färbbaren, homogenen Cuticula bedeckt. Ihre Dicke beträgt im Vorderkörper durchschnittlich 57 μ und im Hinterkörper 43 μ. Ferner ist sie auch von der Größe des Tieres abhängig, da ihre Stärke bei dem kleineren Exemplare im Vorderkörper nur 36 μ und im Hinterkörper nur 29 μ erreichte. Eine besonders charakteristische Eigentümlichkeit

der Cuticula fällt bei der Untersuchung sogleich ins Auge. Auf
Quer- und Längsschnitten hat sie auf ihrer Innenfläche ein gespaltenes Aussehen, indem Kanäle senkrecht zur Oberfläche in die
Cuticula eindringen, ohne sie jedoch zu durchbohren. Den Inhalt
dieser Kanäle bilden papillenförmige Gebilde, die von dem darunter
liegenden Bindegewebe ausgehen. Sie sind an ihrem peripheren
Ende bisweilen kolbig erweitert und haben eine Länge bis zu 50 μ
und eine Breite bis zu 6 μ. Fig. E stellt einen Querschnitt vor,

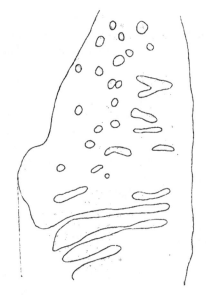
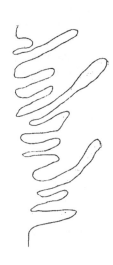

Fig. E.   Fig. F.

Papillenartige Vorsprünge in die Cuticula Papillenartige Vorsprünge; die Cuti-
von *Distomum fuscum* POIRIER. 498:1.   cula ist abgesprungen. 498:1.

der etwas schräg die Cuticula getroffen hat. Man sieht hier sehr
deutlich diese Gebilde zum Teil der Länge nach, zum Teil ganz quer
getroffen. Fig. F zeigt diese Papillen an einer Stelle, an der die
Cuticula abgesprungen ist und sie frei nach außen hervorragen. Bei
D. clavatum sind sie ebenfalls vorhanden, und DARR spricht die Vermutung aus, daß es sich hier um Nervenendigungen handeln könne.
Jedenfalls hat auch BRAUN in bezug auf POIRIER's Schilderung wahrscheinlich ganz mit Recht diese Kanäle mit dem Papillarkörper der
menschlichen Cutis verglichen. Die Cuticula kleidet als dünnere
Membran auch den Anfangsteil der Geschlechtsorgane, des Ver-

dauungskanals und die Saugnäpfe aus. Ihre Dicke beträgt im Genitalatrium 21,6 μ und in den Saugnäpfen bedeutend weniger, nämlich 7,2 μ, auch zeigt sie auf Schnitten in diesen Teilen kein solch gespaltenes Aussehen.

Unter der Cuticula befindet sich eine breite Schicht von Bindegewebsfasern, die von POIRIER „couche subcuticulaire" genannt ist.

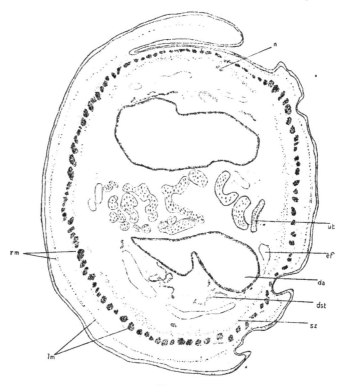

Fig. G.
Querschnitt durch *Distomum fuscum* POIRIER. Ungefähr in der Mitte des Körpers.
19 : 1.

Sie ist in der Gruppe des *D. clavatum* besonders stark entwickelt und besitzt bei vorliegender Art einen Durchmesser von ca. 0,2 mm. In ihr befinden sich im Vorderkörper zahlreiche, zerstreute Ring und dünne Längsfasern, hierauf folgt eine auffallend breite Schicht von Ringfasern und unter dieser starke Längsmuskelbündel. Während nun im Vorderkörper die inneren Ringmuskeln sehr entwickelt sind, sehen wir hinter dem Bauchsaugnapf die inneren Längsmuskeln

15*

(13,5 μ dick) die Hauptmasse des Hautmuskelschlauches bilden. Sie sind zu dicken Bündeln zusammengelagert, die durchschnittlich einen Durchmesser von 100 μ haben. (Zur Veranschaulichung dienen die Figg. 6 und G.) Unter diesen Muskellagen folgt eine „subcuticulare Zellenschicht", wie sie v. BUTTEL-REEPEN in seiner Beschreibung des *D. ampullaceum* nennt. Sie setzt sich aus großen, ovalen und leicht färbbaren Zellen mit deutlich sichtbarem Kern zusammen. Ihr Durchmesser beträgt 12 μ durchschnittlich.

Der Bau der Saugnäpfe ist derselbe, wie ihn POIRIER bei *D. clavatum* beschrieben hat. Auf Taf. 9 Fig. 6 sieht man am Mundsaugnapfe an der unteren Hälfte sehr schön die Transversalmuskeln ausgebildet. Die Körperwand ragt weit über ihn hinaus und bildet so einen Rand, der die Mundöffnung sehr verengert. Auffallend und charakteristisch ist am Bauchsaugnapf die kragenförmige Ausbildung der Körperwand, die mit ihren wulstigen Erhebungen die eigentliche Sauggrube umgibt (Taf. 9 Fig. 4 u. 6.) Eine ganz ähnliche Bildung finden wir bei *D. heurteli*, *D. dactylipherum* und *D. verrucosum*, wie man aus den Abbildungen POIRIER's ersehen kann. In dem Bindegewebe der Saugnapfmuskulatur kommen auch die „großen Zellen" vor, wenn auch nicht so häufig wie bei *Otodistomum veliporum* (CREPLIN). Leicht erkennbar infolge ihrer starken Ausbildung sind die Muskelbündel, welche die Funktion der Saugnäpfe unterstützen. Am Bauchsaugnapf sehen wir die Längsmuskeln des ventralen Hautmuskelschlauches sowohl vom Vorderkörper als auch vom Hinterkörper aus sich zur Muskulatur des Saugnapfes erstrecken. Sie setzen sich nicht unmittelbar am äußeren Raude, sondern etwas weiter im Innern des Körpers an die Oberfläche des Saugorgans an. Dieselben Ansatzstellen haben auch die Muskelbündel, welche sich vom dorsalen Längsmuskelschlauch abspalten und in schrägem Verlauf zum Bauchsaugnapf ziehen. In Fig. 6 sind nur die Ansatzbündel der vorderen Hälfte des Saugnapfes abgebildet, zur hinteren Hälfte erstrecken sich die Muskeln in gleicher Weise. Außerdem spalten sich von den vorderen und hinteren dorsalen Längsmuskeln auch Bündel ab, die sich der inneren Oberfläche des Saugorgans anlegen und sie schalenförmig umfassen. In ähnlicher Weise umgreifen die Längsmuskeln des dorsalen und ventralen Hautmuskelschlauches auch den Mundsaugnapf, während die Ringmuskeln zur Unterstützung der Saugfunktion weniger beizutragen scheinen.

Verdauungsapparat.

Einen Überblick über die Gestalt der Verdauungsorgane bietet die schematische Textfigur H. Wir finden bei *D. fuscum* folgende Ausbildung des Verdauungstractus. Der Mundsaugnapf hat eine subterminale Öffnung, und aus ihm gelangt man in den Pharynx, der eine Länge von 0,79 mm und eine Breite von 0,75 mm aufweist. Wahrscheinlich infolge Kontraktion ist seine Form eine fast kuglige geworden. Ebenso wie der Mundsaugnapf und der nun folgende

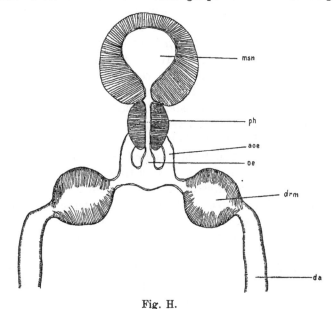

Fig. H.

Schematische Darstellung des Anfangsteiles der Verdauungsorgane von
Distomum fuscum POIRIER.

Ösophagus ist er von einer cuticularen Membran ausgekleidet. Nach seinem kurzen kugligen Anfangsteile, der eine Länge von 108 μ und eine Breite von 180 μ hat, erweitert er sich sehr stark bis zu einer Länge von 540 μ und kommt so zum Teil dorsal über dem Pharynx zu liegen (Taf. 9 Fig. 6). Dieser Teil wird bei *D. ampullaceum* als Kropf bezeichnet. Die cuticulare Membran des Ösophagus zeigt unregelmäßige, faltige Erhebungen, wie sie auch bei *Hirudinella clavata* und *D. ampullaceum* beschrieben sind. Mir scheint diese Bildung keine ursprüngliche zu sein, sondern nur eine Folge der starken Kontraktion dieser Teile. Denn während bei dem einen Exemplar der ganze Ösophagus eine runzlige Cuticula aufweist, finden wir bei dem anderen nur den Anfangsteil mit faltiger Wandung. Bei dem ersten Tiere ist nun das Lumen der kropfartigen Erweiterung infolge Kontraktion unregelmäßig, während es bei dem zweiten Exemplare eine auffallend regelmäßige runde Form zeigt. Hierauf schließen sich nach beiden Seiten kuglige Auftreibungen an, welche dann in die beiden langen Darmschenkel übergehen. Während nun der Ösophagus wie gewöhnlich eine cuticulare Wandung besitzt, der innere Ring- und äußere Längsmuskeln aufgelagert sind, findet man in den kugligen Auftreibungen ein eigenartiges Epithel. Es sind Cylinderzellen von 14,5 μ Höhe mit kleinem Kern am Grunde, die auffallend lange Fortsätze (108 μ) tragen, so daß diese fast den ganzen Hohlraum erfüllen. Kurz vor der Mündung in die Darmschenkel sieht man, wie diese Fortsätze sich umbiegen und mit ihren Spitzen der Mündungsstelle zuzustreben scheinen. Die Bedeutung dieses Epithels ist zweifelhaft. v. BUTTEL-REEPEN, der bei *D. ampullaceum* ähnliche Verhältnisse fand, nimmt an, daß es sich um „Becherzellen" handelt mit langen fadenförmigen, protoplasmatischen Fortsätzen, an denen das austretende Secret entlang fließt. Die anschließenden Darmschenkel zeigen auch ein Cylinderepithel, jedoch mit viel kürzeren Fortsätzen. Den Darmschenkeln ist eine dünne, innere Ring- und eine äußere Längsmuskelschicht aufgelagert. Sie reichen bis fast an das äußerste Ende des Körpers und weiten sich im Hinterkörper sehr stark zu den beiden Darmsäcken aus, die hier den größten Raum des Körpers einnehmen. In der Mitte des Hinterkörpers haben sie einen Durchmesser von 1,89 mm. Wie sehr häufig bei Trematoden findet man in ihnen wie in dem ganzen Verdauungstractus einen feinkörnigen, schwärzlichen Inhalt, der unzweifelhaft als Blut des Wirtstieres anzusehen ist.

Bemerkenswert ist die große Ähnlichkeit in dem Bau der Verdauungsorgane bei allen diesen Distomen der *D. clavatum*-Gruppe, wie man aus der Beschreibung von *Hirudinella clavata*, *D. ampullaceum* und *D. ingens* ersehen kann.

Nervensystem und Excretionsgefäße.

Von dem Nervensystem sind bei dem wenig guten Erhaltungszustande des Materials nur die Hauptteile zu erkennen. 2 große Cerebralganglien liegen dorsal dicht über dem Pharynx und sind durch eine Quercommissur verbunden. Von ihnen gehen nach vorn

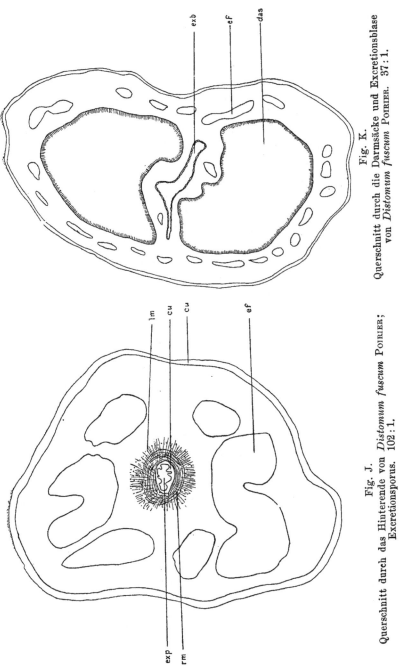

Fig. K.
Querschnitt durch die Darmsäcke und Excretionsblase
von *Distomum fuscum* Poirier. 37 : 1.

Fig. J.
Querschnitt durch das Hinterende von *Distomum fuscum* Poirier;
Excretionsporus. 102 : 1.

2 seitliche Nerven zum Mundsaugnapfe und nach hinten die beiden
großen Längsstämme, die seitlich von den weiten Darmschenkeln,
jedoch mehr ventral und ganz dicht am Hautmuskelschlauch verlaufen (Fig. G). Sie sind aus sehr großen Elementen zusammengesetzt, und ihr Querschnitt hat ein netzförmiges Aussehen. Der
Durchmesser dieser Längsstämme beträgt im Mittelkörper hinter
den Genitaldrüsen 120 μ.

Ebenso sind von dem Excretionsgefäßsystem nur die Hauptteile
zu beobachten. Die Excretionsblase liegt im Hinterkörper in der
Medianlinie zwischen den beiden breiten Darmsäcken, von denen
sie stark zusammengedrückt ist, und reicht ungefähr bis zur halben
Körperlänge nach vorn. Sie mündet durch einen kurzen Kanal, der
ebenso wie die Excretionsblase von einer dünnen, vielfach gefalteten
cuticularen Membran ausgekleidet ist, nach außen. Der Kanal ist
mit einer sphincterartigen Muskulatur umgeben; man bemerkt vor
allem Ringmuskeln und auch dünne Längsmuskeln, die jedoch schon
schräg verlaufen und auf einem Querschnitt strahlenförmig angeordnet zu sein scheinen (Fig. J). Eine Ringmuskulatur umgibt in
dünner Schicht auch die Excretionsblase. An ihrem oberen Ende
entspringen die Sammelröhren anscheinend in 2 Ästen, um in äußerst
komplizierten Windungen, deren Lumen sehr schwankend ist, den
ganzen Körper zu durchziehen. Eine Rekonstruktion der Kanäle
war nicht möglich. Bemerken will ich jedoch, daß sich auf Querschnitten durch den Hinterkörper zahlreiche Lumina von Excretionsgefäßen zwischen den Darmsäcken und der Körperwand bis ganz in
die Nähe des Excretionsporus erkennen lassen (Fig. K u. J). Im
Mittelkörper bemerkt man die Lumina der Excretionsgefäße hauptsächlich zu beiden Seiten der Darmschenkel, jedoch in geringerer
Anzahl auch zwischen den unentwirrbaren Uterusschlingen. Im
Vorderkörper nehmen sie ebenfalls einen großen Raum ein. Sie
sind von einer cuticularen Membran ausgekleidet, der eine Muskulatur
nicht aufgelagert ist.

Geschlechtsorgane.

Eine topographische Übersicht des Genitalapparats bieten die
Figg. L u. M. Die beiden Hoden befinden sich unmittelbar hinter
dem Bauchsaugnapfe, und zwar bei dem einen untersuchten Exemplar
schräg hintereinander, so daß der hintere Hoden etwas links seitlich
verschoben ist und das Ovarium schräg rechts seitlich von ihm zu
liegen kommt. Daß dieses nur eine Kontraktionserscheinung ist,

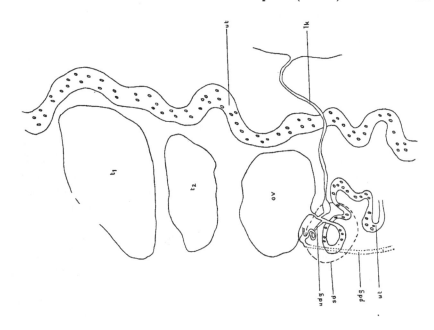

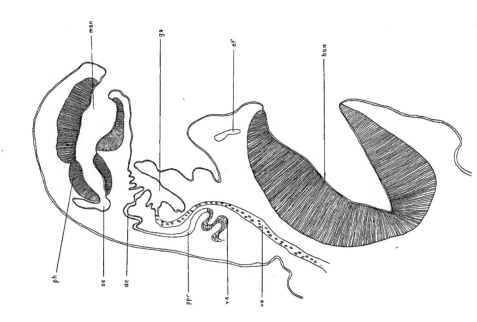

beweist die Lage der 3 Geschlechtsdrüsen bei dem anderen Tiere, wo die beiden Hoden und das Ovarium ziemlich genau hintereinander in der Medianlinie gelagert sind. Die Hoden sind von ovaler Gestalt, der vordere hat einen größten Durchmesser von 0,76 mm und der hintere von 0,72 mm. Eine dünne Membran, der feine unregelmäßig verlaufende Muskelfasern aufgelagert sind, umgibt sie. Leider sind die Abgangsstellen der Vasa efferentia und ihr Verlauf bei den beiden untersuchten Exemplaren nicht zu erkennen. Sie münden in die muskulöse Vesicula seminalis, die in der Höhe des vorderen Bauchsaugnapfrandes gelegen ist. Ihr Lumen erweitert sich bis zu einer Breite von 0,25 mm und ist erfüllt mit einer dicht verflochtenen Masse von Spermatozoen. Nach S-förmigem Verlauf verengt sie sich zu der Pars prostatica, die sich in einfachen Schlingen über dem Uterus bis etwa in die Höhe des Genitalporus hinzieht. Der Erhaltungszustand ist bei beiden Exemplaren so wenig gut, daß ich genaue Angaben über ihre Struktur nicht machen kann, jedoch ist sie scheinbar ebenso wie bei *Distomum ingens* MONIEZ. Die Pars prostatica, deren Lumen 0,11 mm beträgt, ist muskulös und anscheinend von einem Cylinderepithel ausgekleidet. In ihrem ganzen Verlauf ist sie in Drüsenzellen, den Prostatadrüsen, eingebettet. Die Breite dieses Drüsenkomplexes beträgt 50,4 μ. Die Struktur der Pars prostatica ändert sich, sobald sie in das Muskelgewirr eintritt, das den Endabschnitt des männlichen Genitalweges umgibt, und dieser Teil hat nun den Namen Ductus ejaculatorius. Eine dicke, cuticulare Membran, deren Stärke durchschnittlich 21,6 μ beträgt, kleidet ihn aus, und eine verhältnismäßig starke Ringmuskulatur umgibt ihn. Sein Lumen ist anfangs 28,8 μ weit, vergrößert sich aber bald bis zu 72 μ, und kurz vor seiner Einmündung in den Genitalsinus hat er infolge Ausbuchtungen manchmal eine Breite von 252 μ. Der Ductus ejaculatorius ist in seinem ganzen Laufe in einer sehr mannigfaltigen Muskulatur gelegen; ein geschlossener Cirrusbeutel, wie man ihn z. B. bei *Otodistomum veliporum* (CREPLIN) findet, fehlt hier. Immerhin ist um den Endabschnitt des männlichen Genitalweges eine besondere Muskulatur vorhanden, die allmählich in die übrige Körpermuskulatur übergeht. Außer vielfach verschlungenen Muskeln in den verschiedensten Richtungen sind hauptsächlich Ring- und Längsmuskeln unterscheidbar. Taf. 9 Fig. 7 stellt einen Längsschnitt durch den Hals dar, und man sieht, daß der Ductus ejaculatorius in weiterem Abstande von Längsbündeln umgeben ist, von denen die vorderen (lm_1) vom dorsalen Hautmuskelschlauch entspringen, während die hinteren (lm_2) von den Längsmuskeln des Uterus sich abzuspalten scheinen. Dicht neben ihnen verlaufen auch Ringmuskeln (rm_1 und rm_2), die sich von dem Genitalatrium aus in schmalem Bande in das Körperinnere verlieren. Der männliche Geschlechtsapparat mündet auf einer konischen Erhebung in den vorderen Teil des Genitalatriums.

Durch den Genitalporus, der dicht hinter und unter dem Pharynx liegt, mündet es auf der Ventralseite aus. Es ist bei *Distomum fuscum* POIRIER eine flache Aussackung ziemlich parallel der Ventralseite des Halses (Taf. 9 Fig. 6 u. 7). Es hat bei vorliegendem Exemplar eine Länge von 1,16 mm und eine größte Breite von 0,59 mm und erstreckt sich ungefähr von der Höhe des Pharynx bis in die Höhe der kragenartigen Verbreiterung der Körperwand, welche den Bauchsaugnapf umgibt. Man kann es als eine Einstülpung der Körperoberfläche auffassen, da seine Muskulatur derjenigen des Hautmuskelschlauches entspricht. Man bemerkt auch hier unter der auskleidenden cuticularen Membran zunächst Ring- und dann Längsmuskeln. Betrachtet man seine Innenfläche näher, so sieht man, daß sie starke Ausbuchtungen aufweist. Zunächst fällt die muskulöse, konische Erhebung auf, mit welcher der Ductus ejaculatorius in das Genitalatrium mündet. Sie dient wahrscheinlich als Begattungsapparat und kann durch den Genitalporus ausgestülpt werden. Hierdurch erklärt sich dann leicht die Figur und Beschreibung von Bosc, daß das Vorderende von *Fasciola fusca* „deux petits tentacules en dessous" trägt. Eine Bestätigung findet diese Annahme auch durch die Beobachtung JAEGERSKIÖLD's an *Distomum megastomum* RUDOLPHI, wo das Genitalatrium ganz ähnlich gebaut ist. Bei einem Exemplar fand er den Genitalkegel durch den Porus des Atriums ausgestülpt vor. Um diese konische, muskulöse Vorwölbung des männlichen Genitalapparats findet man ferner eine hohe Ringfalte (*rf*), die sich ebenfalls durch starke Entwicklung der Muskulatur auszeichnet. Andere kleinere Ringfalten, die sich auf der Innenfläche des Atriums vorfinden, sind wohl nur als Kontraktionserscheinung aufzufassen. Auf Taf. 9 Fig. 7 ist der männliche Genitalkonus in stark kontrahiertem, eingezogenem Zustande abgebildet. Dadurch erklärt sich dann auch der gewundene Verlauf und das ausgebuchtete, unregelmäßige Lumen des Ductus ejaculatorius.

Was die topographische Lage des weiblichen Genitalapparats betrifft, so ist sie aus den Figg. M u. L ersichtlich. Das Ovarium liegt hinter den Hoden ziemlich median. Seine Gestalt ist kuglig, und sein Durchmesser beträgt 0,67 mm. Es ist von Keimzellen in verschiedenen Entwicklungsstadien erfüllt, wobei man leicht sieht, daß die in der Mitte gelegenen Zellen die an der dünnen Außenhülle gelagerten an Größe bedeutend übertreffen. Der Durchmesser der ersteren beträgt 9 μ, derjenige der letzteren 3 μ. Durch den Oviduct mündet es in den dicht hinter ihm liegenden MEHLIS'schen Körper (Schalendrüse), der einen größten Durchmesser von 0,37 mm besitzt. Der Oviduct, der anfangs bei seinem Eintritt in den MEHLIS-schen Körper sehr eng ist, erweitert sich bald. Kurz nach seiner Einmündung in diesen empfängt er den LAURER'schen Kanal und gleich darauf den unpaaren Dottergang. Von hier ab wird der weibliche Genitalweg als Uterus bezeichnet; er beschreibt in dem MEHLIS'schen Körper eine etwa S-förmige Schleife und tritt dann dorsalwärts aus ihm aus, um in verworrenen Schlingen zwischen den beiden Darmschenkeln zunächst sich weit in den Hinterkörper bis etwa zum Beginn der Excretionsblase zu erstrecken. Hierauf zieht er wieder nach dem Vorderkörper und verläuft in ziemlich gerader Richtung dorsal über dem Ovarium und den beiden Hoden in den Hals und mündet im Genitalatrium hinter dem Ductus eja-culatorius aus. Die Hauptmasse des Uterus, dessen Lumen sehr verschieden ist (216 μ und mehr), liegt bei *Distomum fuscum* POIRIER hinter den 3 Genitaldrüsen und nimmt die Mitte des Körpers zwischen den beiden Darmschenkeln vollständig ein (Fig. G). Der Uterus ist mit Eiern, die eine Länge von 34,5 μ und eine Breite von 22,5 μ, haben, dicht erfüllt, und in seinem Anfangsteile sind sie in Spermamassen eingebettet. Seine Wandung ist mit einer inneren Ring- und äußeren Längsmuskulatur ausgestattet, und darüber liegen kleine, birnförmige, leicht färbbare Zellen, die wahrscheinlich drü-siger Natur sind.

Der LAURER'sche Kanal bildet beim Eintritt in den MEHLIS'schen Körper eine bulbusartige Auftreibung, deren Länge 72 μ und deren Breite 50,4 μ beträgt. In ihr bemerkt man zahlreiche Spermatozoen. Eine 6 μ dicke cuticulare Membran kleidet den Kanal aus, und sein Lumen hat einen Durchmesser von 15—21 μ. In mehrfach ge-schlängeltem Lauf, nachdem er einen Bogen mit der Öffnung nach dem Hinterende zu beschrieben hat, mündet er in der Höhe des Ovariums auf der Dorsalseite etwas links seitlich der Medianlinie aus. In seinem ganzen Verlauf ist er von einer Ringmuskulatur umgeben.

Die Dotterstöcke sind verästelte Schläuche und an der Außenseite der Darmschenkel, zwischen diesen und dem Hautmuskel-schlauch gelagert (Fig. G). Sie erstrecken sich nach vorn ungefähr so weit wie die Hoden, nach hinten reichen sie bis zum Anfangs-teile der Excretionsblase. Ihr Lumen hat einen Durchmesser von 45 μ.

Vergleicht man die Abbildungen POIRIER's von *D. fuscum* und *D. verrucosum*, so bietet die äußere Form auffallende Ähnlichkeiten. Beide Arten unterscheiden sich jedoch wiederum leicht durch die warzenförmigen Erhebungen, welche die Haut von *D. verrucosum* bedecken. Diese papillenförmigen Vorspünge könnten aber vielleicht nicht ursprünglicher Natur, sondern nur durch die Konservierung entstanden sein. Jedenfalls gibt POIRIER für sie keine histologische Begründung, sondern sagt nur: „Le reste du corps présente un grand nombre de plis transverses irréguliers, ainsi qu'un grand nombre de petites tubérosités ou verrues disséminées sans ordre à la sur-face du corps."

Das Genitalatrium, dessen Ausbildung für *D. fuscum* POIRIER sehr charakteristisch ist, zeigt auffallende Übereinstimmung mit der Abbildung desjenigen von *D. verrucosum* POIRIER. Auch die kurzen anatomischen Angaben über *D. verrucosum*, die POIRIER im Vergleich mit *D. clavatum* macht, stimmen mit meinen Untersuchungen an *D. fuscum* POIRIER gut überein. Falls nun die „petites tubérosités ou verrues" eine besondere histologische Struktur besitzen, sind meiner Meinung nach *D. verrucosum* und *D. fuscum* 2 verschiedene, aber sehr nahe verwandte Arten. Sind jedoch diese warzenförmigen Er-hebungen nur eine Kontraktionserscheinung, so halte ich *D. verru-cosum* für synonym mit *D. fuscum*.

Was nun die systematische Stellung von *D. fuscum* POIRIER betrifft, so gehört es zur *Distomum clavatum*- Gruppe, die nach ODHNER als Unterfamilie zur LÜHE'schen Familie der *Hemiuridae* zu rechnen ist. Ferner ist aus seinem anatomischen Bau die Zu-gehörigkeit zur Gattung *Hirudinella*, deren Merkmale von DARR zu-sammengestellt sind, zu erkennen. Hier bildet es eine gut unter-scheidbare Art. Charakteristisch für sie ist außer der kurzen ge-drungenen Form vor allem die breite, wulstige Umrandung des Bauchsaugnapfes. Als besondere anatomische Artunterschiede führe ich auf die Anwesenheit einer bulbusartigen Auftreibung des LAURER'schen Kanals im MEHLIS'schen Körper und die eigenartige Form des Genitalatriums. Ferner fehlt ein geschlossener Cirrus-beutel; der Endteil des männlichen Genitalweges ist jedoch von

einer besonderen Muskulatur umgeben, die allmählich in die übrige
Körpermuskulatur übergeht.

Distomum ingens MONIEZ.

Im Jahre 1834 beschreibt und bildet OWEN ein *Distomum* ab,
das sich durch seine auffallende Größe auszeichnet. Es hat eine
Länge von 54 mm und eine Breite von 21 mm am Hinterkörper.
Außer einer sehr genauen äußeren Beschreibung macht er auch Angaben über den inneren Bau. Er erkennt den Excretionsporus und
weist nach, daß er zu dem Darm in keiner Beziehung steht. Die
Darmschenkel sind nach seiner Meinung verschieden von den caudalen
Anschwellungen und dienen nur als Zuleitungsröhren. Ferner be-
obachtet er den Endteil des weiblichen Geschlechtsapparats; die
Vesicula seminalis sieht er jedoch für den Hoden an. Obwohl nun
sein *Distomum* eine gedrungene, ampullenförmige Gestalt hat, hält
er es doch für identisch mit *Distomum clavatum* (MENZ.), dessen
Hinterende allein kugelförmig aufgetrieben ist, während der übrige
Körper eine ziemlich gleichmäßige Breite hat. DIESING zieht dann
die Grenzen der Synonymie noch weiter, indem er als identisch mit
Distomum clavatum (MENZIES) *Fasciola fusca* BOSC, *Distomum coryphaenae* RUD., *Distomum clavatum* OWEN und *Fasciola ventricosa* PALLAS
ansieht. BAIRD erkennt die Unrichtigkeit dieser Ansicht und trennt
von dem eigentlichen *D. clavatum* (MENZ.) das *D. clavatum* OWEN
und faßt unter dem Namen *Hirudinella ventricosa* die von OWEN und
PALLAS beschriebenen Arten zusammen. Im Jahre 1886 erscheint
dann eine Arbeit von MONIEZ: „Description du Distoma ingens
nov. sp. et remarques sur quelques points de l'anatomie et de l'histologie comparées des Trématodes." In einer späteren Schrift über
die Identität einiger Arten der *D. clavatum*-Gruppe erklärt er
Distomum ingens für synonym mit *Distomum clavatum* OWEN. Seine
Distomen hatten eine Länge von 60 mm, eine Breite von 20 mm
und eine Dicke von 15 mm am Hinterkörper und waren von ge-
drungener, birnförmiger Gestalt. Außer einer genauen äußeren Beschreibung behandelt er eingehend das Nervensystem und in kürzerer
Weise den Verdauungsapparat, die Cuticula, Parenchym und Excretionsgefäße. Der Genitalapparat findet bei ihm keine Berücksichtigung.

Unter dem Material aus dem Naturhistorischen Museum zu Hamburg sind nun einige Riesendistomen vorhanden, die nach meiner

Meinung als *Distomum ingens* zu bezeichnen sind. Da diese Art nur kurz behandelt ist, dürfte eine Untersuchung über ihre Anatomie, hauptsächlich der Geschlechtsorgane, wohl erwünscht sein. Ich verwandte hierzu 4 Exemplare, indem ich von dem Vorderkörper Längs- und von dem Hinterkörper Querschnitte anfertigte. Leider waren in den verschiedenen Gläsern die Wirtstiere nicht näher angegeben, sondern nur folgende Angaben fanden sich dazu:

1. „Distoma aus dem Magen eines Albicore (Thunfisch-ähnlich) Kophamel, Süd-Atlantik."

2. „Tamatave, HENRY O'SWALD ded. 5./4. 1893."

3. „D. PÖHL ded."

4. „JOHN PRICKET leg. d. im Magen eines Fisches im Ind. Ozean."

Das Material bot bei der Bearbeitung große Schwierigkeiten, insofern als bei den gewöhnlichen Methoden der Einbettung das Paraffin infolge der äußerst starken und harten Cuticula nur ganz unvollkommen in die Gewebe eindrang. Es erfolgte dann beim Schneiden immer eine Zerreißung der Organe, so daß brauchbare Schnittserien nicht erzielt wurden. Auf folgende Weise erhielt ich dann ganz gute Resultate. Das in 3 Teile zerlegte Exemplar wurde durch aufsteigenden Alkohol in Xylol gebracht und nach vollständiger Durchtränkung in geschmolzenes Paraffin. So wurde es nun in einen Exsikkator gestellt, der in einem Wasserbade von etwa 55° C stand, und dieser mittels einer BUNSEN'schen Wasserluftpumpe möglichst ausgepumpt. Hierauf ließ ich ihn mehrere Stunden im Wasserbade bei oben angegebener Temperatur stehen, bis die Paraffindurchtränkung meiner Meinung nach vollständig war. Die Schnitte wurden mit Hämatoxylin und Eosin gefärbt.

Die Tiere hatten im konservierten Zustande ein dunkelgraues Aussehen, ihre äußere Form ist aus der Abbildung Taf. 10 Fig. 8 genügend ersichtlich. Der Hals ist kurz und etwas zurückgebogen. Er hat bei dem größten Exemplare von dem oberen Rande des Bauchsaugnapfes gemessen, eine Länge von 8 mm, und seine Breite beträgt hier 6,5 mm. Der Mundsaugnapf liegt subterminal und hat einen Durchmesser von 1,5 mm, der des Bauchsaugnapfes beträgt 3 mm. Ebenso wie der Mundsaugnapf tritt auch der Bauchsaugnapf wenig aus dem Körper hervor und hat einen ziemlich flachen, gefalteten Randwulst. Die Oberfläche der Tiere zeigt Ringfalten, die sich besonders stark um den Excretionsporus abgrenzen, der als eine dorsoventrale Spalte zu erkennen ist. Das größte Exemplar hatte eine

Länge von 44 mm, die größte Breite war 21 mm und die größte Dicke 17,5 mm.

Körperbedeckung und Muskulatur.

Die leicht färbbare Cuticula bedeckt die ganze Oberfläche des vorliegenden Trematoden; sie ist sehr dick und von homogener Struktur. Da die Cuticula elastisch ist, bemerkt man außer den äußeren Ringfalten auch auf ihrer Innenfläche faltige Erhebungen, die nur eine Folge der Kontraktion sein können. Die Dicke der Cuticula ist daher sehr verschieden, sie beträgt im Halse durchschnittlich 45 μ, im Hinterkörper 43 μ. In dünnerer Schicht kleidet sie auch die beiden Saugnäpfe aus; ihre Dicke beträgt im Bauchsaugnapf 22,5 μ und im Mundsaugnapf 15 μ. Eigenartig sind papillenförmige Vorsprünge, die aus dem darunter liegenden Bindegewebe in sie hineinragen. Sie haben durchschnittlich eine Länge von 10 μ und eine Breite von 3 μ. Sie sind also viel kleiner und auch in viel geringerer Zahl vorhanden als bei *Distomum fuscum* POIRIER. Unter der Cuticula befindet sich eine aus Bindegewebsfasern bestehende Schicht, die durch eine etwas dunklere Färbung

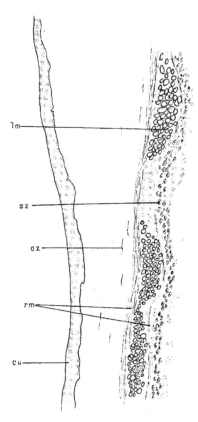

Fig. N.

Querschnitt durch den Hautmuskelschlauch von *Distomum ingens* MONIEZ. Ungefähr in der Mitte des Körpers. 110:1.

von dem übrigen Körperparenchym leicht zu unterscheiden ist und die ich als „Subcuticularschicht" bezeichne. In ihr sieht man einzelne langgestreckte, chromatophile Zellen, die immer parallel zu den Bindegewebsfasern gelagert sind (Fig. N *oz*). Auf sie folgt nun der Hautmuskelschlauch.

Man bemerkt zunächst eine dünne Ringmuskelschicht, und weiter in das Innere folgt eine Längsmuskelschicht, aus dickeren Muskelfasern bestehend. Die Dicke der einzelnen Muskeln beträgt hier 6—7,5 μ. Dann schließt sich eine Schicht von auffallend starken Ringmuskeln an, die auf Längsschnitten ihren röhrigen Bau vortrefflich zeigen. Ihre Dicke beträgt im Durchmesser bis 19,5 μ. Zu innerst liegen nun wiederum starke Längsbündel (Taf. 10 Fig. 9). Während in solcher Weise der Hautmuskelschlauch im Halse zusammengesetzt ist, gestaltet er sich hinter dem Bauchsaugnapf einfacher. Hier bemerken wir in der Subcuticularschicht die äußeren Ringmuskeln, die im Halse zu einer Schicht vereinigt waren, mehr zerstreut im Bindegewebe liegend. Es folgt dann eine dicke Längsmuskelschicht und auf diese einzelne starke Ringmuskeln von röhrigem Bau (Taf. 10 Fig. 10). Im Hinterkörper wird der Hautmuskelschlauch noch schwächer. Die Hauptmasse bilden hier die Längsmuskeln, die zu starken Bündeln zusammengelagert sind. Innen und außen liegen ihnen schwächere Ringmuskeln an (Fig. N).

Unter dem Hautmuskelschlauch findet man eine aus leicht färbbaren, meistens ovalen Zellen mit Kern und Kernkörperchen bestehende „subcuticulare Zellenschicht". Diese Zellen sind zu Haufen in Hohlräumen des Körperparenchyms gelagert und heben sich von diesem scharf ab. Wenngleich es mir, ebenso wie früheren Autoren, auch nicht gelang, Ausführungsgänge zu entdecken, scheinen mir diese Zellen doch drüsiger Natur zu sein. Jedenfalls deutet auch schon die Färbung, welche mit der von typischen Drüsenzellen, z. B. am Uterus und der Pars prostatica, vollkommen übereinstimmt, auf den drüsigen Charakter hin. Daß sie in diesem Falle eine wichtige Rolle bei der Bildung der Cuticula spielen müssen, ist einleuchtend, wenn man außerdem noch ihre Lage dicht unter dem Hautmuskelschlauch berücksichtigt. Cuticulaartige Secretschichten, die ohne merklichen Unterschied in die Körpercuticula übergehen, findet man im Endteil des Uterus und im LAURER'schen Kanal. Hier sind nun deutliche Drüsenzellen von ganz ähnlicher Form zu erkennen. Außer den Elementen des Hautmuskelschlauches findet man besonders im Halse auch zahlreiche dorsoventrale Muskeln. Ein Anheften derselben an die Cuticula habe ich nicht bemerkt, wie POIRIER es bei *Distomum clavatum* gesehen haben will. Wäre dies der Fall, so könnte man sich die faltige Beschaffenheit der Innenfläche der

Cuticula durch die Kontraktion dieser Muskeln leicht erklären. Bei vorliegender Art scheinen sich jedoch die dorsoventralen Muskeln nur im Hautmuskelschlauch zu verzweigen.

Was nun die Muskulatur der Saugnäpfe betrifft, so kann ich auf die eingehende Schilderung POIRIER's bei *D. clavatum* verweisen, eine Abweichung im Bau habe ich nicht gefunden. Eine elastische Hülle umgibt die Muskulatur, deren Funktion durch verschiedene äußere Muskelbündel noch unterstützt wird. In der Einbuchtung des Körpers, an welcher der Hals beginnt, zweigen sich vom dorsalen Längsmuskelschlauch nach vorn und hinten transversale Längsbündel ab, die zum Bauchsaugnapf ziehen. Sie umgeben ihn schalenförmig und haben POIRIER veranlaßt, bei *Distomum clavatum* einen besonderen Schalenmuskel zu beobachten. Auch auffallend starke Längsbündel des ventralen Muskelschlauches setzen sich von vorn und hinten her an den Saugnapf an. Die Anheftungsstelle dieser Längszüge findet sich nicht am Außenrande des Napfes, sondern etwas ins Innere verlegt, so daß ein lippenförmiges Stück desselben frei bleibt (Taf. 10 Fig. 10). Weiterhin sieht man, ebenfalls vom dorsalen Hautmuskelschlauch sich abspaltend, transversale Muskelbündel zu der Muskulatur hinziehen, welche den Endabschnitt des männlichen und weiblichen Genitalweges umgibt. Der Mundsaugnapf wird in ähnlicher Weise wie der Bauchsaugnapf von starken Muskelbündeln schalenartig umgeben, die ihren Ursprung von dem äußerst kräftig entwickelten dorsalen Muskelschlauch nehmen. Der ventrale Hautmuskelschlauch sendet ebenfalls Ansatzbündel zum Mundsaugnapfe. Durch diese reiche, mannigfaltige Muskulatur ist der Vorderkörper vor dem Hinterkörper ausgezeichnet, wenngleich letzterer bei diesen Riesendistomen zur Fortbewegung und zur Entleerung der mächtigen Darmsäcke einer starken Muskulatur auch nicht entbehren kann.

Nervensystem.

Bei Durchsicht der vorhandenen Literatur findet man auffallende Abweichungen in der Beschreibung des Nervensystems der so nahe verwandten Arten der *Distomum clavatum*-Gruppe, während doch sonst die digenetischen Trematoden eine bemerkenswerte Übereinstimmung im Bau des Nervensystems aufweisen. Offenbar sind diese Unterschiede nur auf die verschiedenen Methoden der Konservierung und den Erhaltungszustand der Individuen zurückzuführen. Eine eingehende anatomische und histologische Darstellung vom Bau des

Nervensystems, wie sie bei Poirier und Moniez zu finden ist, vermag ich nicht zu geben, da mein Material dazu nicht ausreichend war. Ich kann daher nur die Hauptteile des Nervenapparats angeben. Oberhalb und seitlich vom Pharynx befinden sich zwei große Ganglienknoten, die durch eine kurze Quercommissur verbunden sind. Nach vorn erstrecken sich von den Ganglien zwei Paar Nervenstränge, von denen das innere sich in der Muskulatur des Saugnapfes ausbreitet. Das äußere Paar umzieht den Mundsaugnapf ringförmig und sendet Seitenzweige ab in die Muskulatur desselben. Ob diese äußeren Nerven sich oberhalb des Saugorgans zu einem Ringe schließen, konnte nicht festgestellt werden. Von den Cerebralganglien entspringen ferner zwei Paar hintere Nervenstränge, von denen die dorsalen, schwächeren seitlich dicht unter dem Hautmuskelschlauch verlaufen und ihn innervieren (Taf. 10 Fig. 11). Sie sind auch bei dieser Art ebenso wie bei *Distomum clavatum* nur bis in die Höhe der Genitaldrüsen zu verfolgen. Von der Schlundcommissur zweigen sich zwei dünnere Seitennerven ab und versorgen die Pharynxmuskulatur; fraglich ist es, ob sie sich zu einem Schlundring, „collier nerveux", vereinigen, wie Moniez es darstellt. Seitlich ventral entspringen von den Cerebralganglien dann die Hauptlängsstämme, die den ventralen Muskelschlauch innervieren. Sie sind auffallend stark entwickelt, was ja auch im Einklang mit der äußerst kräftigen Muskulatur steht. Durchschnittlich beträgt die Dicke dieser Längsstämme 200 μ. Sie erweitern sich ober- und unterhalb des Bauchsaugnapfes zu je zwei großen Ganglienknoten, welche den Hirnganglien an Größe fast gleichkommen und durch Quercommissuren miteinander verbunden sind. Von den Ganglienknoten zweigen sich, ähnlich wie an den Cerebralganglien, Nebenstränge ab, die den Bauchsaugnapf ringförmig umgeben und mit Seitenzweigen sowohl ihn als auch den Hautmuskelschlauch innervieren. Die beiden Längsstämme ziehen dann hinter dem Bauchsaugnapf in geringerer Dicke dem aboralen Pole zu. Die Längsstämme sind durch Quercommissuren verbunden. Alle Nervenstämme setzen sich aus auffallend großen Elementen, röhrenförmigen Fasern, zusammen, die durch eine bindegewebige Scheide zu einem Bündel zusammengeschlossen werden.

Verdauungsorgane.

Der Mundsaugnapf hat eine subterminale Öffnung und ist von kugliger Gestalt. Sein Durchmesser beträgt 3 mm und seine Wand-

dicke 1,2 mm. Der Bau seiner Muskulatur ist der gleiche wie bei
Distomum clavatum (MENZ.). Er ist mit einer Cuticula ausgekleidet,
die eine Besonderheit im Vergleich mit derjenigen des Bauchsaugnapfes aufweist. Man bemerkt auf ihr zahlreiche, papillenartige,
15 μ hohe Erhebungen, die wohl nicht als Kontraktionserscheinungen
anzusprechen sind. Bei *Hirudinella clavata* und *Distomum ampullaceum*
sind ähnliche Bildungen beobachtet worden, und DARR meint, daß
sie entweder dazu dienen können, die angesaugte Haut zu reizen
und zu verletzen oder daß sie als Tastorgane funktionieren können.
MONIEZ hat solche Bildungen „très grosses villosités en forme de
chou-fleur recouvertes par la cuticule", deren Bedeutung er sich
nicht erklären konnte, auch im Pharynx von *D. ingens* gesehen. Der
Pharynx, der eine Länge von 1,95 mm und eine Wanddicke von
0,66 mm hat, ist ebenfalls mit einer Cuticula versehen und ragt mit
lippenartigen Vorsprüngen in den Saugnapf hinein. Während seine
Hauptmasse aus Radiärfasern besteht, bemerkt man an seinen Enden,
wo er einerseits in den Mundsaugnapf und andrerseits in den
Ösophagus mündet, auch Ringmuskeln, die wohl eine sphincterartige
Wirkung ausüben können. Durch den Pharynx gelangt man in den
Ösophagus; er ist im Anfang schmal und kuglig, erweitert sich
dann aber beiderseits zu kropfartigen Aussackungen. Seine anfangs
glatte cuticulare Auskleidung, die hier nur 15 μ dick ist, verstärkt
sich in den kropfartigen Erweiterungen infolge Faltenbildung bis
zu 30 μ und ist an der Übergangsstelle des Ösophagus in die nun
folgenden kugligen Auftreibungen des Darmes noch bedeutend dicker.

v. BUTTEL-REEPEN hat diese Auftreibungen bei *Distomum ampullaceum* als „Drüsenmagen" bezeichnet, da sie seiner Vermutung nach
die bei anderen Trematoden am Pharynx und Ösophagus vorkommenden
Drüsenzellen ersetzen. Sie werden ausgekleidet von auffallend großen
Cylinderepithelzellen, die eine Höhe von ca. 65 μ haben und mit sehr
langen Fortsätzen versehen sind (vgl. auch S. 224); ihre Länge beträgt bei
vorliegendem Exemplar ca. 396 μ. Der Ösophagus mit seinen kropfartigen Erweiterungen und die Drüsenmagen sind von einer starken
Muskulatur umgeben. Man bemerkt am Ösophagus innere Ring-
und äußere Längsmuskeln, zu denen an den Drüsenmagen noch eine
dritte Schicht von äußeren Ringmuskeln tritt. Leicht ist auch an
der Stelle des Übergangs vom Ösophagus in die Drüsenmagen unter
der Verdickung der Cuticula eine sphincterartige Muskelverstärkung
zu beobachten. Ein deutlicher Wechsel des Epithels tritt ein beim
Übergang der Drüsenmagen in die Darmschenkel. Die Epithelzellen

mit kleinem Kern am Grunde sind viel kleiner und oft ganz in feine Fäden zerspalten. Eine deutliche Grenze zwischen den Zellen ist nicht zu erkennen. Daher trifft wohl auch hier die von Sommer an *Distomum hepaticum* gemachte Beobachtung zu, daß man es im Darm mit einem Epithel aus amöboidbeweglichen Zellen zu tun hat. Ungefähr in der Mitte des Körpers erweitern sich die Darmschenkel zu den gewaltigen Darmsäcken, die einen Durchmesser bis zu 15 mm haben und fast den ganzen Raum des Hinterkörpers einnehmen. Sie sind ebenso wie der übrige Darm von einem schwärzlichen, feinkörnigen Inhalt, der bei *Distomum ampullaceum* nach chemischer Untersuchung als Blut bestimmt wurde, ganz prall erfüllt. In das Lumen des Darmes ragen auffallend hohe Falten hinein, die bisweilen eine Höhe von 1,2 mm haben und bei starker Kontraktion des Tieres fast den ganzen Hohlraum durchsetzen. Sie haben Moniez die Veranlassung gegeben, besondere „trabécules" und „alvéoles" zu beobachten, welche die Oberfläche des Darmes vergrößern sollen. Eine kräftige Ring- und eine schwächere Längsmuskulatur umgibt die Wandung des Darmes.

Excretionsgefäße.

Die Excretionsblase liegt im Hinterkörper zwischen den beiden Darmsäcken und reicht nach vorn etwa bis zur halben Länge des Tieres. Sie ist je nach ihrem Füllungszustande mehr oder weniger geräumig, auch hängt natürlich ihre Form von dem Füllungsgrade der Darmsäcke ab. Moniez beschreibt sie als ein etwa sanduhrförmiges Gebilde. Sie ist von einer dünnen Tunica propria ausgekleidet und von Ring- und Längsmuskeln umgeben. Durch einen kurzen Kanal, in den sich die Körpercuticula mit runzliger Faltung fortsetzt, mündet die Vesicula excretoria aus. Das Foramen caudale kann durch eine starke Ringmuskulatur, die den kurzen Endkanal umgibt, geschlossen werden. An ihrem proximalen Ende entspringen die beiden breiten Hauptsammelkanäle, die mit äußerst schwankendem Lumen immer unter den Darmschenkeln nach vorn ziehen. Im Vorderkörper ist ihre Lage nicht mehr so bestimmt, sie haben hier einen äußerst komplizierten Verlauf und nehmen mit ihren zahlreichen Windungen den größten Raum im Halse ein. Fig. 9 zeigt auf einem Längsschnitt das Überwiegen der Excretionsgefäße im Vorderkörper. Die Hauptkanäle sind mit einer homogenen Membran versehen, und auf dieser liegt bisweilen eine dünne Secretschicht, die manchmal durch ihr gespaltenes Aussehen Flimmern vortäuscht.

Eine Muskulatur fehlt diesen großen Kanälen, und die strukturlose
Membran scheint daher kontraktile Eigenschaften zu besitzen.
Außer den Hauptgefäßen finden sich auch zahlreiche Nebenkanäle,
von denen jedoch ein zusammenhängendes Bild nicht zu erhalten ist.
Sie weisen eine dickere, homogene Membran auf und sind an-
scheinend von dünnen Längsfasern umgeben.

Genitalapparat.

Die beiden Hoden liegen in gleicher Höhe zu beiden Seiten des
Bauchsaugnapfes, indem der eine links seitlich, der andere rechts
seitlich dem Hinterende des Saugorgans angelagert ist. Sie haben
eine fast kuglige Gestalt und sind mit den Entwicklungsstadien der
Spermatozoen ganz erfüllt. Umgeben sind sie von einer dünnen
Tunica propria, der eine Schicht von Äquatorial- und Meridionalfasern aufgelagert ist. Von den Hoden gehen die beiden Vasa
efferentia ab, die nach ziemlich geradem Lauf sich kurz vor Beginn
des Halses zur Vesicula seminalis vereinigen. Die Abgangsstellen
der Vasa efferentia liegen auf der dem Bauchsaugnapfe abgewendeten
Seite nahe dem ventralen Hautmuskelschlauch. Man findet hier
scheinbar eine Art Flimmerrinne, die von der inneren Hodenwand
in das Vas efferens führt. Dieses ist von einer feinen, gefalteten
Membran ausgekleidet und von dünnen Längsmuskeln umgeben.
Die Vesicula seminalis bildet einen einfach gewundenen Schlauch,
der von Spermatozoen in unentwirrbarer Masse erfüllt ist. Sie ist
von einer starken Ringmuskelschicht umgeben, und unter dieser liegt
eine homogene Membran. Durch einen kurzen engeren Kanal mündet
die Vesicula seminalis in den Teil des männlichen Geschlechtsapparats, der als Pars prostatica bezeichnet wird. Während die
Vesicula seminalis kurz vor der Einmündung noch 324 μ im Durchmesser beträgt, ist das Lumen des Kanales auf 108 μ verengert.
Eine verhältnismäßig starke Ring- und Längsmuskulatur umgibt
ihn und gewährt dieser Stelle große Ausdehnungs- und Verengerungs-
möglichkeit. Seine Muskulatur setzt sich auf die Pars prostatica
fort. Sie hat auf ihrer Innenfläche fadenförmige Fortsätze, deren
Länge ca. 112 μ beträgt und die fast das ganze Lumen des Kanales
ausfüllen. Ein zusammenhängendes Epithel war nicht festzustellen.
Dann folgt eine Ringmuskelschicht, aus starken einzelnen Hohl-
muskeln bestehend, und über dieser in einer Breite von durchschnittlich 22,5 μ eine Längsmuskelschicht. Zu äußerst umgeben
die ganze Pars prostatica in einer Breite von ca. 55,5 μ ·Drüsen-

zellen, deren Ausführungsgänge sich durch die darunter liegenden Muskelschichten hindurchziehen. In mehreren S-förmigen Schleifen zieht die Pars prostatica in der Nähe der Dorsalseite des Halses nach vorn und verengert sich bei ihrem Eintritt in das Muskelgewirr, welches den Endabschnitt des männlichen und weiblichen

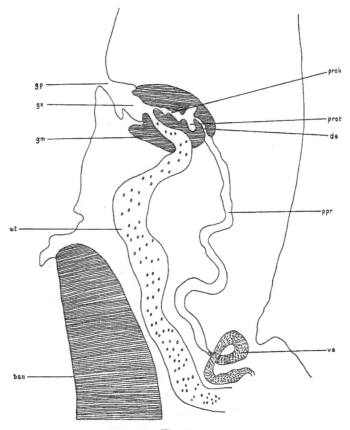

Fig. O.
Rekonstruktion des Endabschnitts der Genitalwege von *Distomum ingens* Moniez.
13 : 1.

Genitalweges umgibt, zum Ductus ejaculatorius. Während anfangs sein Lumen nur 72 μ beträgt, vergrößert es sich bald zu einer taschenartigen Erweiterung (492 μ), die bei *Distomum ampullaceum* Buttel-Reepen, wo eine ganz ähnliche Ausbildung besteht, als „Protrusionstasche" (Ausstülpungstasche) bezeichnet ist und in welche

der Endteil des schmalen Abschnitts des Ductus ejaculatorius als „Penis"
hineinragt (Fig. O u. Taf. 10 Fig. 12). Die Protrusionstasche verengert
sich in ihrem weiteren Verlauf zu einem stark ausgebuchteten Kanal,
dem „Protrusionskanal", und mündet durch ihn in das Genitalatrium.
Der Ductus ejaculatorius besitzt eine cuticulare Auskleidung. Ihre
Dicke beträgt im schmalen Teile desselben und in der Protrusionstasche 28,8 μ; im Protrusionskanal und im Genitalatrium verringert
sie sich auf durchschnittlich 15 μ. Die Muskulatur der Pars prostatica setzt sich auch auf den Ductus ejaculatorius fort, der in seinem
ganzen Verlauf, ebenso wie der Endabschnitt des weiblichen Geschlechtsapparats, in einer starken, mannigfaltigen Muskulatur gelegen ist. Die Ringmuskulatur ist jedoch gegenüber den Längsmuskeln stärker entwickelt, und besonders an der Einmündungsstelle
der Pars prostatica erfährt sie eine sphincterartige Verdickung.
Äußere Längsmuskelzüge zweigen sich sowohl von der Muskulatur
der Pars prostatica als auch vom Uterus ab und umgeben das
Muskelgewirr, das den Endabschnitt des männlichen und weiblichen
Geschlechtsapparats einschließt (Taf. 10 Fig. 9 u. 12). Vor allem fallen
hier starke Ringmuskelbündel (rm_1) durch ihre Anordnung auf. Diese
Schicht hat eine Dicke von 60 μ und umfaßt in zwei S-förmigen
Haken die Ausmündung des männlichen und weiblichen Geschlechtsapparats. Sie bieten augenscheinlich die Möglichkeit, die Geschlechts-
mündungen innerhalb des Genitalatriums vollkommen zu schließen,
während die unter ihnen gelegenen Längsmuskeln (lm_1) wohl eine
Ausstülpung des als „Penis" bezeichneten Endabschnittes des Ductus
ejaculatorius durch die Protrusionstasche bewirken können. Das
Genitalatrium ist als eine Einstülpung der ventralen Körperoberfläche
aufzufassen, da unter seiner cuticularen Membran sich die Muskulatur
des Hautmuskelschlauches, wenn auch in geringerer Zahl und
schwächerer Ausbildung, in das Körperinnere fortsetzt. Der Genitalporus, durch den das Atrium ausmündet, ist fast genau in der Mitte
zwischen Mund- und Bauchsaugnapf auf der Ventralseite gelegen.
Er ist von starken Ringmuskeln umgeben, die sich vom Hautmuskelschlauch abzweigen, und kann durch sie ganz geschlossen
werden. Ringmuskeln bemerkt man auch weiter im Körperinnern
um das Genitalatrium; ferner spalten sich auch vom ventralen Hautmuskelschlauch Längsmuskeln (lm_2) ab und vereinigen sich mit
Längsmuskelbündeln, die das Muskelgewirr um die Ausmündung der
Genitalwege einschließen (Taf. 10 Fig. 12). In dem Genitalatrium, das
eine ziemlich tiefe Einsenkung darstellt, bemerkt man eine hohe Ring-

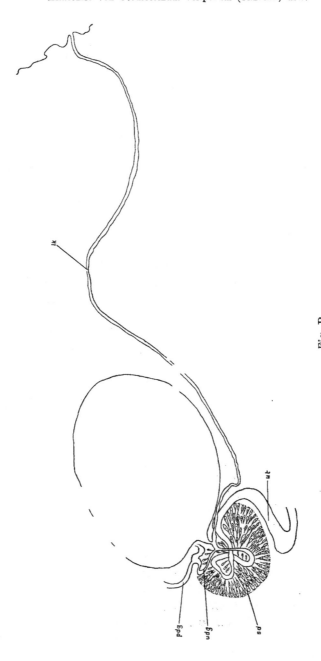

Fig. P.

Rekonstruktion des Anfangsteiles der Genitalwege von *Distomum ingens* MONIEZ. 21 : 1.

falte (rf), die vor der Ausmündung der beiden Genitalwege sich
von der Wand des Genitalatriums erhebt. Obwohl im allgemeinen
große Ähnlichkeiten in dem Bau der Endabschnitte der Geschlechtsorgane von *Distomum ingens* MONTEZ und *Distomum fuscum* POIRIER
bestehen, sind doch auch Unterschiede leicht erkennbar. Ein geschlossener Cirrusbeutel fehlt auch bei *Distomum ingens*, wohl aber
ist auch eine besondere Muskulatur vorhanden, die allmählich in
die übrige Körpermuskulatur übergeht. Sie umschließt aber bei
Distomum ingens MONTEZ nicht nur wie bei *Distomum fuscum* POIRIER
den Endteil des männlichen, sondern auch den des weiblichen Genitalweges.

Der weibliche Geschlechtsapparat setzt sich aus dem Ovarium,
dem MEHLIS'schen Körper, dem Uterus, den Dotterstöcken und dem
LAURER'schen Kanal zusammen. Das Ovarium ist von ovaler Form
und hat eine Länge von 2,55 mm und eine Breite von 1,91 mm.
Es liegt unmittelbar hinter den Hoden in der Medianlinie mit seinem
vorderen Teile noch zwischen ihnen. Es ist von Entwicklungsstadien der Eier dicht erfüllt, indem die Anfangsstadien der sehr
dünnen Tunica propria anlagern, während in der Mitte und an der
Ausmündungsstelle große, reife Eizellen zu beobachten sind. Die
im Oviduct befindlichen Eizellen haben einen Durchmesser von 10,5 μ,
ihr Kern mißt etwa 4,5 μ im Durchmesser. Durch den Oviduct
mündet der Keimstock in den MEHLIS'schen Körper, dieser liegt
dicht hinter ihm mehr ventralwärts. Der Oviduct ist trichterförmig
zugespitzt und mit einer Ringmuskulatur ausgestattet, die wohl eine
Vorwärtsbewegung der Eier bewirken kann. Kurz nach seiner Einmündung in den MEHLIS'schen Körper empfängt er den LAURER'schen
Kanal und unmittelbar darauf den unpaaren Dottergang (Fig. P).
Von hier ab wird nun der weibliche Genitalgang als Uterus bezeichnet. Er verläuft zunächst als ein schmaler Kanal weiter in
den MEHLIS'schen Körper hinein, und erst allmählich erweitert er
sich. Während er an seinem Anfang nur einen Durchmesser von
ca. 30 μ hat, beträgt sein Lumen in der Mitte des MEHLIS'schen
Körpers, nachdem er hier die 8-förmige Schleife schließt, schon 97,5 μ.
An dieser Stelle war auch eine größere Menge von Spermatozoen
zu beobachten, obwohl sie auch vereinzelt in dem vorherliegenden
Abschnitt des Uterus anzutreffen waren. Anfangs münden in ihn
sehr große Drüsenzellen (72 μ lang und 21,6 μ breit) mit langen
Ausführungsgängen. Späterhin umgibt ihn eine dünne Ringmuskulatur,
und über ihr liegen kleine, kurzstielige Drüsenzellen (8 μ lang und

6 μ breit), die den Uterus von hier an auch außerhalb des Mehlis-
schen Körpers in seinem ganzen Laufe begleiten. Bei seinem Austritt aus dem Mehlis'schen Körper weist er einen Durchmesser von
112,5 μ auf und ist mit Eiern dicht erfüllt, die weiterhin ganz in
Spermamassen eingebettet liegen. Er zieht zunächst in unentwirrbaren Schlingen, immer zwischen den Darmschenkeln gelegen und
hier den ganzen Raum des Körpers einnehmend, nach hinten ungefähr bis zum Beginn der Excretionsblase. Dann wendet er sich
nach vorn und verläuft in einfacheren Windungen über dem Ovarium
in den Hals, wo er, unter der Pars prostatica hinziehend, im Genitalatrium ausmündet. Das Lumen des Uterus, der oft von Eiern ganz
prall erfüllt ist, wechselt außerordentlich; es beträgt 0,576 mm und
mehr. Die Eier haben eine Länge von 34,5—37,5 μ und eine Breite
von 22,5 μ. Montez gibt als Größe der Eier eine Länge von 38 μ
und eine Breite von 23 μ an. Ein besonderes Eierreservoir am
Endabschnitt des Uterus ist nicht zu beobachten; auch im Hals des
Tieres sind die Uterusschlingen sehr weit und von wechselndem
Durchmesser. Was nun die histologischen Verhältnisse der Uterus-
wandung betrifft, so sind innere Ringmuskeln stets zu erkennen, im
Vorderkörper, von der Höhe des Bauchsaugnapfes an, findet man
über ihnen noch dünne Längsfasern, die sich am Endteile des Uterus,
der Vagina, verstärken. Auch sind die Endwindungen des Uterus
mit einer größeren Anzahl von Drüsenzellen umgeben, und im Innern
sieht man eine Secretschicht, die wie eine Cuticula der Tunica
propria anliegt (Taf. 10 Fig. 12). Den Verlauf des Laurer'schen Kanals
veranschaulicht die Fig. P. Durch einen engen Porus mündet er
in der Höhe des Ovariums auf der Dorsalfläche ungefähr in der
Medianlinie aus. Er ist von einer starken cuticularen Membran
ausgekleidet, die in der Körpermitte 12 μ und kurz vor der Einmündung in den Mehlis'schen Körper 15 μ dick ist. Auch sein
Lumen ist verschieden. Während es in der Mitte des Körpers 21 μ
beträgt, erweitert es sich kurz vor dem Mehlis'schen Körper bis
zu 64,5 μ. Über der cuticularen Membran erblickt man eine kräftige
Ringmuskulatur und vereinzelte Drüsenzellen, die erst im Mehlis-
schen Körper ihn in größerer Menge umgeben. Ein Receptaculum
seminis ist nicht vorhanden; nur durch eine geringe Anschwellung
(64,5 μ) des Lumens kurz vor Einmündung in den Mehlis'schen
Körper ist es bei vorliegender Art angedeutet. Als Inhalt des
Laurer'schen Kanals konnte ich Eier und Spermatozoen feststellen,
Dotterzellen waren nicht zu beobachten. Die Dotterstöcke sind sehr

zahlreiche, verästelte Schläuche, die einen Durchmesser von 94 μ haben. Sie liegen an der äußeren Seite der Darmschenkel und er-strecken sich nach vorn bis in die Höhe der Hoden, nach hinten bis zum Beginn der Excretionsblase. Durch 2 Gänge, die sich zum unpaaren Dottergang vereinigen, münden sie im MEHLIS'schen Körper in den Oviduct (Fig. P). An der Stelle, an der diese Gänge zum unpaaren Dottergang zusammentreten, findet man eine kleine Er-weiterung, ein sogenanntes Dotterreservoir. Der unpaare Dotter-gang ist von einer sehr dünnen Ringmuskulatur umgeben. Längs-muskeln sind nicht zu bemerken; die paarigen Dottergänge und die Dotterschläuche weisen eine Muskulatur nicht auf.

Betrachtet man die Abbildungen von *Distomum ingens* MONIEZ und *Distomum ampullaceum* BUTTEL-REEPEN, so könnte man leicht auf die Vermutung kommen, daß die beiden Arten miteinander identisch seien. Jedoch finden sich, wie sich aus vorliegender Unter-suchung von *Distomum ingens* MONIEZ ergeben hat, anatomische und histologische Unterschiede, die eine Berechtigung der beiden Arten erkennen lassen. Die Cuticula von *Distomum ingens* enthält nicht „lichtbrechende, außerordentlich feine Granula", wie sie bei *D. am-pullaceum* beobachtet wurden. Auf der cuticularen Membran, welche die Excretionsgefäße auskleidet, sind „in das Lumen vorspringende Kerne" nicht zu bemerken. Ein besonderer Kanal, durch den die Vesicula excretoria ausmündet, wurde bei *Distomum ampullaceum* nicht festgestellt. Die Lage der Hoden ist bei beiden Arten sehr ähnlich, jedoch scheinen sie bei *Distomum ampullaceum* ein wenig weiter nach vorn gerückt zu sein, und auch „der rechte liegt stets etwas höher als der linke". Das Vas efferens hat bei *D. ingens* eine besondere Muskulatur, während bei *D. ampullaceum* Muskeln nicht zu sehen waren. Auf der homogenen Membran der Vesicula seminalis sind bei *D. ingens* „in das Lumen vorspringende, große Kerne und Flimmern" nicht zu bemerken. Auch erstreckt sich die Vesicula seminalis nicht so weit nach vorn, um dann in scharfer Knickung nach hinten zu ziehen. Ferner ist der Verlauf der Pars prostatica nicht so vielfach verschlungen wie bei *D. ampullaceum*. Auch eine starke Kontraktion könnte diese Windungen nicht hervor-rufen, da der Kanal offenbar nicht so lang ist wie bei *D. ampulla-ceum*. Auch die Lage der Muskulatur, welche die Endabschnitte der Genitalwege umgibt, ist bei *D. ingens* eine andere als bei *D. ampullaceum*. Während sie hier mehr ventral ganz nahe dem Bauchsaugnapf liegt, ist sie bei *D. ingens* weiter nach vorn gerückt und in der Medianebene gelegen (Fig. O). Das Genitalatrium hat dadurch nicht die schräge nach rückwärts gerichtete Lage wie bei *D. ampullaceum*. Bei dieser Art bildet der Uterus, unmittelbar nachdem er den unpaaren Dottergang und den LAURER'schen Kanal empfangen hat, eine beträchtliche Erweiterung, ein typisches „Receptaculum uterinum". Eine solche Ausbuchtung ist bei *D. ingens* nicht zu beobachten. Auch die Größe der Eier weist einen Unterschied auf. Bei *D. ampullaceum* beträgt die Länge 39,5 μ und die Breite 23,3 μ, bei *D. ingens* die Länge bis zu 37,5 μ und die Breite 22,5 μ. Von *Distomum fuscum* POIRIER unterscheidet es sich schon äußerlich leicht durch seine Form, da der Bauchsaugnapf keine kragenförmige Umrandung zeigt. Auch die Lage der Hoden ist eine andere und ebenso die Ausbildung des Genitalatriums.

Aus meiner Untersuchung geht nun hervor, daß *Distomum ingens* MONIEZ eine gut charakterisierbare Art und am nächsten verwandt mit *Distomum ampullaceum* BUTTEL-REEPEN ist, worauf schon seine äußere Ähnlichkeit hinweist. Seine systematische Stellung ist durch die Zugehörigkeit zur Gattung *Hirudinella* bestimmt, deren Merkmale von DARR zusammengefaßt sind. Diese wiederum gehört der *Distomum clavatum*-Gruppe an, die nach ODHNER als Unterfamilie zur Familie der *Hemiuridae* LÜHE zu rechnen ist.

Zum Schlusse möchte ich nicht versäumen, auch an dieser Stelle meinen hochverehrten Lehrern Herrn Geheimrat Prof. Dr. M. BRAUN und Herrn Prof. Dr. M. LÜHE meinen ergebensten Dank auszusprechen für das Interesse, das sie an meiner Arbeit nahmen, und für den mannigfachen Rat, den sie mir aus dem reichen Schatz ihrer Erfahrung zu teil werden ließen.

Literaturverzeichnis.

1. ARIOLA (1899), Di alcuni Trematodi di Pesci marini, in: Boll. Mus. Zool. Anat. comp. Genova.

2. BETTENDORF (1897), Über Muskulatur und Sinneszellen der Trematoden, in: Zool. Jahrb., Vol. 10, Anat., p. 307—358.

3. BAIRD (1853), Catalogue of the species of Entozoa or intestinal Worms contained in the collection of the British Museum, London.

4. BLANCHARD (1891), Identité du Dist. clavatum RUDOLPHI et du D. ingens MONIEZ, in: CR. Soc. Biol. (9), Vol. 3, p. 692 (Note préliminaire).

5. —, Notices helminthologiques, in: Mém. Soc. zool. France, Vol. 4, p. 468, 1891.

6. BOSC (1802), Hist. natur. des Vers., Vol. 1, p. 271, tab. 9, fig. 46, als Vol. 63, in: BUFFON, Paris 1802.

7. BRAUN, M., Vermes, in: Bronn, Class. Ordn. Thier-Reich, Vol. 4 p. 306—925, Leipzig 1879—1893.

8. —, Die Wohnsitze der endoparas. Tremat., in: Ctrbl. Bakteriol., Vol. 13, p. 466.

9. v. BUTTEL-REEPEN (1900), Zwei große Distomen, in: Zool. Anz., Vol. 23, No. 629 (Vorläuf. Mitteilung).

10. — (1902), Zur Kenntnis der Gruppe des D. olav. insbesondere des D. ampullaceum u. des D. siemersi, in: Zool. Jahrb., Vol. 17, Syst.

11. CARUS (1884), Prodromus Faunae Mediterraneae etc., Pars 1, Stuttgart.

12. CREPLIN (1837), Distoma, in: Allg. Encycl. Wiss. Künste (ERSCH u. GRUBER), Leipzig (1. Sect.), Vol. 29.

13. — (1842), D. veliporum (CREPL.), in: Arch. Naturgesch., Jg. 8, Bd. 1, p. 336—339.

14. DARR (1902), Über zwei Fasciolidengattungen, in: Z. wiss. Zool., Vol. 71.

15. DIESING (1850), Systema helmenthum, Vol. 1.

16. — (1858), ·Revision der Myzelhelminthen, Abt. Trematod., in: SB. Akad. Wiss. Wien, math. naturw. Kl., Vol. 32, p. 207—390.

17. —, 19 Arten von Trematoden, in: Denkschr. Akad. Wiss. Wien, math. naturw. Kl., Vol. 10, Abt. 1.

18. DUJARDIN (1845), Histoire naturelle des Helminthes, Paris.

19. JACOBY (1899), Beitr. z. Kenntnis einiger Distomen, Inaug.-Diss. Königsberg; auch in: Arch. Naturg. 1900.

20. JÄGERSKIÖLD (1900), Ein neuer Typus von Kopulationsorganen bei D. megastomum, in: Ctrbl. Bakteriol., Vol. 27. Abt. 1.

21. KERBERT (1881), Beitrag zur Kenntn. der Trematoden, in: Arch. mikrosk. Anat., Vol. 12, p. 529—578.

22. v. LINSTOW (1903), Neue Helminthen, in: Ctrbl. Bakteriol., Abt. 1, Vol. 35, p. 352—357.

23. LINTON (1898), Notes on trematode parasites of fishes, in: Proc. U. S. nation. Mus. Washington, Vol. 20.

24. LOOSS (1894), Die Distomen unserer Frösche und Fische, in: Bibl. zool., Heft 16.

25. — (1899), Weitere Beiträge zur Trematodenfauna Ägyptens usw., in: Zool. Jahrb., Vol. 12, Syst.

26. — (1912), Über den Bau einiger anscheinend seltener Trematoden-arten, in Zool. Jahrb., Suppl. 15, Bd. 1.

27. LÜHE (1901), Über Hemiuriden, in: Zool. Anz., Vol. 24.

28. — (1909), Parasitische Plattwürmer. I. Trematodes, in: Süßwasser-fauna Deutschl. (BRAUER), Jena.

29. MONTICELLI (1889), Notes on some Entozoa in the collection of the Brit. Museum, in: Proc. zool. Soc. London, p. 322, tab. 33.

30. — (1893), Studii sui Trematodi endoparassiti, in: Zool. Jahrb., Suppl. 3.

31. MONIEZ (1886), Description du Dest. ingens n. sp. et remarques sur quelques points de l'anatomie et de l'histologie comparées des Trématodes, in: Bull. Soc. zool. France, Vol. 11, p. 530.

32. — (1891—1892), Notes sur les helminthes. Sur l'identité de quelques espèces de Trématodes du type du Distoma olav., in: Rev. biol. Nord France, 4e ann., p. 108—118.

33. ODHNER (1905), Die Trematoden des arktischen Gebietes, in: Fauna Arctica, Vol. 4, Jena.

34. — (1911), Zum natürlichen System der digenen Trematoden IV, in: Zool. Anz., Vol. 38, No. 24.

35. POIRIER (1885), Contribution à l'histoire des Trématodes, in: Arch. Zool. expér. (2), Vol. 3, p. 465.

36. RUDOLPHI (1809), Entozoorum sive Vermium intestinalium Historia naturalis, Vol. 2, p. 391, Amstelaedami.

37. SETTI (1894), Osservazioni sul „Distomum gigas NARDO", in: Bull. Musei Zool. Anat. comp. Genova, No. 26, 1894.

38. SOMMER, Zur Anatomie des Leberegels, D. hepaticum L., in: Z. wiss. Zool., Vol. 34, p. 539—640, 1880.

39. STAFFORD (1904), Trematodes from Canadian Fishes, in: Zool. Anz., Vol. 27.

40. VILLOT (1879), Organis. et dével. de quelques espèces des Trématodes endoparasites marins, in: Ann. Sc. nat. (6), Zool., Vol. 8.

41. WAGENER (1860), Über Distoma appendiculatum R., in: Arch. Naturg., Jg. 26, Bd. 1, p. 165.

Erklärung der Abbildungen.

aoe Aussackung des Ösophagus
bsn Bauchsaugnapf
cb Cirrusbeutel
cu Cuticula
da Darm
das Darmsäcke
de Ductus ejaculatorius
dlm Diagonalmuskeln
drm Drüsenmagen
dst Dotterstöcke
dvm Dorsoventrale Muskeln
ef Excretionsgefäße
exb Excretionsblase
exp Excretionsporus
ga Genitalatrium
gln Ganglion
gm Muskulatur um die Ausmündung
　　des männlichen und weiblichen
　　Genitalapparats
gp Genitalporus
lk Laurer'scher Kanal
lm Längsmuskeln

msn Mundsaugnapf
my Myoblast
n Nerv
oe Ösophagus
ov Ovarium
oz chromatophile Zellen
pdg paariger Dottergang
pe Penis
ph Pharynx
ppr Pars prostatica
prok Protrusionskanal
prot Protrusionstasche
rm Ringmuskeln
sd Schalendrüse
ss Subcuticularschicht
sz Subcuticulare Zellenschicht
t_1, t_2 Hoden
trm Transversalmuskeln
ut Uterus
udg unpaarer Dottergang
va Vagina
vs Vesicula seminalis

Tafel 9.

Fig. 1. Gesamtbild von *Otodistomum veliporum* (Creplin). In Kreosot aufgehellt. 7:1.

Fig. 2. Längsschnitt durch den Vorderkörper von *Otodistomum veliporum* (Creplin). 22:1.

Fig. 3. Querschnitt durch den Cirrusbeutel von *Otodistomum veliporum* (Creplin). 103:1.

Fig. 4. Gesamtbild von *Distomum fuscum* Poirier. Vorderansicht.

Fig. 5. Seitenansicht. 4 : 1.

Fig. 6. Längsschnitt durch den Hals von *Distomum fuscum* Poirier. 17 : 1.

Fig. 7. Genitalatrium von *Distomum fuscum* Poirier. 40 : 1.

Tafel 10.

Fig. 8. Gesamtbild von *Distomum ingens* Moniez. 2 : 1.

Fig. 9. Längsschnitt durch den Hals von *Distomum ingens* Moniez. 13 : 1.

Fig. 10. Längsschnitt durch den weiblichen Genitalapparat von *Distomum ingens* Moniez. 20 : 1.

Fig. 11. Längsschnitt durch Pharynx und Ösophagus von *Distomum ingens* Moniez. 28 : 1.

Fig. 12. Genitalatrium von *Distomum ingens* Moniez. 46 : 1.

G. Pätz'sche Buchdr. Lippert & Co. G. m. b. H., Naumburg a. d. S.

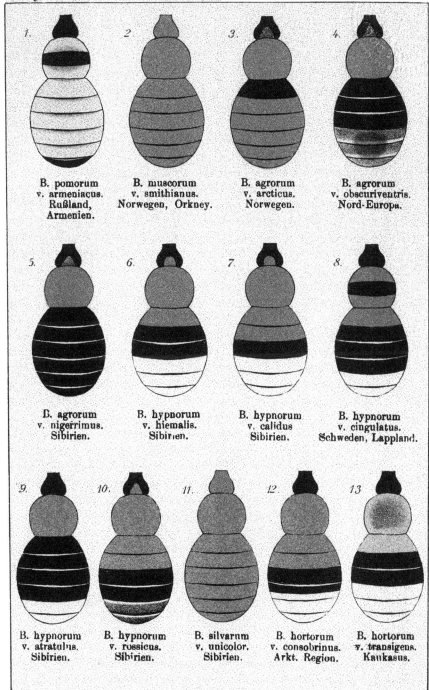

1. B. pomorum v. armeniacus. Rußland, Armenien.

2. B. muscorum v. smithianus. Norwegen, Orkney.

3. B. agrorum v. arcticus. Norwegen.

4. B. agrorum v. obscuriventris. Nord-Europa.

5. B. agrorum v. nigerrimus. Sibirien.

6. B. hypnorum v. hiemalis. Sibirien.

7. B. hypnorum v. calidus Sibirien.

8. B. hypnorum v. cingulatus. Schweden, Lappland.

9. B. hypnorum v. atratulus. Sibirien.

10. B. hypnorum v. rossicus. Sibirien.

11. B. silvarum v. unicolor. Sibirien.

12. B. hortorum v. consobrinus. Arkt. Region.

13. B. hortorum v. transigens. Kaukasus.

Friese u. Wagner.   Verlag von Gustav Fischer in Jena.   Lith. Anst v. A Giltsch, Jena

Verlag von Gustav Fischer in Jena.

Fig. 1.

Fig. 2.

Fig. 3.

Fig. 4.

Fig. 5.

Fig. 6.

Fig. 7.

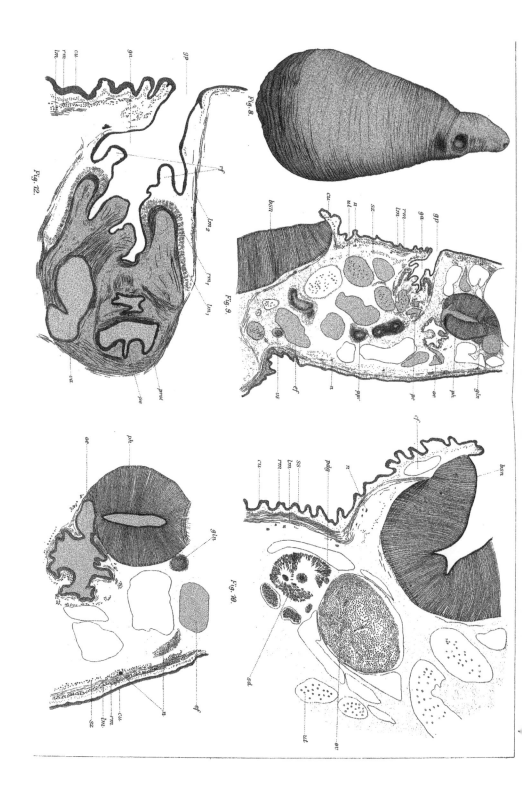

Fig. 8.

Fig. 9.

Fig. 10.

Fig. 12.

Verlag von Gustav Fischer in Jena.

einzellebend, Bingham) zusammenfallen, so würden diese Untergattungen als Gattungen aufzufassen sein.

A. Kiefer lang, gerade, durch ihre Vereinigung einen Schnabel
bildend, ähnlich wie bei *Eumenes*, beim ♀ mit 3 stumpfen Zähnen
am Innenrande, beim ♂ gänzlich zahnlos. Lippentaster 4gliedrig,
sehr lang, 1. Glied viel länger als die 3 folgenden zusammengenommen.
Unterkiefer lang; Anhang (Galea) so lang wie das Basalstück, in
langer Spitze endigend. Kiefertaster 6gliedrig, das 1. kurz, das 2.
3mal so lang wie das 1.; 3—6 gleichlang, zusammen so lang wie das
2. Kopfschild sehr lang, mehr als $1^1/_2$mal so lang wie breit, unten
in langem Dreieck vorspringend, dessen Höhe, von einer die Kiefer-
ansätze verbindenden Linie aus gemessen, viel größer ist die Basis
auf ebendieser Linie.

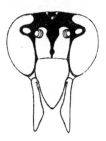

Fig. A.   *I. micans* Sauss.   ♀.   Fig. B.   *I. micans* Sauss.   ♂.

a   b   c

Fig. C.   *I. micans* Sauss.
a u. b Lippe und Lippentaster, c Unterkiefer mit Kiefertaster.

Große Tiere 18—22 mm. Typus subgeneris *I. fulgipennis*
Guérin; außerdem gehören dahin *I. micans* Sauss. und seine Varietäten und *I. loriai* R. d. Buysson, Subgen. *Ischnogaster* Guérin.

B. Kiefer relativ kurz, gebogen, bei ♂ und ♀ mit 3 scharfen Zähnen. Lippentaster 4gliedrig, deren erstes am längsten, doch weniger lang als die 3 folgenden zusammengenommen. Unterkiefer lang; Anhang (Galea) so lang wie das Basalstück. Kiefertaster 6gliedrig, alle ungefähr von derselben Länge, das letzte das längste. Kopfschild nur sehr wenig länger als breit, die vorspringende Spitze unterhalb des Kieferansatzes wesentlich kürzer als breit.

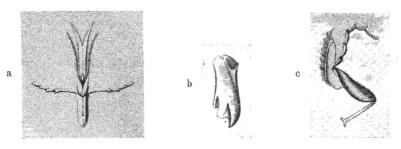

Fig. D.

P. mellyi Sauss. Mundteile (nach v. Saussure).

Kleinere Tiere, 10—17 mm. Typus subgeneris *I. mellyi* Saussure; dahin gehören außerdem *I. butteli n. sp.*, *I. cilipennis* Sauss., *I. coriaceus* R. D. Buysson, *I. foveatus* R. D. Buysson, *I. nitidipennis* Sauss., *I. striatulus* R. D. Buysson und *I. serrei* R. D. Buysson. Subgen. *Parischnogaster n. subg.*

Ob auch die ♂ Genitalanhänge Anhaltspunkte zur Differenzierung der genannten Untergattungen bieten, wage ich wegen Mangel an Material nicht zu entscheiden. Immerhin ist Folgendes zu bemerken:

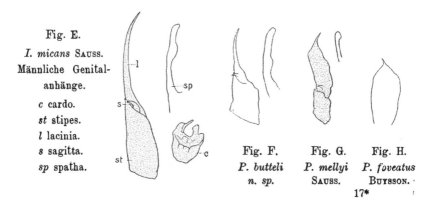

Fig. E.

I. micans Sauss.
Männliche Genital-
anhänge.

c cardo.
st stipes.
l lacinia.
s sagitta.
sp spatha.

Fig. F.   Fig. G.   Fig. H.
P. butteli   *P. mellyi*   *P. foveatus*
n. sp.   Sauss.   Buysson.

17*

	Stipes (st) [1])	Lacinia (l)	Spatha (sp)
I. micans (Fig. E)	schmal, fast so lang wie l.	schmal, pfriemförmig	zwischen Mittel- u.Enddrittel verbreitert
P. I. foveatus (Fig. H)	?	relativ sehr breit	?

	Stipes (st)	Lacinia (l)	Spatha (sp)
P. I. mellyi (Fig. G)	breit, halb so lang wie l.	breit	am Ende verdickt
P. I. butteli (Fig. F)	bildet den Übergang zum Subg. *Ischnogaster* breit, rel. kurz	mäßig breit, am Ende pfriemförmig	in der Mitte verbreitert

Die Squama (s) ist bei allen Arten ungefähr gleich gebildet.   c Cardo.

Subgen. *Ischnogaster* Guérin.

1. *I. micans* Saussure.

Dalla Torre, Cat. Hym., Vol. 9, Vespidae, 1894, p. 113.
Bingham, Fauna of British India, Vol. 1, 1897, p. 378, tab. 3 fig. 1.

Vorkommen. India, Sikkim, Burma, Tenasserim, Java, Borneo.
v. Buttel-Reepen leg.: Malacca, Taiping Hills, Febr. 1912. 1 ♀.

2. *I. eximius* Bingham.

Bingham, in: Journ. Bombay nat. Hist. Soc., Vol. 5, 1890, p. 244, fig. 7, Nest l. c., p. 380. ♀.

Das bis jetzt unbeschriebene Männchen zeigt folgende Merkmale: Wangen null, Augen groß, nach unten konvergent; Entfernung derselben auf dem Scheitel gleich der Länge von Geißelglied 3 plus $1/3$ von 4. Fühler schwarz, Endglied sowie die Unterseite der letzten Glieder rot, Unterseite des Schaftes gelb. Endglied (♀ 12. resp. ♂ 13.) zuckerhutförmig, $1^1/_2$mal so lang wie an der Basis breit. Endsternit ♂ breit, flach, am Hinterrande abgerundet. Sternite ohne besondere Bewimperung. Flügel kurz behaart, Endrand nicht besonders bewimpert.

Ausgezeichnet durch die reichliche rote Färbung auf dem 1., 2., 5. und 6. Tergit, sowie den Nestbau, den Bingham. l. c., beschreibt.

Vorkommen. Ceylon.
v. Buttel-Reepen leg.: Ceylon, Peradeniya, Kandy, Jan. 1912. 2 ♂♂, 1 ♀ am Nest.

---

1) Ich wähle die Bezeichnungen nach Schmiedeknecht (Apidae europaeae, *Bombus* Tab. I), bin allerdings nicht sicher, ob ich die Teile richtig gedeutet habe.

Subgen. *Parischnogaster n. subg.*

3. *P. mellyi* Saussure (Fig. G).

Dalla Torre, 1. c., p. 113.

Vorkommen. Java, Sumatra, Borneo, Philippinen.

v. Buttel-Reepen leg.: Malacca, Taiping Hills, Febr. 1912, Singapore, O.-Sumatra, Tandjong Slamat, Mai 1912. 3 ♀♀.

4. *P. butteli n. sp.* (Fig. F, J, K, L).

? *I. flavolineatus* Cameron, in: Journ. Straits Branch Asiat. Soc., 1902, No. 37, p. 108. ♀.

♂, ♀. *Mediocris, fusco-niger, luxuriose straminea-variegatus, segmentum 2. abdominis ♀ linea longitudinali sulphurea ornatum. Clypeus brevis; oculorum margines interni paralleli. Antennae ♂ extus et intus serie macularum sulphurearum ornatae.*

Long. corp (usque ad marg. post. segm 2. abd.) 13 mm
Long. petioli 5,5 mm

Vorkommen. Malacca, Taiping Hills, 27. Febr. 1912, Maxwell's Hill, Taiping. 3 ♂♂, 6 ♀♀ (Typus Mus. Berlin, c. m.).

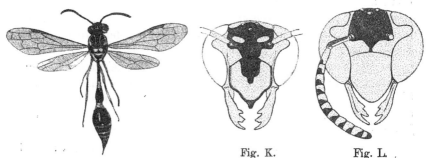

Fig. J. *P. butteli n. sp.* ♀. 2:1.   Fig. K.   Fig. L.
P. butteli n. sp. ♀.   *P. butteli n. sp.* ♂.

Kopfschild kurz, mitten $1\frac{1}{4}$ mal so lang wie breit, die geometrische Höhe der freistehenden Spitze vom Kiefernansatz an halb so lang wie deren Breite; Unterrand beim ♀ in eine scharfe Spitze endigend, beim ♂ abgerundet. Wangen null. Augen groß, vorspringend, ihre inneren Ränder parallel. Entfernung der Augen auf dem Scheitel gleich der Länge von Fühlerglied 3 plus 4. Fühlerglieder alle länger als breit; Glied 3 kaum $1\frac{1}{2}$ mal so lang wie das 4.; Endglied (12.) konisch, $1\frac{1}{2}$ mal so lang wie an der Basis breit. Schläfen nur schwach entwickelt. Kopfschild sehr spärlich;

grob, Stirn dicht und sehr fein punktiert, ebenso das Dorsulum. Thorax schmäler als der Kopf; Prothorax seitlich abgerundet. Dorsulum stark gewölbt; Schildchen nicht bucklig erhöht, wie bei *micans* und Verwandten; Hinterschildchen und Mittelsegment stark abfallend; letzteres konvex mit schwacher, strichförmiger Mittelrinne, glatt und glänzend, ebenso die Pleuren. Hinterleibsstiel $1^1/_2$mal so lang wie der Thorax, gegen das Ende ziemlich stark aufgetrieben, hinter der Mitte am breitesten. Beine schlank. Flügelgeäder s. Abbildung. Flügel besonders auf den Adern kurz behaart, Endrand ohne stärkere Bewimperung.

Der Mann zeigt keine plastischen Verschiedenheiten. Letztes Fühlerglied wie beim Weibe. Endsternit flach, am Hinterrande abgerundet.

Schwarz-braun, reichlich und ziemlich lang goldig behaart. Kopf gelb; Kieferrand und Zähne, Unterrand sowie zentrale basale Makel des Kopfschildes, Fleck zwischen den Fühlern bis hinter die Ocellen reichend, Hinterhaupt und die Fühler (mit Ausnahme der orangeroten Unterseite der letzten 3—8 Glieder) schwarzbraun. Thorax schwarzbraun; gelb sind: Vorder- und Hinterrand des Pronotums, zwei nach vorn divergierende und dort verbreiterte gebogene Längslinien auf der vorderen Hälfte des Dorsulums. Vorderrand beider Schildchen und zwei sehr große Flecke auf dem Mittelsegment. Seiten des Thorax fast ganz gelb. Am Abdomen sind gelb: eine breite Binde mitten auf dem 1., schmälere basale Binden auf den Tergiten 2—6; auf Tergit 2 zudem zwei seitliche mit der Basalbinde verbundene Flecke und ein medianer vorn hier und da mit der Basalbinde verbundener, hinten abgekürzter Längsstrich (der jedoch dem ♂ fehlt). Die Binden auf Tergit 3 und 4 sind seitlich nach rückwärts stark verbreitert, diejenigen auf 5—6 resp. 7 seitlich meist abgekürzt. Sternite fast ganz gelb, ziemlich lang rötlich behaart. Beine gelb, Basis der Schenkel und Schienen des 3. Beinpaares sowie sämtliche Endtarsen braun. Flügel leicht getrübt. Stigma lehmfarben. Adern an der Flügelbasis schwarz, gegen das Ende des Flügels gelblich.

Beim ♂ ist der Kopfschild ganz gelb; die Fühler sind äußerst hübsch gezeichnet; schwarz, auf jedem Glied außen und innen mit je einem großen hellgelben Fleck versehen; diese Flecke werden oft so groß, daß sie dorsal zusammenfließen. Am Abdomen fehlt der für das ♀ so charakteristische gelbe Längsstrich auf dem 2. Tergit.

P. butteli hätte ich sicherlich mit *I. flavolineatus* CAM. identifiziert, wenn nicht CAMERON schriebe: „the apical tooth of the clypeus is clearly separated, twice longer than broad, and its apex is slightly incised".

II. *Icaria* SAUSSURE.

5. *I. artifex* SAUSS.

DALLA TORRE, l. c., p. 117.
BINGHAM, l. c., p. 389.

V o r k o m m e n. Indien, Sikkim, Barrakpoore, Mussoree, Birma, Tenasserim, Java.

v. BUTTEL-REEPEN leg.: Malacca, Taiping, 27. Febr. 1912; Sumatra, Beras Tagi, Mai 1912; Java, Tjiogrek, April 1912; Ost-Sumatra, Bahboelian. 2 ♂♂, 7 ♀♀.

6. *I. marangensis* GRIBODO.

GRIBODO, in: Bull. Soc. entomol. ital., Vol. 23, 1891, p. 243.

V o r k o m m e n. Sumatra, Malacca.

v. BUTTEL-REEPEN leg.: Malacca, Taip. Hills, 11. Febr. 1912. 2 ♀♀.

7. *I. marginata* LEP.

DALLA TORRE, l. c., p. 119.
BINGHAM, l. c., p. 388.

V o r k o m m e n. India, Ceylon.

v. BUTTEL-REEPEN leg.: O.-Sumatra, T. Slamat, 1912. 1 ♀.

8. *I. speciosa* SAUSSURE.

DALLA TORRE, l. c., p. 121.
BINGHAM, l. c., p. 390, Abbildung.

V o r k o m m e n. Indien, Burma, Tenasserim, Malacca, Sumatra, Borneo.

v. BUTTEL-REEPEN leg.: O.-Sumatra, Soengei-Bamban, Bahboelian, Bahsoemboe, April 1912. 13 ♀♀.

9. *I. flavopicta* SMITH.

DALLA TORRE, l. c., p. 118.

V o r k o m m e n. Borneo, India, Tenasserim (c. m.).

v. BUTTEL-REEPEN leg.: O.-Sumatra, Bandar Baroe, 30. Mai 1912. 2 ♀♀.

III. *Polistes* LATR.

10. *P. hoplites* SAUSSURE.

SAUSSURE, Et. fam. Vespides, Vol. 2, 1853, p. 255.
BINGHAM, l. c., p. 395.

,   Kopfschild ♀ dicht und grob punktiert; Seiten des Pronotums
dicht punktiert, nicht mit groben Runzeln versehen; Flügel einfarbig
dunkel. Der Kopfschild des ♂ ist deutlich länger als breit, unregelmäßig gerunzelt, nur am unteren Ende einige wenige Punkte tragend,
in der Mittellinie von einer leicht erhabenen Längskante durchzogen, die am Unterrande in einem kurzen Spitzchen endigt; das
Spitzchen reicht weniger weit nach unten als die Seitenteile; vom
Spitzchen aus verläuft der Unterrand des Kopfschildes in zwei nach
oben konvexen Bogen. Der ganze Unterrand ist mit langen grauen
Haaren dicht besetzt. Fühler schlank und lang, ohne deutliche
Schwielen; Endglied nur wenig länger als das vorletzte. Wangen
des ♂ beinahe so lang wie breit, beim ♂ länger, beim ♀ ebenso lang
wie das 4. Fülerglied. Entsternit so lang wie breit, in der apicalen
Hälfte eine tiefe nach hinten offene Grube tragend.

Bei dem in der Färbung überaus ähnlichen, viel häufigeren *P.
sagittarius* SAUSS. sind die Flügel an der Basis dunkel, am Ende gelb,
der Kopfschild fast punktlos und die Seiten des Pronotums mit langen
wulstförmigen Riefen bedeckt. Der Kopfschild des ♂ ist breiter als
hoch, unten am breitesten, sein Unterrand ist fast gerade, nur wenig
bogenförmig vorspringend; Fühler lang und schlank, Endglied schlank,
$1^{1}/_{2}$ mal so lang wie das vorletzte. Länge der Wangen des ♂ beinahe so groß
wie ihre Breite; beim ♂ länger, beim ♀ ebenso lang wie das 4. Fühlerglied. Das Endsternit ist kurz, mit niederem, stumpfem Höcker an der
Basis und seitlich gegen das Ende leicht aufgeworfenem Seitenrande.)
    V o r k o m m e n. Indien, China, Perak (c. m.).
    v. BUTTEL-REEPEN leg.: O.-Sumatra, T. Slamat, Juni 1912. 1 ♀.
    11. *P. stigma* FAB.
DALLA TORRE, l. c., p. 132.
BINGHAM, l. c., p. 396.

    P. stigma ist absolut nicht eine Varietät des afrikanischen *P. margi-
nalis* FAB., da die Fühlerbildung des ♂ eine ganz verschiedene ist.
    V o r k o m m e n. Indien, Malayischer Archipel, Formosa.
    v. BUTTEL-REEPEN leg.: N.-Ceylon, M.-Iluppalama, Jan. 1912. 1 ♀.

IV. *Vespa* L.

    12. *V. analis* FAB.
R. DU BUYSSON, in: Ann. Soc. entomol., France 1904, p. 514.
    V o r k o m m e n. Indien, Cochinchina, China, Java.
    v. BUTTEL-REEPEN leg.: Java, Tjibodas, März 1912. 2 ♀♀.

13. *V. cincta* FAB.

R. DU BUYSSON, l. c., p. 530.

Vorkommen. Indien, Tonkin, Annam, Sumatra, Java, Borneo, Neuguinea.

v. BUTTEL-REEPEN leg.: Malacca, Taiping Hills, Febr. 1912; Penang, Juni 1912. 1 ♀, 2 ☿.

14. *V. cincta* FAB. *var. affinis* FAB.

R. DU BUYSSON, l. c., p. 534.

Vorkommen. Wie die Stammform.

v. BUTTEL-REEPEN leg.: Ceylon, Senigoda, Dez. 1911. 2 ☿.

15. *V. bellicosa* SAUSS. *var. annulata* SMITH.

R. DU BUYSSON, l. c., p. 542.

Vorkommen. Sumatra, Borneo.

v. BUTTEL-REEPEN leg.: Malacca, Taip. Hills, Febr. 1912. 1 ☿.

16. *V. velutina* LEP.

R. DU BUYSSON, l. c., p. 548.

Vorkommen. India, Java.

v. BUTTEL-REEPEN leg.: Java, Tjibodas, März 1912. 3 ☿.

17. *V. doryloides* SAUSS.

R. DU BUYSSON, l. c., 616.

Vorkommen. India, Sumatra, Borneo.

v. BUTTEL-REEPEN leg.: Malacca, Taip. Hills, Febr. 1912; O.-Sumatra, Bahsoemboe. 3 ♂♂, 8 ☿.

V. *Polybia* LEP.

18. *P. raphigastra* SAUSSURE. [1]

SCHULTHESS, in: Mitt. schweiz. entomol. Ges., Vol. 12, 1913, St. 156, tab. 11 fig. 4 und 10.

---

1) Neuerdings hat R. DU BUYSSON (in: Bull. Soc. entomol. France, 1913, p. 299) das alte SAUSSURE'sche Subgenus *Parapolybia* - geteilt in *Polybia* mit 4gliedrigen Lippen- und 6gliedrigen Kiefertastern und *Polybioides* mit 3gliedrigen Lippen und 5gliedrigen Kiefertastern und nur 11-, beim ♂ 12gliedrigen Fühlern. Zu *Polybioides* gehören außer *P. sumatrensis* SAUSS. = *rhaphigastra* SAUSS. *P. tabida* FAB. und *P. psecas* R. DU BUYSSON. Falls DU BUYSSON die ersteren Arten bei *Polybia* belassen will, so ist dagegen wohl nichts einzuwenden, aber statt *Polybioides* ist der alte Name *Parapolybia* beizubehalten. Auch die neotropische *Polybia* (*Leipomeles* MÖB.) *lamellaria* MÖBIUS hat 3- resp. 5gliedrige Taster, aber 12- resp. 13gliedrige Fühler.

Vorkommen. Malacca, Perak, Sumatra.

v. Buttel-Reepen leg.: Malacca, Taip. Hills, März 1912; O.-Sumatra, T. Slamat, Mai 1912; Zentral-Sumatra, Bandar Baroe, 3500'; Nest in einem Baumstamm. „Greifen sofort an, wenn man in die Nähe kommt." 14 ☿.

Eumenidinae.

VI. *Labus* Saussure.

19. *L. spiniger* Sauss.

v. Saussure, in: Reise der Novara, Zool., Vol. 2, 1, 1867, Hym. St. 4, tab. 1 fig. 1.

Vorkommen. Java.

v. Buttel-Reepen leg.: Java, Tjibodas, April 1912; O.-Sumatra, Bahboelian. 2 ♀♀.

VII. *Eumenes* Latr.

Subgen. *Eumenidion* Schlthss.

20. *E. punctatus* Saussure.

Saussure, Et. Fam. Vesp., Vol. 1, 1852, p. 37.
Bingham, l. c., p. 339.

Vorkommen. India, Sikkim, Burma, Tenasserim.

v. Buttel-Reepen leg.: Malacca, Taip. Hills, 19. Febr. 1912; O.-Sumatra, Bahboelian. 1 ♂, 5 ♀♀.

Subgen. *Eumenes* prop. dict.

21. *E. maxillosus* D. G. *var. circinalis* Fab.

Dalla Torre, l. c., p. 20.
Bingham, l. c., p. 340.

Vorkommen. India, Burma, Tenasserim, Key-Ins.

v. Buttel-Reepen leg.: Malacca, Taiping, 27. Febr. 1912; O.-Sumatra, Tandjong Slamat, Mai 1912; Java, Buitenzorg. 3 ♀♀.

22. *E. maxillosus* D. G. *var. conicus* Fab.

Dalla Torre, l. c., p. 22.
Bingham, l. c., p. 343, tab. 2 fig. 9.

Vorkommen. India, China, Malayischer Archipel.

v. Buttel-Reepen leg.: Ceylon, M.-Iluppalama, 28. Juni 1912. 1 ♀.

23. *E. maxillosus* D. G. *var. xanthurus* Saussure.

Dalla Torre, l. c., p. 32.
Bingham, l. c., p. 341.

Vorkommen. India, Sumatra.

v. Büttel-Reepen leg.: O.-Sumatra, T. Slamat, Mai 1912; Bindjei Estate, „an Lampe" 12.—13. Juni 1912. 2 ♀♀.

24. *E. edwardsii* Saussure.

Dalla Torre, l. c., p. 23.
Bingham, l. c., p. 344.

Vorkommen. Indien, Key-Inseln, Queensland.

v. Büttel-Reepen leg.: O.-Sumatra, T. Slamat, Mai 1912; O.-Sumatra, Bahboelian, Bahsoemboe. 6 ♂♂, 2 ♀♀.

25. *E. arcuatus* L. *var. flavopictus* Blanch.

Dalla Torre, l. c., p. 18.
Bingham, l. c, p. 45.

Vorkommen. Indien und Polynesien.

v. Büttel-Reepen leg.: O.-Sumatra, Bahboelian. 1 ♀.

VIII. *Rhynchium* Spinola.

26. *Rh. iridipenne* Smith.

Dalla Torre, l. c., p. 46.
Schulz, in: Berlin. entomol. Ztschr., Vol. 49, St. 224.

Vorkommen. Amboina.

v. Büttel-Reepen leg.: N.-Ceylon, M.-Iluppala, 28. Juni 1912; Malacca, Taiping, 27. Febr. 1912; O.-Sumatra, Säntis, Juni 1912 Java, Tjiogrek, April 1912, 4 ♀♀.

27. *Rh. haemorrhoidale* Fab.

Dalla Torre, l. c., p. 44.
Bingham, l. c., p. 354.

Vorkommen. Verbreitet durch ganz Indien, Ceylon und die Malayischen Inseln.

v. Büttel-Reepen leg.: O.-Sumatra, Soengei-Bamban, April 1912; T. Slamat, Mai 1912. 2 ♂♂, 2 ♀♀.

28. *Rh. haemorrhoidale* Fab. *var. carnaticum* Fab.

Dalla Torre, l. c., p. 45.
Bingham, l. c., p. 355 (*bruneum* F.).

Vorkommen. Verbreitet durch ganz Indien, Afghanistan, Persien, Formosa und die Malayischen Inseln.

v. Buttel-Reepen leg.: Ceylon, Paradenyia, M.-Iluppalama, 28. Juni 1912; O.-Sumatra, Bahboelian, Deli, Kampong Lama. 5 ♂♂, 3 ♀♀.

IX. *Odynerus* Latr.

a) *Ancistrocerus* Wesm.

29. *Euancistrocerus clavicornis* Sm.

Smith, in: Journ. Proc. Linn. Soc., Zool., Vol. 3, 1895, p. 21.

Die übrigens ziemlich gute Beschreibung von F. Smith mag folgendermaßen ergänzt werden.

♂. *Parvulus, valde grosse punctatus, niger. Straminei sunt: Clypeus, mandibulae, antennarum scavus subtus, glabella, macula parva in oculorum sinu, macula postocularis, fascia apicalis angusta tergiti 1. ad 3., quarum 3. angustissima et sterniti 2. et 3., et genua omnia, tibiarum et tarsorum anticorum et intermediorum latus anterius; ferruginei sunt: pronoti fascia medio late interrupta, lateribus abbreviata, tegulae et post-scutelli fascia tenuis, medio vix interrupta. Segmentum 1. abdominis sat elongatum, suturis transversis duabus munitum. Antennae clavatae, uncus valde robustus.*

Long. corp. (usque ad marg. post segm. 2 abd.) 6 mm.

Vorkommen. Celebes (Smith).

v. Buttel-Reepen leg.: O.-Sumatra, Bahboelian. 1 ♂.

Das ganze Tier, besonders an Kopf und Thorax greis behaart. Außenseite der Kiefer, Kopfschild, Unterseite des Fühlerschaftes, Stirnmakel, ein kleiner Fleck in der Augenausrandung und ein kurzer Streif hinter den Augen hell strohgelb. Zwei mitten nicht zusammenstoßende und die Seitenecken nicht erreichende Fleckchen auf dem Pronotum, die Flügelschuppen, die Nebenflügelschüppchen, zwei Fleckchen auf dem Hinterschildchen orangegelb. Am Abdomen sind wiederum hellgelb: Schmale Endbinden auf Tergit 1—3 und Sternit 2 und 3, von denen diejenigen auf dem 3. Segment wirklich nur angedeutet sind. Flügel hell; Mal und Adern braun; äußere Hälfte der Radialzelle rauchig getrübt. Hüften und Schenkel schwarz, Knie, Vorderseite der Vorder- und Mittelschienen und Vordertarsen gelb, der Rest der Beine braun.

Kopfschild dicht und ziemlich fein, Thorax sehr dicht und sehr grob runzlig punktiert; 1. Tergit ziemlich grob zerstreut, 2. auf der Scheibe fein und sehr zerstreut punktiert; Hinterrand von Tergit 2—4 wieder dichter und gröber punktiert. Kopf bedeutend breiter als der Thorax. Kopfschild unpunktiert, so breit wie lang, etwas unterhalb der Mitte am breitesten, unten kaum ausgerandet mit 2 Zähnchen neben der Ausrandung, von denen aus 2 schwache Kiele divergierend nach oben verlaufen. Unterrand des Kopfschildes so lang wie das 4. Fühlerglied. Fühler so lang wie der Thorax, gegen das Ende stark verdickt; 3. Glied so lang wie das 4. plus halbe 5.; Glieder vom 6. an breiter als lang; das 10. etwa 3mal so breit wie lang, das 11. etwas länger als breit, das 12. sehr klein, das letzte groß breit konisch, als umgeschlagener Haken in einer breiten Rinne an der Unterfläche des Fühlers liegend, mit seiner Spitze die Basis des 10. Gliedes erreichend. Unterseite der Fühler an der Basis und gegen das Ende sowie der Haken rötlich. Augen sehr groß, besonders unten sehr breit. Ocellen in flachem Dreieck; die hinteren voneinander weiter abstehend als vom Netzauge, etwas weniger weit als vom Hinterhauptsrande. Hinterhaupt und Pronotum gerade abgestutzt, dieses leicht gerandet mit stumpfwinkligen Seitenecken. Dorsulum ebenso lang wie breit. Flügelschuppen unpunktiert. Schildchen flach, wenig breiter als lang, ohne mediane Längsfurche. Hinterschildchen nur wenig geneigt. Mittelsegment das Hinterschildchen nach hinten um die halbe Länge des Hinterschildchens überragend, oben und auf den Seiten äußerst grob runzlig punktiert. Hinterfläche des Mittelsegments ziemlich tief ausgehöhlt, sehr fein gestrichelt; obere Seitenkante infolge der groben Skulptur gezähnelt, mit scharfem Zahn oberhalb des Gelenkschüppchens; dieses groß, spitzig, weiß. Pleuren wie das Dorsulum punktiert, Pleuren des Mittelsegments in der unteren Partie sehr fein längsgerunzelt. Vorderschenkel länger als die Mittel- oder Hinterschenkel, stark nach vorn gebogen; Beine sonst ohne Auszeichnung. 1. Abdominalsegment so lang wie am Hinterrande breit, nach vorn stark verschmälert mit zwei stark ausgebildeten Quernähten, deren erste das Tergit in eine senkrechte Vorderfläche und einen beinahe wagrechten Postpetiolus trennt, deren zweite etwas vor der Mitte des Postpetiolus liegt. Die Breite des Postpetiolus beträgt $^2/_3$ der größten Breite des 2. Segments. Dieses nahe dem Hinterrande am breitesten, oben stark, unten schwach gleichmäßig gewölbt. Letztes Tergit kurz, breit; letztes Sternit kurz dreieckig mit aufgeworfenen Seitenrändern (vielleicht zufällig).

A. clavicornis ist ausgezeichnet durch zwei Quernähte auf dem 1. Tergit, die Form des Kopfschildes und die ganz ungewöhnliche Fühlerbildung.

b) *Lionotus* Saussure.

30. *O. diffinis* Saussure.

Dalla Torre, l. c., p. 64.
Bingham, l. c., p. 366.

Vorkommen. India, Sikkim, Barakpoore, Burma, Tenasserim.

v. Buttel-Reepen leg.: Ma'lacca, Taiping, 27. Febr. 1912; O.-Sumatra, Bahsoemboe. 2 ♂♂.

31. *O. multipictus* Smith.

Dalla Torre, l. c., p. 80.
Bingham, l. c., p. 36, tab. 2 fig. 13.

Vorkommen. India, Sikkim, Burma, Tenasserim; Borneo.

v. Buttel-Reepen leg.: N.-Ceylon, M.-Iluppalama, Juni 1912. 1 ♀.

32. *O. bipustulatus* Saussure.

Dalla Torre, l. c., p. 56.
Bingham, l. c., p. 369, fig. 108.

Vorkommen. India.

v. Buttel-Reepen leg.: Ceylon, Senigoda, Dez. 1911; O.-Sumatra, S.-Bamban, April 1912; Java, Tjiogrek, Tjibodas, März, April 1912, 4 ♂♂, 1 ♀.

33. *O. humbertianus* Saussure.

Saussure, in: Reise der Novara, Zool., Vol. 2, 1, 1867, St. 13.
Bingham, l. c., p. 371.

Vorkommen: Indien, Sikkim, Burma, Tenasserim, Ceylon.

v. Buttel-Reepen leg.: Ceylon, Kandy, Dez. 1911. 1 ♀.

34. *O. sp.*

O.-Sumatra, Bahboelian. 1 ♂, 1 ♀.

35. *O. sp.*

O.-Sumatra, Bahboelian. 1 ♂, 1 ♀.

36. *O. sp.*

Batavia, Weltevreden. 1 ♂, 1 ♀.

26. September 1913.

Notiz über Symbionten bei Hydroiden.

Von

Herbert Constantin Müller (Königsberg i. Pr.).

———

Bei der Beschäftigung mit den verschiedensten Hydroiden des Golfes von Neapel zu biologischen Zwecken habe ich im Winter 1911—1912 bei einigen Formen symbiontische Algen gefunden. Ich erwähnte dies bereits in meiner Arbeit über die Regeneration der Gonophore bei den Hydroiden I u. II (18 u. 19). Es handelt sich um folgende Formen: *Sertularella polyzonias* L., *Aglaophenia pluma* L., *Aglaophenia helleri* und die von mir entdeckte *Pachycordyle fusca*. Müller-Calé u. Eva Krüger haben bei *Sertularella polyzonias* und *Aglaophenia helleri* im Frühjahr dieses Jahres die symbiontischen Xanthellen auch entdeckt und sind mir zu meiner Freude in der Publikation ihrer Entdeckung zuvorgekommen (17). Denn da ich zu jener Zeit mit Operieren und Beobachten der lebenden Tiere zu Regenerationszwecken beschäftigt war, konnte ich mich um andere Erscheinungen nur sehr wenig bekümmern. Aus dem konservierten Material aber irgendwelche Aufschlüsse über die Algen zu suchen, ist eine sehr mißliche Arbeit, die nur zu leicht zu Täuschungen führen kann. Da nun von anderer Seite über dieselben Beobachtungen berichtet worden ist, kann ich mich darauf beschränken, diese — soweit mir das möglich — zu vervollständigen. Es handelt sich vorläufig darum, jegliches Material über die Symbiose zwischen Tier und Pflanze zusammenzutragen, bis später einmal die gesamten Erfahrungen dieses Gebietes in einer Monographie verwertet werden.

Ich schrieb (19, p. 332), daß *Sertularella polyzonias* zwei Formen von Zoochlorellen besäße, eine große, blaugrüne, hellfarbige und eine viel kleinere mit gelbgrüner, satter Farbe. Diese kommt sehr viel häufiger vor. Es schien mir sogar mitunter, daß man noch eine dritte, kleinste Form annehmen könnte. Die Chlorellen kamen im ganzen Hydrocaulus dicht nebeneinander vor. Der Unterschied zwischen den beiden Formen war im allgemeinen prägnant, wenn auch, wie dies wohl bei allen bisher gefundenen Chlorellen und Xanthellen der Fall ist, Schwankungen in der Größe und damit auch in der Färbung zu finden waren. Ich erinnere mich, daß ich in ganz vereinzelten Fällen Exemplare traf, bei denen ich im ersten Augenblick zweifelte, welcher der beiden Formen ich sie zurechnen sollte. Doch hielt ich dies für durchaus nichts Auffälliges. Müller-Calé u. Eva Krüger meinen nun, daß bei *Sertularella polyzonias* nur ein Symbiont vorkäme, der in seiner Gestalt stark variiere und dessen kleinere Form mitunter eine gelbbraune Färbung zeige. Sie bringen eine Tabelle über die Unterschiede in der Größe der Chlorellen, aus der sich aber weiter nichts entnehmen läßt als die beiden Extreme: 4,5 zu 3,8 μ und 20 zu 7,5 μ (resp. 18 zu 12 μ). Diese Extreme der Größenmaße würden meinen beiden Formen entsprechen, wenn ich auch eine auffällige Längsstreckung der größeren nie habe bemerken können. Ich kann mich der Ansicht der genannten Autoren nicht gerne anschließen. Sie beschreiben und zeichnen die kleinen Chlorellen als Kugeln mit doppelt konturierter Membran, die im Innern ganz mit Chromatophoren angefüllt sind. Sie meinen, daß diese kleineren Kugeln wachsen und die Chromatophoren sich dabei mehr verteilen. Diese einfache Erklärung scheint mir den tatsächlichen Verhältnissen nicht gerecht zu werden, dazu ist meiner Meinung nach der allgemeine Unterschied zwischen der großen und der kleinen Form der Chlorellen zu prägnant. Es ist ja durchaus nicht nötig, daß es sich um zwei verschiedene Algen handelt. Keeble u. Gamble (14) haben bei den in *Convoluta roscoffensis* vorkommenden Algen verschiedene Zustände desselben Organismus konstatieren können. Etwas Ähnliches könnte auch bei *Sertularella* der Fall sein. Ich vermute, daß die kleinen Chlorellen Abstammungsformen der großen sind und nicht deren bloße Entwicklungszustände; dazu findet man viel zu wenig große Chlorellen und viel zu viel kleine. Eine genauere Untersuchung der angedeuteten Verhältnisse durch Zuchtversuche wäre sehr erwünscht.

Die von Müller-Calé u. Eva Krüger bei *Aglaophenia helleri* beschriebenen Xanthellen habe ich ebenfalls seinerzeit gesehen. Im Gegensatz zu den Autoren fand ich die Farbe der lebenden Stämmchen meistens nicht braun, sondern grünlich.

Es ist mir sehr auffällig, daß Müller-Calé u. Eva Krüger sagen, *Aglaophenia helleri* unterscheide sich durch eine lebhafte Braunfärbung stark von *A. pluma* und *elongata*. Damit meinen sie doch wahrscheinlich, daß diese beiden Arten die gewöhnliche bleiche Hydroidenfärbung zeigen. *A. elongata* habe ich nicht zu Gesicht bekommen; *A. pluma* aber besitzt wohl helle Fiederäste, der Stamm jedoch ist stets hell- bis dunkelbraun. Eine nähere Prüfung ergab dann auch, daß *Aglaophenia pluma* ebenfalls mit Xanthellen durchsetzt ist (freilich sind diese mitunter so wenig zahlreich vorhanden, daß ich anfänglich glaubte, es wären Teile der Nahrung). Mir ist es sehr auffällig, daß die beiden mehrfach genannten Autoren dies nicht gefunden haben. Sie betonen an einer anderen Stelle nochmals ausdrücklich, daß *A. pluma* keine Xanthellen besitze, weil sie den Konservierungsalkohol nicht braun färbe, was *helleri* wohl tut. Diese Erscheinung mag mit der geringeren Anzahl der Algen bei *A. pluma* zusammenhängen. Ich habe auf jenen Umstand nicht sonderlich geachtet. Bei den meisten Kolonien färbte der anhaftende Schlamm usw. die Konservierungsflüssigkeit von vornherein braun, und die Farbe ging bei der Überführung durch den verschiedenprozentigen Alkohol stets wieder verloren. Es ist übrigens leicht möglich, daß Müller-Calé u. Eva Krüger überhaupt mit *Aglaophenia pluma* eine andere Art bezeichnen als ich; denn leider sind die systematischen Verhältnisse bei den Hydroiden nicht sehr klar und eine einzelne Bestimmung oft unsicher. Ich werde meine Bestimmungen der Neapler Hydroiden, darunter auch die von *Aglaophenia pluma*, in nächster Zeit veröffentlichen. Daß *Aglaophenia pluma* im Winter 1911—1912 Xanthellen besessen hätte und im Frühjahr dieses Jahres nicht mehr oder daß sich die Xanthellen nur in den Kolonien bestimmter Stellen

des Golfes finden lassen, glaube ich nicht. Auf jeden Fall be-
dürfen auch diese Verhältnisse einer gelegentlichen genaueren Untersuchung.

Die Größe der in *Aglaophenia pluma* vorkommenden Xanthellen
beträgt 6—7,5 μ. Ihr Aussehen gleicht dem der in *A. helleri* vorkommenden (17, fig. 1—3). Eine doppelt konturierte sehr starke
Membran umschließt das Plasma, in dessen Innern stets das
große, stark lichtbrechende Stärkekorn mit der konzentrischen
Schichtung eingebettet liegt; sein innerer Teil erschien mir dunkler
oder trüber als die Randzone. Neben diesem großen Stärkekorn
sah ich gewöhnlich noch viele Nebeneinschlüsse, meistens auch
stark lichtbrechend. Die Randzone wird von den Chromatophoren eingenommen. Die Vermehrung geschieht durch Zweiteilung, wobei sich anscheinend auch das große Stärkekorn teilt.
— Die Zellmembran zeigte auf Celluloseprüfung hin keinerlei Veränderung.

Es ist mir wichtig, daß Müller-Calé u. Eva Krüger in der
Ectodermhülle der männlichen Gonophore vereinzelt auch die grünen
Kugeln gefunden haben, die auch ich dort und in den zarten Plasma-
fäden der Corbula gefunden habe. Ich erwähnte (19, p. 347) dieselben
Gebilde in den Wachstums- und Regenerationszonen der Corbulen
beider Aglaophenien vorkommend; ebenso fand ich sie an allen Wachs-
tumsflächen der Hydranthen und des Cönosarks. Diese grünen Gebilde können die Größe der Xanthellen erreichen, wenn sie auch im
Durchschnitt kleiner sind als diese; sie haben die Farbe der Zoochlorellen, auch sie sind von einer starken Membran umgeben.
Vereinzelt konnte ich in ihrem Innern Einschlüsse erkennen und
glaube auch ein großes kernartiges Gebilde bemerkt zu haben. Das
große Stärkekorn aber fehlt, ebenso wie die Chromatophoren. Merk-
würdigerweise wurden diese grünen Gebilde von Alkohol und
Eisessig aufgelöst, wobei aber bei Eisessig ein kleiner Rückstand
blieb; auch Cellulosereaktionen waren unmöglich, weil die Körper
unter dem Einfluß der Reagenzien verschwanden. Danach scheint
es sich doch wohl nicht um Algen oder dgl. zu handeln, sondern
um irgendeinen Excretions- oder Secretstoff, der von dem tierischen
Plasma analog dem Pigment bei *Eudendrium* gebildet wird. Ge-
stützt wird diese Annahme durch den Umstand, daß es mir nie
gelungen ist, die grünen Kugeln völlig zu isolieren, was bei den
Xanthellen und Chlorellen leicht möglich ist; stets sind sie in Verbindung mit tierischem Plasma, und wenn es auch nur ein geringer

Zellrest ist. — Vielleicht kann man die grünen Körper mit den bei *Bonellia viridis* vorkommenden in Zusammenhang bringen, die jedoch, wie mir Herr Dr. BALTZER seinerzeit persönlich mitteilte, untereinander durch Fäden zusammenhängen.

In meiner Arbeit über die Regeneration der Gonophore bei den Hydroiden, Teil I (18, p. 359) habe ich bereits gesagt, daß in der von mir entdeckten *Pachycordyle fusca* über dem ganzen Hydrocaulus hin im Entoderm symbiontische Algen anzutreffen sind. Diese Zooxanthellen unterscheiden sich in ihrem Aussehen durchaus nicht wesentlich von denen anderer Tiere. Ihre Größe beträgt 6—7,5 μ. Die Zellmembran ist doppelt konturiert und sehr stark; sie ergibt nach der Prüfung mit Chlorzinkiod oder Schwefelsäure mit Iod keine Cellulosereaktion. In jeder der gelben Zellen ist ein großes Stärkekorn neben dem Kern zu finden. Daneben existieren noch andere große Einschlüsse; nach der Zellwand zu liegen die großen Chromatophoren, die stark lichtbrechend erscheinen und von gelbgrüner Farbe sind, während das übrige Plasma der Xanthelle gelbbraun schimmert. Daß es jedoch in Wirklichkeit farblos ist, kann man aus zerquetschten Zellen ersehen, bei denen sich nach einiger Zeit Chromatophoren und Protoplasma sondern.

Die Vermehrung geht auch hier durch Zweiteilung vor sich, wobei sich die Alge zunächst zu einer Semmelform auseinanderzieht und dabei an der schmalen Stelle die Querwand bildet. Von dem großen Stärkekorn findet man in jeder Tochterhälfte eine kleine Kugel. Das Plasma der *Pachycordyle fusca* ist hyalin, weich und weiß. Es wird durch die in großer Menge und ständig vorkommenden Xanthellen gelb bis dunkelbraun gefärbt. Diese kommen ausschließlich im Entoderm vor und flottieren gelegentlich auch im Nahrungsstrom des Gastrovascularraumes. In den hohen Entodermzellen der Hydranthen sitzen sie gewöhnlich zu dreien oder noch mehreren hintereinander. In den kürzeren Zellen des Stammcönosarks sitzen sie aus Platzmangel nicht so dicht. Im Entoderm der Tentakel kann man die Xanthellen ebenfalls regelmäßig finden und zwar meist ohne Rücksicht auf die einzelnen Zellen und ihre Begrenzung; mitunter sind sie freilich auch genau auf die einzelnen Zellen verteilt anzutreffen. Obgleich sie im Entodermzapfen der Gonophore ebenfalls vorkommen, sah ich sie doch niemals in den Eizellen oder Hodenpolstern.

Was an den Zooxanthellen der *Pachycordyle fusca* besonders interessant ist, das ist ihr Verhalten außerhalb des tierischen Gewebes. Es sei mir gestattet, vor der Anführung meiner Beobachtungen — die ich in gleicher Weise vergebens auch auf den Xanthellen der Aglaophenien zu machen versuchte — einige Literaturangaben über hier interessierende freie Zustände der symbiontischen Algen durchzugehen.

Seit dem ersten Zweifel über die Natur der grünen oder gelben Zellen im tierischen Gewebe und namentlich mit der wachsenden Überzeugung von ihrer pflanzlichen Natur hat man sich bemüht, frei lebende Stadien der Algen zu finden.

Im Jahre 1871 gibt CIENKOWSKY (1) an, daß bei totem *Collozoum*, welches längere Zeit (über eine Woche) im Seewasser liegen blieb, die gelben Zellen fortfuhren, freudig zu wachsen, auch dann, wenn das Protoplasma und die Kapseln der ganzen Kolonie schon völlig zerstört waren. Die wachsende Zelle trat nach CIENKOWSKY aus ihrer Hülle heraus und häutete sich mehrere Male. Während des Wachstums bekam sie lappige Gestalt, und schließlich vermehrte sie sich durch Teilung. — KARL BRANDT bestätigt diese Angaben an mehreren Stellen durch eigene Erfahrungen. Er beobachtete, daß die Algen ihr Wirtstier wochenlang überleben können, in einem Falle (2, p. 399) sogar bis zu 2 Monaten.

Ein selbständiges Leben der Algen außerhalb des tierischen Gewebes läßt im Jahre 1882 L. v. GRAFF vermuten. Er erwähnt (3, p. 75), daß die gelben Zellen der *Convoluta paradoxa* den einzelligen braungelben Algen, welche die Wände seiner Seewasser-Aquarien überzogen, „fast gleich" sind.

In demselben Jahre berichtet GEZA ENTZ (4) in einem Referat über einen Vortrag, den er bereits 1876 gehalten hatte, daß die Chlorellen gewisser Infusionstiere diese verlassen und umherschwimmen. Aus den grünen Körperchen im Innern des Tieres entwickeln sich durch Vierteilung einzellige Algen der Gattungen *Palmella, Tetraspora, Gloeocystis, Pleurococcus, Raphidium, Scenedesmus*. ENTZ fährt wörtlich fort: „Einige vergrößern sich nach erfolgter Encystierung beträchtlich; aus diesen Cysten schwärmen endlich Chlamydomonaden und Euglenen heraus." Oft soll die Weiterentwicklung zu Flagellaten schon im Wirtstiere (z. B. *Stentor polymorphus*) vor sich gehen. Nach ENTZ wandert in die betreffenden Wirtstiere nicht eine bestimmte Algenart ein, sondern die verschiedensten niederen Algen, deren Zoosporen und Flagellaten sich in ganz kleine Zellen — die „Pseudo-Chlorophyllkörperchen" — verwandeln. *Zoochlorella* ist ein Zustand, welchen die verschiedensten Algen annehmen können.

Gegen ENTZ wendet sich berechtigterweise KLEBS (6) im Jahre 1885. Er führt aus, daß ENTZ die Tiere in destilliertem Wasser zerzupfte und nach einigen Wochen die erwähnte Algenflora vorfand. Letztere sei aber nicht aus der *Zoochlorella* hervorgegangen, sondern das Wasser mit den Versuchsobjekten sei von außen her mit Sporen oder Ruhezuständen der Algen infiziert worden.

Auch BEIJERINCK (7) nimmt in seiner Schrift aus dem Jahre 1890, die mir leider nicht zugänglich war, Stellung zu den ENTZ'schen Ausführungen. Er bestätigt, daß aus Kulturen mit *Zoochlorella* Reinkulturen von Raphidien, *Scenedesmus* und anderen entstehen können, und stellt sich die Frage, ob alle diese verschiedenen Algen nur weiter entwickelte Stadien der Chlorellen seien. Seine Untersuchungen führen ihn zu dem Ergebnis, daß dies nicht der Fall sei, vielmehr die Algen aus der frisch verschlungenen Beute der gefangenen Stentoren und Hydren stammen. Damit wäre die KLEBS'sche Ansicht prinzipiell gegen ENTZ bestätigt. Am Schlusse seiner Arbeit gibt BEIJERINCK, nachdem er ausführlich allerlei Kulturversuche, unter anderem auch mißglückte, über das Züchten von Reinkulturen der Chlorellen beschrieben hat, kurz an, daß es ihm zuletzt doch noch geglückt sei, die Chlorellen von *Hydra* auf Grabenwassergelatine isoliert zu züchten. Diese Mitteilung ist aber wegen ihrer Kürze und Ungenauigkeit gegenüber den ausführlich beschriebenen mißglückten Versuchen von späteren Autoren mit starkem Mißtrauen aufgenommen worden.

Inzwischen hatte BRANDT im Jahre 1883 in seiner großen Arbeit über die Bedeutung des Chlorophylls bei Tieren (5) auf p. 241—242 erwähnt, daß er in *Aiptasia* und *Reniera* zwischen den gewöhnlichen gelben, runden Zellen auch ovale, mit einer leichten Einkerbung an einem Pole gefunden hätte, die bestimmt nur eine Modifikation der runden Zellen wären. Sie zeigten eine überraschende Ähnlichkeit mit frei lebenden Algenschwärmern, nur daß ihnen die Geißeln fehlten. Dieselben Schwärmer — also anscheinend auch ohne Geißeln — erhielt BRANDT aus Reinkulturen von gelben Zellen aus *Collozoum*, *Cassiopeia* und *Anthea*. Diese Mitteilung ist die erste glaubwürdige

Andeutung über einen tatsächlichen Schwärmzustand der pflanzlichen Symbionten außerhalb des tierischen Gewebes. Ferner fand BRANDT bei seinen Versuchen mit Actinien, die im Dunkeln sich ihrer Xanthellen entledigen, bei *Anthea cereus var. smaragdina* Folgendes. In der einen Versuchsreihe wurde das Tier 4 Monate lang dunkel gehalten und warf in dieser Zeit sämtliche Xanthellen aus [an dieser Tatsache zweifeln KEEBLE u. GAMBLE (14, p. 171)]. Dann wurde das Tier mehrere Wochen in filtriertem Seewasser dem Lichte ausgesetzt, ohne daß sich die Xanthellen wieder einfanden. Als dann das filtrierte Wasser durch ständig zirkulierendes, frisches Seewasser ersetzt wurde, konnte B. nach 2 Wochen die Xanthellen in dem Gewebe der *Anthea* wieder wahrnehmen. Dies würde für ein freies (schwärmendes?) Leben der Algen zeugen.

Weiter berichtet FAMINTZIN (8) im Jahre 1891, daß es ihm gelungen wäre, die in *Paramaecium bursaria, Stylonychia* und *Stentor polymorphus* vorkommenden Chlorellen mit unendlicher Vorsicht auf Agar-Agar in Reinkulturen weiter zu züchten.

1892 gibt LE DANTEC (9) an, daß algenlose Individuen von *Paramaecium bursaria* in Gegenwart von algenhaltigen auch mit Chlorellen infiziert werden. Er hat aus Versuchen mit solchen algenlosen Paramäcien und den Zoochlorellen zerquetschter algenhaltiger unter dem Deckglas festgestellt, daß die Algen vom Tiere zunächst gefressen und mit einer Vacuole umgeben werden, daß aber diese Vacuole bald wieder schwindet und die Alge dann direkt im Zelleib liegt und sich durch Vierteilung vermehrt. Auch nach LE DANTEC haben die Algen außerhalb des tierischen Körpers selbständige Lebensfähigkeit in rein anorganischen Medien.

Ebenso wie FAMINTZIN und LE DANTEC soll DANGEARD (10) im Jahre 1900 durch Maceration der Körper von *Stentor, Paramaecium* oder *Frontonia* frei lebende Kolonien der symbiontischen Algen erhalten haben. Leider war mir die Arbeit DANGEARD's nicht zugänglich.

Sehr interessant sind die Entdeckungen SCHAUDINN's aus dem Jahre 1899 (11). Er sah, daß die Xanthellen von *Trichosphaerium* im Hungerzustande aus dem Tiere heraustreten. Dabei bemerkte er zunächst eine lebhafte rotierende Bewegung des Plasmas in der Cellulosemembran; dann platzt diese, und das Plasma kriecht amöboid heraus. Bald nimmt es eine ovale Gestalt an, und an einem Pole bildet sich eine seichte Vertiefung, aus der 2 lange, lebhaft flirrende Cilien hervorwachsen, mit deren Hilfe die Xanthelle davonschwimmt.

Gleichzeitig entsteht an demselben Pol ein Schlund. Schaudinn betrachtet die Xanthellen im Tierinnern als Ruhestadien von Flagellaten.

Im Jahre 1904 fand Penard's (12, p. 62) mit *Actinosphaerium eichhorni* die Alge *Sphaerocystis schroeteri* in Symbiose lebend. Neben der gewöhnlichen kugligen Form der Alge fand er auch noch eine ovoide Form von 7—10 μ Größe, die mit einer Membran umkleidet ist. Innerhalb des *Actinosphaerium* konnte er an der ovoiden Form durchaus keine Geißeln bemerken. Es gelang ihm aber, einige dieser besonderen Formen, die sich zufällig in den großen Vacuolen des Ectoplasmas befanden, nach außerhalb des Tierkörpers zu befördern. Hier sah er nun nach einiger Zeit an dem vorderen Ende der befreiten *Sphaerocystis* eine Verlängerung entstehen, auf die bald noch eine zweite folgte; nach einigen Stunden waren bereits bei vielen Individuen aus diesen Verlängerungen 2 Cilien geworden, die sehr fein waren und um ein weniges länger, als die Länge der Alge selbst betrug. Diese Cilien wurden bewegt, jedoch ohne daß die Alge ihren Platz verließ. Nur mitunter wurde die Hülle verlassen und als leere, klare und verhältnismäßig dicke Kapsel zurückgelassen. 24 Stunden später verloren die Algen wieder ihre Cilien, blieben ohne Bewegung liegen und vermehrten sich. Diese geißelbesitzenden, isolierten Individuen stellen nach Penard nichts anderes dar als Zoosporen.

1905 und 1907 haben Keeble u. Gamble (12 u. 13) die sehr interessanten Verhältnisse bei *Convoluta roscoffensis* beschrieben. Die aus dem Ei schlüpfenden jungen Individuen haben noch keine Algen in ihren Geweben. Erst ungefähr nach 3 Tagen werden sie infiziert und zwar mit farblosen Formen der betreffenden Alge, die zu den Chlamydomonadeae gehört. Im Tiere schwillt die Membran des infizierenden Organismus stark an, und es findet Teilung statt. Die Alge, die in einer großen und einer kleinen Form erscheint, vermehrt sich in der kleinen Form durch Vierteilung, in der großen durch Achtteilung. Die Tochterzellen wandern aus der großen Mittelvacuole der *Convoluta* an ihre endgültigen Plätze, wo sie zunächst auch in kleine Vacuolen eingebettet sind. Allmählich scheidet sich der Protoplast in grünen Chloroplasten und farbloses Protoplasma. Übrigens kann die Infektion auch durch die grünen Algen geschehen. Bei der weiteren Teilung der Algen im *Convoluta*-Gewebe kann man eine fortschreitende Degeneration wahrnehmen, als deren erstes Kriterium Keeble u. Gamble das Schwinden der deutlich

sichtbaren Zellmembran ansehen, die sich aber am deutlichsten in
einer vollständigen Degeneration des Kernes äußert. Keeble u.
Gamble vergleichen die pflanzlichen Symbionten der erwachsenen
Convoluta mit den roten Blutkörperchen der höheren Wirbeltiere, die
bei beschränkter Lebensfähigkeit eine ganz spezialisierte Funktion
haben. Die Algen aus einer erwachsenen Convoluta sind nicht mehr
imstande, außerhalb des tierischen Organismus ein selbständiges
Leben zu führen. Mit dem Tode der Convoluta geht unbedingt die
in ihr enthaltene Algengeneration zugrunde, da sie das Ei ihres
Wirtstieres nicht infizieren kann. Die Infektion der jungen Con-
voluten kann deshalb nie von einer Alge geschehen, deren Vorfahren
je im Körper einer Convoluta gelebt haben, sondern muß stets von
Individuen der frei lebenden, schwärmenden Generation geschehen.
Die schwärmenden Chlamydomonadeae werden chemotactisch an die
Eikapseln herangezogen und entwickeln sich in diesen zu großen
Mengen farbloser oder grüner Schwärmer, die die vorher aus-
geschlüpften jungen Tiere infizieren. Die schwärmenden Algen besitzen 4 Geißeln und treten in einer größeren und einer kleineren
Form auf. Alle diese Verhältnisse haben Keeble u. Gamble mit
bewunderungswürdiger Sorgfalt und Genauigkeit festgestellt.

1907 wiederholte Winter (15) an den Symbionten von Peneroplis
die oben geschilderten Erfahrungen Schaudinn's. Während der
Umwandlung des amöboiden Zelleibes in einen flagellatenähnlichen
Zustand bemerkte er zuweilen rotierende Bewegung.

Neuesterdings (1909) hat Wesenberg-Lund (16) im Freien in
den ersten Wintermonaten nach Zerfall ungemein zahlreicher Sten-
torenkolonien, die mit Zoochlorellen in Symbiose leben, die betreffenden Gewässer mit pelagisch lebenden grünen Algen, ein richtiges
Zoochlorellenplancton, gefunden. Es liegt nahe, zu vermuten, daß
die plötzlich auftretenden Algen aus den Geweben der gestorbenen
Stentoren stammen.

Aus dieser Zusammenstellung ersieht man, daß es außer den
Beobachtungen Penard's und Keeble u. Gamble's noch nicht gelungen ist, viel über ein freies, schwärmendes Leben der zahlreichen
symbiontischen Chlorellen und Xanthellen zu erfahren. Wenn ich
jetzt zu meinen eigenen Beobachtungen übergehe, so möchte ich von
vornherein betonen, daß sie auch nicht geeignet sind, grundlegende
Aufklärungen zu geben, da mir die Zeit zu eingehenden Versuchen
mangelte und ich mich auch hier durchaus auf gelegentliche Beobachtungen beschränken mußte. Was ich in erster Linie bezwecke,

ist, eine Anregung für eine besonders gründliche Untersuchung der interessanten Verhältnisse bei *Pachycordyle fusca* zu geben. Das Objekt ist durch die Einfachheit seiner Gestaltung und die Übersichtlichkeit der gesamten biologischen Verhältnisse ungemein für derartige Untersuchungen geeignet.

Vorausschicken will ich, daß in den Eizellen der *Pachycordyle fusca* nie Xanthellen anzutreffen sind, also Infektion jeder neuen Generation durch schwärmende Algen stattfinden muß. In einem Stückchen leerer Perisarkröhre, dessen letztes Plasma gerade abgestorben war und das an den beiden offenen Enden durch Schleim, Schlamm, Plasmareste usw. verschlossen war, sah ich zum ersten Male die Eigenbewegung der Xanthellen. In dieser Röhre waren einzelne Algen, völlig losgelöst von jeglichem tierischen Gewebe, zurückgeblieben. Unter ihnen hatten die meisten bei der gewöhnlichen Breite eine kaum merkliche Längsstreckung und in der Mitte eine ebenso schwache Einschnürung erfahren, ähnlich wie es zum Beginn der Zweiteilung vorkommt, nur daß die Bildung einer Quermembran unterblieb. Außerdem waren diese Xanthellen auch etwas dunkler gefärbt als normale. Diese Individuen waren es, die die Bewegungen ausführten. Die Veränderungen an ihnen sind jedoch so geringfügig, daß ich auf keinen Fall behaupten will, alle schwärmenden Algen der *Pachycordyle fusca* hätten diese Veränderungen erfahren. Die Xanthellen begannen, kurz nachdem ich das Schälchen auf den Mikroskoptisch gesetzt hatte, sich zunächst langsam um die eigene Achse zu drehen und sich dabei vorwärts zu bewegen. Doch dies währte nur einen Augenblick; dann ging die Bewegung in eine schnell kreisende über, wie wenn die Alge an einen Faden angebunden wäre und um einen Mittelpunkt herumgeschleudert würde. Gelegentlich erschien diese Bewegung auch spiralig, wie das Kreisen einer Feuerwerkssonne. Der imaginäre Mittelpunkt der Bewegung blieb fest bestehen. Aus dieser kreisenden Bewegung heraus schießt die Xanthelle plötzlich ein Stück geradlinig davon, bis sie an die Wand der Chitinröhre stößt, geht auf und nieder, wirbelt zwischen den anderen tanzenden Xanthellen hindurch, kreist dann wieder einen Augenblick, schießt wieder fort usw. Alle Bewegungen geschehen sicher und gleichmäßig, nur werden sie oft durch plötzliches Stillstehen unterbrochen und gewinnen dadurch den Anschein einer ruckartigen Bewegung. So habe ich die Algen sich stets bewegen sehen und nicht nur innerhalb geschlossener oder offener Chitinröhren, sondern auch im freien Wasser, wo die Beobachtung naturgemäß schwerer ist. Hier sah ich wiederholt, daß die Kugeln plötzlich aus dem Tanzen innerhalb eines beschränkten Bezirkes schnurstracks auf das in der Nähe liegende tierische Gewebe, von dem sie sich isoliert hatten, zuschossen, es mehrere Male an verschiedenen Stellen kurz berührten und dann wieder zur alten Stelle zurückkehrten, um lustig weiter zu tanzen. So oft ich versuchte, eine der umherwirbelnden Xanthellen einzufangen, und vorsichtig die Pipette näherte, schossen alle in dem bewegten Wasser befindlichen Algen auf das in der Nähe liegende Gewebe der *Pachycordyle fusca* zu und hefteten sich an dessen Oberfläche an. Alle Versuche, sie von dort wegzuspülen, scheiterten. Bei längeren Beobachtungen der im freien Wasser tanzenden Kugeln fand es sich zuweilen, daß eine von ihnen plötzlich in schnurgerader Richtung sich von der *Pachycordyle* fortbewegte und nicht wieder zurückkehrte. Die im Anfang erwähnte langsame, stetige Drehbewegung der Xanthellen um die eigene Achse, die meist auch mit einer gelinden Fortbewegung verbunden war, konnte ich nicht so häufig beobachten, am meisten nach Ruhepausen oder in Stadien der Ermattung, kurz bevor sich die Xanthelle an irgendeinem Punkte festsetzte. Diese langsame Fortbewegung ist nicht zu verkennen und hat mit der ruhelosen, hastig tanzenden nichts gemein. Einmal beobachtete ich, daß eine unbeweglich sitzende Xanthelle von einer großen Amöbe umflossen wurde. Sobald sie jedoch in deren Endoplasma gekommen war, befreite sie sich plötzlich gewaltsam und bewegte sich ein wenig fort. Auch die Amöbe kroch von der betreffenden Stelle fort, kehrte jedoch bald wieder zurück und umfloß die Xanthelle noch einmal. Wieder suchte sich diese durch eine plötzliche Bewegung aus der Umarmung zu befreien, blieb jedoch an der Oberfläche der Amöbe hängen und wurde nun von dem weiterkriechenden Tiere fortgetragen, wobei sie sich gleitend und drehend hin- und herbewegte.

Die Frage, auf welche Art und Weise die eben beschriebenen Bewegungen bewerkstelligt werden, macht sehr viel Schwierigkeiten. Am still liegenden Objekt lassen sich auf der dicken Membran keinerlei Geißeln und Cilien entdecken. Es muß dabei aber gesagt werden, daß die Beobachtung mit stärkeren Vergrößerungen stets stark unter den die Xanthellen umgebenden Medien litt. Es ist kaum anders möglich, als daß die Fortbewegung mit Hilfe von Cilien oder Geißeln ausgeführt wird. Daß es nicht etwa irgendwelche anderen Organismen sind, an denen die Xanthellen haften und von denen sie mitgeschleppt werden, dafür bürgt ihr tanzendes Spiel innerhalb der geschlossenen Chitinräume, in die ein fremder Organismus nicht eingedrungen sein kann. Die drehende und langsame Fortbewegung, die ja auch WINTER an den Xanthellen von *Peneroplis* beobachtet hat, erweckt ganz den Anschein, als ob sie von einem Wimperkleid ausgeführt würden, das über die ganze Membran verteilt ist. Einige Male glaube ich denn auch an Xanthellen, die durch irgendeinen Umstand, wie Festklemmen oder dergleichen, gezwungen wurden, in der Vorwärts- und Drehbewegung aufzuhören, kurze Zeit nach dem Festsetzen eine Flimmerbewegung an der ganzen Peripherie entlang laufen gesehen zu haben. Es will mir auch ganz natürlich erscheinen, daß ich bei der immerhin schwachen Vergrößerung (bis 500mal) — unter einem Deckglase bewegten sich die Xanthellen nie — das schnelle Schlagen der Wimpern während der Vorwärtsbewegung nicht erkennen konnte und daß die Wimpern im Ruhezustand eingeschlagen sind. In den Fällen nun, in denen ich das Schlagen der Wimpern glaube gesehen zu haben, wurde die Bewegung der Xanthelle durch irgendeinen äußeren Umstand plötzlich gehemmt. Einen Augenblick schlugen die Wimpern noch weiter, erlahmten dann in ihrer Bewegung und wurden eingeschlagen. In dem Moment der Erlahmung, des Langsamerschlagens konnte ich meine Beobachtungen machen. Ob aber die schnelle, kreisende, zickzackförmige und geradlinige Bewegung auch von denselben Wimpern hervorgerufen wird? Dies scheint mir wenig wahrscheinlich, vielmehr sieht diese ganze Bewegungsart so aus, als ob sie von einer oder mehreren großen Geißeln ausgeführt würden. Und in der Tat habe ich viermal an langsamer tanzenden Xanthellen blitzschnell einen lichtbrechenden Körper wahrnehmen können. Auch von einer oder mehreren Geißeln könnte man annehmen, daß sie sich bei einer so blitzartig vor sich gehenden Bewegung der Beobachtung entziehen und daß sie andrerseits in der Ruhelage ebenfalls eingeschlagen sind. — Nach meinen Vermutungen besäßen die schwärmenden Algen der *Pachycordyle fusca* also 2 Arten von Fortbewegungsmitteln: Wimpern und Geißeln nebeneinander, die aber nicht zu gleicher Zeit gebraucht werden.

Es wird hier noch interessieren, daß ich in meiner oben zitierten Arbeit (18, p. 411—412) folgendes anführte: In dunkel gehaltenen Kolonien von *Pachycordyle fusca* drängen sich die Zooxanthellen in den Hypostomen der Hydranthen bis zur äußersten Möglichkeit zusammen, während die übrigen Stammteile ganz von ihnen entblößt werden. Nach und nach verlassen dann die Algen den Hydranthen, und es bleiben nur wenige zurück, die sich wieder über den ganzen Hydrocaulus verteilen. Nach meinen obigen Ausführungen wird man annehmen können, daß die Algen selbständig ausgetreten und fortgeschwärmt sind.

Königsberg i. Pr., den 5. November 1913.

Literaturverzeichnis.

1. 1871. CIENKOWSKY, Über Schwärmerbildung bei Radiolarien, in: Arch. mikrosk. Anat., Vol. 7.

2. 1881. BRANDT, Untersuchungen an Radiolarien, in: Monatsber. Akad. Wiss. Berlin, 1881.

3. 1882. v. GRAFF, Monographie der Turbellarien. 1. Rhabdocoelida, Leipzig.

4. 1882. ENTZ, Über die Natur der „Chlorophyllkörperchen" niederer Tiere, in: Biol. Ctrbl., Vol. 1, 1881—1882.

5. 1883. BRANDT, Über die morphologische und physiologische Bedeutung des Chlorophylls bei Thieren. 2. Art., in: Mitth. zool. Stat. Neapel, Vol. 4.

6. 1885. KLEBS, L. v. GRAFF, Zur Kenntnis der physiologischen Funktion des Chlorophylls im Tierreich. (Ref.), in: Biol. Ctrbl., Vol. 4.

7. 1890. BEIJERINCK, Kulturversuche mit Zoochlorellen, in: Bot. Ztg., Vol. 48.

8. 1891. FAMINTZIN, Beitrag zur Symbiose von Algen und Thieren, in: Mém. Acad. Sc. St. Pétersbourg (7), Vol. 38, No. 4.

9. 1892. LE DANTEC, Recherches sur la symbiose des Algues et des Protozoaires, in: Ann. Inst. Pasteur, Vol. 6.

10. 1900. DANGEARD, Les Zoochlorelles de Paramécium, in: Botaniste (7), fasc. 3, 4.

11. 1900. SCHAUDINN, Untersuchungen über den Generationswechsel von Trichosphaerium sieboldi SCHN., in: Anh. Abh. Akad. Wiss. Berlin, 1900.

12. 1904. PENARD, Les Héliozoaires d'eau douce, Genève.

13. 1905. Keeble and Gamble, On the isolation of the infecting organism („Zoochlorella") of Convoluta roscoffensis, in: Proc. Roy. Soc. London (B), Vol. 77, 1906.

14. 1907. —, The origin and nature of the green cells of Convoluta roscoffensis, in: Quart. Journ. microsc. Sc. (N. S.), Vol. 51.

15. 1907. Winter, F. W., Zur Kenntnis der Thalamophoren. I. Untersuchung über Peneroplis pertusis, in: Arch. Protistenkunde, Vol. 10.

16. 1909. Wesenberg-Lund, Beiträge zur Kenntnis des Lebenszyklus der Zoochlorellen, in: Internat. Rev. Hydrobiol., Vol. 2.

17. 1913. Kurt Müller-Calé und Eva Krüger, Symbiontische Algen bei Aglaophenia helleri und Sertularella polyzonias, in: Mitth. zool. Stat. Neapel, Vol. 21.

18. 1913. Müller, Herbert C., Die Regeneration der Gonophore bei den Hydroiden und anschließende biologische Beobachtungen. Teil I. Athecata, in: Arch. Entw.-Mech., Vol. 37.

19. 1913. —, —, Teil II. Thecata, ibid., Vol. 38.

Clausilium.

Eine morphologisch-physiologische Studie.

Von

M. v. Kimakowicz-Winnicki, Hermannstadt (Siebenbürgen).

Mit Tafel 11.

————

Im Jahre 1867 veröffentlichte v. Vest [1]) eine verdienstvolle Abhandlung über den Schließapparat der Clausilien. Er benutzte seine Studie namentlich dazu, die zahlreichen Vertreter der genannten Molluskenabteilung in mehr oder weniger scharf begrenzte Gruppen zu gliedern.

Wenn auch die v. Vest'sche Abhandlung anfangs, besonders bei Küster [2]), auf argen Widerspruch stieß, so wurde sie schließlich dennoch, namentlich durch Boettger [3]), zur Grundlage unseres heutigen Clausilien-Systems.

W. v. Vest ging in seiner Forschung vom Clausilium, dem Schließknöchelchen — wie er es nannte — aus und ordnete ihm alle Lamellen und Falten, die sich in der Gehäusemündung bilden, unter. Er sagte, es habe die Bestimmung, das Tier durch Abschluß von der Außenwelt gegen Feinde sowie gegen schädliche Witterungseinflüsse zu schützen, weshalb man das Clausilium als einen Vertreter

————

1) Über den Schließapparat der Clausilien, Hermannstadt, 1867.
2) Die Binnenkonchylien Dalmatiens. III. Die Gattung Clausilia, Bamberg 1875, p. 14 ff.
3) Clausilienstudien, Kassel 1877.

des Deckels anderer Gastropodengattungen ansehen könne. Die Beobachtung, daß das Clausilium das Gehäuse in der Regel nicht luft-
dicht abschließe, leitete ihn zur Annahme, daß es auch zur Respiration
des Tieres in irgend welcher Beziehung stehe, dann aber auch die
Bestimmung habe, die erforderliche feuchte Luft bei eintretender
Dürre festzuhalten. Er findet für letztere Annahme darin eine
Bestätigung, daß die auf nebligen Höhen und an Meeresküsten
lebenden Arten ein schmäleres Clausilium oder auch gar keines
bauen.

In betreff der Gaumenfalten ist v. Vest der Ansicht, daß sie,
namentlich die stets durch Länge und Höhe ausgezeichnete oberste
— die Principale —, die Bestimmung haben, dem geschlossenen
Clausilium als Stützen zu dienen, auf welchen es sich wie auf Bahnschienen bewege und nach keiner Richtung abweichen könne. Von
der Spirallamelle und der obersten Gaumenfalte (Principale) nimmt
er ferner an, daß sie beim Austreten des Tierkörpers aus dem Gehäuse den Gang des Clausiliums regeln und das Abbrechen des Stieles
verhindern. Der Autor meint ferner, daß die Unterlamelle immer
der Form des Clausiliums angepaßt werde und daß die Oberlamelle
so wie die Gaumenwulst die Bestimmung habe, die Mündung zu
verkleinern, da ohne Abtrennung eines Teiles der darin steckende
Körperteil sie nicht ganz ausfüllen würde. Von der Gaumenwulst
meint schließlich v. Vest, daß sie dem Tier bei Drehungen und
Wendungen des Gehäuses zu statten komme.

Dies wäre in wenigen Worten — der bezügliche Teil der
v. Vest'schen Abhandlung füllt einen ganzen Druckbogen aus —
die einzige bisher aufgestellte Ansicht über den sogenannten „Schließapparat" der Clausilien.

Ein besonders großes Interesse für das Studium der Clausilien
veranlaßte auch mich, schon vor Jahren der gleichen Frage näher
zu treten. Ich prüfte vorerst die v. Vest'schen Angaben und fand
in den meisten Fällen keine Bestätigung dafür, was ja auch zu
erwarten war, da v. Vest nur das Gehäuse und nicht auch das
Tier zum Gegenstand seiner Untersuchungen gemacht hatte.

Mittels einer feinen Nadel setzte ich das Clausilium in Bewegung und konnte bei dessen Funktion bloß einen Zusammenhang
mit der Unterlamelle feststellen, während alle übrigen Lamellen und
die Gaumenfalten damit gar nicht in Berührung kamen oder doch
nur in der Weise, daß das geschlossene Clausilium auf einer oder
mehreren Falten ruhte. Die Behauptung v. Vest's, daß sich das

Clausilium über den Gaumenfalten wie auf Bahnschienen bewege
und daß dessen Bewegung von der Spirallamelle und der Principale
geregelt werde, entbehrt somit jeder Grundlage. Auch sah ich die
ganze Mündung, also nicht nur das Interlamellare, sondern auch die
Bucht, durch das ausgetretene Tier vollkommen ausgefüllt, die Oberlamelle und die Gaumenwulst mußten demnach eine andere Bestimmung haben, als v. VEST annahm.

Ich hatte schon manch wertvolle Beobachtung gemacht, doch zu
einem Abschluß war ich noch nicht gelangt, als ich mich plötzlich
in ein anderes Gebiet der Wissenschaft hineingedrängt sah, dessen
mir bis dahin fremdes Studium all meine Kraft und Zeit erforderte,
so daß ich alles andere beiseite legen mußte.

Als ich nun, wenigstens für einzelne Stunden, zu meinen früheren
Forschungen zurückkehren durfte, war ich sehr überrascht, die
Kenntnis über den Clausilien-Apparat auf ihrem einstigen Niveau
in der seither erschienenen überreichen Molluskenliteratur wieder
zu finden. Es hatte sich niemand mit dem so hoch interessanten
Thema befaßt. Nur SIMROTH[1]) sprach die Vermutung aus, daß das
Schließknöchelchen der Clausilien mit dem Trockenheits-Schutzdeckel
anderer Lungenschnecken zu vergleichen sei, der aus dem Schleim
des Mantelrandes gebildet werde, nur daß er hier an einer Seite
mit der Spindel verschmilzt, sonst aber ringsum freibleibt. Ein
andermal[2]) macht er die flüchtige Bemerkung, daß er das Clausilium
für ein dauerndes Epiphragma halte, das sich mit der Schalenspindel
verbunden habe.

Nun tat es mir leid, das Festgestellte nicht doch publiziert zu
haben. Es ließ sich dies nicht mehr ändern, höchstens nachholen.
Doch auch das Nachholen war so einfach nicht. In der langen Zeit
war vieles meinem Gedächtnis entfallen, und die flüchtigen Notizen,
die ich einstens aufzeichnete, waren mir zum größten Teil unverständlich geworden. Ich mußte also das Studium neu beginnen,
wobei ich wieder auf Schwierigkeiten stieß. Ich verfügte nicht
mehr über das frühere reiche Material. Die Terrarien, die ich in
meinem Hausgarten unterhielt, waren zerfallen und ihre zahlreichen
Bewohner, die ich einstens mit größter Sorgfalt gepflegt hatte, zugrunde gegangen. Ich mußte mich mit ganz bescheidenem, in der
Eile aus nächster Nähe zusammengetragenem Material begnügen, in

---

1) In: BRONN, Klass. Ordn. Tier-Reich, Vol. 3, Abt. 3, 1908, p. 3.
2) a. a. O., 1909, p. 88.

der Annahme, daß ich in der Folge meine Forschungen ergiebiger werde entfalten können.

Meine Studie führte mich auch an Fragen vorüber, die bis jetzt entweder noch keine oder doch nur eine Erledigung fanden, die zu einer vollen Anerkennung nicht gelangte. Gerne hätte ich sie beiseite geschoben, da ein eingehenderes Studium geboten gewesen wäre. Leider ist aber die Frage, die ich im Nachfolgenden allein berühren wollte, so sehr mit den übrigen verknüpft, daß eine Trennung nicht möglich war.

Die Erforschung des Clausilien-Apparats erforderte nachfolgende Untersuchungen:

Pneumostom.

Neben anderen haben sich namentlich Simroth und Biedermann Verdienste um die Erforschung der Gastropoden-Locomotion erworben. Die große Anzahl der von ihnen durchgeführten Untersuchungen, ihre reichen Beobachtungen gestatten einen weiten Einblick in den so sehr komplizierten Bau der locomotorischen Schneckensohle.

Ich hatte mich ebenfalls dem Studium der Gastropoden-Locomotion zugewendet, und zwar geschah dies zu einer Zeit, wo ich die neue und neueste Literatur über das Thema noch nicht durchgesehen hatte. Es hatte dies den Nachteil, daß ich manche der bereits bekanntgewordenen Beobachtungen nicht heranziehen, andrerseits aber den großen Vorteil, daß ich unbeirrt die von mir eingeschlagenen Wege gehen konnte.

Im Nachfolgenden will ich nun die erreichten Endziele schildern, ohne mich jedoch auf eine Polemik gegenüber anderweitigen Forschungsresultaten oder auch nur auf einen Vergleich einzulassen. Es sollen eben alle Fragen, die sich nicht direkt um das Clausilium handeln, nur nebenbei berührt werden. Hervorheben möchte ich aber dennoch, daß die Resultate, die insgesamt so sehr von jenen anderer Forscher abweichen, durchaus nicht so einfach zu erreichen waren, wie dies nach den kurzen Ausführungen den Anschein hat. Oft forderten selbst geringfügige Feststellungen ein langwieriges Studium, zahlreiche Untersuchungen und ein geduldiges Beobachten, das gerade bei den Mollusken durch ihren andauernden Kontraktionszustand oft hart auf die Probe gestellt war.

Wird ein gelähmter *Limax* — ein normaler eignet sich nicht für das Experiment, da er die gewünschte Lage nicht einhält — auf den Rücken gelegt, so daß dessen noch funktionsfähige Sohle dem Beschauer entgegensieht, dann scheint es, als wenn am Schwanzende cystenartige Anschwellungen entstünden, die nach Erlangung einer bestimmten Ausdehnung durch die nächstfolgend entstehende nach vorn gedrängt werden. Das Gesamtbild des locomotorischen Mittelfeldes hat das Aussehen, als wenn sich eine Perlenschnur kontinuierlich kopfwärts bewege. Legt man nun irgendeinen kleinen Gegenstand auf eine beliebige Stelle des sich wellenartig bewegenden Sohlenfeldes, dann wird er, wenn er noch so unscheinbar ist und etwa aus einem Bruchstück eines Stubenfliegenflügels besteht, sofort in rhythmische Bewegung versetzt. Aufs höchste überrascht ist man durch die Erscheinung, daß der Gegenstand nicht der Richtung der Wellen folgt, sondern sich gerade entgegengesetzt dem Schwanzende nähert, wo angelangt er einfach von der Sohle herabfällt.

Schon dies eine Experiment macht es vollkommen klar, daß die locomotorische Funktion nicht, wie allgemein angenommen wird, darin besteht, daß die Sohle nach vorn gedehnt werde, es wird vielmehr durch die Funktion die Kriechfläche nach hinten gestoßen und auf diese Weise der Schneckenkörper nach vorn geschoben.

Um einen weiteren Beweis für die Richtigkeit der angeführten Beobachtung zu erwerben, legte ich eine erwachsene *Pomatia pomatia* (Lin.) in ein Zylindergläschen von 100 mm Durchmesser, das ich mit einer 35 g schweren Glasplatte zudeckte. Das Tier gelangte manchmal, an der Gefäßwand emporkriechend, bis auf die Glasplatte. Im Weiterkriechen stieß es mit dem Kopf an die gegenüberliegende Gefäßwand und blieb stehen, ohne jedoch das locomotorische Wellenspiel einzustellen. Die Platte begann, doch diesmal nicht in rhythmische, sondern in kontinuierliche Bewegung zu geraten. Sie wurde nach hinten geschoben. Häufiger kam es jedoch vor, daß das Tier sich schon beim Hinaufkriechen an der Gefäßwand mit dem Kopf an die Deckplatte stemmte, diese hob und dann durch die entstandene Spalte zu entfliehen suchte. Ich steigerte durch Belastung die Schwere der Platte auf·250 g. Auch hier gelang es fast jedem ausgewachsenen Individuum die Platte wegzuschieben oder in die Höhe zu heben. Die Bewältigung einer derartigen Last wäre zuverlässig ausgeschlossen, wenn die Bewegung durch Dehnung der Sohle nach vorn erfolgte. In diesem Falle müßte die Spitze der Sohle allein die Arbeit verrichten, während im anderen die ganze Sohlenfläche auf das Gewicht der Platte einwirken kann.

Einen hervorragend wichtigen Beweis .für die Kraftäußerung der Sohle nach hinten hat bereits BIEDERMANN [1]) in einer Studie, doch in anderer Richtung ausgenutzt und dabei die auffallendste Erscheinung übersehen. Es handelt sich um das Experiment, auf welches KÜNKEL [2]) zuerst aufmerksam machte, der einem kriechenden *Limax tenellus* den Kopf abschnitt und dann beobachtete, daß letzterer „sozusagen nach vorwärts sprang". Sprünge nach vorn können aber nur dann ausgeführt werden, wenn die Kraftäußerung nach hinten auf die Bodenfläche erfolgt, doch niemals, wenn die Sohle, sei es durch „extensil" wirkende Muskelfasern, wie dies SIMROTH annimmt, oder peristaltisch, wofür BIEDERMANN eintritt, nach vorn gedehnt wird.

Ein wesentlicher Bestandteil der Locomotion ist bei den Gastropoden das Haftvermögen der Sohle an der Kriechfläche. Damit wird die rhythmische Bewegung in eine kontinuierliche überführt. Durch die Enthauptung geht bei *Limax tenellus* dieses Haftvermögen verloren, und es kommt nach der Operation die erstbezeichnete Bewegungsart wieder zur Geltung.

Die Funktion der Sohle in caudaler Richtung, die ich im Nachfolgenden der Kürze halber mit „Repuls-Locomotion" bezeichne, benutzt *Pomatia pomatia*, worüber ich mich später ausführlicher äußern werde, oft dazu, um ihr Gehäuse mit einer Winterschutzdecke zu versehen.

Bei Basommatophoren, die mit nach unten hängendem Gehäuse an der Wasseroberfläche kriechen, eigentlich schwimmen, ist während der Bewegung die Sohle in voller Tätigkeit, was leicht daran erkannt werden kann, daß ein auf sie gelegter Gegenstand alsogleich in der Richtung gegen das Schwanzende zu gleiten beginnt. Die Bewegung erfolgt kontinuierlich und nicht rhythmisch, wohl deshalb, weil die dazwischenliegende, sich ununterbrochen neu bildende Schleimschicht der Sohle in Bandform ebenfalls nach hinten geschoben wird, was übrigens auch bei den Stylommatophoren beim Kriechen auf dem Lande stattfindet. Das Wegschieben des Schleimbandes genügt gewiß nicht, um das Tier unter dem Wasserspiegel

---

1) Innervation der Schneckensohle, in: Arch. ges. Physiol, 1906, p. 259.

2) Beobachtungen an Limax und Arion, in: Zool. Anz., Vol. 26, 1903, p. 560 ff.

in Bewegung zu setzen, es greift vielmehr die Repulsion, worauf
ich später zurückkommen werde, auch auf den Körper über, und
damit wird die Locomotion veranlaßt. Der Sohle fällt dabei die
Aufgabe zu, das Tier an der Wasseroberfläche festzuhalten und
dem Einsinken entgegen zu wirken, was ihr durch kahnförmige
Krümmung gelingt.

Nach Feststellung der aufgezählten Argumente hielt ich mich
für vollkommen berechtigt, die Repuls-Locomotion der Gastropoden
als unumstößliches Faktum zu betrachten, und hoffte auch auf dieser
Grundlage das weitere Studium der Locomotionsfrage erfolgreich
durchführen zu können.

Nun trat sogleich die Anforderung in den Vordergrund, für
die Repulsation eine Erklärung zu finden. Es war dies zweifellos
die schwerste Aufgabe in der ganzen Locomotionsfrage. Eine
weitere Steigerung erfuhr die Schwierigkeit namentlich durch das
Wellenspiel, das ja gewiß an der Locomotion mitbeteiligt sein mußte.
Doch ein derartiges durch Muskelfunktion hervorgerufenes Bild
konnte unmöglich mit der Repulsation in irgendwelchen Zusammenhang gebracht werden.

Nach zahlreichen Experimenten, Untersuchungen und Beobachtungen, nach unzähligen Quer- und Fehlgängen gelangte ich
schließlich zur Überzeugung, daß die sogenannten locomotorischen
Wellen mit irgendwelcher Muskelfunktion in keinerlei direktem
Zusammenhang stehen, daß sie also keinesfalls durch Muskeltätigkeit
zustande kommen können.

Wird eine Glasplatte, auf der eine *Pom. pomatia* vertikal nach
aufwärts kriecht, ohne jede Erschütterung derartig gewendet, daß
der Kopf der Schnecke nach unten zu liegen kommt, daß sie nun
also abwärts kriecht, dann verschwinden plötzlich alle Wellen, und
die Locomotion kommt ohne solche zustande. Wendet sich das Tier
und kriecht mit dem Kopfende wieder nach oben, dann erscheinen
in der jeweilig nach oben sich bewegenden Sohlenpartie die Wellen
allsogleich wieder, während der bis zum Wendepunkt abwärts
ziehende Sohlenteil ohne Wellen bleibt. Wird während des Auf-
wärtskriechens an dem Gehäuse gezogen, dann verschwinden die
Wellen auf Augenblicke, wird es an den Körper angedrückt, dann
erreichen jene ganz auffallende Breite und fallen besonders kräftig
ins Auge. Wird die gleiche Schneckenart in ein Glasgefäß eingekerkert, das mit einer Glasplatte zugedeckt ist, und gelingt es ihr
einmal die Platte zu verschieben oder zu heben, dann wird sie den

Versuch zu entfliehen, namentlich an einem Frühlings- oder Früh-
sommertag, wenn nach längerer Trockenheit ein warmer Regen beginnt, bald in gleicher Weise wiederholen, wenn man sie das erstemal
daran hinderte. Beschwert man, ehe dies eintritt, die Platte entsprechend, dann stemmt sich das Tier mit dem Kopf an die Platte
oder die Gefäßwand und bietet, bei starker Verkürzung und Verbreiterung der Sohle, alle Kraft auf, um die Decke wegzustoßen.
Während der ganzen Dauer des Druckes, der auch minutenlang an-
halten kann, sieht man alle Wellen, sich auffallend verbreiternd,
stabil bleiben, und andere, wenig deutliche, ziehen in rascher Folge
darüber hinweg. Einer ähnlichen, jedoch nicht so sehr andauernden
Erscheinung begegnen wir, wenn eine nach aufwärts an einer Glasplatte emporkriechende *Pom. pomatia*, namentlich wenn sie belastet
ist, erschüttert wird. Bei *Aplysia, Pomatias, Litorina* u. a. ziehen
die Wellen in umgekehrter Richtung von vorn nach hinten, und
doch bleibt die Wirkung die gleiche; die Tiere kriechen nach vorn
und nicht nach hinten.

Die angeführten sowie ähnliche anderweitige Erscheinungen
schließen die Annahme aus, daß die Wellen durch Muskeltätigkeit
entstehen. Ebenso könnten die Wechselerscheinungen im Wellen-
phänomen nicht durch eine etwaige Myosingerinnung Aufklärung
finden, während die Annahme, daß die Wellen als Reflexe aufzufassen seien, die durch das die Sohle durchströmende Blut entstünden, wohl die größte Aussicht auf einen Erfolg hätte. Störungen
in der Circulation können nach zahlreichen Veranlassungen auftreten,
und Reflexe sind ebenfalls vielen Veränderungen unterworfen. Entstehen aber die Wellen durch Blutschwellung, dann ist letztere, infolge des energischen Auftretens der ersteren, unbedingt an der
Locomotion mitbeteiligt. Eine Erklärung dafür, in welcher Weise
dies mit Aussicht auf einen Erfolg geschehen könnte, ist gewiß
nicht schwer aufzufinden. Es bedarf nur der Vorstellung:

1. Daß die Längsmuskelfasern der Sohle durch die zahlreichen
Commissuren des Pedalnervensystems in ebenso viele Kontraktionsfelder gegliedert sind;

2. daß nach erfolgter Auslösung die Kontraktion der Muskeln
in der Richtung des Kopfes erfolgt und nach feststehender Ordnung
von Bezirk zu Bezirk fortschreitet;

3. daß mit der Kontraktion der Muskeln auch die zahlreichen
Hohlräume des gleichen Bezirkes mit kontrahiert werden;

4. daß infolge dieser Kontraktion das Blut aus den Hohlräumen

in das Lacunensystem an der Innenwand des Integuments gedrängt
wird;

5. daß das Blut aus den Lacunen, nach jeweiliger Erschlaffung
einer Muskelgruppe, in die Hohlräume des gleichen Kontraktions-
bezirkes mit entsprechender Gewalt hineingepreßt wird und jene
in caudaler Richtung ausdehnt.

Die zahlreichen Stöße, die auf diese Weise durch das Ein-
strömen des Blutes in die Hohlräume entstünden, würden unbedingt
ausreichen, die Kriechfläche nach hinten, bzw. den Körper nach vorn
zu stoßen. Es würde sich somit nur darum handeln, eine Kraft zu
ermitteln, die geeignet wäre, die Blutströmung in entsprechender
Weise zu regeln.

Ehe ich auf dieses Thema weiter eingehe, will ich mich über
eine Erscheinung äußern, die BIEDERMANN[1]) als Nachweis für peri-
staltische Locomotion in Anspruch nimmt.

Die *Pom. pomatia*-Sohle ist von zahlreichen Drüsen durchsetzt,
die beim Kriechen des Tieres auf einer Glasplatte schon bei Lupenvergrößerung als kleine weiße Punkte wahrgenommen werden können.
Faßt man einen dieser Punkte ins Auge, dann hat es den Anschein,
als wenn jede darüber fortschreitende Welle diesen eine Strecke
nach vorn schiebe. Die gleiche Beobachtung kann man an jeder
anderen Landschnecke machen, wenn man in ihrer Sohle mittels
eines fein zugespitzten Tintenstiftes einen Punkt eintätowiert. Die
Erscheinung beruht auf einer Täuschung, die in der Art zustande
kommt, daß der Vorstoß des Punktes und die Welle, die dies zu
besorgen scheint, ein- und demselben Pulsionsrhythmus ihre Entstehung verdanken.

Bezüglich der Sohlenpulsation gibt ein Experiment sicheren
Aufschluß darüber, daß sie mit der Herzpulsation in keinerlei Zusammenhang stehe. Es handelt sich um jenes, welches BIEDERMANN[2])
dazu benutzte, um aus Gehäuseschnecken künstliche Nacktschnecken
darzustellen. Nach Unterbindung des Nackens schnitt er *Pom. pomatia*
Bruchsack samt Gehäuse über der Ligatur weg. Durch die Operation verlor die Schnecke neben anderen Organen ihr Herz und den
größten Teil ihres Kreislaufsystems, sie kroch aber trotzdem, wie
vorher, noch tagelang umher.

---

1) Locomotorische Wellen der Schneckensohle, in: Arch. ges. Physiol.,
Vol. 107, 1905, p. 11.
2) l. c., p. 40.

Wichtig schien mir die Beobachtung, daß die Landschnecken
im Zustand der Ruhe ihr Atemloch entweder geschlossen oder halb
geöffnet haben. Kurz vor Beginn der Locomotion hingegen wird es
weit geöffnet, dann wieder geschlossen, und diese Tätigkeit währt
an, so lange die Locomotion fortdauert. Es fiel mir ferner auf, daß
Landschnecken, ins Wasser gelegt, darin viel langsamer kriechen
als außerhalb dessen, ja daß einige, wie kleine Campylaeen, manche
Clausilien etc., nicht imstande sind daraus hervorzukommen und
hilflos ersticken. Auch die Wasserschnecken bewegen sich in dem
ihnen vertrauten Element weit weniger rasch als Landschnecken
auf dem Lande. All dies deutete darauf, daß die während des
Kriechens in erhöhtem Maße aufgenommene Luft für die Locomotion
ein Erfordernis sei und daß höchstwahrscheinlich durch Luftdruck
das Blut aus den Lacunen in die Hohlräume der Sohle hineingepreßt
wird, sobald die Erschlaffung der Längsmuskelfasern nach ihrer
Kontraktion erfolgt.

Die Beteiligung des Luftdruckes an der Locomotion findet ferner
in der großartigen muskulösen Entwicklung der Leibeswand eine
wesentliche Stütze, während andrerseits die Entwicklung der Leibeswand infolge des zu leistenden Widerstandes leicht erklärt werden
kann, was sonst nicht möglich wäre.

Von den zur Erforschung des pneumatischen Apparats der
Gastropoden durchgeführten Experimenten will ich einige hier folgen
lassen.

Ich führte bei verschiedenen in Locomotion befindlichen Landschnecken Fremdkörper in das Atemloch ein. Infolge des Reizes,
den erstere verursachten, wurde das letztere geschlossen. Die Tiere
schienen sehr beunruhigt und suchten möglichst rasch zu entfliehen.
Doch bald darauf war zu beobachten, daß sich der Wellengang
wesentlich verlangsamte, ja in vielen Fällen gänzlich aufhörte. Die
Wirkung des Experiments war aber nicht von langer Dauer. In
einiger Zeit hatten sich die Tiere an den Reiz gewöhnt, öffneten
und schlossen trotz Fremdkörper das Pneumostom nach Bedarf, und
die frühere Beweglichkeit trat wieder ein,

Auffallend war bei diesem Versuch das Benehmen vom *Pom-
pomatia* in einigen Fällen. Sie kroch mit dem vorderen Teil der
Sohle über das aus dem Atemloch vorstehende Hölzchen hinweg,
bog dann den Kopf nach unten und setzte ihre Bewegung an dem
hinteren Teil der Sohle fort, so daß das Hölzchen zwischen den
beiden Sohlenteilen wie zwischen den Blättern eines geschlossenen

Buches eingeklemmt war. Nun wendete das Tier den Körper nach
der entgegengesetzten Seite und zog den Fremdkörper aus dem Atemloch heraus. Diese sowie auch die oben erwähnte Beobachtung, daß
ein in einem Gefäß gefangen gehaltenes Individuum den Versuch zu
entfliehen, wenn man es das erste Mal daran hinderte, in gleicher
Weise wiederholt, deuten auf eine ziemlich hohe instinktive Be-
gabung bei *Pom. pomatia.*

Ich injizierte zahlreiche Arten mit verschiedenen Farbstoffen.
Bei den Gehäuseschnecken war der Erfolg nicht von Bedeutung.
Wurde durch das Atemloch injiziert, dann gelangte die Flüssigkeit
nicht in den Körpersinus und rann auf gleichem Wege, wie sie eingedrungen war, wieder aus. Eine Injektion in den Körpersinus
durch die Leibeswand war schwer durchzuführen und gelang auch
nur in einzelnen Fällen, da das Tier sich gleich nach dem Eindringen der Spitze des Injektionsapparats oft blitzschnell in das
Gehäuse zurückzog. Bei *Pom. pomatia* nahm die Körperwand bei
Anwendung von Methylenblau eine grüne Färbung an. Doch wie
die Färbung vor sich ging, konnte nicht beobachtet werden, da sich
das Tier für längere Zeit in das Gehäuse zurückgezogen hatte.

Um vieles günstiger gestalteten sich die Versuche bei Nacktschnecken, die ich durch das Pneumostom injizierte. Die Färbung
des Integuments erfolgte sofort nach Einführung des Farbstoffes in
die Leibeshöhle und gewann am Kopf immer mehr an Intensität, die
sich gegen das Schwanzende allmählich fortsetzte, bis schließlich
der ganze Körper gleichmäßig gefärbt war. Bloß der Mantel, der
anfangs nur wenig verändert wurde, blieb immer heller als die
übrigen Körperteile. Die mit Methylenblau gefärbten Tiere glichen
in ihrem neuen Schmuck auffallend dem *Limax coerulans* M. Blz.,
die Farbe war bis an die Epithelzellen und zwischen diese eingedrungen. Die Raschheit, mit welcher dies geschah — einige
Sekunden genügten hierfür — läßt keinen Zweifel darüber aufkommen,
daß das Eindringen des Farbstoffes in sämtliche Hohlräume durch
pneumatischen Druck erfolgte.

Eine überraschende Erscheinung trat auf, wenn eine gesättigte
Karmin-Wassermischung injiziert wurde. Die Färbung vollzog sich
in diesem Falle um vieles langsamer, so daß ihr Fortschritt genau
beobachtet werden konnte. An der Sohle begann sie bloß am Kopfende und gewann hier auch immer mehr an Intensität. Sie pflanzte
sich von da allmählich gegen das Schwanzende fort, bis schließlich
die ganze Fläche gleichmäßig gefärbt war. Mit dem Fortschreiten

der Färbung ging aber nicht nur die Locomotion, sondern auch das Haftvermögen der Sohle verloren, und in kurzer Zeit war das Tier in seinen Bewegungen vollständig gelähmt, während die Muskelfunktion noch lange erhalten blieb. Die Karminkörnchen hatten das Capillarsystem, welches die Lacunen mit den Hohlräumen der Sohle verbindet, verlegt und die Flüssigkeitszirkulation unmöglich gemacht, was auch den Tod der Tiere oft schon nach einigen Stunden herbeiführte.

Mit diesem Experiment war nachgewiesen, daß die durch Luftdruck zustande kommende Blutschwellung der Sohle allein die motorische Kraft ist, die die Locomotion veranlaßt, während sich die Muskeltätigkeit nur indirekt daran beteiligt.

Doch nicht nur die Sohle allein, sondern auch das ganze übrige Integument wird durch in Hohlräume hineingedrängtes Blut geschwellt. Auch Biedermann und Simroth [1]) haben beobachtet, daß über die Körperrunzelung Wellen wegschreiten, die sich sowohl nach hinten wie auch nach vorn bewegen können. Erstere erfolgen durch Blutschwellung, letztere durch Muskelkontraktion. Durch diese Tätigkeit der Leibeswand kommt bei den Basommatophoren das Schwimmen unter der Wasseroberfläche zustande.

Die Injektion mit Farbstoffen, die sich im Wasser vollständig lösen und auch nicht ätzend wirken, hat keine nachteiligen Folgen auf die Tiere, sie bleiben aber, wie es scheint, bis an ihr Lebensende gefärbt, wenn auch die Intensität der Färbung nach einigen Wochen merklich abnimmt. *Arion hortensis* Fer. und *Arion bourguignati* Mabil., die sich durch ein sehr kräftig entwickeltes, dickwandiges Integument auszeichnen, überwinden in Fällen, wo ihnen keine besonders reiche Karminzuführung zugedacht war, die anfängliche Lähmung, beginnen wieder zu kriechen und leben wochenlang weiter. Es scheint dies mit ihrem besser entwickelten pneumatischen Apparat im Zusammenhang zu stehen, der die anfänglichen Schwierigkeiten schließlich dennoch überwindet.

Verliert eine Nacktschnecke ihr Schwanzende, dann hat dies auf die Locomotion wenig Einfluß. Die reiche Muskulatur zieht die Wunde vollständig zusammen, und es kann im Körpersinus immerhin eine Luftpressung zustande kommen. Anders verhält es sich, wenn eine größere Wunde die Seitenwand eines Tieres durchbricht. Jene kann nicht kontrahiert werden, und das Kriechen des Tieres

---

1) In: Zool. Ctrbl., Vol. 15, 1908, p. 110.

wird unmöglich. Ich machte in den hinteren Teil einer Seitenwand von *Arion hortensis* eine mehrere Millimeter lange Schnittwunde. Der hintere Teil der Sohle war damit gelähmt, während der vordere noch in Funktion blieb und auch den hinteren nachzog. Bei einem anderen Präparat wurde die Wunde zwischen Kopf und Schild gemacht, womit die Lähmung des vorderen Sohlenteiles eintrat. In diesem Falle schob die noch funktionsfähige hintere Sohlenhälfte den vorderen gelähmten Teil nach vorn. Mit der Lähmung der Kopfhälfte kam auch das Ausstülpen der Tentakel nicht wieder zustande. In beiden Fällen der Verwundung dauerte die partielle Locomotionsfähigkeit nur kurze Zeit an, dann folgte gänzliche Lähmung.

Bei diesem Versuch wurde ich durch jeweilig auftretene partielle Lähmung auf die Zweiteilung des Körpersinus aufmerksam, die der Gruppierung der Pallialorgane während der Locomotion ihre Entstehung verdankt. Man kann diese Lagerung namentlich gut bei durchscheinenden Individuen des *Limax arborum* beobachten, doch auch bei *Limax variegatus*, wenn er für einige Tage in einem Gläschen mit Glasdeckel oder Glasstöpsel dem Lichte, doch nicht der Sonne, ausgesetzt war. Das Integument wird dann gut durchscheinend und gestattet die Beobachtung der Pallialorgane. Um das Leben des Tieres braucht man nicht besorgt zu sein, es hält einzeln eingekerkert in einem 100 g-Gläschen, das mit Glasstöpsel verschlossen ist, ohne Luftzutritt und Nahrungsaufnahme und, wie es scheint, ohne Schaden zu leiden, ein halbes Jahr und länger bei 4—16° C Wärme aus.

Der größte Teil der Pallialorgane liegt während des Kriechens unter dem Mantel zusammen gedrängt und scheidet septenartig den Körpersinus in zwei Räume. Dies läuft offenbar auf die Konstruktion eines Doppelgebläses hinaus, wie dies in erhöhter Vollkommenheit bei den Gehäuseschnecken erhalten blieb. Hier funktioniert der Intestinalsack als Luftsauger, der Körpersinus als Windsammler und der Nackenkanal, der beide verbindet, als Ventil. Bei den Nacktschnecken bildet der Kopfsinus den Windsammler, und damit findet auch die künstliche Färbung der Sohle in der Richtung vom Kopf gegen das Schwanzende eine Erklärung. Dem Hinterleibsinus fällt die Rolle eines Luftsaugers zu, während eines der Pallialorgane als Verbindungsventil funktioniert. Durch diese Doppelgebläseeinrichtung wird der Druck auf das die locomotorische Sohle schwellende Blut ein kontinuierlicher, während er im anderen Falle

in rhythmischer Folge wirken müßte, was die Bewegung nichts weniger
als günstig beeinflussen würde.

Durch das Einpressen der Luft in den Windsammler kommen
oft rhythmische Schwellungen bei jungen und anderen Schnecken
mit dünnwandigem Integument in der Nähe des Kopfes vor. Diese
Erscheinung hat Biedermann[1]) irrtümlich als „Verdickungswellen"
gedeutet.

Aus der Einrichtung des locomotorischen Apparats geht aber
auch zur Genüge deutlich hervor, weshalb die Gastropoden nicht wie
etwa die Würmer rückwärts kriechen können. Die Störungen im
Wellengang finden ferner damit oft auch ihre Aufklärung. Kriecht
eine *Pom. pomatia* an einer Glasplatte empor und wird an ihrem
Gehäuse gezogen, dann erfolgt eine Dehnung der Körperwand und
damit eine Vergrösserung des Sinus. Der pneumatische Druck wird
geringer, und die Wellen verschwinden. Drückt man das Gehäuse
an den Körper, dann wird der Luftdruck gesteigert, und die Wellen
müssen kräftiger hervortreten. Soll eine große Last bewältigt
werden, dann wird das Blut in die Kontraktionsfelder solange hineingepreßt, bis die sich verlängernden Hohlräume den Körper, der die
Last trägt, nach vorne schieben. Während der ganzen Dauer des
Druckes bleiben die Wellen stabil, usw.

Ehe ich das Kapitel über die Gastropoden-Locomotion schließe,
möchte ich noch hervorheben, daß der Nachweis der Mitbeteiligung
des Luftdruckes an der Fortbewegung der Tiere für mich von hervorragender Bedeutung und größtem Interesse war, da damit ein
Mittel geboten wird, die Gastropoden-Asymmetrie einfach und in
jeder Richtung befriedigend so wie auch manch andere Erscheinung
aufzuklären. Ich werde später darauf zurückkommen und vorerst
weitere Untersuchungen über die Funktion des Pneumostoms hier
folgen lassen.

Bei einer retrahierten Gehäuseschnecke liegt der Körper gestreckt in der Schale. Das Schwanzende bleibt dem Mündungsrand
zugewendet und wird von dem sich schießenden Mantelrand verdeckt. Der Kopf mit dem vorderen Teil des Körpers ragt in das
Gehäuse hinein und liegt in einer Mantelfalte. Nach anhaltender
Trockenheit wird das Volumen des Körpers kleiner, und es sinkt
infolge dessen der Mantelrand tiefer in die Mündung hinein, so daß

---

1) Die locomotorischen Wellen der Schneckensohle, in: Arch. ges.
Physiol., Vol. 107, 1905, p. 12.

bei den Helices und anderen Familien dann oft der halbe letzte Umgang leer wird.

Schon die geschilderte Situation in der Lage des in die Schale zurückgezogenen Körpers macht alle bekannten Annahmen über das Austreten des Tieres aus dem Gehäuse unhaltbar. Nun kommen noch verschiedene anderweitige Schwierigkeiten dazu. Man braucht nur an die so sehr verengte Mündung von *Isognomostoma persomata* (Lmk.) oder die Clausilien zu denken, die bei normalem Flüssigkeitsgehalt ihren Körper samt Mantel bis tief in den drittletzten Umgang zurückziehen. Hier kann bei einer Funktion von Zirkelmuskeln kein Erfolg erwartet werden, und eine Schwellung des Körpers durch Blut oder Luft würde namentlich bei verengter Mündung dem Austreten direkt entgegen wirken.

Unmittelbare Beobachtung des lebenden Tieres führten hier und zwar diesmal ziemlich leicht zur Lösung der Austrittsfrage.

Hat sich ein Tier, etwa eine *Pom. pomatia*, infolge von Dürre etwas tiefer in das Gehäuse zurückgezogen, dann kann es leicht zum Austritt veranlaßt werden, wenn man den Mantelrand mit ein wenig angewärmtem Wasser befeuchtet. Bald darauf öffnet sich das bis dahin geschlossen gewesene Pneumostom zur vollen Größe, dann schließt es sich wieder. Sobald sich diese Funktion einige Male wiederholt hat, kann man beobachten, wie bei geschlossenem Atemloch der Mantel, der den Körper einschließt, eine kleine Strecke gegen den Mündungsrand langsam vorgleitet. Dann wird das Pneumostom wieder geöffnet und geschlossen, der Mantel gleitet neuerdings eine Strecke weiter nach vorn, und diese Erscheinung wiederholt sich so oft, bis der Mantel in der Nähe des Peristoms angelangt ist. Dann gleitet das Schwanzende aus der Mantelhülle hervor, und diesem folgt der ganze hintere Teil des Körpers. Ist der Austrittsakt derartig weit gediehen, dann erst kommt der Kopf zum Vorschein. Dies geschieht wahrscheinlich in der Weise, daß sich der Kopf am noch immer gestreckten Körper in der Richtung gegen das Schwanzende krümmt, so daß dann hier Sohle auf Sohle zu liegen kommt. Nun beginnt die Locomotion, und das Kopfende kriecht an der eigenen Sohle aus der Mantelhülle hervor.

Nach diesen Beobachtungen unterlag es kaum mehr einen Zweifel, daß der Körper mittelst Luftdruck aus der Schale herausgetrieben wurde. Eine Bestätigung für die Richtigkeit dieser Annahme war leicht zu erreichen. Von den in dieser Richtung vorgenommenen Experimenten dürfte die Bekanntgabe eines einzigen genügen.

Ich wählte hierfür eine *Pom. pomatia*, die längere Zeit trocken lag und sich infolgedessen etwas von dem Mündungsrand entfernt in das Gehäuse zurückgezogen hatte. Eine kleine Strecke vor der Grenze des vorletzten schlug ich in die Wand des letzten Umganges ein kleines Loch und durchschnitt an dieser Stelle die Sackwand. Wohl streckte nach der Operation das Tier die Spitze des Schwanzendes aus der Mantelhülle heraus, doch zu einem Gleiten des Mantels gegen das Peristom kam es nicht. Das Tier war und blieb in seinem eigenen Hause gefangen. Daß die Schwanzspitze aus der Mantelhülle hervorkam, beruhte gewiß nur auf einer Retraction des Mantelrandes infolge der Verwundung, wobei das stabile Schwanzende nicht mitgenommen werden konnte. Denn in der Tat war der Mantel tiefer in das Gehäuse eingedrungen, als er früher lag.

Bei zahlreichen Experimenten gleicher und ähnlicher Art kam es niemals vor, daß das Tier mit dem Kopf aus der Mantelhülle hervortrat, was darauf deutet, daß die Locomotion erst dann beginnen kann, wenn der ganze Hinterkörper den Mantel verlassen hat. Möglicherweise wird aber auch der Vorderkörper durch pneumatischen Druck aus der Mantelhülle gedrängt.

Es ist eine allgemein bekannte Erscheinung, daß ins Wasser gelegte retrahierte Landschnecken sehr bald mit dem Körper aus dem Gehäuse austreten und aus dem für ihr Leben ungeeigneten Element herauszukriechen suchen. In solchen Fällen ist Luftaufnahme in den Intestinalsack nicht möglich, und der Austrittsakt kann hier nicht durch Luftdruck erfolgen. Zur Aufklärung dieser Erscheinung wird die Anführung einiger Experimente genügen, die aus einer größeren Zahl herausgegriffen sind.

In einem Falle wählte ich eine *Pom. pomatia*. Das Individuum lag einige Wochen in Gefangenschaft trocken. Es hatte sich derartig tief in das Gehäuse zurückgezogen, daß der halbe letzte Umgang leer blieb. Die Schnecke wog 710 cg, ehe sie in etwas angewärmtes Wasser, das sie ganz bedeckte, hineingelegt wurde. Nach 40 Minuten war der Körper des Tieres vollständig außerhalb des Gehäuses, und es begann bereits die Locomotion. Aus dem Wasser genommen, wog nun die Schnecke 1382 cg, sie hatte demnach 672 cg Wasser aufgenommen. Dies geschah durch das Pneumostom, das sich von Zeit zu Zeit zu einer schmalen Spalte öffnete. Wurde sie geschüttelt, dann fühlte und hörte man das Wasser an den Sackwänden anschlagen. Nach Verlauf von 6 Stunden hatte das Tier 275 cg Wasser ausgeschieden, während 305 cg in den Organismus anfgenommen wurden.

Zwei andere Individuen A und B von *Pom. pomatia* waren bei feuchtem Wetter frisch gesammelt. Die retrahierten Tiere erfüllten ihr ganzes Gehäuse bis an den Mündungsrand. A wog 1782 cg, B 1940 cg. Beide wurden in Wasser gelegt. A bedurfte für den Austritt aus der Schale bis zum Eintritt der Locomotion 7 Minuten und wog dann 2340 cg, B hingegen 3 Minuten und erreichte ein Gewicht von 2355 cg. Es mußte also A 558, B 415 cg Wasser in den Intestinalsack aufnehmen, um den Körper aus der Schale herausbefördern zu können.

Für eine weitere Untersuchung wurde ein Individuum der gleichen Art in Anspruch genommen, das sich in Locomotion befand, also aus der Schale ausgetreten war. Es wog 1870 cg und wurde samt der Platte, auf der es kroch, in ein Wasserbecken versenkt, so daß es hier, ohne sich zurückzuziehen, die Locomotion fortsetzen konnte. Es bedurfte für den Austritt aus dem Wasser 8 Minuten und wog dann 1960 cg. Es war nur um 90 cg schwerer geworden. Die Gewichtsvergrößerung dürfte hier durch Schwellung des Körperschleimes zustande gekommen sein und jedenfalls nicht durch Aufnahme von Wasser in den Bruchsacksinus. Zur Locomotion ist somit, was ich auch durch zahlreiche Versuche mit Nacktschnecken feststellen konnte, eine Wasseraufnahme kein Erfordernis. Dieses Experiment beweist auch, daß das Wasser bei einem retrahierten Tier nicht selbständig in den Sacksinus eindringt, sondern daß es eingesogen wird.

Für eine andere Untersuchung, die Anfang Oktober vorgenommen wurde, wählte ich eine *Hyalinia domestica* Km., die ich zu Anfang August gesammelt hatte. In der Zwischenzeit lag sie ohne Nahrung vollkommen trocken, was ein Zurückziehen des Tieres aus dem halben letzten Umgang zur Folge hatte. Ihre Schale war derartig durchsichtig, daß fast die ganzen Pallialorgane sowie auch der in den Mantel gehüllte Körper von außen gut beobachtet werden konnten. Das Herz, das an der Grenze zwischen dem letzten und vorletzten Umgange lag, verriet auch nicht die geringste Tätigkeit. Um die Schnecke möglichst genau beobachten zu können, wurde sie nicht in Wasser gelegt, sondern ihr letzter Umgang, soweit er nicht vom Tier in Anspruch genommen war, damit gefüllt und auch das eingesogene Wasser immer durch frisches ergänzt. Schon nach 15 Minuten begann die Herzpulsation. Anfangs waren bloß 1 bis

2 Schläge in 1 Minute zu beobachten, dann setzte sie wieder für einige Zeit aus, um später neuerdings aufzutreten. Nach 90 Minuten erfolgten im Durchschnitt 10 Pulsationen, doch durchaus nicht regelmäßig. Erst nach Verlauf zweier Stunden trat regelmäßiger und normaler Pulsschlag ein und zwar 23 Schläge in der Minute bei 17° C. Ehe Wasser in den letzten halben Umgang eingeführt wurde, lag die Sackwand hinter dem Mantel der Schale nicht an, sie war in Art eines geschlossenen Regenschirmes der Länge nach in Falten zusammengefallen. Wenige Minuten, nachdem der Mantel mit dem eingeführten Wasser in Berührung gelangte, war zu beobachten, wie sich der Intestinalsack damit allmählich füllte. Nach Vollendung der Füllung begann erst ein Gleiten des Körpers gegen die Mündung.

Bei diesem Experiment war auch von Interesse, daß der Sinus des Bauchsackes nach der Füllung mit Wasser nur ein sehr geringes Quantum Luft enthielt. Ihr Volumen stand zu jenem des eingedrungenen Wassers in einem Verhältnis wie etwa 1 : 50. Die Luft war offenbar von hier in den Körpersinus hineingedrängt, wo sie für die in Aussicht stehende Locomotion ein Bedürfnis war.

Aus den angeführten Erscheinungen geht mit Sicherheit hervor, daß der Austritt des Körpers aus der Schale durch Luftdruck erfolgt und daß an dessen Stelle auch Wasserdruck treten kann. Letzteres ist ein Relikt aus jener Zeit, wo die Urahnen der Stylommatophoren noch im Wasser lebten und für den Austritt aus der Schale, wie die Basommatophoren und Prosobranchier, nur hydraulischen Druck in Anspruch nahmen.

Schalenbau.

Der Aufbau des Periostracums vollzieht sich in der Mantelfurche, und man nahm an, daß das Secret, dem jenes seine Entstehung verdankt, aus dem Epithel der hinteren Furchenwand ausgeschieden werde. Nun konnte ich aber bei jungen *Pom. pomatia* beobachten, daß bei Individuen, denen ein Teil der Mantelfurche samt ihrer hinteren Wand durch Verwundung verloren gegangen war, das Periostracum an dieser Stelle dennoch zustande kam. Die Verwundung äußerte sich bloß in der Weise, daß die Zuwachsstreifen der Schale durch eine nahtähnliche Furche, die in der Richtung gegen die Mündung mit der Gehäusenaht divergiert, unterbrochen werden. Eine derartige, durch Verwundung des Mantel-

randes entstandene nahtähnliche Narbe bildete Nyst[1]) an seinem
Bulimus popelairiana ab. Die Zuwachsstreifen stoßen an der Unter-
brechungsstelle nicht geradlinig zusammen, sie sind dort mehr oder
weniger dem Mündungsrand entgegengesetzt, winklig gebrochen und
gleichzeitig jederseits zu einem Knoten verdickt. Diese in der
Schalennarbe liegenden Knoten sind allerdings heller, oft weiß gefärbt, doch ein auf ihnen liegendes Periostracum konnte ich dennoch
nachweisen.

Solange sich ein frisch gebauter Gehäuseteil bei einer *Pom.
pomatia* noch weich anfühlt, löst sich das Periostracum vom Ostracum,
etwa derartig leicht wie die Schale von einer gekochten Kartoffel.
Am besten gelingt die Ablösung, wenn die noch weiche Schalenzone
mittels einer Schere quer durchschnitten wird. Faßt man nun
mit einer spitzarmigen Pinzette die Schale neben der Schnittnarbe
und hebt sie etwas hoch, dann bricht die Kalkschicht, während
das Periostracum eingeklemmt bleibt und sich bei entsprechender
Führung der Pinzette vom Ostracum ablöst. Bei derartiger Ablösung konnte ich feststellen, daß das Periostracum die oben geschilderte Schalennarbe, wenn auch in geringerer Stärke, mit bedeckt.
Bloß die Pigmentierung bleibt hier unvollkommen oder fehlt auch ganz.

Eine Verwundung des Mantelrandes vernarbt bei Jugendformen
von *Pom. pomatia* in 2—3 Tagen. An Stelle der Wunde entsteht
ein neuer Mantelrand und hinter diesem eine Furche, die in das
Niveau der erhalten gebliebenen Teile hineinverlagert wird. War
das Individuum zur Zeit der Verwundung in seiner ontogenetischen
Entwicklung bereits an den Bau des letzten Umganges angelangt,
dann setzt sich die weißliche Schalennarbe in der Regel trotz des
regenerierten Mantelfurchenteiles bis an das Peristom fort; war es
jünger, dann erreicht sie kaum die Länge eines viertel oder höchstens
halben Umganges, und das ihr aufgelagerte Periostracum ist in
Dicke und Färbung kaum von jenem der Umgebung verschieden.
Nach dieser Beobachtung ist anzunehmen, daß bei älteren Tieren
die verlören gegangenen Pigment- und jene Zellen, die das Chitin
für das Periostracum liefern, nicht wieder regeneriert werden und
daß das Chitin, welches sich in der neugebildeten Mantelfurche
sammelt, einer hinter der hinteren Wand der Mantelfurche liegenden
Zellengruppe entstamme. Es ist also möglich, daß auch die Ban-
dilette noch Chitin ausscheidet.

---

1) In: Bull. Acad. Bruxelles, Vol. 12, tab. 4.

Bei Verwundungen, die sich bloß auf den vorderen Damm der
Mantelfurche erstrecken, tritt eine Störung im Schalenbau nicht ein,
wonach dieser weder Pigment noch Chitin ausscheidet.

Sobald eine Schnecke ihre Wachstumsgrenze erreicht hat, hört
die Bildung und Ausscheidung von Chitin völlig auf. Gelangt es
nach der ontogenetischen Entwicklung zu einer Regeneration des
Peristoms und der benachbarten Gehäuseteile, dann fehlt das Periostracum immer der Neubildung. Bei Jugendformen hingegen wird
es jedesmal mit regeneriert, wenn die beschädigte Stelle am
Mündungsrand liegt und in die Mantelfurche aufgenommen werden
kann, die sich unter Umständen auch einem recht unebenen Bruch
anschmiegt. Außerhalb der Mantelfurche kann niemals ein Periostracum zustande kommen.

Eine vereinzelte Ausnahme von der Regel, daß mit dem Wachs-
tum die Chitinausscheidung aufhört, scheint nur bei *Thyrophonella*
aufzutreten, wo nach Vollendung des Gehäuses noch die Anlage
einer Mündungsklappe erfolgt.

Eine zeitweilige Unterbrechung in der Chitinausscheidung tritt
bei Jugendformen zu Ende des Sommers, oft schon im Juli, auf,
während die Kalkausscheidung ununterbrochen bleibt und zur Verstärkung der noch weichen Schalenzone in Anspruch genommen wird,
so daß die unvollendeten Gehäuse vor Eintritt der Winterruhe vollständig, bis an den Mundsaum, hart geworden sind. Auf diese
periodische Unterbrechung der Chitinabgabe sind auch die hellen
Zonen einiger *Zonites*-Arten zurückzuführen.

Behaarung, Beschuppung und ähnliche dem Periostracum aufgelagerte Gebilde sind die Folge einer Hypertrophie in Chitinent-
wicklung und Ausscheidung. Sie entstehen in der Weise, daß der
Chitinüberschuß über die Außenwand des vorderen Mantelfurchen-
Dammes hinwegfließt und, noch ehe er erhärtet, mit dem bereits gebildeten Periostracum eine Verbindung eingeht. Die Form dieser
Bildungen hängt von dem Relief der bezeichneten Außenwand sowie
auch von der Menge des abfließenden Überschusses ab. Besteht
ersteres aus parallelen Furchen, dann entstehen haarähnliche zylindrische Fortsätze, die oft bedeutende Länge erreichen (*Triton par-
thenopus* v. Salis), was die Möglichkeit ausschließt, daß bei ihrer
Entstehung die in der Mantelfurche nachgewiesenen Kanäle als
Matrizen gedient haben können. Auch bei *Fruticicola sericea* (Drp.)
sind die Haare oft 4mal so lang, wie der Vorderdamm der Furche
dick ist.

Bei den Landschnecken sind die Fortsätze des Periostracums immer nach hinten gebogen, was darin seine Erklärung findet, daß die nach oben liegende, mit der Luft in Berührung kommende Fläche der einzelnen dem Mantelrand aufliegenden Stäbchen zuerst erhärtet und demzufolge hier konkav gebogen wird, was das Herausheben aus dem Mantelrelief und eine Neigung nach hinten bedingt. Bei den im Wasser lebenden Gastropoden erfolgt die Erhärtung der neugebildeten Chitinfortsätze allerseits gleichmäßig, ihre Krümmung nach hinten bleibt deshalb aus.

Die Hypertrophie in Chitinbildung kann auch bloß im ersten Stadium der ontogenetischen Entwicklung auftreten und dann später wie bei *Planorbis corneus* L. wieder verschwinden.

Ich habe hervorgehoben, daß das Periostracum nur in der Mantelfurche entstehen kann; dessen Bau ist somit nur dann möglich, wenn das Tier mit dem Körper aus dem Gehäuse ausgetreten ist. Anders verhält es sich mit der Entstehung des Ostracums. Ist nach einem Austritt des Körpers aus der Schale eine mehr oder weniger breite Zone der obersten Schalenschichte entstanden, dann scheidet das Tier nach dem Zurückziehen in das Gehäuse eine wasserhelle Flüssigkeit, wohl Kalkhydratlösung, aus, die allmählich an der inneren Gehäusewand bis. auf den neugebildeten Teil des Periostracums hinabfließt, von dem sie aufgesogen und festgehalten wird. Bei der unter Luftzutritt stattfindenden Krystallisation wird die basische Lösung in kohlensauern Kalk überführt.

Bei zahlreichen Gattungen, wie *Vitrina*, *Hyalinia* etc., ist die in dieser Weise ausgeschiedene Kalklösung äußerst gering. Die Oberfläche der Gehäuse bleibt dann glatt, oft sogar glänzend. Bei anderen Gattungen erfährt die Kalkausscheidung eine Steigerung. Der neu entstandene Teil des Periostracums kann die ganze Menge nicht gleichmäßig festhalten, und der Überschuß der Lösung sinkt bis an den äußersten Rand herab. Durch die hier erhöhte Wirkung des chemischen Prozesses wird dieser äußerste Rand wulstartig ausgetrieben, es entsteht eine Querskulptur, die mit „Zuwachsstreifen" bezeichnet wird. Sie ist in den meisten Fällen mehr oder weniger unregelmäßig und immer von der jeweiligen zur Ausscheidung gelangenden Kalkmenge sowie auch von der Breite des neu angelegten Periostracums abhängig.

Die ebenfalls häufig auftretende Spiralskulptur an den Gehäusen steht mit der Bildung des Ostracums in keinerlei Zusammenhang, sie dankt ihre Entstehung dem Relief der Mantelfurchenvorderwand

20*

und kommt schon beim Bau des Periostracums zustande. Sie ist immer regelmäßig, was bei der Art ihrer Entstehung auch gar nicht anders möglich sein kann.

Bei manchen Gastropoden, namentlich bei Clausilien, kommt es häufig vor, daß die für den Bau des Ostracums bestimmte Kalkausscheidung noch eine weitere Steigerung erfährt. Ein Teil der Lösung tritt dann an die Außenfläche der Schale und sammelt sich dort in der Nähe der Naht. Der kohlensaure Kalk, der hier aus der Lösung ausgeschieden wird, bildet ein kurzes, der Naht entspringendes, mit den Zuwachsstreifen paralleles Stäbchen, eine sogenannte Nahtpapille. Es kann jenes, nach dem Austreten des Tieres aus der Schale, in die Mantelfurche nicht hinein verlagert werden, erhält demnach keinen Chitinüberzug und bleibt rein weiß. Bei einer weiteren Steigerung der Kalkausscheidung wird das Stäbchen zu einer Leiste verlängert, die von Naht zu Naht reicht und mit „Rippe“ bezeichnet wird.

Ich konnte es häufig an jungen, im ersten Stadium ihrer Entwicklung gesammelten, stark costulierten *Alopia*-Formen beobachten, daß sie in Gefangenschaft, wenn ihnen nicht Jura- oder Kreidekalk, auf dem sie einstens lebten, geboten wurde, keine Gehäuserippen anlegten und fast glatte Schalen bauten, selbst dann, wenn das Terrarium reichlich mit krystallinischem Kalk ausgestattet war.

Von Interesse war ferner die Beobachtung an besonders stark costulierten Alopien des Bodzauer Gebirges in Siebenbürgen, daß die Hypertrophie in Kalkausscheidung bei phylogenetisch höher entwickelten Formen wieder verloren ging. Es trägt z. B. *Alopia haueri* Blz. an der Ostseite des Dongokö ein hervorragend schön weißgeripptes Gehäuse, während die Formen, die sich aus ihr an der West- und Südseite des Gebirges entwickelten, allmählich glatt werden. *Alopia transitans* Km., die in Costulierung der *Alopia haueri* Blz. ganz nahe steht, geht an ein und derselben verhältnismäßig kleinen Felswand der Südwestseite des Bratocsia in eine völlig glatte Form über, mit der sie durch alle denkbaren Abstufungen verbunden bleibt. Ein derartiges Variieren kann natürlich nur in Gattungen auftreten, wo die phylogenetische Entwicklung der Arten, wie dies eben bei *Alopia* im hohen Grade der Fall ist, noch nicht gefestigt ist.

Die Art der Entstehung des Hypostracums kann am vorteilhaftesten bei Regenerationen von Schalenbeschädigungen studiert werden. Wird etwa die Schale einer *Pom. pomatia* durch einen

Fußtritt in zahlreiche Teile zersprengt, ohne daß dabei die Spindel oder die Organe des Tieres Schaden leiden, dann ist letzteres vorerst sehr beunruhigt. Schließt es das Pneumostom, dann wird der Intestinalsack stark aufgeblasen, und es entstehen zwischen den einzelnen Bruchstücken der Schale weite Klüfte. Öffnet es jenes, dann sinken die Wände des Sackes ein, und die Bruchstücke schließen wieder mehr oder weniger gut aneinander. Wird hiergegen mittels eines Hammers bloß ein größeres Loch in einem der letzten Umgänge geschlagen, dann tritt das Tier mit dem Körper, wenn es retrahiert war, so wie im früheren Falle, sofort aus. Schließt es das Atemloch, dann wölbt sich die Sackwand weit aus dem Leck hervor, öffnet es jenes, dann sinkt die Wand tief ein, so daß die Ränder der Bruchstelle mit ihr außer Berührung gelangen. Nach eingetretener Beruhigung verweilt das Tier an einer Stelle regungslos, je nach Umfang der Beschädigung auch tagelang, wobei es höchstens den Kopf in den Mantel zurückzieht. An jenen Stellen, wo die Sackwand aus der Beschädigung hervorsieht, findet eine Ausscheidung einer wasserhellen Flüssigkeit statt, aus der schon nach ganz kurzer Zeit kleine Kalksphärite herauskrystallisieren, die sich zu einer Kruste vereinigen, welche das Leck oder die Klüfte bei einer zertrümmerten Schale vollständig abschließt. Der Vorgang bei Entstehung der Kruste ist also analog der Entstehung des Ostracums, nur daß hier nicht ein Periostracum, sondern die Sackwand selbst als Unterlage dient, was eine Abweichung in der Struktur bedingt.

Wie ich an zahlreichen gefangen gehaltenen Individuen beobachten konnte, erfolgt die Bildung der Sphäritenkruste zumeist bei geöffnetem Pneumostom und ist dann aus dem Niveau der Schalenfläche eingesenkt, manchmal sogar konkav. Doch kommen nicht selten auch Fälle vor, wo dies bei geschlossenem Atemloch geschieht. Dann wölbt sich die Kruste sphärisch aus dem Leck hervor.

Erst wenn die Sphäritenschichte eine entsprechende Festigkeit erreicht hat und dem im Intestinalsack zustande kommenden pneumatischen Druck Widerstand leisten kann, beginnt die Locomotion des Tieres neuerdings und mit ihr die Entstehung eines Hypostracums an der unteren Fläche der Kruste. Die Bildung des Hypostracums schreitet, namentlich wenn die Verletzung in einem der älteren Umgänge liegt, sehr langsam fort, ungleich langsamer als beim normalen Schalenbau, und es wird auch niemals derartig stark, wie es ursprünglich war. Der Grund hierfür liegt darin, daß die

aus den Sackwänden ausgeschiedene Kalklösung durch den nach
jeweiligem Schließen des Atemloches auf die Sackwände erfolgenden
pneumatischen Druck stets nach der Mündung gedrängt wird, so daß
dort nur wenig Kalk zur Ausscheidung aus der Lösung und Ab-
setzung an die beschädigte Stelle gelangen kann. Die fortwährende
Bewegung der Sackwände während der Locomotionsdauer machen
aber auch eine Sphäritenbildung unmöglich, und der Kalk, der sich
außerdem infolge der Reibung mit dem ebenfalls austretenden Schleim
verbindet, wird in blättrigen Schichten aufgetragen.

In gleicher Weise vollzieht sich die Hypostracumanlage beim
normalen Schalenbau, doch kommt es hier immerhin vor, daß über
den ersten Hypostracumschichten, nach dem Zurückziehen des Körpers
in die Schale, neue Ostracumschichten entstehen, so daß die Grenze
zwischen Ostracum und Hypostracum unscharf wird.

Der oben geschilderte pneumatische Druck auf die Sackwände,
durch welchen die jeweilig ausgeschiedene Kalklösung stets gegen
den Mündungsrand gedrängt wird, gibt eine Erklärung dafür, weshalb die Stärke des Hypostracums an den älteren Umgängen nicht
weiter zunimmt. Bloß dort, wo dieser Druck versagt, wie z. B. bei
Patella, wird das Hypostracum gerade an den ältesten Teilen der
Schale am kräftigsten.

Die auf Luftdruck beruhende Einrichtung des Intestinalsackes
beweist aber auch, daß die Kalklösung nicht nur aus den Epithelzellen oder den Drüsen des Mantels, sondern auch aus jenen des
Bruchsackes ausgeschieden wird, denn sonst könnte sie, eben infolge
des Luftdruckes, nicht bis an beschädigte Stellen älterer Umgänge
gelangen, und eine Regeneration wäre dann dort unmöglich.

Die Regeneration von Schalenteilen älterer Umgänge, wo ein
Ostracum und Hypostracum zustande kommt, läßt es nicht verkennen,
daß zur Bildung beider, entgegen BIEDERMANN's [1]) Annahme, nur ein
Secret in Anspruch genommen wird und daß nur die Art der Ab-
lagerung verschiedene Struktur bedingt.

Bei allen Gastropoden, die ihren Gehäusebau mit einem Peristom
abschließen, hört die Kalkausscheidung mit dem beendeten Bau des
Periostracums nicht auf. Das Peristom, die Gaumenwulst, dann die
Bezahnung, die Lamellen und Falten, die in der Gehäusemündung
entstehen, gelangen erst nach beendigter Chitinausscheidung zur

---

1) Untersuchungen über Bau und Entstehung der Molluskenschalen,
in: Jena. Ztschr. Naturw., Vol. 36, p. 133.

vollen Entwicklung, und vollständig ausgewachsene Individuen regenerieren oft große Beschädigungen ihres Gehäuses.

Anders verhält es sich mit jenen, die kein Peristom bilden. Bei diesen hört mit der Chitinausscheidung so ziemlich gleichzeitig auch jene des Kalkes auf. Die Regeneration eines Schalenbruches erwachsener Tiere findet nicht statt, und bei Jugendformen konnte ich sie nur bei größeren Basommatophoren, dann bei *Zonites*, großen N a n i n e n und *Xerophila* nachweisen. Ob sie auch bei *Vitrina*, *Hyalinia* und anderen kleinen Formen auftritt, hatte ich noch nicht Gelegenheit festzustellen. In meinem reichen Sammlungsmaterial konnte ich kein Beispiel dafür auffinden.

Schließlich will ich nochmals hervorheben, daß der normale Bau des Ostracums nur bei retrahiertem Tier, jener des Periostracums und Hypostracums nur bei ausgetretenem Körper zustande kommen kann. Unter der fast ununterbrochenen Reibung zwischen den Wänden des Bruchsackes und jenen des Gehäuses, die in diesem Stadium stattfindet, vollzieht sich die Bildung der zuletzt genannten Schalenschichte.

Epiphragma.

Die Art, wie das Epiphragma entsteht, habe ich bei *Pom. pomatia* beobachtet. Der Vorgang dürfte bei anderen Stylommatophoren, die ein solches bilden, im großen ganzen übereinstimmen.

Zu Ende des Sommers oder zu Anfang des Herbstes suchen die Tiere ihr Winterquartier auf. Sind hohlliegende Hölzer oder totes Laub in der Nähe, dann kriechen sie einfach darunter und richten sich dort für den Winterschlaf ein. In der Regel graben sie sich aber eine Grube, die etwa 80 mm oder auch tiefer sein kann. Hat ein Individuum ein geeignetes Plätzchen gewählt, dann zieht es die Sohle derartig zusammen, daß sie an keiner Stelle unter dem Gehäusemündungsrand hervorsieht, aber dennoch sehr fest an der Kriechfläche haftet. Es hat den Anschein, als wenn nun das Tier regungslos bliebe. Bei genauer Beobachtung gewahrt man jedoch, daß der Mündungsrand mehr oder weniger tief in den Boden eingedrückt wird, was durch straffes Anziehen des Spindelmuskels geschieht. Man sieht ferner, daß sich das Gehäuse um den Mittelpunkt der Sohle zu drehen beginnt. Jede Drehung erfolgt ungemein langsam, oft wird dafür eine Stunde oder auch mehr Zeit in Anspruch genommen. Der in den Boden eingesenkte Mundrand wirkt dabei bohrerartig, er wühlt den unter dem Gehäuse liegenden Boden

auf, während die Gehäusewand das aufgelockerte Material zur Seite
schiebt. Allmählich entsteht in geschilderter Weise eine sich lot-
recht einsenkende Bohrung, deren Weite dem großen Gehäusedurch-
messer entspricht. Ist sie tiefer als die Gehäusehöhe geworden,
dann bleibt das ausgegrabene Material über der Schale in der Bohrung
liegen und dient als deren Verschluß. Sobald eine entsprechende
Tiefe erreicht ist, kriecht das Tier unter dem Mündungsrand hervor
und dann mit dem Kopfende an der Bohrungswand bis zur Gehäusehöhe empor. Hierauf drückt es den Rücken des Vorderkörpers
dicht an die Gehäusewand an und kriecht zwischen der ausgehobenen,
in der Bohrung liegenden Erde und der Schale bis zur gegenüberliegenden Bohrungswand, dann dort hinab und gelangt schließlich mit dem
Kopf neuerdings unter das Gehäuse. Durch diese Bewegung des
Tieres wird das Gehäuse derartig gewendet, daß die Mündung, in
der Regel genau horizontal, nach oben zu liegen kommt. Ist dies
geschehen, dann zieht sich das Tier für den Winterschlaf in die
Schale zurück. Durch das Wegkriechen des Tieres unter der in der
Bohrung liegenden Erde wird diese durch den zurückbleibenden
Schleim zusammengebacken, so daß sie in Art eines Gewölbes über
dem Gehäuse schwebt.

Ich konnte den ganzen Vorgang in der Art beobachten, daß ich
neben einer begonnenen Bohrung eine entsprechend tiefe und breite
Grube aushob, dann die anliegende Wand der Bohrung der Länge
nach vorsichtig öffnete und mit einer Glasplatte wieder verschloß.

Das Einbohren in den Boden gelingt natürlich nur dann, wenn
er lockere Beschaffenheit hat. Gelangt ein Individuum beim Aufsuchen des Winterquartiers auf hartes Erdreich, dann gibt es das
Bohren schon auf, wenn das Gehäuse kaum zur Hälfte eingesenkt
ist. Es kriecht dann an der eigenen Schale empor und auf der
gegenüberliegenden Seite wieder hinab auf den Boden und dort
weiter. Der Zug, der nun auf das Gehäuse zu wirken beginnt,
wendet es mit der Mündung nach oben. Die Stellung, die nachher
der Körper einnimmt, ist eigentümlich. Er schwebt frei über der
Gehäusemündung, und die gestreckte Sohle liegt horizontal und sieht
noch oben. Nun neigt das Tier den Kopf hinab, so daß die Spitze
der Sohle den Boden berührt. Alles, was mit ihr im Umkreis der
Schale erreicht werden kann, wie lockere Erde, Sand, halbverrottetes
Laub, Ästchen usw., wird durch die Repulsation der Sohle gegen
das durch Streckung der vorderen Körperhälfte sehr verkürzte
Schwanzende befördert, von wo es auf das Gehäuse und dessen

nächste Umgebung herabfällt, so daß ersteres bald unter einer Decke
liegt. Nun zieht sich das Tier in das Gehäuse zurück. Das noch
auf der Sohle aufgespeichert gebliebene Material verdeckt die
Mündung. Wird es nach einiger Zeit mittels einer Pinzette vorsichtig weggeräumt, dann sieht man den Mantelrand zusammen-
gefaltet eine glatte ebene Fläche bilden, die die Gehäusemündung
verschließt und die ich mit „Mantelwand" bezeichne.

Es kommt oft vor, daß aus der Mantelwand, manchmal nur
stellenweise, eine milchweiße Flüssigkeit ausgeschieden wird. War
das Tier gesund, gut genährt und mit genügendem Feuchtigkeitsgehalt versehen, dann kommt der Rand der Mantelwand an jenen
der Mündung zu liegen. Im anderen Falle zieht sich die Wand
tiefer in das Gehäuse zurück. Nach einiger Zeit, die nur kurz, aber
auch sehr lange währen kann, sieht man ganz plötzlich eine äußerst
auffallende Erscheinung. Die Mantelwand verliert ihren Glanz, wird
düsterer gefärbt, und gleich darauf gleitet sie eine kleine Strecke
nach hinten, während der Schleim, der sie bedeckte und dessen
Ränder an der Gehäusewand ringsum haften, an der ursprünglichen
Stelle zurückbleibt und als dünnes Häutchen die Mündung verschließt. Hatte die Mantelwand die oben erwähnte weiße Flüssigkeit ausgeschieden, dann bleibt der Kalk, der sie färbte, am Häutchen haften und färbt es entweder ganz oder nur stellenweise weiß.

Ich bezeichne diese Häutchen sowie auch die in den Sommermonaten in ähnlicher Art entstehenden Trockenheitsschutzhäutchen
als „Dermophragma", nachdem sich der Name „Epiphragma" für die
harten kalkigen Winterdeckel eingebürgert hat, auf welchen übrigens
DRAPARNAUD seine Bezeichnung „Epiphragma" bezog.

In welcher Weise sich das Schleimhäutchen von der Mantelwand ablöst, blieb mir anfangs völlig unklar, zumal es beim Zurückweichen der letzteren vollkommen stabil blieb, somit eine Verbindung
zwischen beiden bereits gänzlich aufgehoben war.

Mit dem Dermophragma verschlossen, bleiben die Gehäuse oft
lange unverändert liegen. Erst bei Eintritt kühlerer Temperatur
erfolgt der letzte Akt der Einwinterung. Das Tier scheidet in
rascher Folge einen dickflüssigen milchweißen Brei aus dem Darm
aus, der allsogleich von der nachrückenden Mantelwand gegen das
Dermophragma gedrückt wird, welches sich infolgedessen sphärisch
aus der Gehäusemünduug herauswölbt. Gleichzeitig saugt die
Mantelwand den ganzen Flüssigkeitsgehalt des Breies auf, so daß
der allein zurückbleibende Kalk innerhalb einer Zeit von kaum

30 Minuten vollständig erhärtet und die gewölbte Form beibehält, während ein in anderer Weise entstandenes Dermophragma, wenn es auch mit Kalk bedeckt ist, stets eben ausgespannt bleibt.

Das negative Bild der Mantelwand mit ihren geöffneten Poren erhält sich an der Innenfläche des neuentstandenen Epiphragmas; sie ist mit zahlreichen, dichtgedrängten, kleinen Wärzchen besetzt. Auf die Innenfläche wird noch ein zweites Dermophragma abgelagert, so daß die Kalkschichte nun zwischen zwei Schleimhäutchen eingebettet liegt. Ehe sich der Mantel vom Epiphragma etwas zurückzieht, wird regelmäßig aus dem Darm noch eine kleine Menge Kalk über das innere Dermophragma ausgeschieden, der als kleiner rundlicher Fleck genau die Lage des Pneumostoms bezeichnet. Er ist nicht mit Wärzchen besetzt, sondern mehr oder weniger deutlich gerunzelt. Das innere Dermophragma erlangt bald, wahrscheinlich infolge der immerwährend darauf wirkenden Feuchtigkeit, eine bräunliche Färbung, während der zuletzt darauf aus dem Darm abgelagerte Kalk rein weiß bleibt.

Von einigen *Xerophila-*, *Tachea-* und *Iberus-*Arten hatte ich Gelegenheit, das Sommer-Dermophragma zu untersuchen. Ich fand darauf, genau an der Stelle, wo einstens das Atemloch aufruhte, regelmäßig eine kleine Menge Kalk aufgetragen, der durch seine Undurchsichtigkeit und die milchweiße Färbung auf dem zumeist glashellen Häutchen recht auffällig hervortrat. Höchstwahrscheinlich ist auch dieser Kalk eine Darmausscheidung.

Die Entstehung des Trockenheits-Schutzhäutchens im Sommer ist ähnlich jener des Dermophragmas, das für die Bildung des Epiphragmas in Anspruch genommen wird. Eine Abweichung findet hier, in den meisten Fällen, bloß in der Art statt, daß das Tier mit dem Schwanzende der Sohle, die zu einer ganz kleinen Fläche zusammengezogen wird, an der Kriechfläche haften bleibt, während der proximale Körperteil bereits im Mantel verborgen liegt. Dann erfolgt die Loslösung des Häutchens und bald darauf die restliche Retraktion, nach welcher oft schwere Tiere samt ihrem Gehäuse mittels des Dermophragmas an der Kriechfläche, also an Wänden, Ästen und anderen Gegenständen, haften bleiben.

Ich habe früher die Beobachtung erwähnt, daß die geöffneten Poren der Mantelwand, den Flüssigkeitsgehalt des aus dem Darme bei Bildung des Epiphragmas ausgeschiedenen Kalkbreies aufsaugen, daß sie also die Eigenschaft haben, Flüssigkeit aufzunehmen. Dies läßt mit Sicherheit annehmen, daß diese Poren wohl auch die weitere

Eignung besitzen müssen, Flüssigkeit auszuscheiden, durch welche die Loslösung der Schleimschichte von der Mantelwand zustande kommt. Das Sommer-Dermophragma wird, wie ich ebenfalls hervorhob, in vielen Fällen bei teilweise ausgetretenem Körper abgeschieden. Ein Teil des dafür verwendeten Schleimes entstammt somit nicht der Mantelwand, sondern dem Körper, woraus folgt, daß sich auch über letzteren jene Poren verbreiten, die durch Flüssigkeitsausscheidung die Loslösung der Schleimschichte vom Integument bewirken.

Das Dermophragma wird bei Tieren, die weniger verborgen leben als *Vitrina*, *Hyalina* usw., im Sommer nach jeder Retraction neu gebildet, während das Epiphragma in der Regel nur einmal im Jahr zur Entwicklung gelangt. Doch auch hier finden Ausnahmen statt, wofür ich ein Beispiel anführen möchte.

Ich sammelte Anfang Oktober eine Anzahl *Pom. pomatia*, die bereits ihr Gehäuse mit einem Winterdeckel verschlossen hatten, und legte sie in eine große, eigens für Schneckenbeobachtung bestimmte unglasierte Tonschale, deren Boden für den Wasserabfluß mehrfach durchlöchert war. Den Verschluß bildete ein entsprechend weitmaschiger Drahtgitterdeckel. An einem offenen, doch schattigen Plätzchen des Hausgartens fand das Gefäß Aufstellung. Der Abfluß der Schale war, was ich übersehen hatte, verlegt, es sammelte sich deshalb, gelegentlich eines baldigen Regens, eine größere Menge Wasser darin. Dies bildete die Ursache, daß sämtliche Tiere ihr Epiphragma abwarfen und zur Gefäßdecke hinaufkrochen. Das Wasser wurde entfernt und der Abfluß der Schale funktionsfähig gemacht. Erst im November, also einen Monat später, trat wieder niedrigere Temperatur ein, die zur Bildung eines neuen Epiphragmas Veranlassung gab. In der Zwischenzeit erhielten die Tiere keine Nahrung und auch kein Material zum Eingraben, die Tonschale blieb vollkommen leer. Die frisch gedeckelten Gehäuse lagen frei dem Gefäßboden auf und hatten alle nach oben gewendete Mündung. Die neugebildeten Winterdeckel standen in Dickwandigkeit den früheren in keiner Weise nach, und da zur Aufnahme neuer Kalkmengen keinerlei Gelegenheit geboten war, so mußte das Material hierfür im Organismus bereits aufgespeichert gewesen sein.

Zur Feststellung, ob längere Gefangenschaft Einfluß auf die Entstehung des Epiphragmas habe, sammelte ich im Juli eine größere Menge *Pom. pomatia*. In einem Holzkistchen versperrt, fanden sie in trockenem und temperiertem Zimmer Aufstellung, ohne

daß ihnen irgendwelche Nahrung gereicht worden wäre. Um Mitte
November sank die Temperatur derartig, daß in manchen Nächten
0 bis —2° C auftraten. An einem Tag wurde nun ein Teil der
Schnecken bei 8° Wärme in einer Tonschale, wie ich sie oben be-
schrieb, im Garten ausgesetzt. Ehe dies geschah, legte ich die
Schnecken ins Wasser, um sie zu zwingen, den zurückgegangenen
Flüssigkeitsgehalt zu ergänzen. Auch wurde der Boden der Schale
20 mm hoch mit Erde bedeckt, um das Eingraben zu ermöglichen.
Letzteres geschah auch, doch keines der Individuen verschloß die
Mündung mit einem Epiphragma, sondern alle nur mit einem Dermo-
phragma, das mehr oder weniger reich durch Kalk getrübt war.
10 Tage nach dem Aussetzen fiel die Temperatur auf —6° C, die
allen Tieren den Tod brachte, während die im Zimmer zurückgebliebenen unbeschädigt überwinterten und im Frühjahr in einem
Terrarium ungestört weiter lebten. Ich hatte es versäumt, in dieser
Richtung weitere Beobachtungen zu machen. Wichtig wäre die
Feststellung gewesen, ob dem Organismus ein Kalkvorrat abging,
oder ob nicht etwa nur durch die lang andauernde Untätigkeit der
Verdauungsorgane die Ausscheidung gelähmt war. Sicher nachgewiesen war jedoch, daß durch den lange andauernden Nahrungs-
mangel die Tiere die Widerstandsfähigkeit gegen Kälte verloren
hatten, wozu höchst wahrscheinlich das Fehlen des Epiphragmas
mit beitrug. Bei zahlreichen im Freien beobachteten Tieren konnte
ich im Frühjahr feststellen, daß sie den Winter, fast jeglicher Decke
entbehrend — auch eine Schneedecke fehlte häufig — ohne Schaden
überstanden hatten; freilich entbehrte keines des Epiphragmas.

In Siebenbürgen kommt es öfter vor, daß nach den ersten Sep-
tember- oder Oktoberfrösten ein Temperaturumschwung eintritt, daß
Frühlingswetter vorherrscht und noch um Weihnachten herum
warme Regen niedergehen. Trotzdem konnte ich niemals an in
Freiheit lebenden Tieren ein Abwerfen des Winterdeckels vor Anfang März beobachten. Es ist demnach unklar, weshalb sie den
Kalkvorrat für einen zweiten Deckel in ihrem Organismus aufgespeichert halten.

Das Abwerfen des Epiphragmas erfolgt hier nach dem ersten
warmen Regen im März: bleibt ein solcher aus und tritt erst später,
etwa im April oder Mai ein, dann bleibt das Abwerfen für diese
Zeit aufgespart. Bloß vereinzelte Individuen, die besonders feucht
lagen, warten einen Niederschlag nicht ab und entfernen den Winterschutz schon früher. Werden im Januar oder Februar gesammelte

mit dem Epiphragma verschlossene Gehäuse in ein trocknes luftiges Zimmer gebracht und dort einzeln aufgestellt, dann wartet man in der Regel vergebens auf das Abwerfen des Deckels. Es tritt dies vereinzelt nur dann ein, wenn die Gehäuse an einem offenen Fenster liegen und anhaltender Regen den Feuchtigkeitsgehalt der Luft besonders gesteigert hat.

Sicher wird er abgeworfen, wenn er im März oder April angefeuchtet oder in beliebiger Jahreszeit das Gehäuse in etwas angewärmtes Wasser eingelegt wird. Mittels letzteren Experiments gelang es, im Winter gesammelte Tiere, die bis zum nächstfolgenden August mit dem Epiphragma verschlossen blieben, zu dessen Abstoß zu veranlassen. Freilich waren derartig lange eingeschlossen gewesene Individuen so sehr ermattet, daß das Abwerfen des Deckels und das Austreten des Körpers viele Stunden in Anspruch nahm.

Das äußere Dermophragma wird über Winter zumeist ganz zerstört, das innere hingegen erhält sich bis zum Abwerfen des Winterdeckels. Es bedeckt nicht nur dessen Innenfläche, sondern greift an die Innenwände des Gehäuses über, deckt somit die Fuge zwischen beiden vollständig. Wird das Epiphragma abgestoßen, dann erfolgt die Trennung des inneren Dermophragmas nicht über der Fuge, sondern es bleiben Teile davon, die an den Gehäusewänden hafteten, an dem Epiphragma hängen. Dies ist ein Nachweis dafür, daß die Loslösung des Deckels nicht auf chemischem Wege erfolgt, wie dies SIMROTH [1]) vermutet, denn sonst müßte das innere Dermophragma zuerst durch die wirkende Flüssigkeit zersetzt werden, was aber durchaus nicht zutrifft. Das Ablösen erfolgt lediglich durch den Druck, den das austretende Tier auf den Deckel ausübt. Von außen einwirkende Feuchtigkeit begünstigt unbedingt die Trennung, da ein trockenes Epiphragma um vieles fester an den Gehäusewänden haftet als ein feuchtes. Trotzdem wäre es aber dem Tiere unmöglich, den Deckel aus der Mündung herauszustoßen, wenn es nicht über seinen Luftdruck-Apparat verfügte. Die durch Zusammenziehung der Sackwände komprimierte Luft des Sacksinus drückt die Mantelwand gleichmäßig gegen die Innenfläche des Epiphragmas, die Ablösung kann demnach nur in der Fuge erfolgen, und ein Zerbrechen des Deckels ist dabei so ziemlich ausgeschlossen.

---

1) In: BRONN, Klass. Ordn. Tier-Reich, Vol. 3, Abt. 3, 1909, p. 204.

Wohl kommt dies in seltenen Fällen vor, und dann bleiben Teile davon zumeist an der Spindelseite hängen, wo eben die Anhaftfläche des Epiphragmas am breitesten ist.

Daß diese in seltenen Ausnahmefällen an der Spindelseite haften bleibenden Epiphragmateile nicht als Ausgangspunkte für eine Mündungsbezahnung angenommen werden können, geht schon daraus hervor, daß auch bei den Prosobranchiern, die zuverlässig im Verlaufe ihrer Entwicklung gewiß niemals ein Epiphragma bildeten, bezahnte Mündungen vorkommen.

Treten im Frühjahr nach dem Abwerfen des Winterdeckels Nachfröste ein, dann suchen die Tiere neuerdings einen Winterschutz auf, ja sie graben sich oft tief in die Erde ein. Doch selbst in Fällen, wo die Temperatur mehr oder weniger tief unter den Nullpunkt sank, konnte ich niemals ein neugebildetes Epiphragma feststellen, nachdem das frühere abgeworfen war. Eines wird jedoch, ebenso wie im Herbst, stets eingehalten, das Wenden der Gehäusemündung nach oben. Es scheinen in dieser Lage die Organe gegen Frost am besten geschützt zu sein. Die Feuchtigkeitsaufnahme, die bei nach oben liegender Mündung zumeist begünstigt wird und die beim Abwerfen des Deckels gewiß ein Bedürfnis ist, scheint, da bei Frühjahrsfrösten ein solcher nicht angelegt wird, sondern nur die Wendung des Gehäuses erfolgt, erst in zweiter Linie in Betracht zu kommen.

Was endlich die Struktur des Epiphragmas anlangt, so gleicht sie sowohl im Quer- als auch im Flachschliff einem verworrenen Trümmerfeld, hat also Ähnlichkeit mit jener der *Limax*-Schale. Abweichend ist, daß beim Epiphragma noch dicht gedrängte, große Hohlräume auftreten, die beim Querschliff namentlich den medianen Teil erfüllen und hier schon mit unbewaffnetem Auge beobachtet werden können. Sowohl das Epiphragma als auch die Schale der Nacktschnecken lassen sich nur mit dem Ostracum vergleichen. Der aus der Mantelwand ausgeschiedene, auf das Dermophragma in milchiger Lösung abgesetzte Kalk stellt sich bei entsprechender Vergrößerung als kleine kreisrunde Scheibchen dar, die von einer hellen Zone umgeben sind.

Operculum.

Das Interesse für den Gastropodendeckel blieb immer in den Hintergrund gedrängt, man legte ihm zu keiner Zeit einen besonderen

Wert bei. Bloß HOUSSAY [1]) unterzog ihn eingehenderer Untersuchung. Und doch ist der Deckel in morphologischer Beziehung für das Studium der Gastropoden von hervorragender Bedeutung.

Die ältesten Formen des Operculums sind gerade so wie die ältesten Gastropodengehäuse spiralig aufgerollt, also asymmetrisch. Es kann demnach kein Zweifel darüber bestehen, daß er mit der Asymmetrie jener Molluskenklasse im Zusammenhang stehen muß.

Zur Aufklärung der Asymmetrie sind durch BÜTSCHLI, GROBBEN, LANG, SIMROTH u. A. abweichende Theorien aufgestellt worden, die ich, voraussetzend, daß sie allgemein bekannt seien, hier nicht wiederholen will. Hervorheben möchte ich aber, daß keine davon bis zu dem Deckel leitet, demnach auch keine Aussicht auf einen Erfolg haben kann.

Mit dem Gehäuse brachte das Operculum nur SIMROTH [2]) in Zusammenhang, doch beging er dabei den Fehler, die Polyplacophoren, demnach Vertreter einer anderen Molluskenklasse, für den Vergleich heranzuziehen. Er sagte darüber: „Ebenso habe ich die Möglichkeit offen gehalten, ihn (den Deckel) doch mit der Schale in Parallele zu stellen und etwa der letzten Schuppe der Chitonen zu homologisieren."

Ich ging bei dem Studium der Gastropodenasymmetrie von einem Urmollusk aus, das noch keine Schale besaß, und nahm an, daß es symmetrisch-bilateral war, demnach Ähnlichkeit mit den heutigen Aplacophoren hatte.

Von diesem Urmollusk trennte sich ein Stamm ab, bei dem vorerst ein locomotorischer, auf pneumatischem Druck beruhender Apparat zur Entwicklung gelangte. Bei Weiterentwicklung des Apparats steigerte sich der Druck auf das Integument derartig, daß dessen Gewebe nicht mehr ausreichte, um einen entsprechenden Widerstand entgegenzustellen. Jener Körperteil, wo die ringförmig geschlossene Mantelfurche entstanden war, bot den geringsten Widerstand, und es erfolgte hier ein Durchbruch der Wand, was zur Entstehung des Intestinalsackes Veranlassung gab. Der Durchbruch hatte die Trennung der Mantelfurche in zwei Teile zur weiteren Folge, und die Einwirkung der Dorsalmuskulatur bedingte nun, nachdem der einstige Widerstand ausgeschaltet war, die Verlagerung

---

1) Recherches sur l'opercule et les glandes du pied des Gastéropodes, in: Arch. Zool. expér. (2), Vol. 2, 1884.

2) In: BRONN, Klass. Ordn. Tier-Reich, Vol. 3, Abt. 2, 1896—1907, p. 217.

der beiden Mantelfurchenteile (Fig. 2 u. 4). Ich nenne die vordere
größere die Gehäuse-, die hintere die Opercularfurche.

Mit der Verschiebung der beiden Furchen kam zweierlei zustande: die Chiastoneurie des Nervensystems und die Verlegung des
Enddarmes nach vorn.

Entstand der Durchbruch an der linken Körperseite, dann
wurde das Darmende nach der rechten verlegt, und in der Folge
bildete sich hier ein rechtsgewundenes Gehäuse. Zu einer entgegengesetzten Wirkung kam es, wenn der Durchbruch an der rechten
Körperseite auftrat.

In der ontogenetischen Entwicklung kann ausnahmsweise als Erbe
früherer Entwicklungsstufen der Fall vorkommen, daß der Durchbruch
entgegengesetzt wie bei den Eltern zustande kommt, es bleibt somit die Möglichkeit offen, daß Nachkommen von Arten mit rechts-
gewundenem Gehäuse ein linksgewundenes, oder umgekehrt, erwerben.

Mit der Entstehung der Mantelfurche begann die Ausscheidung
eines Secrets, das an der Oberfläche zu Chitin erstarrte. Vorerst
bildete sich daraus eine kleine Kappe, die mit dem Bruchsack in
organische Verbindung getreten war. In der ontogenetischen Entwicklung gelangte ein kleiner Teil der Kappenperipherie in die
Gehäusefurche, wo daran neue Chitinmengen angebaut wurden. Das
eine Ende, der Anfang der Neubildung, war mit der Kappe fest verbunden, während auf das andere die Gehäusefurche drückte. Dieser
Druck konnte die Kappe, die angewachsen war, nicht geradlinig verschieben, sondern nur in Rotation bringen, die Neubildung mußte
sich demnach um sie herum spiralig anordnen. Der mit der Kappe
verbundene Intestinalsack war gezwungen, der Drehung zu folgen,
seine spiralige Anordnung wurde demnach durch den Gehäusebau
bedingt und nicht umgekehrt, wie dies allgemein angenommen wird.

Die Gehäuseform ist abhängig von dem Verhältnis zwischen
der Wachstumsraschheit des Tieres, der Flächenzunahme des Periostracums und der Längenzunahme des Spindelmuskels. Einen wesentlichen Anteil daran hat aber auch der Grad der Retraktion des
zuletzt genannten Organs während der Austrittsdauer des Tieres
gelegentlich des Schalenbaues. Ist er größer, dann entstehen dicht
aufgerollte kuglige oder scheibenförmige, im entgegengesetzten Falle
langgestreckte spindel- oder turmhelmförmige Schalen. Bei ersteren
ist eine ausnahmsweise Erschlaffung des Muskels häufiger zu beobachten. Sie kann entweder nur bei einzelnen Individuen oder auch
bei sämtlichen Vertretern einer Art auftreten. Erscheint sie zu

Beginn der ontogenetischen Entwicklung, dann trennen sich alle Windungen *Vermetus*-artig voneinander. Geschieht es erst später, dann erfolgt bloß die Loslösung der letzten Umgänge oder doch eine unregelmäßige Anordnung dieser. Diese Alloiostrophie ist aber auch bei langgestreckten Gehäusen nicht ausgeschlossen. Wir begegnen ihr namentlich bei *Cylindrella*. Unter normalen Verhältnissen konnte ich sie bei den Clausilien niemals nachweisen. Verliert aber ein Individuum den letzten Umgang, dann erfolgt die Regeneration zumeist alloiostroph, da der für das durch die Beschädigung verkürzte Gehäuse zu lange Spindelmuskel während der Regenerationsdauer nicht genügend retrahiert wird.

Bei *Planorbis* treten häufig abnorme Schalenbildungen auf, die zumeist durch Loslösung der Umgänge oder sonstige Unregelmäßigkeiten im Gehäusebau ausgezeichnet sind. Weder parasitäre Einflüsse noch dichter Pflanzenwuchs an den Wohnstätten tragen Schuld daran, auch sie entstehen infolge von Störungen in der Funktion des Spindelmuskels.

Die bei einigen Gastropoden auftretende Heterostrophie ist auf eine vorübergehende Erschlaffung des Spindelmuskels zurückzuführen, die eine Wendung der Embryonalschale in der Weise möglich macht, daß ihre ursprüngliche Nabelseite nach oben zu liegen kommt. Die hierauf daran angebauten weiteren Umgänge sind dann dem Anscheine nach entgegengesetzt gewunden. PLATE's Erklärung der Heterostrophie läßt sich technisch nicht begründen. Außerdem wäre aber auch die Möglichkeit ausgeschlossen, daß die aus dem Gewinde herausgepreßte Spitze immer wieder in gleicher Richtung und Regelmäßigkeit an das Gehäuse angebaut werde.

Bezüglich der Form der Windungen wäre noch zu erwähnen, daß sie völlig von der größeren oder kleineren Wirkung des pneumatischen Apparats auf die Mantelwände abhängig ist. Bei größerer Wirkung werden die Umgänge gewölbt, im entgegengesetzten Falle mehr oder weniger geebnet.

Im Verlaufe der Differenzierung und Entwicklung der Arten könnte sich die Gehäusefurche neuerdings ringförmig schließen, was die Entstehung eines napfförmigen, nicht gewundenen Gehäuses zur Folge hatte (*Fissurellidae*, *Patellidae* etc.), oder sie konnte nach Zurückziehung des Intestinalsackes gänzlich verschwinden, womit eine Gehäusebildung aufhörte (*Limacidae*, *Arionidae* etc.). Eines blieb den Vertretern dieser Gruppen jedoch anhaften, die Asymmetrie des Pallialkomplexes und die Chiastoneurie des Nervensystems, die den Weg der einstigen Formwandlung genau bezeichnen.

In gleicher Weise wie das Gehäuse in der Gehäusefurche zustande kam, entwickelte sich der Gastropodendeckel in der Opercularfurche. Die Form und die Funktion beider Furchen sind entgegengesetzt, es ist deshalb nicht möglich, daß sich der Deckel in gleicher Richtung wie das dazugehörige Gehäuse aufrollt, es kann dies nur entgegengesetzt geschehen. Die Angabe Keferstein's, daß die rechtsgewundene *Atlanta* einen rechtsgewundenen Deckel haben soll, beruht zweifellos auf einem Irrtum.

Die Chitinschichte des Gastropodendeckels entspricht dem Periostracum der Schale, die aber hier auffallend dick werden kann. Besteht er außerdem auch aus Kalk, dann ist letzterer geschichtet und läßt sich mit dem Hypostracum homologisieren. Bei den skulpturierten Deckeln, z. B. von *Callopoma*, *Natica* etc., wäre zu erwarten, daß auch ein Ostracum vorhanden sei, doch ich konnte eine Stäbchenskulptur auch hier nicht nachweisen.

Auch die Opercularfurche kann sich ringförmig schließen, was die Entstehung nicht spiralig aufgerollter Deckel bedingt. Bei einigen Arten tritt sie in der Jugend auf, doch das gebildete Operculum wird von dem erwachsenen Tier abgeworfen. Bei zahlreichen Familien ging sie und mit ihr das Operculum gänzlich verloren.

Alle Gastropoden hatten ursprünglich einen Deckel, so auch die Voreltern unserer heutigen Stylommatophoren. Es kann das bei ihnen vereinzelt auftretende Epiphragma, abgesehen von seiner ganz abweichenden Bildung, nicht als ein werdendes Operculum angesehen werden, das sich, nach Simroth's Ansicht, möglicherweise mit dem Hinterende des Körpers einmal verbinden könnte, es ist vielmehr eine Neubildung, die in dem aufgetretenen Bedürfnis nach dem in Verlust geratenen Operculum zustande gekommen ist und dafür einen zeitweiligen Ersatz bieten soll.

Clausilium.

Für das Studium des Clausilien-Apparats erweisen sich die Alopien am geeignetsten. Bei ihnen kann seine Entwicklung schrittweise verfolgt werden. Damit war auch die Möglichkeit geboten, zu einer vollkommen klaren Vorstellung des Urtypus aller Clausilien zu gelangen. Er hatte ein *Ena*-ähnliches Gehäuse mit Umgängen, die sich stetig erweiterten und am Peristom der fertig ausgebildeten Schale den größten Durchmesser erreichten.

Bei dem Urtypus trat infolge Überganges der Lebensweise von Land zu Fels eine ganz eigentümliche Hypertrophie in der Schalenbildung ein, die sich im Verlaufe der Weiterentwicklung immer mehr steigerte. Während das Tier, namentlich dessen Spindelmuskel, bereits an der Grenze ihrer ontogenetischen Entwicklung angelangt waren, hörte die Weiterbildung der Schale nicht auf oder hielt doch mit jener nicht gleichen Schritt. Es trat eine Spannung der Organe ein, die namentlich auf die Mantelfurche ihre Wirkung ausübte. Sie wurde in der Richtung gegen die Gehäusespitze gezogen, was die Verkleinerung ihres Krümmungshalbmessers zur Folge haben mußte. Der hypertrophe Gehäuseteil verengte sich demnach um so mehr, je größer die Anzahl der Umgänge geworden war.

Die Verengung in der Richtung gegen das Peristom übte einen wesentlichen Einfluß auf die weitere Gestaltung des Clausiliengehäuses. Der Mantel hatte eine den früheren, weiteren Umgängen angepaßte Dimension erreicht, fand demnach in der verengten Mündung nicht genügenden Raum, was zu seiner Runzelung Veranlassung gab. Es entstand zunächst an der Ventralseite, knapp neben dem Pneumostom, das bei den Clausilien ganz in den Nähtwinkel hineingedrängt ist, eine kleine Runzel, die der Gehäusewand aufruhte. Der in die Runzel hineingelangte Kalk verband sich mit der Wand und bildete dort ein kleines vorstehendes Knötchen, auf welches nach jedesmaligem Austreten des Körpers aus der Schale eine weitere Kalkschichte aufgetragen wurde und das sich so in der Folge zu einer Leiste, der Oberlamelle, ausbildete.

Im späteren Verlauf der Entwicklung tritt eine zweite Mantel-, die Unterlamellenrunzel auf. Sie ist anfangs sehr klein und liegt dann über der Spindel. Die Lamelle, die ihr ihre Entstehung dankt, zieht sich wie ein Faden schraubenlinienartig über den unteren Teil der Spindel. Erst in einem höheren Entwicklungsstadium rückt die Runzel von der Spindel auf die Wand ab, und die dort durch sie entstehende Lamelle schließt dann mit der Spindel eine mehr oder weniger breite Nische ein.

Mit der Ober- und Unterlamelle ist der Mantel an zwei Stellen in der Mündung fixiert, und damit ist auch das Austreten des retrahierten Tieres in vollkommen sichere Bahnen gelenkt. Gehen die beiden Lamellen durch Verlust des letzten Umganges verloren, dann erfolgt ein Schwanken im Austreten. Dies ist daran zu erkennen, daß in Fällen, wo die Lamellen zu einer Regeneration ge-

21*

langen, sie immer unregelmäßig sind und an abweichenden Stellen auftreten.

Nach der phylogenetischen Entwicklung der beiden Lamellen erfolgt zu Ende des Gehäusebaues eine gesteigerte Kalkausscheidung, die Veranlassung zur Entstehung der Gaumenwulst wird.

Das Lungennetz der Clausilien ist von jenem der Helices ganz abweichend gestaltet. Die Vena pulmonalis beginnt nahe an dem Mantelrand und ist in zwei gleich starke, in ihrem ganzen Verlauf gleich dick bleibende Stränge gespalten, die von ihrem Beginn bis kurz vor ihrer Einmündung in das Pericard, wo sie sich vereinigen, nahe aneinander gedrängt parallel laufen und bei ausgetretenem Körper bis vier Umgänge durchziehen, über die sich der Sinus des Intestinalsackes ausbreitet. Anderweitige Lungengefäße, die dem Anscheine nach alle unverzweigt sind, scheinen nur im Bereich des Mantelrandes aufzutreten. Sie sind sehr schwer sichtbar, da sie kein Relief bilden, und eine Injektion wollte mir bis jetzt nicht gelingen. Am besten treten sie hervor, wenn das Präparat für einige Zeit in Alkohol eingelegt wird. Es münden die aus der Gegend des Rectums kommenden Gefäße in die obere, die in der Gegend der Spindel entspringenden in die untere Lungenvene.

Die beiden Venae pulmonales beteiligen sich ebenfalls an der Weiterentwicklung des Clausilien-Apparats. Zwischen ihnen kommt die Principale, die oberste Gaumenfalte, in gleicher Weise, wie ich dies bei der Oberlamelle schilderte, zustande. Bei jedesmaligem Austreten des Körpers gelangt die Principale zwischen die beiden Venen, die sich beiderseits dicht an sie anschmiegen (Fig. 5).

Mit der Principale ist nun auch der dorsale Mantelteil in der Schale fixiert, so daß ein Abweichen beim Austritt des Körpers auch hier ausgeschlossen bleibt. Sie ist in mancher Beziehung von Bedeutung und gibt sicheren Aufschluß über die Lage der Lungenvenen, die in den verschiedenen Clausiliengattungen mannigfaltigen Abweichungen unterworfen ist.

Die übrigen in der Gehäusemündung auftretenden Falten danken einer Mantelrunzelung ihre Entstehung. Die Stellung und die Lage der Runzeln, die jene der Falten bedingen, sind abhängig von der Form und der Anordnung der Pallialorgane in der Mantelhöhle während der Austrittsdauer des Körpers, haben deshalb ebenfalls unverkennbare Bedeutung.

Auf die Entwicklung der Principale und der untersten Gaumenfalte folgt die phylogenetische Entstehung der Spirallamelle. Sie ist nichts weiter als eine Fortsetzung der Oberlamelle, und die Trennung beider, die in der Regel auftritt, ist die Folge einer Knickung des Enddarmes, dessen Lage durch die beiden Lamellen in der Mündung fixiert bleibt.

Während der phylogenetischen Entwicklung der Principale, der untersten Gaumenfalte und der Spirallamelle trat auch eine bedeutungsvolle Umwandlung der Unterlamellenrunzel auf. Ihre Wände wurden durch zahlreiche Muskelfasern, die vom Spindelmuskel ausgingen, verstärkt, und es begann eine gastrulaartige Einstülpung durch ihre ganze Länge aufzutreten. Die Einstülpung setzt sich im weiteren Verlauf der Entwicklung als stark muskulöse Membran fort bis an die Insertionslinie zwischen Unterlamelle und Gehäusewand. Durch diese Septenbildung war nun die Unterlamellenrunzel in zwei Taschen gegliedert. Die obere nahm die Unterlamelle auf, in der unteren entstand das Clausilium (Fig. 6).

Der in die Clausiliumtasche eindringende oder dort ausgetretene Kalk gelangt bis an ihr hinteres Ende und von da auf die Gehäusespindel. Dort bildet sich vorerst ein zu jener schräg stehendes längliches Knötchen von ziemlicher Höhe. Bei späteren Austritten des Körpers wird dem Kamm des Knötchens ein Stielchen angesetzt, das in die Tasche hineinragt. Sobald es entsprechende Länge erlangt, erfolgt eine schaufelförmige Verbreiterung am vorderen Ende, an die immer mehr Kalkschichten angesetzt werden, bis die Erweiterung sich zu einer Platte ausbildet, die mit der Unterlamelle, auf der sie während ihres successiven Baues, getrennt durch die Clausilium-Membran, immer aufruht, in der Form und annähernd auch in der Größe übereinstimmt. Die Form der Clausiliumplatte muß immer mit jener der Unterlamelle übereinstimmen, da sie während ihres Baues durch den im Intestinalsack zustande kommenden pneumatischen Druck fortwährend gegen letztere, die bereits vollendet ist, angepreßt wird.

Die allmähliche Vergrößerung der Platte kann an gefangen gehaltenen, im letzten Stadium des Wachstums stehenden Clausilien, dann aber auch am noch unvollendeten Clausilium genau beobachtet werden. Es sind daran die ziemlich regelmäßig angeordneten Zuwachsstreifen deutlich zu erkennen, deren Trennungslinien erst in späterer Folge gänzlich verschwinden.

Lamellen, Gaumenfalten, die Gaumenwulst und das Clausilium sind geschichtete hypostracale Bildungen, die nur bei ausgetretenem Körper entstehen können.

Aus der komplizierten Entwicklung des Clausilienapparats kann mit Sicherheit bloß geschlossen werden, daß die Anlage der Lamellen und Gaumenfalten von allem Anfang darauf hinaus ging, den Mantel des Tieres beim Austreten des Körpers aus der Schale immer in eine ganz bestimmte Lage zu bringen, damit das Clausilium jedesmal sicher in dessen Tasche gelange. Ein Abbrechen des zarten Stieles ist deshalb während des Austrittsaktes vollständig ausgeschlossen.

Doch welchem Zwecke dieser eigenartige Apparat dienen soll, kann, wenn auch nicht leicht, aus der geschilderten Entwicklung erkannt werden.

Zum Schutz gegen Feinde war er gewiß nicht entstanden, denn an der Spitze des Moguragebirges bei Törzburg lebt *Alopia maxima* Rm. ohne Gaumenfalten und Clausilium in großer Menge, so daß die Kalkfelsen damit wie übersät erscheinen, und an einer anderen, etwa 200 m tiefer gelegenen Stelle des bezeichneten Gebirges hat die gleiche Art einen bereits gut entwickelten Apparat, dem das Clausilium nicht fehlt; doch hier ist ihr Auftreten verhältnismäßig spärlich, obwohl die Lebensbedingungen an beiden Örtlichkeiten die gleichen zu sein scheinen. Hätten die Clausilien Feinde, die das Clausilium abhalten soll, dann wäre die Form von der Moguraspitze diesen vollständig hilflos ausgesetzt, und sie würden niemals in derartiger Menge auftreten können. Die gleiche Beobachtung konnte ich auch in anderen Gebieten machen. Überall waren die von Alopien ohne Clausilium bewohnten Lokalitäten reichlicher bevölkert als benachbarte, wo sie ein solches bereits erworben hatten.

Alle Alopien leben auf Kalkfelsen. Während ihrer Ruhezeit kleben beide Formen, die ohne Clausilium und jene mit einem solchen, ihre Gehäusemündungen dicht an die Felswände, so daß hierdurch genügender Schutz gegen das Austrocknen des Tieres geboten ist. Das Schließknöchelchen wäre demnach bei dieser Gattung auch während anhaltender Dürre nicht nur kein Bedürfnis, sondern auch vollständig überflüssig. Es kann demnach bei den Alopien niemals als Trockenheitsschutzdeckel zustande gekommen sein.

Mir war der Zweck des Clausiliums schon seit lange bekannt und zwar seit jener Zeit, wo ich Alopien, die es noch nicht erworben hatten, zum erstenmal lebend sah und beobachten konnte. Das Benehmen der Formen ohne und mit Clausilium ist voneinander derartig auffallend abweichend, daß es auch von jenem, der nur wenig Eignung für biologische und physiologische Forschung hat, nicht übersehen werden kann.

Um zur Kenntnis zu leiten, welche Bestimmung das Clausilium habe, genügt die Anführung einzelner Beobachtungen.

Auf dem Obersia, einer Spitze des Bucsecs-Südabfalles in den Transsilvanischen Alpen, lebt eine kleine *Alopia*, die noch keine Gaumenfalten und somit auch kein Clausilium besitzt. Bloß die Ober- und Unterlamelle ist ziemlich gut entwickelt. Ich benannte sie *Alopia nixa*. Die Länge der aus $8^1/_2$—9 Umgängen bestehenden Schale wechselt zwischen 10,8 und 13,5 mm, ihr Durchmesser zwischen 3,2 und 4 mm. Wird diese Art auf eine horizontal liegende Glasplatte gelegt, dann ruht während der Locomotion der letzte Umgang auf dem Schwanzende, während der übrige Gehäuseteil der Platte aufliegt und nachgeschleift wird. Die Bewegung der Schale erfolgt kontinuierlich. Das Tier verkürzt während der Locomotion den Vorderkörper auffallend, so daß der Nacken ganz nahe an den Kopf zu liegen kommt. Die Sohle hingegen wird möglichst verbreitert, was die schwierige Bewältigung der nachgezogenen Last kennzeichnet. Wird anstatt einer glatten Glasplatte etwa ein rauher Stein als Kriechfläche gewählt, dann erfolgt das Nachziehen der Schale ruckweise. Dabei wird der Vorderkörper möglichst lang ausgedehnt und dann das Gehäuse an den Kopf herangezogen. Beim Kriechen auf einer vertikal aufgestellten Fläche erfolgt das Nachziehen immer ruckweise. In gleicher Art wie *Alopia nixa* ziehen alle Alopien ohne Clausilium ihr Gehäuse auf der Kriechfläche schleifend nach.

Bei ihrer Verbreitung über Örtlichkeiten geringerer Seehöhe entwickelt sich aus *Alopia nixa* Km. die Formenreihe: *Alopia novalis* Km., — *straminicollis* Charp., — *monacha* Km. und — *plumbea* Rm. durchwandelnd, zur *Alopia cornea* A. Schmdt. Diese hat stark entwickelte Lamellen, 4 kräftige Gaumenfalten und ein Clausilium mit ausnehmend breiter Platte. Die Länge ihrer Schale wechselt zwischen 15 und 22 mm, der Durchmesser zwischen 3 und 6 mm, während die Zahl ihrer Umgänge zwischen $10^1/_2$ und 12 schwankt. Die Form lebt in der Umgebung von Kronstadt. Kriecht sie auf einer beliebigen horizontalen Fläche, dann trägt sie immer das Gehäuse über den Rücken hoch aufgerichtet, und niemals wird es nachgeschleppt. Ja, das Tier ist sogar imstande, die verhältnismäßig schwere Last scheinbar ohne Anstrengung von einer auf die andere Körperseite zu heben, es hat demnach das Gehäuse vollständig in seiner Gewalt.

Da der Zusammenhang zwischen Schleppen und Tragen klar

zu erkennen war, brach ich einer Anzahl Individuen das Clausilium
aus der Schale heraus. Nach neuerlichem Austritt waren die Tiere
nicht wieder imstande, ihr Gehäuse zu heben, sie schleppten es hin-
fort nach, wie jene Alopien, bei welchen das Clausilium noch nicht
zur Entwicklung gelangt war.

Das Gewichtsverhältnis zwischen Tier und Schale ist im Durchschnitt bei:

Succinea putris L.	1 : 0,10
Pomatia pomatia L.	1 : 0,20
Herilla dacica Rm.	1 : 0,70
Clausiliastra marginata Rm.	1 : 1,25
Alopia cornea A. S.	1 : 2,00

Während also bei *Pomatia pomatia* das Tier 5mal so schwer ist
wie sein Gehäuse, wird bei den Clausilien das Gewicht der Schale
doppelt so groß wie jenes des Tieres. Es ist hier noch zu berücksichtigen, daß bei der Fam. *Helicidae* und anderen mit kugligem oder
flachem Gehäuse der ganze Intestinalsack samt der Schale über dem
Rücken des ausgetretenen Körpers zu liegen kommt, bei den Clausilien hingegen ruht höchstens der ganze letzte Umgang dem
Schwanzende auf, und der übrige Gehäuseteil samt den darin liegenden Pallialorganen ragt über den Körper hinaus. Diese Lastver-
teilung ist somit hier für das Tragen äußerst ungünstig.

Daß die Clausilien zum Tragen ihres Gehäuses eines Werk-
zeuges bedurften, nachdem die eigene Körperkraft hierfür nicht ausreichte, und daß sie ein solches in dem Schließknöchelchen auch
erwarben, konnte ich nach den angeführten Beobachtungen mit voller
Sicherheit annehmen. Doch in welcher Weise der Apparat funk-
tionierte, wie er gehandhabt wurde und zustande kam, blieb mir
vorerst unverständlich. Es bedurfte, um dies kennen zu lernen, da
die vorhandene Literatur nicht geeignet war, darauf zu leiten, jenes
vielverzweigten, oft recht schwierigen Studiums, das ich im Vor-
hergegangenen anzudeuten versucht.

Der Sinus des Bruchsackes erfüllt bei der weitaus größten Zahl
der Stylommatophoren während der Austrittsdauer des Körpers bloß
den letzten Umgang der Schale, bei den Clausilien hingegen $3\frac{1}{2}$,
ja sogar 4. Es kann somit hier eine verhältnismäßig sehr große
Menge Luft aufgenommen und eingeschlossen werden, durch deren
Komprimierung ein ausnehmend kräftiger Druck erzeugt wird, der
auch auf die Seitenwände der Unterlamellenrunzel einwirken muß.
Damit wird die Clausiliumplatte gegen die Unterlamelle gedrückt

und die zwischen beiden eingeschaltete Clausiliummembran unver-
rückbar eingeklemmt. Hierdurch gewinnt der Spindelmuskel eine
zweite Anhaftstelle, die der Gehäusemündung ganz nahe gerückt ist,
wodurch das Aufrichten der Schale über dem Körper bei Anwendung
eines geringen Kraftaufwandes gelingt.

Nach den Studien, die ich an fossilen und lebenden Clausilien
machte, differenzierte sich schon der Urtypus in mehrere Stämme,
aus welchen dann die verschiedenen Gattungen hervorgingen. Die
phylogenetische Entwicklung des Tragapparats nahm bei allen den
gleichen Verlauf, überall trat zuerst die Oberlamelle auf, der die
Unterlamelle sowie die Gaumenfalten folgten. Ein Schwanken in
der Reihenfolge konnte ich an keiner Stelle feststellen, so daß
es den Anschein hat, daß mit dem Auftreten der Oberlamelle der
erste Schritt zur Durchführung eines bereits feststehenden Planes
erfolgte.

Ein Abschwenken von dieser Entwicklungsrichtung ist allerdings in einem Falle nicht zu übersehen. Schon im mittleren Pliocän
trat bei *Triptychia* ein Wandern der Spindelmuskel-Anhaftstelle von
der Spitze in der Richtung gegen die Mündung auf, was ein Abwerfen der Gehäusespitze zur Folge hatte. Damit kam eine geringere Spannung der Organe sowie infolgedessen eine geringere
Verengung des letzten Umganges zustande. Die weitere Folge davon war, daß die Oberlamelle kurz blieb und weit weniger tief in
den Schlund eindrang als bei nicht decollierten Arten, wo es den
Anschein hat, als wenn die Ober- durch eine angehängte Spirallamelle verlängert wäre. Das Wandern der Muskelanhaftstelle
brachte den Arten, bei welchen es auftrat, zweifellos unverkennbare Vorteile. Es wurde damit das Gewicht der Schale verkleinert
und ihr Schwerpunkt in proximaler Richtung verschoben. Doch
auch ein Nachteil trat damit auf, der die Vorteile weit überwog.
Durch die Verlängerung des Spindelmuskels nach vorn wurde der
Entwicklung des Tragapparats entgegengewirkt, und die Gattung,
deren Arten zumeist sehr große Gehäuse zu tragen hatten, ging
schon im Pliocän zugrunde. Welche Ursachen zum Abwerfen der
Spitzen bei rezenten Clausilien, was namentlich bei der Gattung
Siciliaria auftritt, Veranlassung geben, blieb mir noch unbekannt.
Dem Anscheine nach übt dies keinen Einfluß auf die Gestaltung des
Tragapparats aus, da das Abwerfen der Spitze und wahrscheinlich
auch das Wandern der Anhaftstelle des Spindelmuskels erst nach
vollendetem Gehäusebau erfolgt.

Sobald das Clausilium entstanden war, begannen daran Einrichtungen aufzutreten, durch welche die Wirkung des Apparats eine mehr oder weniger ausgiebige Steigerung erfuhr. Bei manchen Formen der Alopien bildete sich an der unteren Fläche der Unterlamelle, nahe an deren Vorderkante ein Knötchen, das in einem entsprechenden Ausschnitt der Clausiliumplatte hineinragt. Durch diese Einrichtung, der wir auch bei *Herilla, Clausiliastra* und anderen Gattungen begegnen, wird die Clausiliummembran wie mittels eines Riegels an die Unterlamelle geheftet, womit einem Abgleiten in der Richtung des Zuges entgegengewirkt wird. Bei anderen Gruppen verschmälert sich das Vorderende der Platte zu einer Spitze, die bis an die Vorderkante der Lamelle heranreicht und dort die Membran festhält. Bei *Uncinaria* bildet sich die Spitze zu einem langen Haken aus, der der Lamellenkante aufliegt. Noch besser entwickelte Haftvorrichtungen finden sich bei asiatischen Clausilien, so namentlich bei *Cl. becki* Pilsb. und *thaumatopoma* Pilsb.

Dafür scheinen die mit dem Tragapparat im Zusammenhang stehenden Organe nicht immer einwandfrei entwickelt zu sein. Ich habe schon früher hervorgehoben, daß ein Losbrechen des Clausiliums von der Spindel während des Körperaustrittes aus der Schale ausgeschlossen sei. Anders verhält es sich beim Zurückziehen in das Gehäuse. Geschieht dies ausnehmend rasch, dann kommt es ab und zu vor, daß der Stiel des Clausiliums abbricht, da die Platte nicht genügend glatt aus der Tasche herausgleiten kann. Das elastische Stielchen wird dabei zu stark gebogen, was an dem Herausschleudern des Clausiliums aus der Gehäusemündung nach erfolgtem Bruch erkennbar ist. Ein einmal verloren gegangenes Clausilium wird nie wieder regeneriert.

Einer bemerkenswerten Erscheinung begegnete ich bei *Herilla dacica* Rm. aus dem Miljačkatal bei Sarajevo in Bosnien. Trotzdem daß ihr Tragapparat ziemlich gut entwickelt erscheint und das Verhältnis zwischen dem Gewicht des Tieres und dessen Gehäuse kein ungünstiges ist, schleppt sie letzteres dennoch nach und trägt es niemals aufgerichtet. Der Apparat versagt hier bereits und genügt nicht zum Tragen der Schale. Möglicherweise tritt diese Erscheinung auch bei anderen Clausilienarten auf, die ein ausnehmend großes und dabei langgestrecktes Gehäuse besitzen.

Ich beobachtete ferner bei einer kleinen Art — wenn ich mich recht erinnere, so war dies *Cusmicia dubia* Drp. —, daß das Tier seine Schale trotz herausgebrochenem Clausilium aufrecht trug.

Ob in diesem Falle das Stielchen unversehrt blieb und beim Tragen genügte oder aber ob schon die Lamellen und Gaumenfalten wie bei den Pupiden ausreichten, die Last zu heben, ist noch festzustellen. Letzteres scheint nicht wahrscheinlich zu sein, da in diesem Falle das Clausilium bereits überflüssig geworden und bei einer oder der anderen Art wieder verloren gegangen wäre, was jedoch nicht zutrifft. Das einzige Beispiel für eine Rückentwicklung des Tragapparats, das ich früher einmal aufstellte[1]) und nach welchem sich *Alopia adventicia* Km. zu *Alopia nixa* Km. abschwächen sollte, konnte auf Grund späterer Untersuchungen als irrtümlich festgestellt werden.

Es hat schon v. Vest die Beobachtung gemacht, daß Clausilien, die an Meeresküsten oder auf nebeligen Höhen leben, ein schwächliches oder auch gar kein Clausilium bauen. Ich fand dies bestätigt und die Erklärung, daß an solchen Lokalitäten die Lebensbedingungen der Tiere ununterbrochen erfüllt bleiben, so daß sie an ihrer Geburtsstätte auf einer kleinen Fläche ihr ganzes Leben hindurch verweilen können, welche Annahme in der großen Individuenzahl, die an den bezeichneten Örtlichkeiten auftritt, eine Bestätigung findet. Sobald sich dies änderte, erwachte bei ihnen der Wandertrieb, der durch die schwere Last ihres Gehäuses so lange gehemmt blieb, bis der Tragapparat zustande gekommen war. Wäre dies nicht erfolgt, dann hätte ihre Verbreitung über andere Gebiete nicht stattfinden können, und der Urstamm würde sich dann auch nicht zu der heutigen artenreichen Familie differenziert haben.

---

1) Prodromus zu einer Monographie des Clausilien-Subgenus Alopia, Hermannstadt, 1893, p. 39.

Erklärung der Abbildungen.

Tafel 11.

Fig. 1—4. Schematische Darstellung zur Entstehungserklärung der Asymmetrie des Pallialkomplexes und der Chiastoneurie des Nervensystems bei den Gastropoden. Fig. 1*ab* rechtsseitige, Fig. 3*ab* linksseitige Bruchlinie.

Fig. 5. Venae pulmonales einer *Clausilia*. *Vp* Venae pulmonales, *Ppr* Principalfalte.

Fig. 6. Schematischer Querschnitt durch den Mantel und die Schale einer Clausilie. *Cl* Clausilium. *Clm* Clausiliummembran. *Li* Unter-lamelle. *Lir* Unterlamellenrunzel. *Ls* Oberlamelle. *Lsr* Oberlamellenrunzel. *Pn* Pneumostom. *Ppr* Principalfalte. *Pr* Principalrunzel. *R* Darm. *Vi* untere, *Vs* obere Vena pulmonalis.

G. Pätz'sche Buchdr. Lippert & Co. G. m. b. H., Naumburg a. d. S.

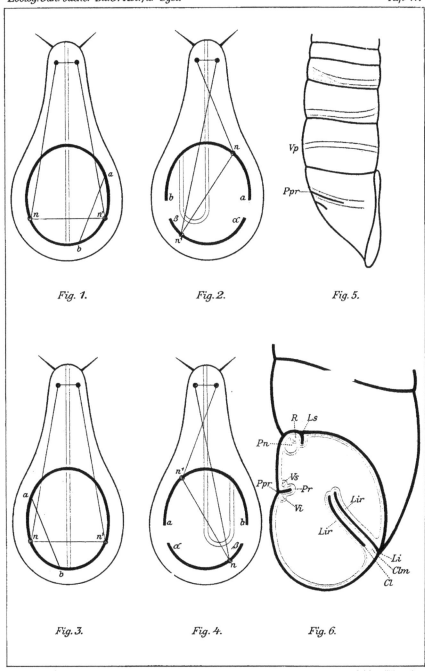

Fig. 1. Fig. 2. Fig. 5.

Fig. 3. Fig. 4. Fig. 6.

v. Kımakowıcz-Winnıcki gez. Lith.Anst.v.K.Wesser,Jena.

Verlag von Gustav Fischer in Jena.

Hydracarinen aus dem Kaplande.

Gesammelt von der Deutschen Südpolar-Expedition.

Von

Karl Viets, Bremen.

Mit Tafel 12—14.

Über Hydracarinen aus dem Kaplande liegen bislang erst wenige Daten vor. Nach Dr. Sig. Thor's Feststellungen bis zum Jahre 1902 sind 17 Arten aus der südafrikanischen Hydracarinen-Fauna bekannt geworden.

Es sind:

Eylais purcelli S. Thor
— *lightfooti* S. Thor
— *variabilis* S. Thor
— *voeltzkowi* F. Koenike
— (*Capeulais*) *crassipalpis* S. Thor
Diplodontus despiciens (O. F. Müller)
Oxus stuhlmanni (F. Koenike)
Limnesia africana S. Thor
— *undulata* (O. F. Müller)
Hygrobates sarsi (S. Thor)
Piona longicornis (O. F. Müller)
— *tridens* (S. Thor)
Unionicola crassipes (O. F. Müller)
Arrhenurus purcelli S. Thor
— *capensis* S. Thor
— *meridionalis* S. Thor
— *convexus* S. Thor

EUG. v. DADAY glaubte in dem von THOR benannten *Arrhenurus convexus* (♀) eine *Arrhenurus*-Art zu erkennen, die F. KOENIKE unter dem Namen *A. plenipalpis* KOEN. für die Fauna Deutsch Ost-Afrikas beschrieben hatte.

Vom Zoologischen Museum zu Berlin wurden mir mehrere Gläschen mit Acarinen zur Bearbeitung überwiesen, die von der Deutschen Südpolar-Expedition in Süd-Afrika gesammelt wurden. Hydracarinen waren darin von 7 Lokalitäten vorhanden. An der Hand dieser Funde wurden 8 Arten für das Kapland festgestellt; 4 von diesen Formen erwiesen sich als neu für die Wissenschaft. Für Süd-Afrika sind damit also insgesamt 21 Hydracarinen-Arten nachgewiesen worden.

Die Liste der F u n d o r t e nebst den erbeuteten Arten ist folgende:

1. Süßwassertümpel zwischen Fischhoek und Chapmansbay, 8./7. 1903.

> *Thyas octopora n. sp.*
> *Limnesia africana* S. THOR
> *Arrhenurus convexus* S. THOR

2. Süßwassertümpel bei Chapmansbay, 8./7. 1903.

> *Limnesia africana* S. THOR
> *Piona tridens* S. THOR

3. Vley bei Fischhoek, 8./7. 1903.

> *Limnesia africana* S. THOR

4. Plumstead, 12./7. 1903.

> *Limnesia africana* S. THOR

5. Lange Vleg, 12./7. 1903.

> *Thyas octopora n. sp.*
> *Limnesia africana* S. THOR
> *Piona tridens* S. THOR

6. Vley bei Lakeside, 28./7. 1903.

> *Diplodontus despiciens capensis n. var.*
> *Limnesia africana* S. THOR
> *Hygrobates sigthori n. sp.*
> *Piona tridens* (S. THOR)
> *Arrhenurus meridionalis* S. THOR

7. Vlegbai, Lakeside, 28./7. 1903.

> *Limnochares tenuiscutata n. sp.*
> *Limnesia africana* S. THOR

Die 4 neubekannten Arten sind:

Limnochares tenuiscutata,
Thyas octopora, ,
Hygrobates sigthori,
Diplodontus despiciens capensis.

Limnochares tenuiscutata n. sp.
(Taf. 12 Fig. 1—3, 6.)

G r ö ß e. Das Tier ist reichlich 1500 μ lang, also kleiner als die nächstverwandte *L. crinita* KOENIKE.

Die H a u t ist dicht mit kegelförmigen Papillen besetzt, jedoch sind diese sichtbar niedriger und feinhäutiger als bei der Vergleichsform (Taf. 12 Fig. 5).

Im Bau des Rückenschildes weicht *L. tenuiscutata* erheblich von der madagassischen Art ab. Während bei dieser die hinter den Augen gelegene Partie von erheblicher Breite und breiter als der vor den Augen gelegene Schildabschnitt ist, ist bei der süd-afrikanischen Form das umgekehrte Verhältnis der Fall. Die Länge des Schildes ist bei *L. tenuiscutata* 335 μ; die Breite beträgt in der Augengegend 130 μ. Der vor den Augen gelegene Abschnitt ist 42 μ, der hintere im Mittel 32 μ breit. Nach hinten hin verjüngt sich das Schild (Gegensatz zu KOENIKE's Form).

Hinsichtlich der A u g e n ergeben sich zwischen beiden Arten nur unerhebliche Unterschiede.

Im Bau der P a l p e n treten der zum Vergleich herangezogenen Art gegenüber einige Abweichungen zutage. Vor allem fällt die erhebliche Verkürzung des 3. Segments gegenüber dem 2. auf (bei *L. crinita* KOEN. ist zwischen diesen beiden Tasterabschnitten kaum ein Längenunterschied zu bemerken). Auffallenderweise ist das 2. Glied mit dem 3. größtenteils verwachsen. Bei Seitenlage der Palpe ist dorsal noch ein deutlicher Absatz zwischen den beiden Gliedern zu erkennen. Deutlich ist hier auch in dem starken Rand-chitin (im optischen Durchschnitt desselben) eine Trennung der Glieder bemerkbar. Die Trennungslinie läßt sich ferner ein kleines Stück auf der Flachseite verfolgen, ist dann aber weiter auch mit Hilfe starker Objektive (Immers. $^{1}/_{12}$) nicht zu erkennen. Der verstärkte Chitinrand der Beugeseite zeigt an der dem Dorsaleinschnitt gegenüberliegenden Stelle wohl eine geringe Einkerbung, jedoch keine Durchtrennung.

Das Endglied der Palpe trägt wie bei *L. crinita* KOEN. außer

22*

2 kürzeren, seitlichen Endborsten eine kräftige Borste, die jedoch basal nicht verbreitert ist.

Die Maße des Tasters sind in μ:

	I.	II.	III.	IV.	V.
dorsale Länge	10	48	30	55	33 mit Borste
ventrale Länge	8	38	22	48	25 ohne Borste
dorsoventral breiteste Stelle	26	33	30	28	10

Im Bau der Epimeren treten zwischen den beiden verwandten Arten nur geringe Unterschiede auf. Bei der Kapland-Form ist der Hinterrand der 2. Epimeren lateralwärts etwas schlanker ausgezogen.

Die Gliedmaßen beider Arten zeigen ebenfalls große Übereinstimmung. Die beiden Hinterbeinpaare tragen bei der neuen Art zahlreiche Schwimmhaare. Die Fiederhaare namentlich der 2 vorderen Beinpaare sind ganz regelmäßig und sehr fein gefiedert. Bei der madagassischen Art ist die Fiederung ungleichmäßiger und lockerer.

Genitalfeld. Das Geschlecht des einzigen vorliegenden Tieres wurde nicht sicher erkannt, doch scheint es sich um ein weibliches Exemplar zu handeln, da die Behaarung des Geschlechtsfeldes fehlt. Die Näpfe liegen nicht unregelmäßig zerstreut neben der Genitalöffnung. Sie liegen in ihrer Mehrzahl in kranzförmiger Anordnung hintereinander zu einer bohnenförmigen Figur jederseits vereinigt. Nur wenige Näpfe liegen zwischen dem vorderen Ende dieses Kranzes und der Geschlechtsöffnung. Die Näpfe unterscheiden sich im Aussehen nicht sehr von den Körperpapillen.

Fundort. Vlegbai Lakeside, 28./7. 1903.

Thyas octopora n. sp.
(Taf. 12, Fig. 4, 7—9, 12.)

Größe. Die Körperlänge beträgt 975—990 μ, die Breite, etwas hinter dem Genitalorgan gemessen, ist 660—675 μ.

Gestalt. Wie aus dem Vergleich der obigen Maße hervorgeht, ist der Körper langgestreckt; seine Umrißform bei Ventrallage des Tieres ist langelliptisch. Der Stirnrand, jederseits begrenzt durch die Seitenaugenkapseln, ist von 330 μ Länge. Er ist fast geradlinig und zeigt nur median eine sanfte Einbuchtung. Der Seitenrand einiger Tiere zeigt leicht wellige Konturen, wohl eine Folge der zusammenziehenden Wirkung der Konservierungsflüssigkeit. Die Wellentäler der Randlinie scheinen durch Zurücktreten

der weichen Körperhaut verursacht worden zu sein, während die
ziemlich nahe längs des Seitenrandes situierten Dorsalschilder eine
Schrumpfung an dieser Stelle verhinderten und den Lateralrand als
Wellenberge stehenbleibend erhielten. Dorsoventral ist das Tier
flachgedrückt. Die größte Höhe beträgt etwa 450 μ, also fast die
Hälfte der Körperlänge. Auch bei Seitenlage des Tieres machen
sich die Dorsalschilder als mäßige Erhebungen den übrigen ein-
gesunkenen Hautpartien gegenüber bemerkbar.

Augen. Die etwa 60 μ großen Doppelaugenkapseln liegen
jederseits hart am Körperrande in 330 μ Abstand voneinander. Die
Augenlinsen überragen den Körperrand. Die vordere Linse liegt
etwas tiefer (das Tier in Bauchlage gedacht) als die hintere. Sie
ist fast 35 μ groß und nur flach gewölbt; die Wölbung ist (bei Ansicht
von der Oberseite des Tieres her) in der Mitte nicht stärker als am
Rande. — Die antenniformen Borsten stehen 150 μ voneinander
entfernt.

Haut. Die lederartige Haut ist ober- und unterseits papillös.
Die Papillen der Oberseite sind am Grunde kleiner, aber ein wenig
höher als die breitbasigeren, nur flach kuppelförmigen Erhebungen
der Unterseite. Dorsal und ventral sind in die Haut chitinisierte
Schilder eingelagert. Alle Schilder sind großporig, doch weisen
namentlich die Randschilder eine kleine, nicht sehr scharf begrenzte
Stelle feiner Porosität auf. Die Rückenschilder liegen in 3 Längs-
reihen, 2 Reihen seitlich aus je 5 Schildern[1]) bestehend, die Mittelreihe aus 2 unpaarigen größeren und 3 paarigen kleineren Schildern
gebildet. Das Schema würde sein:

$$\begin{matrix} & 1 & \\ & 2 & \\ & 2 & \\ 5 & & 5 \\ & 1 & \\ & 2 & \end{matrix}$$

Das vordere Schild der mittleren Reihe, das Mittelaugenschild,
ist an Größe bei weitem das bedeutendste aller Schildchen. Median
mißt es 240 μ an Länge und ebensoviel beträgt auch die größte
Seitenausdehnung. In der Form ist dieses Schild ein nicht reguläres,
aber hälftig-symmetrisches Fünfeck, zusammengesetzt aus einem
vorn liegenden Viereck, dem ein nicht sehr hohes, gleichschenkliges,

---

1) Die letzte Platte jeder Reihe liegt ziemlich median am Hinterrande
und könnte also· ebensogut der Mittelreihe zugezählt werden.

mit der Spitze nach hinten weisendes Dreieck aufgesetzt ist. Die Eckpunkte der Dreiecksbasis sind durch 2 Haarporen bezeichnet.

Das Medianauge liegt ziemlich weit vorn im Schilde, 40 μ vom Vorderrande, 185 μ vom Hinterrande entfernt.

Das 2. unpaare Schild der Mittelreihe bildet offenbar eine Verwachsung aus 2 kleinen Schildchen, wie aus den in Zweizahl vorhandenen feinporigen Flächen hervorgeht. — Zwischen den Schildern liegen in der gewöhnlichen Anordnung Drüsenporen mit Haar.

Mundteile. Das Mundorgan ist 300 μ lang; es trägt einen 120 μ langen, nach unten gebogenen Rüssel.

Die Mandibel ist schlank, 350 μ lang und mit 115 μ langer, gerader Klaue ausgestattet. Die Mandibelgrube ist 100 μ lang. Das Mandibelhäutchen ist zackig gefranst.

Palpen. Die Maxillartaster sind schlank, auch in den Grundgliedern. Für das 1. Segment ist erwähnenswert eine erhebliche Ausladung der basalen Beugeseitenecke. Am 2. Gliede ist die Streckseite auffallend länger als die Beugeseite. Dadurch erfährt die Palpe eine starke Krümmung. Das 4. Glied ist am längsten und abgesehen von der Basis überall gleich stark. Die Maße für die Palpenglieder sind:

	I.	II.	III.	IV.	V.
dorsale Länge	45 μ	85 μ	57 μ	155 μ [1])	30 μ
ventrale Länge	—	32 μ	—	—	—
dorsoventrale Stärke,					
proximal	60 μ	—	—	45 μ	—
distal	48 μ	—	—	35 μ	—

Der Borstenbesatz des Tasters ist nicht sehr reich. Am 2. Segmente stehen zum Teil ganz, zum Teil nahezu dorsal mehrere, etwa 7 Borsten, einzelne davon gefiedert.

Epimeren. Wie bei anderen *Thyas*-Arten liegen die Epimeren in 4 Gruppen. Sie bedecken etwa die vordere Hälfte der Bauchseite. Die 1. und 2. Epimeren, besonders aber erstere, liegen in ihren Längsachsen nahezu parallel der ventralen Medianlinie. Sie entsenden an der inneren Hinterecke subcutane, poröse Fortsätze. Zwischen den Außenrändern der vorderen und hinteren Plattengruppen bildet eine die intercoxale Hautdrüse umspannende Chitinbrücke (Schulterecke) die Verbindung.

Die gemeinsame Naht der beiden hinteren Platten läuft in recht-

---

1) Einschließlich dabei die distale Streckseitenverlängerung.

winkliger Richtung auf die ventrale Medianlinie. Die Vorderränder der 3. und die Hinterränder der 4. Epimeren verlaufen bei fast gleicher Neigung zur gemeinsamen Plattennaht nach innen zu, gegeneinander konvergierend. Die 4. Hüftplatten sind im Umriß schief viereckig mit längster innerer Seite.

Beine. Die Gliedmaßen sind kurz und mit kurzen, kräftigen Borsten besetzt. Besonders die Gliedenden sind in quirlartiger Anordnung mit diesen Borsten umgeben, doch bei weitem nicht in der reichen Weise wie etwa bei *Thyas pedunculata* Koen., *Th. setipes* Viets oder *Th. tridentina* Maglio. Alle Krallen sind einfach, die der 2 hinteren Beinpaare etwas größer als die der vorderen.

Genitalgebiet. Das äußere Genitalorgan ist recht lang (260 μ) und bei geschlossenen Klappen 155 μ breit. Die Klappen sind grobporig wie die Epimeren, vorn mit sanfter Abschrägung zugespitzt und hinten an der Innenecke ausgerandet. Der Innenrand der Klappen ist mit feinen Härchen besetzt; im Gebiete der hinteren Ausmuldung sind diese Haare länger und kräftiger. In der Zahl der Genitalnäpfe weicht diese Species von allen bekannten Thyasarten ab. Während sonst nur 6 Geschlechtsnäpfe vorhanden sind, besitzt *Thyas octopora* deren 8.[1]) Je 2 liegen jederseits der ventralen Medianen auf einer Platte hintereinander vorn vor den Genitalklappen und hinten in deren Ausmuldung. Alle Näpfe sind nur klein.

Das Vorhandensein eines Chitinstützkörpers am Vorderende der Vagina[2]) und das Nichtauffinden eines Penisgerüstes lassen vermuten, daß das vorliegende Tier ein Weibchen war. Der subcutane Stützkörper ist mit einem im Oberflächenintegument liegenden porösen Chitinplättchen verwachsen.

Fundort. Süßwassertümpel zwischen Fischhoek und Chapmansbay, 8./7. 1903. Lange Vleg, 12./7. 1903.

Diplodontus despiciens capensis n. var.
(Taf. 12 Fig. 10, 11; Taf. 13 Fig. 14—16.)

Größe. Das Tier ist erheblich kleiner als *Diplodontus despiciens* (O. F. Müller), nur 870 μ lang und etwa 770 μ breit.

---

1) In die Gattungsdiagnose von *Thyas* wäre also ergänzend als Merkmal des äußeren Geschlechtsorgans das Vorkommen von 8 Genitalnäpfen aufzunehmen.

2) F. Koenike, Neue Hydracarinen aus der Unterfamilie der Hydryphantinae, in: Zool. Anz. Vol. 40, 1912, p. 61—67.

Die Haut ist kräftiger als die der Vergleichsform; auch sind die Papillen des Besatzes weniger hoch und weniger spitzkegelig, aber dichter stehend.

Augen. Die Linsen der größeren Vorderaugen, die bei Bauchlage des Tieres noch gerade von oben her erkennbar sind, liegen 410 μ, die Linsen der hinteren Augen 450 μ voneinander entfernt. Die Linsen einer Seite stehen etwa in 65 μ Abstand voneinander.

Mundteile. Das Rostrum des Maxillarorgans ist kürzer und plumper, auch ist die Mundscheibe relativ größer als bei Müller's Art.

Im Bau der 290 μ langen Mandibeln ergeben sich weitere Unterschiede. Die Klaue ist bei der neuen Form stärker gekrümmt. Das Mandibelhäutchen ist am freien Ende nach der Klaue hin umgebogen, dabei basal sehr breit. Am Mandibelknie ist das Organ von 65 μ dorsoventraler Stärke. Das rückwärtige Ende der Mandibel biegt nicht wie bei Müller's Art um, sondern läuft gestreckt in eine gerundete Spitze aus.

Die Palpe erscheint bei der süd-afrikanischen Form plumper als bei der Vergleichsart. Die Maße der Glieder sind, dorsal gemessen:

I.	II.	III.	IV.[1]	V.
55 μ	75 μ	55 μ	185 μ	80 μ.

Das 4. Glied mißt in der Dorsoventralen am Proximalende 45 μ, an der Einlenkungsstelle des Endgliedes 30 μ. Die Streckseite des 4. Gliedes ist wenig ausgeschweift. Am 2. Segmente stehen innen 3 Fiederborsten.

Die Epimeren ähneln sehr denen des *D. despiciens*. Die subcutanen hinteren Innenfortsätze der 1. Hüftplatten sind viereckig. Der Innenrand der gleichen Platten (der Rand der Maxillarbucht) ist nur in geringem Maße durch erhabene Haarhöcker ausgezeichnet. Der laterale subcutane Fortsatz des Hinterrandes der letzten Epimeren ist recht lang, fingerförmig und gebogen.

Die Beine (namentlich die Grundglieder) sind nicht in der reichen Weise wie bei Müller's Art mit langen, schlanken Borsten besetzt. Die Borsten stehen spärlicher und sind kürzer.

Genitalorgan. Das äußere Geschlechtsorgan ist 205 μ lang und beide Klappen zusammen etwa ebenso breit. Der Anus liegt

----

1) Die distale Verlängerung eingeschlossen.

dicht hinter dem Genitalorgan. Die Öffnung ist von einem kräftigen, elliptischen Chitinringe umgeben.

Fundort. Vley bei Lakeside, 28./7. 1903.

Limnesia africana S. THOR.
(Taf. 12 Fig. 13; Taf. 13 Fig. 21—22.)

1902. *Limnesia africana* S. THOR, in: Ann. South African Mus., Vol. 2, Part 11, p. 454—455, tab. 19, fig. 23—26.

Die in den Sammlungen der Expedition am zahlreichsten vorkommende *Limnesia*-Art, alles weibliche Exemplare, identifiziere ich mit THOR's *L. africana*. Die von THOR angegebenen Merkmale treffen auch für die vorliegenden Formen zu, allerdings sind die 4. Epimeren wenigstens beim Weibchen nicht „very short and rounded at the hinder end", wie THOR (Fig. 25) für das Männchen angibt.

Das 2. Glied der Palpe trägt auf der Mitte der Beugeseite einen kurzen, gestaucht endigenden Zapfen mit Chitinspitze. Die Beugeseitenausstattung des 4. Segments besteht aus 2 fast nebeneinander stehenden Höckern, nämlich einem außenstehenden Doppelhöcker (mit größerem, ein recht langes Haar tragenden Proximalteile) und einem einfachen Haarhöcker an der Innenseite. Der dorsale Haarbesatz des 2. Gliedes ist: innenseits 4, außenseits 2 kurze, kräftige Borsten. An der gleichen Seite des 3. Palpensegments stehen innen und außen je 2 Borsten, von denen die distale der Außenseite auf der Flachseite inseriert ist und eine bedeutende Länge aufweist.

Fundort. Süßwassertümpel zwischen Fischhoek und Chapmansbay, 8./7. 1903. Plumstead, 12./7. 1903. Lange Vleg, 12./7. 1902. Vley bei Lakeside, 28./7. 1903. Vlegbai, Lakeside, 28./7. 1903.

Hygrobates sigthori n. sp.
(Taf. 13 Fig. 17—20.)

Weibchen.

Diese neue, nur in einem weiblichen Exemplare erbeutete *Hygrobates*-Art möge zu Ehren SIG. THOR's, des ersten Bearbeiters der süd-afrikanischen Hydracarinenfauna unter dem Namen *H. sigthori* in das System der Hydracarinen aufgenommen werden.

Größe und Gestalt. Der Körper des Weibchens ist von
kurz elliptischem Umriß. Die Länge beträgt 1155 μ. Die Höhe
des über halbkuglig gewölbten Körpers wurde mit 900 μ festgestellt.

Die Haut des Tieres ist glatt.

Mundteile. Das mit den 1. Epimeren verwachsene Maxillarorgan läßt nach Herauslösung der Mandibeln und nach Entfernung
der die Durchsicht beeinträchtigenden Muskeln einen etwa 75 μ
langen, 50 breiten, flaschenförmigen, hinten abgerundeten Pharynx
erkennen. — Charakteristisch ist die Mandibel dieser Art gebaut.
Sie besitzt am Grundgliede, etwa dem vorderen Ende der Mandibelgrube gegenüber einen scharfen Zahn. Die Mandibel ist 365 μ
lang, die Grube etwa 175 μ. Der seitliche Zahn ist 23 μ hoch.

Die Palpen sind schlank. Die Dorsallängen der einzelnen
Glieder betragen:

I.	II.	III.	IV.	V.
40 μ	210 μ	150 μ	290 μ	63 μ.

Der Zapfen an der Beugeseite des 2. Gliedes ist 45 μ lang und
20 μ stark. Am freien Ende ist er ohne Verjüngung gleichmäßig
abgerundet und mit mehreren winzigen, knötchenförmigen Spitzen
besetzt (bei Seitenlage der Palpe überragen etwa 5 derselben die
Umrißlinie der Zapfenkuppe). Der Haarbesatz der Palpe besteht
an den 3 Grundgliedern aus kurzen, steifen, im allgemeinen dorsal
inserierten Dornen. So stehen am 2. Segmente innen- und außenseits je 3, am mittleren Gliede innen 2, außen 3. Das 4., längste
Tasterglied zeigt bei Seitenlage einen in der Mitte etwas vorgewölbten, hyalinen Beugeseitenrand. Etwas oberhalb (distalwärts)
der Mitte steht jederseits nahe dem Rande des Gliedes je eine
feine Borste.

Epimeren. Die letzten Epimeren zeigen ziemlich deutlich
hervortretende, nach hinten vorspringende Hinterrandsinnenecken.
Der Hinterrand der 4. Hüftplatte ist im lateralen Teile stark chitinisiert. Er verläuft mit sanfter Einwärtsbiegung (nach dem
Frontalende des Körpers hin) nach der erwähnten Innenecke. Der
gebogene Innenrand ist sehr schwach chitinisiert; er wird unterbrochen und überragt durch eine subcutane Verstärkung.

Die Beine sind schlank, ohne Schwimmhaarbesatz. Die Borsten
sind zum Teil recht schlank.

Das äußere Genitalorgan liegt mit seinem großen vorderen

Chitinstützkörper 345 μ von dem medianen Hinterende der 1. Epimeren entfernt. Die beiden schwach chitinisierten, in ihren Rändern undeutlich sich vom Integument der Bauchdecke abhebenden Napfplatten sind, wie Seitenlage des Tieres erkennen läßt, etwas gewölbt. Jede Platte trägt 3 hintereinander liegende, fast gleich große Genitalnäpfe und viele Haarporen.

Fundort. Vley bei Lakeside, 28./7. 1903.

Piona tridens (SIG. THOR).
(Taf. 13 Fig. 23; Taf. 14 Fig. 24—26.)

1902. *Curvipes tridens* S. THOR, in: Ann. South African Mus., Vol. 2, Part 11, p. 456, tab. 19, fig. 27—30.

Der von SIG. THOR gegebenen Beschreibung des Weibchens kann die Kennzeichnung des Männchens und der Nymphe der Art nunmehr hinzugefügt werden.

Männchen.

Das Männchen ist etwa 600 μ lang (das ♀ 750 μ) und wie das Weibchen von ovalem Umriß. Der Rücken ist — ein Merkmal vieler *Piona*-Arten — hinter der Stirnpartie eingesattelt.

Im Bau der Mundteile und Palpen stimmen die Geschlechter untereinander überein. Der Taster zeigt am 4. Segment beugeseitenwärts 2 große und 2 winzige Haarhöcker, dazu distal an derselben Seite den charakteristischen Chitindorn. THOR scheint der untere (basale), innenseits neben dem größeren, oberen Fortsatz stehende kleine Höcker entgangen zu sein, denn in seiner Beschreibung erwähnt er nur „3 large hairprocesses or papillae in addition to the usual chitinous process". „Large" ist der eine der 3 Zapfen außerdem nicht; THOR zeichnet ihn auch nicht so im Verhältnis zu den anderen. THOR's Palpenbild (tab. 19 fig. 27) gilt nach seiner Angabe für die rechte Palpe. Nach meinem Befunde kann es nur die linke Palpe sein, denn der untere (basale) der beiden großen Beugeseitenzapfen am 4. Gliede steht innenseits, nicht der obere Zapfen, wie es nach THOR's Palpenbild der Fall ist.

Im Bau des äußeren Genitalorgans zeigt die THOR'sche Art große Verwandtschaft mit *P. longicornis* (O. F. MÜLLER). Es findet sich eine ziemlich tiefe, im Hinterrande ihrer Öffnung 160 μ breite Samentasche.

Der Hinterrand der Taschenöffnung ist stark chitinisiert und in der Mittelpartie nach hinten gebogen. Die Napfplatten tragen je 11 bis 13 Näpfe, von denen 2 jederseits die übrigen an Größe übertreffen.

Der Samenüberträger, das Endglied der 3. Beine, ist verkürzt (nur 185 μ lang gegenüber dem 375 μ langen vorletzten Gliede), gekrümmt und distal verstärkt. Beide Klauen sind mehrspitzig. Die eine Klaue ist mit verlängerter, hyaliner, abgerundeter Spitze versehen.

Nymphe.

Die Nymphe der Art besitzt in den Tastern die wesentlichen Merkmale des ausgewachsenen Tieres. Es fehlen am 4. Segment jedoch die 2 kleinen Beugeseitenhöcker. Auch ist der Haarbesatz der Palpen spärlicher. Das provisorische, äußere Geschlechtsorgan besteht aus 2 median miteinander verwachsenen Platten, die in ihren Längsachsen in lateraler, rückwärtiger Richtung divergieren und je mit 2 Näpfen und 3 Haarporen besetzt sind.

Fundort. Chapmansbay, Süßwassertümpel, 8./7. 1903. Lange Vleg, 12./7. 1903. Vley bei Lakeside, 28./7. 1903.

Arrhenurus meridionalis SIG. THOR.
(Taf. 14 Fig. 27—30.)

1902. *Arrenurus meridionalis* S. THOR, in: Ann. South African Mus., Vol. 2, Part 11, p. 459—460, tab. 21, fig. 40—42.

SIG. THOR hat nur das Weibchen beschreiben können. In den Sammlungen der Deutschen Südpolar-Expedition sind beide Geschlechter, je ein Männchen und ein Weibchen, vorhanden.

Weibchen.

Das vorliegende Weibchen stimmt im wesentlichen mit THOR's Angaben überein, allerdings gebe ich die Körpermaße etwas geringer und in anderem Verhältnis zueinander an als THOR. Es messen die ♀♀

	nach THOR	nach VIETS
Länge	1,95 mm	1,456 mm
Breite	1,16	1,204
Höhe	1,35	0,960

In THOR's Angaben scheint das Verhältnis zwischen Länge und

Breite nicht richtig angegeben zu sein. Danach ergibt sich für das Verhältnis der Länge zur Breite des Tieres folgende Proportion:

$$195 : 116 = 1{,}68 : 1.$$

In THOR's Zeichnung des Weibchens, die den tatsächlichen Verhältnissen zu entsprechen scheint, ist die Länge 65 mm, die Breite 57 mm. Mit der obigen Proportion verglichen, ergibt sich:

$$65 : 57 = 1{,}14 : 1.$$

Die angegebenen Maße des vorliegenden Weibchens, in der gleichen Weise angeordnet, ergeben

$$1456 : 1204 = 1{,}21 : 1.$$

Es bestehen also zwischen THOR's Maßangaben und seiner Zeichnung des Weibchens nicht zu vereinigende Unterschiede, die sich meines Erachtens nur erklären lassen durch Annahme einer irrtümlichen Angabe bei den Körpermaßen.

Im übrigen stimmt das von der Expedition heimgebrachte Weibchen hinsichtlich der Gestalt gut mit THOR's Angaben überein. Der fast gerade Stirnrand, die mäßige vordere Seitenabflachung, die Ausschweifung vor den bei vorliegendem Weibchen allerdings mehr gerundeten hinteren Seitenecken und die charakteristische Gestalt des Hinterrandes sprechen entschieden für eine Identität der beiden Weibchen. Dorsal finden sich ferner in gleicher Weise die beiden gerundeten Höcker, gelegen vor dem an dieser Stelle etwas nach innen einbiegenden Rückenbogen, der sich infolge dieser Biegung nach vorn zu mäßig verjüngt.

Genau übereinstimmend mit THOR's Zeichnung sind ferner die Genitalnapfplatten des Weibchens. Auch die Lefzenpartie ist hier wie dort vorn etwas breiter als hinten. THOR gibt für sein Weibchen keine Lefzenflecke, Chitinverstärkungen in den Vorder- und Hinterecken der Lefzen, an. Tatsächlich scheinen jedoch solche Chitinverstärkungen vorhanden zu sein. Bei dem mir vorliegenden Weibchen sind, wohl eine Folge der schrumpfenden Wirkung der Konservierungsflüssigkeit, die Lefzen nach innen eingeklappt. Die Lefzenflecke kommen dadurch auf die Kante zu stehen und sind kaum erkennbar.

THOR gibt endlich das Bild der Palpe. Nach Lage der Antagonistenborste und des Endgliedes müßte es die rechte Palpe (Innenseite) sein. Dem entspricht jedoch nicht der Haarbesatz des 2. und 3. Gliedes, der in der Figur vielmehr der der Palpenaußenseite zu sein scheint. Um demnach THOR's Palpenbild zu berichtigen, müßte

die Randlinie des Antagonisten des 4. Segments über die erwähnte
Borste hinwegführend gezeichnet werden. Auch müßte die gleiche
Randlinie die Endklaue durchschneidend verlaufen. THOR zeichnet
an dieser Stelle beide Linien, gibt also in der Figur nicht Klarheit,
welche Seite der Palpe gemeint ist.[1])

Ich nehme also an, es handle sich in der fig. 42 der THOR'schen
tab. 21 um die Außenseite des linken Tasters von *Arrhenurus meridionalis* ♀, bei dem die Antagonistenborste und die Endklaue (bei
Betrachtung durch die Palpe hindurch) auf der Außenseite eingezeichnet sind.

Damit ist die Palpe des vorliegenden Weibchens in Einklang
zu bringen. Außer den von THOR bereits angegebenen Dorsalborsten
sind für das 2. Glied 5 Borsten am inneren Distalrande bemerkenswert, von denen 3 nahe der Beugeseitenecke inseriert, die 2 anderen
mehr nahe der Mitte des Randes befestigt sind. Die distale Mitte
der Außenseite des mittleren Tastergliedes trägt die von THOR in
seiner Figur bereits angegebene Borste.

Männchen.

Die Übereinstimmung in den Mundteilen und Palpen war Veranlassung, das nachstehend beschriebene Männchen dem Weibchen
von *Arrhenurus meridionalis* SIG. THOR als Artgenossen zuzuweisen.

Größe. Das zum Subgenus *Petiolurus* THON gehörende Männchen ist einschließlich des Anhangs und des Petiolus 1260 μ lang;
ohne Anhang mißt es etwa 750 μ in der Länge. Die Breite des
Rumpfes beträgt 795 μ. Der Anhang ist am Grunde 510 μ breit
und etwa 435 μ hoch. Der Vorderkörper ist 690 μ hoch. In der
Gestalt erinnert das Männchen an das von *A. cuspidator* (O. F.
MÜLLER). Die Stirnpartie des Rumpfes ist stark ausgerandet. Die
Doppelaugen springen wulstig vor. Sie liegen nahe dem Körperrande in 360 μ Abstand voneinander. Der Rückenbogen bleibt 300 μ
von der Stirnausbuchtung entfernt. Wie beim Weibchen verjüngt
er sich nach vorn zu etwas, eingeengt durch die seitlich davon
liegenden Höcker, und verläuft nach hinten seitlich bis auf die An-

---

1) Daß THOR in diesen Details nicht genau zeichnet, ergibt sich auch
aus den Palpenbildern seines *Arrhenurus capensis* (tab. 20, fig. 38 u. 39).
Nach der Figurenerklärung handelt es sich in fig. 38 um die Außenseite
des linken Tasters, in fig. 39 um die Innenseite des rechten. Aus der
Zeichnung der Palpenendglieder, die darüber Aufschluß geben müßten, ist
das jedoch nicht zu ersehen.

hängsbasis, hier in dem Seitenrande des Körpers bei den Eckfort-
sätzen verschwindend.

Im Winkel der Ansatzstelle des Anhangs treten die Genitalnapfplatten als wenig erhabene Wülste über den Lateralrand vor.

Die Eckfortsätze des Anhangs sind etwa 150 μ lang und bei
Ansicht von oben von konischem Umriß. Bei Seitenlage des Tieres
erweisen sie sich als abgeschnitten endigend. Der mediane Hinterrand des Anhangs ist vorgewölbt. Er wird überragt durch ein
schmales, seitlich mit zugespitzten Ecken endigendes hyalines Häutchen und den etwa 165 μ langen Petiolus. Im Umriß (bei Ansicht
von oben) gleicht dieser fast dem Petiolus von *Arrhenurus tricuspi-
dator* (O. F. MÜLLER). Er ist ziemlich schmal und verbreitert sich
nach hinten; am Ende ist er flachbogig abgerundet. Bei Drehung des
Tieres ist zu erkennen, daß der Petiolus dorsal vertieft ist. Ansicht
des Tieres bei Seitenlage zeigt, daß der Petiolus hinten abgerundet
und ventral mit einer Vorwölbung versehen ist.

Die F a r b e des Tieres scheint grün gewesen zu sein.

M u n d t e i l e. Das Maxillarorgan ist kurz (165 μ lang) und 135 μ
breit, mit hinten breit abgerundeter Grundplatte und kurzem Pharynx.

Die 205 μ lange Mandibel erscheint wegen nicht sehr erheblicher
dorsoventraler Stärke (72 μ) und dabei ziemlich gestreckter (80 μ
langer) Klaue recht schlank.

Im Bau der P a l p e zeigen sich dem bereits gekennzeichneten
Weibchen gegenüber keine Abweichungen. Die Maße der Glieder
sind:

	I.	II.	III.	IV.	V.
dorsale Länge	40	85	75	115	60
dorsoventrale Stärke	—	80	75	70	—

Der Borstenbesatz ist der gleiche wie beim Weibchen. Das
4. Glied ist dorsal durch eine zweimalige deutliche, ventralwärtige
Umbiegung ausgezeichnet. Die erste Biegung erfolgt gleich oberhalb der Proximalecke in breit gerundetem Bogen, die zweite weiter
distalwärts etwas oberhalb der Streckseitenmitte, in der Nähe eines
dort inserierten, feinen Haares.

Das E p i m e r a l g e b i e t bietet keine Besonderheiten im Bau.

Auch die B e i n e sind ohne erwähnenswerte specifische Charakteristika. Das 4. Glied der Hinterbeine trägt einen 80 μ langen,
etwas gebogenen, schräg abgeschnitten endigenden Fortsatz, der an
seinem Ende mit einem Haarbüschel (10 Haare) ausgestattet ist.

G e n i t a l o r g a n. Die Genitalnapfplatten sind lang und schmal.

Ihre Ansatzstelle bei den Lefzen scheint breiter zu sein als die
laterale Partie der Platten, doch konnte das bei dem einzigen, nicht
weiter zergliederten Tiere wegen dessen Undurchsichtigkeit nicht
genau erkannt werden. Die Napfplatten reichen bis auf die Seitenwand des Körpers.

Fundort. Vley bei Lakeside, 28./7. 1903.

Arrhenurus convexus THOR.
(Taf. 14 Fig. 31—33.)

1902. *Arrenurus convexus* S. THOR, in: Ann. South African Mus., Vol. 2,
Part 11, p. 460—461, tab. 21, fig. 43—45.

Mit SIG. THOR's Form identifiziere ich ein *Arrhenurus*-Weibchen
aus einem Süßwassertümpel zwischen Fischhoek und Chapmansbay.
Das äußere Genitalorgan mit den vorderen Ausbiegungen der Napfplatten ist zu charakteristisch, um nicht auf *A. convexus* S. T. bezogen
zu werden. Die Lefzen des vorliegenden Exemplars sind nach innen
geklappt, so daß die Chitinflecke nicht in der Fläche zu erkennen sind.

Die Form und Umrandung der letzten Epimeren und eine nahe
vor der Einlenkungsstelle der 4. Beine liegende, stark chitinisierte,
spitzkegelige Lateralverlängerung der 4. Hüftplatten treffen ebenfalls für dies Weibchen zu.

Der Hinterrand des jetzt untersuchten Tieres weist einige sanfte
Eindrücke auf. Geringer als nach THOR's Angaben sind auch die
Längenverhältnisse dieses Weibchens; es ist nur 1140 μ lang und
945 μ breit.

S. THOR's Figur der Dorsalseite des von ihm gekennzeichneten
Weibchens stimmt mit meinem Befunde überein.

In dem Palpenbilde tab. 21, fig. 45 sind für das 2. Segment
offenbar einige Borsten nachzutragen. Bei der linken Palpe des
mir vorliegenden Weibchens fand ich innenseits (Taf. 14 Fig. 33)
am 2. Gliede 5 Borsten; bei der anderen Palpe waren an gleicher
Stelle mehrere Borsten weggebrochen. Nicht vereinen kann ich
THOR's Palpenbild mit dem meinigen hinsichtlich der Antagonistenecke des 4. Gliedes, die bei meinem Exemplare deutlich ventralwärts
ausgezogen ist. Die Maße der Palpe sind:

	I.	II.	III.	IV.	V.
dorsale Länge	45 μ	87 μ	55 μ	130 μ	66 μ
dorsoventrale Stärke	—	70 μ	70 μ	dist. 80 μ prox. 70 μ	—

Völlige Klarheit wird erst durch die Kenntnis des Männchens der Art erbracht werden können.

Ich halte, entgegen der Ansicht E. v. Daday's[1]), das Weibchen von *Arrhenurus convexus* Sig. Thor (1902) für nicht identisch mit dem Weibchen von *A. plenipalpis* Koenike (1893)[2]). Wenn auch die allgemeine Körperform bei beiden Arten wenig Unterschiede bietet, so finden sich doch hinsichtlich der Körpergröße (Thor: ♀ 1350 μ lang; Koen.: ♀ 750 μ lang), im Bau der Palpen und in der Gestalt des äußeren Genitalorgans Differenzpunkte. Koenike's fig. 14 (1893, tab. 1) zeigt ein gestrecktes 2. Palpenglied mit charakteristischem Besatz und am 4. Segmente eine sehr weit ventralwärts ausladende Antagonistenecke. Bei Thor's fig. 45 (1902, tab. 21) ist das 2. Segment des Tasters kurz und mit anders gestellten Borsten bewehrt, auch ist das 4. Glied distal nicht ventralwärts verbreitert. Von diesen immerhin nicht sicher feststellbaren Unterschieden abgesehen, liegen erheblichere Verschiedenheiten im Bau des Genitalfeldes der beiden Arten. Koenike's Form (fig. 13) hat gleichmäßig sich verjüngende, lateralwärts verlaufende Platten mit sanfter Einbiegung des Vorder- und Hinterrandes; beide Ränder der Platten laufen in fast gleichem Winkel, aber entgegengesetzt, divergierend zueinander, auf die ventrale Medianlinie zu. Der Plattenvorderrand von Thor's *A. convexus* (fig. 45) ist deutlich nach vorn gewölbt. Zudem laufen bei diesem Weibchen die Vorderränder schräg auf die ventrale Mediane zu, die Hinterränder jedoch mehr im rechten Winkel.

Dem ost-afrikanischen *Arrhenurus*-Weibchen mangeln die Chitinflecke in den Ecken der Lefzen. Das Weibchen aus dem Kaplande hat jedoch deutliche Lefzenflecke.

Der Einziehung der Thor'schen Art kann ich aus diesen Gründen nicht zustimmen. Das tatsächliche Vorhandensein der meiner Ansicht nach bereits in den bildlichen Darstellungen genügend hervortretenden Unterschiede (Genitalorgan!) beider Arten findet seine Bestätigung durch das Auffinden des erwähnten Weibchens von *A. convexus* S. Thor in den Sammlungen der Expedition.

E. v. Daday's[3]) fig. 7 (seiner tab. 17) des Weibchens von *A. plenipalpis* läßt es zweifelhaft erscheinen, ob wir es damit wirklich

---

1) Eug. v. Daday, Untersuchungen über die Süßwasser-Mikrofauna Deutsch-Ost-Afrikas, in: Zoologica 1910, Heft 59.
2) F. Koenike, Die von Herrn Dr. F. Stuhlmann in Ostafrika gesammelten Hydrachniden, in: Jahrb. Hamburg. wiss. Anst., Heft 10, 1893.
3) l. c., 1910.

mit einem typischen *plenipalpis*-Weibchen zu tun haben. Die nach hinten gebogenen Napfplatten sprechen meines Erachtens sehr wenig dafür.

Das von F. KOENIKE 1898 [1]) als *Arrhenurus plenipalpis* gekennzeichnete Weibchen (p. 326—327, tab. 21, fig. 39—40) ist, wie E. v. DADAY bereits hervorhob, kaum auf das *A. plenipalpis* KOEN.-♀, 1893, zu beziehen.

Als für das Gebiet Süd-Afrikas endemische Tiere sind vorläufig 15 Hydracarinen-Arten zu bezeichnen und zwar:

> *Limnochares tenuiscutata n. sp.*
> *Eylais purcelli* S. THOR
> — *lightfooti* S. THOR
> — *variabilis* S. THOR [1])
> — (*Capeulais*) *crassipalpis* S. THOR
> *Thyas octopora n. sp.*
> *Diplodontus despiciens capensis n. var.*
> *Limnesia africana* S. THOR
> *Hygrobates sarsi* (S. THOR)
> — *sigthori n. sp.*
> *Piona tridens* (S. THOR)
> *Arrhenurus purcelli* S. THOR
> — *capensis* S. THOR
> — *meridionalis* S. THOR
> — *convexus* S. THOR.

Auch aus anderen Gebieten sind bekannt:

Eylais voeltzkowi KOEN. — Madagaskar, Rußland
Oxus stuhlmanni (KOEN.). — Zentral-Afrika, Kamerun
Piona longicornis (O. F. M.), *Unionicola crassipes* (O. F. M.), *Limnesia undulata* (O. F. M.) [3]) und *Diplodontus despiciens* (O. F. M.) sind Formen von weitester Verbreitung in Europa, zum Teil auch in den übrigen Kontinenten.

Alle bis jetzt bekannten süd-afrikanischen Wassermilben sind solche eurythermen Charakters.

---

1) F. KOENIKE, Hydrachniden-Fauna von Madagaskar und Nossi-Bé, in: Abh. Senckenberg. naturf. Ges. Frankfurt, 1898, Vol. 21.

2) *E. variabilis* S. T. = Syn. *E. degenerata* F. KOEN. Vgl. DADAY, l. c., 1910, p. 239.

3) Von S. THOR 1898 für Afrika signalisiert, in der Arbeit von 1902 nicht wieder aufgeführt.

Literaturverzeichnis.

1910. v. DADAY, EUG., Untersuchungen über die Süßwasser-Mikrofauna Deutsch-Ost-Afrikas, in: Zoologica, Heft 59, 314 pp., 18 tab. u. 19 Textfigg.

1906. HALBERT, J. N., Zoological results of the Third Tanganyika Expedition, conducted by Dr. W. A. CUNNINGTON, 1904—1905. Report on the Hydrachnida, in: Proc. zool. Soc. London, p. 534 bis 535, fig. 1—2.

1893. KOENIKE, F., Die von Herrn Dr. F. STUHLMANN in Ostafrika gesammelten Hydrachniden des Hamburger naturhistorischen Museums, in: Jahrb. Hamb. wiss. Anst., Heft 10, p. 1—55, tab. 1—3.

1898. —, Hydrachniden-Fauna von Madagaskar und Nossi-Bé, in: Abh. Senckenberg. naturf. Ges. Frankfurt, Vol. 21, p. 295—435, tab. 20—29.

1909. —, Acarina, in: A. BRAUER, Die Süßwasserfauna Deutschlands (Jena), Heft 12.

1910. —, Ein Acarinen- insbesondere Hydracarinen-System nebst hydracarinologischen Berichtigungen, in: Abh. naturw. Ver. Bremen, Vol. 20, p. 121—164 mit 3 Textfigg.

1912. —, Neue Hydracarinen aus der Unterfamilie der Hydryphantinae, in: Zool. Anz., Vol. 40, p. 61—67, fig. 1—4.

1897—1900. PIERSIG, R., Deutschlands Hydrachniden, in: Zoologica, Heft 22.

1900. —, Referate, in: Zool. Ctrbl., Vol. 7, p. 614.

1901. —, Hydrachnidae, in: Tierreich, Lief. 13.

1898. THOR, SIG., En ny hydrachnide-slegt fra Syd-Afrika, in: Christiania Vidensk.-Selsk. Forhandl. for 1898, No. 1, p. 1—4.

1898. —, Capobates Sarsi en ny Hydrachnide fra Kap, Syd-Afrika, in: Arch. Math. Naturvid., Vol. 20, No. 5, p. 1—6, tab. 4.

1902. Thor, Sig., South African Hydrachnids (First Paper), in: Ann. South African Mus., Vol. 2, Part 11, p. 447—465, tab. 16—21.

1911. —, Nomenklatorische Notiz über Arrhenurus honoratus nov. nom. (Synonym: Arrhenurus meridionalis Daday), in: Zool. Anz., Vol. 38, No. 1, p. 32.

1912. Viets, K., Hydracarinen aus Kamerun, in: Arch. Hydrobiol., Vol. 8, p. 156—178, tab. 1—3.

1913. —, Hydracarinen-Fauna von Kamerun, ibid., Vol. 9, 148 pp. u. 11 Taf.

Erklärung der Abbildungen.

Tafel 12.

Fig. 1. *Limnochares tenuiscutata n. sp.*, Palpe.

Fig. 2. Dsgl., Palpenendglied.

Fig. 3. Dsgl., Rückenplatte mit Augen.

Fig. 4. *Thyas octopora n. sp.*, rechte Palpe am Maxillarorgan.

Fig. 5. *Limnochares crinita* F. KOENIKE, Hautbesatz.

Fig. 6. *Limnochares tenuiscutata n. sp.*, Hautbesatz.

Fig. 7. *Thyas octopora n. sp.*, Dorsalseite.

Fig. 8. Dsgl., Ventralseite.

Fig. 9. Dsgl., linke Palpe.

Fig. 10.[1]) *Diplodontus despiciens capensis n. var.*, Linke Palpe.

Fig. 11. Dsgl., Mandibel.

Fig. 12. *Thyas octopora n. sp.*, Genitalorgan.

Fig. 13.[2]) *Limnesia africana* S. THOR, Epimeren und Genitalfeld.

Tafel 13.

Fig. 14.[3]) *Diplodontus despiciens capensis n. var.*, Epimeren und Genitalfeld.

Fig. 15. Dsgl., Genitalklappen.

Fig. 16. Dsgl., Maxillarorgan in Seitenlage.

Fig. 17. *Hygrobates sigthori n. sp.*, linke Palpe des Weibchens.

Fig. 18. Dsgl., Mandibel des Weibchens.

---

1) Vgl. auch Taf. 13 Fig. 14—16.
2) Vgl. auch Taf. 13 Fig. 21—22.
3) Vgl. auch Taf. 12 Fig. 10—11.

Fig. 19. Dsgl., Epimeren und Genitalfeld des Weibchens.

Fig. 20. Dsgl., Genitalorgan des Weibchens.

Fig. 21.[1]) *Limnesia africana* S. THOR, Palpe des Weibchens.

Fig. 22. Dsgl., Mandibel des Weibchens.

Fig. 23.[2]) *Piona tridens* (S. THOR), Endglied vom 3. Bein des Männchens (Samenüberträger).

Tafel 14.

Fig. 24.[3]) *Piona tridens* (S. THOR), Epimeren und äußeres Genitalorgan des Männchens.

Fig. 25. Dsgl., linke Palpe des Weibchens.

Fig. 26. Dsgl., äußeres Genitalorgan des Weibchens.

Fig. 27. *Arrhenurus meridionalis* S. THOR, Weibchen von der Unterseite.

Fig. 28. Dsgl., Männchen von der Unterseite; wegen Undurchsichtigkeit des (einzigen) Exemplares mediane Details nicht zu erkennen.

Fig. 29. *Arrhenurus meridionalis* S. THOR, rechte Palpe des ♀, Innenseite.

Fig. 30. Dsgl., linke Palpe des ♂, Innenseite.

Fig. 31. *Arrhenurus convexus* S. THOR, Ventralseite des ♀.

Fig. 32. Dsgl., Mandibel des ♀.

Fig. 33. Dsgl., linke Palpe des ♀, Innenseite.

---

1) Vgl. auch Taf. 12 Fig. 13.
2) Vgl. auch Taf. 14 Fig. 24—26.
3) Vgl. auch Taf. 13 Fig. 23.

Zur Fauna von Nord-Neuguinea.

Nach den Sammlungen von Dr. P. N. van Kampen und
K. Gjellerup aus den Jahren 1910 und 1911.

Descrizione di alcuni Oligocheti della Nuova Guinea settentrionale.

Del

Dr Luigi Cognetti de Martiis.

(Aiuto al Museo di Anat. Comp. della R. Università di Torino.)

Con 11 Figure nel testo.

Il materiale descritto in questa nota venne raccolto dai Siggri
Dr P. N. van Kampen e Dr K. Gjellerup durante un viaggio di
esplorazione (1910—1911) nella regione orientale della N. Guinea
olandese e nella confinante N. Guinea tedesca.[1] L'interessante
collezione appartiene al Museo Zoologico di Buitenzorg (Giava).
Essa comprende 10 specie, di cui 26 nuove; due soli generi sono
rappresentati: *Pheretima* e *Dichogaster*.

Al Dr van Kampen, che cortesemente mi affidò in studio la
collezione, esprimo qui i miei sinceri ringraziamenti.

---

[1] Dal Dr P. N. van Kampen ho avuto le seguenti indicazioni sulle
località nominate in questo lavoro. „Hollandia" nome di un bivacco
situato sulla costa occidentale della Baia Humboldt (2° 32′ 29″ lat. sud,
140° 44′ 12″ long. or.); „Zoutbron" bivacco sul fiume Begowre (3° 1′ 13″
lat. sud, 140° 57′ 30″ long. or.); „Hoofdbivak" situato sul fiume Imperatrice Augusta (4° 4′ 18″ lat. sud, 140° 7′ 15″ long. or.). Le altre
località si trovano indicate sulla carta geografica unita a un articolo del
Sigr F. J. P. Sachse pubblicato in „Tijdschrift v. h. Kon. Nederlandsch
Aardr. Gen.", Vol. 29, 1902, p. 36.

Fam. *Megascolecidae.*

Subfam. *Megascolecinae.*

Pheretima jocchana COGN.

Ph. j. COGNETTI 1912, in: Nova Guinea, Vol. 5, p. 544, ubi lit.

Un solo esemplare, sprovvisto di clitello. I suoi caratteri corrispondono . perfettamente a quelli riferiti nella mia descrizione. Le sue dimensioni sono tuttavia un po' maggiori di quella degli esemplari tipi: è lungo 385 mm, spesso 9 a 11, e consta di 416 segmenti.

LOC.: Manca l'indicazione precisa della località.

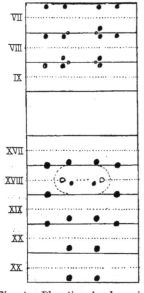

Fig. A. *Pheretima hendersoniana var. coelogaster n. var.* Regione ventrale del tratto anteriore col massimo numero di papille (schema).

Pheretima hendersoniana COGN. var. coelogaster[1]) n. var.

8 esemplari.

Lunghezza 120—145 mm, spessore 4—6 mm; segmenti 109—126.

I caratteri di questi esemplari corrispondono nel loro insieme a quelli riferiti nella mia descrizione della forma typica.[2]) Non v'è che un nuovo carattere da aggiungere, vale a dire la presenza costante di una concavità in corrispondenza della regione mediana ventrale del 18° segmento (Fig. A, i due archi punteggiati indicano i limiti laterali della concavità); in questa concavità sono comprese le due aperture maschili e due piccole papille interposte a dette aperture.[3]) È particolarmente questo nuovo carattere che mi ho spinto a fondare una nuova varietà, sia pure

_____

1) χοῖλος, concavo; γαστήρ, ventre.

2) In: Ann. Mag. nat. Hist. (8), Vol. 13, Febr. 1914. La forma typica venne raccolta nell' Is. Henderson, Oceano Pacifico meridionale.

3) Queste due papille non sono visibili nei tre esemplari che mi servirono per la descrizione della f. typica.

con carattere provvisorio. Le papille sui segmenti che s'alternano con le aperture delle spermateche, al pari di quelle dei segmenti 17⁰—21⁰, sono più numerose che nella f. typica; la loro distribuzione è un po' variabile. Sono costanti tre paia di papille agl' intersegmenti 17/18, 18/19 e 19/20, su due linee un po' esterne a quelle occupate dai pori maschili (Fig. A). Papille sulle stesse linee e nella stessa regione sono presenti anche nella f. typica, ma al margine posteriore dei segmenti 19⁰ e 20⁰. Tra i pori maschili si possono trovare, nella f. coelogaster, 2—4 setole.

In un esemplare adulto (alta valle del fiume Sermowai!) le papille mediali dei segmenti 20⁰ e 21⁰ sono vicinissime al margine anteriore invece che al posteriore. In un altro esemplare (medesima località) le papille della regione preclitelliana sono anch' esse disposte in quattro serie longitudinali, due interne e due esterne alle linee occupate dai pori maschili, ma sono più numerose che nei rimanenti esemplari. Cosi sulle linee mediali si trovano le seguenti paia di papille: un paio presso il margine anteriore del 17⁰, un paio sul solco intersegmentale 17/18, un paio all' avanti e un paio all' indietro della zona setigera del 18⁰, un paio all' avanti della zona setigera del 19⁰, un paio rispettivamente sugl' intersegmenti 19/20 e 20/21.

Nelle spermateche va notató che il canale muscolare può presentare una lunghezza inferiore a quella dell' ampolla principale, e che il diverticolo è piegato strettamente alla base come nella f. typica.

Loc.: Alta valle del fiume Sermowai, nella foresta, 27./4. 1911; Bivacco „Hollandia" (v. la nota 1 a pag. 351); tra la costa meridionale della Baia Humboldt e il fiume Tami, 17./5. 1910; Njâo, 14./6. 1910.

Pheretima ardita n. sp.

Un esemplare adulto.

Caratteri esterni. — Lunghezza 24 mm, spessore 1,5 a 2 mm; segmenti 88.

Colore bruno.

Capo pro-epilobo 1/2, segmenti 9⁰—13⁰ triannulati; coda (rigenerata!) lunga 3 mm e formata di 30 segmenti.

Setole: 94 al 10⁰, 76 al 13⁰, 60 al 23⁰ segmento.

Pori dorsali a partire dall' intersegmento 12/13.

Clitello 14⁰—16⁰, privo di setole.

Pori maschili al 18⁰, tumidi; tra essi à compreso circa ¹/₅ del perimetro segmentale, ma mancano le setole.

Poro femminile al 14°.

Aperture delle spermateche cinque paia, distribuite nei solchi intersegmentali 4/5—8/9, sulle medesime linee longitudinali su cui si trovano i pori maschili.

Papille copulatrici ventosiformi: un paio rispettivamente ai segmenti 8°, 9°, 10°, 17°, 19°, 20° e 21°, all' avanti della zona setigera, e su due linee un po' mediali a quelle occupate dai pori maschili. Ai segmenti 22°—24°, sul lato destro, si trova rispettivamente una tumefazione disposta in modo analogo alle papille che precedono.

Caratteri interni. — Dissepimenti: 5/6—7/8 robusti, 8/9 sottile, 9/10 assente, 10/11 e 11/12 robusti.

Ventriglio all' 8°; intestino sacculato privo di ciechi. Cuori ai segmenti 10°—13°.

Nefridi diffusi.

Organi genitali. Non ho potuto riconoscere con sicurezza la disposizione delle capsule e dei sacchi seminali.

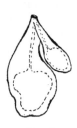

Fig. B.

Ph. ardita n. sp.
Spermateca.
48 : 1.

Apparato prostatico con porzione ghiandolare distribuita nei segmenti 17°—19°; canale sigmoide, ingrossato presso il poro esterno. Borse copulatrici assenti.

Spermateche in numero di cinque paia, distribuite al margine anteriore dei segmenti 5°—9°. Ampolla piriforme, mal distinta, esternamente, dal canale; diverticolo claviforme più corto dell' ampolla e canale presi assieme (Fig. B).

Loc.: Bivacco „Zoutbron" (v. la nota 1 a pag. 351), giugno—luglio 1910.

Ph. ardita mostra qualche rassomiglianza con *Ph. sentanensis* Cogn.[1]) che è pure stata raccolta in Nuova Guinea, ma in quest' ultima la porzione ghiandolare delle prostate è collocata nel 18° segmento, e inoltre sono presenti setole al clitello e 12 setole fra i pori maschili.

---

1) cf. in: Nova Guinea, Vol. 5, livr. 5, 1912, p. 551 e tav. 22 figg. 20—24.

Pheretima oinakesis n. sp.

Un esemplare quasi adulto.

Caratteri esterni. — Lunghezza 40 mm, spessore 3—4 mm; segmenti 115.

Colore biancastro. Capo pro-epilobo 1/2.

Setole in numero di circa 50 ai segmenti della regione mediana del corpo, molto più numerose ai segmenti preclitelliani. Dopo il clitello appaiono distinti gl'intervalli mediani dorsale e ventrale nelle corone delle setole ($aa = 2\ ab$; $zz = 3/2\ yz$).

Primo poro dorsale all'intersegmento 12/13.

Clitello, ancora mal distinto, esteso sui tre segmenti 14^0—16^0 che sono ancora provvisti di setole.

Pori maschili al 18^0, attraverso ad esse sporgono i peni. Tra i due pori v'è un intervallo pari a circa $1/6$ del perimetro segmentale e munito di 6 setole.

Sono presenti due piccole papille copulatrici al 10^0 segmento, davanti alla corona di setole, ravvicinate alla linea mediana ventrale. Entrambe le papille sono sorrette da una larga intumescenza che sta essa pure nella regione ventrale del 10^0 segmento davanti alla corona di setole.

Aperture delle spermateche in un solo paio nel solco intersegmentale 7/8, nella stessa direzione dei pori maschili.

Caratteri interni. — Dissepimenti 5/6—7/8 robusti, 8/9 e 9/10 assenti.

Ventriglio ben sviluppato e posto fra i dissepimenti 7/8 e 10/11. intestino sacculato a partire dal 15^0 segmento, privo di ciechi, Cuori ai segmenti 10^0—13^0.

Nefridi diffusi.

Organi genitali. Due paia di capsule seminali al 10^0 e 11^0; ogni paio racchiude un paio di testes. Le capsule sono ben sviluppate e rimontano verso il dorso a fianco dell'esofago; v'è comunicazione sottoesofagea fra le due capsule di uno stesso paio. Un primo paio di sacchi seminali è situato nel 10^0 segmento, incluso nelle capsule seminali di questo medesimo segmento, ma comunicante con le capsule dell'11^0. I sacchi del primo paio sono piccolissimi. Un secondo paio di sacchi seminali, allungati, pende libero nel 12^0 segmento.

Prostate con porzione ghiandolare nettamente biloba, distribuita nei due segmenti 18⁰ e 19⁰. Il canale muscolare è curvato ad ansa anteriormente e aumenta un po' in spessore presso la borsa copulatrice.

Fig. C.

Ph. oinakensis n. sp. Spermateca.
17 : 1.

Quest'ultima appare completamente evaginata assieme al pene, che ha forma allungata (ca. 1 mm) e termina in punta acuta.

Spermateche in numero di un solo paio situate all'8⁰ segmento. La loro ampolla è molto sviluppata, piriforme; il canale è corto, un po' ritorto e provvisto di un piccolo diverticolo globoide, sessile (Fig. C).

Loc.: Oinaké, 31/5. 1910.

Questa nuova specie è specialmente distinta dall'insieme di questi caratteri: papille al 10⁰ segmento, forma delle spermateche, assenza di ciechi intestinali. Presi assieme possono bastare a distinguere *Ph. oinakensis* dalle altre specie congeneri munite di un solo paio di spermateche.

Pheretima kampeni[1]) *n. sp.*

3 esemplari mediocremente conservati: uno solo di essi provvisto di clitello.

Caratteri esterni. — I due esemplari maggiori sono lunghi rispettivamente 465 e 365 mm, spessi 10 mm, e constano di 380 e 318 segmenti.

Colore bruno grigiastro.

Capo zigolobo (?): il cattivo stato di conservazione e la cavità boccale estroflessa impediscono di riconoscere con precisione questo carattere. Segmenti preclitelliani tri — o quadriannulati; parecchi segmenti, a partire dal 20⁰, sono pure triannulati.

Setole piccole e serrate: 180—200 sia all'8⁰ che al 20⁰ segmento: non vi sono intervalli costanti alle corone di setole.

Clitello 14⁰—16⁰, rivelata da una pigmentazione bruno-violocea sui fianchi e sul dorso (esemplare non completamente adulto!). Mancano setole al clitello.

---

1) Dedicata al Dr P. N. VAN KAMPEN.

Primo poro dorsale all' intersegmento 12/13.

Pori maschili al 18^0, al centro di due piccoli tubercoli circoscritti rispettivamente da un' area circolare divisa in due archi semilunari dalla zona setigera del detto segmento.

L'intervallo fra i due pori maschili è uguale a 1/4 del perimetro segmentale e contiene 9 setole (15 in un grosso esemplare privo di clitello).

Poro femminile al 14^0.

Aperture delle spermateche in numero di un paio, nel solco intersegmentale 7/8, sulle stesse linee dei pori maschili. Fra queste due linee si contano 65 setole all' 8^0 segmento. Ogni apertura di spermateca è sorretta da un piccolo tubercolo.

Alla regione ventrale dei segmenti 10^0 e 11^0 è presente una macchia brunastra rettangolare disposta trasversalmente, la quale s'estende dal margine anteriore fino quasi al margine posteriore del segmento.

Caratteri interni. — Dissepimenti 5/6—7/8 e 9/10 molto ispessiti, quelli che seguono più o meno sottili; 8/9 assente.

Ventriglio ben sviluppato, posto fra i dissepimenti 7/8 e 9/10, più vicino a quest' ultimo. Intestino sacculato dal 15^0, privo di ciechi. Cuori ai segmenti 10^0—13^0. Nefridi diffusi.

Organi genitali. Capsule seminali piccole, situate sotto l'esofago nei segmente 10^0 e 11^0; lo stato di conservazione imperfetto degli esemplari mi ha impedito di riconoscere se vi è comunicazione fra le varie capsule. Sacchi seminali in numero di due paia, situati ai segmenti 11^0 e 12^0; la loro forma è allungata in direzione della regione dorsale. Ogni sacco seminale è provvisto all' estremità di un' appendice digitiforme lunga quanto il sacco stesso e anche più.

Prostate al 18^0: porzione ghiandolare mediocre reniforme, dotata di una regione ilare a tinta più scura dalla quale s'origina il canale muscolare curvo ad ansa e ispessito nei suoi 2/3 distali (Fig. D).

Fig. D.

Pheret. kampeni n. sp.
Prostata. 6 : 1.

Un paio di spermateche all' 8^0, di forma allungata; l'ampolla sacciforme è lunga quanto il canale. Questo ha parete molto **robustae** s'attenua presso l'apertura esterna. Nello spessore della

tunica muscolare del tratto prossimale del canale si trovano 6 piccoli diverticoli visibili per trasparenza in forma di macchie biancastre allungate (Fig. E).

Loc.: Njaô, 15./6. 1910.

Pheretima kampeni appartiene al piccolo gruppo di *Pheretima* prive di ciechi intestinali e provviste d'un solo paio di spermateche. I caratteri forniti dalle spermateche sono sufficenti per distinguere la nuova specie dalle specie più affini. Sono forse anche un buon carattere distintivo le due paia di macchie scure ai segmenti 10^0 e 11^0.

Fig. E.
Pheret. kampeni
n. sp. Spermateca.
4,5 : 1.

Pheretima gjellerupi[1]) *n. sp.*

4 esemplari, uno dei quali provvisto di clitello.

Caratteri esterni. — Lunghezza 95—100 mm, spessore 6—7 mm; segmenti circa 88.

Colore bruno-violaceo dorsalmente, cenerognolo ventralmente.

Capo pro-epilobo 1/3.

Setole più serrate ventralmente che dorsalmente: 55 setole al 6^0 segmento, 80 al 10^0, 100 al 26^0. Le corone setigere mostrano una breve interruzione sulla linea mediana dorsale.

Clitello sviluppato su tutta la superfice dei segmenti 14^0—16^0, che sono privi di setole; la sua tinta è bruno-violacea.

Primo poro dorsale tra i segmenti 12^0 e 13^0.

Aperture maschili al 18^0 segmento; ogni apertura è circoscritta a poca distanza da due macchie oleose o da due depressioni in forma di mezzaluna, situata una davanti e l'altra dietro l'apertura stessa. Medialmente ad ogni apertura maschile si scorge talora una papilla piatta.[2]) Le due aperture maschili sono separate da un intervallo che corrisponde a $^1/_5$ del perimetro segmentale ed è provvisto di 10—12 setole.

Apertura femminile al 14^0 segmento.

Aperture delle spermateche in numero di quattro paia distribuite nei solchi intersegmentali 5/6—8/9, nella medesime direzioni delle aperture maschili. Ogni apertura di spermateca è circoscritta **da**

---

1) Dedicata al Dr K. GJELLERUP.
2) Non riconoscibile negli esemplari del bivacco „Zoutbron".

una macchia scura. Davanti alle aperture del penultimo e dell'ultimo paio, cioé dietro alle corone setigere dei segmenti 7° e 8°, si scorge un paio di papille piatte.[1])

Caratteri interni. — Dissepimenti 5/6—7/8 lievemente ispessiti, 8/9 assente. Pure lievemente ispessiti i dissepimenti 9/10—11/12, il primo di questi mostra l'inserzione parietale arretrata fino a metà dell'11° segmento, mentre il dissepimento 10/11 s'inserisce alla parete del corpo nella metà posteriore dell'11° segmento.

Ventriglio ben svilluppato, sito tra i due dissepimenti 7/8 e 9/10, più vicino a quest'ultimo. Intestino sacculato a partire dal 15° segmento; ciechi semplici e protesi in avanti dal 26° al 23° segmento. Cuori ai segmenti 10°—13°.

Nefridi diffusi.

Organi genitali. *Pheretima gjellerupi* è metandra; le sue capsule seminali, situate nell'11° segmento, sono ben sviluppate. Non mi ta dato riconoscere con sicurezza una comunicazione sottoesofagea fra le due capsule, ma non escludo la sua presenza. I sacchi seminali sono anch'essi ben sviluppati; sono situati al 12° segmento e spingono all'indietro il dissepimento 12/13. Ogni sacco è provvisto di una appendice digitiforme assai più corta del sacco stesso.

Le prostate mostrano la massa ghiandolare divisa in due lobi distribuiti nei segmenti 18° e 19° o nel 18° soltanto. Il canale muscolare descrive un giro di spira nel 18° segmento e raggiunge il poro maschile; la metà distale del canale è più spessa di quella prossimale, ma una borsa copulatrice manca.

Spermateche in numero di quattro paia, distribuite nei segmenti 6°—9°. L'ampolla è sacciforme
e sufficentemente distinta dal canale che è corto
e provvisto, presso l'apertura esterna, di un diverticolo a peduncolo cortissimo. Questo diverticolo lascia riconoscere, anche a un'esame esterno,
una costituzione pluriloculare (Fig. F).

Fig. F.
Pheret. gjellerupi
n. sp. Spermateca.
6 : 1.

Loc.: Alta valle del fiume Sermowai, circa 400 m. s. m., nel fango, 10./5. 1911; Bivacco Zoutbron, giugno 1910.

---

1) Non riconoscibile negli esemplari del bivacco „Zoutbron".

L'insieme dei caratteri: metandria, forma, numero e posizione delle spermateche vale a distinguere *Ph. gjellerupi* dalle specie congeneri più affini.

Pheretima sp.

Un esemplare privo di clitello.

Loc.: Sorgenti del fiume Pomora, 1000—1400 m. s. m.

Pheretima (Parapheretima) sermowaiana n. sp.

3 esemplari provvisti di clitello.

Caratteri esterni. — Lunghezza 175 e 150 mm, spessore 8 mm; segmenti 115 e 198.

Forma cilindrica. Colore bruno-rossastro sul dorso, con strette fascie setigere biancastre; queste fascie s'allargano un po' sui fianchi per confondersi colla tinta uniforme bianco-giallastra della regione ventrale.

Capo pro-epilobo 1/3.

Setole in corone continue: 72 al 3^0 segmento, 100 al 10^0, 110 al 26^0.

Pori dorsali a partire dall'intersegmento 12/13.

Clitello ai segmenti 14^0—16^0, sprovvisto di setole; ha tinta bruno-violacea, con tre fascie annulari meno scure.

Aperture maschili al 18^0, a margini tumefatti; le separa un'intervallo pari a 1/4 del perimetro segmentale e munito di 30 setole. Papille copulatrici assenti.

Apertura femminile al 14^0.

Aperture delle spermateche in numero di due paia, distribuite nei solchi intersegmentali 6/7 e 7/8, nella medesima direzione delle aperture maschili.

Caratteri interni. — Dissepimenti: 4/5—6/7 mediocremente ispessiti al pari di 10/11—13/14; 7/8 leggermente ispessito; 8/9 sottile; 9/10 assente.

Ventriglio ben sviluppato, all' 8^0 segmento; intestino sacculato e partire dal 15^0; i suoi due ciechi sono semplici, protesi tre segmenti in avanti o contenuti nel 26^0 (in un esemplare notai la prima disposizione al lato destro la seconda al sinistro). Cuori ai segmenti 10^0—13^0.

Nefridi diffusi.

Organi genitali. Capsule seminali globose, sottoesofagee, in numero di due paia disposte ai segmenti 10^0 e 11^0. Le capsule di uno stesso lato comunicano fra di loro, ma non v'è comunicazione fra le due capsule di uno stesso segmento. Sacchi seminali ben sviluppati, in numero di due paia disposte ai segmenti 11^0 e 12^0, provvisti di appendice digitiforme. Sacchi rudimentali al 13^0. Ovari al 13^0, sacchi ovarici al 14^0 segmento.

Prostata con porzione ghiandolare bianca ben sviluppata, de-

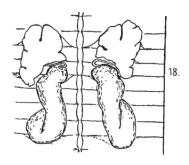

Fig. G.

Pheret. (Paraph.) sermovvaiana n. sp.
Prostata. 2 : 1.

pressa contro la parete latero-ventrale del corpo, nei tre segmenti 17^0-19^0, e provvista di intagli marginali, di cui uno, anteriore, più profondo. Il canale, sottile e curvo ad ansa, riunisce la detta porzione ghiandolare alla borsa copulatrice globoide, mediocre, situata nel 18^0 segmento. La borsa copulatrice è provvista di un'appendice ghiandolare a parete poco muscolosa, che s'estende dal 19^0 fino nel 22^0 segmento, e può apparire ripiegata su se stessa all'estremità libera (Fig. G).

Spermateche in numero di due paia, distribuite nei segmenti 7^0 e 8^0. L'ampolla, ovoide, si continua, restringendosi, in un canale di lunghezza pressochè uguale. Quest'ultimo riceve presso l'apertura esterna un diverticolo claviforme a peduncolo piegato a zig-zag (Fig. H). La lunghezza del diverticolo oltre-passa quella del canale. Canale e parte distale dell'ampolla sono rivestiti da fitte villosità ghiandolari (omesse nella figura) che si ritrovano anche sulla superfice interna dei segmenti 7^0 e 8^0.

Fig. H.

Pheret. (Paraph.) sermowaiana n. sp.
Spermateca. 6 : 1.

Loc.: Alta valle del fiume Sermowai, a ca. 400 m s. m., 27./3. 1911; Tepik, a ca. 450 km dalla foce del fiume Imperatrice, 16./10. 1910.

Questa nuova specie è maggiormente affine a *Ph. (Paraph.) alk-*

maarica Cogn.[1]), *Ph.* (*P.*) *wendessiana* Cogn.[2]), *Ph.* (*P.*) *outakwana* Cogn.[3]), ma anche da questa è distinta soprattuto per caratteri dell'apparato riproduttore.

Pheretima (*Parapheretima*) *grata* n. sp.

2 esemplari adulti ma in mediocre stato di conservazione.

Caratteri esterni. — Lunghezza 120 e 130 mm, spessore 4 mm. Segmenti 99 e 83.

Colore bruno uniforme.

Capo pro-epilobo 1/2.

Setole in corone prive d'interruzioni costanti; 44 setole al 6° segmento, 74 al 10°, 65 al 26°.

Clitello sui segmenti 14°—16°, che sono privi di setole.

Aperture maschili al 18°; tra esse v'è un intervallo pari a $^1/_3$ del perimetro segmentale, e in questo intervallo si contano 13 setole.

Apertura femminile al 14°.

Aperture delle spermateche in numero di due paia, distribuite negl'intersegmenti 5/6 e 6/7, nelle medesime direzioni delle aperture maschili.

Caratteri interni. — Dissepimenti: 5/6 e 6/7 mediocremente ispessiti, 7/8 sottile, 8/9 sottile e incompleto, 9/10 e seguenti sottili.

Ventriglio robusto all' 8° segmento; intestino sacculato a partire dal 15°, privo di ciechi. Cuori 10°—13°.

Nefridi diffusi.

Organi genitali. Capsule seminali ben sviluppate, in numero di due paia, situate ai segmenti 10° e 11°, e prolungate dalla regione ventrale sui fianchi dell'esofago. Le due capsule di un medesimo segmento non comunicano fra loro. Le capsule del 10° segmento formano col loro prolungamento laterale una sorta di anello chiuso in cui passa il cuore del lato corri-

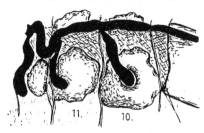

Fig. J. *Pheret.* (*Paraph.*) *grata* n. sp. Capsule e sacchi seminali. 4,5 : 1.

1) In: Nova Guinea, Vol. 9, Zool., livr. 3, p. 298, Leida 1912.
2) In: Nova Guinea, Vol. 5, Zool., livr. 5, p. 560, Leida 1912.
3) In: Trans. zool. Soc. London, 1914.

spondente (Fig. J); le capsule dell'11° mostrano invece il prolungamento laterale diviso in due lobi fra i quali passa un cuore. È presente al 12° segmento un paio di sacchi seminali mediocri, allungati verso il dorso; al 13° v'è un paio di sacchi rudimentali.

Le prostate presentano una porzione ghiandolare bianca divisa in tre lobi, distribuiti nei segmenti 17°—19° (Fig. K l, l_I, l_{II}). H canale muscolare è piegato in un'ansa diretta in avanti: il tratto distale dell'ansa è in parte più robusto del prossimale. Il canale s'apre in una borsa copulatrice mediante un ultimo tratto, corto, sottile, e arcuato. Ogni borsa copulatrice riceve dal lato mediale due piccoli fasci di canali (Fig. K cn) che provengono da due ammassi di ghiandole tubulose situati l'uno nel 17° l'altro nel 19° segmento (gl), e avvolti ognuno da una tenue membrana.

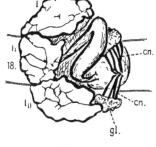

Fig. K.

Pheret. (Paraph.) grata n. sp. Prostata sinistra. 6,5:1.

I canali efferenti di queste ghiandole sono un po' ondulati, e si riuniscono in parte presso lo sbocco nella borsa copulatrice; sono in parte compresi nello spessore dellaparete della borsa medesima.

Spermateche in numero di due paia, disposte nei segmenti 6° e 7°. Ampolla reniforme o globosa, canale ben distinto. Diverticolo ovoide allungato, con peduncolo sottile, inserito all'estremità distale del canale (Fig. L).

Fig. L.

Pheret. (Paraph.) grata n. sp. Spermateca. 6,5 : 1.

Loc.: „Hoofdbivak" presso il fiume Imperatrice Augusta12./10. 1910.

Ph. (Paraph.) grata è nettamente distinta dalle altre specie del medesimo sottogenere per la posizione delle spermateche; invero in essa questi organi si trovano al 6° e 7° segmento mentre nelle altre specie conosciute di *Parapheretima* si trovano al 7° e all'8°. Va pure notata la disposizione delle capsule seminali, che ricorda un po' quanto s'osserva in *Ph. biserialis* (E. PERRIER).

24*

Subfam. *Trigastrinae.*

Dichogaster sp.

Due esemplari adulti, un po' putrefatti.

Loc.: Alta valle del fiume Sermowai, sotto le foglie nella foresta, a ca. 400 m s. m., 1./5. 1911; Zoutbron, giugno—luglio 1910.

Torino, novembre 1913.

Zur Fauna von Nord-Neuguinea.

Nach den Sammlungen von Dr. P. N. van Kampen und
K. Gjellerup aus den Jahren 1910 und 1911.

Amphibien.

Von

P. N. van Kampen.

Die unten bearbeitete Amphibiensammlung wurde zum größten
Teile von mir selbst zusammengebracht, als ich im Jahre 1910
während einiger Monate dem in dem nördlichen Teile von Neuguinea
unter Kommando von Kpt. F. J. P. Sachse arbeitenden Niederländischen Explorationsdetachement als Zoologe beigegeben war.
Nach meiner Rückreise setzte Herr K. Gjellerup, Militärarzt des
Detachements, meine Arbeit fort. Diesem Herrn und den anderen
Offizieren des Detachements wie auch den Mitgliedern der zu gleicher
Zeit unter Leitung von Herrn J. L. H. Luymes arbeitenden Niederländischen Grenzkommission habe ich vielfache Unterstützung zu
danken.

Die Fundstellen liegen alle im nordöstlichen Teile von Niederländisch oder im westlichen Teile von Deutsch Neuguinea. „Hollandia"
ist ein Biwak an der Westküste der Humboldtbai (2⁰ 32' 29" s. Br.,
140⁰ 44' 12" ö. L.), „Zoutbron" ein Biwak am Begowre-Fluß (3⁰ 1' 13"
s. Br., 140⁰ 57' 30" ö. L.), „Hoofdbivak" liegt am Kaiserin-Augusta-
Fluß auf 4⁰ 4' 18" s. Br., 141⁰ 7' 15" ö. L., „Pionierbivak" auf 4⁰ 16'
48" s. Br., 141⁰ 57' 52" ö. L. an demselben Fluß. Der Mbai ist ein

kleiner Fluß, welcher bei Hollandia in die Humboldtbai mündet, der Tjahé ein linkes Seitenflüßchen des Mosso.

Die übrigen Fundorte findet man auf der zu einem Artikel von Herrn Sachse in: Tijdschr. Nederl. aardrijksk. Gen. (2), Vol. 29, 1912 (p. 36) gehörigen Karte.

Hylidae.

1. *Hyla infrafrenata* Gthr.

Boulenger, Cat. Batr. Sal., 1882, p. 384 (*Hyla dolichopsis*); in: Zool. Jahrb., Suppl. 15, Bd. 1, 1912, p. 211.

Umgebung des Sentani-Sees, 2 Expl.
Umgebung der Humboldtbai: Hollandia, 4 Expl.
Am Kaiserin-Augusta-Fluß:
Pionierbivak, 3 Expl.
Hoofdbivak, 3 Expl.

2. *Hyla sanguinolenta* van Kampen.

van Kampen, Nova Guinea, Vol. 9, Zool., Livr. 1, 1909, p. 33, tab. 2, fig. 3.

Umgebung der Humboldtbai: Hollandia, 1 Expl., ♀ (60 mm).

Dieses Tier weicht in einiger Hinsicht von den aus dem südlichen Teile der Insel (Nord-Fluss) stammenden Originalexemplaren ab. Am meisten fällt auf das Fehlen der weißen Tibia-Fleckchen sowie das Vorhandensein von Seitenwarzen, welche denen von *H. infrafrenata* ähnlich sind. Auch ist die Schwimmhaut der Zehen breiter und sind die Finger etwas mehr eingefaßt (etwa $1/2$). Dennoch stimmt es sonst und auch im ganzen Habitus mit *sanguinolenta* überein und ist demnach eine Bestätigung der von Boulenger[1] geäußerten Meinung, daß diese Art mit *infrafrenata* identisch sei. Jedoch scheint mir zur sicheren Entscheidung ein größeres Material notwendig.

3. *Hyla montana* Ptrs. et Dor.

Peters e Doria, in: Ann. Mus. civ. Genova, Vol. 13, 1878, p. 423, tab. 7, fig. 1.

---

1) In: Zool. Jahrb., Suppl. 15, Bd. 1, 1912, p. 211.

BOULENGER, Cat. Batr. Sal., 1882, p. 385.

VAN KAMPEN, Nova Guinea, Vol. 9, Zool., Livr. 3, 1913, p. 454.

Südlich von der Humboldtbai: Pomorra-Fluß, $\pm$ 760 m, 1 Expl., ♀ (75 mm).

Das Tier unterscheidet sich von der Originalbeschreibung nur dadurch, daß der Bauch ungefleckt ist und die Schwimmhäute weniger ausgedehnt sind: die äußeren Finger sind etwa ein Drittel behäutet, und von der 4. Zehe bleiben die beiden Endglieder frei. Es stimmt hierin ganz mit dem von mir erwähnten männlichen Exemplar von Süd-Neuguinea (Went-Gebirge) überein. Mit diesem hat es auch die dunklen Querbinden der Extremitäten und der länglich dreieckige Hautzipfel am Fersengelenk gemein.

Das Tier hatte während des Lebens den Rücken gelbgrün gefärbt.

4. *Hyla bicolor* GRAY?

BOULENGER, Cat. Batr. Sal., 1882, p. 421 (*Hylella bicolor*).

VAN KAMPEN, in: Nova Guinea, Vol. 5, Zool., Livr. 1, 1906, p. 173.

Umgebung der Humboldtbai: bei Jembé, 1 Expl. juv. (16 mm).

Dieses Tier gleicht genau den früher von mir beschriebenen jungen Exemplaren von *H. bicolor*. Erwachsene Tiere dieser Art fand ich aber in der Nähe nicht.

5. *Hyla boulengeri* MÉH.

MÉHELY, in: Termész. Füzetek, Vol. 20, 1897, p. 414, tab. 10, fig. 8 (*Hylella boulengeri*).

VAN KAMPEN, in: Nova Guinea, Vol. 5, Zool., Livr. 1, 1906, p. 175; ibid., Vol. 9, Zool., Livr. 1, 1909, p. 35.

Umgebung der Humboldtbai: „Hollandia", 1 Expl. (36 mm); nahe der Südküste der Bai, 1 Expl. (33 mm).

Das letzterwähnte Exemplar war im Leben gelbbraun, der Bauch weiß, die Unterseite der Oberschenkel zitronengelb. Die charakteristische Zeichnung von *H. boulengeri* fehlt beiden Tieren, mit Ausnahme der weißen erhabenen Linie auf dem Unterarm. Sonst sind aber keine Unterschiede vorhanden, und ich sehe daher keine Schwierigkeit die vorliegenden Tiere mit *H. boulengeri* zu identifizieren, zumal mit Rücksicht auf ähnliche Erscheinungen, die ich unten für *H. impura* mitteile und früher[1]) für *H. bicolor* erwähnt habe.

Der 2. Finger ist kürzer als der 4.

6. *Hyla thesaurensis* Ptrs.

Peters, in: Mon.-Ber. Akad. Wiss. Berlin (1877) 1878, p. 421.
Boulenger, Cat. Batr. Sal., 1882, p. 409; in: Trans. zool. Soc. London, Vol. 12, 1890, p. 60, tab. 11, fig. 4.
Méhely, in: Termész. Füzetek, Vol. 20, 1897, p. 414.

Umgebung der Walckenaerbucht: Sermowai-Fluß, Unterlauf, ± 70 m hoch, 6 Expl. (11—26 mm).

Umgebung der Humboldtbai:

Hollandia, 1 Expl. (13 mm).

Nahe der Südküste der Bai, 1 Expl. (22 mm).

Unterlauf des Tami, 1 Expl. (16 mm).

Der 2. Finger ist kürzer als der 4.

Im Leben dunkel violettbraun, die hellen Flecken und Binden des Rückens goldgelb.

Den jungen Tieren, von bis etwa 16 mm Länge, fehlen die Vomerzähne, wie dies auch bei *H. boulengeri* und *bicolor* der Fall ist. Auch die Zeichnung variiert mit dem Alter. Bei den meisten jungen Tieren sind nur drei helle Längsbinden vorhanden, von welchen immer die beiden lateralen, bisweilen auch die mittlere, in Flecken aufgelöst sind und die letztere dann nur in ihrem vorderen Abschnitte entwickelt ist. Erst später bildet sich jederseits noch eine mehr oder weniger unterbrochene helle Längsbinde zwischen den schon bestehenden und sind dann somit 5 Binden vorhanden.

7. *Hyla impura* Ptrs. et Doria.

Peters e Doria, in: Ann. Mus. civ. Genova, Vol. 13, 1878, p. 426, tab. 7, fig. 2.
Boulenger, Cat. Batr. Sal., 1882, p. 409.

Umgebung der Walckenaerbucht:

Beim Fluß Moaif, am Strande, 1 Expl., ♂ (35 mm).

Sermowai-Fluß, Unterlauf, 1 Expl., ♂ (43 mm).

Kaiserin-Augusta-Fluß: Hoofdbivak, 1 Expl., ♂ (35 mm).

Das Exemplar vom Moaif-Flusse weist die nachfolgenden weißen Binden und Flecken auf: eine mediane Rückenlinie und

---

1) In: Nova Guinea, Vol. 5, Zool., Livr. 1, 1906, p. 173.

Spuren einer Längslinie an jeder Seite des Rückens; eine Binde unter dem Auge, welche sich, teilweise unterbrochen, unter dem Trommelfell bis zu den Schultern fortsetzt; feine Pünktchen auf dem Unterarm und eine unterbrochene Linie längs dem Hinterrande desselben; eine Querlinie unter dem After und vereinzelte Pünktchen auf den Oberschenkeln. Spuren dieser Zeichnung (nicht aber die mediane Rückenlinie) zeigen auch die beiden anderen Tiere, und besonders die Linie auf dem Unterarm ist auch bei ihnen deutlich zu erkennen. Alle diese hellen Binden und Fleckchen bilden auch einen Teil der Zeichnung bei den oben erwähnten Exemplaren von *H. thesaurensis*, die auch sonst *H. impura* sehr ähnlich sind. Ich würde dieselben unbedingt für junge *impura* halten, wenn nicht BOULENGER [1]) die Vermutung ausgesprochen hätte, daß *H. thesaurensis* identisch sei mit einer anderen ungefleckten Species, *H. macrops* BLGR. von den Salomons-Inseln. Nun scheint aber *H. macrops* der *H. impura* sehr ähnlich zu sein, und der einzige wesentliche Unterschied, welchen ich in der Beschreibung auffinden kann, ist, daß bei *macrops* der 2. und der 4. Finger gleichlang sind, während bei *impura* der 4. länger ist. Wie sich dieses Merkmal bei *thesaurensis* von den Salomons-Inseln verhält, finde ich nicht erwähnt, aber die mir vorliegenden oben genannten Exemplare stimmen in dieser Hinsicht mit *H. impura* überein. Es scheint mir daher vorläufig am wahrscheinlichsten, daß *H. macrops* von den Salomons-Inseln und *impura* von Neuguinea zwei verschiedene, aber nahe verwandte Arten sind, die beide nur in der Jugend (als *H. thesaurensis*) eine helle Zeichnung aufweisen.

8. *Hyla arfakiana* PTRS. et DORIA.

PETERS e DORIA, in: Ann. Mus. civ. Genova, Vol. 13, 1878, p. 421, tab. 6 fig. 2.

BOULENGER, Cat. Batr. Sal., 1882, p. 410.

VAN KAMPEN, in: Nova Guinea, Vol. 9, Zool., Livr. 3, 1913, p. 456.

Südlich von der Humboldtbai: am Ursprunge des Pomorra-Flusses, 1000—1400 m, 1 Expl., ♂ (45 mm).

Die Finger haben bei diesem männlichen Exemplare eine schwache Bindehaut, die aber nur zwischen den beiden äußeren Fingern ein wenig über den Metacarpus hinausreicht. Subarticular-Tuberkel

---

1) In: Trans. zool. Soc. London, Vol. 12, 1890, p. 60.

einfach. Das Tier hat einen subgularen Stimmsack, welcher sich durch
zwei neben der Zunge gelegene Öffnungen in die Mundhöhle öffnet,
wie ich es schon früher angegeben habe.

Von den früher von mir beschriebenen Exemplaren weicht das
vorliegende nur ab durch die schwächer entwickelte Schwimmhaut
der Füße, indem sie zwischen den beiden ersten Zehen nur die Meta-
carpalia einfaßt. Auch ist ein kleiner Hautzipfel am Fersengelenk
vorhanden.

Hyla sp.?

Im Bougainville-Gebirge, $\pm$ 500 m hoch, viele Kaulquappen.

Ich fand diese Kaulquappen in einem schnellfließenden, klaren
Bach, worin sie sich an den Steinen des Bodens festsaugten. Es
fehlen ihnen noch die Extremitäten, und sie sind nicht mit Sicherheit zu bestimmen. Ich erwähne sie nur wegen des Besitzes eines
Saugnapfes, welcher aus einer Vergrößerung der Lippen hervorgegangen ist. Daß sie wahrscheinlich einer Hyla-Art angehören,
schließe ich namentlich aus der Übereinstimmung mit den von mir [1])
als mutmaßlich zu H. papua gehörig beschriebenen Larven, von
welchen sie sich nur in wenigen Punkten unterscheiden. Die
wichtigsten Unterschiede sind ein etwas längerer Schwanz; das
Fehlen der hellen Schwanzbinden; ein etwas kürzerer Saugnapf,
welcher dem Rande entlang eine Reihe kurzer Papillen und auf
jeder Lippe, nach außen von den Zahnreihen, außerdem noch eine
Reihe von sehr kurzen und breiten Papillen trägt, und namentlich
die in zwei Abschnitten geteilten Pigmentbänder beider Kiefer.

Ranidae.

9. Rana arfaki Meyer.

Peters e Doria, in: Ann. Mus. civ. Genova, Vol. 13, 1878, p. 418,
tab. 6 fig. 1.
Boulenger, Cat. Batr. Sal., 1882, p. 66.

Umgebung der Walckenaerbucht: Sermowai-Fluß, Oberlauf,
$\pm$ 300 m hoch, 1 Expl. (119 mm).

Interorbitalraum so breit wie das Augenlid.

---

1) In: Nova Guinea, Vol. 9, Zool., Livr. 3, 1913, p. 455.

10. *Rana waigeensis* v. Kampen.

van Kampen, in: Bijdr. Dierk., afl. 19, 1913, p. 90; in: Nova Guinea, Vol. 9, Zool. (Livr. 3), 1913, p. 459.

Umgebung der Tanah-Merah-Bucht: Air Mo-Fluß, 1 Expl. (29 mm).
Wie ich schon hervorgehoben habe, ist dies vielleicht nur eine junge *R. arfaki*.

11. *Rana papua* Less.

Boulenger, Cat. Batr. Sal., 1882, p. 64.

Umgebung der Walckenaerbucht:
  Sermowai-Fluß, Unterlauf, 2 Expl.
  Sermowai-Fluß, Oberlauf, ± 400 m, 3 Expl.
Umgebung der Tanah-Merah-Bucht:
  Am Strande der Bucht, 1 Expl.
  Am Air Mo-Fluß, 1 Expl.
  Jaona, 7 Expl.
Umgebung des Sentani-Sees, 5 Expl.
Umgebung der Humboldtbai:
  Hollandia, viele Expl. und zahlreiche Kaulquappen.
  Am Mbai-Fluß, 1 Expl.
  Nahe der Südküste der Humboldtbai, 4 Expl.
Im Stromgebiete des Tami-Flusses:
  Unterlauf des Tami, 2 Expl.
  Koime-Fluß, 1 Expl.
  Am Tjahe, 1 Expl.
  Am Begoure-Fluß, 2 Expl.
Am Kaiserin-Augusta-Fluß:
  Pionierbivak, 3 Expl.
  Oberlauf des Flusses, 1 Expl.

Die Kaulquappen, welche ich bei „Hollandia" im April und Mai in einem Sago-Sumpfe und auch in klarem fließendem Wasser fand und zu jungen unverkennbaren *R. papua* züchtete, weichen nicht unwesentlich von meiner früheren Beschreibung[1]) ab und stimmen dagegen namentlich in den Merkmalen des Mundes gut überein mit der Beschreibung, welche Roux[2]) von der Larve einer *Rana sp.* von

---

1) In: Nova Guinea, Vol. 5, Zool., Livr. 1, 1906, p. 164.
2) In: Abh. Senckenb. naturf. Ges. Frankfurt, Vol. 33, 1910, p. 225.

den Aru-Inseln gibt. Der Körper ist bei ihnen etwa $1^{1}/_{2}$mal so lang
wie breit. Die Augen stehen weiter auseinander als die Nasenlöcher.
Der Schwanz ist ungefähr 3mal so lang wie hoch (nur bei älteren
Larven relativ länger, bis 4mal die Höhe) und hat hohe Flossen;
die obere Flosse erreicht den Rücken.   Zahnreihen $\frac{1 \quad \overset{1}{\quad} 1}{1 \quad 2 \quad 1}$. Färbung
des lebenden Tieres: Rücken und Seiten dunkelgrau, hintere Schwanz-
hälfte bräunlich-gelb, Bauchseite bleigrau, Kehle schwach violett;
Iris gelb. Totallänge bis $6^{1}/_{2}$ cm.

Die von Roux beschriebenen Larven gehören wohl sicher zu
R. papua. Ob die von mir beschriebenen Larven mit der Zahnformel
$\frac{3 \quad \overset{1}{\quad} 3}{3}$ oder $\frac{2 \quad \overset{1}{\quad} 2}{3}$ auch hierher gehören, ist zweifelhaft; ich vermute aber, daß die Unterschiede auf individueller Variabilität be-
ruhen, wie auch die erwachsenen Tiere sehr variabel sind.

12. *Cornufer corrugatus* A. Dum.

Boulenger, Cat. Batr. Sal., 1882, p. 110.

Umgebung der Walckenaerbucht:
  Sermowai-Fluß, Unterlauf, $\pm$ 70 m, 1 Expl.
  Sermowai-Fluß, Oberlauf, $\pm$ 400 m, 4 Expl.
Umgebung der Tanah-Merah-Bucht:
  Air-Mo-Fluß, 3 Expl.
  Jaona, 1 Expl.
Umgebung der Humboldtbai:
  Hollandia, 4 Expl.
  Nahe der Südküste der Bai, 1 Expl.
Stromgebiet des Tami:
  Am Unterlaufe des Tami, 1 Expl.
  Sëkofro Niki, 1 Expl.
Oinake, 1 Expl.
Am Kaiserin-Augusta-Fluß, 1 Expl.
Eier groß, dotterreich.

Das Tier von Oinake, ein Männchen mit Stimmsäcken, fing
ich am Abend mittels einer Laterne. Durch seinen kurzen quakenden
Ruf kam ich ihm auf die Spur. Diesem Laute nach befanden sich
mehrere Tiere dieser Art in der Nachbarschaft. Sie ließen ihre
Stimme erst nach Eintritt der Finsternis hören.

Engystomatidae.

Die Engystomatiden Neuguineas sind trotz der oft großen Haftscheiben im allgemeinen Bodentiere. Sie leben meistens an feuchten Stellen im Walde, bisweilen in toten Baumstämmen. Nur ein einziges Mal fand ich eine Engystomatide, wahrscheinlich eine *Copiula oxyrhina* (das Exemplar ist leider verloren gegangen), auf einem Baumblatte, etwa Manneshöhe vom Boden entfernt, sitzend.

13. *Xenorhina rostrata* MÉH.

v. MÉHELY, in: Termész. Füzetek, Vol. 21, 1898, p. 175, tab. 12, fig. 1—11 (*Choanacantha rostrata*); ibid., Vol. 24, 1901, p. 233, tab. 11 fig. 1—2.

VOGT, in: SB. Ges. naturf. Freunde Berlin, 1911, No. 9, p. 420.

Umgebung der Walckenaerbucht: Sermowai-Fluß, Unterlauf, $\pm$ 70 m, 3 Expl. (41—44 mm).

Umgebung der Humboldtbai: nahe der Südküste, 1 Expl., juv. (24 mm).

Ein Stachel hinter jeder Choane. Trommelfell mehr oder weniger deutlich; sein Durchmesser bei den erwachsenen Tieren gleich der Länge der Orbita. Die Finger mit gerundeten, nicht angeschwollenen Spitzen, die Zehen mit kleinen Scheiben. Finger und Zehen kurz: die Länge der 4. Zehe geht bei den erwachsenen Tieren $3\frac{1}{2}$—4mal in den Abstand zwischen After und Augenhinterrand, beim jungen Tier 3mal. Äußere Metatarsalia vereint. Das Fußgelenk erreicht die Schulter, das Tarsometatarsalgelenk das Auge. Beim jungen Tier sind aber die Gliedmaßen etwas länger und reicht das Fersengelenk bis zum Trommelfell, das Tarsometatarsalgelenk bis zur Schnauzenspitze. Keine Schnauzenwarzen. Rücken mit vereinzelten, Bauch und Kehle mit zahlreichen großen, dunklen Flecken.

Färbung im Leben (Exemplare vom Sermowai-Fluß, nach der Angabe von Herrn GJELLERUP): Rücken grau, mit weißer oder rosafarbiger Medianlinie; Bauch feuerrot mit schwarzen Flecken.

Trotz einiger geringfügiger Unterschiede gegen MÉHELY's Beschreibung (wovon besonders das Fehlen der Schnauzenwärzchen hervorzuheben ist) glaube ich doch die vorliegenden Exemplare mit seiner *rostrata* vereinigen zu können.

Diese Art ist übrigens von *oxycephala* leicht zu unterscheiden durch die Gestalt des Kopfes. Während dessen Seiten von den Schultern bis zur Nasenspitze bei *oxycephala* eine nur schwach ge-

bogene Linie bilden, sind sie bei den mir vorliegenden Exemplaren
von *rostrata* stark konvex, was zur Folge hat, daß bei diesen die
Schnauzenseiten an der Spitze miteinander einen stumpfen, bei *oxycephala* hingegen einen scharfen oder geraden Winkel bilden.

   v. Méhely, der ein Originalexemplar von X. *oxycephala* untersucht hat, sagt ausdrücklich, daß diese Art sich nur durch das
Fehlen der Gaumenstacheln von seiner *rostrata* unterscheidet. Daß
er die anderen von mir genannten Unterschiede nicht erwähnt, wird
wohl dem von ihm hervorgehobenen schlechten Erhaltungszustand
des Originalexemplares von *oxycephala* zuzuschreiben sein.

14. *Xenorhina oxycephala* Schleg.

Schlegel, Handl. Dierk., Vol. 2, p. 58, tab. 4 fig. 74 (*Bombinator oxy-
   cephalus*).
Peters, in: Mon.-Ber. Akad. Wiss. Berlin, 1863, p. 82.
Boulenger, Cat. Bat. Sal., 1882, p. 179.
v. Méhely, in: Termész. Fuzetek, Vol. 24, 1901, p. 236.

   Umgebung der Walckenaerbucht:
   Sermowai-Fluß, Unterlauf, $\pm$ 70 m, 1 Expl. (38 mm).
   Sermowai-Fluß, Oberlauf, $\pm$ 400 m, 1 Expl., juv. (20 mm).
   Nahe der Südküste der Humboldtbai, 2 Expl. (40 und 42 mm).
   Am Mosso, 1 Expl., ♀ (43 mm), 1 Expl., juv. (19 mm).
   Kein Gaumenstachel. Trommelfell mehr oder weniger deutlich.
Finger mit etwas geschwollenen Spitzen, ebenso wie die Zehen ein
wenig länger als bei *rostrata* (die 4. Zehe geht etwa 3mal in den
Abstand zwischen After und Augenhinterrand). Zehen mit kleinen
aber deutlichen Haftscheiben. Tibiotarsalgelenk bis zum Auge,
Tarsometatarsalgelenk über die Schnauzenspitze hinaus. Keine
Schnauzenwarzen. Bauch mit oder ohne dunkle Flecken.
   Färbung während des Lebens etwas variierend. Beide Exem-
plare aus der Nähe der Humboldtbai hatten Rücken und Kehle grau-
violett, Bauch und Unterseite der Oberschenkel steinrot; beim Mosso-
Exemplar war der Rücken lackrot, der Bauch orangenfarbig, die
Seiten weiß; das erwachsene Exemplar vom Sermowai-Fluß hatte
(nach Angabe von Herrn Gjellerup) den Rücken braun, den Bauch
hellgrau. Die beiden letztgenannten Tiere haben eine helle
mediane Rückenlinie.
   Schlegel gibt als Fundort seiner Exemplare nur Neuguinea
an; die im Museum zu Leiden befindlichen Originalexemplare sind

gesammelt von S. Müller, Mitglied der sogenannten „Natuurkundige Commissie". Da dieser nur die Südküste des Niederländischen Teiles der Insel besucht hat (im Jahre 1828)[1]), müssen die Schlegel'schen Exemplare von dort stammen. Die Art hat somit eine ziemliche weite Verbreitung im Flachlande der Insel.

15. *Metopostira ocellata* Méh.

v. Méhely, in: Termész. Füzetek, Vol. 24, 1901, p. 239, tab. 7 fig. 1—6; tab. 10, fig. 5; tab. 12, fig. 1.

van Kampen, in: Nova Guinea, Vol. 5, Zool., Livr. 1, 1906, p. 167 (*M. macra*); Vol. 9, Zool., Livr. 1, 1909, p. 40; Vol. 9, Zool., Livr. 3, 1913, p. 461.

Umgebung der Humboldtbai:
  Hollandia, 1 Expl.
  Nahe der Südküste, 2 Expl.
Stromgebiet des Tami:
  Am Mosso, 1 Expl.
  Kohari-Gebirge, in ± 600 m Höhe, 1 Expl.
  Unterlauf des Bewani, 1 Expl.
  Zoutbron, 2 Expl.

Nachdem ich schon früher Exemplare von *M. ocellata* erwähnt habe, die in einiger Hinsicht mit meiner *M. macra* übereinstimmen, und da die mir jetzt vorliegenden Tiere sich auch in dem wichtigsten der von mir angegebenen Unterschiede der *macra* nähern, indem der 2. u. 4. Finger fast gleichlang sind, so glaube ich die beiden Arten vereinigen zu müssen. In der Gestalt halten die meisten der vorliegenden Exemplare die Mitte zwischen den Originalexemplaren von *ocellata* und *macra*. Die Länge der Hinterbeine variiert: das Fersengelenk reicht bisweilen nur bis zum Vorderrand des Auges, bisweilen auch bis zur Schnauzenspitze oder etwas darüber hinaus.

Für das eine der beiden Tiere von der Südküste der Humboldtbai habe ich notiert, daß während des Lebens die vor den dunklen Leistenflecken befindlichen hellen Flecken steinrot waren; dieselbe Farbe hatten 2 Flecken auf jedem Oberarm, während die hellen Flecken, hinter den dunklen Leistenflecken und daneben auf den Oberschenkeln gelegen, gelb waren.

---

1) Veth, Overzicht van hetgeen gedaan is voor de kennis der Fauna van Nederlandsch Indië, Leiden 1879.

16. *Copiula oxyrhina* Blgr.

Boulenger, in: Proc. zool. Soc. London, 1898, p. 480, tab. 38 fig. 3 (*Phrynixalus oxyrhinus*).

v. Méhely, in: Termész. Füzetek, Vol. 24, 1901, p. 243.

Umgebung der Humboldtbai: nahe der Südküste, 1 Expl. (19 mm).

Bei Njao, 1 Expl. (18 mm).

Zoutbron, 1 Expl. (23 mm).

Tibiotarsalgelenk bis zum Nasenloch. Rücken schwach gekörnelt. Kehle mehr oder weniger deutlich dunkel marmoriert.

Choerophryne n. g.

Kopf klein. Zunge klein, hinten und an den Seiten frei. Keine Vomerzähne. Keine Leiste auf den Palatina. Zwei Gaumenfalten. Auge klein, mit horizontaler Pupille. Trommelfell deutlich. Finger und Zehen frei, mit großen Scheiben. Äußere Metatarsalia vereinigt. Procoracoid und Clavicula fehlen. Endphalangen T-förmig.

Dieses Genus scheint am nächsten verwandt zu sein mit *Phrynixalus* Bttgr.[1]) nach Méhely's Charakterisierung.[2]) Es unterscheidet sich durch die kleine Zunge, das kleine Auge und namentlich durch das Fehlen der Leisten auf den Palatina.

17. *Choerophryne proboscidea* n. sp.

Njao, 1 Expl. (19 mm).

Zunge schmal, länglich, hinten sehr schwach eingeschnitten. Beide Gaumenfalten eingekerbt. Kopf klein; seine Breite gleich dem Abstande von der Schnauzenspitze bis zum Hinterrande des Trommelfelles und $1/3$ der Kopfrumpflänge. Schnauze sehr lang und spitz, stark über den Unterkiefer vorragend: sie ist $1^1/_2$mal so lang wie das Augenlid und ihr über den Unterkiefer vorragender Abschnitt nur wenig kürzer als dasselbe. Schnauzenkante gerundet. Nasenlöcher der Schnauzenspitze genähert, ihre Entfernung von den Augenlidern etwas größer als die Länge dieser. Interorbitalraum $2^1/_2$mal so breit wie das Augenlid. Trommelfell unmittelbar hinter dem Auge, von $2/_3$ Augengröße. Fingerscheiben ungefähr so groß wie das Trommelfell, die

---

1) In: Zool. Anz., Vol. 18, 1895, p. 133.
2) In: Termész. Füz., Vol. 24, 1901, p. 245.

am ersten Finger etwas kleiner als die anderen. Scheiben der Zehen gleichgroß wie die der Finger. Der 1. Finger kürzer als der 2.; die 5. Zehe ein wenig länger als die 3. Schwache Subarticular- und innerer Metatarsal-Höcker. Tibiotarsalgelenk bis zum Trommelfell.

Rückenseite grobwarzig, Bauch und Unterseite der Oberschenkel körnig.

Oberseite bräunlich, mit verschwommenen dunklen Flecken auf dem Rücken und Querbinden auf den Extremitäten. Ein heller, schwarz umränderter Flecken in der Sacralgegend. Bauchseite weiß getüpfelt.

Es ist möglich, daß diese, besonders durch die lange Schnauze auffallende Art mit der von WANDOLLECK[1]) kurz beschriebenen Copiula (?) rostellifer identisch ist und daß die Unterschiede dem von ihm hervorgehobenen schlechten Erhaltungszustande des ihm vorliegenden Exemplares zuzuschreiben sind. Die zwei Gaumenfalten, die weniger lange Schnauze, die Haftscheibe am Daumen und andere Merkmale meines Exemplares gestatten aber vorläufig keine Identifizierung mit WANDOLLECK's Art.

Das einzige Exemplar verdanke ich Herrn Lt. DALHUISEN, der es in einem toten Baumstamme fand; er beobachtete, daß das Tier sich bei Berührung zu einer Kugel aufblies.

18. *Chaperina basipalmata* VAN KAMPEN.

VAN KAMPEN, in: Nova Guinea, Vol. 5, Zool., Livr. 1, 1906, p. 169, tab. 6 fig. 4—5; ibid., Vol. 9, Zool., Livr. 3, 1913, p. 464.

Umgebung der Tanah-Merah-Bucht: Air-Mo-Fluß, 1 Expl. (27 mm).
Umgebung der Humboldt-Bai: Hollandia, 1 Expl. (30 mm).
Stromgebiet des Tami: Zoutbron, 1 Expl. (19 mm).
Claviculae gekrümmt.

Das größte Exemplar hat die Oberseite einfarbig, ohne dunkle Flecken zwischen den Schultern. Das Tier von der Tanah-Merah-Bucht hingegen besitzt außer einem solchen Flecken noch einige kleine Tüpfel und ein schmales dunkles \/ zwischen den Augen. Sonst stimmt das erstgenannte in den Merkmalen, worin das früher von mir erwähnte Exemplar aus dem südlichen Teil der Insel (Went-Gebirge) von den Originalexemplaren abweicht, mit jenem überein, mit Ausnahme der Hinterbeine, deren Tibiotarsalgelenk das Auge erreicht.

---

1) In: Abh. Ber. Mus. Dresden, Vol. 13 (1910), No. 6, 1911, p. 11.

Beim Tier von der Tanah-Merah-Bucht fehlt ebenfalls der Gaumentuberkel, und das Tibiotarsalgelenk erreicht nur das Trommelfell. Auch sind die Augen etwas größer (Interorbitalraum 1½mal so breit wie das Augenlid).

Beim kleinsten Tiere endlich sind Rückenfleck, Gaumentuberkel und Bindehaut der Zehen vorhanden, das Tibiotarsalgelenk erreicht das Auge, und der Interorbitalraum hat 1½mal die Breite des Augenlids.

19. *Chaperina ceratophthalmus* van Kampen.

van Kampen, in: Nova Guinea, Vol. 9, Zool., Livr. 1, 1909, p. 43, tab. 2 fig. 8.

Stromgebiet des Tami:

Kohari-Gebirge (in ± 600 m Höhe), 1 Expl., ♀ (33 mm).

Am Sangke-Flusse, 1 Expl., ♀ (36 mm).

Am Pomorra-Flusse (± 760 m), 1 Expl., ♀ (39 mm).

Die Tiere stimmen genau mit meiner Beschreibung überein; nur sind bei dem Exemplare des Pomorra die Fingerscheiben etwas größer, und die des 3. Fingers ist bei ihm so groß wie das Trommelfell. Beim Tiere vom Sangke-Flusse steht vor der Gaumenfalte noch ein kleiner medianer Tuberkel.

Das Vorkommen dieser Art im nördlichen Teile der Insel macht es wahrscheinlicher, daß sie mit *Sphenophryne cornuta* Ptrs. et Dor. synonym ist, und ich würde sie mit derselben vereinigen können, falls nicht Peters und Doria ausdrücklich bemerkten, daß bei dieser Art die 3. und 5. Zehe gleichlang seien. Sonst sind auch nach ihrer Beschreibung bei *cornuta* die Vorderbeine kürzer: bei *ceratophthalmus* reichen diese, nach vorn gelegt, weit an der Schnauzenspitze vorüber.

Die Clavicula ist stark gekrümmt.

Eier groß. Der Mageninhalt eines dazu untersuchten Tieres besteht aus Ameisen und Käfern.

20. *Chaperina punctata* van Kampen.

van Kampen, in: Nova Guinea, Vol. 9, Zool., Livr. 3, 1913, p. 463, tab. 11 fig. 7.

Am Pomorra-Flusse, ± 760 m, 1 Expl. (28 mm).

Hinterrand der Zunge deutlich eingeschnitten. Sonst den Originalexemplaren ähnlich.

Zur Fauna von Nord-Neuguinea.

Nach den Sammlungen von Dr. P. N. van Kampen und
K. Gjellerup aus den Jahren 1910 und 1911.

Myriopoden.

Von

Dr. Carl Graf Attems.[1]

––––––

Die kleine Myriopodensammlung, die Herr van Kampen, unterstützt von Herrn Gjellerup, in den Jahren 1910—1911 in Nord-
Neuguinea zusammengebracht hat, enthält doch auch ein paar neue
Formen, trotzdem ich erst kürzlich ein umfangreiches Material von
den verschiedensten deutschen und holländischen Expeditionen her-
rührend publiziert habe. Ich verweise auf meine Publikationen:
„Die indo-australischen Myriopoden", in: Arch. Naturgesch., und

––––––

[1] Die Fundorte dieser Sammlung liegen im östlichen Teile des
Niederländischen und im westlichen des Deutschen Gebietes von Neuguinea.
„Hollandia" ist ein Biwak an der Kajo-Bucht, einer kleinen Neben-
bucht der Humboldtbai (2⁰ 32′ 29″ s. Br., 140⁰ 44′ 12″ ö. L.), „Zoutbron"
ein Biwak am Begowre-Fluß (3⁰ 1′ 33″ s. B., 140⁰ 57′ 30″ ö. L.),
„Hussin" ein Biwak am Bewani-Fluß, nahe der Stelle, wo dieser mit
dem Arso-Fluß zusammenfließt. Der Mbai-Bach fließt bei Hollandia in
das Meer. „Hauptbiwak" liegt auf 4⁰ 4′ 18″ s. Br., 141⁰ 7′ 15″ ö. L. am
Kaiserin-Augusta-Fluß.
Die übrigen Fundorte sind auf der zu einem Artikel von Herrn
Sachse, in: Tijdschr. v. h. Kon. Nederl. aardrijksk. Gen. (2), Vol. 29,
1912 (p. 36) gehörigen Karte angegeben. v. Kampen.

25*

„Myriopoden von Neu Guinea", in: Vol. 5 und 13 von „Nova Guinea", in denen ich alles, was wir über die Myriopodenfauna Neuguineas wissen, zusammengestellt habe.

Die an und für sich arme Chilopodenfauna Neuguineas, die zumeist sehr lang bekannte und weit verbreitete Arten enthält, erfährt hier durch eine neue Form, *Cupipes papuanus*, eine Bereicherung. Von den Diplopoden sind *Polyconoceras aurolimbatus*, *Dinematocricus repandus* und *Trigoniulus harpagus* kürzlich von mir publiziert worden. Aus dem VAN KAMPEN'schen Material zeigt sich, daß die ungemein auffällige und für Neuguinea so charakteristische Art *Acanthiulus blainvillei* sich in mehrere nahe verwandte Formen spaltet.

Nachfolgend die vollständige Liste der gesammelten Arten:

1. *Otocryptops melanostomus* NEWP.

Zoutbron.

2. *Scolopendra subspinipes* LEACH.

Oberlauf des Sermowai-Flusses; Jaona; Hollandia, Küstengebiet südlich von der Humboldtbai; Zoutbron; Kaiserin-Augusta-Fluß, Hauptbiwak.

3. *Cupipes papuanus* n. sp.

Hollandia.

4. *Otostigmus punctiventer* TÖM.

Hollandia.

5. *Ethmostigmus platycephalus* NEWP.

Tanah-Merah-Bucht; Jaona; Hollandia; Küstengebiet südlich von der Humboldtbai; Zoutbron; Kaiserin-Augusta-Fluß.

6. *Orphnaeus brevilabiatus* NEWP.

Biwak Hussin.

7. *Gonibregmatus anguinus* POC.

Hollandia.

8. *Lamnonyx punctifrons* NEWP.

Zoutbron, Kaiserin-Augusta-Fluß.

9. *Platyrhacus margaritatus* Poc.

Hollandia, Oinake, im Bougainville-Gebirge.

10. *Polyconoceras aurolimbatus* Att.

Jakari, im Wald; Tanah-Merah-Bai; Hollandia; am Mbai-Fluß;
Umgebung der Kajo-Bai; am Mosso-Fluß; Zoutbron.

11. *Dinematocricus repandus* Att.

Küstengebiet südlich von der Humboldtbai.

12. *Trigoniulus harpagus* Att.

Küstengebiet südlich von der Humboldtbai.

13. *Acanthiulus blainvillei var. intermedius n. var.*

Umgebung der Kajo-Bai, zwischen Njad und Sekopo.

14. *Acanthiulus blainvillei septemtrionalis n. subsp.*

Tanah - Merah - Bai; Hollandia; Küstengebiet südlich von der
Humboldtbai; am Bewani-Fluß, Zoutbron.

Cupipes papuanus n. sp.

Farbe olivengrünlich.

Länge ohne Endbeine 30 mm.

Kopfschild deutlich aber fein punktiert; mit 2 bis etwas über
die Mitte reichenden, nach vorn divergierenden Längsfurchen,
17 Antennenglieder, von denen die 6 ersten oben und unten kaum,
seitlich ein wenig behaart sind. Auf dem 5. und 6. Glied ist die
Behaarung schon etwas deutlicher; der Übergang zur dichten Behaarung der übrigen Glieder ist ein allmählicher. Basalplatten
sichtbar. Kieferfußhüften mit 3×3 Zähnen, von denen der innere
und mittlere jeder Seite weniger voneinander getrennt sind als der
mittlere vom lateralen. Femur mit großem Basalzahn. Klaue innen
glattrandig.

1.—20. Rückenschild mit 2 durchgehenden Medialfurchen; durch
2 äußerst seichte Längsdepressionen ist die Mitte kaum kenntlich
abgehoben, von einem deutlichen medianen Kiel kann man aber
nicht sprechen. Zwischen Medialfurchen und Seitenrand keine deutlichen Furchen. Berandung vom 8. Segment an. 21. Rückenschild
mit sehr kräftiger Medianfurche.

Pseudopleuren gar nicht vorgezogen, die Porenarea reicht nicht ganz bis zum Ende. Am Ende mit 1 (rechts) bis 3 (links) Dörnchen. Alle Beine ohne Tarsalsporn. Klaue ohne Krallensporn.

1. und 2. Glied der Endbeine oben mit tiefer vom Ende bis zur Mitte reichender Längsfurche in der Mitte. 3. Glied mit ganz kurzer solcher Furche. Femur innen abgerundet; seine Bedornung ist rechts und links etwas verschieden. rechts am Endrand 3 Dornen, oben, unten und seitlich je einer; letzterer fehlt links. Innen rechts 4, links 2 Dornen, unten außen rechts 3, links 2 Dornen. Endklaue groß, unten geradlinig, nicht sägezähnig.

Diese Art ist am nächsten mit *C. ungulatus* Newp. von Haiti, Pernambuco und Panama verwandt, von dem sie sich in folgenden Punkten unterscheidet:

1. Berandung der Rückenschilde vom 8. Segment an, bei *ungulatus* nur im 21. Segment.

2. Jederseits 3 Kieferfußhüftzähne, bei *ungulatus* 4.

3. Medianfurche der 21. Rückenplatte sehr kräftig.

4. Kopfschild deutlich punktiert.

5. Pseudopleuren gar nicht vorgezogen.

6. Die Rückenschilde haben nur die Medialfurchen deutlich, keinen deutlichen Mediankiel und keine Furchen lateral von den Medialfurchen.

Fundort. Hollandia.

Acanthiulus blainvillei var. intermedius n. var.

Diese Varietät ähnelt mehr der f. gen. als der subsp. *septemtrionalis*. Es sind von den Zahnreihen eigentlich nur 6 deutlich entwickelt; außerdem noch 3 weitere viel kleinere, nämlich je 1 ventral von der 3. Reihe jeder Seite und 1 mediane. Die Zähne der 6 größeren Reihen sind viel kürzer und stumpfer als bei der f. gen.; es sind mehr runde Buckeln. Sie beginnen auf dem 2. Segment und reichen bis zum vorletzten Segment (dem Segment vor dem Analsegment). Außer diesen Reihen sind noch Ansätze zu weiteren Reihen vorhanden, indem in den Zwischenräumen zwischen den 6 Hauptzahnreihen je 2—4 niedrige etwas unregelmäßige Längskiele vorhanden sind, die am Hinterende etwas anschwellen.

Antennen und Endglied der Beine rot oder gelb.

Meist 51 (selten 52) Rumpfsegmente.

Breite ♂ 13,5 mm, ♀ 14 mm.

Alles übrige, auch die Gonopoden, wie bei der Stammform.

Fundorte. Umgebung der Kajo-Bai; zwischen Njad und Sekopo [am Tamifluß und Astrolabebai (Berlin. Mus.)].

Acanthiulus blainvillei septemtrionalis n. subsp.

Diese Subspecies unterscheidet sich von den beiden anderen Formen im Aussehen sehr, da nur 2 Reihen von Zähnen auf den Metazoniten vorhanden sind, jederseits einer knapp unterhalb der Saftlochlinie. Die Basis des Zahnes nimmt den größten Teil der Länge des Metazoniten ein. Der Zahn überragt spitz den Hinterrand des Metazoniten, nur die ersten sind noch abgerundete Höcker. Die Reihe beginnt auf dem 6. oder 7. Segment und hört auf dem 4. oder 5., selten erst auf dem 3. Segment vor dem Hinterende auf (das Analsegment mitgezählt). Der Rücken des Metazoniten zwischen den 2 Zahnreihen ist grob und unregelmäßig längsgerunzelt; hin und wieder sieht man Andeutungen der Stellen, an denen bei den anderen Formen die übrigen Zähne stehen, ohne daß es aber zu mehr als zu ganz niedrigen, runden Buckeln käme. Ventral von den Zähnen sind die Metazoniten nur mehr seicht längsgefurcht.

Antennen manchmal dunkelbraun, manchmal rot.

♂ mit 53—56 Rumpfsegmenten. Länge ca. 170 mm. Breite 13,5—14,5 mm.

In allen übrigen Merkmalen, insbesondere auch den Gonopoden gleicht diese Form ganz der Stammform.

Fundorte. Tanah Merah-Bai, Strandwald; Hollandia; Küstengebiet südlich von der Humboldtbai; am Bewani-Fluss; Zoutbron.

Wir kennen somit 3 Formen des *Acanthiulus blainvillei*, die alle die gleichen Gonopoden haben, weswegen ich sie nur als Subspecies und Varietät einer Art betrachte, so verschieden im Aussehen die Stammform und die Subsp. *septemtrionalis* auch sind.

Die Unterscheidung der 3 Formen erfolgt nach folgender Tabelle:

1a. Jeder Metazonit hat 6 oder 8 große und manchmal noch weitere kleinere Zähne, ausgenommen die ersten Metazoniten 2 bis ca. 5 oder 6, wo die Reihen erst allmählich beginnen. Alle Reihen reichen bis zum vorletzten Segment. ♂, ♀ mit 50—52, meist 51, Rumpfsegmenten (Neuguinea. Aru-Inseln)   2

    2a. Die großen Zähne der Metazoniten sind lang und spitz und in 8 Reihen vorhanden. ♂ 9,6—11 mm breit   *blainvillei* L. Guillou.

2b. Die großen Zähne der Metazoniten sind viel kürzer
und stumpf und in 6 Reihen vorhanden, die anderen
Reihen viel kleiner, manchmal ganz fehlend. ♂ bis
13,5 mm, ♀ bis 14 mm breit   *var. intermedius* Att.

1b. Jedes Metazonit hat nur 2 große Zähne, die Reihen beginnen auf dem 6. oder 7. Segment und enden auf dem
(3.) 4. oder 5. Segment von hinten. ♂, ♀ mit 53—56
Rumpfsegmenten. Breite 13,5—14,5 mm (Nord-holländ.
Neuguinea)   *subsp. septemtrionalis n. subsp.*

Corophium curvispinum G. O. Sars und seine geographische Verbreitung.

Von

Dr. A. Behning (Saratow, Russl.).

(Aus der Biologischen Wolga-Station.)

Mit 13 Abbildungen im Text.

————

Corophium curvispinum wurde im Jahre 1895 von G. O. Sars (8) zum erstenmal beschrieben und abgebildet. Er fand diese Art im Material von Warpachowsky „at no less than 10 different Stations of the North Caspian Sea of these Stations, 2 are located in the western part of the basin, off the Tschistyi Bank, another at the point of the peninsula Mangyschlak, 4 others in the neighbourhood of the islands Kulaly and Morskoy, and the remaining 3 between these islands and the opposite western coast." Außerdem fanden sich auch Exemplare in der Sammlung von Dr. O. Grimm, „having been taken in the Bays of Baku and Schachowaja from the shore to 5 fathoms." Endlich stammen zahlreiche Exemplare von einem *Corophium* aus dem Darm von *Ac. stellatus*. Im Jahre 1896 erwähnt dieselbe Art Sowinsky (11) nach den angegebenen Daten von Sars. Nachdem erfahren wir von dem Vorkommen von *Corophium curvispinum* in der Wolga bei Saratow und zwar zunächst aus einem Vortrag, welchen Zykoff auf dem 11. Kongreß russischer Naturforscher und Ärzte 1901 hielt (14). Ausführlichere Nachrichten über diese Tiere aus der Wolga finden sich dann in dem Westnik Rybo-

promyschlennosti, wo zunächst ZYKOFF (13) und dann SKORIKOW (9)
darüber berichten, und ferner in der faunistischen Wolga-Arbeit
von ZYKOFF (15). 1904 berichtet SOWINSKY (10) in seinem großen
Werke über das Auffinden dieser Art von ihm selbst und von OSTROUMOFF
in verschiedenen Teilen des Schwarzen Meeres, wo sie als eine der
häufigsten Arten anzutreffen ist und zwar: beim Adschigiolsky Majak,
Swjato-Troizky Majak, Dnjepr-Liman oberhalb Prognojsk, Mündung
des Dnjepr-Armes „Rwatsch", am Cap Kisil an der Dnjepr-Mündung,
im Belogrud'schen Arme des Dnjepr; in den Donau Girlen: Limane
Jalpuch, Kagarly und Katlapuch; See Paleostom. Weiterhin finden
sich wiederum einige Berichte von der Wolga, und zwar wurde diese
Art hier als Nahrung im Darm von *Acerina cernua*, *Nemachilus barba-
tulus* (?) und *Gobio fluviatilis* — LAWROFF (6), sowie recht häufig in demselben des Sterlets (*Acipenser ruthenus*) — (3), angetroffen. Ebenfalls
fand sie sich hier auch im Winterplancton (7). In einer Arbeit über
die Elemente der Relictenfauna des Wolgabassins gibt DERZHAVIN (5)
ferner diese Art für die salzhaltigen Teile des nordwestlichen
Kaspi-Sees, für das Gebiet vor der Wolgamündung und Delta der
Wolga, sowie ferner aus der Wolga bei Kamyschin, bei Uslon unweit Kasan und in der Kama bei Mursicha. 1913 wird sie für fast
alle Stellen der Wolga bei Saratow, der Belenskaja Woloschka und
Bucht Kriwuscha unterhalb Saratow und dem Nebenfluß der Wolga-
Irgis (1, 2) verzeichnet. 1914 endlich finden wir ähnliche Angaben
für den Dnjepr bei Kiew, wo sie relativ häufig entlang der Insel
Truchanow gegenüber von Kiew gefunden wurde (4). Soviel wissen
wir heute über diese so interessante geographische Verbreitung von
Corophium curvispinum.

1912 erschien nun im „Zool. Anz." die Beschreibung einer „an
der nordöstlichsten Bucht des großen Müggelsees in der Nähe der
Försterei Rahnsdorf" gefundenen *Corophium*-Art, welche der Verfasser (12) als *C. devium* n. sp. bezeichnet, da sie nach seiner
Meinung keiner der bekannten Arten zugezählt werden kann. Die
oben erwähnten Süßwasserfundorte von *C. curvispinum* zeigen, daß
die Annahme vom Verfasser, daß nämlich eine Einbürgerung dieser
Gattung in einem reinen Süßwasserbecken, wie es der Müggelsee
bei Berlin darstellt, das erste derartige Beispiel sei, nicht ganz
richtig ist.

Schon früher in einem mündlichen Gespräch mit A. DERZHAVIN
äußerten wir uns dahin, daß diese neue Art auffallende Ähnlichkeit
mit unserer *C. curvispinum* G. O. SARS zeigt. Das Auffinden dieser

Art im Dnjepr bei Kiew, sowie schon seit einiger Zeit an der Wolga unternommenen Amphipoden-Studien, sowie endlich die Tatsache, daß fast alle diese genannten Notizen über *C. curvispinum* in unseren Binnengewässern in wenig verbreiteten russischen Zeitschriften und oft noch ausschließlich in russischer Sprache veröffentlicht sind, veranlassen mich, hier einige Bemerkungen über die Morphologie, die systematische Stellung und geographische Verbreitung dieser Art zu publizieren, zumal ja über die zahlreich gefundenen Tiere dieser Art außer der ersten Beschreibung von Sars (l. c.) und einigen Bemerkungen über dieselben aus dem Schwarzen Meer von Sowinsky (10, p. 387) nichts veröffentlicht wurde.

Für die freundliche Zustellung von Material ist es mir eine angenehme Pflicht, folgenden Herren zu danken: D. E. Belling (Kiew), A. N. Derzhavin (Baku), Prof. W. K. Sowinsky (Kiew) und N. L. Tschugunoff (Astrachan).

Zunächst nun einige der wichtigsten hauptsächlich morphologischen Bemerkungen und Angaben über die einzelnen Tiere.

Kaspi-See.
(cf. Fig. A, C, E, G, J und L.)

Die 1. Antenne des Weibchens ist, so wie es Sars beschreibt und abbildet, etwas weniger beborstet als beim Männchen. Am ersten Grundgliede finden sich an der Innenseite gewöhnlich 2 bis 5 Stacheln, zuweilen finden sich noch einige in der Mitte, dagegen fehlt ein solcher meistens dem zweiten Gliede. Die Geißel besteht bei den Weibchen aus 10—11 und bei den Männchen aus 12 bis 13 Gliedern (das kleine Endglied mitgerechnet) und ist somit stets länger als die 3 Grundglieder zusammen. Das 2. Grundglied des Männchens ist gewöhnlich gleichlang dem 1. und nicht länger, wie das nach der Sars'schen Abbildung scheinen könnte.

Die 2. Antenne. Am inneren Ende des 3. Grundgliedes finden sich bei dem Weibchen gewöhnlich 1— 2 Stacheln. Das vorletzte stark verbreiterte Grundglied trägt bei demselben am Innenrande und auf seiner Innenfläche eine Anzahl Stacheln (5—6); an der Endfläche über den 2 stets ausgebildeten Grundhöckern an der Basis des großen gebogenen Zahnes finden sich bei dem Weibchen gewöhnlich 5 (4—5) und bei den Männchen 7—8 Borsten. Das letzte Grundglied, welches viel schmäler ist als das vorletzte, trägt am Ende des ersten Drittels seiner Länge einen mehr oder weniger kräftigen Zahn und bildet am Ende, besonders bei den Männchen, eine leicht hervorragende eckige Endfläche.

Die Coxalplatte der I. Extremität (1. Gnathopod) trägt 3 lange, am Ende stets bewimperte Borsten, zu denen sich dann noch einige kleine, unbewimperte, 2—5, hinzugesellen. An der Endfläche des 6. Gliedes dieser Extremität findet sich eine Reihe, 7—9, eigentümlicher, am Ende gespaltener Borsten.

Der Dactylus der II. Extremität (2. Gnathopod) trägt an seiner Innenfläche gewöhnlich 2, höchstens 3 Zähnchen.

Die Beborstung der III. und IV. Extremitäten ist beim Männchen stärker als beim Weibchen. Dagegen finden sich beim Weibchen am 1. Gliede dieser Extremitäten an der Innenseite eine Anzahl langer Borsten (bis 10), welche am Ende des Gliedes entspringen, beim Männchen sind es dagegen meist nur 2—3.

Die V. und VI. Extremitäten sind relativ schlank und ebenfalls mit einer Anzahl Borsten versehen.

Die Uropoden sind von dem üblichen Bau und bestehen aus 9—16 Gliedern und zwar ist diese Zahl bei den verschiedenen Uropoden ein und desselben Individuums mehr oder weniger konstant, wie z. B.:

I. 12.10; 14.12
II. 12.10; 15.13
III. 12.10; 15.14.

An den distalen Innenseiten der Grundglieder entspringen 2 Pflöckchen, welche 3—4 Zähnchen an jeder Seite bilden.

Die Uropoden sind ziemlich stark bewaffnet. Im allgemeinen finden sich folgende Stachel- und Borstenzahlen (3. Uropod):

I. e. 9—10
i. 7—9
II. e. 4—6
i. 3—6
III. 9—13 (+ 1 kl. Stachel).

Die Pigmentierung dieser Tiere ist, soviel das in Alkohol konservierte Material erkennen läßt, nur schwach ausgebildet.

Wolga-Delta (ausschließlich Süßwasser).

Die aus verschiedenen Teilen des Wolga-Deltas stammenden Tiere stimmen, obgleich sie, wie gesagt, augenblicklich ausschließlich im Süßwasser leben, im allgemeinen mit denjenigen aus dem

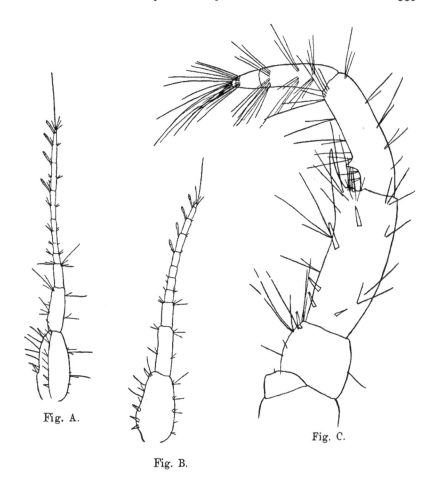

Fig. A.

Fig. B.

Fig. C.

Fig. A. *C. curvispinum* ♀. Kaspi-See. 1. Antenne. 46:1.
Fig. B. *C. curvispinum devium* ♀. Dnjepr bei Kiew. 1. Antenne. 46:1.
Fig. C. *C. curvispinum* ♀. Kaspi-See. 2. Antenne. 105:1.

Kaspi-See überein. Bei den untersuchten Exemplaren betrug die
Gliederzahl der Geißel der 1. Antenne 9—11. Am Ende des vorletzten Grundgliedes der 2. Antenne (über den 2 Basalhöckern)
fanden sich meist nur 4 Borsten. Die Beborstung der Coxalplatte
der I. Extremität betrug ebenfalls stets 3 lange Borsten und 2—4
kleine. Die Beborstung des 3. Uropodenpaares war ebenfalls stark
ausgebildet und betrug 10—15 Borsten.

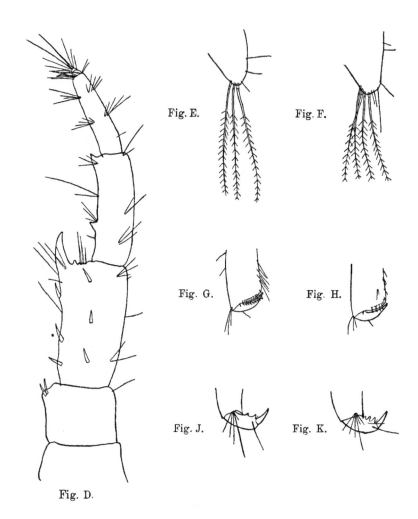

Fig. E.

Fig. F.

Fig. G.

Fig. H.

Fig. J.

Fig. K.

Fig. D.

Fig. D. *C. curvispinum devium* ♀. Wolga bei Saratow. 105:1.

Fig. E. *C. curvispinum* ♀. Kaspi-See. Coxalplatte der I. Extremität. 105:1.

Fig. F. *C. curvispinum devium* ♀. Dnjepr bei Kiew. Coxalplatte der I. Extremität. 105:1.

Fig. G. *C. curvispinum* ♀. Kaspi-See. I. Extremität. 105:1.

Fig. H. *C. curvispinum devium* ♀. Dnjepr bei Kiew. ♀. I. Extremität. 105:1.

Fig. J. *C. curvispinum* ♀. Kaspi-See. Dactylus der II. Extremität. 105:1.

Fig. K. *C. curvispinum devium* ♀. Dnjepr bei Kiew. ♀. Dactylus der II. Extremität. 105:1.

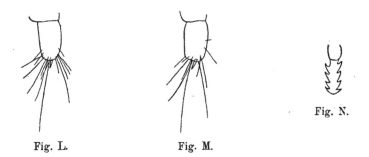

Fig. N.

Fig. L.   Fig. M.

Fig. L. *C. curvispinum* ♀. Kaspi-See. 3. Uropod. 105:1.
Fig. M. *C. curvispinum devium* ♀. Dnjepr bei Kiew. 3. Uropod. 105:1.
Fig. N. *C. curvispinum devium* ♀. Dnjepr bei Kiew. Pflöckchen der
2. Pleopoden. 460:1.

Die Pigmentierung ist hier schon bedeutend stärker ausgebildet
(ebenfalls Alkoholmaterial).

Wolga bei Saratow.
(cf. Fig. D).

Schon gleich am Anfang, als diese Tiere hier entdeckt wurden,
sandte man eine Anzahl Exemplare an Herrn Prof. G. O. Sars,
welcher die Güte hatte, sie durchzusehen und alle als *Corophium
curvispinum* G. O. Sars bezeichnete. Indessen lassen sich bei genauer Durchmusterung der Tiere wohl bei sämtlichen Exemplaren
mehr oder weniger stärker ausgebildete Unterschiede von den Sars-
schen Originalen des Kaspi-See nachweisen.

Die Zahl der Geißelglieder der 1. Antenne beträgt bei den
Weibchen gewöhnlich 7—8 und bei den Männchen 8—9, und somit
erscheint hier die Länge derselben etwa gleich lang derjenigen der
3 Grundglieder.

An der 2. Antenne befindet sich am vorletzten Grundgliede gewöhnlich eine größere Anzahl Stacheln, 5—7, und am distalen Ende
des letzten Gliedes, endlich, befindet sich ein zahnartiger Vorsprung,
welcher der hier auch bei den Kaspi-See-Exemplaren vorhandenen
Kante aufsitzt. Die Gestalt und Größe dieses Zahnes erinnert an
diejenige desselben am Ende des ersten Drittels dieses Gliedes. Bei
den Männchen fehlt dieser Zahnvorsprung, indessen bildet hier das
Ende eine stark hervorstehende dreieckige Kante, welche deutlich
wahrnehmbar ist und jedenfalls bei weitem größer erscheint als bei
den Tieren aus dem Kaspi-See. Über den 2 Höckern an der Basis

des gebogenen Zahnes des vorletzten Grundgliedes finden sich gewöhnlich 3 Borsten.

An der Coxalplatte der I. Extremität sind stets 3 lange, bewimperte und daneben 3—4 kurze Borsten vorhanden. Die Endfläche des 6. Gliedes dieser Extremität ist dagegen mit einer geringeren Zähnchenzahl versehen, indem hier nur etwa 5—7 solche am Ende jetzt kaum noch gespaltenen Zähnchen sich befinden.

Am Dactylus der II. Extremität finden sich 2—3 Nebenzähne.

Die Uropoden sind nicht merklich verschieden. Die Zahl der Borsten der Uropodenglieder ist im allgemeinen geringer und zwar beträgt sie etwa folgende Werte:

I. e. 7—9.

i. 7—9.

II. e. 4—5.

i. 3—4.

III.   7—11.

Interessant ist es nun, daß unter diesen Exemplaren ab und zu solche mit, ich möchte sagen, „regressiven Merkmalen" vorkommen. So zeigte ein Weibchen nur die übliche Kante am Ende des letzten Grundgliedes der 2. Antenne, welcher indessen der sonst hier übliche Zahn fehlte. Diesem, für den Beobachter am leichtesten sichtbaren Merkmale, entsprechen dann stets auch eine Anzahl weiterer, so betrug hier die Zahl der Geißelglieder der 1. Antenne 10, diejenige der Zähnchen am 6. Gliede der I. Extremität — 7 und endlich diejenige der Nebenzähne am Dactylus der II. — 2.

Die Pigmentierung der Tiere ist stets stark ausgebildet.

Schwarzes Meer.

In dem Material aus dem Schwarzen Meere, welches zum größten Teile aus den stark versüßten Donau-Limanen und -Girlen stammt, lassen sich im allgemeinen wiederum dieselben 2 Hauptformen dieser Art nachweisen, und zwar erinnern fast alle Tiere aus demselben an diejenigen aus der Wolga und an die weiter unten zu schildernden Dnjepr-Formen, dagegen zeigen diejenigen vom Adschigiolsky Majak z. B. Charaktere der typischen Meeresform des Kaspi-Sees.

Bei den erstgenannten Formen beträgt die Zahl der Geißelglieder der 1. Antenne bei den Weibchen — 6—8 und bei den Männchen — 8—10; somit erscheint hier die Geißel gewöhnlich etwas länger als die 3 Grundglieder zusammen.

An der 2. Antenne des Weibchens befinden sich am Ende des 3. Grundgliedes eine und an dem vorletzten — 3—5 Stacheln. Vor den 2 Basalhöckern am Ende des vorletzten Grundgliedes finden sich 3 Borsten und am distalen Ende des letzten Grundgliedes — der übliche zahnartige Vorsprung.

Die Coxalplatte der I. Extremität trägt 3—4 lange und 3—5 kurze Borsten. Die Endfläche des 6. Gliedes derselben — 5—7 Zähne und der Dactylus der II. Extremität — 3 Nebenzähnchen.

An dem 3. Uropodenpaare finden sich gewöhnlich 9—11 Borsten, die Zahl der Stacheln der 2 anderen beträgt:

I. e. 8—9.
i. 8—9.
II. e. 4—5.
i. 2—3.

Dagegen weisen nun die Tiere vom Adschigiolsky Majak und ferner auch vereinzelte aus den obenerwähnten Limanen typische marine Merkmale auf, solche, wie wir sie bei denjenigen aus dem Kaspi-See kennen gelernt haben, und zwar: Zahl der Geißelglieder der 1. Antenne beim Weibchen 8—9, Männchen 8—10; 2. Antenne ohne Zahnvorsprung am distalen Ende des letzten Grundgliedes; Coxalplatte der I. Extremität mit 3 + 2 — 3 Borsten; Endfläche des 6. Gliedes derselben mit 7—8 Zähnen; Dactylus der II. Extremität mit 2—3 Nebenzähnchen und endlich die Beborstung der Uropoden im allgemeinen stärker.

Einige der erstgenannten Abweichungen der Schwarzmeer-Tiere erwähnt, wie gesagt, schon SOWINSKY (10. p. 387), wie z. B. die geringere Länge und Beborstung der 1. Antenne.

Was die Pigmentierung dieser Tiere anbetrifft, so ist sie im allgemeinen sehr schwach ausgebildet und manche Tiere erscheinen deshalb hellgelblich.

Dnjepr bei Kiew.
(cf. Fig. B, F, H, K u. M.)

Hier haben wir es nun wieder mit Tieren zu tun, welche fast durchweg die schon von der Wolga geschilderten Abweichungen aufweisen, welche indessen hier manchmal noch stärker ausgebildet erscheinen.

Die Zahl der Geißelglieder der 1. Antenne beträgt bei den

Weibchen 6–8 und bei den Männchen 7—10. Die Länge der Geißel übertrifft indessen kaum diejenige der 3 Grundglieder.

An der 2. Antenne finden sich beim Weibchen am vorletzten Grundgliede 5—6 Stacheln. Über den 2 Basalhöckern desselben — 3—5 Borsten. Am distalen Ende des letzten Grundgliedes ist gewöhnlich der zahnartige Vorsprung ausgebildet (es finden sich auch, obgleich nur selten, vereinzelte Tiere mit „regressiven Merkmalen"). An der Coxalplatte der I. Extremität finden sich 3—4+2—5 Borsten. An der Endfläche des 6. Gliedes derselben — 5—6 Zähnchen.

Der Dactylus der II. Extremität trägt 3—4 Nebenzähne.

Am 3. Uropodenpaare finden sich 8—10 Borsten, die Zahl derselben an den 2 vorhergehenden beträgt:

I. e. 7—9.

i. 8—10.

II. e. 4—6.

i. 3—4.

Die Pigmentierung ist ebenfalls stark ausgeprägt.

Betrachten wir nun jetzt die erwähnte Form aus dem Müggelsee, von welcher der Verfasser (12) eine Anzahl guter Abbildungen liefert, so kann m. E. gar kein Zweifel darüber bestehen, daß wir es hier, wie schon oben angedeutet war, mit der soeben geschilderten Süßwasserform des typischen *C. curvispinum* zu tun haben, welche ganz dieselben Abweichungen von dieser letzteren aufweist wie diejenigen aus der Wolga und dem Dnjepr.

Wundsch (12) hebt bei seinem *C. devium* folgende in Betracht kommende Unterschiede und Eigentümlichkeiten hervor:

1. Beborstung des ersten Stammgliedes der 1. Antenne.

2. „Die vordere innere Gelenkkante des 5. Gliedes — 2. Antenne — ist in eine Art vertikaler Schneide vorgezogen, deren untere Ecke bei alten ♂ schwach zahnartig vorspringen kann, aber niemals den Charakter eines eigentlichen Zahnes annimmt."

3. Am 4. Grundgliede derselben beim Weibchen findet sich am distalen Ende der gewöhnliche Zahnfortsatz, welcher an seiner Basis „mit nur einem einfachen Nebenzahn versehen; der beim Männchen stets deutlich vorhandene 2. Nebenzahn höchstens schwach angedeutet."

4. 5 kräftige Dornen am 4. Gliede dieser Antenne beim Weibchen.

5. „Das 5. Glied zeigt am Ende des 1. Drittels einen nur
schwachen Zahnvorsprung, der Spitze des großen Hauptzahnes vom
4. Gliede gerade gegenüber, ferner an der vorderen inneren Gelenkkante an Stelle der beim ♂ vorhandenen Schneide einen kräftigen,
kurzen, breiten Dorn."

6. Die Abbildung der I. Extremität (fig. 8) zeigt (im Texte
wird nichts darüber erwähnt) einige weitere Besonderheiten: starke
Beborstung der Coxalplatte und geringe Zahnzahl an der Endfläche
des 6. Gliedes.

7. An der II. Extremität: „Klaue stark, nicht einschlagbar,
mit vier kräftigen, nach der Basis der Klaue zu an Länge abnehmenden
sekundären Zähnen auf der konkaven Seite."

8. fig. 15 zeigt ferner einen Uropoden mit den 2 üblichen
Pflöckchen („gezähnte Verbindungsstacheln"), welche 5—6 Zähnchen
jederseits erkennen lassen.

9. 3. Uropod „mit einem einzigen kleinen Dorn inmitten von
sechs bis sieben längeren einfachen Borsten". — Das wären die in
Betracht kommenden Hauptmerkmale.

Auf Grund dieser Beschreibung meint nun der Verfasser, daß
diese Tiere gewisse Ähnlichkeiten mit *C. nobile* einerseits (Gesamt-
habitus und Proportionen der 2. Antenne) und *C. monodon* andrerseits
(3. Uropod) aufweisen. Das sind indessen nur sehr geringe und durchaus
partielle Ähnlichkeiten, und der Verfasser hat durchaus recht, wenn
er diese Art mit keiner der genannten Formen ganz identifizieren
kann. Ganz anders verhält sich nun die Sache, wenn wir die soeben beschriebenen Abweichungen auf unsere *C. curvispinum*-Formen
der Wolga und des Dnjepr anwenden. Ich will das ebenfalls einzeln
der Reihe nach tun.

1. Die Beborstung des Stammgliedes der 1. Antenne findet sich
ebenfalls auch hier derartig ausgebildet.

2. Die Schneidekante am distalen Ende des letzten Grundgliedes der männlichen 2. Antenne tritt überall deutlich hervor.

3. Ich finde diese Angabe nicht ganz genau, denn, wie auch
fig. 7 auf p. 753 zeigt, ist dieser 2. Nebenzahn immerhin deutlich
wahrnehmbar, wenn er vielleicht auch nicht immer so hervortritt
wie der stets größere erste oder derselbe bei großen Männchen, so
kommt das eben von seiner geringeren Größe, aber man kann nicht
sagen „mit nur einem einfachen Nebenzahn."

4. Die Bedornung der Grundglieder bei den Weibchen ist ver-

26*

schiedentlich stark ausgebildet, stets finden sich indessen mehrere
Stacheln daselbst (Ende des 3. und Fläche des 4. Gliedes).

5. Der Zahnfortsatz am distalen Ende des letzten Grundgliedes
ist, wie gesagt, bei allen typischen Süßwasserformen vorhanden.

6. Die Beborstung der Coxalplatte ist bei den Wolgatieren
stärker, am stärksten indessen bei denjenigen aus dem Dnjepr, wo
sich 4 lange, bewimperte Borsten finden. Jedenfalls ist dieselbe
auch starken, individuellen Schwankungen unterworfen. Die Stärke
der eigentümlichen Bezahnung der Endfläche des 6. Gliedes der
I. Extremität nimmt bei den Süßwassertieren stark ab und beträgt
nur noch 5—7 Zähne.

7. Die Zahl der Nebenzähne am Dactylus der II. Extremität beträgt hier ebenfalls mehr und zwar 3—4.

8. Ich möchte behaupten, daß die genannte Abbildung des Verfassers nicht ganz genau die wirkliche Sachlage wiedergibt (cf.
Fig. N).

9. Die Beborstung des 3. Uropoden ist ebenfalls starken individuellen Schwankungen unterworfen, indessen scheint sie bei unseren
Tieren etwas stärker zu sein, wenn der Verfasser auch wirklich alle
am Endglied vorhandenen Borsten mitgezählt, wie wir es taten.

Somit wäre also unsere Süßwasserform der typischen Kaspi-See-
C. curvispinum mit der von WUNDSCH aufgestellten *C. devium*, zu
identifizieren. Indessen stimme ich nicht mit dem Verfasser überein,
wenn er dieselbe zu einer neuen Art erheben will; meines Erachtens
wäre es besser und mehr den vorliegenden Tatsachen entsprechend,
wenn wir sie als Süßwasservarietät auffassen und dann also als

Corophium curvispinum G. O. SARS *var. devium* (WUNDSCH)
bezeichnen.

Es seien hier auf der nebenstehenden Tabelle kurz nochmals
die Hauptunterscheidungsmerkmale dieser 2 Formen dargestellt, und
zwar sind dieselben am deutlichsten ausgeprägt einerseits bei den
Formen aus dem Kaspi-See und andrerseits bei denjenigen aus Kiew
und wohl auch aus dem Müggelsee.

Doch sind das sozusagen nur die Endpunkte der uns heutzutage entgegentretenden 2 verschiedenen Umbildungsarten, welche
sich mit einer Anzahl Übergangsformen noch deutlich verbinden
lassen. Die Tatsache, daß wir ab und zu im Süßwasser (Dnjepr,
Wolga, Limanen des Schwarzen Meeres) Formen mit marinen Merkmalen vorfinden, welche hier meistens nur nicht mehr so extrem
stark ausgebildet erscheinen, zeigt uns, daß diese neue Varietät sich

noch nicht ganz vollständig umgebildet hat und des öfteren darum solche regressive atavistische Merkmale auftreten. Andrerseits ist das wohl ein Zeichen dafür, daß wir es hier eben mit einer ursprünglich marinen Form zu tun haben, welche erst später in das hier allmählich versüßende Wasser gelangte und sich daselbst nun auch wohl im Laufe der Zeit noch zu einer neuen Art umbilden wird, heute aber noch nicht fertig ist mit dieser Umbildung, darum auch nur als Varietät bezeichnet. Ein weiterer Beweis dafür ist auch die Tatsache, daß im Kaspi-See sowohl auch in dem noch gar nicht lange (geologisch gesprochen) von letzterem abgeteilten Wolgadelta alle Tiere ohne Ausnahme marine Charakterzüge aufweisen, ohne irgendwelche (wenigstens bei denen aus dem Kaspi-See) Abweichungen in der Richtung zur geschilderten Süßwasserform zu zeigen.

	Kaspi-See	Dnjepr bei Kiew
Beborstung der Antennen	Ziemlich stark (Fig. A)	Nicht sehr stark (Fig. B)
Geißel der 1. Antenne des Weibchens	Länger als die Grundglieder, Gliederzahl 9—11	Nicht länger als die Grundglieder, Gliederzahl 6—8
Letztes Grundglied der 2. Antenne beim Weibchen	Ohne Dorn (Fig. C)	Mit Dorn (Fig. D)
Coxalplatte der I. Extr.	Mit 3 langen und 2—5 kurzen Borsten (Fig. E)	Mit 3—4 langen und 4—5 kurzen Borsten (Fig. F)
Endfläche des 6. Gliedes daselbst	Mit 7—9 Zähnchen (Fig. G)	Mit 5—7 Zähnchen (Fig. H)
Dactylus der II. Extr.	Mit 2—3 Nebenzähnchen (Fig. J)	Mit 3—4 Nebenzähnchen (Fig. K)
Beborstung der Uropoden	Ziemlich stark (Fig. L)	Nicht stark (Fig. M)
Pigmentierung	Schwach	Stark

Die heutige Verbreitung dieser Art (cf. die in der Einleitung aufgezählten Fundorte) erstreckt sich demnach auf die Bassins des Kaspi-Sees und Schwarzen Meeres, wozu dann noch der Müggelsee hinzukommt. Diese gegenwärtig bekannte Verbreitung [1] dieser Art ist somit ein ausgezeichneter Beweis für die 1896 von SOWINSKY (11) vermuteten Ursprung und Herkunft der Corophiiden der süd-

---

1) Es wäre eine durchaus lohnende Aufgabe, in dieser Hinsicht einmal die in das Baltische Meer und die Ostsee mündenden Flüsse oder in diesen Bassins gelegenen Süßwasserseen zu untersuchen. Leider konnte ich weder in den Zoologischen Anstalten von Warschau und Kiew noch in Riga derartiges Material finden.

russischen Meere überhaupt. Dieser Autor nimmt an, daß das große Paläogen-Meer des Eocäns und Oligocäns mit wenigstens einer *Corophium*-Art, welche dem *C. grossipes* nahe stand, besiedelt war. Von Ende des Oligocäns an verflachte allmählich der mittlere Teil dieses Meeres, und die Wasser traten in 2 Richtungen zurück: nach Südost (Ponto-Aral-Kaspi-Bassin) und nach Nordwest (Baltisches Bassin). In späteren geologischen Epochen kam der südöstliche Teil des ursprünglich einheitlichen Meeres nicht mehr in direkte Verbindung mit dem Baltischen Meere, obgleich er indessen zuzeiten (Sarmatisches Meer) sich weit nach NW verbreitete.

Corophium grossipes nun aber, welches ja den russischen Corophiiden morphologisch nahe steht, ist im ganzen Teil des heutigen Baltischen Meeres sowie in der Nordsee und in den die Britischen Inseln, Frankreich und Skandinavien bespülenden Gewässern noch weit verbreitet.

Somit können wir annehmen, daß früher, etwa zuzeiten des Paläogen Meeres eine *Corophium*-Art (etwa *C. grossipes*) weit verbreitet war und dann bei dem allmählichen Rückgang und Verteilung dieser Gewässer, hielt sich diese Art einerseits in den resultierenden kleinen aber wohl noch mehr oder weniger salzigen Gewässern, welche dann später immer mehr versüßten (in der Sarmatischen Fauna finden sich nur noch solche Formen, welche eine ziemliche Versüßung vertragen konnten, dagegen fehlen: Corallen, Echinodermen, Cephalopoden usw.) und schließlich als die uns jetzt bekannten Seen und Flüsse bis zur Jetztzeit erhalten sind, andrerseits drangen sie aber weiter in die verschiedenen Endteile der neugebildeten Meere. Die wohl nicht mehr oder weniger großen Unterschiede in der physikalisch-chemischen Beschaffenheit dieser Gewässer mit denjenigen des ursprünglichen einheitlichen Meeres verursachten dann eine Neubildung von Arten, welche, dank der ziemlich langen Zeit (geologisch gesprochen) eine Anzahl Abweichungen hervorbrachten, wie wir sie heute in der *Corophium*-Fauna des Schwarzen Meeres und im besonderen derjenigen des Kaspi-Sees antreffen.

Saratow, Biologische Station, den 14./27. Januar 1914.

Literaturverzeichnis.

1. BEHNING, A., Bericht über die Tätigkeit der Biologischen Wolga-Station während des Sommers 1912, in: Arb. biol. Wolga-Station, Vol. 4, 2, 1913.
2. —, Materialien zur Hydrofauna der Nebengewässer der Wolga. I. Materialien zur Hydrofauna des Flusses Irgis, ibid., Vol. 4, 4—5, 1913.
3. —, Über die Nahrung des Sterlets, ibid., Vol. 4, 1, 1912.
4. —, Verzeichnis der Euphyllopoda, Amphipoda und Isopoda, gesammelt von der biologischen Dnjepr-Station während des Sommers 1912, in: Arb. biol. Dnjepr-Station, No. 1, 1914.
5. DERZHAWIN, A., Kaspische Elemente in der Fauna des Wolgabassins, in: Arb. ichthyol. Labor. Astrachan, Vol. 2, 5, 1912.
6. LAWROFF, S., Zur Frage über die Nahrung der Wolgafische, Kasan, 1909.
7. RAUSCHENBACH, W. und A. BEHNING, Bemerkung über das Winterplankton der Wolga bei Saratow, in: Arb. biol. Wolga-Station, Vol. 4, 1, 1912.
8. SARS, G., Crustacea caspia. Contrib. to the knowledge of the Carcin. Fauna of the Caspian Sea. Amphipoda pt. 3, in: Bull. Acad. Sc. St. Pétersbourg, Vol. 3, No. 3, 1895, p. 302—304.
9. SKORIKOW, A., Die Tätigkeit der Biologischen Wolga-Station im Jahre 1903, in: Westn. Rybopr. 1904, Vol. 19, p. 749.
10. SOWINSKY, W., Introduction à l'étude de la faune du bassin marin Ponto-Aralo-Kaspien sous le point de vue d'une province zoogéographique indépendante, in: Mém. Soc. Natural. Kiew, Vol. 18, 1904.
11. —, Sur la distribution géographique du genre Corophium dans les mers européennes, ibid., Vol. 15, 1896.

12. Wundsch, H., Eine neue Species des Genus Corophium Latr. aus dem Müggelsee bei Berlin, in: Zool. Anz., Vol. 39, 1912, p. 729.

13. Zykoff, W., Bericht über die zool. Untersuchungen an der Wolga bei Saratow im Sommer 1901, in: Westn. Rybopr. 1902, Vol. 17, p. 686.

14. —, Die Biologische Wolga-Station und ihre Arbeiten über die Wolgafauna, in: SB. 11. Kongr. wiss. Naturf. u. Ärzte St. Petersburg 1901.

15. —, Materialien zur Fauna der Wolga und Hydrofauna des Gouvernement Saratow, in: Bull. Soc. Natural. Moscou, 1903, No. 1.

Potamonidenstudien.

Von

Dr. Heinrich **Balss** (München).

Mit Tafel 15 und 6 Abbildungen im Text.

————

Das Material zu der vorliegenden Studie ist das Eigentum teils
der Münchener Zoologischen Staatssammlung, die durch die Herren
Prof. Dr. KATTWINKEL, Kapt. MICHELL, Prof. L. MÜLLER - Mainz,
SCHERER und Prof. Dr. ZUGMAYER ein reiches Material an Süßwasser-
krabben geschenkt erhielt, teils der Museen in Hamburg, Bremen
und Moskau. Die Bestimmung der Potamoniden wird durch die
neueren grundlegenden Arbeiten von Miss RATHBUN u. A. ALCOCK
wesentlich erleichtert. Namentlich der letzte Autor hat sich große
Verdienste erworben, indem er neue Gesichtspunkte eingeführt hat,
durch die wir uns einem natürlichen System in dieser Gruppe
wesentlich genähert haben; durch ihn haben die einzelnen Gattungen
und Untergattungen teilweise eine andere Gruppierung und festere
Charakterisierung erhalten, als sie sie früher gehabt hatten. Es
ergab sich daraus die Notwendigkeit, auch einige der schon früher
von F. DOFLEIN bestimmten und publizierten Tiere unserer Sammlung einer Revision zu unterwerfen und ihre neue Bestimmung hinzuzufügen. 2 neue Arten, die ich anführe, stammen aus dem wenig
erforschten Annam und sind durch den bekannten Entomologen
H. FRUHSTORFER in den Besitz unseres Museums gelangt.

Literaturverzeichnis.

ALCOCK, A., Catalogue of the Indian Decapod Crustacea, Part 1, Brachyura, Fasc. 2, The Potamonidae, Calcutta 1910.

ANNANDALE, N. and ST. KEMP, The Crustacea Decapoda of the Lake Tiberias, in: Journ. Asiat. Soc. Bengal (N. S.), Vol. 9, No. 6, 1913.

DOFLEIN, F., Weitere Mitteilungen über decapode Crustaceen der kgl. bayr. Staatssammlungen, in: SB. Akad. Wiss. München, math.-phys. Kl., 1900, p. 120.

RATHBUN, M., Les Crabes d'eau douce, in: Nouv. Arch. Mus Hist. nat. Paris (4), 1. Vol. 6, 1904, p. 225; 2. Vol. 7, 1905, p. 159; 3. Vol. 8, 1906, p. 33.

1. *Potamon potamios* (OLIVIER) RATHBUN.

RATHBUN, 1904, p. 257.
KEMP, 1913, p. 249.

Exemplare von: Sinai (Rotes Meer) und See Tiberias, SCHU-BERT leg.

Geographische Verbreitung. Unter-Ägypten, Jordangebiet.

2. *Potamon fluviatile gedrosianum* ALCOCK.

ALCOCK, 1910, p. 23, fig. 1.

Exemplare von: Kelat, Belutschistan, E. ZUGMAYER leg.

Geographische Verbreitung. Seistan, Belutschistan, Peschawar und Pandschab-Gebiet.

3. *Potamon fluviatile ibericum* (MARSCHALL v. BIEBERSTEIN).

Potamon ibericum RATHBUN, 1904, p. 259, tab. 9 fig. 4.
Potamon fluviatile ibericum KEMP, 1913, p. 251.
Potamon fluviatile var. ibericum ALCOCK, 1910, p. 21.

Exemplare von:
Ak-Chehir, Anatolien, KORB leg. 1900.
Wan-See, Kurdistan, KULZER leg.

Geographische Verbreitung. Krim, Kaspisches Meer, Kleinasien, Nord-Syrien, Persien, Afghanistan, Dschilam-tal, Nordwest-Indien.

4. *Potamon koolense* RATHBUN.

Potamon larnaudi M. E. DOFLEIN, 1900, p. 140.
Potamon koolense RATHBUN, 1904, p. 270, tab. 10 fig. 1.
— ALCOCK, 1910, p. 24, tab. 10 fig. 38.

Die von Doflein als *P. larnaudi* bestimmten Exemplare aus
Calcutta und Simla (Himalaja), die die Gebrüder Schlagintweit gesammelt haben, gehören zu dieser von Miss Rathbun neu aufgestellten Art.

Geographische Verbreitung. Westlicher Himalaja.

5. *Potamon (Potamonautes) fruhstorferi n. sp.* (Taf. 15 Fig. 2).

1 ♂, Annam, Phuc Son., 50 km westlich vom Hafen Touranne,
H. Fruhstorfer leg.

Der Carapax ist breit, seine Oberfläche im allgemeinen glatt,
nur die vordere Hälfte der Kiemenregion und die laterale Seiten-
fläche sind mit feinen schuppenförmigen Linien besetzt. Die Cervicalfurche ist gut ausgebildet, ebenso zeigen die Furchen der Cardiacal-
region eine charakteristische Anordnung.

Die Postfrontalcrista ist sehr stark entwickelt und gegenüber
der Frontalregion erhöht; ununterbrochen über die ganze Breite
des Carapax hinlaufend, geht sie ohne jede Ausbildung eines Epibranchialzahnes in den feingezähnelten Vorderseitenrand über.

Die Stirne ist schwach zweilappig; ihre Oberfläche ist fein
granuliert und trägt einen zarten medianen Sulcus. Der Orbital-

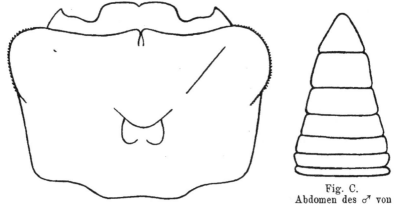

Fig. A.   Carapax von *Potamonautes fruhstorferi.*   2 : 1.

Fig. C.
Abdomen des ♂ von
P. fruhstorferi.   2 : 1.

Fig. B.   Frontalregion von *P. fruhstorferi.*   2 : 1.

rand ist geschwungen, der äußere Orbitalzahn wenig entwickelt, der Unterrand geschweift, die ganze Orbita sehr breit.

Das Ischium der äußeren Maxillarfüße trägt einen Sulcus, die Mandibel einen dreigliedrigen Palpus.

Von den Vorderfüßen ist der rechte etwas größer als der linke; beider Oberfläche ist fein geschuppt. Die Finger schließen in ihrer ganzen Ausdehnung aneinander; der Oberrand des Merus trägt keinen Zahn.

Die Schreitbeine sind von normaler Länge. Der Merus trägt oben eine scharfe Crista, der Carpus auf der Seite eine scharfe Leiste, der Dactylus ist mit als Widerhaken dienenden Zähnen besetzt.

Maße:

Länge des Cephalothorax	26 mm
Breite des Cephalothorax	34
Höhe des Cephalothorax	16
Länge des 3. Schreitbeines	54

Verwandtschaft. Unsere Form wird durch die starke Ausbildung der Postfrontalcrista deutlich als eine besondere Art charakterisiert. Am nächsten steht sie, wie mir scheint, dem *Potamon longipes*, A. M. E., bei dem aber die Crista nicht in den Seitenrand übergeht, sondern vorher endet. Möglicherweise gehört aber *P. fruhstorferi* in die Variationsbreite dieser Art. *P. longipes* stammt aus Cochinchina.

6. *Potamonautes lirrangensis* RATHBUN.

RATHBUN, 1905, p. 169, 1904, tab. 14 fig. 8.

1 ♀ Kituru, Oberer Lualabi (Oberlauf des Kongo), Katanga-Gebiet, Kapt. MICHELL leg.

Geographische Verbreitung. Das einzige bisher bekannte Exemplar stammte von Lirranga, am Zusammenfluß des Kongo und des Ubangi.

7. *Potamonautes reichardi* HILGENDORF.

RATHBUN, 1905, p. 166 (das. Literatur).

Mehrere ♂♂ u. ♀♀ von Girdalo, Ruwana-Steppe, KATTWINKEL leg. 27. Jan. 1911.

Geographische Verbreitung. Der Fundort der typischen Exemplare war wahrscheinlich südlich von Tabora (Deutsch Ost-Afrika).

8. *Potamonautes latidactylus* DE MAN.

RATHBUN, 1905, p. 190, tab. 16 fig. 7.

Viele Exemplare von Liberia, SCHERER leg.
Bestimmte Fundorte: Fulba, Mesurado Cap.
Geographische Verbreitung. Liberia und Guinea.

9. *Potamonautes aubryi* (MILNE EDWARDS).

RATHBUN, 1905, p. 191; 1904, tab. 17 fig. 3, 4, 7.

Exemplare von:
Benin, Süd-Nigeria, Kapt. MANGER leg., Mus. Hamburg.
Wari am Benin-Fluß, Süd-Nigeria, Kapt. MANGER, Mus. Hamburg.
Sumpf bei Kokotown, Benin-Fluß, Kapt. MANGER, Mus. Hamburg.
Duala, Kamerun, Kapt. MANGER, Mus. Hamburg.
Bibundi, Kamerun, M. RETZLOFF leg., Mus. Hamburg.
Victoria, Kamerun, E. FICKENDEY, Mus. Hamburg.
Mukonje-Farm, Kamerun, R. RHODE leg., Mus. Hamburg.

Herr E. FICKENDEY von der Versuchsanstalt für Landeskultur
·in Victoria gibt folgende Notiz: „Die gemeinste Art, nicht eßbar.
Als pflanzenschädlich habe ich die Krabbe bei Mais beobachtet, sie
schneidet die jungen Pflanzen ab."

Geographische Verbreitung. RATHBUN erwähnt die Art
von Togo, Kamerun, Gabon etc.

10. *Potamonautes decazei* (A. MILNE EDWARDS).

RATHBUN, 1905, p. 197; 1904, tab. 16 fig. 3.

Exemplare von:
Togo, Graf ZECH leg.
Victoria, Kamerun, E. FICKENDEY leg., Mus. Hamburg.
Kiliwindi, Nordwest-Kamerun, E. LAUTSCH leg., Mus. Hamburg.
Kap Lopez, Franz. Kongo, C. MANGER leg., Mus. Hamburg.
Elefantensee, Kamerun, R. ROHDE leg., Mus. Hamburg.
Mukonje-Farm, Kamerun, R. ROHDE leg., Mus. Hamburg.
(Bemerkung von E. FICKENDEY: „Eßbare Landkrabben".)

Geographische Verbreitung: RATHBUN erwähnt die Art
vom französischen Kongo-Gebiet.

11. *Potamiscus sp.*

Potamon (Geotelphusa) obtusipes DOFLEIN, 1900, p. 141, nec *Potamon
obtusipes* STIMPSON, in: RATHBUN, 1905, p. 207.

Die von den Gebrüdern SCHLAGINTWEIT gesammelten und von
DOFLEIN unter dem oben erwähnten Namen publizierten Exemplare
gehören zu der von ALCOCK 1910 aufgestellten Untergattung *Pota-
miscus* und stehen dem *P. tumidulum* ALC., der von Sikkim stammt,
nahe; sie unterscheiden sich von ihm durch den völligen Mangel
einer Geißel an den 3. Maxillarfüßen und durch eine der Cervicalfurche parallellaufende Furche, nahe dem Anterolaterolateralrande
des Carapax. Die Exemplare stammen wohl sicher aus dem Hoch-
lande Indiens, nicht von Calcutta.

12. *Geotelphusa macropus* RATHBUN.

RATHBUN, 1905, p. 221, 1904, tab. 18 fig. 1.

1 ♂, 3 ♀♀, Esosung, Bakossi-Gebirge, Bezirk Johann-Albrechts-
höhe, Kamerun, 1060 m Höhe, C. RÄTHKE leg.

Geographische Verbreitung. Die Art ist bisher nur in
einem Exemplare von der Mündung des Mesurado, bei Monrovia
(Liberia) bekannt.

13. *Geotelphusa annamensis n. sp.* (Taf. 15 Fig. 1).

Viele Exemplare, Annam, Phuc-Son, FRUHSTORFER leg.

Der Carapax ist breit und von vorn nach hinten stark konvex.
Seine Länge beträgt etwa $^3/_4$ der Breite, seine Dicke ist nicht bedeutend; die Oberfläche ist für das unbewaffnete Auge glatt, mit
der Lupe gewahrt man eine feine Punktierung. Die Cervicalfurche
fehlt völlig (Fig. D).

Die Stirne ist schmal, ihre Breite beträgt etwa $^1/_5$ von der
des Carapax; sie ist stark herabgebogen und von schwach zweilappiger
Form, in der Mitte trägt sie einen feinen Sulcus.

Die Orbiten sind breit, mit gewellten Rändern; ihr Oberrand
ist fein gezähnt, ein Außenzahn schwach entwickelt, eine ventrale
Lücke fehlt fast völlig.

Der Anterolateralrand des Carapax weist eine feine Zähnelung
auf, ein eigentlicher Epibranchialstachel fehlt.

Epigastricale und postorbitale Crista sind keine vorhanden.

Das Abdomen des ♂ zeigt die Figur E.

Die Mundteile sind die für *Geotelphusa* typischen; der Mandi-
bularpalpus besteht aus 3 Gliedern (Fig. F).

Die Scherenfüße sind etwas ungleich, die Oberfläche von Schere
und Carpus sind glatt, der Merus ist fein gekörnt. Die Kanten des

Merus tragen feine Zähne, ferner stehen am distalen Ende der Unterseite noch 2 größere Zähne. Der Carpus trägt einen größeren Dorn.

Die Pereiopoden sind sehr lang und dünn; das 3. Paar ist doppelt so lang als die Breite des Carapax beträgt; die einzelnen Glieder sind glatt, Dactylus und Propodus, teilweise auch der Carapax, tragen feine, als Widerhaken dienende Zähnchen.

Fig. E. Abdomen des ♂ von *G. annamensis*. 2 : 1.

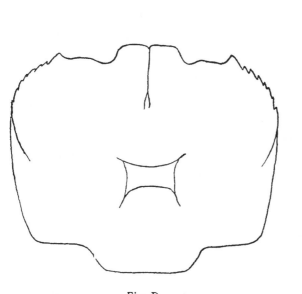

Fig. D.
Carapax von *Geotelphusa annamensis*.
2 : 1.

Fig. F. 3. Maxillarfuß von *G. annamensis*.

Verwandtschaft. Am nächsten steht unserer Art der *Geotelphusa araneus* RATHBUN von Französich Indochina; leider ist diese Beschreibung mangelhaft, auch fehlt eine Abbildung völlig. Möglicherweise sind beide Formen identisch; als Unterschiede finde ich den Bau der Orbiten, die glatte Oberfläche des Carapax, das Fehlen eines eigentlichen Epibranchialzahnes etc. bei unserer Art.

Maße (eines erwachsenen Weibchens):

Länge des Carapax	29 mm
Breite des Carapax	38
Länge des 3. Pereiopoden	80

14. *Paratelphusa (Paratelphusa) blanfordi* ALCOCK.

ALCOCK, 1910, p. 75, fig. 16.

Viele ♂♂ und ♀♀ (ohne Eier). Kedj. Mekran (Balutschistan), E. ZUGMAYER leg., 22. Juni 1911.

Geographische Verbreitung. Die Form ist bisher nur aus Balutschistan bekannt.

15. *Paratelphusa (Oziotelphusa) bouvieri* RATHBUN.

Potamon bouvieri RATHBUN, 1904, p. 293 (ubi Syn.), tab. 12 fig. 5.
Paratelphusa bouvieri RATHBUN, ALCOCK, 1910, p. 100, fig. 61.

Mehrere Exemplare, Nagasaki, Museum Moskau.
Ich habe diese Formen mit indischen Exemplaren verglichen und finde keine Unterschiede außer in der Größe; die japanischen Tiere sind nämlich alle klein und messen nur 16 mm in der Länge und 20 mm in der Breite.

Geographische Verbreitung. Die Art war bisher nur aus Mauritius, Ceylon und Indien bekannt.

16. *Paratelphusa sinensis* MILNE EDWARDS.

RATHBUN, 1905, p. 241.
ALCOCK, 1910, p. 76, fig. 54.

Exemplare von:
Annam Phuc-Son, H. FRUHSTORFER leg.
Tonkin, Montes Manson, Grenzgebirge gegen die Provinz Kwangsi, östlich von Langsi, 2—3000 m Höhe, H. FRUHSTORFER leg.
Tonkin, Thon Moi, H. FRUHSTORFER leg.
Tungku, bei Canton, SCHAUINSLAND, 1906.
Geographische Verbreitung. Von Burma bis China.

17. *Paratelphusa (Barytelphusa) jacquemontii* RATHBUN.

Potamonates jacquemontii RATHBUN, 1905, p. 185, tab. 16 fig. 1 u. 5.
Paratelphusa jacquemontii RATHBUN, ALCOCK, 1910, p. 79, fig. 55.
Potamon (Potamonautes) indicum LATR. partim, DOFLEIN, 1900, p. 140.

Die von den Gebrüder SCHLAGINTWEIT in Jabalpur (Prov. Malva), Zentral-Indien, gesammelten Formen gehören zu dieser Art.

Geographische Verbreitung. Die Art ist in ganz Indien verbreitet.

18. *Paratelphusa* (*Barytelphusa*) *rugosa* KINGSLEY.

Potamon inflatum M. EDW., DOFLEIN, 1900, p. 141.
Potamon rugosus KINGSLEY, RATHBUN, 1905, p. 296, tab. 12 fig. 7.

1 ♂, Nord-Ceylon, Reisfelder bei Candelay, Juni 1887, FRUH-STORFER leg.

Das von DOFLEIN unter dem obigen Namen in die Literatur eingeführte Exemplar gehört zu KINGSLEY's Art; da der Palpus der Mandibel nur zweigliedrig ist, so gehört die Form zur Gattung *Paratelphusa*, und zwar in den Kreis der *P. edentula* ALC., *napaca* ALC. etc.

Geographische Verbreitung. Ceylon. Trincomalee (?).

19. *Pseudotelphusa agassizii* M. RATHBUN.

RATHBUN, 1905, p. 292.

3 ♀♀, Peixe-boi bei Pará, April bis Juni 1910, Prof. MÜLLER-Mainz leg.

Geographische Verbreitung. Pará (Brasilien).

20. *Trichodactylus* (*Dilocarcinus*) *orbicularis* (MEUSCHEN).

Orthostoma septemdentatum HERBST.
RATHBUN, 1906, p. 58, tab. 18 fig. 3 u. 8.

Mehrere Exemplare, gesammelt auf Marajó, von Prof. MÜLLER-Mainz.

1. Fazenda „Menino Jesus", 1.—10. Febr. 1910.
2. Cachoeira, 14. Febr. 1910.

Einige der Weibchen tragen Embryonen unter dem Abdominal-schilde.

Geographische Verbreitung. Brasilien, Paraguay, Nord-Argentinien.

21. *Trichodactylus* (*Dilocarcinus*) *pictus* M. EDW.

RATHBUN, 1906, p. 62, tab. 19 fig. 9.

1 ♂, gesammelt in Peixe-boi bei Pará im April bis Juni 1910, von Prof. MÜLLER-Mainz.

Es unterscheidet sich von den typischen Exemplaren durch folgende Merkmale:

1. Am Merus des großen Scherenfußes stehen nur am distalen Gelenk am oberen Rande 2 Höcker.

2. Am Vorderseitenrande des Carapax sind nur 3 Zähne — außer dem Orbitalzahn — vorhanden.

Geographische Verbreitung. Franz. Guayana, Amazonas, Brasilien, Paraguay.

Erklärung der Abbildungen.

Tafel 15.

Fig. 1. *Geotelphusa annamensis n. sp.* 1 : 1.
Fig. 2. *Potamonautes fruhstorferi n. sp.* 1 : 1.

G. Pätz'sche Buchdr. Lippert & Co. G. m b. H., Naumburg a. d. S.

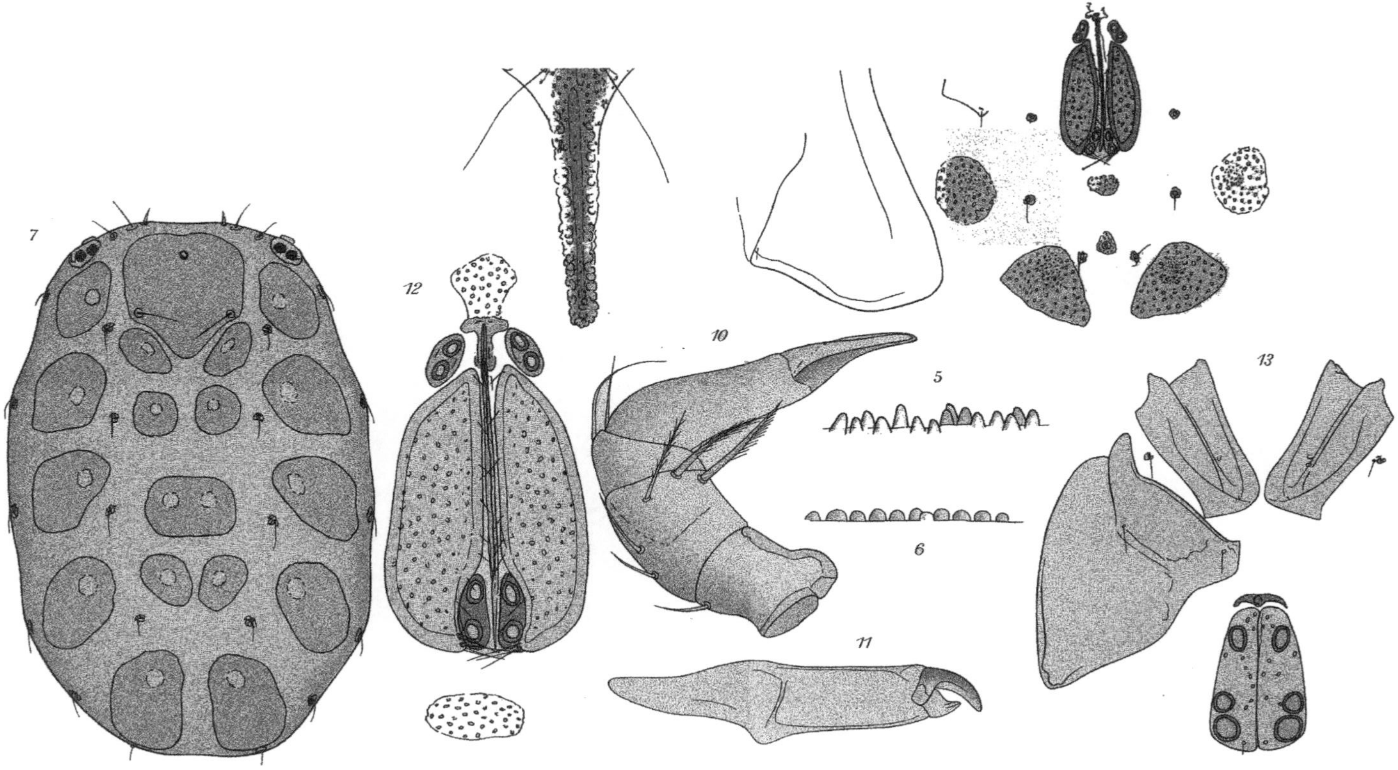

Karl Viets gez.

Verlag von Gustav Fischer in Jena.

Lith. Anst. P. Weise.

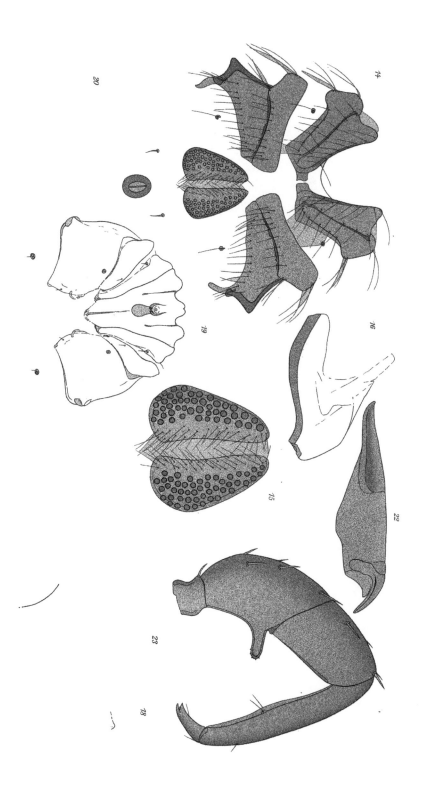

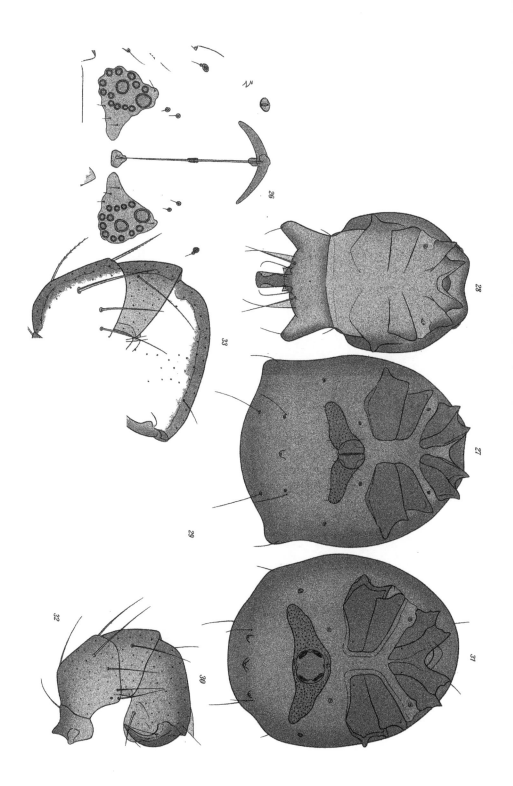

Balss. Verlag von **Gustav Fischer** in **Jena.**

Vogelcestoden aus Russisch Turkestan.

Von

K. I. Skrjabin, Veterinärarzt.[1])

(Aus dem Zoologischen Laboratorium der Universität Neuchâtel.)

Mit Tafel 16—27 und 4 Abbildungen im Text.

Inhalt.

---

1) In der Kriegszeit ohne Korrektur des Verf. gedruckt.

Der Herausgeber.

Vogelcestoden aus Russisch Turkestan.

Von

K. I. Skrjabin, Veterinärarzt.[1]

(Aus dem Zoologischen Laboratorium der Universität Neuchâtel.)

Mit Tafel 16—27 und 4 Abbildungen im Text.

Inhalt.

----

[1]) In der Kriegszeit ohne Korrektur des Verf. gedruckt.
Der Herausgeber.

VI. Gen. *Anomotaenia* Cohn
 10. — *stentorea* Fröhl. (= *variabilis* Rud.).
 11. — *microphallos* Krabbe
 12. — *globulus* Wedl
 13. — *constricta* Molin
 14. — *otidis* n. sp.
VII. Gen. *Choanotaenia* Raill.
 15. — *fuhrmanni* n. sp.
VIII. Gen. *Cyclorchida* Fuhrm.
 16. — *omaloncristrota* Wedl
b) Subfam. Dipylidiinae Raill.
 IX. Gen. *Monopylidium* Fuhrm.
 17. — *infundibulum* Bloch
 18. — *cingulifera* Krabbe
 19. — *galbulae* Zed.
c) Subfam. Paruterinae Fuhrm.
 X. Gen. *Paruterina* Fuhrm.
 20. — *cholodkowskii* n. sp.
 XI. Gen. *Biuterina* Fuhrm.
 21. — *dunganica* n. sp.
 XII. Gen. *Rhabdometra* Cholodkowski
 22. — *nigropunctata* Crety
C. Fam. Hymenolepinidae Fuhrm.
 XIII. Gen. *Aploparaksis* Clerc
 23. — *furcigera* Rud.
 24. — *elisae* n. sp.
 XIV. Gen. *Diorchis* Clerc
 25. — *acuminata* Clerc
 26. — *americana* Ransom var. *turkestanica* n. var.
 XV. Gen. *Hymenolepis* Weinl.
 27. — *carioca* Mag.
 28. — *rugosa* Clerc
 29. — *villosa* Bloch
 30. — *megalops* Crepl.
 31. — *lanceolata* Bloch
 32. — *creplini* Krabbe
 33. — *setigera* Fröhl.
 34. — *coronula* Duj.
 35. — *compressa* Linton
 36. — *solowiowi* n. sp.
 37. — *rarus* n. sp.
 38. — *longicirrosa* Fuhrm.
 39. — *przewalski* n. sp.
 40. — *sp.*
 41. — *sp.*
 42. — *sp.*

Einleitung.

Vorliegende Arbeit ist unter der liebenswürdigen Leitung von Herrn Prof. Dr. O. FUHRMANN im Zoologischen Laboratorium der Universität zu Neuchâtel (Schweiz) ausgeführt worden. Sie erscheint als Versuch zur Bearbeitung der Vogelcestoden, die ich in den Jahren 1908—1911 in Russisch Turkestan (Aulie-Ata im Syr-Darja-Gebiet) gesammelt habe.

Diese Arbeit kann also als unmittelbare Fortsetzung meiner Veröffentlichungen über die Trematoden und Acanthocephalen der turkestaner Vögel angesehen werden (s. Zool. Jahrb., Vol. 35, Syst., 1913, p. 351 u. 403).

Die Vogelcestodenfauna von Russisch Turkestan ist bis jetzt nur von KRABBE (41) behandelt worden, dem das von FEDSCHENKO auf seiner turkestaner Reise 1868—1871 gesammelte Material zur Verfügung stand. Außerdem hat SOLOWIOW in seiner Arbeit (69) zwei Vogelcestodenarten, die ich ihm 1910 übersandte, erwähnt.

Ich beschreibe hier 46 Arten von Vogeltänien, die 19 Gattungen angehören und die ich bei 26 verschiedenen Wirten gefunden habe. Unter diesen Parasiten habe ich 1 neue Gattung, 10 neue Arten und 1 neue Varietät feststellen können, und zwar: *Davainea sartica n. sp.* aus *Corvus corone*, *Anomotaenia otidis n. sp.* aus *Otis tetrix*, *Choanotaenia fuhrmanni n. sp.* aus *Circus cinereus*, *Paruterina cholodkowskii n. sp.* aus *Otomela romanowi* BOGD., *Biuterina dunganica n. sp.* aus *Oriolus galbula*, *Aploparaksis elisae n. sp.* aus *Fuligula nyroca*, *Diorchis americana* RANSOM *var. turkestanica n. var.* aus *Gallinula chloropus*, *Hymenolepis solowiowi n. sp.* aus *Fuligula nyroca*, *Hymenolepis rarus n. sp.* aus *Fuligula rufina* (Blinddarm), *Hymenolepis przewalskii n. sp.* aus *Anser anser* L. und *Hymenofimbria merganseri n. g. n. sp.* aus *Mergus merganser*.

Außerdem beschreibe ich hier einige Parasiten, die bis jetzt noch nicht genügend bekannt waren.

Bei der Untersuchung der letzteren stellte es sich heraus, daß einige Arten zu ganz anderen Gattungen und sogar Familien gerechnet werden müssen, als bis jetzt angenommen wurde. Das ist der Fall mit *Choanotaenia galbulae* Zed., die sich als typischer Vertreter der Gattung *Monopylidium* Fuhrm. erwies, und mit *Schistometra togata* Cholodkowsky, welche nicht zu den *Dilepinidae*, sondern zu den *Davaineidae* gerechnet werden muß.

Andrerseits konnte festgestellt werden, daß einige Parasiten, die bisher als verschiedene Arten betrachtet wurden, als Synonyme angesehen werden müssen: so erwies sich, daß *Hymenolepis megarostellis* Solowiow 1911 identisch mit *Hymenolepis compressa* Linton 1892 wie auch daß *Schistometra togata* Cholodkowsky 1912 als Synonym der *Taenia conoides* Bloch 1782 angesehen werden muß.

Besondere Aufmerksamkeit habe ich auf die Abbildungen meiner Präparate verwendet, da eine gute, genaue Zeichnung den Parasiten oft besser als eine lange Beschreibung charakterisiert.

Das interessanteste Exemplar meiner Sammlung ist zweifellos *Hymenofimbria merganseri* n. g. n. sp., welches eine Mittelform zwischen 2 Gattungen, *Hymenolepis* Weinl. und *Fimbriaria* Fröhl., bildet. In seiner unlängst erschienenen Arbeit hat Fuhrmann die Verwandtschaft der Gattungen *Fimbriaria* und *Hymenolepis* festgestellt; meine neue Gattung bildet nicht nur einen Beweis für die Richtigkeit dieser Annahme, sondern stellt eine sehr nahe Verwandtschaft zwischen den beiden oben genannten Gattungen fest, weil sich *Hymenofimbria merganseri* nach dem Bau der Muskulatur und des Excretionsapparats der Gattung *Fimbriaria*, nach dem der Genitalorgane dagegen der Gattung *Hymenolepis* nähert.

Von den übrigen interessanten Arten erwähne ich nur *Paruterina cholodkowskii* n. sp., die eine Übergangsform von *Paruterina* zu *Biuterina* zu bilden scheint, und *Aploparaksis elisae* n. sp., deren Scolexbewaffnung sich derjenigen der Gattung *Diorchis* Clerc nähert.

Bei der Art *Diploposthe laevis* Bloch gelang es mir, das Einkapseln der Eier in den reifen Gliedern zu beobachten. Bei den ganz alten Proglottiden, bei welchen die Muskulatur teilweise atrophiert war, konnte man eine Wanderung der Eier zur Peripherie und deren vollständigen Abgang in den Darm des Wirtes feststellen.

Für eine ganze Reihe von Parasiten habe ich neue Wirte gefunden.

Ich gebe hier Bestimmungstabellen einiger Parasitengruppen, die mit den von mir gefundenen Arten verwandt sind.

Die beigefügte summarische Tabelle enthält alle bis jetzt aus Russisch Turkestan bekannten Vogelcestoden nach ihren Wirten geordnet (nach meiner und der FEDSCHENKO'schen Sammlung).

Leider kann ich nur die Beschreibung von 46 Cestodenarten geben, da die übrigen auf dem schwierigen Transport so gelitten hatten, daß sie sich als untauglich zur wissenschaftlichen Bearbeitung erwiesen.

Ich ergreife die Gelegenheit, um Herrn Prof. Dr. O. FUHRMANN meinen tiefgefühlten Dank für seine wertvolle Mitwirkung in der Bearbeitung meines Materials auszusprechen. Er hat mir nicht nur wertvolle wissenschaftliche Hinweise gegeben, sondern auch seine reiche Sammlung zur Verfügung gestellt.

Neuchâtel, 3. Januar 1914.

Systematische Bearbeitung.

A. Fam. *Davaineidae* FUHRM.

a) Subfam. *Davaineinae* M. BRN.

I. Gen. *Davainea* BLANCH.

In meiner Sammlung fanden sich 5 Vertreter dieser Gattung, von denen einer (*Davainea sartica n. sp.*) sich als neue Art erwies; für *Davainea micracantha* FUHRM. beschreibe ich hier einen neuen Wirt, *Columba livia* L.; außerdem gebe ich hier eine vollständigere Beschreibung des letzten Parasiten, der neuerdings aufgestellten *Davainea penetrans* BACZYNSKA.

1. *Davainea sartica n. sp.*
(Fig. 1—4.)

Bis in die jüngste Zeit ist bei den Vögeln der Familie der *Corvidae* nur eine Art der Gattung *Davainea* beschrieben worden, und zwar *Davainea corvina* FUHRM. 1905 aus *Corvus culminatus* und *Corvus macrorhynchus* von Ceylon und Siam. Im Sommer 1908 habe ich im Dünndarm von *Corvus corone* einen neuen Vertreter dieser Gattung gefunden, den ich *Davainea sartica n. sp.* nennen möchte.[1]

Diesen Parasiten fand ich nur einmal in 3 Exemplaren bei 14 von mir untersuchten *Corvus corone.*

Die Strobila des größten Exemplars erreichte eine Länge von 45 mm, bei einer Breite von 2,5 mm der hintersten, reifen Proglottiden. Die Länge der letzteren betrug kaum 0,25 mm. Die Breite der jüngsten, am Halse anliegenden Proglottis erreichte nur 0,3 mm, bei einer Länge von 0,024 mm.

Die Form der Proglottiden (der jungen sowohl als auch der reifen) ist eine rechteckige mit etwas abgerundeten Rändern. Der Scolex, 0,2 mm lang und 0,26 mm breit, ist mit 4 Saugnäpfen versehen, deren Durchmesser 0,156 mm beträgt. Die Saugnäpfe sind mit Haken, welche 12—15 Reihen bilden, bewaffnet; sie nehmen nicht nur die Peripherie derselben ein, sondern dringen auch noch in den inneren Teil derselben. Die Haken an der Peripherie sind verhältnismäßig sehr groß und erreichen eine Länge von 0,011 mm. Ihre Größe verringert sich, je mehr sie in die Saugnäpfe zurücktreten. Diese Häkchen bestehen aus einem Basalteil, welcher an der Cuticula befestigt ist, und einem freien gebogenen Ende.

Das Rostellum bei den untersuchten Exemplaren ist eingezogen und konnte daher nicht gemessen werden; es ist von einer doppelten Krone von ca. 200 Häkchen umgeben; Durchmesser der Krone = 0,096 mm; die Form der Haken ist charakteristisch für die Gattung *Davainea*; ihre Größe ist sehr unbedeutend — ca. 0,0074—0,009 mm. Die Haken des Rostellums sind daher von geringerer Größe als die an der Peripherie der Saugnäpfe, was als sehr charakteristisch für unsere Art angesehen werden muß.

Der Hals ist sehr kurz, ca. 0,1 mm.

Im Bau der Muskulatur ist eine Besonderheit zu bemerken (Fig. 2), welche unsere Art von der ihr verwandten Form unterscheidet und welche in Folgendem besteht: statt der gewöhnlich einzigen Schicht der Transversalmuskeln sind hier 2 deutliche Schichten vorhanden, welche voneinander getrennt sind durch eine Bündelreihe der Längsmuskulatur; diese letztere ist bei unserer Art ziemlich schwach entwickelt.

Die Genitalöffnungen sind unilateral. Die Genitaldrüsen sind,

---

1) „Sartica" — von „Sarten' —' Name der ansässigen Eingeborenen im Syr-Darja-Gebiet (Russisch Turkestan).

wie bei den meisten Cestoden, folgendermaßen gebaut: in den jungen Gliedern entwickeln sich die männlichen Organe, zu denen dann später in den mittleren Proglottiden die weiblichen hinzukommen; die reifen Proglottiden bestehen aus dem in zahlreiche Kapseln zerfallenden Uterus.

Die Hoden sind zahlreich (12—14 in jedem Flächenschnitte) und liegen hinter und seitlich von den weiblichen Genitaldrüsen.

Der birnförmige Cirrusbeutel ist von verhältnismäßig geringer Größe: er mißt 0,148 mm bei einer Breite von 0,055 mm; seine Muskulatur dagegen ist stark entwickelt (im Gegensatz zu der schwach muskulösen *Davainea corvina* FUHRMANN). Im Cirrusbeutel befindet sich der stark geschlängelte Penis; die äußere Öffnung des Cirrusbeutels ist mit einem besonderen muskulösen Sphincter versehen.

Das Vas deferens besteht aus einem stark geschlängelten Kanal, der sich bis zur Mitte des Proglottiden erstreckt.

Die weiblichen Genitaldrüsen liegen, wie gewöhnlich, median und zeigen keine charakteristischen Eigentümlichkeiten. Der Keimstock ist gelappt, der Dotterstock, von unregelmäßig ovaler Form, ist 0,11 mm breit und 0,067 mm lang. Das Receptaculum seminis ist von spindelförmiger Gestalt, liegt einwärts vom ventralen Excretionsgefäß und geht in die Vagina über, welche hinter der männlichen Öffnung in die Genitalcloake ausmündet. Der Ausführungsgang der Vagina hat einen speziellen Sphincter; sie ist stark verdickt und innen mit feinen Stacheln ausgekleidet, welche mit ihrem freien Ende nach innen gerichtet sind. Der Uterus fehlt in den reifen Proglottiden, indem er in einzelne Kapseln zerfällt, die 3—4 Eier enthalten.

Die Eikapseln nehmen die ganze Proglottis ein und erstrecken sich bis über die Excretionskanäle hinaus. Auf Fig. 4 sieht man die Vereinigung der Hauptkanäle der weiblichen Genitalorgane.

Als Haupteigentümlichkeiten der neuen Art können also folgende Charaktere dienen:

1. die verhältnismäßig großen Haken der Saugnäpfe;
2. die Größe der Haken des Rostellums, welche bedeutend kleiner als diejenigen an den Saugnäpfen sind;
3. die Anwesenheit zweier transversaler Muskelschichten;
4. der Bau des Cirrusbeutels, welcher im Vergleich zu den verwandten Arten stark muskulös ist.

Zur besseren Veranschaulichung füge ich die beifolgende Tabelle

Tabellarische Artenübersicht der Gattung Davainea BLANCH. aus Passeriformes. Die Maße sind in Millimetern angegeben.

Name	D. spino-sissima	D. compacta	D. werneri	D. globo-cephala	D. paradisea	D. uni-uterina	D. corvina	D. sartica
Untersucher	v. Linstow	Clerc	Klaptocz	Fuhrmann	Fuhrmann	Fuhrmann	Fuhrmann	K. Skrjabin
Jahr	1893	1906	1908	1908	1908	1908	1905	1913
Länge der Strobila	170	150	55	6	60—80	60	120	45
Breite der Strobila	1,78	1,3	2	6	2	0,8	2—3	2,5
Scolexbreite	0,71	0,33	0,2	0,3	0,34	0,3—0,4	0,3—0,4	0,26
Durchmesser d. Saugnäpfe	0,21	?	0,03—0,045	0,11	0,1	0,14	0,1—0,14	0,156
Haken in Rostellum	1000	400	400	300	100	200	200	80
Hakenlänge	0,0074	?	?	0,011	0,023	0,018	0,016—0,018	0,0074—0,009
Genitalöffnungen	unregel-mäßig abwechselnd	unilateral	unilateral	?	unilateral	unilateral 1	unilateral	unilateral 1
Bursa cirri, Länge	?	0,15	0,1	?	0,1	0,22	0,1	0,148
Zahl der Hoden	?	25	15—25	?	100	25—30	26	30—35
Eier in Eikapseln	?	1	mehrere	?	1	—	1	3—4
Wirt	Turdus merula	Turdus merula	Colius leucotis	Cassicus affinis Les.	Manucodia chalybeata Penn.	Rupicola rupicola L.	Corvus culminatus Corvus ma-crorhynchus	Corvus corone
Verbreitung	Europa	Rußland	Ost-Afrika	Süd-Amerika	Neuguinea	Südamerika	Sim, Oxy	Russisch Turkestan

hinzu mit den Hauptunterscheidungsmerkmalen aller Arten der Gattung *Davainea*, die bis jetzt bei Passeriformes bekannt sind.

I. Genitalöffnungen unilateral, Haken nicht mehr als 400

  A. Uterus bildet keine Eikapseln, Bursa cirri 0,22 mm lang

                           Davainea uniuterina FUHRM.

  B. Uterus bildet Eikapseln, Bursa cirri kürzer als 0,2 mm

    1. Transversalmuskulatur in 2 Schichten

                           Davainea sartica n. sp.

    2. Transversalmuskulatur in 1 Schicht

      a) Bursa cirri nicht mehr als 0,1 mm

         α) 80 Haken, Saugnapf 0,1 mm im Durchmesser

                         Davainea corvina FUHRM.

         β) 400 Haken, Saugnapf 0,03—0,045 mm im Durchmesser

                         Davainea werneri KLAPTOCZ

         γ) 100 Haken, Saugnapf 0,1 mm im Durchmesser

                         Davainea paradisea FUHRM.

      b) Bursa cirri 0,15 mm lang; 400 Haken

                         Davainea compacta CLERC

II. Genitalöffnungen abwechselnd, Haken 1000

                         Davainea spinosissima v. LINST.

III. Genitalöffnungen? Haken 300, 0,011 mm lang

                         Davainea globocephala FUHRM.

2. *Davainea micracantha* FUHRM. 1905.

(Fig. 9.)

FUHRMANN, 1905.

Dieser Parasit ist von mir bei einem neuen Wirt — *Columba livia* L. im Sommer 1909 in der Umgegend von Aulie-Ata (Syr-Darja-Gebiet) gefunden worden.

In Anbetracht dessen, daß man in der Literatur nur wenige Zeilen über diese Art findet, weil FUHRMANN nur einige junge Exemplare zur Verfügung hatte, halte ich es für angebracht, diese Beschreibung auf Grund meines Materials zu vervollständigen und durch eine Zeichnung die Lage der Organe in der Proglottis zu veranschaulichen.

Die Länge der Stroblia erreichte bei meinen Exemplaren 120 mm, bei einer Maximalbreite 1,5 mm. Die Zahl der Haken am Rostellum erreichte nur ca. 160 (nach FUHRMANN 200). Die Saugnäpfe haben einen Durchmesser von 0,06 mm. Die Anzahl der Hoden ist verhältnismäßig sehr gering: sie schwankt zwischen 12—16, wo-

bei bei einigen Proglottiden die einzelnen Hoden über die Excretionskanäle hinausgehen. Die Bursa cirri ist birnförmig und hat eine
Länge von 0,1 mm bei einer Breite von 0,018 mm.

Der Keimstock ist zweiflügelig; der Dotterstock, rund und
ziemlich groß, erreicht einen Durchmesser von 0,068 mm. Das
Receptaculum seminis ist wurstförmig; die Vagina ist in der Nähe
der Genitalcloake sehr muskulös.

Der Uterus bei den jungen Proglottiden ist von sackförmiger
Gestalt, bei den reifen dagegen zerfällt er in einzelne Kapseln; sie
nehmen die ganze Breite der Proglottis ein, gehen über den Rand
der Excretionskanäle hinaus und enthalten 4—5 Eier.

Die reifen Glieder, in charakteristischer Rosenkranzform, sind
scharf von den übrigen rechteckigen Proglottiden abgegrenzt.

Anbei gebe ich eine Bestimmungstabelle aller 8 Arten der
Gattung *Davainea* Blanch. aus Columbiformes:

I. Genitalöffnungen unilateral
    A. Parasiten mit typischen *Davainea*-Haken
       a) Eikapseln liegen nur zwischen den Excretionsgefäßen
          1. 18—20 Hoden, 300 Haken   *Davainea goura* Fuhrm.
          2. 8—12 Hoden, 170 Haken
                         Davainea cryptacantha Fuhrm.
          3. 4—5 Hoden, 300 Haken   *Davainea spiralis* Baczynska
       b) Eikapseln nehmen die ganze Breite der Proglottis ein
          1. 6—7 Hoden, 120 Haken
                         Davainea paucitesticulata Fuhrm.
          2. ? Hoden, ? Haken   *Davainea insignis* Steudener
    B. Der hintere Hebelast der Haken ist gar nicht entwickelt
                         Davainea micracantha Fuhrm.
II. Genitalöffnungen unregelmäßig abwechselnd
       a) Bursa cirri groß, 0,24 mm lang
                         Davainea columbae Fuhrm.
       b) Bursa cirri klein, 0,1 mm lang   *Davainea crassula* Rud.

3. *Davainea tetragona* Molin 1858.

Molin, 1858; Krabbe, 1882; Diamare, 1893; Blanchard, 1891;
Stiles, 1896; Ransom, 1904; Ransom, 1905; Fuhrmann, 1908.

Diese Art, welche Krabbe schon aus Russisch Turkestan beschrieben hat (aus der Fedtschenko'schen Sammlung), ist von mir
nur einmal in Aulie-Ata bei *Gallus gallus domest.* L. gefunden worden.

Tabellarische Artenübersicht der Gattung *Davainea* BLANCH. aus Columbiformes.
Die Maße sind in Millimetern angegeben.

Name	D. crassula	D. insignis	D. columbae	D. micracantha	D. cryptacantha	D. gowra	D. paucitesticulata	D. spiralis
Untersuch. der / Jahr	RUDOLPHI 1819	STEUDENER 1877	FUHRMANN 1908	FUHRMANN 1908	FUHRMANN 1908	FUHRMANN 1908	FUHRMANN 1908	BACZYNSKA 1913
Länge der Strobila	250—400	100—300	6970	100	120	170	100	3940
Breite der Strobila	4	?	1	0,8	1,5	1,1	0,6	1,28
Durchmesser d. Saugnäpfe	0,23	?	0,16	0,18	0,14	0,18—0,2	0,1	0,272
	0,09	?	0,056	0,06	0,036	0,05	0,027	0,052
Haken in Rostellum	70	?	120	160—200	170	300	120	300
Hakenlänge	0,02	?	0,011	0,013—0,014	0,072	0,009	0,009—0,01	0,56
Genitalöffnungen	unregelmäßig blind	unilateral	unregelmäßig blind	blind	un... blind	un... blind	blind	unilateral
Bursa cirri, Länge	0,1	?	0,24	0,1	?	0,12—0,14	0,12—0,14	0,101
Zahl der Hoden	30—40	?	30	12—16	8—12	18—20	6—7	4—5
Eier in Eikapseln	3—4	?	1	4—5	mehrere	8—10	6—8	4—6
Wirt	Columba livia L. Columba livia domest. Turtur turtur L.	Globicera oceanica LESS.	Columba livia L.	Turtur turtur L. Columba livia L.	Turtur decipiens F. et H. Columba sp.	Goura albertisi SALV.	Caloenas nicobarica L.	Columba sp.
Verbreitung	Europa	Molukken	Europa	Europa Russisch Turkestan	Ägypten	Neuguinea	Molukken, Neuguinea	Neuguinea

Tabellarische Artenübersicht der Gattung

Die Maße sind in

Name	1 D. tetragona	2 D. cesticillus	3 D. echino- bothrida	4 D. pro- glottina	5 D. volzii
Untersucher	Molin	Molin	Megnin	Davaine	Fuhrmann
Jahr	1858	1858	1881	1860	1905
Strobilalänge	250	100	250	0,5—1,55	40—60
Strobilabreite	1—4	1,5—3	1—4	0,18—0,5	2
Scolexbreite	0,175—0,35	0,3—0,6	0,25—0,45	0,135—0,2	0,45
Durchmesser des Saug- napfes	0,05—0,09	0,1	0,09—0,2	0,025—0,035	0,18
Haken in Rostellum	100	400—500	200	80 - 95	240
Hakenkrone	einfache	doppelte	doppelte	doppelte	doppelte
Hakenlänge	0,006—0,008	0,008—0,01	0,01—0,013	0,0065—0,0075	0,01
Genitalöffnungen	unilateral	unregel- mäßig abwechselnd	unregel- mäßig abwechselnd	unregel- mäßig abwechselnd	unilateral
Bursa cirra, Länge	0,075—0,01	0,12—0,15	0,13—0,18	?	0,2
Zahl der Hoden	20—30	20—30	20—30	?	30
Eier in Kapseln	6—12	1	—	—	8—12
Wirt	Gallus gallus	Gallus gallus Meleagris gallopavo L.	Gallus gallus	Gallus gallus	Gallus gallus
Verbreitung	Europa Afrika Asien Amerika	Europa Afrika Asien Amerika	Europa Amerika	Europa Australien	Asien

4. *Davainea cesticillus* Molin 1858.

Molin, 1858; Krabbe, 1869; Blanchard, 1891; Stiles, 1896; Ransom, 1905; Fuhrmann, 1908.

Von mir nur 2mal gefunden, im Dünndarm des Haushuhnes (*Gallus gallus domest.* L.).

5. *Davainea penetrans* Baczynska 1913.
(Fig. 5—8 u. 79.)

Baczynska, 1914.

Dieser Parasit, welcher neuerdings von H. Baczynska beschrieben worden ist, erscheint als der weitverbreitetste Hühnerparasit in

Davainea BLANCH. aus Galliformes.

Millimetern angegeben. Fortsetzung der Tabelle s. nächste Seiten.

6	7	8	9	10	11	12
D. penetrans	D. cohni	D. friedbergi	D. circum-vallata	D. urogalli	D. campa-nulata	D. globi-rostris
BACZINSKA	BACZINSKA	v. LINSTOW	KRABBE	MODEER	FUHRMANN	FUHRMANN
1913	1913	1878	1869	1790	1908	1908
40—180	20—30	200	60—150	350	90	100
3	1,7	2—3	2,5	3—4	1,5	2
0,374	0,192	0,386	0,58	?	0,3	0,28
?	?	0,185	0,196	?	0,14—0,25	
						?
240—300	160	150	800	100	40	200
doppelte	doppelte	doppelte	doppelte	doppelte	einfache	doppelte
0,013	0,008	0,0128	0,016 u. 0,012	0,01—0,011	0,027	0,0126
unilateral	unilateral	unilateral	unregel-mäßig abwechselnd	unregel-mäßig abwechselnd	unregel-mäßig abwechselnd	unilateral
0,106	0,078	0,114	?	0,1	0,136	0,12
20—35	10	25—32	?	45	100	70
4	?	2—3	4—8	?	?	10—12
Gallus gallus	Gallus gallus	Phasianus colchicus	Perdix coturnix Caccabis petrosa Perdix perdix	Lagopus scoticus Tetrao urogallus Lyrurus tetrix Tetraogallus hymallayensis Caccabis saxatilis	Opistho-comus hoazin ILL. Perdix sp.	Perdix perdix
Afrika Russisch Turkestan	?	Europa	Europa Afrika	Europa Asien	Südamerika	Europa Asien

Russisch Turkestan; in meiner Sammlung besitze ich diese Art in 7 Exemplaren von *Gallus gallus domest.*

Ich halte es für notwendig, einige Details über diesen Parasiten zu geben. Vor allem fällt der außerordentliche Polymorphismus dieses Parasiten auf; er ist so scharf ausgeprägt, daß es schwer hält, die verschiedenen Exemplare dieser Art zu identifizieren, trotzdem sie sich ungefähr in demselben Reifezustande befinden. Das größte Exemplar meiner Sammlung erreichte eine Länge von 180 mm, die der Exemplare von BACZYNSKA nicht mehr als 40 mm. Die Breite der Strobila beträgt 3 mm.

Als anatomische Besonderheit dieser Art ist die Anwesenheit

Tabellarische Artenübersicht der Gattung
Die Maße sind in

Name	13 D. lepta- cantha	14 D. poly- uterina	15 D. penelo- pina	16 D. retusa	17 D. pintneri
Untersucher	Fuhrmann	Fuhrmann	Fuhrmann	Clerc	Klaptocz
Jahr	1908	1908	1908	1903	1906
Strobilalänge	220	50—60	20	185	72
Strobilabreite	2	2,5	2	3,2	?
Scolexbreite	0,28—0,32	0,45	0,28	0,22—0,25	0,16—0,18
Durchmesser d. Saug- napfes	0,072	0,136	0,1	?	0,1
Haken in Rostellum	zahlreich	200	160	150—200	200
Hakenkrone	doppelte	doppelte	doppelte	doppelte	doppelte
Hakenlänge	0,012—0,014	0,016	0,01—0,012	0,016—0,011	?
Genitalöffnungen	unilateral	unregel- mäßig abwechselnd	unilateral	unregel- mäßig abwechselnd	unilateral
Bursa cirri, Länge	0,066—0,08	0,17	0,14	sehr klein	0,1
Zahl der Hoden	80	40	zahlreich	zahlreich	20
Eier in Kapseln	10—12	1	5—8	1	mehrere
Wirt	Crax alector L. Crax fasciolata	Perdix perdix Coturnix coturnix	Penelope obscura	Lyrurus tetrix	Numida ptilorhyncha
Verbreitung	Südamerika	Europa	Südamerika	Europa Asien	Afrika

zweier Reihen von Transversalmuskeln zu bemerken, wobei die äußere, akzessorische viel schwächer ausgeprägt ist als die innere.

Die Größe des Scolex meiner Exemplare ist bedeutender als die von Baczynska angegebene, und zwar beträgt dieselbe 0,272 mm, bei einer Breite von 0,374 mm. Nach den Angaben von Baczynska beträgt sie 0,288 mm in der Länge und 0,352 mm in der Breite.

Die Zahl der Rostellumhaken erreicht ca. 300 (nach Baczynska 240). Was die Genitalorgane betrifft, so habe ich bei meinen Prä-paraten keine Hodenreihen hinter den weiblichen Genitaldrüsen finden können: sie lagen immer nur seitlich vom Dotterstock und vom rosettenförmig gestalteten Keimstock, welche gerade am Hinter-rande der Proglottis gelegen sind. Die Anzahl der Hoden beträgt ca. 30—35 mm (nach Baczynska von 15—20).

Was die Fixierung des Parasiten an der Darmwand betrifft, so habe ich nur einen Fall feststellen können, wo der Scolex in die Submucosa eingedrungen war; in allen anderen Fällen waren die Para-siten wie meistenteils an der oberen Schicht der Schleimhaut fixiert.

Davainea BLANCH. aus Galliformes (Fortsetzung).
Millimetern angegeben.

18	19	20	21	22	23
D. globo-caudata	*D. pluri-uncinata*	*D. varians*	*D. parechino-bothrida*	*D. longicollis*	*D. lati-canalis*
COHN	CRETY	SWEET	MAGALHAES	MOLIN	SKRJABIN
1901	1890	1910	1898	1858	1914
·20	105—120				110
1	3				3,5
0,45	0,313				0,2
0,1	0,098				0,9
zahlreich	zahlreich	Nach JOHNSTON (1912) ist diese Art identisch mit *Davainea proglottina*	Nach RANSOM (1904) ist diese Art identisch mit *Davainea tetragona*	Nach FUHRMANN (1908) ist diese Art identisch mit *Davainea tetragona*	
doppelte	doppelte				160
?	0,008 u. 0,005				doppelte
unregel-mäßig	unregel-mäßig				0,0165
abwechselnd	abwechselnd				unregel-mäßig
0,06	0,13				abwechselnd
30	100—120				0,15—0,17
mehrere	3—6				50—60
Tetrao urogallus	*Coturnix communis Caccabis petrosa*				—
					Perdix sp.
Europa Asien	Europa				Brasilien

Der Cirrusbeutel ist so typisch durch seine Form, Größe und Muskulatur, daß diese Art sich mit Leichtigkeit erkennen läßt.

Die Vagina ist bei der Ausmündung in die Genitalcloake mit feinen Stacheln versehen, welche mit ihrem freien Ende nach innen gerichtet sind.

Bestimmungstabelle aller 19 sicheren Arten der Gattung *Davainea* BLANCH. aus Galliformes.

I. Genitalöffnungen unilateral
 A. Bursa cirri kürzer als 0,1 mm
  a) Mit einfachem Hakenkranz
   Bursa cirri 0,075—0,1 mm; 100 Haken 0,006—0,008 mm
   lang   *D. tetragona*
  b) Mit doppeltem Hakenkranz
   1. Bursa cirri 0,078 mm; 160 Haken 0,008 mm lang
                                                          D. cohni

    2. Bursa cirri 0,066—0,08; zahlreiche Haken 0,012 bis
       0,014 mm lang   *D. leptacantha*

B. Bursa cirri größer als 0,1 mm
  a) Hoden weniger als 50
    1. Bursa cirri 0,2 mm; 240 Haken 0,01 mm lang   *D. volzi*
    2. Bursa cirri 0,106 mm; 240—300 Haken 0,013 mm lang
                                 D. penetrans
    3. Bursa cirri 0,114 mm; 150 Haken 0,0128 mm lang
                                 D. friedbergi
    4. Bursa cirri 0,1 mm; 200 Haken ? lang   *D. pintneri*
  b) Hoden mehr als 50
    1. Bursa cirri 0,12 mm; 200 Haken 0,0126 mm lang
                                 D. globirostris
    2. Bursa cirri 0,14 mm; 160 Haken 0,01—0,012 mm lang
                                 D. penelopina

II. Genitalöffnungen unregelmäßig abwechselnd
  A. Strobila nicht mehr als aus 5 Proglottiden
    80—95 Haken 0,0065—0,0075 mm lang   *D. proglottina*
  B. Strobila aus zahlreichen Proglottiden
    a) Mit einfachem Hakenkranz
      Bursa cirri 0,136; 40 Haken 0,027 mm lang
                                 D. campanulata
    b) Mit doppeltem Hakenkranz
      α) Hoden weniger als 50
      1. Bursa cirri 0,12—0,15; 400—500 Haken 0,008 bis
         0,01 mm   *D. cesticillus*
      2. Bursa cirri 0,13—0,18; 200 Haken 0,01—0,013 mm
                              D. echinobothrida
      3. Bursa cirri ?; 800 Haken 0,011 mm   *D. circumvallata*
      4. Bursa cirri 0,17; 200 Haken 0,016 mm   *D. polyuterina*
      5. Bursa cirri 0,1; 100 Haken 0,01—0,011 mm
                               D. urogalli
      6. Bursa cirri 0,06; zahlreiche Haken ? lang
                               D. globocaudata
      β) Hoden mehr als 50
      1. Bursa cirri ?; 150—200 Haken 0,016—0,011 mm
                               D. retusa
      2. Bursa cirri 0,13; zahlreiche Haken 0,008—0,005 mm
                               D. pluriuncinata

b) Subfam. *Idiogeninae* FUHRM.

II. Gen. *Idiogenes* KRABBE.

In meiner Sammlung befindet sich nur 1 Art dieser Gattung.

6. *Idiogenes flagellum* GOEZE 1782.
(Fig. 10.)

GOEZE (1782), VOLZ (1900 = *T. mastigophora* KRABBE), FUHRMANN (1906 = *Chapmania longicirrosa* FUHRM.), KLAPTOCZ (1908).

Diese Art ist von mir vielfach bei dem Raubvogel *Circus cinereus* gefunden worden, welcher für diesen Parasiten ein neuer Wirt ist. Da es in der Literatur keine Abbildung des Scolex dieser Art gibt,

Tabellarische Artenübersicht der Gattung *Idiogenes* KRABBE.

Die Maße sind in Millimetern angegeben.

Name	I. otidis	I. grandi-porus	I. horridus	I. flagellum
Untersucher	KRABBE	CHOLODKOWSKY	FUHRMANN	GOEZE
Jahr	1868	1905	1908	1782
Länge der Strobila	15—29	60—70	20—30	20
Breite der Strobila	0,3	1	0,3	0,4
Scolexbreite	?	0,38—0,45	0,16	0,1—0,15
Durchmesser d. Saug-napfes	?	0,18—0,2	?	—
Haken in Rostellum	?	104	160	130—150
Hakenlänge	0,03—0,0315	0,028—0,034	0,01	0,01
Genitalöffnungen	unilateràl	unilateral	unilateral	unilateral
Bursa cirri, Länge	0,15	?	0,2	0,24
Zahl der Hoden	10—15	?	7—9	10—12
Keimstockbreite	?	?	0,14	0,12
Dotterstock	median	median	etwas poral	median
Genitaclloake	eng	sehr breit	eng	eng
Wirt	*Otis tarda* L. *Otis tetrax* L. *Houbara undulata*	*Otis tetrax* L.	*Cairama cristata*	*Milvus milvus* *Milvus korochun* *Milvus melanotis* *Milvus ater* *Circus cinereus*
Geograph. Verbreitung	Europa Asien (Sibirien)	Asien (Sibirien)	Südamerika	Europa Asien (Russisch Turkestan)

so gebe ich eine Zeichnung desselben (Fig. 10). Nach meinen Zählungen besitzt dieser Parasit 120—150 Haken.

Anbei folgt eine Tabelle aller Arten der Gattung *Idiogenes* Krabbe, welche bis jetzt bekannt sind; ich muß aber hinzufügen, daß, obgleich Kowalevsky eine Beschreibung der Haken des von ihm gefundenen *Idiogenes otidis* gibt, es doch noch unaufgeklärt bleibt, ob er es mit *Idiogenes otidis* Krabbe oder *Idiogenes grandiporus* Cholodkowsky zu tun hatte.

I. Genitalcloake eng
   A. Dotterstock median
      1. Bursa cirri 0,15 mm, parasitieren bei Otidiformes
                                            I. otidis
      2. Bursa cirri 0,24 mm, parasitieren bei Accipitres
                                         I. flagellum
   B. Dotterstock poral verschoben
      Bursa cirri 0,2 mm, parasitieren bei Gruiformes   *I. horridus*
II. Genitalcloake sehr breit. Bei Otidiformes   *I. grandiporus*

III. Gen. *Chapmania* Monticelli.

Von den zwei bis jetzt bekannten Arten dieser Gattung befindet sich in meiner Sammlung nur:

7. *Chapmania tapika* Clerc 1906.

Clerc (1906), Fuhrmann (1909), Cholodkowsky (1912), Skrjabin (1914).

Dieser Parasit ist von mir vielfach bei *Otis tetrax* gefunden worden. Eine genaue Beschreibung gebe ich in einer anderen Arbeit (1914, 70).

IV. Gen. *Schistometra* Cholodkowsky.

Diese unlängst begründete Gattung (1912) gehört nach meinen Untersuchungen (1914, 70) nicht zur Familie *Dilepinidae* (Subfam. *Paruterinae*), wie Cholodkowsky, der keinen Scolex besaß, glaubt, sondern zur Familie der *Davaineidae* (Subf. *Idiogeninae*), wobei er sich der Gattung *Chapmania* Mont. sehr nähert. Jedoch unterscheidet sich diese Gattung von *Chapmania* Mont. 1. durch die Anwesenheit von besonderen Anhängen an den Saugnäpfen und 2. durch die poral verschobenen weiblichen Genitaldrüsen.

8. *Schistometra conoides* Bloch 1782.

Bloch (1782), Cholodkowsky (1912), F. Beddard (1912 = *Otiditaenia eupodotidis*), Skrjabin (1914).

Diese Art ist von mir mehrere Male, zusammen mit *Hymenolepis villosa* Bloch, bei *Otis tarda* in der Umgebung von Aulie-Ata gefunden worden.

Eine genaue Beschreibung gebe ich in einer anderen Arbeit (1914, 70).

B. Fam. *Dilepinidae* Fuhrm.

Diese Familie ist in meiner Sammlung in 8 Gattungen und 14 ihnen angehörigen Arten vertreten, wobei 4 von diesen Arten neu sind.

a) Subfam. *Dilepininae* Fuhrm.

V. Gen. *Dilepis* Weinl. 1858.

9. *Dilepis scolecina* Rud. 1819.

Rudolphi (1819), Krabbe (1869), Solowiow (1911).

Ist von mir 2mal im Darm von *Phalacrocorax carbo* L. gefunden.

VI. Gen. *Anomotaenia* Cohn 1900.

Von 5 in meiner Sammlung vorhandenen Vertretern dieser Gattung scheint eine Art neu zu sein.

10. *Anomotaenia stentorea* Fröhl. 1799 (= *variabilis* Rud. 1809). (Fig. 11.)

Fröhlich (1799), Rudolphi (1809), Krabbe (1869), Clerc (1903).

Ist mehrfach im Darm von *Vanellus cristatus* L. gefunden. Ich gebe hier eine Abbildung des Scolex dieses Parasiten.

Tabellarische Artenübersicht der Gattung *Anomotaenia* COHN aus *Charadriiformes.*

Die Maße sind in Millimetern angegeben.

Name	1 *A. stentorea*	2 *A. nymphaea*	3 *A. globulus*	4 *A. arionis*	5 *A. bacilligera*	6 *A. citrus*	7 *A. clavigera*
Autor	FRÖHLICH	SCHRANK	WEDL	v. SIEBOLD	KRABBE	KRABBE	KRABBE
Jahr	1799	1790	1856	1850	1869	1869	1869
Strobilalänge	400—600	75	30—60	4	50	70	90
Strobilabreite	1,5—2	1,7	1,5—2	2	1	3	1
Scolexbreite	0,25	?	0,4—0,5	?	?	?	0,27
Durchm. des Saugnapfes	0,08	?	0,2	?	?	?	0,15 : 0,12
Zahl der Haken	24	20—24	30	20	20	20—30	20—22
Hakenlänge	0,041—0,043 und 0,034—0,035	0,061—0,086	0,038—0,040	0,045—0,047 und 0,038—0,042	0,018 und 0,025	0,051—0,054 und 0,056—0,062	0,021—0,028 und 0,019—0,026
Genitalöffnungen Bursa cirri, Länge	?	?	unregelmäßig abwechselnd	?	?	?	?
Zahl der Hoden	zahlreich	?	60	20—25	?	30—35	25—30
Wirt	*Vanellus cristatus* L., *Squatarola helvetica*, *Totanus calidris*, *Totanus glareola*, *Tringoides hypoleucus*, *Ancylochilus subarquatus*, *Pelidna alpina*, *Gallinago gallinago*, *Philomela minor*	*Numenius phaeopus*, *Numenius arcuatus*, *Numenius borealis*, *Bartramia longicauda*	*Totanus pugnax*, *Totanus ochropus*, *Totanus glareola*	*Arionater, Totanus hypoleucos, Totanus ochropus. T. melanoleucus. T. flavipes*	*Scol opx rusticola, Scolopax gallinago, Gallinago gigantea, Gallinago undulata, Limnocryptus gallinula*	*Scolopax gallinago, Limnocryptus gallinula*	*Tringa alpina, Strepsilas interpres, Tringa ...*
Verbreitung	Europa Russ. Turkestan	Europa Afrika	Afrika Rußland	Europa Rußland	Europa	Europa Rußland	Grönland Faröer

Name	8 A. micro-rhyncha	9 A. platy-rhyncha	10 A. micro-phallos	11 A. erice-torum	12 A. vol-vulus[1]	13 A. cingu-lata	14 A. macra-cantha	15 A. macra-canthoides
Autor	KRABBE	KRABBE	KRABBE	KRABBE	v. LINSTOW	v. LINSTOW	FUHRMANN	FUHRMANN
Jahr	1869	1869	1869	1869	1906	1905	1908	1907
Totallänge	30	80—100	25	?	8,5		40	17
Scolexbreite	1,3	2	1	?	0,7		1	1
Durchm. des Saugnapfes	0,25	0,25	0,23	?	0,35		0,78	0,68
	0,12:0,15	0,13:0,11	0,1—0,13	?	?		0,16	0,2
Zahl der Haken	20	28	24	32	?		32	30
Hakenlänge	0,016—0,017	0,027—0,028 und 0,025—0,026	0, und 0,012—0,014	0,035—0,034	0,047		0,152 und 0,128	0,11 und 0,145
Genitalöffnungen	?	klein	0,17	unr.ßig abwechselnd	abwechselnd		0,28	?
Bursa cirri, Länge					?		?	?
Zahl der Hoden	25—30	60—70	35—40	?	?			
Wirt	Machetes pug-nax, Chara-drus häti-da, Aegia-lites bla...	Tot aus cali-dris, Tringa ..., Li-... vanellus ...	Vanellus cri-status L., Eudromias ...	Gallus ...	Sarciophorus malabaricus Hodd.		Belonopterus cayennensis Gm.	Vanellus sp.
Verbreitung	Europa	Europa	Europa, Russ. Turkestan	Europa	Ceylon		Südamerika	Ägypten

Column 13 (A. cingulata): Nach FUHRMANN ist diese Art identisch mit Dilepis retirostris

1) *Anomotaenia volvulus* v. LINSTOW war fälschlich als *Diplochetus volvulus* beschrieben, wie FUHRMANN gezeigt hat.

Tabellarische Artenübersicht der Gattung *Anomotaenia* COHN aus *Passeriformes*.
Die Maße sind in Millimetern angegeben.

Name	1 A. quadrata	2 A. gathiformis	3 A. constricta	4 A. depressa	5 A. dehiscens	6 A. borealis	7 A. trigonocephala	8 A. vesiculigera	9 A. ovalaciniata
Autor / Jahr	RUDOLPHI 1819	FRÖHLICH 1791	MOLIN 1858	v. SIEBOLD 1836	KRABBE 1882	KRABBE 1869	KRABBE 1869	KRABBE 1882	v. LINSTOW 1877
Strobilalänge	Ist leider sehr unvollständig beschrieben	?	100	15	3,5	30	25	100	60
Strobilabreite		?	2	0,5—0,8	?	0,6—0,8	1	1,5	2
Scolexbreite		?	0,2	0,272	?	0,2	?	?	?
Durchm. des Saugnapfes		?	0,096	?	?	?	?	?	?
Zahl et Haken		54—56	22—24	24—30	20	20—22	20	50	38—40
Hakenlänge		0,043—0,053	0,029—0,04 und 0,027—0,036	0,034—0,051	0,014	0,07 und 0,034	0,034 und 0,031	0,037—0,046 und 0,02—0,026	0,015—0,018
Genitalöffnung		?	0,076	unregelmäßig abwechselnd	?	0,17	?	?	?
Bursa cirri, Länge		?	60	unregelmäßig zahlreich	?	12	?	?	?
Zahl et Hoden / Wirt		Hirundo riparia	Corvus cornix, Corvus corone, Corvus frugilegus, Turdus musicus, Turdus iliacus, Lycos monedula, Pica caudata, Merula vulgaris (Europa, Asien (Russ. Turkestan))	Hirundo rustica, Chelidon rustica	Cinclus aquaticus	Motacilla flava, Emberiza citrinella	Saxicola, Motacilla flava	Hirundo rustica, Cypselus apus	Hirundo urbica
Verbreitung		Europa		Europa	Russisch Turkestan	Europa	Europa Grönland	Europa	Europa

Name	A. brevis	A. bra- siliensis	A. hirun- dina	A. cyathi- formoides	A. ...ides	A. isa- cantha	A. peni- cilata	A. pauci- testiculata	A. rustica
	10	11	12	13	14	15	16	17	18
Autor	Clerc	Fuhrmann	Fuhrmann	Fuhrmann	Fuhrmann	Fuhrmann	Fuhrmann	Fuhrmann	Neslobinsky
Jahr	1903	1907	1907	1908	1908	1908	1908	1908	1911
Strobilalänge	2,4	50	10	100	200	20	80	5	40
Strobilabreite	0,3—0,5	1	1	1,5	2	1	1	0,4	3
Scolexbreite	0,22—0,25	0,45	0,24	0,39	0,35	0,26	0,16	0,15	0,392
Durchm. des Saugnäpfe	0,18 : 0,14	0,17	0,07	0,2	0,08	?	0,08	0,06	0,115
Zahl der Haken	24	20—22	54—60	?	44—46	24	?	?	42
Hakenlänge	0,27 und 0,21	0,052—0,056	0,0198	0,048 und 0,027	0,075 und 0,06	0,075— 0,081	0,019	?	0,0495
Genitalöffnung		unregelmäßig abwechselnd							
Länge cirri-tasche	0,18	0,18	0,1	0,8	0,24	?	0,12	0,068	0,382
Zahl der Hoden	15	25	zahlreich	20	50	20—25	25	8—10	ca. 100
Wirt	Picus major, Garrulus infaustus	Trogon suru- cura Vieill.	Clivicola riparia L.	Cypseloides sax Bm.	Atticora fasciata Gm.	Emberiza sp.	Dona- cospiza yuraca- rium d'Orb.		Hirundo rustica, Chelidon urbica
Verbreitung	Rußland	Südamerika	Europa	Süd- amerika	Süd- amerika	Süd- amerika	Süd- amerika	Süd- amerika	Rußland

11. *Anomotaenia microphallos* Krabbe 1869.
(Fig. 12—14 u. 80.)

Krabbe (1869), Clerc (1903 = *Choanotaenia*).

Dieser Parasit ist von mir 2mal im Darm von *Vanellus cristatus* gefunden. Zu der kurzen Beschreibung, die Krabbe und Clerc geben, füge ich folgendes hinzu:

Die Länge des Scolex erreichte 0,25 mm, bei einer Breite von 0,23 mm. Die Saugnäpfe haben einen Durchmesser von 0,1—0,13 mm. Die Breite des Rostellums beträgt 0,085 mm. Der Hals ist 0,13 bis 0,17 mm breit. Die reifen Glieder haben eine charakteristische, glockenförmige Gestalt und sind scharf von der übrigen Strobila getrennt. Die 35—40 Hoden liegen im hinteren Drittel der Proglottis, wobei sie die weiblichen Genitaldrüsen nach vorn drängen. Der schwach muskulöse langgestreckte Cirrusbeutel ist von wurstförmiger Gestalt, geht über den beiden Wassergefäßen durch und erreicht beinahe die Mittellinie. Er ist 0,17 mm lang und mit einem besonderen Sphincter versehen. Das Vas deferens nimmt mit seinen Schlingen den vorderen Teil des Proglottis ein, wobei sie teils im mittleren Felde, teils antiporal liegt. Der starklappige Keimstock nimmt mit seiner Breite den ganzen Raum zwischen den Excretionskanälen ein. Der gelappte Dotterstock liegt ganz median zwischen Keimstock und Hoden. Die Vagina mit ihrem breiten Kanal reicht bis zur Körpermittellinie, wo sie in das retortenförmige Receptaculum seminalis übergeht. Der Ausführgang der Vagina ist mit einem speziellen Sphincter versehen.

12. *Anomotaenia globulus* Wedl 1855.

Wedl (1855), Krabbe (1869), Clerc (1903).

Diese Art, welche in der helminthologischen Literatur nicht vollständig beschrieben ist, ist von mir nur einmal im Darm von *Totanus glareola* gefunden worden. Der Wirt ist für die Art neu. Meine Exemplare waren 35 mm lang und 2 mm breit. Der Durchmesser des Scolex betrug 0,34—0,38 mm und derjenige der Saugnäpfe 0,2 mm. Charakteristisch für diese Art ist die Anwesenheit von zahlreichen Kalkkörperchen im Scolex, Hals und den vorderen Proglottiden. Die ca. 60 Hoden liegen ausschließlich im hinteren Teil der Proglottis.

13. *Anomotaenia constricta* MOLIN 1858.

MOLIN (1858), KRABBE (1869, 1882), VOLZ (1900), COHN (1901 = *A. puncta* v. LINST.), CLERC (1903).

Dieser Parasit ist bei *Corvus corone* und *Corvus frugilegus* gefunden. Das bei dem letzteren Wirt gefundene Exemplar besaß eine viel stärker ausgeprägte Muskulatur. Diese letztere Eigentümlichkeit ist meiner Ansicht nach nicht genügend, um eine neue Art zu begründen. Darum halte ich den Parasiten für *Anomotaenia constricta* MOLIN.

14. *Anomotaenia otidis* n. sp.
(Fig. 15—16.)

Zufällig fand ich unter einer Menge von *Hymenolepis villosa* BLOCH bei *Otis tetrax* einen Scolex mit einem kleinen Stück der Strobila (8 mm) des Parasiten, welcher nach dem Bau seines Scolex zur Gattung *Anomotaenia* COHN gerechnet werden muß. Da bei Otidiformes bis jetzt kein Parasit dieser Gattung beschrieben ist, muß diese von mir gefundene Cestode als eine neue Art angesehen werden. Leider kann ich nur die Beschreibung und Abbildung des Scolex geben, da in dem vorhandenen kleinen Stück der Strobila keine Organe zu finden waren.

Der Scolex war 0,6 mm lang und 0,34 mm breit. Durchmesser der Saugnäpfe sowie des Rostellums 0,17 mm. Halsbreite 0,12 mm.

Es ist interessant zu bemerken, daß in der Sammlung des Herrn Prof. FUHRMANN mehrere Proglottiden aus *Otis tarda* existieren, die anscheinend auch zur Gattung *Anomotaenia* COHN gehören. Leider fehlt bei diesem Präparat der Scolex, weshalb die Identität dieser Art mit der von mir aus *Otis tetrax* gefundenen nicht festgestellt werden kann. Die Lösung der Frage, ob diese Arten wirklich identisch sind, muß ich einem anderen Forscher überlassen, der im Besitze eines ganzen Parasiten sein wird.

Ich erachte es jedoch für notwendig, die Anatomie der oben genannten Proglottiden aus der FUHRMANN'schen Sammlung zu beschreiben und abzubilden.

Die Proglottiden haben eine charakteristische, trapezförmige Gestalt. 14—16 Hoden, welche einen Querdurchmesser von 0,025 mm zeigen, umfassen hinten und teilweise auch seitlich die weiblichen Genitaldrüsen.

Der Cirrusbeutel ist sehr klein, oval und erreicht kaum das Längsgefäß des Excretionsorgans. Bei Proglottiden, welche eine Breite von 0,68 mm und eine Länge von 0,34 mm besitzen, ist der Cirrusbeutel 0,1—0,12 mm lang und 0,05—0,06 mm breit.

Die weiblichen Genitaldrüsen liegen median. Das Ovarium ist zweiflüglig, gelappt und erreicht eine Breite von 0,17—0,18 mm. Zwischen demselben und den Hoden liegt der nierenförmige Dotterstock, der eine Breite von 0,068 mm zeigt. Der Uterus ist mit Eiern gefüllt, welche einen Durchmesser von 0,03—0,37 mm haben.

Die Vagina bildet ein kleines Receptaculum seminis, welches zwischen Ovarium und Dotterstock liegt. Sie mündet zusammen mit dem Cirrus in eine tiefe und enge Genitalcloake.

VII. Gen. *Choanotaenia* Railliet.

In meiner Sammlung fand sich ein interessanter neuer Vertreter dieser Gattung aus dem Darm des Raubvogels *Circus cinereus* L. Parasiten der Gattung *Choanotaenia* Raill. sind bis jetzt noch niemals bei Raubvögeln (Accipitres) gefunden worden.

15. *Choanotaenia fuhrmanni* n. sp.
(Fig. 17—20 und A u. B.)

Es ist diese Art von mir 2mal bei *Circus cinereus* im Sommer 1911 in der Umgebung von Aulie-Ata gefunden worden.

Diese neue Art habe ich zu Ehren des Herrn Prof. Dr. O. Fuhrmann, des unermüdlichen Erforschers und besten Kenners der Vogelcestoden, benannt.

Die Länge des größten Exemplars beträgt 25—30 mm bei einer Maximalbreite von 1,3—1,5 mm. Die 3—4 letzten Glieder waren immer 0,7—0,8 mm breit und scharf von der übrigen Strobila abgetrennt.

Der 0,17 mm lange und 0,23 mm breite Scolex ist mit großen, becherförmigen Saugnäpfen versehen, welche einen Durchmesser von 0,11—0,13 mm haben.

Das 0,07 mm breite Rostellum ist mit 16—18 0,024 mm langen Haken bewaffnet, welche nur eine einfache Reihe bilden. Die Länge des ausgestülpten Rostellums erreichte 0,068—0,1 mm, der Hals ist 0,17 mm breit.

Die Genitalöffnungen liegen unregelmäßig abwechselnd.

Die Genitalpapille springt ziemlich über den Rand der Proglottis

vor und liegt im vorderen Drittel derselben. Der männliche Genitalapparat ist sehr eigentümlich und charakteristisch gebaut.

Die 20—25 ovalen Hoden liegen in mehreren Reihen im hinteren
Teile der Proglottiden. Das Vas deferens nimmt mit seinen dichten
Schlingen einen großen Raum im Vorderteile des Gliedes ein und
reicht bis zur Mittelkörperlinie.

Der kleine, schwach muskulöse, birnförmige Cirrusbeutel ist
0,136—0,170 mm lang und 0,09—0,1 mm breit. Die ganze Länge
des Cirrus ist mit kleinen Härchen bedeckt; an der Basis desselben
sind die Härchen außerordentlich lang, sogar bis 0,15 mm!

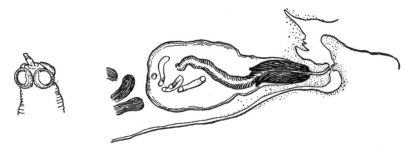

Fig. A.   Fig. B.

Wenn der Cirrus ausgestülpt ist, so umgeben ihn diese langen
Haare von allen Seiten und bilden einen Büschel, welcher aus der
Genitalcloake herausragt. Bei eingestülptem Cirrus ist an seiner
Basis die Stelle, an der die langen Haare fixiert sind, scharf abgegrenzt und deutlich bemerkbar. Wie Fig. B zeigt, ist die Lage
der Haare bei eingestülptem Cirrusbeutel folgende: die kleinen
Haare (Dornen) sind mit ihrem freien Ende nach der Genitalcloake
gerichtet, die langen an der Basis befindlichen Haare dagegen sind
in entgegengesetzter Richtung gewendet. Die Stelle, an der die
beiden Haarformen zusammentreffen, ist sehr deutlich ausgeprägt.
Es ist klar, daß bei ausgestülptem Cirrus, wie Fig. 20 zeigt, die Lage
der Haare gerade umgekehrt sein muß. Die Anwesenheit solch
langer Haare an der Cirrusbasis ist so charakteristisch, daß unsere
Art daran leicht zu erkennen ist, selbst wenn dem Untersucher kein
Scolex vorliegt.

Der große, gelappte Keimstock, 0,6 mm breit, nimmt beinahe
die ganze Breite der Proglottis zwischen den beiden Excretions-

gefäßen ein. Der schwach gelappte Dotterstock liegt vor den Hoden und ist 0,24 mm breit.

Die Vagina, welche hinter dem Cirrusbeutel verläuft, ist mit ziemlich großem, wurstförmigem Receptaculum seminis versehen.

Charakteristisch für unsere Art ist auch die Anwesenheit einer großen Menge von dichtgelagerten Kalkkörperchen im äußeren Parenchym; sie haben derart die inneren Organe verdeckt, daß man dieselben in Totalpräparaten nicht unterscheiden kann. Die einzelnen Kalkkörperchen besaßen einen Durchmesser von 0,018 mm.

VIII. Gen. *Cyclorchida* FUHRM. 1907.

Die einzige bis jetzt bekannte Art dieser interessanten Gattung ist auch in meiner Sammlung vorhanden.

16. *Cyclorchida omalancristrota* WEDL 1856.
(Fig. 21—23.)
WEDL (1856), KRABBE (1869), FUHRMANN (1907).

Dieser eigentümliche Parasit wurde von FUHRMANN zu einer besonderen Gattung gerechnet, auf Grund der zahlreichen Hoden, welche um die weiblichen Genitaldrüsen gelagert sind. Er ist von mir bei zwei auf dem Kul-Kainar-See erlegten (3./7. 1911 alt. St.) *Platalea leucorodia* L. gefunden.

Diese beiden erlegten Exemplare erwiesen sich als die Träger zahlreicher sehr interessanter Parasiten, unter denen sich die von mir beschriebenen neuen Trematodenarten: *Prosthogonimus putschkowskii* mihi, *Orchipedum turkestanicum* mihi, wie auch *Patagifer bilobus* RUD. und mehrere noch nicht untersuchte Nematoden befanden.

Da in der Literatur wenig Abbildungen des anatomischen Baues dieser Parasiten existieren, so möchte ich hier einige vorlegen. Auf Fig. 21 ist die allgemeine Lage der Genitaldrüsen abgebildet; ferner sehen wir, daß der Keim- und Dotterstock im mittleren Teile der Proglottis liegen, wobei sie vorne, hinten und seitlich von zahlreichen Hoden umgeben sind. Man sieht hier auch, wie weit der zweiflüglige Keimstock reicht, der mit seinen Rändern fast die Excretionskanäle erreicht. Der außerordentlich kleine Dotterstock liegt streng median.

Fig. 22 zeigt einen Flächenschnitt durch das reife Glied, welches ganz vom Uterus ausgefüllt ist. Derselbe ist sowohl vorne als auch auf seinem hinteren Rande mit einigen Septen versehen, welche den vorderen und hinteren Teil des Uterus in einzelne Kammern teilen.

Diese in das Lumen des Uterus vorspringenden Septen reichen nicht bis zur Mitte der Proglottis, wodurch der mittlere Teil des Uterus ununterbrochen von einem bis zum anderen Rande der Proglottis reicht. Die Uteri der Nachbarglieder sind voneinander durch eine schmale Parenchymschicht getrennt.

Fig. 23 endlich zeigt 1. eine genaue Abbildung des Muskulaturbaues; dieselbe besteht aus einer Transversal- und zwei Längsschichten. Die innere Schicht der Längsmuskulatur besteht aus großen Bündeln, welche aus 12—15 Fasern gebildet sind. Die Bündel der äußeren Schicht sind zahlreicher, ihr Durchmesser dagegen ist viel kleiner und besteht nur aus einzelnen Fasern. — 2. gibt die Abbildung einige Details der Ausführungsgänge der Genitalorgane, die bereits genau von Fuhrmann beschrieben sind. Hier sehen wir einen engen Kanal, der durch eine besondere Papille geht; dieser Kanal vereinigt den Cirrusbeutel mit der Genitalcloake. Wir sehen ferner, daß der Mündnng der Vagina in die Cloake ein papillenartiges, muskulöses Gebilde ("Sphincter" bei Fuhrmann) anliegt.

b) Subfam. *Dipylidiinae* Raill.

IX. Gen. *Monopylidium* Fuhrm. 1899.

In meiner Sammlung sind 3 Arten dieser Gattung vorhanden, wobei eine Art, *Monopylidium galbulae* Zed., bis jetzt als zu *Choanotaenia galbulae* Zed. gehörig beschrieben und sogar von Fuhrmann als typische Art für letztere Gattung betrachtet worden ist.

Meine Untersuchungen aber haben gezeigt, daß dieser Parasit als typischer Vertreter der Gattung *Monopylidium* Fuhrm. angesehen werden muß.

17. *Monopylidium infundibulum* Bloch 1779.

Bloch (1779), Krabbe (1869), Crety, 1890; Cohn (1901 = *Choanotaenia infundibulum*), Stiles (1896 = *Drepanidotaenia infundibuliformis*), Clerc, 1903; Ransom (1905 = *Choanotaenia infundibuliformis*), Fuhrmann (1908).

Diese typische Art ist von mir 2mal in Aulie-Ata beim Haushuhn, *Gallus gallus dom.*, gefunden worden.

18. *Monopylidium cinguliferum* Krabbe 1869.
(Fig. 24—25.)

Krabbe (1869), Clerc (1902, 1903), Fuhrmann (1908).

Diese für Charadriiformes typische Art ist von mir mehrere Male bei *Totanus glareola* und *Scolopax major* gefunden worden. Beide Wirte sind für diesen Parasiten neu.

Ich will hier nur bemerken, daß die Hakenlänge meiner Exemplare 0,0087 mm betrug, während sie nach Clerc 0,007 mm und nach Krabbe 0,004 mm beträgt. Es kann sein, daß die Exemplare von Clerc und auch diejenigen, welche ich besaß, einer besonderen Varietät angehören.

Als anatomische Eigentümlichkeit ist die scharf ausgeprägte porale Lage der weiblichen Genitaldrüsen wie auch das außerordentlich stark entwickelte Receptaculum seminis zu bemerken, welches bei 0,5 mm langen und 1 mm breiten Proglottiden eine Länge von 0,26—0,34 mm bei einer Breite von 0,136 mm erreichte.

Der Cirrusbeutel dieser Proglottiden war 0,17 mm lang und 0,08—0,09 mm breit.

Was die Form der Proglottiden anbetrifft, so sind sie bei den jungen Gliedern breiter als lang; die Länge und die Breite der mittleren Proglottiden ist gleich, während die ganz reifen Glieder sehr langgestreckt sind; ihre Länge erreicht 1,22 mm bei einer Breite von 0,42 mm.

Die eingekapselten Eier nehmen in den reifen Gliedern nur das mittlere Feld zwischen den beiden Excretionsgefäßen ein. Ich gebe hier eine Abbildung der halbreifen und der reifen Glieder, da solche in der Literatur noch nicht vorhanden sind.

19. *Monopylidium galbulae* Zed. 1903 (= *Choanotaenia galbulae* Zed. 1803).
(Fig. 26—28 und 81.)

Zeder (1803), Cohn (1901), Fuhrmann (1908).

Dieser Parasit ist von Cohn ziemlich genau untersucht worden unter dem Namen *Choanotaenia galbulae* Zed. (aus *Oriolus galbulae* und *Corvus cornix*) und von Fuhrmann (1908) als „typische Art" für die Gattung *Choanotaenia* Railliet genommen worden.

Ich habe diesen Parasiten 1mal bei *Corvus frugilegus* (neuer Wirt!) gefunden. Die Untersuchung der reifen Glieder bewies, daß

Tabellarische Artenübersicht der Gattung *Monopylidium* Fuhrm. aus *Charadriiformes.*

Die Maße sind in Millimetern angegeben.

Name	M. laevi-gatum	M. cinguliferum	M. macra-canthum	M. cayennense	M. secundum	M. rostellatum
Untersucher	Rudolphi	Krabbe	Fuhrmann	Fuhrmann	Fuhrmann	Fuhrmann
Jahr	1819	1869	1907	1907	1907	1908
Länge der Strobila		80—120	25—30	8—15	7	50
Breite der Strobila		1	2,5—3	0,5	0,79	2,3
Scolexbreite		0,12	0,72	0,35	0,3	0,7
Durchmesser des Saugnäpfes		0,05	0,19	0,17	0,15	0,19
Haken in Rostellum	Diese Art gehört zu Gen. *Choanotaenia*	40—60	22	22	30	?
; Anlänge Genitalöffnungen		0,04—0,07 unregelmäßig abwechselnd	0,11 und 0,18 unregelmäßig sind	0,054 unregelmäßig abwechselnd	0,019 unregelmäßig abwechselnd	? unilateral
Bursa cirri, Länge		0,2	0,16	0,12	0,14	0,38
Zahl der Hoden		45	sehr : auch	18—20	22	40
Wirt		*Totanus hypoleucus, Triga minuta,* L., *Scolopax major, Totanus ...*	*Helodromas ochropus* L., *Hoplopterus spinosus* (L.)	*Belonopterus cayennense* (Gm.)	*Belonopterus cayennense* (Gm.)	*Himantopus ...* (P. L. Müller)
Verbreitung		Europa, Russisch Turkestan	Ägypten	Südamerika	Südamerika	Südamerika

diese Art nichts mit der Gattung *Choanotaenia* RAILL. gemein hat, sondern als zu *Monopylidium* FUHRM. gehörig angesehen werden muß.

Das einzige Exemplar meiner Sammlung hatte eine Länge von 113 mm (nach COHN ist diese Cestode nur 60—70 mm lang).

In seiner Arbeit (1901) beschreibt COHN bei diesem Parasiten einen 10hakigen und einen vielhakigen Scolex, wobei er annimmt, daß einer von ihnen als Abnormität angesehen werden müsse. Er läßt übrigens die Frage offen, welcher von beiden der normale sei.

Der Scolex meines Exemplars war ein vielhakiger; die Anzahl der Haken konnte ich leider nicht feststellen, doch waren ihrer mehr als 20. Ihre Länge betrug 0,036 mm und entsprach also vollständig derjenigen, die COHN bei seinem vielhakigen Scolex gefunden hat (0,035 mm). Es ist also klar, daß der 10hakige Scolex der Art *Choanotaenia galbulae* nicht angehört und auch keine Abnormität darstellt, sondern zu einer ganz anderen Art, wahrscheinlich zu *Hymenolepis*, gerechnet werden muß.

Der Scolex meines Exemplars war 0,25 mm lang und 0,17 mm breit. Der Durchmesser der Saugnäpfe betrug 0,06 mm.

Die Anatomie der halbreifen Glieder entsprach ganz der von COHN angegebenen; die Untersuchung der reifen Proglottiden zeigte, daß der Uterus in Kapseln zerfällt, von denen jede nur 1 Ei enthält. Dieses letztere Merkmal weist den Parasiten nicht zu *Choanotaenia*, sondern zur Gattung *Monopylidium* FUHRMANN.

c) Subfam. *Paruterinae* FUHRM.

X. Gen. *Paruterina* FUHRM.

Ich besitze nur eine Art dieser Gattung, die aber neu ist.

20. *Paruterina cholodkowskii n. sp.*
(Fig. 29—34).

Diese Art ist in *Otomela romanowi* BOGD. in der Umgebung von Aulie-Ata im Sommer 1908 gefunden worden.

Es ist interessant zu bemerken, daß bei den Vögeln der Familie der *Laniidae* (Passeriformes), zu welcher der Wirt dieses Parasiten gehört, schon eine Art der Gattung *Paruterina* (*P. parallelepipeda* RUD.) beschrieben worden ist; sie unterscheidet sich aber wesentlich von der von mir beschriebenen Art. Aus *Otomela romanowi* BOGD. ist bis jetzt noch kein einziger Parasit beschrieben worden.

Tabellarische Artenübersicht der Gattung *Monopylidium* Fuhrm. aus Passeriformes.

Die Maße sind in Millimetern angegeben.

Name	M. galbulae	M. crateriforme	M. musculosum	M. unicoronatum	M. passerinum
Untersucher	Zeder	Goeze	Fuhrmann	Fuhrmann	Fuhrmann
Jahr	1803	1782	1896	1908	1907
Länge der Strobila	60—70	40	60	12—15	30
Breite der Strobila	1—1,5	1	1,3	0,8	0,75
Scolexbreite	0,17	0,34	0,27	0,29—0,33	0,16
Durchmesser des Saugnapfes	0,07	0,17	?	0,13	0,07
Haken in Rostellum	20—22	28 . 29	?	22	?
Hakenlänge	0,028—0,029	0,028—0,031	?	0,18	0,014—0,016
Genitalöffnungen	unregelmäßig abwechselnd	unregelmäßig abwechselnd	unregelmäßig abwechselnd	unregelmäßig abwechselnd	unregelmäßig abwechselnd
Bursa cirri, Länge	sehr klein	0,04—0,07	0,19—0,21—0,27	0,14	0,19
Zahl der Hoden	zahlreich	20—24	32—38	2—20	30
Wirt	Oriolus galbula, Corvus frugilegus	Dendrocopus major, Dryocopus martius Boie, Iynx ... L., Picus viridis L., Upupa epops L., Merops apaster L.	Sturnus vulgaris	Turdus merula	Passer domesticus, Fringilla ruficeps
Verbreitung	Europa, Russisch Turkestan	Europa	Europa	Europa	Europa, Afrika

Diese Art benenne ich zu Ehren des Herrn Prof. Dr. N. Cholodkowsky (in St. Petersburg), eines der wenigen russischen Helmintho-
logen.

Die Länge der Strobila erreicht 50 mm, die Breite der reifen
Proglottis 1,5 mm. Die jungen Glieder sind mehr breit als lang,
die mittleren sind ebenso lang wie breit und die reifen mehr lang
als breit.

Scolex 0,34 mm lang und 0,36 mm breit.

Das Rostellum, nicht groß und am Vorderende stumpf, ist mit
einer einfachen Reihe von 50—60 Haken versehen, deren Länge
0,016—0,018 mm beträgt. Die Saugnäpfe, von etwas ovaler Form,
haben einen Durchmesser von 0,17 mm. Der Hals ist 0,25 mm breit

Die Haken sind von charakteristisch dreieckiger Form, mit
zwei Verdickungen an der Basis; sie unterscheiden sich auffallend
in Zahl, Form und Größe von den Haken *Paruterina parallelepipeda*
Rud., in der Tat sind sie beinahe 7mal größer als bei meiner Art.

	Par. cholodkowskii *n. sp.*	*Par. parallelepipeda* Rud.
Zahl der Haken	50—60	19
Hakenlänge	0,016—0,018 mm	0,082 mm
Hakenform	dreieckig	langgestreckt

Bemerkenswert ist der Bau der Muskulatur. Sie besteht aus
2 Längs- und 2 Transversalmuskellagen. Die letzteren gehen an
den Seitenrändern der Proglottis ineinander über. Die Bündel der
inneren Längsschicht sind stärker als die der äußeren und bestehen
aus 5—10 Fasern.

Bei den von mir untersuchten Querschnitten von *Paruterina
parallelepipeda* Rud., welche aus der Fuhrmann'schen Sammlung
stammen und die zu den Originalpräparaten Rudolphi's gehören,
konnte ich die oben beschriebene akzessorische Transversalmuskel-
schicht nicht finden; möglich, daß die Schuld an der schlechten
Konservierung der Präparate lag, da dieselben schon beinahe
100 Jahre alt waren.

Die Genitalöffnungen sind unregelmäßig abwechselnd. Der
Genitalapparat ist sehr einfach gebaut. Die 16—18 Hoden liegen
seitlich und hinter den weiblichen Drüsen.

Der kleine Cirrusbeutel, 0,14 mm lang, reicht etwas über das

Excretionsgefäß hinaus. Der nierenförmige Dotterstock liegt median hinter dem zweiflügligen Keimstocke.

Der reife Uterus, von charakteristisch viellappiger Form, nimmt das mittlere Feld der Proglottis zwischen den Excretionskanälen ein (s. Fig. 34).

An seinem vorderen Ende entwickelt sich später das Paruterinorgan; es erweitert sich allmählich nach hinten und richtet in den Uterus mehrere parenchymatöse Auswüchse; diese verdrängen den Uterus und ergreifen die in ihm befindlichen Eier. Bei den reifsten Proglottiden nimmt das Paruterinorgan das ganze Mittelfeld ein.

Es ist interessant zu bemerken, daß der Uterus bei Proglottiden, bei welchen das Paruterinorgan schon bedeutend entwickelt ist, an den Frontalschnitten die Tendenz zeigt, 2 Säcke zu bilden; dadurch nähert sich unsere Art *Biuterina* und scheint eine Übergangsform zwischen beiden Gattungen zu bilden. Auf diese Verwandtschaft weist auch noch die dreieckige Hakenform hin. Nach dem Bau des reifen Uterus aber (wenn das Paruterinorgan noch nicht gebildet ist), der ohne Tendenz zur Verzweigung ist, müßte man diesen Parasiten zu *Paruterina* rechnen.

Jedenfalls steht er an der Grenze der beiden Gattungen.

XI. Gen. *Biuterina* FUHRM.

Ich besitze nur eine neue Art dieser Gattung.

21. *Biuterina dunganica n. sp.*
(Fig. 35—39.)

Diese Art wurde einmal in 2 Exemplaren im Darm eines im Sommer 1908 erlegten *Oriolus galbula* gefunden.

Das größte Exemplar war 50 mm lang, bei einer Maximalbreite von 2 mm. Der Scolex ist 0,323 mm lang und hat einen Durchmesser von 0,357 mm, die Saugnäpfe einen solchen von 0,18 mm. Das Rostellum ist sehr eigentümlich, denn es hat das Aussehen eines 5. Saugnapfes und ist 0,153 mm breit und 0,102 mm lang. Es ist mit ca. 30 Haken bewaffnet, die 0,022 mm lang sind. Die Haken sind von charakteristisch dreieckiger Form mit 2 Verdickungen an der Basis.

Der Hals ist 0,3 mm lang und 0,255 mm breit.

Die Genitalcloake mündet .unregelmäßig links und rechts am Proglottidenrande aus.

29*

Tabellarische Artenübersicht der Gattung _Paruterina_ Fuhrmann 1906. Die Maße sind in Millimetern angegeben.

Name	P. candela-braria	P. angustata	P. parallele-pipeda	P. fuhrmanni	P. otidis	P. bucerotina	P. cholod-kowskii
Untersucher	Goeze	Fuhrmann	Rudolphi	Baczynska	Baczynska	Fuhrmann	Skrjabin
Jahr	1782	1906	1809	1913	1913	1909	1913
Länge der Strobila	35	50	15	20—30	20	?	50
Breite der Strobila	0,73	0,75	1	0,97	0,4	0,4	1,5
Scolexbreite	?	0,16—0,18	?	0,22	0,236	0,28	0,36
Durchm. des Saug-näpfe	?	0,07	?	0,09	0,11	0,1	0,17
Haken in Rostellum	40—46	52	19	?	42	60	50—60
Hakenlänge	0,04 und 0,035—0,037	0,07 und 0,06	0,082	?	0,057 und 0,041	0,06 und 0,023—0,025	0,016—,018
Zahl der Haken	24	20	1	9—11	15	10—12	16—18
Krone der Haken	doppelte	doppelte	einf.	doppelte	doppelte	doppelte	einf.
Bursa cirri. Länge	0,11—0,16	0,13—0,18	0,136—0,15	0,16	0,2	0,2	0,14
Genitalöffnungen	unregelmäßig abwechselnd	unilateral	unregelmäßig abwechselnd	unilateral	unregelmäßig abwechselnd	unregelmäßig abwechselnd	mäßig
Wirt	_Syrnium uralense_, _Syrnium aldrovandi_ Willing., _Nyctale tengmalmi_ Gm., _Strix brachyotus_, _Syrnium aluco_ L., _Otus vulgaris_ Flemm., _Brachyotus palustris_ Forst., _Bubo maximus_ Sibb.	_Scops brachyotus ia-nus_ (Gm)	_Lanius minor_ r., _Lanius collurio_, _Lanius excubitor_, ? _Vireo rufa_	_Bucco sp._	_Otus brachyo-tus_	_Lophoceros nasutus_ L.	_Otocompsa rom-nov._ (Fam. Laniidae).
Verbreitung	Europa	Südamerika	Europa	Afrika (Cairo)	Afrika		Russisch Tur-kestan

Die Hoden, ca. 10—12 an der Zahl, liegen im hinteren Teile der Proglottis. Ihr Durchmesser beträgt 0,052—0,056 mm.

Die schwach muskulöse Bursa cirri ist 0,187 mm lang und besitzt einen deutlichen Retractor, welcher aus einem ziemlich starken Büschel von Muskelfasern besteht.

Die weiblichen Genitaldrüsen liegen median.

Der zweiflüglige Keimstock in einem 0,136 mm langen und 0,68 mm breiten Gliede ist 0,145 mm breit.

Der Dotterstock liegt hinter dem Keimstock.

Die Vagina zeigt ein kleines, ovales Receptaculum seminis.

Der zweiteilige Uterus liegt anfangs in 2 Bogen vor den Hoden, wodurch sie wie in 2 Gruppen angeordnet scheinen. Von dem Paruterinorgan verdrängt, nähert er sich später dem hinteren Rande der Proglottis.

Das Paruterinorgan entwickelt sich verhältnismäßig früh, rückt dem Uterus immer näher und umhüllt ihn gänzlich, so daß zuletzt seine beiden Teile sich im Paruterinorgan befinden. Dieses letztere dringt auch median durch, so daß es beide Teile des Uterus voneinander trennt.

Ein ähnlicher Typus des Paruterinorgans ist bis jetzt nur bei der Art *Biuterina passerina* Fuhrm. beschrieben worden. Von der letzteren Art unterscheidet sich jedoch unsere durch eine ganze Reihe anderer Merkmale, die auf der beifolgenden Tabelle verzeichnet sind.

Durchmesser der Eier 0,0145 mm.

Der Name „*dunganica*" ist gebildet von „Dunganen", chinesische Muhammedaner, ansässig in der Umgebung der Stadt Aulie-Ata des Syr-Darja-Gebietes.

XII. Gen. *Rhabdometra* Cholodkowsky 1906.

22. *Rhabdometra nigropunctata* Crety 1890.

Crety (1890), Stiles (1896), Fuhrmann (1908).

Ist von mir mehrere Male im Darm *Coturnix communis* L. in der Umgebung von Aulie-Ata gefunden.

C. Fam. *Hymenolepinidae* Fuhrm.

Diese Familie ist in meiner Sammlung in 6 Gattungen und 23 ihnen angehörigen Arten vorhanden, wobei eine Gattung, *Hymenofimbria*, und 5 Arten neu sind.

Tabellarische Artenübersicht der Gattung *Biuterina* Fuhrm. aus Passeriformes.
Die Maße sind in Millimetern angegeben.

Name	1 B. longiceps	2 B. campanulata	3 B. triangularia	4 B. clavulus	5 B. trapezoides	6 B. distincta	7 B. trigonacantha
Untersucher Jahr	Rudolphi 1819	Bohm 1819	Krabbe 1869	v. Linstow 1888	Fuhrmann 1908	Fuhrmann 1908	Fuhrmann 1908
Strobilalänge	60	30—40	30	6970	3	170	25
Strobilabreite	0,5	0,5	1	1,5	0,7	1,2	1
Scolexbreite	0,4	0,3—0,48	?	0,6	0,25—0,32	0,28	0,6
Durchmesser d. Saugnapfes	0,14	?	?	0,25	0,14	0,12	0,17
Zahl der Haken	44	26	32	56—60	30	20	60
Hakenkrone	doppelte	doppelte	doppelte	doppelte	doppelte	doppelte	doppelte
Hakenlänge	0,037 u. 0,046	0,043—0,046 und 0,032—0,036	0,055 und 0,038—0,041	0,04 u. 0,012	0,041 u. 0,034	0,025	0,0198—0,0216
Genitalöffnungen	unregelmäßig abwechselnd	—	unregelmäßig abwechselnd	unregelmäßig abwechselnd	unregelmäßig abwechselnd	unregelmäßig abwechselnd	unregelmäßig und klein
Bursa cirri, Länge	0,068	8—10	0,1	?	?	0,14	
Zahl der Hoden	12	?	?	32	?	12	10
Typus des Paruterinorgans[1]	Typus „b"	Typus „e"	?	Typus „e"	Typus „b"	Typus „e"	Typus „b"
Wirt	Ostis decumanus (Ill.) Cassicus affinis Sw.	Muscicapa aux? M. columbina? Taenioptera velata (Licht.) und Thamnophilus sulfuratus Temm.	Turdus pilaris Turdus sp.	Ptilorchis alberti (Elliot) Paradisea raggiana (Sclater) Manucodia chalybeata (Penn.)	Molothrus pecoris Sw. Emberiza sp. Caprimulgus sp.	Gracula sp.	Synallaxis phryganophila (Vieill.)
Verbreitung	Südamerika	Südamerika	Europa	Neuguinea	Südamerika	Südamerika	Südamerika

Name	B. passerina	B. globosa	B. motacilla	B. planirostris	B. dunganica	B. paradisea	B. mertoni
	8	9	10	11	12	13	14
Untersucher	FUHRMANN	FUHRMANN	FUHRMANN	KRABBE	K. SKRJABIN	FUHRMANN	FUHRMANN
Jahr	1908	1908	1908	1882	1913	1902	1911
Strobilalänge	80	40	?	7	50		30
Strobilabreite	0,6	0,57	?	1	2		0,5
Scolexbreite	0,3	0,4	0,56	?	0,357		?
Durchmesser des Saugnapfes	0,1	0,16	0,128	?	0,18		?
Zahl der Haken	?	24	32	40	30		?
Hakenkrone	doppelte	doppelte	doppelte	doppelte	doppelte	Diese Art, nach FUHRMANN, ist synonym mit der *Biuterina clavulus* v. LINST.	?
Hakenlänge	0,025—0,028	0,014—0,016	0,014	0,049 u. 0,027	0,022		?
Genitalöffnungen	unregelmäßig abwechselnd	unregelmäßig abwechselnd	unregelmäßig abwechselnd	unregelmäßig abwechselnd	unregelmäßig abwechselnd		unregelmäßig abwechselnd
Bursa cirri, Länge	0,08	?	?	?	0,187		verhältnismäßig lang
Zahl der Hoden	10	?	?	?	10—12		15
Typus des Paruterinorgans[1]	Typus „f"	?	?	?	Typus „f"		Typus „f"
Wirt	*Alauda arvensis* L. *Galerita cristata* L.	*Tityra semifasciata* SPIX.	*Dacnis cayana* L.	*Alauda sp.*	*Oriolus galbula*		*Paradisea apoda* L.
Verbreitung	Europa	Südamerika	Südamerika	Russisch Turkestan	Russisch Turkestan		Aru-Inseln

1) s. Arbeit von FUHRMANN, 1908 (28).

Tabellarische Artenübersicht der Gattung *Rhabdometra* Cholodkowsky.
Die Maße sind in Millimetern angegeben.

Name	*Rh. tomica*	*Rh. nigropunctata*	*Rh. numida*	*Rh. nullicollis*	*Rh. similis*
Untersucher	Cholodkowsky	Crety	Fuhrmann	Ranson	Ranson
Jahr	1906	1890	1909	1909	1909
Strobila, Länge	60—70	140	40—50	50—100	75
Strobila, Breite	1,5	1,5	1,5	2—2,5	1,5
Scolexbreite	0,45	0,382	0,57	0,56—0,65	?
Durchmesser des Saugnapfes	0,2	0,166 : 0,137	0,2 : 0,16	0,04	
Haken und Rostellum			fehlt		
Geschl. öffnungen	unregelmäßig abwechselnd	unregelmäßig abwechselnd	unregelmäßig abwechselnd	unregelmäßig abwechselnd	unregelmäßig abwechselnd
Bursa cirri, Länge	?	0,313	0,79	0,35—0,38	0,08—0,09
Bursa cirri, Breite	?	0,137	0,03	0,08—0,1	0,04
Zahl der Hoden	20—30	12	60—70	60	16—20
Durchmesser der Hoden	0,07	0,058	0,036—0,05	0,08—0,1	0,05
Onkosphären	?	0,046 : 0,04	0,029	0,018	0,025 - 0,03
Wirt	Tetrao tetrix	Coturnix communis	Numida ptilorhyncha Licht.	Centrocercus urophasianus Pediocetes phasianellus columbianus	Coccyzus americanus
Verbreitung	Sibirien	Europa Russisch Turkestan	Afrika	Nordamerika	Nordamerika

XIII. Gen. *Aploparaksis* CLERC 1903.

In meiner Sammlung fanden sich 2 Vertreter dieser Gattung, wobei einer sich als neue Art erwies.

23. *Aploparaksis furcigera* RUD. 1819.

RUDOLPHI (1819), KRABBE (1869 = *T. rhomboidea*), STILES (1896 = *Dicranotaenia furcigera* RUD.), VON LINSTOW (1905 = *T. rhomboidea*), FUHRMANN (1908).

Von mir einmal im Darm einer *Fuligula rufina* L. gefunden. Der Wirt ist für die Art neu.

24. *Aploparaksis elisae n. sp.*
(Fig. 40—43.)

Im Darm einer *Fuligula nyroca*, welche·am 3./3. 1910 auf dem Flusse Talass in der Nähe von Aulie-Ata erlegt wurde, fand ich ein Exemplar des Cestoden, der sich als eine neue Art der Gattung *Aploparaksis* CLERC erwies.

Seine Strobila zeigte eine Länge von 120 mm bei einer Maximalbreite der reifen Glieder von 1,4 mm. Bei diesem Exemplar war das Rostellum zur Hälfte eingezogen, und die Basis des letzteren maß 0,03 mm. Die 10 Haken sind 0,0259 mm lang. Ihre Form ist charakteristisch, da keine bis jetzt bekannte Art der Gattung *Aploparaksis* einen ähnlichen Hakentypus aufweist. Bei den letzteren ist die Basis des Hakens von dem freien, zugespitzten Ende durch eine ziemlich tiefe Einbuchtung getrennt, wobei das freie Ende dieselbe Länge wie die Basis zeigt; die Haken unserer neuen Art dagegen haben eine sehr geringe Einbuchtung, und ihr freies zugespitztes Ende überragt die Basis bedeutend.

Das erinnert etwas an die Hakenform der Gattung *Diorchis* CLERC (besonders *Diorchis acuminata* CLERC). Auch die Hakenlänge charakterisiert unsere Art: bei den Vertretern der Gattung *Aploparaksis*,· welche bei Anseriformes vorkommen, hat keine Art eine ähnliche Hakengröße (bei *Aploparaksis furcigera* R. sind sie 0,047—0,058 mm lang und bei *Apl. birulai* v. LINST. 0,032 mm).

Nur bei *Apl. brachyphallos* KRAB. (aus Charadriiformes) sind die Haken 0,017—0,026 mm lang, ihre Form jedoch unterscheidet sich wesentlich von den Haken der oben beschriebenen Art.

Die Genitalöffnungen liegen unilateral. Jede Proglottis enthält einen Hoden von runder Form, der einen Durchmesser von 0,11 bis 0,13 mm beträgt. Da jeder Hoden verhältnismäßig groß ist im Vergleich zur Länge der Proglottis, so sind die Hoden der Nachbarglieder seitwärts verschoben, wie es Fig. 42 zeigt; an der Gliederkette sieht man, daß die Hoden in 2 Reihen liegen, und zwar abwechselnd sich der Mittelkörperlinie nähern oder sich von ihr entfernen. Mit ihrem lateralen Rande berühren die Hoden die Wand des antiporalen Excretionsgefäßes.

Der ziemlich große Cirrusbeutel erreicht eine Länge von 0,25 bis 0,26 mm bei einer Breite von 0,023—0,025 mm. Bei den jungen Gliedern mit entwickelten männlichen Drüsen reicht er bis zur Mittellinie, bei den Proglottiden mit weiblichen Drüsen erreicht seine Länge das erste Viertel der Proglottisbreite. Die Vesicula seminalis externa ist von ovaler Form und recht groß. Die weiblichen Genitaldrüsen liegen median im hinteren Teil der Proglottis; der schwach gelappte Keimstock hat eine Breite von 0,29—0,32 mm (bei einer Proglottisbreite von 1,02 mm). Der hinter ihm befind-

Tabellarische Artenübersicht der Gattung *Aploparaksis* Clerc aus Anseriformes.

Die Maße sind in Millimetern angegeben.

Name	A. furcigera	A. birulai	A. elisae
Untersucher	Rudolphi	v. Linstow	K. Skrjabin
Jahr	1819	1905	1913
Strobilalänge	10—35	24,8	120
Strobilabreite	0,5—1	0,57	1,4
Scolexbreite	0,46—0,52	0,22	0,34
Durchmesser d. Saugnapfes	0,18	?	0,12
Zahl der Haken	10	10	10
Hakenlänge	0,047—0,058	0,032	0,0259
Genitalöffnungen	unilateral	unilateral	unilateral
Bursa cirri, Länge	$^2/_3$ des Querdurchmessers	$^1/_3$ des Querdurchmessers	$^1/_4$ des Querdurchmessers (= 0,25—0,26 mm)
Cirrus	unbestachelt	bedornt	unbestachelt
Onkosphären	0,036	0,040 : 0,034	0,026—0,03
Wirt	*Anas boschas* *Anas crecca* *Nyroca ferina* *Fuligula rufina*	*Erionetta spectabilis* L.	*Fuligula nyroca*
Verbreitung	Europa Russisch Turkestan	Nord-Rußland (Tajmyr-Halbinsel)	Russisch Turkestan

liche Dotterstock von rund-ovaler Form hat einen Durchmesser von 0,05—0,06 mm.

Der Uterus, der sich recht früh entwickelt, nimmt anfangs das mittlere Drittel der Proglottis ein; bei den reifen Gliedern erfüllt er sie ganz bis zum äußersten Rande. Die Oncosphären haben einen Durchmesser von 0,026—0,03 mm.

Diese Art benenne ich nach meiner Frau, die meinen Arbeiten lebhaften Anteil entgegenbringt und mir beim Sammeln meines Materials von großer Hilfe gewesen ist.

XIV. Gen. *Diorchis* Clerc 1903.

Unter den Vertretern dieser Gattung habe ich 2 Arten gefunden; die eine beschreibe ich als neue Varietät, für die andere fand ich nur einen neuen Wirt.

25. *Diorchis acuminata* Clerc 1903.

Clerc (1903), Fuhrmann (1908), Ransom (1909).

Diorchis acuminata ist von mir einmal am 20. April (a. St.) 1911 im Darm am Kul-Kainar-See erlegten *Fulica atra* L. gefunden.

Erst unlängst beschrieb Ransom diesen Parasiten als aus dem Darm von *Fulica americana* stammend, so daß das Parasitieren dieser Art bei den Vertretern der Ralliformes zweifellos ist (siehe Fuhrmann, 1908, p. 7 u. 81).

26. *Diorchis americana* Rans. 1909, *var. turkestanica nov. var.*
(Fig. 44.)

Ransom, 1909.

Diese interessante Art ist von mir einmal am 20. April (a. St.) 1911 im Darm von *Gallinula chloropus* am Kul-Kainar-See gefunden.

Diesen Parasiten sehe ich als eine neue Varietät der *Diorchis americana* Ransom 1909 an. Seine Strobila wie auch die Größe des Scolex und die Länge der Haken entsprechen vollständig der von Ransom gegebenen Beschreibung. Als Hauptmerkmal dieser neuen Varietät muß die Anwesenheit einer besonderen Anschwellung der Vagina in der Nähe der Mündung gelten, welche bei *Diorchis americana* Ransom vollständig fehlt.

Diesen Vaginalbulbus, 0,09 mm lang, der als scharf abgegrenztes Organ erscheint (s. Fig. 44), habe ich bei allen von mir untersuchten Exemplaren feststellen können.

Der Cirrusbeutel ist etwas größer, als ihn Ransom angibt: er mißt 0,37 mm in der Länge und 0,05 mm in der Breite (nach Ransom ist er 0,25—0,3 mm lang und 0,03—0,04 mm breit), in Proglottiden, welche 0,476 mm breit sind.

Die 2 Hoden haben einen Durchmesser von 0,06 mm und die Breite des Receptaculum seminis beträgt 0,15 mm.

Der Vaginalbulbus ist mit dem großen Receptaculum seminis durch einen schmalen Kanal vereinigt.

Tabellarische Artenübersicht der Gattung *Diorchis* Clerc.

Die Maße sind in Millimetern angegeben.

Name	D. inflata	D. acuminata	D. parviceps	D. americana
Untersucher	Rudolphi	Clerc	v. Linstow	Ransom
Jahr	1809	1903	1872	1909
Länge der Strobila	80—100	35	110	20—25
Breite der Strobila	2—3	0,65	2,16	0,6
Scolexbreite .	0,7	0,225—0,235	0,24	0,250
Durchmesser d. Saugnapfes	0,17	0,08	?	0,1—0,12
Zahl der Haken	10	10	10	10
Hakenlänge	0,023	0.038	0,012	0,065—0,066
Genitalöffnungen	unilateral	unilateral	unilateral	unilateral
Bursa cirri, Länge	reicht über die Mitte der Proglottis	0,18—0,28	$\frac{1}{4}$ des Querdurchmessers	0,25—0,30
Sacculus accessorius	fehlt	fehlt	fehlt	fehlt
Diameter der Hoden	?	0,1—0,13	0,13 : 0,079	0,1—0,13
Vesicula semin. ext.	fehlt	0,08—0,13	?	0,15
Cirrus	unbewaffnet	unbewaffnet	bedornt	unbewaffnet
Keimstock	3lappig	4lappig	rosettenartig	4lappig
Dotterstock	kuglig	0,045—0,06	?	wie bei D. acuminata
Onkosphären	0,017	länglich	?	0,012—0,015
Wirt	Fulica atra	Anas crecca Anas strepera Fulica atra Fulica americana	Mergus serratus	Fulica americana Gallinula chloropus
Verbreitung	Europa	Europa Nordamerika Russisch Turkestan	Europa	Amerika Russisch Turkestan

XVI. Gen. *Hymenolepis* WEINL.

Diese weit verbreitete Gattung ist in meiner Sammlung mit 16 Arten vertreten, von denen 3 Arten neu sind. 3 Arten konnten leider, infolge des mangelnden Scolex, nicht bestimmt werden.

27. *Hymenolepis carioca* MAGALH. 1898.

MAGALHÃES (1898 = *Davainea carioca*), RANSOM (1902 und 1905).

Dieser von RANSOM genau beschriebene Parasit ist von mir 2mal im Dünndarm beim Haushuhn, *Gallus gallus domest.*, gefunden worden.

28. *Hymenolepis rugosa* CLERC 1906.
(Fig. 45—46.)

CLERC, 1906.

Dieser Parasit ist bis jetzt nur 1mal bei der Wildtaube (*Columba livia* L.) durch CLERC beschrieben worden. Ich fand ihn bei einem neuen Wirt, *Peristera cambayensis*, der auch zu den Columbiformes gehört.

Ich gebe hier eine Abbildung zweier Glieder nach einem Totalpräparat, bei denen der Prozeß der Selbstbefruchtung deutlich sichtbar ist. Außerdem gebe ich die Abbildung eines chitinösen Stilets, welches sich bei dieser Art an der Spitze des bewaffneten Cirrus befindet.

Der Cirrusbeutel meiner Exemplare war 0,4 mm lang in Proglottiden, welche 0,5 mm breit waren.

29. *Hymenolepis villosa* BLOCH 1782.
(Fig. 47—51.)

BLOCH (1782), KRABBE (1869), WOLFFHÜGEL (1900), CLERC (1906), FUHRMANN (1908), SOLOWIOW (1911).

Dieser Parasit ist einer der häufigsten Vertreter der turkestanischen Helminthenfauna, da ich ihn in 100 % in den von mir untersuchten Exemplaren der *Otis tarda* und *Otis tetrax* gefunden habe.

FEDTSCHENKO fand in Turkestan einen ihm nahe verwandten Parasiten bei *Megaloperdix nigelli* (aus Galliformes), den KRABBE zu *Hymenolepis villosa* BLOCH gerechnet hat; eine Reihe biologischer Folgerungen jedoch, wie auch der Umstand, daß die Art von *Me*-

Tabellarische Artenübersicht der Gattung *Hymenolepis* Weinl. aus Galliformes.

Die Maße sind in Millimetern angegeben.

Name	1 H. linea	2 H. exilis	3 H. carioca	4 H. microps	5 H. meleagris	6 H. [?]
Untersucher	Goeze	Dujardin	Magalhaes	Diesing	Clerc	Clerc
Jahr	1782	1845	1898	1850	1902	1902
Skobila, Länge	10		80	13—20		50
Strobila, Breite	0,5		0,5—0,7	0,23—0,25		4
Scolexbreite	?		0,15—0,215	?		?
Durchmesser des Saugnapfes	?	Ist ganz unvollständig beschrieben	0, —0,09	?	Ganz unvollständig beschrieben	?
Zahl der Haken	8		fehlen	?		10
Länge der Haken	0,02		—	?		0,0304
Genitalöffnungen	unilateral		unilateral	unilateral		unilateral
Bursa cirri, Länge	0,07		0,12—0,175	0,115—0,18		klein
Lage der Genitaldrüsen	?		Typus „b"	?		?
Wirt	0057 Perdix cinerea, Perdix coturnix, Perdix saxatilis, Europa	Gallus gallus dom.	Gallus gallus dom.	Tetrao urogallus	Meleagris gallopavo	Meleagris gallopavo
Verbreitung	Europa		Europa, Amerika, Russisch Turkestan	Europa	Europa	Europa

Name	7 H. phasianina	8 H. pullae	9 H. fedtschenkowi	10 H. tetraonis	11 H. exigua	12 H. inermis
Untersucher	FUHRMANN	CHOLODKOWSKY	SOLOWIOW	WOLFFHÜGEL	JOSHIDA	SHDA
Jahr	1907	1912	1911	1 00	1910	1910
Strobila, Länge	120	100	200		2—7	5—10
Skala, Breite	2,5	0,4	1,5		0,3—0,4	0,35
Scolexbreite	0,38	0,2	?	Nach FUHRMANN mit *H. microps* DIES. identisch	0,17—0,21	0,15
Durchmesser des Saugnäpfes	?	0,08	?		0,07—0,12	0,07:0,04
Zahl der Haken	10	?	10		10	Haken nicht vorhanden
Länge der Haken	0,0234		0,011		0,03—0,05	
Genitalöffnungen	unilateral	unilateral	unilateral		unilateral	unilateral
Bursa cirri, Länge	0,24—0,28	?	?		0,3	0,06—0,07
Lage der Genitaldrüsen	Typus „b"	Typus „b"	?		Typus „e"	Typus „c"
Onkosphären	0,45	0,26	?		?	0,05
Wirt	*Tetraus colchicus*	*Gallus gallus domest.*	*Megaloperdix nigellii* *Gallus gallus dom.*		*Gallus gallus dom.*	*Gallus gallus dom.*
Verbreitung	Europa	Rußland	Russisch Turkestan		Japan	Japan

Tabellarische Artenübersicht der Gattung *Hymenolepis.*
Weinl. aus Columbiformes.

Die Maße sind in Millimetern angegeben.

Name	H. spheno-cephala	H. serrata	H. armata	H. rugosa	H. columbina
Untersucher	Rudolphi	Fuhrmann	Fuhrmann	Clerc	Fuhrmann
Jahr	1809	1906	1906	1906	1909
Strobila, Länge	80	?	50—70	40—50	30—40
Strobila, Breite	2	?	1	0,5	1—1,5
Scolexbreite	?	0,15	?	0,21	0,216
Durchmesser des Saug-napfes	?	0,09 : 0,06	?	?	0,1
Zahl der Haken	?	?	?	8	10
Hakenlänge	?	?	?	0,102	0,016
Genitalöffnungen	unilateral	unilateral	unilateral	unilateral	unilateral
Lage der Genitaldrüsen	Typus „c"	Typus „e"	Typus „b"	Typus „e"	Typus „c"
Bursa cirri, Länge	0,56	0,4	0,28	0,4	0,14
Onkosphären	0,024	?	?	?	0,02
Sacculus accessorius	vorhanden	fehlt	fehlt	fehlt	fehlt
Wirt	*Columba livia*	*Turtur turtur* L.	*Columba gymn-ophthalma*	*Columba livia Peristera cambayensis*	*Oena capensis*
Verbreitung	Europa	Europa	Brasilien	Ural Russisch Turkestan	Afrika

galoperdix nigelli eine Hakenlänge von 0,011 mm hat, während *Hymeno-lepis villosa* aus Otidiformes eine solche von 0,02—0,03 mm hat, bewogen Solowiow (69b), den Parasiten der Galliformes als eine neue Art anzusehen, die er *Hymenolepis fedtschenkowi* Solowiow nannte.

Ich habe *Hymenolepis villosa* Bloch immer in einer sehr großen Anzahl von Exemplaren gefunden — gewöhnlich ca. 75—80 g — bei einer *Otis tetrax*; die Parasiten waren so verwirrt, daß es unmöglich war, sie voneinander zu trennen. Die Länge eines jeden Exemplars betrug nicht weniger als 1200—1300 mm.

Da in der helminthologischen Literatur nur eine Abbildung des Scolex dieses Parasiten (in der Arbeit von Wolffhügel) existiert, erlaube ich mir eine neue nach meinen Präparaten zu geben.

Die Länge des Scolex meiner Exemplare, wie auch bei Wolff-hügel, beträgt 0,2 mm, die Scolexbreite der ersteren 0,22 mm ist

Tabellarische Artenübersicht der Gattung
Hymenolepis WEINL. aus Otidiformes.

Die Maße sind in Millimetern angegeben.

Name	*H. villosa*	*H. tetracis*	*H. ambiguus*	*H. dentatus*
Untersucher	BLOCH	CHOLODKOWSKY	CLERC	CLERC
Jahr	1782	1906	1906	1906
Strobila, Länge	152—1200	60—100	115	
Strobila, Breite	1,2—1.5	0,8	0,7	
Scolexbreite	0,144—0,22	0,25	0,22	
Durchmesser des Saugnapfes	0,04—0,088	0,12	0,14 : 0,10	
Zahl der Haken	14	17	10	
Hakenlänge	0,02—0,03	0,1	0,03	
Genitalöffnungen	unilateral	unilateral	unilateral	
Lage der Genitaldrüsen	Typus „?"	Typus „e"	?	
Diameter der Eier	0,034	0.023	?	
Bursa cirri, Länge	0,2	0,24	0,18	
Wirt	*Otis tetrax* *Otis tarda*	*Otis tetrax*	*Otis tetrax*	
Verbreitung	Europa Afrika Russisch Turkestan	Sibirien Ural	Ural	

(Spalte H. dentatus:) Ist identisch mit *Hymenolepis tetracis* CHOLODKOWSKY

jedoch bedeutender als die der letzteren — 0,144 mm. Der Längsdurchmesser der Saugnäpfe meiner Exemplare (0,074—0,088 mm) ist doppelt so groß wie der von WOLFFHÜGEL angegebene (0,05—0,04 mm).

Die Haken meiner Exemplare haben eine Länge von 0,022 bis 0,025 mm (nach KRABBE und WOLFFHÜGEL 0,03 mm).

Fig. 47 gibt die Abbildung des einzigen von mir beobachteten Scolex, bei dem das Rostellum ausgestülpt und nach einer Seite gebogen war.

Sehr interessant ist der Größenunterschied der Anhänge am antiporalen Rand der Proglottis, worauf auch CLERC in seiner Arbeit hinweist. Dieser Unterschied, der einerseits von dem Reifezustand der Proglottis, andrerseits von der Kontrahierung der Muskulatur abhängt, kann in keinem Falle als Artmerkmal gelten; als Beweis dafür kann auch noch der Umstand gelten, daß bei den Exemplaren, die von einem Vogel stammen, Proglottiden mit sehr langen sowie auch mit sehr kurzen Anhängen festgestellt wurden.

Auf Fig. 50 sieht man halbreife Proglottiden mit sehr langgestreckten Anhängen, auf Fig. 51 ganz reife Glieder, bei welchen die Anhänge bedeutend kürzer sind.

Die Genitalöffnungen sind unilateral und münden im vorderen Drittel des Proglottisrandes.

Die Hoden liegen nach Clerc „en ligne droite dans l'axe transversal du proglottis au moins dans les proglottis jeunes". Dies ist der Fall bei den jungen Gliedern, bei denen die weiblichen Genitalorgane fehlen; die Proglottiden, bei denen aber die weiblichen Genitaldrüsen entwickelt sind, haben folgende Lage der Genitalorgane: der Dotterstock liegt zwischen dem antiporalen und mittleren Hoden, welcher seinerseits an den hinteren Rand der Proglottis grenzt. Der porale Hoden liegt auf in einem Niveau mit dem antiporalen und so, daß er beinahe den mittleren berührt. Der leicht gelappte Keimstock befindet sich zwischen dem poralen und antiporalen Hoden. Die weiblichen Genitaldrüsen sind leicht nach der antiporalen Seite hin verschoben.

Clerc weist auf die verschiedenartige Form des Uterus hin: „L'uterus a une forme très variable. Sur mes exemplaires, le plus souvent c'est un sac transversal dont les deux lobes volumineux se dirigent en bas et en arrière." Einen anderen Typus des Uterus dagegen hat er an ihm von Fuhrmann übergebenen Exemplaren aus Afrika von unbekanntem Wirt beobachtet: „la forme de i'uterus plus compliquée, ici les deux lobes principaux se dirigent en avant et le nombre des diverticules est plus grand". „Il est possible," sagt Clerc, „que ce soit une varieté nouvelle particulière à Afrique."

In seiner Arbeit 1908 vermutet Fuhrmann (p. 8—9), diese verschiedene Form des Uterus hänge vielleicht davon ab, daß die afrikanischen Exemplare aus einem Vertreter der *Galliformes* stammen, d. h. daß der Uterus bei *Hymenolepis fedtschenkowi* Solowiow (= *Hym. villosa* aus Galliformes) dieselbe Form hat, wie die Abbildung bei Clerc fig. 16 zeigt, während der Uterus bei *Hymenolepis villosa* Bloch (aus *Otidiformes*) aus zwei Anschwellungen besteht, wie auf fig. 15 bei Clerc zu sehen ist.

Bei allen von mir untersuchten Exemplaren von *Hymenolepis villosa* Bloch (aus Otidiformes) war der Typus des Uterus derselbe, den Clerc in seiner fig. 15 vorführt (s. meine Fig. 51), d. h. er besteht aus zwei runden Abteilungen, welche miteinander durch eine Commissur verbunden sind; die letztere ist sehr schwach bemerkbar, weil die Eier dort meistenteils fehlen. Andrerseits, wie aus der Abbildung in der Arbeit von Krabbe 1879 klar hervorgeht, ist die

Uterusform von *Hymenolepis villosa* aus *Megaloperdix nigelli* (= *Hymenolepis fedtschenkowi* SoLowIow) identisch mit der aus Otidiformes. Es folgt daraus, daß die Arten *Hymenolepis villosa* BLOCH und *Hymenolepis fedtschenkowi* SoLowIow sich nicht in der Uterusform voneinander unterscheiden, wie es FUHRMANN glaubte. Das schließt aber nicht aus, daß die Exemplare von unbekanntem Wirt aus Afrika (fig. 16 bei CLERC) weder zu *H. villosa* BLOCH noch zu *H. fedtschenkowi* SoL. gehören, sondern zu einer dritten, noch nicht näher untersuchten Art.

Es ist interessant zu bemerken, daß bei den reifen Gliedern der Cirrusbeutel unter dem Druck der beiden Anschwellungen des Uterus an den betreffenden Stellen 2 Vertiefungen aufweist (s. Fig. 51); er bildet dabei die Form eines „W".

30. *Hymenolepis megalops* CREPLIN 1829.
(Fig. 52—53.)
CREPLIN (1829), RANSOM (1902), CHOLODKOWSKY (1912).

Diese Art kommt in Russisch Turkestan ziemlich häufig vor. FEDTSCHENKO hat sie bei *Anas boschas domest.* gefunden. Ich habe sie bei 3 Wirten festgestellt: bei *Anas boschas* L., *Fuligula rufina* L. und *Fuligula nyroca* L., von denen die beiden letzteren als neue Wirte dieses Parasiten zu erwähnen sind. Bei 10 von mir untersuchten Exemplaren von *Fuligula rufina* habe ich ihn 2mal, bei 24 *Anas boschas* 1mal und bei 9 Exemplaren von *Fuligula nyroca* 1mal gefunden.

Als biologische Eigentümlichkeit dieser Art ist hervorzuheben, daß *Hymenolepis megalops* CREPL. im Gegensatz zu der Mehrzahl der Cestoden nicht im Dünndarm parasitiert, sondern sich an den Schleimhäuten der Cloake oder am hinteren Teil des Rectums, nach seiner Mündung in die Cloake, festsaugt. Außerdem habe ich diesen Parasiten nie einzeln gefunden, sondern in Kolonien von mehreren Exemplaren, die sich mittels ihrer starken Saugnäpfe zusammenhielten.

Die Mikrophotographie eines Flächenschnittes (s. Fig. 53) zeigt, wie sich der Parasit mit seinen stark muskulösen Saugnäpfen an die Cloakenwand seines Wirtes ansaugt.

31. *Hymenolepis lanceolata* Bloch 1782.
(Fig. 54.)

Bloch (1782), Krabbe (1869), Stiles (1896), Wolffhügel (1900), Cohn (1901), Clerc (1903).

Diesen für Gänse so typischen Parasiten fand ich 1mal im Darm der *Anser anser* L., erlegt auf dem Kul-Kainar-See (1910), und ein anderes Mal bei der Wildente, *Fuligula rufina* L., die als neuer Wirt dieser Art anzusehen ist.

Die Anatomie dieses Parasiten ist schon von Wolffhügel genau beschrieben worden, weshalb ich mich mit dem bloßen Hinweis auf den Polymorphismus des Cirrusbeutels bei dieser Art begnüge (s. Fig. 54). Die von Wolffhügel beschriebene Form des Cirrusbeutels konnte ich nur bei jungen Proglottiden beobachten. Bei den reiferen dagegen bemerkt man eine Verdickung der Muskelschicht nur im mittleren Teile des Cirrusbeutels, weshalb der letztere eine spritzenförmige Gestalt annimmt. Diese Verdickung ist 0,22 bis 0,25 mm lang (bei Gliedern, welche 0,3 mm lang und 6,8 mm breit waren).

Eine ähnliche Form des Cirrusbeutels ist in der Literatur noch nicht beschrieben worden. Die oben beschriebene Cirrusbeutelform habe ich ebenfalls bei einem ganz anderen Parasiten gefunden, *Hymeno·lepis solowiowi n. sp.*, dessen Beschreibung weiter unten folgt.

32. *Hymenolepis creplini* Krabbe 1869.

Krabbe (1869), Cohn (1901).

Diese Art wurde von mir 2mal im Darm einer Wildgans, *Anser anser* L., gefunden, welche ich auf dem Kul-Kainar-See 1910 erlegte.

33. *Hymenolepis setigera* Fröhlich 1789.
(Fig. 55—57.)

Fröhlich (1789), Krabbe (1869), Stiles (1896), Clerc (1903).

H. setigera ist von mir 1mal in der Anzahl von 3 Exemplaren bei *Anser anser* L. gefunden worden, die ich 1910 auf dem Kul-Kainar-See erlegte. Ungeachtet der reichen Literatur über diese interessante Art halte ich es nicht für überflüssig, ihre Beschreibung mit einigen Zeilen und Abbildungen zu vervollständigen.

Diesen Parasiten beschreibt CLERC (1903) sehr genau; er richtet seine Aufmerksamkeit besonders auf den eigentümlichen Bau der weiblichen Genitalmündungen und gibt dazu sehr gute Abbildungen. Die Vagina ist im Anfangsteile mit einer Cuticula bedeckt und scheint daher eine Fortsetzung der Genitalcloake zu bilden. Dieser Teil der Vagina, den man analog dem sogenannten „canalis masculinus" FUHRMANN canalis femininus nennen kann, ist nach meinen Messungen 0,2—0,25 mm lang. Das aporale Ende dieses Canalis femininus ist mit einem Sphincter versehen, hinter welchem die eigentliche Vagina ihren Anfang nimmt. Ich halte mich absichtlich bei diesem Detail auf, weil dieses Merkmal so typisch für diese Art ist, daß es als Bestimmungsmerkmal in Abwesenheit des Scolex gelten kann.

Was die gegenseitige Lage der männlichen und weiblichen Genitaldrüsen betrifft, so hat CLERC meiner Meinung nach nicht recht, wenn er auf ihre Ähnlichkeit mit *Hymenolepis lanceolata* BLOCH hinweist. Wie bekannt, liegen bei *H. lanceolata* alle 3 Hoden in einer Reihe zwischen der Genitalcloake und den weiblichen Drüsen, die ganz aporal verschoben sind (= Typus „h" FUHRMANN [1])); außerdem ist bei dieser Art der aporale Hoden niemals von der poralen Hälfte des Keimstockes bedeckt, wie es für den Typus „g" FUHRM. charakteristisch ist. Von allen bekannten *Hymenolepis*-Arten gehört dem Typus „h" FUHRM. nur eine einzige, *Hymenolepis lanceolata* BLOCH, an. Der Typus „g" FUHRM. hat 3 Arten aufzuweisen: *H. unilateralis* RUD., *H. elongata* FUHRM. und die neue *Hymenolepis przewalskii* n. sp., deren Beschreibung unten folgt.

Was die *Hymenolepis setigera* FRÖHL. betrifft, so entspricht die Lage ihrer Genitalorgane vollständig dem Typus „f" FUHRM., bei welchem die weiblichen Drüsen zwischen dem mittleren und oporalen Hoden liegen. *Hymenolepis setigera* darf also nicht mit *H. lanceolata* verglichen werden, wie CLERC meint, sondern mit *Hymenolepis brachycephala* CREPLIN und *H. clandestina* KRABBE, bei welchen die Lage der Genitaldrüsen dieselbe ist.

Infolge der Angaben von CLERC haben sich Irrtümer in die helminthologische Literatur eingeschlichen: so stellt FUHRMANN in seiner Arbeit 1906 (p. 734, 450 und 452) *Hymenolepis setigera* neben *H. unilateralis* und *H. elongata*.

Bei der Beobachtung der Genitalorgane meiner Exemplare, der

---

1) s. FUHRMANN, 1906, fig. 2h.

jungen sowohl als auch der reifen, befanden sich die weiblichen Drüsen entweder zwischen dem mittleren und aporalen Hoden, oder der aporale Hoden bedeckte leicht den aporalen Keimstockflügel; die weiblichen Drüsen traten aber nie aus dem Bereich des aporalen Hoden, wie das bei zum Typus „g" gehörigen Arten der Fall ist. Das bestätigen auch die Abbildungen bei Clerc, fig. 7 u. 22.

Ich bin auch mit den Behauptungen Clerc's nicht einverstanden, der sagt „la glande vitellogène ... est simple et a la forme d'une mûre" (p. 302). Nur in den frühesten Stadien ist der Dotterstock „simple", späterhin aber ist er ebenfalls wie der Keimstock gelappt

Tabellarische Übersicht der *Hymenolepis*-Arten, welche dem Typus „f" Fuhrmann angehören.

Die Maße sind in Millimetern angegeben.

Name	H. brachycephala	H. clandestina	H. setigera
Untersucher	Creplin	Krabbe	Fröhlich
Jahr	1829	1869	1789
Strobila, Länge	80	70	180—200
Strobila, Breite	1,7	0,5	3,5
Scolex	0,2 : 0,17	0,338 : 0,26	0,24 : 0,28—0,33
Durchmesser des Saugnapfes	0,085	0,078 : 0,065	groß, elliptisch
Zahl der Haken	10	10	10
Hakenlänge	0,055	0,04—0,047	0,035—0,044
Cirrusbeutel, Länge	0,15	?	0,5
Cirrusbeutel, Breite	0,075	?	0,085—0,1
Durchmesser der Hoden	0,06	?	0,17—0,2
Form der Hoden	gelappt	ganzrandig	ganzrandig
Vesicula sem. externa	0,17—0,2	?	0,37
Keimstock, Breite	?	?	0.25
Dotterstock, Breite	?	?	0,085—0,1
Wirt	Charadriiformes: *Machetes pugnax*	Charadriiformes: *Haematopus ostralegus*	Anseriformes: *Anser anser* L. *Anser anser domest. Anser fabialis Anser albifrons Cygnus olor domest. Cygnus musicus Branta leucopsis Branta bernicla Aythya ferina*
Verbreitung	Europa	Europa	Europa Russisch Turkestan

und nimmt sogar eine rosettenförmige Gestalt an. Selbst CLERC hat einen 3lappigen Dotterstock abgebildet (Fig. 22).

Zum Schluß möchte ich einige Ziffern geben, welche die einzelnen Organe dieses Parasiten betreffen.

Der Cirrusbeutel ist 0,5 mm lang und 0,085—0,1 mm breit. Die ovale Vesicula seminalis externa hat eine Langsachse von 0,37 mm.

Die Hoden in den jungen Gliedern sind rund; in den Proglottiden mit entwickelten weiblichen Drüsen sind sie dagegen queroval und haben eine Längsachse von 0,17—0,2 mm.

Die Maximalbreite des Keimstocks derjenigen Glieder, in denen die Hoden schon verschwunden sind, beträgt 0,25 mm; diejenige des Dotterstockes 0,085—0,12 mm.

Vorstehend eine vergleichende Tabelle mit den charakteristischen Merkmalen aller 3 bis jetzt bekannten *Hymenolepis*-Arten, bei denen die weiblichen Drüsen sich zwischen dem mittleren und aporalen Hoden befinden, welche also dem Typus „f" FUHRMANN angehören.

34. *Hymenolepis coronula* DUJARDIN 1845.
(Fig. 58—60.)

DUJARDIN (1845), KRABBE (1869, 1882), STILES (1896), WOLFFHÜGEL (1900), COHN (1901), FUHRMANN (1908), LÜHE (1910).

Dieser Parasit, von WOLFFHÜGEL genau untersucht hat (1900), ist von mir 1mal im Darm der Wildente, *Anas boschas* L., gefunden worden (Winter 1909). Die Scoleces meiner Exemplare weichen in der Größe von denen, welche WOLFFHÜGEL untersucht hat, ab. Der Scolex erreicht eine Breite von 0,187 mm. Der Durchmesser der Saugnäpfe beträgt 0,074 mm. Bei den Exemplaren von WOLFFHÜGEL dagegen war der Scolex breiter (0,198 mm) und der Durchmesser der Saugnäpfe kleiner (0,065 mm). Der Durchmesser des Rostellums (0,0915 mm) und seine Länge (0,055 mm) entsprachen vollständig den von WOLFFHÜGEL angegebenen.

Da in der Literatur gute Abbildungen der allgemeinen Lage der Organe in den halbreifen Proglottiden noch nicht existieren, so gebe ich hier einige Zeichnungen. Fig. 58, 59 stellt die Lage der Organe im Totalpräparat vor, Fig. 60 einen Teil der Genitalcloake mit dem Cirrusbeutel und dem für diese Art typischen Sacculus accessorius oder dem sogenannten „Präputialsack". Der letztere befindet sich bei meinen Exemplaren nicht vor dem Cirrus, wie WOLFFHÜGEL sagt, sondern hinter ihm und etwas dorsal. Er erreicht eine Länge von 0,033 mm bei einer Breite von 0,011 mm (nach WOLFFHÜGEL beträgt seine Länge 0,036 mm und die Breite 0,014 mm). Die innere Fläche dieses Sacculus accessorius ist mit einer Cuticularschicht bedeckt und mit Börstchen versehen, die mit der Spitze nach der Genitalmündung gerichtet sind.

Der Sacculus steht mit einem Drüsenkomplex in Verbindung, welcher von ihm strahlenförmig ausgeht („*Gl*" auf Fig. 60) und welcher zusammen mit dem Sacculus vom Cirrusbeutel umschlossen ist. Der letztere ist 0,258 mm lang und 0,07 mm breit und enthält eine große Vesicula seminalis interna, welche $^2/_3$ des Cirrusbeutels ausmacht.

Nach WOLFFHÜGEL ist der Cirrusbeutel 0,3 mm lang und 0,08 mm breit.

Die innere Wand der muskulösen Vagina ist bei ihrer Mündung mit chitinösen Stacheln versehen, die mit ihren Spitzen nach innen gerichtet sind.

Die Hoden der von mir untersuchten Exemplare waren immer etwas gelappt und hatten die Lage, welche dem Typus „b" FUHRMANN entspricht. In den Proglottiden, bei denen die weiblichen Drüsen noch jung sind (Fig. 58) ist der Keimstock nierenförmig und ganzrandig, bei seiner späteren Entwicklung nimmt er eine gelappte Form an (Fig. 59).

35. *Hymenolepis compressa* LINTON 1892.

LINTON (1892), KOWALEVSKY, LÜHE (1910), SOLOWIOW (1911 = *H. megarostellis* SOL.), SKRJABIN (1914).

H. compressa ist von mir bei einem neuen Wirt *Fuligula nyroca* gefunden worden. Wie ich in einer anderen Arbeit (1914) zeigen werde, ist die Art *Hymenolepis megarostellis* SOLOWIOW (1911) mit der *Hymenolepis compressa* LINTON (1892) identisch. Hier will ich nur auf den Umstand aufmerksam machen, daß die Bewaffnung des Scolex bei dieser Art dieselbe ist wie bei *Hymenolepis collaris* BATSCH (= *H. sinuosa* ZED.). Die entsprechenden Figuren befinden sich in meiner Arbeit 1914.

36. *Hymenolepis solowiowi* n. sp.
- (Fig. 61.)

Von dieser Art kann ich leider nur eine sehr unvollständige Beschreibung geben, da das in meinen Händen befindliche Material zu stark maceriert war. Der Bau seines Cirrusbeutels ist jedoch so typisch, daß dieser Parasit als Repräsentant einer neuen Art angesehen werden muß. Ich fand ihn bei *Fuligula nyroca* L.

Die Strobilalänge bei dem größten Exemplar betrug 20 mm, bei einer Maximalbreite von 1,3 mm. Einige der hinteren Proglottiden waren nur 0,7 mm breit. Der Scolex fehlte leider. Die ganz jungen Glieder waren 0,016 mm lang und 0,1 mm breit.

Sehr typisch ist die Anordnung der Kalkkörperchen, deren Durchmesser 0,0148 mm beträgt; sie liegen nur in dem Teil der Proglottis, welcher das nachfolgende Glied bedeckt.

Die 3 runden Hoden liegen nebeneinander in einer Reihe.

Bei den Proglottiden von 0,17 mm Länge und 0,44 mm Breite war der Cirrusbeutel 0,16—0,17 mm lang. Der Bau des letzteren ist außerordentlich typisch; in seinem mittleren Teile befindet sich eine stark muskulöse Anschwellung, 0,074 mm lang und 0,08 mm breit, von der 2 seitliche (porale und aporale), viel schmälere und schwach muskulöse Teile 0,04 mm lang ausgehen. Diese spezifische spritzförmige Cirrusbeutelform ist, wie ich oben bemerkte (S. 462), nur bei der *Hymenolepis lanceolata* BLOCH, und zwar in reifen Gliedern beobachtet worden, mit welcher die *Hymenolepis solowiowi* n. sp. nichts zu tun hat.

Der Cirrus, von regelmäßig konischer Form, ist mit feinen Stacheln bedeckt, deren Länge sich bei der Annäherung zur Basis allmählich vergrößert.

Hinter der männlichen Genitalöffnung liegt die trichterförmige Mündung der Vagina, welche als schmaler gewundener Kanal verläuft.

Diese Art benenne ich Herrn Dr. SOLOWIOW (Warschau) zu Ehren, dem ich aus Turkestan einige Parasiten aus meiner Sammlung zuschickte und der den Anfang zur wissenschaftlichen Bearbeitung meines Materials gelegt hat.

37. *Hymenolepis rarus* n. sp.
(Fig. 62—65.)

Diese Art ist 1mal von mir im Blinddarm von *Fuligula rufina* L. gefunden worden, wo sich, wie bekannt, die Cestoden nur ausnahmsweise befinden, da sie hauptsächlich den Dünndarm invasieren.

Dieser interessante Parasit gehört zum Typus *Hymenolepis* mit 14 Rüsselhaken; er steht dadurch 2 Arten nahe: der *Hymenolepis minuta* Krabbe und *Hymenolepis villosa* Bloch, deren Rüssel auch mit 14 Haken bewaffnet ist. In allem übrigen aber unterscheidet sich dieser Parasit so scharf von den oben genannten, daß er unstreitig eine neue Art repräsentiert.

Die Länge der Strobila betrug 70 mm bei einer Maximalbreite der hinteren Glieder von 1.36 mm.

Die Proglottiden haben eine trapezförmig-rechteckige Form, die Länge der hinteren erreicht nur 0,425 mm.

Der Scolex, von eigenartiger Form, hat 4 Saugnäpfe, welche nach vorn gerichtet sind. Seine Länge beträgt 0,36 mm bei einer Breite von 0.44 mm. Durchmesser der Saugnäpfe = 0,17 mm.

Bei dem untersuchten Exemplar war der eingezogene Rüssel mit 14 außerordentlich großen Haken bewaffnet, welche 0,103 bis 0,105 mm lang waren.

Die Genitalöffnungen liegen einseitig.

Von 3 Hoden liegt einer poral, die beiden anderen aporal; von den beiden letzteren liegt der laterale etwas vor dem mittleren (Typus „c" Fuhrmann).

Auffallend ist der große Zwischenraum zwischen den poralen und den beiden aporalen Hoden (dieser Raum war 0,35 mm lang bei einer Proglottide von 1,1 mm Breite), was man gewöhnlich bei den anderen *Hymenolepis*-Arten mit analogem Hodentypus nicht beobachtet. Die Hoden von runder Form haben einen Durchmesser von 0.17—0,19 mm. Einige Präparate demonstrierten an ihren Flächenschnitten außerordentlich klar den Abgang des Vas efferens aus jedem Hoden und die Verbindung dieser sehr dünnen Kanäle miteinander. Jedes dieser Vasa efferentia erreichte eine Länge von 0.17 mm. Die gemeinsame Verbindungsstelle dieser 3 Kanäle befindet sich gerade auf der Mittellinie, wo das kurze Vas deferens beginnt.

Eine der interessanten Eigentümlichkeiten des männlichen

Genitalsystems dieses Parasiten bildet die Abwesenheit einer besonderen Vesicula seminalis externa, welche gewöhnlich bei *Hymenolepis*-Arten stark entwickelt ist. Bei *Hymenolepis rarus n. sp.* fehlt dieses Organ vollständig; nur die äußersten Schlingen des Vas deferens weisen vor ihrer Mündung in den Cirrusbeutel eine kleine Verdickung auf, die jedoch nicht bedeutend genug ist, um sie als besondere Vesicula seminalis aufzufassen.

Der verhältnismäßig kurze Cirrusbeutel ist schwach muskulös und von länglich eiförmiger Gestalt. Er ist 0.27 mm lang bei einer Maximalbreite von 0,1 mm.

Im Cirrusbeutel liegt eine kleine Vesicula seminalis interna.

Die Genitalcloake mündet ungefähr in der Mitte des Randes der Proglottis. Der Cirrus scheint unbewaffnet zu sein.

Die weiblichen Genitaldrüsen liegen median und vor den beiden hinteren Hoden; sie nehmen also die vordere Hälfte der Proglottis ein.

Der Keimstock besteht aus 2 ganz runden Flügeln, welche miteinander durch eine Commissur verbunden sind. Der Durchmesser jedes dieser Flügel beträgt 0,11—0,126 mm.

Hinter dem Keimstock liegt der Dotterstock von ebenfalls runder Form mit einem Durchmesser von 0,085—0,1 mm.

Die Schalendrüse ist ziemlich groß und hat einen Durchmesser von 0,1 mm.

Den Uterus konnte ich leider nicht untersuchen, weil alle meine Exemplare zu jung waren.

Es charakterisieren also den neuen Parasiten folgende Merkmale:

1. die Anwesenheit von 14 großen Haken am Rostellum;

2. die Lage der Hoden;

3. die Lage der weiblichen Drüsen in der vorderen Hälfte der Proglottis;

4. die Abwesenheit einer besonderen Vesicula seminalis externa;

5. die Anwesenheit der Parasiten im Blinddarm.

Es bleibt nur noch hinzuzufügen, daß außer einer ganzen Reihe von Merkmalen unser Parasit sich von den beiden anderen 14hakigen *Hymenolepis*-Arten durch die außerordentliche Größe seiner Haken unterscheidet, welche 0,103—0,105 mm lang sind. Bei *Hymenolepis minuta* KRABBE haben die Haken eine Länge von 0,011—0,012 mm und bei *Hymenolepis villosa* BLOCH eine solche von 0,024—0,026 mm.

38. *Hymenolepis longicirrosa* Fuhrm. 1906.
(Fig. 66—67.)
Fuhrmann (1906).

Hymenolepis longicirrosa Fuhrm. 1906 ist bis jetzt in der Literatur nur 1mal und zwar aus *Cygnopsis cygnoides* Lin. (Fundort?) von Fuhrmann beschrieben worden. Das Exemplar stammte aus der Wiener Sammlung.

. Es gelang mir, diesen interessanten Parasiten bei einem neuen Wirt festzustellen: im Darm von *Anser anser* L., der auf dem Kul-Kainar-See (Sommer 1910) erlegt wurde.

Der Scolex fehlte leider, was auch bei den von Fuhrmann untersuchten Exemplaren der Fall war; jedoch kann der Parasit seiner charakteristischen Merkmale wegen auch ohne Kopf bestimmt werden. Mein Exemplar war 30 mm lang und 1,7 mm breit. Die Länge der reifen Glieder erreichte 0,27 mm. (Der von Fuhrmann untersuchte Parasit war nur 0,7 mm breit.)

Die Genitalöffnungen liegen unilateral.

Die Genitaldrüsen gehören zum Typus „e" Fuhrmann, d. h. die 3 Hoden befinden sich alle in einer Reihe zwischen den Excretionskanälen, und die weiblichen Drüsen liegen median.

Der zweiflügige Keimstock nimmt die ganze Breite des Gliedes ein und reicht, wie auch die Hoden, bis zu den Excretionskanälen.

Der sehr lange Cirrusbeutel nimmt die ganze Breite der Proglottis ein und ist mit einem besonderen Retractor versehen, dessen Fasern unmittelbar mit denen der Längsmuskulatur in Verbindung stehen. An meinen Präparaten war die Biegung des poralen Teiles des Cirrusbeutels weniger scharf ausgeprägt, als es Fuhrmann auf seiner fig. 17 zeigt. Das rührt wahrscheinlich von der Kontrahierung des Retractors her, der den Cirrusbeutel dem aporalen Rand genähert und ihn dadurch ausgestreckt hat.

Der Cirrus ist ziemlich dick und bedornt. Die Vesicula seminalis externa ist stark entwickelt. Der gelappte Keimstock hat 2 asymmetrische Flügel; der porale ist kleiner als der aporale.

Der gelappte Dotterstock liegt streng median und nicht poral, wie es an den Präparaten von Fuhrmann der Fall ist.

Die Vagina ist sehr eigentümlich gebaut; sie nimmt ihren Anfang in der Gestalt eines breiten trichterförmigen Kanals, der sich allmählich verengert und bis zur Mittellinie reicht. Dann biegt er nicht nach vorn, wie Fuhrmann beobachtet hat, sondern nach hinten und bildet hier ein großes Receptaculum seminis. Diese trichterförmige Erweiterung am Anfang der Vagina kann man als ein zweites Receptaculum seminis· ansehen.

An der Stelle, wo sich das äußere Receptaculum seminis verengert, befindet sich ein besonderer Retractor der Vagina.

Als spezifisches Merkmal für diese Art gilt die Anwesenheit eines sehr starken Sphincters, der den Eingang in die Genitalcloake schließt. Bei der breiten Öffnung der Vagina scheint dieser Sphincter von großer Zweckmäßigkeit zu sein.

Der Uterus nimmt die ganze Breite der reifen Proglottis ein, wobei seine Entwicklung überaus rasch vor sich geht, indem auf ein Glied ohne Spur von Uterus unmittelbar solche mit voll entwickeltem Uterus folgen.

39. *Hymenolepis przewalskii n. sp.*
(Fig. 68.)

H. przewalskii wurde von mir nur 1mal im Darm eines *Anser anser* L., der auf dem Kul-Kainar-See (Sommer 1910) erlegt wurde, gefunden.

Nach der Lage seiner Genitaldrüsen gehört dieser Parasit dem seltenen Typus „g" FUHRMANN an, zu dem man nur 2 Arten rechnen kann: *Hymenolepis unilateralis* RUD. (= *H. ardeae* FUHRM.) und *Hymenolepis elongata* FUHRMANN, welche bei den Ciconiiformes parasitieren. Ich füge hier eine vergleichende Tabelle mit den Hauptmerkmalen aller 3 Arten dieses Typus hinzu.

Den Scolex hatte ich leider nicht; die Strobila ist annähernd 35—40 mm lang, bei einer Maximalbreite der reifen Glieder von 0,7 mm. Die Form der Glieder ist rechteckig mit abgerundeten Rändern, wobei die Länge der mittleren und reifen Glieder $^1/_{16}$ so groß ist wie ihre Breite.

Die Genitalöffnungen liegen einseitig und befinden sich nicht ganz auf dem Rande der Proglottis, sondern 0,03 mm von ihm entfernt (so wie bei der *Hymenolepis setigera* FRÖHL.).

Die 3 Hoden befinden sich nebeneinander im mittleren Teile der Proglottis, wobei der mittlere ganz median liegt. Sie sind quer-oval, und ihre Längsachse ist 0,081—0,083 mm lang.

Die weiblichen Genitaldrüsen liegen aporal von den Hoden, wobei der porale Flügel des Keimstockes und bei einigen Proglottiden ein Teil des Dotterstockes von dem aporalen Hoden bedeckt ist. Diese Art sowohl als auch die obengenannten *Hym. elongata* und

Hym. unilateralis müssen zwischen *Hym. lanceolata* BLOCH (bei denen die weiblichen Drüsen ganz aporal und frei von den Hoden liegen) und die Gruppe der *Hymenolepis*-Arten (*H. setigera* FRÖHL; *H. clandestina* KRABBE und *H. brachycephala* CREPL.), bei denen die weiblichen Drüsen zwischen dem mittleren und aporalen Hoden liegen, gestellt werden.

Der zweiflüglige Keimstock ist ganzrandig (wodurch er sich von der *H. elongata* und *H. unilateralis* unterscheidet) und 0,13 mm breit. Der Dotterstock ebenfalls 2lappig, liegt hinter dem Keimstock und ist 0,037 mm breit. Der schlauchförmige Cirrusbeutel hat eine Länge von 0,22—0,25 mm. Die Vesicula seminalis externa, von ovaler Form, hat eine Längsachse von 0,09 mm. Der Cirrus ist mit Stacheln bedeckt, sein ausgestülpter Teil erreicht eine Länge von 0,12 mm. Die Vagina besitzt keinen Canalis femininus, der für *H. lanceolata* und *H. setigera* so charakteristisch ist. Da mir der Scolex fehlte und das Material maceriert war, so kann ich über diese interessante Art leider nichts weiter sagen. Die angegebenen Merkmale sind jedoch genügend, um eine neue Art zu begründen.

T a b e l l a r i s c h e   Ü b e r s i c h t   d e r   *H y m e n o l e p i s* - A r t e n ,
w e l c h e   d e m   T y p u s   „g"   F U H R M A N N   a n g e h ö r e n .

Die Maße sind in Millimetern angegeben.

Name	H. unilateralis	H. elongata	H. przewalskii
Untersucher	RUDOLPHI	FUHRMANN	K. SKRJABIN
Jahr	1819	1906	1913
Strobilalänge	100	40	35—40
Strobilabreite	2,3	0,75	0,7
Scolexbreite	0,15	Scolex nicht untersucht	Scolex nicht untersucht
Zahl der Haken	10		
Hakenlänge	0,045		
Cirrusbeutel, Länge	0,5	0,24	0,22—0,25
	reicht gerade an das äußere dorsale Exkretionsgefäß heran bedornt	reicht bis auf die Höhe des 2. Hodens	reicht bis auf die Höhe des 2. Hodens
Cirrus		?	bedornt
Keimstockbreite	0,8	0,3	0,13
Keimstock, Gestalt	tief gelappt	gelappt	ganzrandig
Dotterstockbreite	0,26	0,1	0,037
Dotterstock, Gestalt	tief gelappt	gelappt	ganzrandig
Durchmessser d. Hoden	0,14	0,1	0,081—0,083
Wirt	*Butorides virescens* L. (Ciconiiformes)	*Mylobdophanes coerulescens* VIEILL. (Ciconiiformes)	*Anser anser* L. (Anseriformes)
Verbreitung	Brasilien	Brasilien	Asien (Russisch Turkestan)

40. *Hymenolepis sp.*

Glas No. 224. Diese Art, sowie die beiden folgenden, habe ich im Darm von *Fuligula nyroca* L. gefunden, wegen mangelnden Scolex konnte ich sie leider nicht bestimmen, weil ihr anatomischer Bau keine charakteristischen, für ihre Bestimmung wichtigen Merkmale aufwies.

Die Strobila war 100 mm lang und 1,2 mm breit, wobei bei den hinteren Gliedern der Uterus noch fehlte. Die Hoden entsprachen dem Typus „b" FUHRMANN und nahmen die ganze Breite der Proglottis ein. Der schlauchförmige Cirrusbeutel reicht bis zu ihrer Mitte.

41. *Hymenolepis sp.*

Glas No. 195. Wirt: *Fuligula nyroca* L.

Die Strobila, welche schon reife Glieder besaß, war nur 25 mm lang und 0,5 mm breit. Die ersten 15 mm der Strobila waren fadenförmig. Die Hoden entsprachen dem Typus „c" FUHRMANN. Der langgestreckte Cirrusbeutel nahm $^3/_4$ der Proglottisbreite ein.

42. *Hymenolepis sp.*

Glas No. 400. Wirt: *Fuligula nyroca* L.

Länge der Strobila: 180 mm bei einer Breite von 1 mm. Die Hoden entsprechen dem Typus „b" FUHRMANN, doch lagen sie nur im mittleren Feld der Proglottis.

XVI. Gen. *Hymenofimbria n. g.*

43. *Hymenofimbria merganseri n. sp.*
(Fig. 69—75.)

H. merganseri ist von mir nur einmal im Darm von *Mergus merganser* (Sommer 1911) gefunden worden.

Diese Art erscheint als eine der interessantesten meiner Sammlung; sie zeichnet sich, wie aus der nachfolgenden Beschreibung hervorgeht, durch eine ganze Reihe von anatomischen Besonderheiten aus, weshalb ich sie als Vertreter einer neuen Gattung betrachte.

In meiner Sammlung besitze ich nur mehrere Fragmente und einen Scolex dieses Parasiten, weshalb es mir unmöglich ist, seine genaue Körperlänge anzugeben. Sie beträgt annähernd 120—150 mm,

bei einer Maximalbreite von 4 mm. Der verhàltnismäßig sehr kleine
Scolex ist 0,14 mm lang und 0,17 mm breit, und seine 4 Saugnäpfe
haben einen Durchmesser von 0,025 mm. Das Rostellum ist mit
10 Haken bewaffnet, welche eine Länge von 0,018 mm haben. Die
Form der Haken erinnert etwas an diejenige der Art *Aploparaksis
filum* Gze. Der Hals ist 0,148 mm breit und 0,3 mm lang. Die
Proglottiden, die jüngsten sowohl als auch die reifen, sind von
rechteckiger Form und immer um ein bedeutendes breiter als lang.

Die Muskulatur besteht aus einer Lage Transversal- und einer
einzigen Reihe von Längsbündeln. Die letztere ist aus außerordentlich dicken Bündeln gebildet, deren Durchmesser 0,037—0,041
: 0,074—0,08 mm beträgt. Jedes Muskelbündel besteht aus 40—50 Fasern.

Es ist noch eine besondere Diagonalmuskulaturschicht vorhanden,
welche sich außerhalb der Längsmuskeln befindet.

Das Excretionssystem dieses Parasiten ist sehr merkwürdig; es
besteht aus 10 parallelen Längsgefäßen, von denen die 2 inneren am
stärksten entwickelt sind. Die peripheren Gefäße liegen asymmetrisch; an einer Seite der Proglottiden liegen 2 Excretionskanäle
außerhalb des Hauptlängsnerven, an der anderen dagegen liegen sie
innerhalb desselben.

Die Genitalöffnungen liegen unilateral.

Die Geschlechtsdrüsen haben eine *Hymenolepis*-artige Disposition,
wobei ihre Anordnung dem Typus „d" von Fuhrmann entspricht,
zu welchem auch (nach Fuhrmann) die *Fimbriaria*-Arten gehören.
Die 3 querovalen Hoden liegen in einer Reihe und nehmen das
mittlere Drittel der Proglottis ein; der eine von ihnen liegt poral,
die beiden anderen dagegen aporal von den weiblichen Genitaldrüsen. Wie bekannt, gehören zu diesem Typus auch *Hymenolepis
bisaccata* Fuhrm. und *Hym. micrancristrota* Wedl.

Der Cirrusbeutel ist von Mittelgröße und erreicht eine Länge
von 0,5 mm. Er nimmt mit seiner Breite fast die ganze Breite der
Proglottis ein und umschließt eine große Vesicula seminalis interna,
die ihn beinahe ganz ausfüllt.

In der Nähe seiner Mündung in die Genitalcloake ist der Cirrusbeutel mit einem besonderen kleinen Sacculus accessorius versehen,
der 0,0185 mm lang und 0,0074 mm breit ist.

Dieser letztere besteht aus einer dicken Cuticularfalte, die mit
ihrem blinden Ende aporal gewendet ist und mit einem Drüsenkomplex in Verbindung steht.

Die schlauchförmige Vesicula seminalis externa ist ziemlich

groß, nimmt beinahe die ganze Breite der Proglottis ein und reicht
bis zur Mittellinie. Die weiblichen Drüsen liegen median und sind
verhältnismäßig sehr klein.

Der zweiflüglige Keimstock ist gelappt und hat eine Breite
von 0,17 mm. Hinter ihm liegt der rund-ovale Dotterstock. Die
Vagina ist bei ihrer Mündung in die Genitalcloake sehr starkwandig
und geht allmählich in ein schlauchförmiges Receptaculum seminis
über, das bis zur Mittellinie reicht.

Die Genitalcloake liegt sehr tief und ist mit einer chitinösen
Schicht versehen. Der sackförmige Uterus ist *Hymenolepis*-artig und
nimmt die ganze Breite der Proglottis ein.

Wie aus dem oben Gesagten hervorgeht, besitzt dieser Parasit
sowohl Merkmale von *Hymenolepis* als auch solche von *Fimbriaria*.
Durch seinen sehr kleinen Scolex, durch seine einzige Längs-
muskulaturschicht und seine 10 Excretionsgefäße nähert er sich der
Gattung *Fimbriaria* Fröhl., welche nach den letzten Angaben von
Fuhrmann auch 9—10 Excretionskanäle aufweist. Durch das Fehlen
des Pseudoscolex, durch den Bau der Genitalorgane dagegen, insbesondere des Uterus, ist unser Parasit mit *Hymenolepis* verwandt.
Höchst merkwürdig ist es aber, daß die Lage der Geschlechtsdrüsen
wieder dieselbe ist wie bei *Fimbriaria*.

In seiner unlängst erschienenen Arbeit (34) hat Fuhrmann die
Verwandtschaft zwischen *Hymenolepis* und *Fimbriaria* festgestellt,
wobei er als deren Übergangsform seine neue Art *Fimbriaria intermedia* Fuhrm. 1913 ansieht. Bei dieser Art überwiegen zweifellos
die Merkmale der Gattung *Fimbriaria*.

Anders verhält es sich mit meinem Parasiten, bei welchem die
Hymenolepis- und *Fimbriaria*-Merkmale so vermischt sind, daß er zu
keiner von beiden Gattungen gerechnet werden kann. Infolgedessen
halte ich es für zweckmäßig, für meinen Parasiten eine neue Gattung zu gründen, die ich *Hymenofimbria* nennen möchte. Im natürlichen System der Cestoden würde er daher die Stelle zwischen den
Hymenolepis-Arten einerseits und *Fimbriaria intermedia* Fuhrmann
andererseits einnehmen.

Für diese neu begründete Gattung *Hymenofimbria* möchte ich
folgende Diagnose stellen:

Mittelgroße Cestoden, deren Scolex mit einem einfachen Kranz von 10 Haken bewaffnet ist. Die Längsmuskeln weisen nur eine einzige Lage auf; Diagonal-
muskulatur vorhanden. Der Excretionsapparat be-

steht aus 10 Längsgefäßen. Geschlechtsöffnungen
unilateral. *Hymenolepis*-artige Genitalien bestehen
aus 3 Hoden und einfachen weiblichen Drüsen; im
Cirrusbeutel ein Sacculus accessorius. Uterus einfacher Sack. Parasiten der Vögel. Typische und
bisher einzige Art: *Hymenofimbria merganseri* n. sp.

XVII. Gen. *Fimbriaria* Fröhl.

44. *Fimbriaria fasciolaris* Pall. 1781.

Pallas, 1781; Krabbe, 1869 (= *Taenia malleus*); Wolffhügel, 1898,
1900; Fuhrmann, 1913, 1914.

Diese Art, die Fuhrmann in neuester Zeit zur Familie *Hymenolepinidae* rechnet, habe ich bei 3 Entenarten gefunden: *Anas boschas* L., *Fuligula rufina* und *Fuligula nyroca*. Die beiden letzteren
Wirte sind für diesen Parasiten neu.

XVIII. Gen. *Diploposthe* Jacobi.

45. *Diploposthe laevis* Bloch 1782.
(Fig. 76—78.)

Bloch, 1782; Krabbe, 1869, 1882; Jacobi. 1897; Cohn, 1901; Kowalevsky, 1903; Fuhrmann, 1905, 1908.

Diese Art ist von mir mehrere Male bei *Fuligula nyroca* und
Fuligula rufina gefunden worden.

Ungeachtet der umfangreichen Literatur über diese Art ist dieselbe bis jetzt nicht genügend bekannt; so z. B. hat niemand der
Autoren den Scolex genau beschrieben. Diese Lücke kann ich
leider auch nicht ausfüllen.

Von allen Forschern haben Jacobi und Fuhrmann diesen Parasiten am genausten untersucht. Aus der Beschreibung von Jacobi
wissen wir, daß der Uterus bei *Diploposthe laevis* die ganze Breite
der Proglottis einnimmt und einen weiten Sack oder Schlauch bildet,
„welcher den Innenraum der Proglottide bis auf eine schmale Randzone einnimmt und durch eine Anzahl Septen in Kammern angeteilt
ist, dergestalt jedoch, daß ein weites Loch die Verbindung zwischen
diesen herstellt". Er erwähnt nebenbei, daß die Entwicklung des
Uterus die Atrophie der Muskulatur verursacht.

Bei der Untersuchung der reifen Proglottiden meiner Präparate

fiel mir auf, daß neben normalen Exemplaren sich auch veränderte
Strobilen befanden, die auf beiden Seiten zahlreiche Anschwellungen
aufwiesen. Allenfalls könnte man eine Monstrosität oder eine
krankhafte Erscheinung annehmen. Gegen die erste Annahme sprach
der Umstand, daß mehrere Strobilen die gleiche Veränderung aufwiesen.

Die genaue Untersuchung der Anschwellungen in ihren verschiedenen Stadien bewies, daß wir es hier nicht mit einem pathologischen, sondern mit einem normalen Prozeß zu tun haben. Es
erwies sich, daß der Uterus bei *Diploposthe laevis* seine Entwicklung
in dem Stadium noch nicht vollendet hat, das JACOBI als letztes
annimmt.

Bei seiner weiteren Entwicklung zerfällt seine Wandung, das Einkapseln der Eier beginnt, wobei diese Parenchymkapseln mehrere
Eier enthalten können. Die Muskulatur zeigt in diesem Stadium
eine so starke Atrophie, daß sie die reifen Eier nicht mehr zurück-
halten kann, weshalb eine Wanderung der Eiergruppen vom Zentrum
zur Peripherie stattfindet.

Bei dieser Migration treten die Eier unmittelbar an die Cuticula
heran, so daß die letztere unter ihrem Drucke hervortreten und die
obengenannten Anschwellungen der Proglottiden bilden.

Im nächstfolgenden Stadium sehen wir das Heraustreten der
Eier aus den Proglottiden. Diesen Prozeß habe ich freilich nicht
verfolgen können, da ich kein frisches, sondern nur konserviertes
Material besaß.

Es erwies sich außerdem, daß die anscheinend pathologischen
Strobilen uralte Exemplare der *Diploposthe laevis* repräsentieren,
welche nicht mehr die Fähigkeit haben, neue Proglottiden zu bilden.
Das bewies auch noch der Umstand, daß die reifen Eier sich nicht
nur in den hinteren Proglottiden, sondern auch an der Grenze des
ersten und mittleren Drittels der Strobila befanden; mit anderen
Worten: die Entwicklung des Parasiten als Individuum war vollendet, es ging nur mehr der Prozeß der Reife seiner einzelnen Elemente, Proglottiden, vor sich.

Ich habe nur noch hinzuzufügen, daß der gemeinsame Habitus
dieser uralten Exemplare sich scharf von dem der jungen, halbreifen unterschied: sie hatten ein altes, runzliges Aussehen, und
ungeachtet ihrer Überfüllung an Eiern waren sie ungefähr halb so
breit wie die jungen. Sie standen also an der Grenze ihres natürlichen Todes.

D. Familie *Taeniidae* Perr.

XIX. Gen. *Cladotaenia* Cohn.

46. *Cladotaenia globifera* Batsch 1786.

Batsch, 1786; Volz, 1900; Cohn, 1901; Fuhrmann, 1908.

Diese Art habe ich mehreremal im Darm von Raubvögeln gefunden, und zwar bei *Milvus korschun, Circus aeruginosus, Aquila imperialis* und *Circus cinereus.* Die beiden letzteren erscheinen als neue Wirte.

Das größte Exemplar meiner Sammlung (aus *Circus cinereus*) war 243 mm lang.

Gefundene Abnormitäten.

Bei der Untersuchung meines Materials hatte ich Gelegenheit, einige Monstrositäten zu beobachten.

I. Bei einem Exemplar der *Davainea micracantha* Fuhrm. fand ich eine Proglottis, deren porale Seite normal war, während die aporale aus 2 scharf voneinander getrennten Gliedern bestand. Diese Trennung konnte man bis über den poralen Excretionskanal hinaus verfolgen.

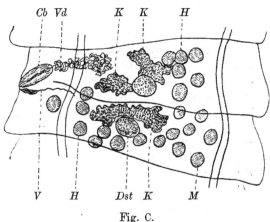

Fig. C.

Der abnorme Teil wies eine Verdopplung der weiblichen Genitaldrüsen auf, deren Lage übrigens normal war. In der vorderen

Hälfte des betreffenden Stückes waren nur 7 Hoden vorhanden, während man in der hinteren 13 zählen konnte; einer von den letzteren befand sich außerhalb des poralen Excretionsgefäßes, was auch als Abnormität angesehen werden muß.

Die Ausführungsgänge der weiblichen und männlichen Genitaldrüsen waren normal, d. h. sie bestanden aus einem einzigen Cirrusbeutel und aus einer Vaginamündung (Fig. C).

II. Die zweite Mißbildung fand ich in einem Gliede der *Davainea penetrans* Baczynska, welches 2 Cirrusbeutel übereinander zeigte; jeder derselben besaß ein besonderes Vas deferens, welche sich unweit des Excretionskanals vereinigten. In allem übrigen war die betreffende Proglottis ganz normal (Fig. D).

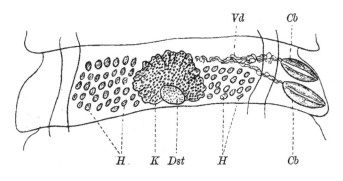

Fig. D.

Die erste Mißbildung könnte man nach der teratologischen Nomenklatur Duplicitas aporalis, die zweite Duplicitas poralis nennen.

Den Beschluß mag folgende Tabelle der bisher aus Russisch Turkestan bekannten Vogelcestoden, nach Wirten geordnet, bilden.

No.	Wirt	Parasit	Sammler
	Accipitres.		
1	*Aquila imperialis*	*Cladot enia globifera* Batsch 1786	Skrjabin
2	*Milvus korschun*	*Cladotaenia globifera* Batsch 1786	Fedtschenko
3	*Milvus ater (M. melanotis?)*	*Idiogenes (inm* Goeze 1782 (= *T. mastigophora* Kr.)	"
4	*Falco cenchris*	*Mesocestoides ptatus* Goeze 1782 (= *T. perlata*)	"
5	*Circus cinereus*	*Cladotaenia globifera* Batsch 1786	Skrjabin
		Idiogenes flagellum Goeze 1782	"
6	*Circus aeruginosus*	*Choanotaenia fuhrma ni* Skrjabin 1914	"
		Cla dnia globifera Batsch 1786	"
	Anseriformes.		
7	*Anser anser* L.	*Hymenolepis tata* Bloch 1782	Skrjabin
		Hymenolepis creplini Krabbe 1869	"
		Hymenolepis setigera Fröhlich 1789	"
		Hymenolepis przewalskii Skrjabin 1913	"
		Hymenolepis longicirrosa Fuhrmann 1906	"
8	*Anser cinereus dom.*	*Hymenolepis nilis* Zed. 1803	Fedtschenko
9	*Anas boschas* L.	*Hymenolepis enia* Dujardin 1845	Skrjabin
		Hymenolepis aps Creplin 1829	"
		Fimbriaria fasciolaris Pallas 1781	"
10	*Anas sp.*	*Diploposthe laevis* Bloch 1782	Fedtschenko
11	*Anas sp.*	*Fimbriaria fasciolaris* Ras 1781	"
12	*Anas sp.*	*Hymenolepis megalops* Gmin 1829	"
13	*Fuligula rufina*	*Hymenolepis tata* Bloch 1782	Skrjabin
		Hymenolepis aps Creplin 1829	"
		Hymenolepis mus Skrjabin 1913	"
		Aploparaksis furcigena Rud. 1819	"
		Fimbriaria fasciolaris Pallas 1781	"
		Diploposthe laevis Bloch 1782	"
		Hymenolepis iovi Skrjabin 1913	"

14	*Fuligula nyroca*	*Hymenolepis megalops* CREPLIN 1829	SKRJABIN
		Hymenolepis compressa LINTON 1892	"
		Diploposthe laevis BLOCH 1782	
		Fimbriaria fasciolaris PALLAS 1781	
		Aploparaksis elisae SKRJABIN 1913	
15	*Mergus merganser* L.	*Hymenofimbria merganseri* SKRJABIN 1913	
	Charadriiformes.		
16	*Vanellus cristatus*	*Anomotaenia stentorea* FRÖHLICH 1799	SKRJABIN u. FEDTSCHENKO
		Anomotaenia microphallos KRABBE 1869	" "
17	*Scolopax rusticola*	*Choanotaenia paradoxa* RUD. 1809	" FEDTSCHENKO
18	*Scolopax major*	*Monopylidium cinguliferum* KRABBE 1869	SKRJABIN
19	*Totanus glareola*	*Monopylidium cinguliferum* KRABBE 1869	" "
20	*Tringa platyrhyncha*	*Anomotaenia globulus* WEDL. 1855	FEDTSCHENKO
		Taenia innominata KRABBE 1879	
21	**Ciconiiformes.** *Platalea leucorodia*	*Cyclorchida omalancristrota* WEDL.	SKRJABIN
22	**Columbiformes.** *Columba livia* L.	*Davainea micracantha* FUHRM.	SKRJABIN
		Davainea crassula RUD. 1819	FEDTSCHENKO
23	*Columba turtur*	*Davainea crassula* RUD. 1819	" SKRJABIN
24	*Peristera cambayensis*	*Hymenolepis rugosa* CLERC 1906	FEDTSCHENKO
25	*Pterocles alchata*	*Taenia obvelata* KRABBE 1879	
26	**Coraciiformes.** *Upupa epops*	*Taenia intricata* KRABBE 1879	FEDTSCHENKO
27	*Caprimulgus sp.*	*Taenia caprimulgi* KRABBE 1879	"

No.	Wirt	Parasit	Sammler
	Galliformes.		
28	Gallus gallus domesticus	Amylidium infundibulum Bloch 1779	Fedtschenko u. Skrjabin
		Davainea tetragona Min 1858	"
		Davainea cesus Min 1858	"
		Davainea penetrans Baczynska 1913	"
		Hymenolepis carioca Ames 1898	Skrjabin
29	vix coturnix L.	Rhabdometra nigropunctata Crety	"
30	Megaloperdix nigellii	Davainea urogalli Modeer	Fedtschenko
31	Perdix · gua	Hymenolepis fischenkowi Show 1911 (= T. villosa Kr.)	"
		Davainea urogalli Modeer	"
	Otidiformes.		
32	Otis tarda	Hymenolepis villosa Bloch	Skrjabin
		Schistometra conoides Bloch	"
33	Otis t rex	Hymenolepis villosa Bloch	"
		Chapmania tapia Clerc	"
		Anomotaenia otidis Skrjabin 1913	
	Passeriformes.		
	a) Corvidae.		
34	Corvus corvix	Dilepis undulata Schrank 1788	Fedtschenko
35	Corvus corone	Monopylidium galbulae Zed. 1803 (= Choan. serpentulus Schr.).	"
36	Corvus frugilegus	Davainea sartica Skrjabin 1913	Skrjabin
		Anomotaenia constricta Molin 1858	"
37	Corvus monedula	Monopylidium duce Zed. 1803	"
		Anomotaenia ista Molin 1858 (= T. affinis Kr.)	Skejabin u. Fedtschenko
		Monopylidium duce Zed. 1803 (= T. serpentulus)	Fedtschenko
38	Pica caudata	Anomotaenia constricta Molin 1858	"
		Anomotaenia constricta Molin 1858	

	b) Laniidae.		
39	Otomela romanovi BOGD.	Paruterina chololkovskii SKRJABIN 1913	SKRJABIN
	c) Turdidae.		
40	Turdus sp.	Dilepis undula SCHRANK 1788	FEDTSCHENKO
41	Turdus viscivorus	Dilepis undula SCHRANK 1788 (= D. angulata RUD.)	„
42	Saxicola oenanthe	Hymenolepis orientalis KRABBE 1879	„
43	Petrocincla cyanea	Hymenolepis petrocinclae KRABBE 1879	„
44	Ruticilla erythrogastra	Taenia praecox KRABBE 1879	„
	Timelidae.		
45	Cinclus aquaticus BECH.	Anomotaenia dehiscens KRABBE 1879	„
		Taenia polyarthra KRABBE 1879	„
	Alaudidae.		
46	Alauda cristata L.	Dilepis undula SCHRANK 1788 (= D. angulata RUD.)	„
47	Alauda sp.	Biuterina planirostris KRABBE 1879	„
	Oriolidae.		
48	Oriolus galbula L.	Biuterina dunganica SKRJABIN 1913	SKRJABIN
	Ralliformes.		
49	Gallinula chloropus L.	Diorchis americana RANSOM 1909 var. turkestanica SKRJ.	
50	Fulica atra L.	Diorchis acuminata CLERC 1903	
	Steganopodes.		
51	Phalacrocorax carbo L.	Dilepis scolecina RUD. 1819.	

Literaturverzeichnis.

1. Batsch, Naturgeschichte der Bandwurmgattung überhaupt und ihrer Arten im besonderen, nach den neueren Beobachtungen u. s. w., Halle 1786, 298 pp., 5 Taf.

2. Baczynska, Etudes anatomiques sur quelques nouvelles espèces de Cestodes d'oiseaux, Thèse, Neuchâtel 1914.

3. Beddard, Contrib. to the anatomy and system. arrang. of the Cestoidea. III. On a new genus of Tapeworms (Otiditaenia), in: Proc. zool. Soc. London, March 1912.

4. Blanchard, Notices helminthologiques, in: Mém. Soc. zool. France, 1891, Vol. 4, p. 420, avec 38 fig.

5. Bloch, Beitrag zur Naturgeschichte der Würmer, welche in anderen Thieren leben, in: Beschäft. Berlin. Ges. nat. Freunde 1779, Vol. 4.

6. —, Abhandlungen von der Erzeugung der Eingeweidewürmer und den Mitteln wider dieselben, Berlin 1782, 54 pp., 10 Taf.

7. Cholodkowsky, Eine Idiogenes-Species mit wohlentwickelten Scolex, in: Zool. Anz., 1905, Vol. 29, p. 580—583 mit 5 Fig. im Text.

8. —, Cestodes nouveaux ou peu connus, I., in: Arch. Parasitol., 1906, Vol. 10, p. 332—345, mit 3 Taf.

9. —, —, II., in: Annuaire Mus. zool. Acad. Sc. St. Pétersbourg, Vol. 18, 1913.

10. —, Objasnitelni katalog parasititscheskich tscherwei Zoolog. Kabinet, Imp. Veter.-Medicin. Acad. St. Petersburg 1912.

11. Clerc, Contribution a l'étude de la faune helminthologique de l'Oural, in: Rev. suisse Zool., 1903, Vol. 2, p. 241—368, tab. 8—11.

12. —, Notes sur les Cestodes d'oiseaux de l'Oural, I, II und III, in: Ctrbl. Bakteriol., Vol. 42 u. 43, 1906 u. 1907.

13. COHN, Zur Anatomie und Systematik der Vogelcestoden, in: Nova Acta Leop. Carol. Acad., Vol. 79, 1901.

14. —, Helminthologische Mitteilungen II, in: Arch. Naturgesch., Jg. 70, Bd. 1, 1904.

15. CREPLIN, Novae observationes de entozois, Berolini 1829, 134 pp., 2 pl.

16. CRETY, Cestodi della Coturnix communis, in: Boll. Mus. Zool. Anat. comp. Torino, 1890, Vol. 5, 16 pp., 1 pl.

17. DIAMARE, Die Genera Amabilia und Diploposthe, in: Ctrbl. Bakteriol., Vol. 22, 1897, p. 98—99.

18. DIESING, Systema helminthum, Vol. 1, 1850, p. 478—608.

19. DUJARDIN, Histoire des Helminthes ou vers intestinaux, Paris 1845, 12 pl.

20. FRÖHLICH, Beschreibungen einiger neuen Eingeweidewürmer, in: Der Natuforscher, Halle 1789 (St. 24), 1791 (St. 25), 1802 (St. 29).

21. FUHRMANN, Bemerkungen über einige neuere Vogelcestoden, in: Ctrbl. Bakteriol., Vol. 10, 1901.

22. —, Über ost-asiatische Vogelcestoden, in: Zool. Jahrb., 1905, Vol. 22, Syst.

23. —, Das Genus Diploposthe JACOBI, in: Ctrbl. Bakteriol., Vol. 40, 1905.

24. —, Die Taenien der Raubvögel, ibid., Vol. 41, 1906.

25. —, Die Hymenolepisarten der Vögel I, ibid., Vol. 41, 1906.

26. —, — II, ibid., Vol. 42, 1906.

27. —, Bekannte und neue Arten und Genera von Vogeltaenien, ibid., Vol. 45, 1907.

28. —, Das Genus Anonchotaenia und Biuterina, ibid., Vol. 46, 1908.

29. —, Nouveau Ténias d'oiseaux, in: Rev. suisse Zool., Vol. 16, 1908.

30. —, Neue Davaineiden, in: Ctrbl. Bakteriol., Vol. 49, 1909.

31. —, Die Cestoden der Vögel, in: Zool. Jahrb., 1908, Suppl. 10.

32. —, Die Cestoden der Vögel des weißen Nils, Uppsala 1909, in: Res. Swed. zool. Exped. Egypt and White Nile 1901.

33. —, Vogelcestoden der Aru-Inseln, in: Abh. Senckenberg. naturf. Ges. Frankfurt, Vol. 34, H. MERTON, Ergebn. einer zoolog. Forschungsreise in Molukken, Vol. 2, 1911.

34. —, Nordische Vogelcestoden aus dem Museum von Göteborg, Göteborg 1913, in: Meddel. Göteborg Mus., zool. Afd. 1.

35. —, Sur l'origine de Fimbriaria fasciolaris PALL., in: CR. 9. Congr. intern. Zool., Monaco 1914.

36. GMELIN, Systema naturae, Vol. 1, Pars 6, 1790.

37. GOEZE, Versuch einer Naturgeschichte der Eingeweidewürmer thierischer Körper, Blankenburg, 44 Taf., 1782.

38. Jacobi, Diploposthe laevis, eine merkwürdige Vogeltaenie, in: Zool. Jahrb., Vol. 10, Anat., 1897, 2 Taf.

39. Kowalevsky, Studya helmintologizne I—IX, in: Abh. Akad. Wiss. Krakau, math.-nat. Abt., 1894—1905.

40. Krabbe, Bidrag til kundskab om Fuglenes Bændelorme, in: Dansk. Vidensk. Selsk. Skr., naturvid. math. Afd., 1859, Vol. 8, mit 10 Taf.

41. —, Cestodes, ges. von A. P. Fedtschenko auf seiner Reise in Turkestan, in: Verh. Ges. Freunde Natur. Anthrop. Ethnogr. Moskau, 1879, Vol. 34, 19 pp. mit 88 Fig. (Russisch).

42. —, Nye Bidrag til kundskab om Fuglenes Bændelorme, in: Dansk. Vidensk. Selsk. Skr., 1882, Vol. 1, mit 2 Taf.

43. Linstow, Compendium der Helminthologie, Hannover 1878.

44. —, Helminthen der Russischen Polar-Expedition 1900—1903, in: Mém. Acad. Sc. St. Pétersbourg, Vol. 18, No. 1, 1905.

45. —, Helminthologische Beobachtungen, in: Arch. mikrosk. Anat., Vol. 66, p. 355—366, 1905.

46. Linton, Notes on avian Entozoa, in: Proc. U. S. nation. Mus., Vol. 15, 1892, p. 87—113, 4 pl.

47. Lühe, Cestoden, in: Süßwasserfauna Deutschlands, herausgeg. von Brauer, Jena 1910.

48. de Magalhães, Notes d'helminthologie brésilienne; deux nouveaux Ténias de la poule domestique, in: Arch. Parasitol., 1898, Vol. 1, p. 442—451.

49. Mehlis, Anzeige zu Creplin's Novae observationes de entozois, in: Oken's Isis, 1831, p. 166—199.

50. Molin, Prospectus helminthum quae in prodromo faunae helminthologicae Venetiae continentur, in: SB. Akad. Wiss. Wien, math.-nat. Cl., Vol. 30, 1858; Vol. 1859.

51. —, Prodromus faunae helminthologicae venetae adjectis disquisitionibus anatomicis et criticis, in: Denkschr. Akad. Wiss. Wien, math.-nat. Cl., Vol. 19, 1861, 15 Taf.

52. Nitzsch, Art. Bothriocephalus, in: Ersch. u. Gruber, Allg. Encyklop. Wiss. Künste, 1824, Vol. 12, p. 94.

53. Pallas, Bemerkungen über Bandwürmer in Menschen und Thieren, in: Neue nord. Beyträge physik. geogr. Erd- u. Völkerbeschreibung, Naturg. Oeconomie, Vol. 1, Petersburg und Leipzig 1781, 2 Taf.

54. Parona, Elminthologia sarda. Contrib. allo studio dei Vermi parassiti in animali di Sardegna, in: Ann. Mus. civ. Stor. nat. Genova, Vol. 4, 1887.

55. Piana, Di una nuova specie di Taenia del Gallo domestico etc., in: Mem. Accad. Sc. Istit. Bologna (4), Vol. 2, 1882.

56. Polonio, Novae helminthum species, in: Lotos, Vol. 6, Prag 1860.

57. RAILLIET et LUCET, Sur le Davainea proglottina, in: Bull. Soc. zool. France, Vol. 17, p. 105—106, 1892.

58. RANSOM, On Hymenolepis carioca (MAG.) and H. megalops (NITZSCH) etc., in: Studies zool. Lab. Lincoln, 1902, No. 47.

59. —, Notes on the spiny-suckered tapeworms of chickens (Dav. echinobothr. and Dav. tetragona), in: U. S. Dep. Agriculture, Bureau anim. Industr. Washington, 1904, p. 55—69.

60. —, The tapeworms of american chickens and turkeys, in: 21. Ann. Rep. Bureau Anim. Industry (1904), mit 32 Fig.

61. —, The taenioid cestodes of north american Birds, in: U. S. nation. Museum, No. 69, Washington 1909.

62. ROSSETER, The anatomy of Dicranotaenia coronula, in: Journ. Queckett microsc. Club London, Vol. 7, No. 47, 1900.

63. —, On a new tapeworm, Drepanidotaenia sagitta, ibid., Vol. 9, 1906.

64. RUDOLPHI, Entozoorum s. verminum intestinalium historia naturalis, Vol. 1, 1808—1810.

65. —, Entozoorum Synopsis cui accedunt mantissa duplex et indices locupletissimi, Berolini, 1819, 3 Taf.

66. RÜTHER, Davainea mutabilis, Inaug.-Diss., Gießen 1901, 3 Taf.

67. V. SCHRANK-PAULA, Förtekning af några hittils obeskrifne Intestinal-kräk, in: Svensk. Vetensk. Acad. nya Handl., Vol. 11, 1790.

68. STILES, Report upon the present knowledge of the tapeworms of poultry, in: Bull. No. 12, Bureau of animal Industry, Washington 1896, p. 1—79, tab. 1—21.

69. SOLOWIOW, Parasitischeskie Tscherwi ptiz Turkestana, in: Ann. Mus. zool. Acad. Sc. St. Pétersbourg, 1913.

70. SKRJABIN, K. I., Die vergleichende Charakteristik der Gatt. Chapmania MONT. und Schistometra CHOLODK., in: Ctrbl. Bakteriol., 1914.

71. —, Zwei Vogelcestoden mit ähnlichem Scolex und verschied. Organisation, ibid., 1914.

72. VOLZ, Die Cestoden der einheimischen Corviden, in: Zool. Anz., Vol. 22, 1899.

73. —, Beitrag zur Kenntnis einiger Vogelcestoden, Inaug.-Diss., Basel, in: Arch. Naturg., 1900, 3 Taf.

74. WEDL, Charakteristik mehrerer, größtenteils neuer Taenien, in: SB. Akad. Wiss. Wien, math.-naturw. Cl., Vol. 18, 1856, 3 Taf.

75. WEINLAND, An essay of the tapeworms of man, Cambridge U. S. 1858.

76. WOLFFHÜGEL, Taenia malleus GZE., Repraesentant einer eigenen Cestodenfamilie Fimbriariidae, in: Zool. Anz., Vol. 21, 1898.

77. —, Beitrag zur Kenntnis der Vogelhelminthen, Inaug.-Diss., Basel, 204 pp., 7 Taf., 1900.

78. Wolffhügel, Drepanidotaenia lanceolata Bloch, in: Ctrbl. Bakteriol., Vol. 28, 1900, p. 49—56, 6 Fig.

79. Zeder, Erster Nachtrag zur Naturgeschichte der Eingeweidewürmer von Goeze, Leipzig 1800, 6 Taf.

80. —, Anleitung zur Naturgeschichte der Eingeweidewürmer, Bamberg 1803, 4 Taf.

81. Zschokke, Recherches sur la structure anatomique et histologique des Cestodes, Genève 1888.

Erklärung der Abbildungen.

C Cirrus
Cb Bursa cirri
Dst Dotterstock
Dw Dorsale Wassergefäße
E Eier
Gk Genitalcloake
Gl Drüsen
H Hoden
K Keimstock
Kk Cloakenkanal
Ks Cloakensphincter
Lm Längsmuskulatur
N Nerv
Pa Papilla
Par Paruterinorgan

R Retractor
Rv Retractor der Vagina
Rs Receptaculum seminis
Sa Sacculus accessorius
Sph Sphincter
T Hoden
Tm Transversalmuskulatur
Ut Uterus
V Vagina
Vd Vas deferens
Ve Vas efferens
Vs Vesicula seminalis externa
Vsi Vesicula seminalis interna
Ww Ventrale Wassergefäße
$W_{1, 2, 3}$ Wassergefäße

Tafel 16.

Fig. 1. *Davainea sartica* n. sp. aus *Corvus corone* L. Scolex.

Fig. 2. Einzelne Proglottis derselben Art.

Fig. 3. Bursa cirri mit Genitalöffnungen derselben Art.

Fig. 4. Querschnitt derselben Art mit Muskulatur.

Fig. 5. *Davainea penetrans* Baczynska aus *Gallus gallus* dom. Scolex.

Fig. 6. Flächenschnitt durch eine Proglottis derselben Art.

Tafel 17.

Fig. 7. Querschnitt durch die Genitalcloake und Bursa cirri derselben Art.

Fig. 8. Querschnitt durch ein Proglottis derselben Art mit Muskulatur.

Fig. 9. *Davainea micracantha* FUHRM. aus *Turtur turtur* L. 2 Proglottiden. Totalpräparat.

Fig. 10. *Idiogenes flagellum* GOEZE aus *Circus cinereus*. Scolex.

Fig. 11. *Anomotaenia stentorea* FRÖHL. aus *Vanellus cristatus*. Scolex.

Fig. 12. *Anomotaenia microphallos* KRABBE aus *Vanellus cristatus*. Scolex.

Tafel 18.

Fig. 13. Scolex derselben Art mit ausgestülptem Rostellum.

Fig. 14. Flächenschnitt durch eine Proglottis derselben Art.

Fig. 15. *Anomotaenia otidis* n. sp. aus *Otis tetrax* L. Scolex.

Fig. 16. Einzelne Proglottis derselben Art aus *Otis tarda* (FUHR-MANN'sche Sammlung).

Fig. 17. *Choanotaenia fuhrmanni* n. sp. aus *Circus cinereus*. Scolex.

Fig. 18. Haken derselben Art.

Fig. 19. Flächenschnitt durch eine Proglottis derselben Art.

Tafel 19.

Fig. 20. Genitalcloake mit ausgestülptem Cirrus, Cirrusbeutel und Vagina derselben Art.

Fig. 21. *Cyclorchida omalancristrota* WEDL aus *Platalea leucorodia* L. Flächenschnitt durch eine Proglottis.

Fig. 22. Flächenschnitt durch die reife Proglottis mit dem Uterus.

Fig. 23. Teil eines Querschnittes durch einen Proglottis derselben Art mit Muskulatur und Ausmündungsstelle der Genitalorgane.

Fig. 24. *Monopylidium cinguliferum* KRABBE aus *Scolopax major*. Halbreife Proglottis mit Genitalorganen. Totalpräparat.

Fig. 25. Lage eingekapselter Eier in reifen Gliedern derselben Art. Totalpräparat.

Tafel 20.

Fig. 26. *Monopylidium galbulae* ZED. aus *Corvus frugilegus* L. Scolex.

Fig. 27. Haken derselben Art.

Fig. 28. Disposition eingekapselter Eier in reifen Gliedern derselben Art.

Fig. 29.   *Paruterina cholodkowskii n. sp.* aus *Otomela romanowi* Bogd.
Scolex.

Fig. 30.   Haken derselben Art.

Fig. 31.   Junge Proglottis derselben Art mit Genitaldrüsen.

Fig. 32.   Teil eines Querschnittes durch eine Proglottis derselben
Art mit Muskulatur.

Tafel 21.

Fig. 33.   Flächenschnitt eines reifen Gliedes derselben Art mit
Paruterinorgan.

Fig. 34.   Lage des Uterus in fast reifen Proglottiden derselben Art.
Totalpräparat.

Fig. 35.   *Biuterina dunganica n. sp.* aus *Oriolus galbula*.   Scolex.

Fig. 36.   Haken derselben Art.

Fig. 37.   Flächenschnitt einer halbreifen Proglottis derselben Art.

Tafel 22.

Fig. 38.   Flächenschnitt einer Proglottis derselben Art mit jungem
Uterus.

Fig. 39.   Lage des Paruterinorgans in einem reifen Gliede derselben Art.

Fig. 40.   *Aploparaksis elisae n. sp.* aus *Fuligula nyroca*.   Scolex.

Fig. 41.   2 Haken derselben Art.

Fig. 42.   Junge Proglottiden derselben Art mit männlichen Genitalien.
Totalpräparat.

Fig. 43.   Fast reife Proglottiden derselben Art mit weiblichen Genitalien.   Totalpräparat.

Fig. 44.   *Diorchis americana* Ransom *var. turkestanica n. var.* aus
Gallinula chloropus.   2 halbreife Proglottiden.   Totalpräparat.

Fig. 45.   *Hymenolepis rugosa* Clerc aus *Peristera cambayensis*.
2 Glieder mit Selbstbefruchtung.   Totalpräparat.

Tafel 23.

Fig. 46.   Spitze des Cirrus derselben Art mit chitinösem Stilet.

Fig. 47.   *Hymenolepis villosa* Bloch aus *Otis tetrax*.   Scolex.

Fig. 48.   Haken derselben Art.

Fig. 49.   Scolex derselben Art mit ausgestülptem Rostellum.

Fig. 50.   Halbreifes Glied derselben Art mit Genitalorganen.   Totalpräparat.

Fig. 51.   Reifes Glied derselben Art mit Uterus.   Totalpräparat.

Fig. 52.   *Hymenolepis megalops* Crepl. aus *Fuligula rufina*.   Gruppe
von Parasiten an der Cloake ihres Wirtes.   Photographie.

Fig. 53. Microphotographie eines Flächenschnittes des Scolex derselben Art mit einem Stück Gewebe seines Wirtes. Das Lumen eines Saugnapfes enthält ein Stück der Cloakenwand.

Fig. 54. *Hymenolepis lanceolata* BLOCH aus *Anser anser* L. 3 Cirrusbeutel von verschiedener Reife. Totalpräparat.

Tafel 24.

Fig. 55. *Hymenolepis setigera* FRÖHL. aus *Anser anser* L. Junge Proglottiden mit männlichen Drüsen. Totalpräparat.

Fig. 56. Halbreife Proglottiden derselben Art mit Genitalorganen. Totalpräparat.

Fig. 57. Proglottiden mit weiblichen Drüsen, Vesicula seminalis und Cirrusbeutel derselben Art. Totalpräparat.

Fig. 58. *Hymenolepis coronula* DUJARD. aus *Anas boschas*. Junge Proglottiden. Totalpräparat.

Fig. 59. Halbreife Proglottiden derselben Art. Totalpräparat.

Fig. 60. Teil eines Flächenschnittes einer Proglottis derselben Art mit Cirrusbeutel und Sacculus accessorius.

Fig. 61. *Hymenolepis solowiowi* n. sp. aus *Fuligula nyroca*. Cirrusbeutel mit ausgestülptem Cirrus und Vaginalmündung.

Fig. 62. *Hymenolepis rarus* n. sp. aus Cöcum von *Fuligula rufina*. Scolex.

Fig. 63. Haken derselben Art.

Fig. 64. Flächenschnitt einiger halbreifer Proglottiden derselben Art.

Tafel 25.

Fig. 65. Flächenschnitt eines halbreifen Gliedes derselben Art mit Hoden und Vasa efferentia.

Fig. 66. *Hymenolepis longicirrosa* FUHRM. aus *Anser anser* L. Flächenschnitt einiger Proglottiden mit weiblichen Drüsen.

Fig. 67. Flächenschnitt einer Proglottis derselben Art mit männlichen Drüsen, Cirrusbeutel und Vagina.

Fig. 68. *Hymenolepis przewalskii* n. sp. aus *Anser anser* L. Anordnung der Genitalorgane in den Proglottiden. Totalpräparat.

Fig. 69. *Hymenofimbria merganseri* n. g. n. sp. aus *Mergus merganser*. Scolex.

Fig. 70. Haken derselben Art.

Tafel 26.

Fig. 71. Teil eines Querschnittes durch eine Proglottis derselben Art mit Muskulatur.

Fig. 72. Anordnung der Genitalorgane derselben Art. Totalpräparat.

Fig. 73. Teil eines Flächenschnittes von Proglottiden derselben Art mit der Genitalcloake.

Fig. 74. Flächenschnitt der Cirrusbeutelmündung derselben Art mit Sacculus accessorius.

Fig. 75. Teil eines Flächenschnittes von Proglottiden derselben Art mit 10 Excretionsgefäßen.

Tafel 27.

Fig. 76. *Diploposthe laevis* Bloch aus *Fuligula nyroca*. Querschnitt einer uralten Proglottis mit zur Peripherie gewanderten Eiern.

Fig. 77. Teil eines Querschnittes einer reifen Proglottis derselben Art mit eingekapselten Eiern.

Fig. 78. Habitusbild eines uralten Exemplars von *Diploposthe laevis* Bloch. 1 : 1. Photographie.

Fig. 79. 3 Exemplare der *Davainea penetrans* Baczynska. 1 : 1. Photographie.

Fig. 80. Exemplar der *Anomotaenia microphallos* Krabbe aus *Vanellus cristatus*. 1 : 1. Photographie.

Fig. 81. Exemplar der *Monopylidium galbulae* Zed. aus *Corvus frugilegus* L. 1 : 1. Photographie.

Zur Kenntnis der Gattung Mesoniscus.

Über Isopoden. 17. Aufsatz.

Von

Karl W. Verhoeff in Pasing bei München.

Mit Tafel 28.

––––––

1906 erschien in der Revue Suisse de Zoologie, Vol. 14, p. 601 bis 615 eine Arbeit von J. Carl unter dem Titel „Beitrag zur Höhlenfauna der insubrischen Region". Außer einigen anderen Gliedertieren wird hier vor allem die neue Land-Isopoden-Gattung *Mesoniscus* Carl beschrieben für eine Art *cavicolus*, welche bis dahin nur aus der „Höhle bei Tre Crocette am Campo dei Fiori oberhalb Varese" gefunden worden ist. Carl will in dieser in jedem Falle sehr interessanten Form ein Bindeglied erblicken zwischen den Familien der Ligiiden, Trichonisciden und Onisciden. Er sagt in dieser Hinsicht folgendes:

„Wie bei den zwei ersteren (Gruppen) sind die Mandibeln mit Kaufortsatz versehen; hingegen gleichen die Kieferfüße durch ihre abgestutzte Lade und den dreigliedrigen Taster weit mehr denjenigen der Oniscidae.[1]) In der Gliederung und Beborstung der Geißel der äußeren Antennen besteht, abgesehen von der Zahl der

––––––

1) Diese Behauptung ist nicht zutreffend. Die *Mesoniscus*-Kieferfüße zeigen vielmehr mit Rücksicht auf Innenlade und Taster eine große Ähnlichkeit mit denen der Gattung *Ligidium*.

Glieder und der Form des letzten Gliedes, eine gewisse Ähnlichkeit
mit den Ligiidae. Die zahlreichen Sinneskegel auf der Oberseite
des Körpers und der Extremitäten finden sich sonst hauptsächlich
bei Trichonisciden vor, an welche auch die Form der Uropoden
erinnert. Endlich besitzt die Gattung ganz eigenartige Charaktere,
die in keiner andern (Unter)Familie wiederkehren."

Diese Besonderheiten sind vor allen Dingen in der „Gestalt der
inneren Antennen" zu erblicken und darin, daß „die männlichen
Geschlechtsorgane wie bei den Ligiidae getrennt ausmünden, ohne
daß sich jedoch wie dort lange paarige Genitalkegel ausgebildet
hätten". CARL schließt aus diesen Verhältnissen, daß *Mesoniscus*
„einen archaischen Typus, einen phylogenetischen Relikten darstellt,
der seine Erhaltung offenbar dem Höhlenleben zu verdanken hat".

Der letztere Schluß ist freilich verfehlt, wie ich sowohl von
vornherein vermutete als auch inzwischen tatsächlich dadurch nachweisen konnte, daß es mir gelang, in den nordöstlichen Kalkalpen
von Salzburg und Niederösterreich zwei blinde, weiße Land-Isopoden aufzufinden, welche beide oberirdisch leben und
gleichzeitig mit *cavicolus* CARL nahe verwandt sind. Durch die
nunmehr drei aufgefundenen *Mesoniscus*-Arten ergibt sich, daß diese
offenbar kalkholde Asselgattung in den Alpenländern so weit
verbreitet ist, daß wir mit der Auffindung noch weiterer Arten
rechnen dürfen.

In meinem 12. Isopoden-Aufsatz[1]) habe ich p. 196 vier Unter-
familien der Trichonisciden unterschieden, und zwar die *Mesoniscinae*
VERH. als eine derselben. Damals urteilte ich lediglich nach CARL's
Angaben. Nachdem ich jedoch inzwischen *Mesoniscus* selbst in natura zu studieren Gelegenheit gehabt habe, kann ich nur noch ent-
schiedener dieser meiner Auffassung von 1908 zustimmen, wenigstens
insofern als ich (im Gegensatz zu CARL's Auffassung) in *Mesoniscus*
nicht eine Form erblicken kann, welche zwischen den drei Familien
der Ligiiden, Trichonisciden und Onisciden steht, sondern mit den **Trichonisciden** entschieden näher verwandt
ist als mit irgendeiner anderen Familie, worauf ich noch
weiterhin zurückkommen werde.

Zur Orientierung gebe ich zunächst einen

---

1) in: Arch. Naturgesch., 1908, Jg. 74, Bd. 1.

Schlüssel der drei bekannten *Mesoniscus*-Arten:

a) Die Geißel der Antennen besteht aus 5 + 1 Gliedern (Fig. 10), während das Endstück des verlängerten Endgliedes (Fig. 11) durch einen feinen Ring deutlich abgesetzt ist. Die rechte Mandibel besitzt am Vorzahnstück nur z w e i Fiederstäbchen, die linke ist am Vorzahnstück bei ♂ und ♀ zweizahnig (ein 3. Zahn höchstens angedeutet), das Endzahnstück ist vierzahnig. Der Endabschnitt an den Endopoditen der 2. Pleopoden des ♂ ist am Ende deutlich abgesetzt und zugleich recht schmal (Fig. 9 *d, e*), nicht aufgebläht, der ganze Endabschnitt annähernd gleich schmal. Der Stamm der Kieferfüße gleicht ebenso wie die Taster derselben denen des *subterraneus*. 1.—5. Pleontergit mit je e i n e r Höckerchenreihe

1. calcivagus n. sp.

b) Die Geißel der Antennen besteht aus 6 + 1 Gliedern (Fig. 12), während das Endstück des verlängerten Endgliedes nicht deutlich abgesetzt ist. Das Vorzahnstück der rechten Mandibel (Fig. 13) besitzt d r e i Fiederstäbchen c, d

c) Der Stamm der Kieferfüße ist in der Endhälfte außen in breitem Lappen über die Grundhälfte v o r g e z o g e n. Am Innenrand der Taster sitzen das 1. und 2. Borstenbüschel auf kurzen Zapfen, welche an Größe wenig verschieden sind. Die rechte Mandibel trägt am Kaufortsatz d r e i weit herausragende Fiederstäbchen, ihr Vorzahnstück ist in der Mitte stark eingeschnürt. Endzahnstück beider Mandibeln dreizahnig, das Vorzahnstück der linken 2(3)zahnig. Am Propoditenrücken des 7. Beinpaares des ♂ ist die Bürste auf die Endhälfte beschränkt, in der Grundhälfte stehen 4 Borstenkegel. Die Endabschnitte der Endopodite der 2. männlichen Pleopoden besitzen weder ein abgesetztes Endstück noch eine Aufblähung noch eine Einbiegung; sie verlaufen vielmehr einfach schmal bis zum Ende. 1. Pleontergit mit einer, 2.—5. mit je z w e i Höckerchenreihen 2. <i>cavicolus</i> CARL

d) Der Stamm der Kieferfüße (Fig. 21) ist in der Endhälfte außen n i c h t in breitem Lappen vorgezogen. Am Innenrand der Taster sitzt das 1. Borstenbüschel nur auf einem kleinen Höcker, während das 2. sich auf dem Ende eines Fortsatzes befindet, welcher die halbe Länge des Endgliedes erreicht. Die rechte Mandibel trägt am Kaufortsatz nur z w e i herausragende Fiederstäbchen, während sich von einem dritten nur eine sehr kurze schwache Andeutung findet; ihr Vorzahnstück besitzt keine auffallende Einschnü-

rung. Endzahnstück der rechten Mandibel vier-, der linken fünf-
zahnig (Fig. 20), das Vorzahnstück der linken entschieden dreizahnig, wobei der vorderste Zahn herausragt. Am Propoditrücken
des 7. Beinpaares des ♂ reicht die Bürste über $^2/_3$ der Länge
hinaus (ähnlich Fig. 14), daher stehen im Grunddrittel nur zwei
Borstenkegel. Die Endabschnitte der Endopodite der 2. männlichen
Pleopoden (Fig. 2) sind hinter der Mitte am schmalsten, vor dem
Ende nach innen umgebogen und in diesem Endstück (Fig. 3) zugleich etwas aufgebläht. 1.—5. Pleontergit mit je e i n e r Höckerchenreihe   3. *subterraneus n. sp.*

Mesoniscus CARL, VERH. char. emend.

(Putzapparat, Federbürsten, Atmungsorgane, Schrillapparat, Spermatophor.)

Die Antennulen beschrieb CARL als „kurz, dreigliedrig, das
erste Glied stark verkürzt, das letzte breit, schaufelförmig, am Ende
mit einem aus mehreren Chitinwülsten gebildeten Sinnesorgan".

Im Vergleich mit den Trichonisciden sind die Antennulen
tatsächlich kurz, und das Grundglied kann schon als undeutlich be-
zeichnet werden. Hinsichtlich der „Chitinwülste" dagegen kann ich
CARL nicht beistimmen. Es handelt sich hier vielmehr um dieselben
Sinnesstäbchen, welche am Ende der Antennulen bei typischen
Trichonisciden vorkommen, und zwar in der Zahl 7—8. Der
Unterschied liegt jedoch darin, daß diese Sinnesstäbchen nicht nur
stark an das letzte Glied angelehnt sind (Fig. 17 u. 19), sondern
auch vom lappenartigen Ende desselben schützend überragt werden.
Die Antennen besitzen an ihren kräftigen Schaftgliedern stets ge-
reihte Borstenkegelchen (Fig. 10 u. 12), und zwar besonders an den
großen 4. und 5. Gliedern. Die Borstenkegelchen bestehen aus
Spitzchen verschiedener Länge, die längsten gewöhnlich in der Mitte,
außerdem kommen noch schuppenartige Hautfortsätze vor, teils
gruppiert, teils zerstreut. Länger sind die Tastborsten der Geißel,
aber auch bei diesen finden sich eine oder mehrere Nebenspitzchen.
Sehr feine kurze Härchen sind dem Flagellum angedrückt, besonders
dem langen Endglied, welches am Ende in einem Schopf feinster
Fasern [1]) zerschlitzt ist (Fig. 11). Die Zahl der Fiederstäbchen

---

1) Da sich Ähnliches bei nicht wenigen anderen Land-Isopoden findet,
verstehe ich nicht, wie CARL in der „Form des letzten Geißelgliedes der
äußeren Antennen" etwas so Besonderes erblicken will.

der Mandibeln beträgt 2—3 sowohl am Vorzahnstück als auch am
Kaufortsatz, wobei der Unterschied sich zwischen verschiedenen
Arten oder zwischen rechts und links finden kann. Das Vorzahnstück ist gegen das Endzahnstück passiv beweglich, indem beide
an ihrem Grund (Fig. 13) durch einen federnden Chitinbogen verbunden sind. Das Vorzahnstück der linken Mandibel besitzt stets
gebräunte Endzähne, während das der r e c h t e n Mandibel nicht nur
immer glasige Beschaffenheit zeigt, sondern zugleich statt der 2 bis
3 Zähne eine R o s e t t e kleiner Zäpfchen. Die Außenladen der
1. Maxillen tragen am Ende 7—8 Zähne, und zwar 4 stärkere,
2 schwächere und 1—2 kleinste. Die Innenladen der 1. Maxillen
sind ebenfalls bei den drei bekannten Arten übereinstimmend gebaut, indem sie aus einem „helmförmigen" Lappen und zwei ge-
wimperten Fortsätzen bestehen. Unterlippe, Zunge und 2. Maxillen
zeigen nichts Auffallendes.

Die K i e f e r f ü ß e (Fig. 21) besitzen bei allen Arten eine lange
am Ende abgestutzte und mit $1 + 5$ Spitzchen bewehrte Innenlade.

Die T a s t e r gibt CARL als „dreigliedrig" an, was nicht ohne
weiteres als richtig gelten kann. Tatsächlich sind nämlich nur
z w e i Glieder durch deutliches Gelenk scharf voneinander getrennt,
ein kurzes Grundglied und ein wurzelförmiges Endglied. Letzteres
ist allerdings nicht ganz einheitlich, sondern durch feine Furchen
in drei Teile abgesetzt. Diese Furchen (von welchen CARL nur die
endwärtige angibt) sind aber nicht als echte Glieder zu betrachten,
sondern nur als schwache A n d e u t u n g e n derselben. Man muß
daher sagen, daß die Kieferfußtaster 2—(3—4)gliedrig sind.

Die Höckerchen auf den Truncustergiten stehen in u n r e g e l -
m ä ß i g e n Querreihen, nur am Hinterrand und an den Epimerenrändern sind sie r e g e l m ä ß i g angeordnet.[1] Die Hinterzipfel der
Epimeren sind am 5. Segment wenig, am 6. stärker und am 7. am
stärksten nach hinten herausgezogen, am 4. abgerundet, rechtwinklig.

Das 2.—7. Truncustergit besitzen eine kräftige Q u e r n a h t,
durch welche sie in V o r d e r - und H i n t e r f e l d zerlegt werden.
Jederseits auf den Epimeren reicht die Quernaht fast bis zum Rande
und biegt neben demselben nach hinten um. An den hinteren

---

1) Auf CARL'S fig. 2 für *cavicolus* tritt die Regelmäßigkeit der
R a n d h ö c k e r c h e n nicht gebührend hervor; dieser Unterschied dürfte
aber nur in der Ungenauigkeit dieser Zeichnung liegen, nicht in natura.
Dasselbe gilt für die Hinterzipfel des 5.—7. Truncussegments, d. h. dieselben sind in natura verschieden gestaltet, als es nach fig. 2 erscheint.

Truncussegmenten ist das Hinterfeld etwas beschränkter. Während das Vorderfeld am 2. Tergit die halbe Länge des Hinterfeldes erreicht, ist es am 7. Tergit etwa $^3/_5$ so lang wie jenes. Alle Vorderfelder werden durch die Hinterrandduplikatur des vorhergehenden Hinterfeldes v e r d e c k t, daher sind auch die Höckerchen ausschließlich auf den Hinterfeldern zu finden.

Die Pleontergiten besitzen nur schwache Epimeren. Das Telson ragt hinten dreieckig und etwas spitz heraus. Die Uropodenexo- und Endopoditen sind in einer Querrichtung nebeneinander eingelenkt (während nach Carl die Einlenkung des Endopodit sich vor derjenigen des Exopodit befinden soll). Die Exopodite sind am Grunde doppelt so dick wie die Endopodite. (Nach Carl sollen sie bei *cavicolus* nur wenig dicker sein.)

Die Höckerchen auf den Tergiten sind wenigstens am Truncus wirkliche kleine Erhebungen, welche von je einem Porenkanal durchsetzt werden. Auf ihnen befinden sich ein Börstchen, Schüppchen und im Kreise herumziehende Zellstruktur. Härchen und unechte Schüppchen sind besonders an den Epimerenrändern leicht erkennbar.

Das 1. B e i n p a a r besitzt in beiden Geschlechtern e i n e n P u t z a p p a r a t[1]), welcher aus v i e r Bestandteilen besteht, nämlich zwei Kämmchen, einer Bürste und drei Putzborsten. In der Mitte des inneren Endrandes des Carpopodits findet sich ein aus 9—10 langen Spitzen gebildetes Kämmchen, während ein Propoditkämmchen ihm gegenübersteht. Letzteres erstreckt sich über die innere Grundhälfte und besteht aus zahlreichen, nach unten gerichteten Borsten. Unten innen neben dem Carpopoditkämmchen stehen hintereinander drei Stachelborsten, welche am Ende in feine Fäserchen zerschlitzt sind: Über das innere mittlere Drittel des Carpopodits verteilt sich mit zahlreichen, sehr feinen, nach endwärts gerichteten Fasern neben dem Kämmchen eine Putzbürste, bei ♂ und ♀ in gleicher Weise. (Diesen Putzapparat beschreibe ich nach *calcivagus*, das 1. Beinpaar des *subterraneus* ist nicht bekannt, und über *cavicolus* liegen keine Angaben vor.) Am 2. Beinpaar f e h l e n die vier Bestandteile des Putzapparats gänzlich.

Als Z ä h n c h e n b o g e n (Fig. 14 *zb1*, *zb2*) hebe ich die in ge-

---

1) in: Arch. Naturg., 1908, beschrieb ich den Putzapparat von *Sphaerobathytropa ribauti* Verh. und in: Arch. Biontol., 1908, Vol. 2, p. 379, habe ich auf die weite Verbreitung dieser Einrichtung aufmerksam gemacht.

bogener Reihe am Endrand von Mero- und Carpopodit sitzenden
Zäpfchen oder Zähnchen hervor, welche im Verein mit den Stachelborsten die Gliedmaßen des Truncus als Grabbeine charakterisieren. Am 1. Beinpaar ist der Zähnchenbogen am Ende des Mero-
podits nur schwach angedeutet, am Ende des Carpopodits dagegen
oben gut entwickelt und durch kurzen Zwischenraum vom Kämmchen geschieden. Am 2. Beinpaar ist er am Meropodit ebenfalls
noch schwach, am Carpopodit dagegen reicht er in weitem Halbkreis
namentlich innen über das Gebiet hinaus, in welchem sich am
1. Beinpaar das Kämmchen befindet. Ich komme aus dem Vergleich
der Beinpaare zu dem Schluß, daß das Carpopoditkämmchen
des 1. Beinpaares einen umgewandelten Abschnitt des
Zähnchenbogens darstellt.

Am 3.—7. Beinpaar ändert sich allmählich die Beschaffenheit
der Zähnchenbogen. Am Carpopodit greift er immer im Halbkreis
um den Endrand, aber am Meropodit wird er. allmählich stärker.
Am 5. Beinpaar ist der Meropoditzähnchenbogen innen schon bis
zur ventralen Stachelborste ausgedehnt, außen aber nur ganz kurz.
Ähnlich steht es am 6. und 7. Beinpaar, aber am Meropodit des 7.
reicht der Zähnchenbogen innen bis zur ventralen Stachelborste und
zugleich weit über den Grund des Carpopodits hinaus, außen dagegen
noch nicht bis zu den Kerbleisten (Fig. 5).

An diesem inneren, stärkeren Herabreichen der Meropoditzähnchenbogen kann am 5.—7. Beinpaar die Innen- oder Hinterfläche am sichersten erkannt werden.

Borstenkegelchen, ähnlich denen des Antennenschaftes, kommen
am Rücken von (Mero-) Carpo- und Propodit aller Beinpaare vor,
Stachelborsten finden sich an allen Beingliedern, am reichlichsten
unten am Mero-, Carpo- und Propodit.

Federbürsten, welche der Reinigung der hinteren Körperhälfte dienlich sein können, sind in beiden Geschlechtern (Fig. 14 *fb*)
am Propoditrücken des 6. und 7. Beinpaares anzutreffen, und zwar
bestehen sie aus Fiederborsten, deren Fasern vorwiegend krallen-
wärts gerichtet sind (Fig. 15). Daneben stehen zahlreiche kürzere
Fiederborsten vorn und schuppenartige Borsten hinten. (Ob auch
cavicolus Federbürsten besitzt, geht aus Carl's Angaben nicht bestimmt hervor, doch zeigen seine figg. 4, 5 und 13 an der betreffenden Stelle reichliche Behaarung.)

Carl's Angabe, daß die „Pleopoden des 1. Paares fast rudimentär" seien, halte ich für unrichtig. Bei *M. subterraneus* und

calcivagus bestehen die 1. Pleopoden des ♂ aus einem starken Propodit und großen dreieckigen Exopodit, n u r d a s E n d o p o d i t i s t v e r k ü m m e r t (Fig. 4). Das Propodit ist breit und ragt außen mit kräftigem Außenlappen vor, welcher am Rand eine Reihe schuppenartiger Spitzen trägt und vor demselben mehrere Kerbleisten mit sehr deutlichen Unterbrechungen. Die 1. Pleopoden des ♀ stimmen sonst mit denen des ♂ überein, besitzen jedoch ein eigentümliches, sehr zartes E n d o p o d i t, welches in seiner abgeplatteten Gestalt dem Exopodit ähnelt, jedoch kleiner ist, unter diesem versteckt und von ihm innen, außen und hinten weit überragt wird. Es enthält zahlreiche Blutkörperchen.

2. Pleopoden des ♀ mit großem rundlichem Exopodit, Propodit mit großem Außenlappen, aber ohne Spitzenreihe und ohne Kerbleisten, innen als starker Querbalken sich unter das Endopodit schiebend. Dieses ist scharf von ihm abgesetzt und bildet einen länglichen, bis zur Mitte des Exopodit reichenden Fortsatz (Fig. 7 *2en*), welcher von diesem verdeckt wird und fast spitz ausläuft.

Die 2. Pleopoden des ♂ unterscheiden sich durch das sehr lange, aber zugleich schmale, das Exopodit weit überragende E n d o p o d i t (Fig. 2). Gegen das Propodit ist dasselbe nicht so stark abgesetzt wie beim ♀, aber es besteht selbst aus drei Abschnitten. Der grundwärtige wird durch eine innere Einkerbung beendet (*a*), der mittlere durch ein nach außen vorragendes Läppchen (*b1*). Der Endabschnitt ist nach den Arten etwas verschieden gestaltet, besitzt aber stets innen in einer Längsreihe eine größere Anzahl kleiner glasiger, länglicher Verdickungen, welche ich S p i t z k n ö t c h e n nennen will.

Die 3.—5. Pleopoden zeigen in beiden Geschlechtern keine namhaften Unterschiede, aber von allen Dreien sind die häutig-weichen Endopodite in Z i p f e l zerteilt, welche unter den deckelartigen Exopoditen versteckt liegen. An den 3. Pleopoden sind die Endopodite in z w e i Zipfel gegabelt, welche wie Zangenarme gegeneinander gekrümmt stehen. Vom inneren Teil des Propodit geht ebenfalls ein häutiger, kissenartiger Fortsatz aus, welcher sich zwischen das Exopodit und den inneren Zipfel des Endopodits schiebt (Fig. 6).

An den 4. und 5. Pleopoden sind die Endopodite in d r e i Z i p f e l geteilt, von welchen sich zwei nach hinten erstrecken, der dritte aber nach vorn zurückgebogen ist (*a3*, Fig. 8). Innen von den nach hinten gerichteten Zipfeln ist auch hier ein aus dem Propodit herausgestülptes Kissen (*k*) zu finden. Von den beiden nach hinten gerichteten Zipfeln ist der innere der 4. Pleopode besonders lang (*a 1*), läuft spitz aus und erreicht etwa ⁴/₅ der Länge des Exopodits.

D i e A t m u n g s o r g a n e von *Mesoniscus* werden also gebildet durch

    1. zweizipflige E n d o p o d i t e am 3. und dreizipflige Endopodite am 4. und 5. Pleopodenpaar,

    2. durch Innenzipfel der Propodite am 3.—5. Pleopodenpaar,

    3. kommen außer diesen für beide Geschlechter giltigen Organen noch die E n d o p o d i t e der 1. Pleopoden des ♀ in Betracht.

In der Hauptsache schließen sich diese Atmungsorgane an diejenigen der T r i c h o n i s c i d e n und O n i s c i d e n an, namentlich auch mit Rücksicht auf das F e h l e n der tracheenartigen Gebilde, der sogenannten „weißen Körper". In den zarten Endopoditen der 1. Pleopoden des ♀ findet sich eine gewisse Annäherung an die L i g i d i e n. Man hat die Atmungsorgane an den 2.—5. Pleopoden, vielfach als „Kiemen" bezeichnet, eine Auffassung, welche ich um so weniger teilen kann, als sich durch Versuche gezeigt hat, daß selbst diejenigen Land-Isopoden, welche ausschließlich diese sogenannten „Kiemen" besitzen, verhältlich schnell im Wasser zugrunde gehen.[1]) Die Propodite an den 3.—5. Pleopoden von *Mesoniscus* besitzen starke Muskeln (*m 2*, Fig. 6), durch welche sie zusammengezogen werden. Auch in der Grundhälfte der Exopodite (*3 ex*) kommt ein zwischen Ober- und Unterlamelle ausgespannter Muskel vor, welcher dieselben zusammenpressen kann. Diese Muskeln treiben das Blut aus den Pleopoden heraus, worauf es passiv wieder zurückströmt infolge der elastischen Spannung dieser Gliedmaßen.

Im 15. Isopoden-Aufsatz, a. a. O., p. 381, habe ich bereits auf „S c h r i l l a p p a r a t e an den Basalia des 7. Beinpaares beider Geschlechter der Trichonisciden" u. a. Isopoden hingewiesen. Es ist von besonderem Interesse, daß auch *Mesoniscus* einen S c h r i l l - a p p a r a t besitzt, derselbe jedoch beträchtlich von dem anderer T r i c h o n i s c i d e n abweicht. Die Basalia des 7. Beinpaares besitzen überhaupt keine „Streifen von Schrillplättchen", sondern es finden sich S c h r i l l e i s t e n, welche aus niedrigen, durch zahlreiche Absetzungen mehr oder weniger gekerbt oder gewellt erscheinenden Kanten bestehen, die ich K e r b l e i s t e n nenne. Diese Kerbleisten

---

    1) Vgl. auch W. HEROLD's Beiträge z. Anat. u. Physiol. einiger Land-Isopoden, in: Zool. Jahrb., Vol. 35, Syst., 1913, p. 514.

treten auf am 6. und 7. Beinpaar in beiden Geschlechtern
in derselben Weise und zwar an der Hinter- oder Innenfläche des 6. sowie an der Vorder- oder Außenfläche
des 7. Beinpaares. Schon diese entgegengesetzte Anordnung an
den beiden letzten Beinpaaren deutet darauf hin, daß durch
gegenseitiges Aneinanderreiben Schrillaute hervorgebracht werden. Dafür spricht ferner die genauere Anordnung.
Es finden sich nämlich am 6. Beinpaar die Kerbleisten am Ischio-,
Mero-, Carpo- und Propodit, nicht aber am Basale, während
am 7. Beinpaar sie auch an diesem entlang ziehen. Dieser Unterschied hängt damit zusammen, daß das 6. und 7. Beinpaar nach
hinten gerichtet sind. Reiben sich dieselben aber aneinander,
dann kann das 6. Beinpaar zwar die Außenfläche vom Basale des
7. bestreichen, nicht aber umgekehrt das 7. Beinpaar die Innenfläche
vom Basale des 6.

In der Hauptsache verlaufen die Kerbleisten parallel und
zwar teils gerade, teils gebogen, nämlich 5 am Basale, 7—8 am
Ischio-, 8—9 am Mero-, 5—6 am Carpo- und 3—4 am Propodit (Fig. 14
kl 1—3). Am Ischiopodit stehen die Kerbleisten oberhalb, am Meropodit unterhalb der Mitte. Auch am Carpopodit befinden sie sich
größtenteils unter der Mitte (kl 2, Fig. 14), aber zugleich sind die
meisten auf die Grundhälfte beschränkt. Nur zwei (drei) laufen bis
zum Ende durch. Unter ihnen befindet sich eine Längsrinne und
unter dieser wieder ein Längswulst, auf dem die unteren inneren
Stachelborsten inseriert sind. An die 2—3 durchlaufenden Kerbleisten des Carpopodits setzen sich ebenfalls 2 weithin verlaufende
(kl 1) des Propodits, und neben diesen bemerkt man 2 abgekürzte.
Auch unter den Propodit-Kerbleisten verläuft eine gebogene Längsrinne (r, Fig. 16), unter dieser aber tritt (abweichend von den
übrigen Gliedern) eine Spitzenreihe auf, welche aus sehr zarten,
am Ende schräg abgeschnittenen, in einer gebogenen Reihe angeordneten unechten Schüppchen besteht (sl). Am 7. Beinpaar ist
die Spitzchenreihe schwach und kann leicht übersehen werden,
am 6. Beinpaar ist sie kräftiger ausgeprägt. Sie zieht, der Längsrinne entsprechend, schräg von unten grundwärts nach oben endwärts und beginnt am 6. Beinpaar ganz unten hinter dem Propodit-
grund, am 7. etwas weiter nach oben und innen.

CARL hat den Schrillapparat überhaupt nicht erwähnt, aber ich
zweifle angesichts der sonstigen weitgehenden Übereinstimmung
nicht im geringsten, daß er auch bei *cavicolus* vorkommt, zumal er

bei *subterraneus* und *calcivagus* in übereinstimmender Weise ausgeprägt ist.

CARL's Angabe, daß die männlichen Vasa efferentia „getrennt ausmünden, ohne daß sich paarige Genitalkegel ausgebildet hätten", kann ich bestätigen. Die männlichen Geschlechtswege krümmen sich gegen die Mediane und münden hier zwar getrennt, aber doch so nahe, daß sie gemeinsam ein unpaares Spermatophor bilden. (CARL scheint dieses nicht beobachtet zu haben.) Von den beiden Männchen, welche ich untersuchen konnte, besaß das eine ein kurzes und gedrungenes, anscheinend noch unfertiges, das andere ein langes und schmales, offenbar für die Copula schon fast fertiggestelltes, aber doch noch in den Genitalöffnungen befestigtes und nach hinten zwischen den 1. und 2. Pleopoden gehaltenes Spermatophor. Das in der Endhälfte etwas dickere aber im ganzen wurmförmige Spermatophor erreicht die Länge von etwa $1^3/_4$ mm, so daß es über die Enden der langen 2. Endopodite noch etwas hinausreicht. Zwischen den Vasa efferentia sitzt das unpaare Spermatophor eingekeilt median zwischen den paramedianen Genitalöffnungen, welche CARL zutreffend schildert als „ganz kurze, genäherte, klappenartige Erhöhungen". Diese sehr kurzen Genitalhöcker sind häutiger Natur und enthalten große Hypodermiszellen.

Das Spermatophor wird aus dreierlei Bestandteilen zusammengesetzt, welche man auf langer Strecke auch bereits in den Geschlechtswegen verfolgen kann, nämlich außer einer hellen Flüssigkeit eine große Zahl von anscheinend zähen Secrettropfen und dichte Bündel heller, äußerst dünner Spermatozoen (Fig. 22). Indem diese verschiedenen Gebilde aus den beiden Geschlechtsöffnungen getrieben werden, vereinigen sie sich infolge der sehr nahen Nachbarschaft derselben sofort. Die zwei Spermatozoenbündel kleben zu einem zusammen, und um sie herum bilden die Secretmassen eine einheitliche Hülle. Zahllose Tropfen verschiedener Größe enthält dieses Spermatophor, während sich in den Vasa efferentia zum Teil noch größere Tropfen vorfinden.

Die verwandtschaftliche Stellung

der Gattung *Mesoniscus* läßt sich auf Grund der vorhergehenden ausführlicheren Charakteristik, dem schon oben Gesagten entsprechend, nur so bestimmen, daß eine nähere Verwandtschaft mit *Ligidium* durchaus abzulehnen ist. Das Pleon von *Ligidium* zeigt so zahlreiche und zum Teil beträchtliche Unterschiede, daß diese allein schon einen verwandtschaftlichen Zusammenhang mit *Mesoniscus* verbieten. Wir treffen bei *Ligidium* nicht nur stark entwickelte und völlig getrennte Penes, sondern dem entsprechend auch paarige Spermatophoren. Während den 1. Pleopoden. der *Mesoniscus*-♂ die Endopodite fehlen, sind sie bei *Ligidium* besonders stark entwickelt. *Ligidium* besitzt auch nicht die in Zipfel geteilten, sondern sehr breite Atmungs-Endopodite. Von der hornartigen Uropodenpropodit-Verlängerung der Ligidien ist wieder bei *Mesoniscus* keine Andeutung zn sehen. Wenn auch die Kieferfüße eine weitgehende Übereinstimmung zeigen, dann sind dafür die Antennulen desto unähnlicher.

Gerade in den Antennulen schließt sich *Mesoniscus* zweifellos an die Trichonisciden an, ebenso in der Gestalt der Uropoden, im allgemeinen Körperbau oder Habitus, in der Gestalt der Beine und Gliederung der Antennen. Gezipfelte Atmungsendopodite der 3.—5. Pleopoden treffen wir ebenfalls bei den Trichonisciden. Endlich ist auch in den männlichen Copulationsorganen dieser Familie insofern eine weit nähere Beziehung zu *Mesoniscus* gegeben, als, dem unpaaren Spermatophor entsprechend, auch ein unpaarer freier Penis vorkommt. Da nun die Samenwege getrennt in denselben eintreten, so erhalten wir genau den Sachverhalt von *Mesoniscus*, wenn wir uns den Penis der Trichonisciden bis zum Grund verkümmert denken.

Mesoniscus calcivagus n. sp.

Körper schneeweiß, ohne Ocellen. ♀ 6½—7 mm, ♂ 6 mm lang. ♂ etwas schlanker als das ♀.

Die Federbürsten des 6. und 7. Beinpaares sind in beiden Geschlechtern in gleicher Weise ausgebildet. Der Endabschnitt der Endopodite der 2. männlichen Pleopoden (Fig. 6) verschmälert sich sehr langsam und gleichmäßig endwärts, und sein längliches Endstück (*d, e*) ist noch dünner und unter stumpfem Winkel abgesetzt.

Vorkommen. Bei Kirchberg a. Pielach in Niederösterreich entdeckte ich 1 ♀ und 1 ♂ dieser Art in etwa 400 m Höhe in einem ostwärts gelegenen Laubwalde am Hange eines teilweise von Kalkklippen durchsetzten Berges am 23./9. 1913. Die Tierchen befanden sich unter einer großen Kalksteinplatte an einem Corylus-Busch und zwar an einer Stelle, welche ziemlich viel Sonne erhält. Unter einem Nachbarstein hausten *Platyarthrus hoffmannseggii* unter Ameisen, anscheinend *Lasius niger*. Dieser Berghang muß im Sommer zeitweise recht trocken werden.

Am Kreuzkogel bei Mariazell erbeutete ich in 860 m Höhe 2 ♀♀ und 1 Junges von 3½ mm Länge in gemischtem Walde ebenfalls unter größeren Kalksteinen in Gesellschaft des *Lasius flavus* am 21./9. 1913. Die Tiere beider Fundplätze stimmen miteinander überein.

Mesoniscus subterraneus n. sp.

♂ 5⅔ mm lang, ist äußerlich von *calcivagus* nicht zu unterscheiden. Leider hat das einzige Stück die vorderen Beinpaare verloren und auch das 7. Bein auf einer Seite. Daher bin ich nicht sicher, ob der auffallende Unterschied hinsichtlich der Bürste am Propodit des 7. Beines ein durchgreifender ist, was erst weitere Funde bezeugen müssen. Während sich nämlich am 6. Beinpaar eine Federbürste ganz wie bei *calcivagus* vorfindet, ist das am Propodit des 7. Beines nicht der Fall. Statt der lockeren Federborsten findet sich vielmehr ein aus verklebten Borsten bestehender Kamm, welcher am Ende in ein kleines Spitzchen ausgezogen ist. Dieser Kamm ist übrigens auch niedriger als die Federbürsten.

M. subterraneus bildet insofern eine Vermittelung zwischen den beiden anderen Arten, als er in der Zahl der Geißelglieder mit *cavicolus* übereinstimmt, ebenso hinsichtlich der mandibularen Fiederstäbchen, in der Zahl der Pleon-Körnchenreihen dagegen mit *calcivagus* übereinstimmt und ebenso in den angegebenen Eigentümlichkeiten der Kieferfüße. Trotzdem ist *subterraneus* eine besondere Art, was sich am besten aus der Gestalt der Endopodite der 2. männlichen Pleopoden ergibt:

Die Endabschnitte (Fig. 2 u. 3) sind etwas breiter als bei *calcivagus* und verschmälern sich zugleich stärker bis über die Mitte hinaus. Die an beiden Enden verjüngten Spitzknötchen, deren es 24—25 gibt, treten deutlicher hervor. In Fig. 3 sind bei *c 2* noch die 3 letzten zu sehen. Ganz abweichend gestaltet ist das durch das Aufhören der Spitzknötchen bezeichnete Endstück des Endabschnittes. Es erscheint sowohl gekrümmt als auch etwas aufgetrieben, außerdem 2mal etwas eingeschnürt, bei *d 1* und *d 2*. Die endwärtige Einschnürung zeigt einige winzige Knötchen; am abgerundeten Ende aber finden sich noch 4 Spitzknötchen (*e*).

Vorkommen. Das einzige männliche Stück des *subterraneus* entdeckte ich am 24./4. 1913 in etwa 1000 m Höhe im Bereich der berühmten prähistorischen Fundstätte von Salzberg bei Hallstadt, unter einem mehr als 1 Kubikfuß messenden Kalksteine, welcher tief in nasses Fagus-Laub gebettet lag, während sich daneben noch ein ausgedehntes Schneelager vorfand.

Es hat mich besonders gefreut, an dieser für die Anthropologie so bedeutsamen Stätte auch ein zoologisch so kostbares Objekt aufgefunden zu haben, wodurch ich zugleich entschädigt wurde für das Mißtrauen des angestellten Waldhüters, welcher sich einbildete, daß ich in jeder Tasche einen Knochen oder Schädel mitführen könnte.

Zoogeographische Bemerkung.

Die große zoogeographische Bedeutung des *Mesoniscus subterraneus* und *calcivagus* liegt darin, daß mit diesen Formen zum erstenmal aus den nordöstlichen Kalkalpen Isopoden nachgewiesen worden sind, welche als endemische Charakterformen derselben gelten können und das um so mehr, als diese zarten Tierchen nur da zu existieren vermögen, wo sie sich in der warmen Jahreszeit in tiefen Gesteinsspalten verstecken können. Eine solche Möglichkeit bieten ihnen aber in ausgedehnterem Maße nur die mesozoischen Kalkformationen. Sind diese Isopoden aber, woran nicht zu zweifeln ist, absolut kalkhold, dann ist schon dadurch die Möglichkeit ihrer Verbreitung nach Norden und Süden stark eingeschränkt. Die bisherigen Funde innerhalb einer montanen Alpenzone zwischen 400 und 1000 m Höhe sprechen dafür, daß diese Gattung auch von Laubhölzern abhängig ist. Der Darminhalt des *subterraneus* deutete auf zerfressenes Fagus-Fallaub; er bestand aus einer braungelben Masse, in welcher sich größere Stückchen pflanzlichen Zellgewebes vorfanden, dazwischen auch verzweigte Zellfäden, wahrscheinlich Wurzelstückchen und deren Ausläufer, Sandkörnchen nur sehr wenig und keine Spuren von tierischer Nahrung.

Nachdem meine beiden Arten oberirdisch gefunden wurden, muß damit gerechnet werden, daß auch *cavicolus* oberirdisch vorkommt. Immerhin muß berücksichtigt werden, daß diese Isopoden in den Südalpen durch Hitze und Dürre mehr als in den Nordalpen bedrängt werden und infolgedessen in ersteren eher Veranlassung haben in Höhlen Zuflucht zu suchen. Jedenfalls ist *Mesoniscus* ein neues Beispiel [1] für meine schon 1899 in No. 584 und 602 des Zoologischen

---

1) Kürzlich prophezeite ich für den bisher nur aus der Haselhöhle bei Wehr bekannten Diplopoden *Xylophageuma vornrathi* Verh., daß er

Anzeigers (über europäische Höhlenfauna) dargelegte Anschauung, daß es, wenigstens unter den Gliedertieren, „überhaupt keine absoluten Höhlentiere giebt". Daß die nördlichen Kalkalpen andere Arten beherbergen als die südlichen, entspricht durchaus der gänzlichen Trennung beider Gebiete. Da Hallstadt vom Vareser See etwa 420 km, von Kirchberg a. P. (M. ZELL) etwa 125—130 km entfernt liegt, so bezeugen die bisherigen Funde bereits eine Ausbreitung der Gattung über 550 km weit auseinander liegende Plätze. Nicht nur dieser Umstand, sondern auch die Tatsache, daß die Gegend des Vareser Sees in der Süd-Nord-Richtung so weit von den österreichischen Fundplätzen abliegt, spricht dafür, daß die Gattung wahrscheinlich in den Nordalpen noch weiter nach Westen und in den Südalpen weiter nach Osten reicht.

M. subterraneus nimmt nicht nur morphologisch und geographisch eine Mittelstellung ein, sondern auch biologisch. Wenigstens deutet der Fund an einem kühlen Ort unter tiefliegendem Felsstück auf eine sehr versteckte Lebensweise, welche eine gewisse Mitte hält zwischen dem offneren Auftreten des *calcivagus* einerseits und dem Höhlenleben des *cavicolus* andrerseits.

Für die Beurteilung der früheren Klimaperioden sind die zahlreichen endemischen Diplopoden, welche ich aus Süd-Deutschland und den Alpen nachgewiesen habe, von grundlegender Bedeutung. Ihnen gesellen sich nunmehr die vorliegenden Isopoden bei als wichtige Schicksalsgenossen.

Erklärung der Abbildungen.

Tafel 28.

Fig. 1—6. *Mesoniscus subteraneus n. sp.* ♂.

Fig. 1. Exopodit der 2. Pleopode von außen gesehen. 60 : 1.

Fig. 2. Linke 2. Pleopode (und Stück des rechten) von außen (unten) her dargestellt, bei *x* ist das Exopodit (dessen Ansatzstelle in Fig. 1 ebenfalls mit *x* bezeichnet) abgenommen. *a* und *b 1* die hauptsächlichsten Absetzungsstellen des Endopodits (*2 en*), *y* dessen Grenze gegen das Propodit (*2 pr*). 90 : 1.

Bei *b 2* ist das Läppchen *b 1* stärker vergrößert. 220 : 1.

Fig. 3. Endabschnitt vom Endopodit der 2. Pleopode. 220 : 1.

---

auch kein absolutes Höhlentier sei, und nach wenigen Monaten wurde durch BIGLER meine Prophezeiung erfüllt.

Fig. 4. Rechte 1. Pleopode von unten gesehen, *md* mediane Ein-
knickung zwischen den Propoditen (*1 pr*). 60 : 1.

Fig. 5. Meropodit des rechten 7. Beines von hinten (innen) gesehen. 125 : 1.

Fig. 6. Die 3. Pleopode von oben (innen) her dargestellt, doch ist
an der linken Pleopode das Endopodit fortgelassen. *a 1—3* die drei Zipfel
des rechten Endopodits, *m2* Muskeln des Propodits. 56 : 1.

Fig. 7—11. *Mesoniscus calcivagus* n. sp.

Fig. 7. Rechte 2. Pleopode des ♀ von unten gesehen. 56 : 1.

Fig. 8. Linke 4. Pleopode des ♀ von unten gesehen. 125 : 1.

b der Schaft des Exopodits (*4 ex*), *k* inneres Kissen des Propodits,
neben dem in drei Zipfel *a 1—3* zerteilten Endopodit.

Fig. 9. Endhälfte eines Endopodits der 2. Pleopoden des ♂. 125 : 1.

Fig. 10. Das 5. Schaftglied und die Geißel einer Antenne des ♂.
125 : 1.

Fig. 11. Ende des letzten Antennengeißelgliedes des ♂ mit Faser-
büschel. 340 : 1.

Fig. 12 und 13. *M. subterraneus* n. sp. ♂.

Fig. 12. Ende des 5. Schaftgliedes und die Geißel einer Antenne
des ♂. 150 : 1.

Fig. 13. Vorzahnstück der rechten Mandibel. 340 : 1.

Fig. 14—18. *M. calcivagus* n. sp. ♀.

Fig. 14. Meropodit (*mep*), Carpopodit (*cap*) und Propodit (*prp*) des
rechten 7. Beines von außen und vorn gesehen. *xb 1* und *2* Zähnchenbogen. *kl 1—3* Kerbleisten. *fb* Federbürste. 125 : 1.

Fig. 15. Einige Fiederborsten aus der Federbürste. 220 : 1.

Fig. 16. Kerbleisten (*kl*) aus der vorderen Grundhälfte des Propodits
des 7. Beinpaares, daneben eine Rinne (*r*) und eine Spitzchenreihe (*sl*).
220 : 1.

Fig. 17. Antennula von vorn gesehen. 340 : 1.

Fig. 18. Rechte Mandibel. 125 : 1.

Fig. 19—22. *M. subterraneus* n. sp. ♂.

Fig. 19. Endglied einer zurückgebogenen Antennula. 340 : 1.

Fig. 20. Teile der linken Mandibel, oben Zahnstück und Vorzahnstück, unten der Kaufortsatz. 220 : 1.

Fig. 21. Linker Kieferfuß von unten gesehen. 125 : 1.

Fig. 22. Stück aus einem halbfertigen Spermatophor mit Secret und
Spermatozoenbündeln. 220 : 1.

G. Pätz'sche Buchdr. Lippert & Co. G. m. b. H., Naumburg a. d. S.

Verlag von Gustav Fischer in Jena

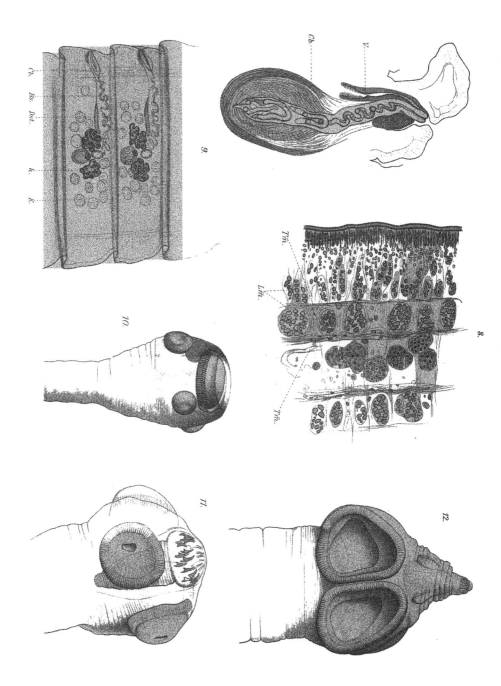

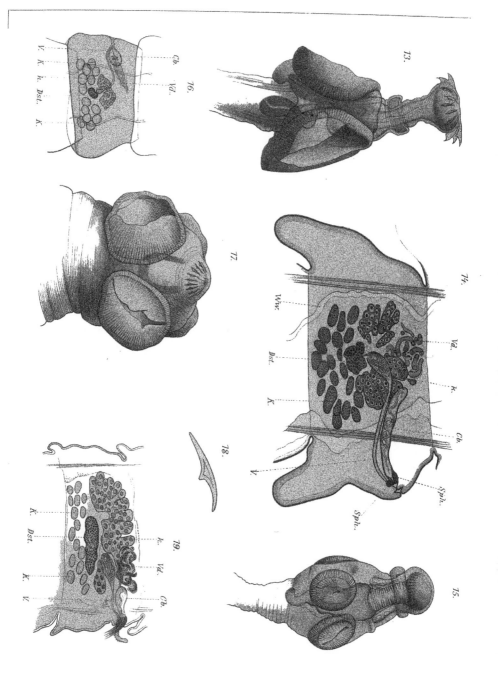

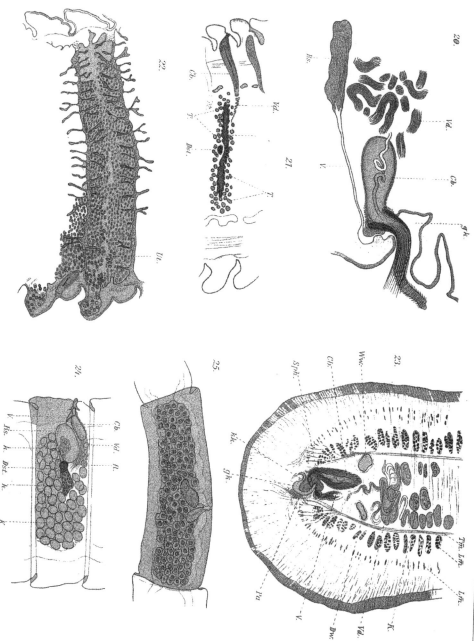

26.

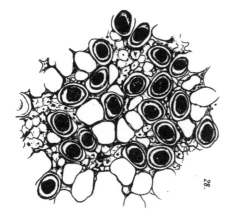

28.

27.

Verlag von Gustav Fischer in Jena.

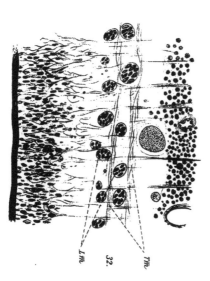

Tm.

32.

Lm.

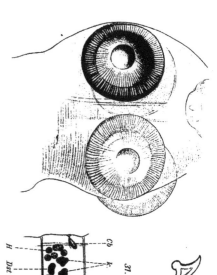

37.

Cb

K.

Dst

H

H

H

Lith.Anst v.E.A.Funke Leipzig

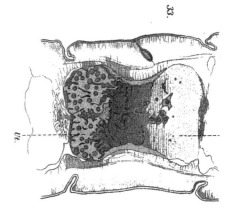

33.

Ut.

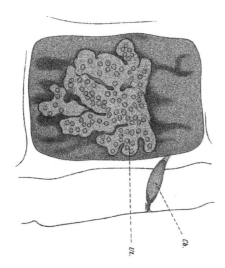

34.

Ut.

Cb.

36.

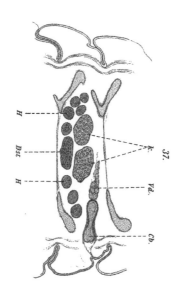

37.

H

Dst

H

k.

Vd.

Cb.

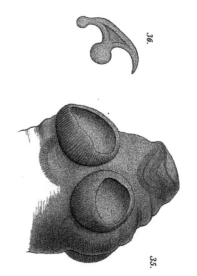

35.

Verlag von Gustav Fischer in Jena.

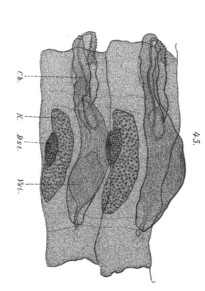

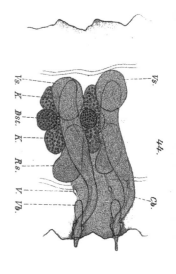

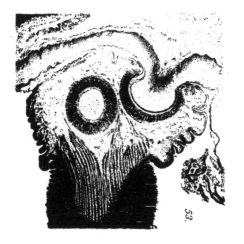

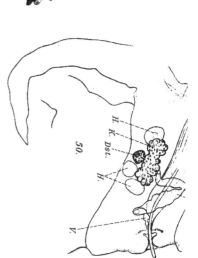

Verlag von Gustav Fischer in Jena.

Lith.Anst.v.E.A.Funke Leipzig

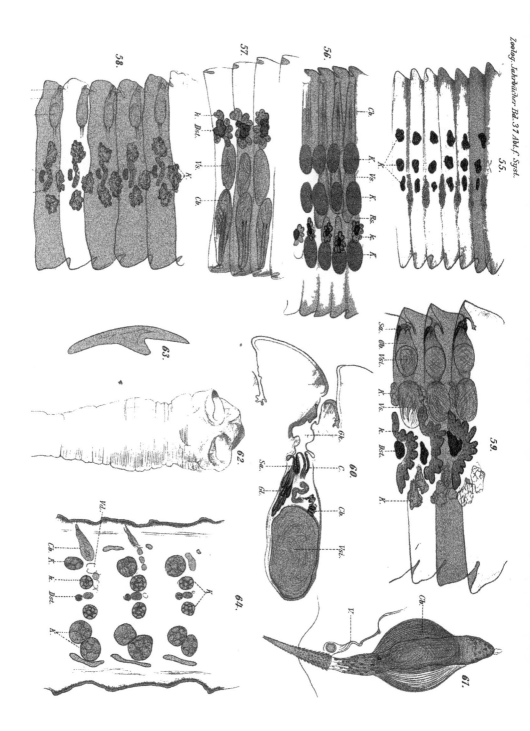

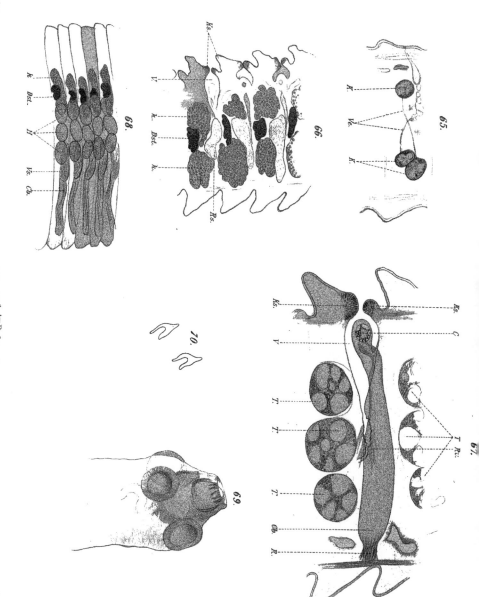

Verlag von Gustav Fischer in Jena.

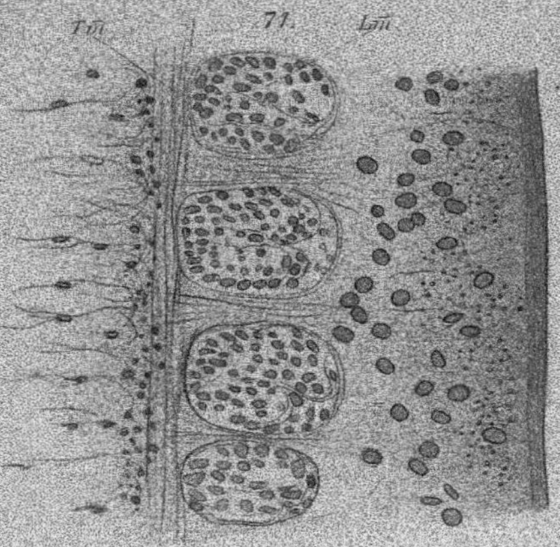

71.

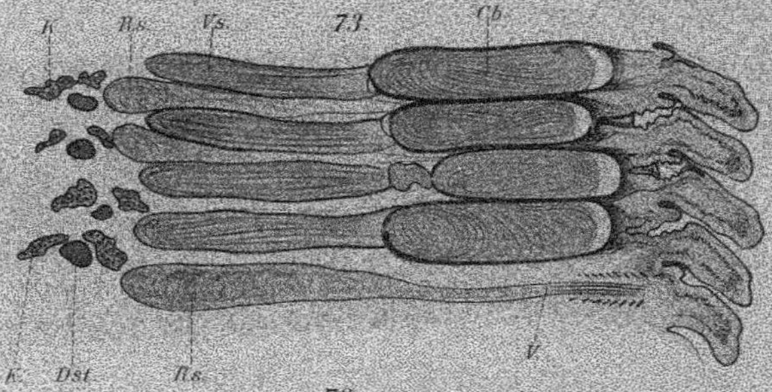

73.

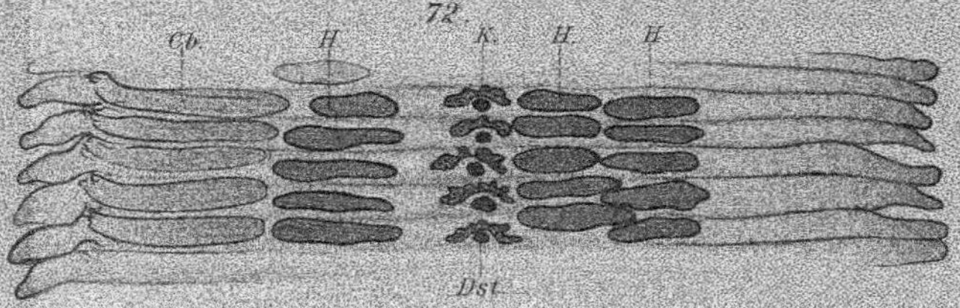

72.

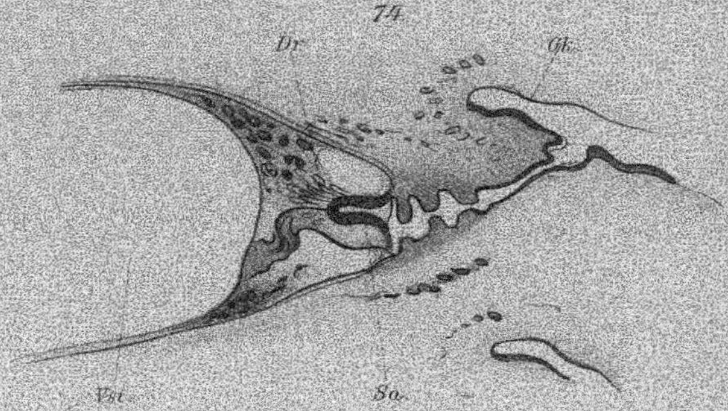

74.

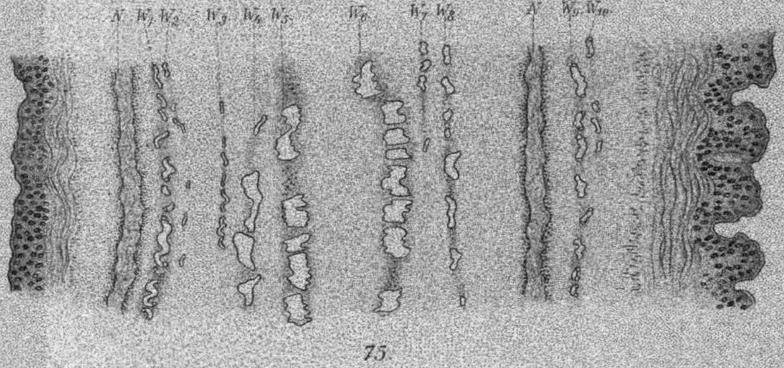

75.

Skrjabin

Verlag von Gustav Fischer in Jena

Lith. Anst. v. E. A. Funke, Leipzig.

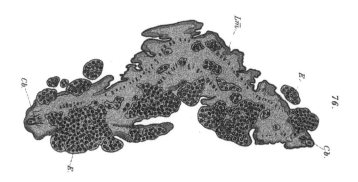

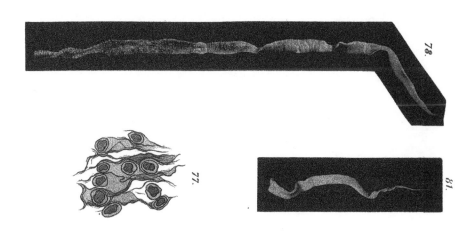

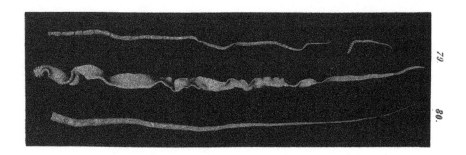

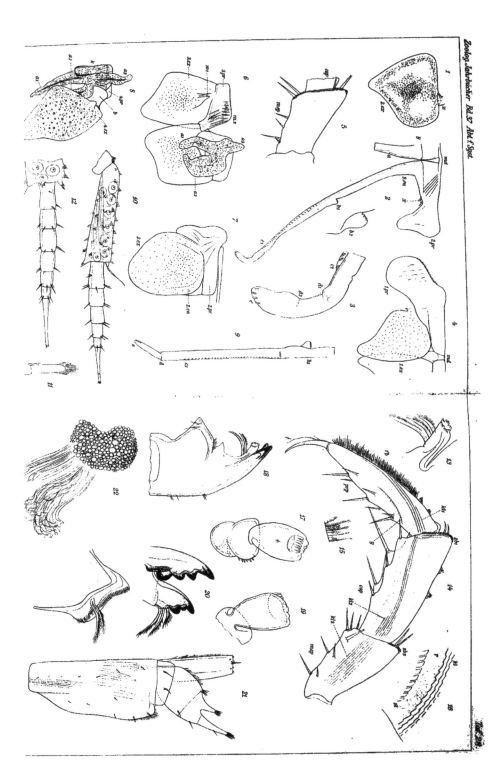

Die myrmecophilen Phoriden der WASMANN'schen Sammlung.

Mit Beschreibung neuer Gattungen und Arten und
einem Verzeichnis aller bis Anfang 1914 bekannten
myrmecophilen und termitophilen Phoriden.

Von

H. Schmitz, S. J. (Sittard, Holland).

Mit Tafel 29—30 und 11 Abbildungen im Text.

Im September 1913 übergab mir Herr P. E. WASMANN das umfangreiche Material myrmecophiler Phoriden, welches er seit 20 Jahren
teils selbst, teils mit Hilfe seiner Korrespondenten sammelte, zur
Bearbeitung. Für mich war es eine ebenso interessante wie lehrreiche Beschäftigung, so viele seltene und hochspezialisierte Phoriden
aus fast allen Weltteilen zu studieren; sie gewährte mir einen
Überblick über die bisher beschriebenen Formen und gab mir Gelegenheit manches zu klären und auch einiges zu berichtigen, was
frühere Untersucher an dem meist sehr spärlichen ihnen zur Verfügung stehenden Material nicht genau erkannten und infolgedessen
unrichtig dargestellt haben.

Wie sehr ich Herrn P. WASMANN für die selbstlose Freundlich-
keit, mit der er mir auch die Neubeschreibung von 3 Gattungen
und 6 Arten überließ, zu Danke verpflichtet bin, brauche ich nicht
zu sagen. Auch den Herren H. ST. DONISTHORPE-London, Dr. WOOD-
Tarrington, Inspector LUNDBECK-Kopenhagen und Stadtbaurat

Th. Becker-Liegnitz spreche ich hiermit meinen verbindlichsten
Dank aus für Typensendungen und verschiedentlichen Meinungs-
austausch.

Im Folgenden gehe ich zunächst das Material der Wasmannschen Sammlung der Reihe nach durch, erst die *Phorinae*, dann die
Platyphorinae (Erster Teil) und stelle dann die bis jetzt bekannt
gewordenen myrmecophilen u n d t e r m i t o p h i l e n Phoriden zu einem
kritischen Verzeichnis zusammen (Zweiter Teil).

Zu der Einteilung *Phorinae* — *Platyphorinae* muß ich bemerken,
daß meines Wissens bis jetzt von keiner Seite der Versuch gemacht
worden ist, die stark heterogen zusammengesetzte Subfamilie *Phorinae*
zu zerlegen. Die Frage ihrer Aufteilung ist noch immer nicht
spruchreif und läßt sich auch mit Hilfe der hier zu beschreibenden
neuen Formen nicht entscheiden. Denn dies sind wieder fast ausnahmslos stark aberrante Weibchen, deren nicht vorliegende Männchen uns leider unbekannt bleiben. Auf solche Weibchen systematische Kategorien zu gründen, ist theoretisch bedenklich und praktisch unmöglich. Auf die theoretischen Bedenken macht Annandale
aufmerksam: ... It is possible that the discovery of males would
in several cases completely upset a classification based solely on
degenerate females, among which the phenomenon of convergence
has possibly been manifested. It is even possible that the males of
some of these genera are already known under other generic names
(in: Spol. Zeyl., Vol. 8 [1912], p. 86). Es ist infolgedessen bei den
Phoriden mit spezialisierten Weibchen als morphologische Gesetz-
mäßigkeit die Tatsache zu beobachten, daß ihre Gattungen wenig
gemeinsame Merkmale aufweisen oder, besser gesagt, daß die Merkmale nicht gruppenweise, sondern in beständig wechselnden Kom-
binationen vorkommen, während die Arten oft nur minutiös differieren und dabei zahlreich sein können (*Puliciphora* bis 1913 schon
17 Arten!)

Der letztere Umstand zwingt zu einer Manchem vielleicht über-
trieben scheinenden Ausführlichkeit bei den Neubeschreibungen.
Doch nur der wird geneigt sein über zu große Ausführlichkeit zu
klagen, der die neuere Geschichte der Phoridenforschung und die
Phoridenliteratur wenig kennt: zeigt sie ja doch fast auf jeder Seite,
wie durch das Verschweigen scheinbar unbedeutender Merkmale,
noch mehr durch kleine Beschreibungsfehler und Verzeichnungen.

die größten Unklarheiten, Mißverständnisse und endlose Diskussionen
entstehen. Durch Typenvergleichung läßt sich zwar schließlich alles
aufklären, doch ist diese schon wegen der Vergänglichkeit der Typen
nicht immer möglich. Die Originalbeschreibung muß also die Originaltype ersetzen. Das kann sie aber nur, wenn sie hinreichend ausführlich ist. Daß sich diese Ausführlichkeit, die übrigens bei der
Bearbeitung außereuropäischer Phoriden allgemein Brauch und auch
den Arbeiten von Wandolleck, Trägårdh, Enderlein u. A. eigen
ist, tatsächlich lohnt, hatte ich bei der Bearbeitung des vorliegenden
Materials wieder mehrfach zu erfahren Gelegenheit. Wäre z. B.
Annandale bei Beschreibung seines *Rhynchomicropteron puliciforme*
nur etwas weniger ins Detail gegangen, so wäre es unmöglich gewesen, in dem Exemplar der Wasmann'schen Sammlung eine neue
Art zu erkennen; der gleiche Fall wiederholte sich bei einer *Acontistoptera*.

Die sorgfältigste Darstellung wurde besonders den Typen der
neu aufgestellten Gattungen zuteil, gerade bei diesen ist mit Text
und Abbildungen nicht gespart worden.

Die in den folgenden Beschreibungen angewandte Terminologie
ist die gewöhnliche. Mit Brues halte ich daran fest, die Phoriden-
fühler nicht 6gliedrig zu nennen, sondern 3gliedrig mit dreiteiliger
Borste (Brues, The systematic affinities of the dipterous family
Phoridae, in: Biol. Bull. Vol. 12 [1907] p. 350). Bei den Beinen
unterscheide ich Innen- und Außenseite, Dorsal- und Ventralfläche.
Die „innere" ist immer die Beugeseite von Schenkel und Schienen,
die entgegengesetzte also ist die Außenseite. Die Dorsalseite eines
Phoridenschenkels ist die dem Bauch des Tieres zugekehrte, die
gegenüberliegende ist die Ventralseite. Die Beschreibung der Beine
wurde außer bei *Aenigmatopoeus n. g.* kürzer gefaßt als bisher vielfach (auch in meinen Beschreibungen) üblich, weil ich im Laufe
dieser Arbeit konstatierte, daß so manche als etwas ganz Besonderes
beschriebene Merkmale, z. B. die Haarbürsten auf dem Hintermetatarsus, auch unter den europäischen Phoriden weit verbreitet sind.
Unsere *Hypocera vitripennis* Meig. hat z. B. solche Haarbürsten sogar
an den Vorderbeinen und dazu in hohem Grade verkümmerte
Pulvillen!

Erster Teil.

A. Phorinae.

Hexacantherophora n. g. ♀.
(Taf. 29 Fig. 1.)

K o p f über anderthalbmal so breit wie lang, hinten bedeutend
höher als vorn, mit bogenförmig absteigender Stirn (Profil: ein Kreis-
quadrant). Hinterrand zu beiden Seiten der Mitte schwach ausgebuchtet. Oberseite mit kurzer Behaarung und an allen Rändern
sowie auf der Stirnmitte mit langen, in großen Fußpunkten stehenden Borsten. Vorderseite mit großen in der Mitte aneinanderstoßen-
den Fühlergruben, das Untergesicht zwischen diesen gekielt. Augen
an den Kopfseiten tiefstehend, von mäßigem Umfang, pubescent.
Ocellen fehlen. Fühler von dem bei Phoriden gewöhnlichen Typus
mit 3 Gliedern und dreiteiliger Borste. Rüssel kurz und breit,
Labellen mit kurzen Randborsten, Taster vorhanden (ihre Form unbekannt).

T h o r a x so breit wie der Kopf, mit ähnlichen Borsten und
Fußpunkten, beim ♀ verkümmert, flügel- und schwingerlos.

A b d o m e n eiförmig, 6gliedrig, mit deutlich abgegrenzten Tergiten aber nicht Sterniten. 1. Tergit kurz, 2. am längsten und
breitesten, die übrigen allmählich abnehmend. Legeröhre kurz, am
Ende mit knopfförmigen Endlamellen.

5. Tergit (beim ♀) mit halbkreisförmigem Deckel an der Basis.
Die ersten 5 Tergite tragen dunkler gefärbte Chitinplatten mit
hellem Vorder- und Hintersaum, auf welchen lange und starke Borsten
in regelmäßigen Längs- und Querreihen angeordnet stehen.

An den Beinen die Mittel- und Hinterschienen mit Endspornen,
Hintermetatarsus mit Querkämmen. Klauen einfach, sichelförmig,
Pulvillen vorhanden.

Der Gattungsname *Hexacantherophora* weist hin auf die bei vorliegender Art meist in der Sechszahl vorkommenden Macrochäten,
deren reihenweise vollkommen symmetrische Anordnung der Oberseite ein eigenartiges Gepräge verleiht.

Hexacantherophora cohabitans n. sp. ♀.

Länge des ganzen Tieres fast 1,1 mm.
Die Färbung ist im allgemeinen ein blasses Gelb, von dem sich

die Dorsalplatten des Hinterleibes schwach graubraun abheben.
Auch Kopf und Thoraxseiten mehr bräunlich. Kopf vom vorderen
Stirnrande bis zum Scheitel ca. 180 μ lang, am Scheitel ca. 225 μ
hoch und im Maximum ca. 260 μ breit.

Im ganzen auf der Oberseite des Kopfes 16 lange Borsten, ohne
die an der unteren Vorderecke der Augen stehenden. Von jenen
16 Borsten sind die 4 vordersten sanft nach vorn, die 12 übrigen
schwach nach hinten gekrümmt und folgendermaßen gruppiert: am
Hinterrande des Kopfes eine Querreihe von 6 Borsten, deren Fußpunkte eine fast gerade Linie bilden. Hiervon sind die beiden mittleren
als Scheitelborstenpaar einander genähert, die beiden äußeren stehen
unfern dem oberen hinteren Augenrande. Vor der Hinterreihe steht
ziemlich genau in der Mitte zwischen Hinterrand und Vorderrand
der Stirn eine andere Querreihe von nur 4 Borsten, nämlich 2 im
Zentrum der Stirn einander genäherte Frontalborsten und seitlich
je 1 Frontorbitalborste, welche jedoch vom oberen Augenrande
sich etwas weiter entfernt hält als die äußerste Borste der letzten
(hinteren) Querreihe. Vor dieser mittleren Querreihe steht dann
noch jederseits 1 Borste in der Mitte des oberen Randes der Fühlergrube. Die Fußpunkte der nach vorne gekrümmten 2mal 2 Borsten
auf dem etwas vorgezogenen mittleren Teil des vorderen Stirn-
randes bilden ein regelmäßiges Trapez. Nach der Unterseite des
Kopfes zu vor dem unteren vorderen Augenrande noch jederseits 2
(vielleicht 3) Borsten, die fast ebenso lang (90 μ) sind wie die
Stirnborsten.

Die Fußpunkte aller dieser Borsten sind von ansehnlicher Größe.
Sie bestehen aus einem braun gesäumten schwach elliptischen nach
dem Körperinnern zu verdickten Chitinring, dessen große Achse
(20 μ) der Längsachse des Körpers parallel gerichtet ist. Der dunkle
Saum ist hinten auffallender und breiter, was bei schwacher Vergrößerung den Eindruck erweckt, als stünde hinter jeder Borste ein
brauner Fleck. Innerhalb jeder Ellipse erhebt sich die Borste aus
einer hellen kreisrunden Pore. Genau dieselbe Ausbildung haben
die Fußpunkte der Thoraxborsten, während diejenigen der abdominalen Dorsalborsten kleiner und etwas anders geformt sind. Sie
bilden mehr eine schmal umrandete längliche Ellipse, in deren
hinterem Brennpunkt die Borste steht.

Die nur durch einen schmalen Kiel getrennten Fühlergruben
sehr groß, so daß der von den Augen eingenommene Raum vom
Fühlergrubenhinterrande bis zum Kopfhinterrande bedeutend ver-

schmalert erscheint. Augen fast rundlich, fein pubesciert, aus ca. 36
einzeln gewölbten Facetten zusammengesetzt. An den Fühlern das
1. Glied stielfömig, an der Basis geknickt, das 2. im 3. eingeschlossen,
das 3. (80 μ Durchmesser) apical etwas konisch verschmälert und
an der Ansatzstelle der Fühlerborste in geringem Maße abgestutzt,
im ganzen genommen jedoch sehr wenig von der Kugelform abweichend, mit feiner, farbloser Pubescenz. Die Fühlerborste dreigliedrig, die beiden Grundglieder ungefähr gleichlang, Fiedern des
3. Gliedes verhältnismäßig kurz.

Rüssel kurz und breit, bei dem vorliegenden Exemplar nur sehr
wenig aus der Mundöffnung vorstehend. Labellen am Außenrande
mit je 4 kurzen Borsten. Mundspalte jederseits mit ca. 7 etwas
längeren behaarten Borsten besetzt.

Die beiden Palpen sind nahe an der Basis abgebrochen. Nach
der Struktur des zurückgebliebenen Stumpfes zu schließen (diese ist
ähnlich wie bei *Cryptopteromyia* Trägårdh), werden sie von gewöhnlicher Form sein. Die endoskeletalen Teile des Kopfes und der
Mundwerkzeuge schließen sich dem von Wandolleck in seinen
„Stethopathidae" bei anderen Gattungen beschriebenen Typus an.

Thorax. Beim ♀ verkümmert, in der Mitte verschmälert, oben
ca. 70 μ lang, ungegliedert. Außer einer sehr weitläufigen feinen
Behaarung trägt er 8 große Borsten, 6 am Hinterrande und je 1 am
Seitenrande direkt über dem Prothoracalstigma. Die beiden äußeren
Hinterrandborsten sind von den benachbarten durch einen größeren
Zwischenraum getrennt. Flügel und Schwinger fehlen vollständig.

Abdomen. An dem hinten etwas ausgebuchteten Thorax an-
sitzend, sechsgliedrig. Die Länge der einzelnen nur auf der Oberseite deutlich begrenzten Segmente verhält sich wie $8^{1}/_{2}$: 19 : 14 : 14
: 12 : 18. Die 5 ersten Tergite teilweise chitinisiert, wodurch 5 sogenannte Dorsalplatten hervortreten. Die Chitinplatte des 1. Tergits
bildet eine äußerst schmale Sichel mit einer Reihe von 6 Borsten.
2. Tergit mit 2 Querreihen zu je 6 Borsten, 3. Tergit mit einer
hinteren zu 6 und einer vorderen zu nur 4 Borsten (die Borste,
welche der vorletzten auf jeder Seite der Hinterreihe entsprechen
würde, fehlt). 4. Tergit mit derselben Beborstung wie das 3., 5. nur
mit einer Reihe von 4 Borsten am Hinterrande. Dieses Tergit ist
ausgezeichnet durch eine sehr große halbkreisförmige Platte an der
Basis, unter welcher vielleicht wie bei anderen Arten ein drüsiges
Organ zu vermuten ist. Der 6. Abdominalabschnitt zeigt oben auf
seiner hinteren Hälfte eine kleine dunkle, offenbar stärker chitini-

sierte Stelle, auf der 2 längere Chitinhaare stehen, gewissermaßen als Rudiment einer 6. Dorsalplatte von ganz winziger Ausdehnung. Rechts und links von dieser Stelle läuft eine Haarzeile rings um den Körper.

Legeröhre im letzten Segment versteckt, kurz, wahrscheinlich eingliedrig, mit 2 beborsteten, knopfförmigen Endlamellen.

Die auf den Dorsalplatten stehenden Borsten sind von ansehnlicher Länge (z. B. die des 3. Segments 120—130 μ) und wohl alle befiedert, jedoch liegen diese Fiedern dem Stamme so dicht an, daß sie nur sehr schwer und nur bei der stärksten Vergrößerung sichtbar werden. Die Borsten aller Tergite bilden nicht nur quer, sondern auch in der Längsrichtung des Körpers sehr regelmäßige Zeilen, an deren Symmetrie freilich die äußersten Borsten jeder Querreihe nur unvollkommen teilnehmen.

Die Beine des vorliegenden Exemplars sind sehr verstümmelt. Außer dem in der Gattungsdiagnose bereits Gesagten ist noch folgendes daran zu erkennen: die Vorder- und Hinterschenkel etwas verbreitert, bei letzteren die Breite fast gleich $\frac{1}{3}$ der Länge. Hinterschienen schwach gebogen, 7mal so lang wie breit. Die Tarsen sind nur an einem Mittelbein unversehrt erhalten, und hier ist der Metatarsus etwas über $1\frac{1}{2}$mal so lang wie das nächste Tarsenglied, während die folgenden untereinander gleich lang sind.

Lebensweise.

Ein Exemplar wurde 1902 von P. Hermann Kohl C. SS. C. bei *Anomma kohli* Wasm. zu St. Gabriel bei Stanleyville, Belgisch Congo, entdeckt. Type in Coll. Wasmann.

Rhynchomicropteron Annandale 1912.

Im Juni 1912 beschrieb N. Annandale in: Spolia Zeylanica, Vol. 8, Part. 30, p. 85—89, eine kleine, im August des vorhergehenden Jahres von Green (Peradeniya, Ceylon) bei *Lobopelta ocellifera* Rog. in 1 Exemplar gefundene Phoride als *Rhynchomicropteron puliciforme* n. g. n. sp.

Unter dem mir vorliegenden Material befindet sich ein einzelnes von P. J. Assmuth bei *Prenolepis longicornis* Latr. Bombay 1902 entdecktes Tierchen, auf welches Annandale's Beschreibung fast in allen Stücken paßt. Es sind immerhin gewisse Unterschiede vor-

handen, die zu der Annahme nötigen, daß wir es hier mit einer
anderen, wenn auch nahe verwandten Art von *Rhynchomicropteron*
Annandale zu tun haben.

Zur naheren Kenntnis dieser merkwürdigen Gattung sei fol-
en des bemerkt. Sie vereinigt in sich, ähnlich wie *Bolsiusia* Schmitz,
die verschiedensten Merkmale von solchen Phoridengattungen, die
untereinander nur entfernt verwandt sind. Mit *Chonocephalus* stimmt
sie in der breiten, vorn bis zur Unterseite des Kopfes hinab gewölbten und die Antennengruben weit voneinander trennenden Stirn
überein, es fehlen ihr aber die für *Chonocephalus* wesentlichen Dorsalplatten des Abdomens. Von *Psyllomyia* Löw hat sie den langen,
geknieten Rüssel, im übrigen ist sie ihr aber gänzlich unähnlich.
Durch den weichhäutigen, eiförmigen Hinterleib und die stabförmigen
Flügelrudimente erinnert sie an *Xanionotum* usw. Ganz eigentümlich ist ihr aber die Thoraxbildung, die von der aller bisher bekannten Phoriden abweicht. Es ist nämlich die Thoraxoberseite
durch eine Längsfurche in zwei Hälften geteilt, die jede für sich
gewölbt sind ähnlich wie die kurzen Flügeldecken eines Staphyliniden oder Pselaphiden. Von Annandale wird diese höchst auffallende Beschaffenheit nur nebenher in der Artbeschreibung erwähnt. Zu homologisieren ist diese Thoraxfurche vielleicht mit derjenigen, welche bei gewissen Orthorraphen z. B. bei den Tipuliden
hinter der V-förmigen Querfurche des Mesothorax auftritt; wenigstens
ist die Ähnlichkeit eine ganz frappante. Da nun bei den Tipuliden
diese Sutur nach Berlese dadurch zustande kommt, daß bei ihnen
1. wie bei allen Orthorrhaphen das Mittelstück fehlt, 2. das Pro-
tergit des Mesothorax nach hinten nicht bis an die Mesometatergal-
naht reicht und infolgedessen 3. die mesotergitalen Seitenstücke in
der Sagittallinie aneinanderstoßen und längs jener Furche ver-
schmelzen [1]), so würde also, wenn die Homologisierung richtig ist,
der größte Teil des dorsalen Thorax von *Rhynchomicropteron* aus
dem gewaltig entwickelten Mesotergit des Mesothorax bestehen.
Annandale dagegen bezeichnet ihn als Pronotum, was sicher unzutreffend
ist. Denn abgesehen davon, daß die Flügelrudimente auf die meso-
thoracale Natur dieses Abschnitts hinweisen, kommt das Pronotum
überhaupt bei den Dipteren nur unter der Nematocera zu vollständiger Entwicklung, erscheint aber auch in diesem günstigsten
Falle nur als ein schmales, dem Mesonotum kragenförmig vor-

---

1) Vgl. Berlese, in: Gli insetti, Vol. 1, tab. 4 fig. 4.

gelagertes Segment. Es wäre ferner sehr sonderbar, wenn bei *Rhynchomicropteron* vom Mesothorax nur das Scutellum vorhanden sein sollte, wie Annandale dies annimmt, indem er schreibt: A comparatively large chitinouse plate on the dorsal surface of the abdomen, narrowly separated from the posterior margin of the pronotum, represents the scutellum (l. c., p. 87, 88). Diese Platte scheint bei *Rh. puliciforme* deutlicher hervorzutreten als bei der hier zu beschreibenden neuen Art, oder jedenfalls deutlicher als an dem mir vorliegenden Exemplar derselben, sie ist aber auch hier vorhanden und an ihrer Behaarung kenntlich (Textfig. A). Sie folgt aber nicht direkt auf das Mesotergit („Scutum") des Mesothorax (= Pronotum Annandale's), was der Fall sein müßte, wenn sie dem Scutellum homolog sein soll, sondern ist von ihm durch einen in der Mitte schmalen, lateral breiter werdenden Chitinstreifen getrennt (Textfig. A), der seitlich bis zu dem von A. übersehenen Metathoracalstigma reicht und hier durch eine wenigstens teilweise deutliche, von diesem Stigma bis in die Nähe der Flügelwurzel laufende Naht begrenzt und von dem später zu besprechenden Mesosternum abgegrenzt wird.

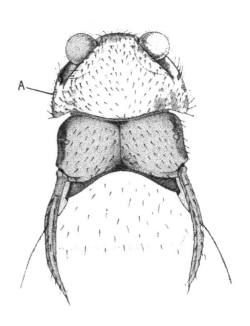

Fig. A. Vorderkörper von *Rhynchomicropteron caecutiens n. sp.* Vergrößert. *A* Auge.

Es liegt nahe, in diesem Sclerit einen Rest des verkümmerten Metathorax zu erblicken, jedenfalls schließt er die Deutung aus, als ob die darauf folgende behaarte Platte an der Basis des Abdomens dem Scutellum homolog wäre.

Wie in der Beschaffenheit des Thorax, so stimmen die beiden *Rhynchomicropteron*-Arten auch sonst noch in vielen Merkmalen überein, die Annandale vorsichtshalber nicht in die Gattungs-

diagnose [1]) aufgenommen hat. Zur Ergänzung derselben wäre hinzuzufügen, daß Kopf und Thorax beide stark und allseitig chitinisiert,
in ihrer ganzen Breite, also ohne äußere Halspartie aneinander-
schließen, daß die Fühlergruben durch das Dazwischentreten der
Stirn wie bei *Chonocephalus* an die Außenecken des Kopfes verlegt
sind, daß Fühler und Taster von gewöhnlicher Form, daß an den
Beinen die hinteren Tibien mit Endspornen versehen, der Hintermetatarsus eine größere Zahl von Querkämmen besitzt und alle
Endglieder zerschlitzte Pulvillen und ein borstenförmiges Empodium
tragen.

Zu den von ANNANDALE p. 86 erwähnten Merkmalen, durch
welche sich die Gattungen *Rhynchomicropteron* und *Psyllomyia* unterscheiden, kommt noch hinzu, daß bei letzterer der Kopf dorsoventral
zusammengedrückt, also viel breiter als hoch ist. Ferner ist die
Stirn oder, wenn man will, das Untergesicht zwischen den Fühlergruben bei ihr weit schmäler, die Augen sind größer (gegen 36 Facetten), der Thorax ist viel weniger reduziert, fast normal, desgleichen die Beine. Letztere besitzen übrigens bei *Psyllomyia* dieselbe Pubescenz wie bei *Rhynchomicropteron*, so daß das dritte der
von ANNANDALE aufgestellten Unterscheidungsmerkmale wegfällt.
Alles in allem genommen ist mithin die Ähnlichkeit zwischen den
beiden Gattungen nicht so bedeutend, sie beschränkt sich fast ganz
auf die Ausbildung des Rüssels zu ungewöhnlicher Dünne und Länge.
Da diese aber, nach den analogen Verhältnissen bei *Dohrniphora*
DAHL zu schließen, wahrscheinlich nur beim Weibchen auftritt und
sehr wohl durch Konvergenz infolge gleicher (parasitischer?) Lebensweise bedingt sein kann, so darf sie nicht als Zeichen naher Verwandtschaft gelten, und daher vermag ich mich der Vermutung
ANNANDALE's, daß beide Gattungen eine von den künftigen Subfamilien oder Gruppen innerhalb der Phoriden bilden werden, keineswegs anzuschließen.

---

1) Dieselbe lautet: ♀ Minute Phoridae with degenerate, almost linear
wings, degenerate eyes, no ocelli, an elongate elbowed proboscis, a swollen
abdomen, of which all the segments are transverse and nearly all the
integument soft, three large forwardly directed bristles on each side of
the head and none on any part of the thorax. ♂ unknown. Folgt ein
Vergleich mit *Psyllomyia*.

Rhynchomicropteron caecutiens n. sp. ♀.

(Taf. 29 Fig. 2 u. Textfig. A.)

Gesamtlänge 1,35 mm. Davon kommen auf den Kopf $\pm$ 210 μ, auf den Thorax längs der Mittellinie $\pm$ 105 μ. Vorderkörper rotbraun, Hinterleib schmutzig weiß.

Kopf voluminöser als der Thorax, hoch und breit, am breitesten hinten; Hinterecken $\pm$ 360 μ voneinander entfernt.

Hinterseite dem Thorax anliegend und schwach konkav. Oberseite mit vom Scheitel bis zum Mundrande im Halbbogen gewölbter Stirn, unbeborstet, nur mit zerstreuten feinen Härchen, die alle zum Scheitel hin gerichtet, d. h. zur Mitte des Kopfhinterrandes orientiert sind (s. Textfig. A). Dieser ist beiderseits schwach ausgebuchtet und an den Hinterecken etwas ausgezogen.

Fühlergruben rundlich $\pm$ 130 μ breit, scharf umrandet, außer an einer schmalen Stelle am oberen Hinterrande, wo sie sich in einer flachen und seichten Furche nach der Gegend des Auges hin öffnen. Direkt unterhalb dieser Stelle springt der Rand besonders scharf vor und trägt einige nach vorn gerichtete Haare, von denen das hinterste dem Auge zunächst stehende etwas länger und stärker ist. Augen an den Kopfseiten auf der Grenze zwischen Ober- und Unterseite des Kopfes, aus nur 6 in zwei Horizontalreihen zu je drei angeordneten einzeln gewölbten Facetten bestehend, mit schwach pigmentierten interfacettalen Zwischenräumen.

Fühler 3gliedrig, 3. Fühlerglied kuglig, von 85 μ Durchmesser. Fühlerborste (4.—6. Glied) etwa bis zum Kopfhinterrand reichend, kurzhaarig verästelt. Die beiden ersten Glieder der Fühlerborste zusammen ziemlich lang und dünn; das erste Glied scheint doppelt so lang zu sein wie das zweite. Da es mir aber nicht gelang, sie in einer Ebene liegend zu sehen zu bekommen, war es nicht möglich, ihre relative Länge zu messen, und deshalb ist die ganze Fühlerborste in Fig. A fortgelassen. Ocellen fehlen.

Kopfunterseite zu beiden Seiten der Mitte mit etwa 20 nach vorn gerichteten Haaren besetzt, mit schmaler, länglicher, vom Rüssel bedeckter Mundspalte, hinten längs der Medianlinie gekielt, am aboralen Ende des Kieles mit einem stumpfen Zahn. Wie bei *Rh. puliciforme* Annandale sind auch hier zwei Paar längere Borsten vorhanden, das eine jederseits am Mundrande unterhalb der Fühlergrube, das andere weit hinten auf der kielartigen Erhabenheit.

Rüssel stabförmig, über $^4/_5$ mm lang und nur $^1/_{30}$ bis $^1/_{40}$ mm

breit, in der Ruhe unter den Leib zurückgeschlagen, gekniet. Der
proximale Abschnitt ist fast doppelt so lang wie der distale (Verhältnis 25 : 14) und reicht bis zu den Mittelhüften. Der zweite Abschnitt ist bei dem vorliegenden Exemplare nach vorn umgelegt
und sanft nach unten gebogen. An der Spitze weichen die zwei
Hälften (wahrscheinlich Labrum und Labium) auseinander und die
untere zeigt winzig kleine, mit ein paar schwachen Härchen besetzte Labellen.

Taster zylindrisch, am Grunde verschmälert, auf der distalen
Hälfte unterseits mit ca. 6 Borsten, wovon eine an der Spitze.

Wahrscheinlich ist auch bei *Rh. caecutiens* ähnlich wie bei
puliciforme die ganze Kopfoberfläche regelmäßig punktiert. So wird
vermutlich die wabenförmige Struktur zu deuten sein, welche das
Chitin-Integument im aufgehellten Zustande und bei durchfallendem
Lichte zeigt.

Der Thorax ist in der Mitte viel kürzer als an den Seiten,
vorn nur wenig schmäler als der Kopf (350 μ breit). Die beiden
Hälften sind gesondert gewölbt und in ähnlicher Weise wie die
Kopfoberseite fein behaart, die Haare nach hinten und zwar größtenteils nach den äußeren Hinterecken hin orientiert.

Von den beiden Stigmenpaaren ist das prothoracale doppelt so
groß wie das versteckt liegende des Metathorax. Das vordere
Stigma erwähnt Annandale als „a circular pit".

An den Thoraxseiten sind mehrere dunkle Nähte vorhanden,
die wegen der starken Verkümmerung schwierig zu deuten sind.
Die lang-keilförmige, in Taf. 29 Fig. 2 den großen Vorderhüften
parallel gerichtete Partie, die mit den Mittelhüften endigt, dürfte
als Mesosternum zu betrachten sein.

Halteren vermochte ich nicht aufzufinden, nehme daher an,
daß sie fehlen.

Die rudimentären Flügel erscheinen als säbelförmige, nur
kurz behaarte Anhänge (Textfig. A u. Taf. 29 Fig. 2) an den Hinterecken des Mesothorax. Sie bestehen aus einer dunklen Rippe mit
einem häutigen Saume an der Dorsalkante. Das Ende ist lanzett-
lich zugespitzt.

Der Hinterleib ist oben und unten häutig, überall mit reihenweise angeordneten, äußerst feinen schwarzen Häkchen besetzt. Bei
starker Vergrößerung (z. B. bei Zeiss'schen Objektiven von C ab
an) gewähren sie ein Bild ähnlich dem einer Autotypie, die man

mit der Lupe betrachtet. An der Basis des Hinterleibes befinden sich auf der Oberseite zerstreute Haare, die nach Annandale auf einer Platte stehen (a comparatively large chitinous plate on the dorsal surface of the abdomen ... it is broadly triangular in form, except that the apex is rounded, and has a smooth surface sparsely covered with minute recumbent hairs). Eine Segmentierung des Hinterleibes ist nicht wahrzunehmen, auch keine dem 5. Tergit angehörende Spalte oder Deckelplatte. Ob beides wirklich fehlt, kann wegen Schrumpfung der dorsalen Hautpartien nicht mit Sicherheit entschieden werden. Eine kurze Legeröhre, von welcher kaum die Genitallamellen sichtbar sind, ist im Hinterleib verborgen.

Die Beine sind wie der ganze Vorderkörper kräftig chitinisiert. Coxae I 3—4mal größer als Coxae II und III. Alle Hüften am Ende beborstet.

Vorder- und Hinterschenkel etwas verbreitert, Mittel- und Hinterschienen mit 1 Endsporn. An dem rechten Hinterbein folgende Längenmaße: Schenkel $\pm$ 420 μ, Schiene $\pm$ 360 μ, Metatarsus (7 Querkämme) $\pm$ 210 μ, Tarsglied II 105 μ, T. III und V annähernd gleich, etwa 60—65 μ. Klauen gewöhnlich. Die farblosen, rudimentären Pulvillen gefiedert, das Empodium haarförmig.

Die beiden *Rhynchomicropteron*-Arten unterscheiden sich nach Vorstehendem durch folgendes:

	Rh. puliciforme Annandale	*Rh. caeculiens* n. sp.
Länge	„about 1 mm"	1,35 mm
Augen	„about 12 facettes"	6 Facetten
Taster	mit 4 Borsten	mit 6 Borsten
Kopfunterseite	gewölbt	in der Mitte gekielt mit vorspringendem Zahn am Ende
Halteren	zylindrisch	fehlen
Lebensweise	bei *Lobopelta ocellifera*	bei *Prenolepis longicornis*

Lebensweise.

Wahrscheinlich parasitisch (Stechrüssel zum Anbohren der Ameisenlarven?) bei *Prenolepis longicornis* Latr. Gegend von Bombay (s. am Anfang).

Psyllomyia Loew 1857.

Psyllomyia testacea Loew. ♀.

(Taf. 29 Fig. 3.)

Von dieser merkwürdigen Phoride scheinen bisher nur 2 Exemplare gefunden worden zu sein, das 1. von Wahlberg vor 1857, das 2. von Brauns, 1898. Das 1. Exemplar untersuchte Loew und beschrieb es in: Wien. entomol. Monatsschr., Vol. 1 (1857), p. 54—56, tab. 1, fig. 22—25 unter dem Titel: Psyllomyia, eine neue Gattung der Phoriden. *Ps. testacea n. sp.* ♀. Über das weitere Schicksal dieses Specimens fehlen in der Literatur alle Nachrichten; es muß schon zu Loew's Zeiten in einem schlechten Erhaltungszustande gewesen sein, denn dieser bemerkt einleitend: „Durch ihre höchst auffallenden Abweichungen von allen bisher beschriebenen Arten merkwürdig ist eine kleine von Wahlberg in der Caffrerei gesammelte, l e i d e r a b e r n u r i n e i n e m e i n z i g e n, wie es scheint, s e i n e r Z e r s t ö r u n g s c h n e l l e n t g e g e n g e h e n d e n E x e m p l a r e m i t g e b r a c h t e A r t. . . .

Das 2. Exemplar befindet sich in der Sammlung P. Wasmann's, der auch bereits eine kurze Notiz veröffentlicht hat p. 268 (54) der Abhandlung: Neue Dorylinengäste aus dem neotropischen und dem aethiopischen Faunengebiet, in: Zool. Jahrb., Vol. 14, Syst., 1900, p. 215—289, tab. 13—14. Sie lautet:

Hier dürfte es . . . noch von Interesse sein, zu erwähnen, daß ein zur Dipterenfamilie der Phoriden gehöriges Tier aus Südafrika, welches vor 43 Jahren (1857) von H. Loew... als *Psyllomyia testacea* beschrieben wurde, zu den Gästen von *Dorylus helvolus* gehört. Dr. H. Brauns fand es 1898 bei Port Elizabeth, Capkolonie, bei jener unterirdisch lebenden Ameise unter Steinen, zugleich mit anderen Gästen derselben, und sandte es mir zu. Diese merkwürdige Phoride ist durch ihren großen, fast dreieckigen Kopf, die verdickten Hinterschenkel, die lange Beborstung des Körpers und die rudimentären, kurzen, gelbgrauen Flügeldecken gleichenden Flügelstummel ausgezeichnet. Der Hinterleib ist dunkler braun, der übrige Körper hell gelbbraun. Die Gesamtlänge beträgt nur 1 mm.

Diesen Bemerkungen möchte ich nach eingehender Untersuchung und Vergleichung des (trocken konservierten) Exemplars mit der Loew'schen Beschreibung noch folgendes hinzufügen.

Das Exemplar stimmt mit der Originalb e s c h r e i b u n g besser überein als mit den von Loew, l. c., beigefügten A b b i l d u n g e n.

a) Die Beschreibung der Gattung stimmt bis auf die Beschaffenheit der Flügelrippen genau. Von diesen sagt LOEW: „Flügel ... mit der Andeutung von drei sehr dicken, rippenförmigen Längsadern, auf denen schwarze Borstchen stehen. ...." Bei dem vorliegenden Exemplare sind diese Längsadern nur durch drei Haarstreifen angedeutet, ohne irgendwie plastisch hervorzutreten, also weder dick noch rippenförmig. Die Härchen sind unscheinbar, mehr rotbraun als schwarz. Bei der Artbeschreibung zeigen sich folgende Abweichungen: „ganz oben auf der Stirn in der Nähe des ziemlich scharfen Kopfrandes" befinden sich nicht 4, sondern 6 nach rückwärts gerichtete schwarze Borsten (Taf. 29 Fig. 3), die äußersten ziemlich in der Mitte des oberen Randes der Augen haben an dem LOEW'schen Exemplare gefehlt; vielleicht waren sie nur abgebrochen. Der Thorax ist nicht „mit zerstreuten schwarzen Borsten besetzt", sondern trägt, abgesehen von den 2 sehr langen auch von LOEW erwähnten Borsten, über den Vorderhüften eine Querreihe von 6 langen Borsten in einem nach hinten konvexen Bogen, der zwischen Vorder- und Hinterrand des Thorax annähernd die Mitte hält. „Auf den Flügeln", heißt es ferner bei LOEW, „zeichnen sich besonders 2 schwarze Borsten durch ihre Länge aus, von denen die eine mehr am Innenrande, die andere in der Nähe der Flügelspitze steht." Wie die Abbildung des WASMANN'schen Exemplars (Fig. 3) zeigt, trägt dieses auf den Flügelstummeln je 4 Borsten, eine kleinere an der Basis und 3 unter sich mehr oder weniger gleichlange auf der Spitzenhälfte, und zwar eine in der Nähe der Spitze, 2 in der Nähe des Hinterrandes.

b) Die Abbildungen von LOEW, besonders fig. 22, zeigen außerdem noch folgende Unterschiede: der Kopf ist bei LOEW schmaler und kürzer als der Thorax, letzterer ist vorn gerundet, hinten fast gerade, die Flügel sind hinten stark verschmälert, fast spitz, das Abdomen ist 8- oder 9gliedrig, die Beine sind im Verhältnis zum Körper außerordentlich groß und lang, die Hinterbeine z. B. sind so weit nach hinten eingezeichnet, daß man mit BRUES[1]) auf stark verlängerte Hintercoxen schließen muß. Im Gegensatz hierzu ist am vorliegenden Exemplar der Kopf nur wenig kürzer und gerade so breit wie der Thorax, letzterer ist umgekehrt vorn fast geradlinig, hinten bogig begrenzt, die Flügelspitze breit gerundet, der

---

1) CH. TH. BRUES, Two new myrmecophilous genera etc., in: Amer. Natural., Vol. 36 [1901], p. 344.

Hinterleib 6gliedrig mit hervorragenden Genitallamellen von ansehnlicher Größe und Beborstung. Die Beine, besonders die Hüften, zeichnen sich nicht durch auffallende Länge aus.

In Anbetracht all dieser Unterschiede kann man offenbar schwanken, ob wir es hier mit einer von *Psyllomyia testacea* Loew verschiedenen, neuen Art zu tun haben oder nicht. Weil nun Loew selbst den defekten Zustand seines Exemplars andeutet und seine Zeichnung ohne Zweifel ungenau ist, da sie in gewissen Einzelheiten, z. B. Flügelbeborstung mit seinem eigenen Text in Widerspruch steht, so scheint es mir nicht unbedingt geboten, eine neue Art aufzustellen. Das wird erst an der Zeit sein, wenn Stücke aufgefunden werden, die der Artbeschreibung Loew's in allen Einzelheiten entsprechen. Gibt es solche, dann möchte für das Exemplar der Coll. Wasmann der Name *Psyllomyia braunsi* vorgeschlagen werden.

Zur weiteren Charakteristik des vorliegenden Tieres ist noch hinzuzufügen: Kopf etwas dorsoventral abgeplattet. Augen mit ca. 50 Facetten, Taster mit 10—11 kräftigen Borsten, Thoraxseiten mit einem durch sehr deutliche Naht abgegrenzten schmalen Prothorax, auf welchem die längste aller Körperborsten steht, unmittelbar hinter dieser Naht das Prothoracalstigma, Mittel- und Hintertibien mit kräftigen Endborsten, 2 großen (Spornen) und 1—2 kleineren.

Ecitophora n. g. ♀.

Im ganzen der *Ecitomyia*[1]) Brues nahestehend, von ihr aber durch die Stirnbeborstung, den Besitz von Ocellen und die Hinterleibsbildung verschieden. Abdomen deutlich segmentiert, 6gliedrig.

Ecitophora comes n. sp. ♀.
(Taf. 29 Fig. 4 u. 5.)

Länge des ganzen Tieres 1,25 mm, des Kopfes 0,23 mm, des Thorax 0,15 mm, des Abdomens ca. 0,9 mm.

Farbe bleichgelb, die Borsten dunkel, die abdominalen Tergitplatten rotbraun.

---

1) Auch von dieser Gattung befinden sich mehrere Exemplare in Wasmann's Sammlung. Ich behandle sie hier jedoch weiter nicht, weil es von Brues an Wasmann mitgeteilte Stücke sind, und weil Herr Brues über die Art (*Ecitomyia wheeleri* Brues) alles Nötige schon gesagt hat.

Kopf 0,31 mm hoch, 0,37 mm breit, die Stirn von oben gesehen nur 0,17 mm lang (vom Scheitel bis zu den vorderen Borsten). Hinterrand geschärft, Hinterfläche eben, ohne äußerlich hervortretende Halspartie. Stirn sehr breit, von allen Seiten her gegen den Scheitel sanft ansteigend, mit 14 ansehnlichen gerieften und behaarten Borsten, nämlich 2 Paar nach vorn umgelegten in der vorgezogenen Mitte des Vorderrandes, einem Scheitelborstenpaar zwischen den hinteren Ocellen, und jederseits 4 Borsten, welche den Augen näher stehen als der Stirnmitte (s. Taf. 29 Fig. 4 u. 5). Nur mit einer gewissen Schwierigkeit lassen sich bei den Stirnborsten die üblichen „Querreihen" herausfinden, und es würden ihrer etwa 4 anzunehmen sein: 1 Ocellarborstenreihe (nur 2), davor 1 Querreihe von 4, von denen die äußerste jederseits der Hinterecke des Kopfes und dem oberen Hinterrand des Kopfes genähert ist, davor 1 Reihe von 2, gebildet aus jederseits 1 etwas schwächeren Borste, die doppelt so weit vom Oberrande des Auges entfernt ist wie die Borsten der Kopfhinterecken, endlich 1 Reihe von 2, die zu je 1 der Mitte des Oberrandes der Fühlergrube genähert eingepflanzt sind. Außerdem die 4 Vorderstirnborsten in Trapezstellung. Zwischen den Borsten ist die Stirn überdies fein behaart.

Auf den schmalen Seitenflächen des Kopfes stehen die etwas unregelmäßig ovalen, pubescenten, gut pigmentierten Facettenaugen. Anzahl der einzeln gewölbten Ommatidien 48—50. Der vorderen, unteren Augenecke genähert eine große, abstehende Wangenborste.

Fühlergruben sehr breit, in der Mitte nur durch einen schmalen Kiel des Untergesichtes getrennt. Fühler 3gliedrig mit 3teiliger langer verästelter Borste. 3. Fühlerglied annähernd kuglig, ungefähr vom Durchmesser des Auges (ca. 100 μ).

Mundöffnung mäßig groß, beborstet, Rüssel kürzer als der Kopf, von normaler Bildung. Taster dorsoventral abgeplattet, unten behaart, am Außen- und Innenrande stark beborstet (7 größere und einige kleinere Borsten).

Thorax quer, Verhältnis von Länge und Breite wie 2:3, hinten etwas verschmälert, spärlich behaart. Prothorax durch eine Naht an den Schulterecken deutlich abgegrenzt, behaart. Thoraxoberseite mit 6 Borsten, 2 Paar Randborsten und 2 Dorsozentralborsten. Von den Randborsten steht die vordere über und etwas vor dem Prothoracalstigma, die hintere ungefähr in der Mitte des Seitenrandes. In der Mitte des Thoraxhinterrandes gewahrt man

2 kleinere Borsten, welche ohne Zweifel als Schildchenborsten aufzufassen sind.

Flügelrudimente stabförmig, von der Länge des Thorax,
mit kürzeren Haaren und 3 längeren Borsten.

Hinterleib eiförmig, größtenteils weichhäutig, deutlich segmentiert, mit einer großen trapezförmigen Chitinplatte auf dem
2. Ringe (ganz ähnlich wie bei *Ecitomyia*). Außerdem bemerkt man
noch winzige Sclerite auf dem 4. und 5. Tergit; beim ersteren ein
halbmondförmiges, beim letzteren ein rundliches. Auf der Mitte des
5. Tergits außerdem eine sehr kleine, runde „Drüsenöffnung". Weibliche Genitallamellen länglich, behaart.

Beine kräftig, mit platten, verbreiterten Vorder- und Hinter-
schenkeln, kurzen Endspornen (je einer an den Mittel- und Hintertibien) und verbreitertem Hintermetatarsus. Dieser auf der Innenseite mit 5 Querreihen von Börstchen. Die Längenverhältnisse am
hinteren Tarsus sind wie 29:21:16:12:12. Klauen gewöhnlich,
Pulvillen weniger stark verkümmert als bei manchen verwandten
Gattungen, Empodium eine gebogene Borste.

Anmerkung. Durch den langjährigen Aufenthalt in der Konservierungsflüssigkeit dürfte die Färbung, besonders des Abdomens,
m. o. w. verbleicht sein. Die trapezförmige Chitinplatte des 2. Tergits
ist z. B. nur an den Rändern dunkler. Vielleicht besitzt auch das
3. Tergit eine stärker chitinisierte Platte, die sich nur an dem vorliegenden Material nicht erkennen läßt. An den Hinterrändern der
ersten 5 Tergite stehen Haarreihen.

Lebensweise.

Myrmecophil bei *Eciton praedator* Sm. Es lagen 3 Exemplare
vor, von P. Heyer São Leopoldo, Rio Grande do Sul, Südbrasilien
gesammelt.

Ein ebendaselbst bei *Eciton coecum* Latr. gefundenes Exemplar
einer winzig kleinen, flügellosen Phoride ging leider bei der Bearbeitung des Materials verloren. Da *Eciton coecum* die Wirtsameise
von *Ecitomyia wheeleri* Brues ist, so dürfte es eher diese Art gewesen sein.

Acontistoptera Brues 1902.

Diese Gattung ist vertreten durch ein einzelnes Exemplar ♀,
das sich durch Größe und Beborstung von *A. melanderi* Brues und
A. mexicana Malloch unterscheidet und eine neue Art darstellt.

Das Tierchen ist aufgeklebt und in mancher Beziehung defekt, dennoch werde ich versuchen, es bestmöglich zu beschreiben.

Acontistoptera brasiliensis n. sp. ♀.
(Taf. 29 Fig. 6.)

Länger als 1,6 mm, also erheblich größer als *A. melanderi* Brues. Farbe des Vorderkörpers braungelb, des Hinterleibes gelbweiß.

Kopfform wie bei der Type, die Beborstung jedoch anders als bei *melanderi* und sehr ähnlich der von *mexicana*. Das Borstenpaar auf der Mitte der Stirn fehlt; am Hinterrande stehen 4 Borsten, davon 2 am Scheitel und je eine in den Hinterecken. Die Umgebung des Auges weist 3 Borsten auf, nämlich eine ganz nahe der oberen Vorderecke, zugleich am Rande der Fühlergrube; eine zweite steht hinter dem Auge mehr auf der Unterseite; die dritte ist weiter vom Auge entfernt, medianwärts von dessen Oberrande auf der vorderen lateralen Stirnpartie eingepflanzt. Der Vorderrand der Stirn ist ganz ähnlich wie bei *mexicana* Malloch beborstet. Die Stirnrandborsten bilden zwei Reihen. Die hintere enthält 6 starke Borsten. Diese stehen nicht genau auf demselben Niveau, sondern die beiden äußeren befinden sich auf dem eigentlichen Rande der Stirn, die beiden inneren stehen ein wenig mehr nach vorn und tiefer, auf der Grenze von Untergesicht und Epistom, die zwei anderen stehen dazwischen in mittlerer Höhe. Die vordere Reihe wird aus jederseits 5 schwächeren Borsten gebildet, welche in ähnlicher Weise auf ungleichem Niveau stehen, von Fühlergrube zu Fühlergrube reichen und in der Mitte durch eine Lücke unterbrochen sind.

Der seitliche und untere Rand der Fühlergruben trägt wie bei *A. melanderi* 4 Borsten.

Augen stark gewölbt, pubescent, mit 70—80 Facetten. Hinter und unter den Augen sind die Wangen mit langen dünnen Haaren besetzt.

Fühlerborste lang und spärlich befiedert. Mundteile sehr voluminös. Zwischen den Labellen ragt der Hypopharynx als horniger Stachel vor.

Thorax schmal, einigermaßen herzförmig. Pleurenkante von oben sichtbar. Je 3 Borsten an den Vorderecken, davon eine am Vorder- und eine am Seitenrande, die dritte in der Ecke selbst.[1]) Auf der

---

1) Die Borste am Thoraxvorderrand fehlt den beiden bisher bekannten *Acontistoptera*-Arten.

34*

hinteren Thoraxhälfte 2 Dorsozentralborsten, die man fast Seiten-
borsten nennen könnte; Schildchen mit 2 langen Borsten.

Flügelrudimente mit ca. 13 langen Borsten (über 0,6 mm!), die
ersten schon vor der Mitte entspringend, die letzten 10 paarweise
2 Reihen bildend.

Lebensweise.

Das einzige Exemplar wurde bei *Eciton praedator* in Joinville,
S. Catarina, Brasilien von Herrn Schmalz 1901 gefangen. Type
Coll. Wasmann.

Plastophora Brues 1905.

Die hier zu beschreibenden neuen Arten haben vier Reihen
von Stirnborsten wie *Pseudacteon crawfordii* Coquillett.[1]) Auf
Brues' Auktorität hin nehme ich vorläufig an, daß die Gattung
Pseudacteon Coquillett 1907 wirklich mit *Plastophora* Brues identisch sei, obwohl für *Plastophora beirne* Brues nur drei Reihen Stirnborsten angegeben sind. Wenn daher Brues, in: Entomol. News,
Vol. 18, p. 430 nach Vergleichung der Paratypen von *crawfordii* erklärt, sie unterschieden sich von seiner *Plastophora* n u r durch
schlankere Beine, weniger vorragende Mundteile und größere birnförmige Fühler (also n i c h t durch die Stirnbeborstung!), so muß
man dies wohl als eine indirekte Berichtigung seiner Originalbeschreibung von *Plastophora beirne* auffassen. Höchst auffallend ist,
daß Malloch in der später von Brues als neue *Plastophora*-Art beschriebenen *Pl. juli* Brues eine *Aphiochaeta* erkannt hat (Malloch,
in: Proc. U. S. nation. Mus., Vol. 43, p. 459).

Plastophora wasmanni n. sp. ♀.
(Textfig. B u. C.)

Am nächsten verwandt ist diese Art mit *Pl. spatulata* Malloch,
mit der sie die ganz eigenartige Bildung des Ovipositors gemein

---

1) Auch *Phora formicarum* Verrall, die nach Brues und Malloch
eine *Plastophora*, nach Wood eine *Pseudacteon* ist, hat 4 Stirnborsten-
reihen. Wood hat zwar in seiner vorzüglichen Monographie, On the
British species of Phora, Part II, in: Entomol. monthl. Mag. (2), Vol. 19
[1908], p. 168 versucht, bei dieser Art 3 Reihen von Borsten zu kon-
struieren, aber nur weil er es eben mußte, um sie in der 2. Gruppe der
Gattung *Phora* (also *Aphiochaeta* Brues) behandeln zu können.

hat. Sie ist aber größer (über 1,5 mm). Leider ist MALLOCH's Beschreibung sonst sehr summarisch, es läßt sich daher nicht im einzelnen angeben, in welchen Punkten die beiden Arten sonst differieren.

Färbung der Alkoholexemplare im allgemeinen ein mattes Rostbraun, besonders an Kopf und Thoraxoberseite; Hinterleib etwas heller, mit weißen Tergitsäumen. Schwinger weißlich, Beine blaß, Augen und die Mehrzahl der Borsten schwarz.

Stirn mit geschärftem Scheitelrande, einer sehr deutlichen Längsfurche, schwach erhabenem Ocellenhöcker und vier Querreihen von Borsten, die so wie bei *Pl. crawfordii* angeordnet sind. Hinter den äußeren Vertikalborsten steht jederseits noch eine kleine medianwärts geneigte Borste (s. Textfig. B). Fühlerglied 3 pubescent, groß, ähnlich wie bei *Melaloncha* BRUES lang konisch und dabei nach hinten gekrümmt. Fühlerglied 2 klein, vom 3. umschlossen und etwas seitlich inserierend.

Thorax vorn stark gewölbt, behaart, mit 2 Präscutellarborsten und oral- und auswärts davon jederseits einer besonders auffallenden

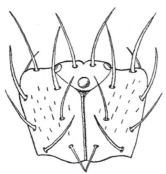 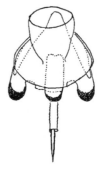

Fig. B. Stirn von *Plastophora*
wasmanni n. sp. Vergr.

Fig. C. Ovipositor von
Plastophora wasmanni n. sp. Vergr.

Seitenrandborste sowie mehreren Borsten vor der Flügelwurzel. Von den 4 Borsten des Schildchens sind die 2 hinteren fast doppelt so lang wie die vorderen.

Hinterleib 6gliedrig, 1. Tergit kurz, 2. länger als die übrigen, 3. und 4. unter sich gleich lang, 5. hinten etwas bogig ausgerandet, etwas verschmälert, 6. noch mehr verschmälert, in der Mitte des Hinterrandes mit einem kleinen Einschnitt, neben diesem mit drei Haaren jederseits, von welchen das äußerste am längsten. Auf die chitinöse Partie des 6. Tergits folgt ein breiter häutiger Saum, der die Basis der Legeröhre umhüllt.

Legeröhre deutlich 3gliedrig, jedes Glied mit verschieden geformten, getrennten dorsalen und ventralen Scleriten. Die Ventral-
platte ihres basalen (also 1.) Segments[1]) trägt 2 weit voneinander
getrennte Gruppen von je 3 langen, an der Spitze hakig gebogenen
Haaren. Das 2. Segment besteht aus einer ventralen und 2 dorso-
lateralen Chitinplatten, deren obere Ränder am Grunde genähert
sind und nach hinten weit divergieren. In diese dreieckige Öffnung
schiebt sich die Dorsalplatte des Endgliedes der Legeröhre, deren
höchst eigentümliche Form aus Textfig. C erhellt. Sie ist flach,
oberseits behaart (Behaarung nicht angegeben!) und besitzt 2 seitliche, distal tief dunkel gefärbte Loben. Das Sternit dieses Segments ist durch eine unpaare Chitinschuppe angedeutet. Zwischen
Sternit und Tergit ragt eine weichhäutige Röhre und aus dieser
ein Chitinstachel weit hervor. *Pl. spatulata* Malloch hat am Endglied des Ovipositors ähnliche Seitenfortsätze, die aber nach Malloch's
Abbildung (in: Proc. U. S. nation. Mus., Vol. 43, tab. 39 fig. 7) nur
durch einen schmalen Zwischenraum voneinander getrennt sind.

Flügel mit k u r z e r Costalis wie *spatulata*. Mediastinalader
ganz deutlich, verkürzt und frei in der Flügelfläche endigend, ähnlich wie bei der folgenden Art[2]), bei der die Flügel jedoch relativ
etwas schmäler sind.

Beine ziemlich schlank, Hinterschenkel an der Innenseite auf
der 2. Hälfte mit einigen längeren Haaren. Folgende Maße in Millimetern wurden festgestellt:

Pl. wasmanni ♀	Vorderbein	Mittelbein	Hinterbein
Femur	0,45	0,49	0,59
Tibia	0,35	0,38	0,42
Sporn der Tibia	—	0,19	—
Tarsus I	0,08	0,21	0,2
Tarsus II	0,06	0,09	0,11
Tarsus III	0,04	0,08	0,09
Tarsus IV	0,04	0,07	0,07
Tarsus V inkl. Prätarsus	0,08	0,08	0,08

Der Sporn der Mittelbeine ist bei dieser Art sehr lang, nur
wenig kürzer als der Metatarsus derselben.

---

1) Oder das Sternit des 6. Abdominalsegments?

2) Dadurch weichen die hier angeführten neuen *Plastophora*-Arten
von der Brues'schen Gattungsdiagnose ab, in der es heißt: . . . no
mediastinal vein, although the third vein and humeral cross vein are well
marked at this point.

Lebensweise.

Myrmecophil bei *Solenopsis geminata* in Süd-Brasilien. Joinville in S. Catarina. SCHMALZ legit. 7./9. 1901. 2 Ex. Type in Coll. WASMANN.

Anmerkung. Von demselben Fundort lagen noch 2 andere *Plastophora*-Arten in je einem Exemplare vor; der schlechte Zustand derselben macht eine Bestimmung bzw. Beschreibung jedoch unmöglich.

Plastophora solenopsidis n. sp. ♀.
(Textfig. D u. E.)

Durch den Bau der Legeröhre und wahrscheinlich durch die Stirnbeborstung von den übrigen *Plastophora*-Arten verschieden. Von den gewöhnlichen Stirnborsten scheinen die beiden mittleren der zweitvordersten Reihe zu fehlen; sie können an den beiden vorliegenden Exemplaren wohl kaum zufällig abgebrochen sein, da man sonst wenigstens die Insertionspunkte erkennen müßte. Ovipositor (Textfig. D) viel kürzer als bei *Pl. crawfordii*, wenig länger als das 6. Abdominalsegment. An der Basis unten 2 Gruppen von je 2

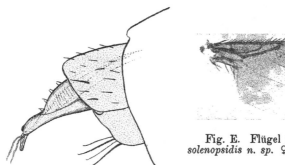
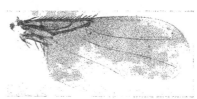

Fig. E. Flügel von *Plastophora solenopsidis n. sp.* ♀. Mikrophot. Vergr.

Fig. D. Hinterleibsende und Ovipositor von *Plastophora solenopsidis n. sp.* ♀. Vergr.

langen abstehenden ziemlich starken Haaren. Im übrigen ist der Ovipositor aus mehreren Chitinteilen zusammengesetzt; äußerlich hervortretend sind eine lange, nach hinten stark verschmälerte, behaarte obere Deckplatte und 2 seitliche, schmale, nach oben umgebogene Plättchen. Am Ende tritt eine unpaare dünne Chitinlamelle zungenförmig vor, und aus dem Innern ragen 2 farblose faden- oder wurmförmige Anhänge heraus.

Färbung ähnlich wie bei der vorhergehenden Art, ebenso die Bildung und Beborstung des Thorax und der Beine. Flügel s. Textfig. E und die Beschreibung bei *Pl. wasmanni*. R_{2+3} an der Ursprungsstelle von R_{4+5} schwach aber unverkennbar geknickt. Analader merklich schwächer als die anderen blassen Adern. Verhältnis der Flügelbreite zur Länge wie 2:5. Costalänge = Flügelbreite. Länge des ganzen Tieres ± 1,6 mm, der Flügel 1,37 mm.

L e b e n s w e i s e. Myrmecophil bei *Solenopsis geminata* in Süd-Brasilien. Porto Alegre in Rio Grande do Sul, P. Schupp legit 5./6. 1892. 2 ♀♀.

Plastophora formicarum Verrall.

Wie oben bereits bemerkt, ist die Verrall'sche, bis jetzt nur aus England bekannte, *Phora formicarum* eine *Plastophora*, falls man *Pseudacteon* Coquillett nicht als berechtigte Gattung neben *Plastophora* anerkennt. In Wasmann's Sammlung ist sie nicht vertreten, doch lernte ich sie durch freundliche Mitteilung zweier Exemplare von Herrn H. St. Donisthorpe kennen. Die verwickelte Namensgeschichte dieser myrmecophilen Diptere ist folgende:

Verrall, in: Journ. Linn. Soc. London, Zool., Vol. 13 [1877], p. 258, als *Phora formicarum n. sp.*

Lubbock, in: Ameisen und Wespen, Leipzig 1883, p. 55 u. 371, als *Phora formicarum* Verrall.

Wasmann, in: Krit. Verzeichnis der myrm. u. termitoph. Arthropoden, Berlin 1894, p. 174, als *Phora formicarum* Verr.

Becker, in: Die Phoriden, Wien 1901, p. 68, als letzte Art der II. Gruppe der Gattung *Phora* Latr. (= *Aphiochaeta* Brues).

Brues, in: Trans. Amer. entomol. Soc., Vol. 29 [1903], p. 375, als einigermaßen verwandt mit *Melaloncha* Brues.

—, in: Ann. Mus. nation. Hung., Vol. 3 [1905], p. 552, als zweifelhaft zur Gattung *Plastophora* Brues gehörig.

—, in: Phoridae. Genera Insectorum, Brüssel 1906, p. 11, als ? *Plastophora*.

—, in: Entomol. News, Vol. 18 [1907], p. 430 als *Plastophora*, und zwar prope *Plastophora (Pseudacteon) crawfordii*.

Wood, in: Entomol. monthl. Mag. (2), Vol. 19 [1908], p. 168, als vielleicht zu *Pseudacteon* Coquillet gehörig.

Donisthorpe, in: Zoologist, Dec. 1909, p. 466, als *Phora formicarum* Verrall.

Malloch, in: Proceed. U. S. nation. Mus., Vol. 43 [1912], p. 551, als *Plastophora formicarum*.

Schmitz, in: Naturhist. Genootschap Limburg Jaarboek 1913, p. 6—7, als *Pseudacteon formicarum*.

Aphiochaeta Brues 1903.

Ein in einem künstlichen Neste von *Polyergus rufescens* mit *Formica rufibarbis* als Sklaven 1906 gezüchtetes Exemplar bestimmte Herr Th. Becker als *Aphiochaeta pulicaria* Fallen, obwohl das Tierchen einen etwas braunrötlichen Ton hatte, besonders im Alkohol. Doch stimmten Becker's Typen von *pulicaria* sonst mit dem fraglichen Exemplar überein. Wahrscheinlich kommen hellere Stücke von *pulicaria* auch sonst öfter vor. Brues sagt in „A monograph of North Amer. Phoridae" p. 371 von den amerikanischen Exemplaren: „Very often the body is brownish and the wings clear hyaline, but all seem undoubtedly to belong to this species." Wood spricht sogar von einer g e l b e n F o r m von *pulicaria* (in: Entomol. monthl. Mag. [2], Vol. 20, p. 244: „The rare yellow form looks at first sight not unlike *lutea* [1]) or still more *scutellaris* . . . It appears to be widely distributed; I take it here, but not very commonly and I have also seen it from the North of Scotland."

Die Lebensweise von *Aphiochaeta pulicaria* ist wohl keine gesetzmäßig myrmecophile, obwohl sie mehrmals in Ameisennestern gefunden und aus solchen gezüchtet wurde (s. darüber im II. Teile). Aber diesen Angaben stehen andere von ganz verschiedenem Inhalt gegenüber. Schiner gibt an (Diptera austr., Vol. 2, p. 341), die Larven seien von Scholtz im Kuhdünger gefunden worden; von Ritsema wurde die Art gezüchtet aus einem Neste von *Vespa germanica* (v. d. Wulp en de Meyere, Nieuwe Naamlijst v. Ned. Dipt., p. 141); Brues erwähnt Pilze (*Agaricus*) als Fundort, ebenfalls nach Schiner; Bequaert führt 1 Exemplar aus der Grotte von Remouchamps in Belgien an (Onze huidige Kennis van de Belgische Grottenfauna in: Handelingen 17. Vlaamsch. Nat. Geneesk. Congres Gent 20.—22. Sept. 1913). Es ist allerdings nicht sicher, ob alle diese Angaben sich auf echte *pulicaria* beziehen, da diese Art zu einer nach Wood sehr schwierigen Gruppe von *Aphiochaeta*-Arten gehört: its elucidation has been a very troublesome and perplexing business! (Wood, l. c., p. 240).

---

1) Auf diese Art war ich tatsächlich auch bei dem vorliegenden Exemplar durch Becker's Bestimmungstabelle geführt worden.

B. Platyphorinae.

Diese Subfamilie, von Enderlein 1908 aufgestellt, umfaßt nach ihm 5 Gattungen, von denen jedoch 2 nicht aufrecht erhalten werden können, nämlich *Termitodeipnus* End., die von Trägårdh 1909 eingezogen wurde, und *Oniscomyia* End., deren Repräsentant *O. dorni* End. unzweifelhaft ein *Aenigmatias* Meinert ist, wie unten nachgewiesen werden wird. Der Sammlung Wasmann fehlen die Gattungen *Aenigmatistes* Shelford und *Platyphora* Verrall (Typen im Pariser bzw. Britischen Museum), aber sie enthält eine neue Gattung, die zunächst beschrieben werden soll als

Aenigmatopoeus n. g. ♀.

Mit den wesentlichen Merkmalen der Subfamilie *Platyphorinae* Enderlein Tribus *Platyphorini* Enderlein 1908, also aufs nächste verwandt mit den Gattungen *Platyphora* Verrall 1878, *Aenigmatias* Meinert 1890, *Aenigmatistes* Shelford 1908, doch von diesen insgesamt oder teilweise durch folgende Merkmale verschieden:

Körper im Umriß kurzoval, an die Dytiscidengattung *Hyphydrus* erinnernd, im allgemeinen linsenförmig, oben im Sinne der Medianlinie und quer gewölbt, unten mit gewölbtem Bauch und eingesunkener Brust. Da die größte Breite fast $2/3$ der Körperlänge (ohne Legeröhre) beträgt, so erscheint die Gattung relativ bedeutend breiter als alle bisher bekannt gewordenen. Auch die lange (bei allen vorliegenden Exemplaren) ausgestülpte, 3gliedrige Legeröhre mit dem menschenfußähnlichen, rechtwinklig nach oben gebogenen Endgliede ist wahrscheinlich für diese Gattung charakteristisch (Taf. 30 Fig. 7 u. 8).

Kopf mit breiter hochgewölbter Stirn, mit ziemlich tiefen, durch breiten Zwischenraum getrennten Fühlergruben, gerandetem Scheitel und etwas ausgezogenen, flachgerandeten Hinterecken.

2 seitlich gerichtete, nahe beisammen stehende Borsten jederseits am oberen Vorderrande der Fühlergruben.

Auf der Unterseite eine etwas längere Borste zwischen Augen und Hinterrand der Fühlergrube und daran anschließend eine zum Mundrande hinziehende Gruppe von Haaren.

Augen klein, seitlich am Hinterrand der Antennengrube, mit wenigen Facetten und schwarzen, pfahlwurzelähnlich in das Kopfinnere hineinreichendem Pigment (Taf. 30 Fig. 9).

Fühler gewöhnlich, 3gliedrig, 1. Glied unansehnlich, 2. knopf-
förmig, im kugligen 3. verborgen. Fühlerborste verästelt.

Taster groß, blattartig abgeplattet, mit behaarter Unterseite
und langen gebogenen Borsten am Vorderrande.

Rüssel klein, ganz in die etwas konisch vorstehende Mundöffnung
(Taf. 30 Fig. 8) zurückziehbar (Taf. 30 Fig. 9) aus einem kleinen.
aber typisch gebautem Labrum (Textfig. G) und Labium bestehend.

Thorax oberseits von der Gestalt eines Abdominalsegments
(Taf. 30 Fig. 7) kurz und breit, mit jederseits einer Borste am
Seitenrande hinter der Mitte. Vorderrand vom platten Hinterrand-
teil des Kopfes überdeckt. Hinterecken des Thorax etwas ausgebuchtet mit kleinem schuppenförmigem, nach hinten gerichtetem
Vorsprung (Taf. 30 Fig. 7 u. 8). Unterseite stark abgeplattet und
bei Seitenansicht eingesunken erscheinend, hintere Hälfte mit deutlichen Nähten. Die dem Kopf anliegende Vorderfläche des Thorax
senkrecht abgestutzt, die Hinterfläche zunächst unter den vorstehenden Vorderrand des 1. Abdominaltergites herabgedrückt, dann schräg
nach unten und hinten ziehend.

Abdomen 6gliedrig, mit 3gliedriger Legeröhre. Das 1. Tergit
erscheint am längsten, weil alle folgenden bis zur Hälfte vom vorhergehenden bedeckt sind. Tergiten an den Seiten nach unten umgebogen, Seitenrand am 1. Tergit mit scharfer Kante, die sich bald
abstumpft und in sanfter Rundung verliert. Bauchmitte häufig,
Sternitengrenzen nicht ausgebildet.

Oberseite des ganzen Tieres (auch das 5. Abdominaltergit!) mit
feiner Pubescenz, die auf dem Abdomen an den Seiten und besonders
auf den umgeschlagenen ventralen Partien länger wird.

Beine von gedrungenem Bau mit am Ende beborsteten Hüften,
verbreiterten, platten Schenkeln, die zur Aufnahme der Schienen
breit gefurcht[1]) sind. Mittel- und Hinterschienen mit je 2 kräftigen
Spornen. Hinterer Tarsus außerhalb der Mittellinie mehr nach der
Innenecke der Schiene zu eingelenkt, sein Metatarsus mit Querreihen von Dörnchen. Alle Tarsalglieder mit fast parallelen Seiten,
nur allmählich sich verjüngend. Krallen dentlich, Pulvillen gänzlich
verkümmert.

Flügel und Schwinger fehlen.

---

1) Die Furchen kommen dadurch zustande, daß die Dorsalfläche der
Schenkel distal eine gewisse Strecke weit blattartig verbreitert und die
Ventralfläche ebendaselbst verschmälert und einwärts umgebogen ist.

Aenigmatopoeus orbicularis n. sp. ♀.

(Taf. 30 Fig. 7—9, Textfig. F—K.)

Lange ohne Legeröhre 1 mm, mit ihr 1,2 mm.

Oberseite dunkelbraun bis schwärzlich, Unterseite hellbraun, Fühler, Rüssel und Legeröhre weißlich.

Schon bei auffallendem Licht, besonders aber bei durchfallendem, erscheinen Kopf, Thorax, 1. Hälfte des ersten und 2. Hälfte des letzten Abdominalsegments von oben gesehen heller als die übrigen

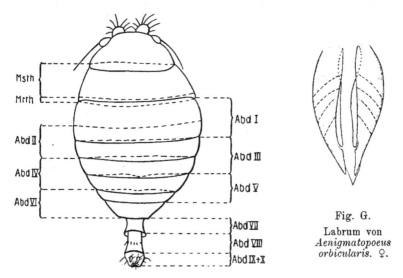

Fig. G.
Labrum von
*Aenigmatopoeus
orbicularis.* ♀.

Fig. F.   *Aenigmatopoeus orbicularis n. sp.* ♀.

Partien, in denen überdies in regelmäßigen Abständen schmale tief-dunkle Bänder hervortreten. Diese Färbungseigentümlichkeiten beruhen auf zwei Umständen. Erstens werden die Abdominaltergite vom zweiten an jedesmal zur Hälfte vom vorhergehenden bedeckt, so daß die dunkle Färbung sich summiert, und zweitens ist der Vorderrand eines jeden Tergits nach unten und hinten schmal umgefalzt und trägt hier (mit Ausnahme des 6. und vielleicht auch des 5. Tergits) einen feinen, tiefschwarz kolorierten Streifen, wodurch die ganz dunklen Linien entstehen. Das Übergreifen der hinteren Tergit-ränder ersieht man aus Textfig. F.

Kopf von drei Flächen begrenzt wie eine Viertelkugel, einer

Ober-, Hinter- und Unterfläche. Oberfläche hinten mit breitem flachem Saum über den Thorax greifend, Hinterfläche im allgemeinen eben und senkrecht, nur median etwas nach hinten erweitert, Unterfläche uneben, mit stark hervortretender Mundpartie.

Fühlergruben in Form einer halben Hohlkugel, 3. Fühlerglied annähernd kuglig, pubescent, Fühlerborste bis zum Kopfhinterrande reichend oder noch etwas länger, undeutlich gegliedert, aber wahrscheinlich doch dreiteilig, mit kurzem 1. Gliede.

Augen klein, mit 10 einzeln gewölbten Facetten in 3 unregelmäßigen, annähernd horizontalen Reihen zu 2, 4, 4. Die Pigmentschicht des Auges reicht tief nach innen und scheint sich, bei durchfallendem Licht gesehen, wurzelartig zu verjüngen.

Palpen halb so breit wie lang, sohlenartig platt, mit 7 starken, fein verästelten teils ein- teils auswärts gekrümmten und nach oben gebogenen Borsten am Vorderrande und einer ebensolchen mehr auf der Unterseite in der Nähe des Vorderrandes. Unterseite mit ca. 25 Haaren (Taf. 30 Fig. 9).

Mundöffnung vorn von dem Rande des Epistoms halbkreisförmig begrenzt, von der Einlenkungsstelle der Palpen ab nach hinten verschmälert, hinten von einer vertikalen Chitinplatte umgeben und ebenda aus der Kopfunterfläche allmählich mehr hervortretend, am aboralen Rande behaart.

Rüssel klein, bei 2 Exemplaren ganz in die Mundöffnung zurückgezogen, so daß nur die Labellen als kleine weiße Kissen sichtbar sind, bei dem 3. vorgestreckt (Taf. 30 Fig. 8). Die Form des Labiums konnte nicht genauer untersucht werden; es ist zweiteilig und am Rande behaart. Das darüber und davor eingelenkt Labrum ist mehr pfriemlich, nicht so breit birnförmig wie bei *Thaumatoxena*, sonst aber ganz ähnlich. Auch mit dem Labrum von *Cryptopteromyia* hat es große Ähnlichkeit. An Textfig. G erkennt man die 2 parallelen Chitinstäbchen in der Mitte, die 3 Chitinplatten an der Spitze und die Muskeln in der Wölbung des Innern.

T h o r a x. Das zunächst auf den Kopf folgende Segment, und nur dieses, repräsentiert den ganzen Thorax, wie bei *Oniscomyia* Enderlein. Wie aus Textfig. F ersichtlich, läßt sich ein großer Mesothorax und ein äußerst kurzer Metathorax unterscheiden. Der Mesothorax ist vorn vom Kopfhinterrande eine Strecke weit überdeckt. Der Metathorax ist ganz unter die Oberfläche hinabgedrückt, von den sich berührenden Rändern des Mesothorax und des 1. Abdominaltergits überlagert.

Thoraxunterseite ausgehöhlt erscheinend, bedeutend weiter nach
hinten reichend als die Oberseite und in ihrer hinteren Hälfte mit
deutlichen Nähten, durch welche 3 m. o. w. rautenförmige Bezirke
(Epimeren und Episternen) abgegrenzt erscheinen.

Die Prothoracalstigmen befinden sich an der vertikalen Vorderfläche des Thorax, liegen also der Kopfhinterwand m. o. w. an.
Hier auch jederseits ein Haar, wie bei *Aenigmatistes*.

A b d o m e n.   1. Segment nur scheinbar doppelt so lang wie die
folgenden, tatsächlich die 3 ersten Segmente und die 3 letzten unter
sich nahezu gleichlang, die letzteren etwas kürzer als die 1. (Textfig. F).
Das 5. Tergit erscheint besonders kurz, weil seine Basis bis mehr
als zur Hälfte vom 4. bedeckt wird.   Dies Segment ist auch dadurch
ausgezeichnet, daß an seinem Grunde (unter der Körperdecke liegend)
eine schwache Einkerbung des Vorderrandes vorhanden ist — vielleicht eine Andeutung der dem 5. Tergit anderer Phoriden eigentümlichen Drüse.

Die Pubescenz aller Tergite ist nicht auf die unbedeckte hintere
Hälfte derselben beschränkt.   Die Härchen stehen in sehr unregelmäßigen Querreihen, in der Dichte etwa der Taf. 30 Fig. 7 entsprechend.

Legeröhre 3gliedrig (Taf. 30 Fig. 7 u. 8), 1. Glied kurz, mit
trichterförmig erweitertem Rande, 2. Glied mit einem Kranze von
ca. 12 Haaren auf der Mitte, 3. Glied senkrecht nach oben umgebogen, abgeplattet, hinten durch viele feine, bei schwacher Vergrößerung eine einheitliche Platte darstellende Chitinstreifen versteift.   Analöffnung dorsal gelegen, ringförmig, Genitalöffnung spalt-
förmig, an der Spitze zwischen beiden sind die behaarten, nach
vorn gerichteten kolbenförmigen Genitallamellen eingelenkt.   Hinterfläche des 3. Gliedes der Legeröhre (9. + 10. Abdominalsegment) mit
1 Borstenpaar, Seitenrand in der Mitte mit 2 Paar, Vorderseite
apical mit mehreren Paaren und 1 unpaaren Borste.

B e i n e (Textfig. H, J, K).

Vorderhüften sehr groß, mit schmaler, hakenförmiger Basis frei
eingelenkt, Mittel- und Hinterhüften klein.

Damit hängt zusammen, daß die frei vom Körper abstehenden
Vorderschenkel auf beiden Seiten, die anderen nur auf der ventralen
Seite behaart, auf der dorsalen, also der dem Körper zugewandten
und ihm enge anliegenden aber nackt sind.   Vorder- und Hinterschenkel je doppelt so lang wie breit, bei dem Mittelschenkel verhält sich Länge und Breite wie 7:3.   Die Schienen alle kürzer als

die Schenkel, 3mal so lang wie breit, Hinterschienen relativ noch
etwas länger. Tarsen an den Vorderbeinen so lang, an den übrigen
länger als die Schenkel und die Schienen.

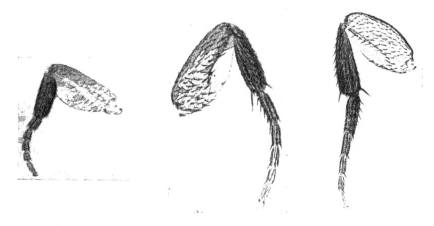

Fig. H.   Fig. J.   Fig. K.

Fig. H—K. Vorder-, Mittel- und Hinterbein von *Aenigmatopoeus orbicularis n. sp.* ♀. In verschiedenem Maßstabe vergrößert.

Die Furche an der Ventralseite eines jeden Schenkels ist bei
den hinteren Extremitäten fast so lang wie die in sie hineinpassende
Schiene, bei den Vorderbeinen dagegen wenig ausgebildet, flach und
kürzer als die Schiene. Die Schenkelhaare am distalen Rande der
Furche sind ein wenig stärker und gerader als die übrigen, offenbar um das richtige Hineingleiten der Schiene in die Schenkelfurche
zu sichern. Diejenigen Flächen der Tibien, welche in eingeklapptem
Zustande der Innenwand der betreffenden Furche dicht anliegen,
sind unbehaart. Alle Schienen und Tarsen dicht und in verschiedener Weise behaart bzw. bedornt:

Vorderschienen. Ohne Endsporne. Behaarung gegen Ende
dichter, ganz an der Spitze eine Reihe von 6—7 Haaren nebeneinander.

Vordertarsus. Tarsalglieder 2—4 rundlich oval, durch die
Behaarung fast quadratisch erscheinend, wie Tarsalglied 1 mit
einer Längsreihe palisadenartig dicht aneinandergereihter distalwärts umgelegter Dörnchen.

Pulvillen und Empodium undeutlich. Während man bei
mittelstarker Vergrößerung ganz kurze, zerschlitzte Pulvillen zu

sehen glaubt, ist es bei Ölimmersion unmöglich, sie von den End-
haaren des 5. Tarsalgliedes zu unterscheiden. An den Mittel- und
Hinterbeinen sind sie sicher nicht vorhanden.

Mittelschienen. Mit 2 behaarten Endspornen: einem kürzeren, etwas dorsal an der Außenseite und einem (nur wenig!)
längeren, etwas ventral an der Innenseite. Innere, d. h. dem Femur
zugekehrte Seite behaart, gewölbt, Außenseite mit 2 Längszeilen von
Dörnchen und proximal 1 abgekürzten ebensolchen 3.; der Raum
dazwischen flach. Haare entlang der oberen und unteren Außenkante stärker als die übrigen.

Mitteltarsus. Glied 1—4 am Ende innen mit spornartiger
Borste. Metatarsus außer der gewöhnlichen Behaarung mit 5 Dörnchen-
längszeilen: 1 dorsalen, 2 ventralen und 2 an der Außenseite, ferner
mit 4 Querreihen, ähnlich denen des hinteren Metatarsus, jedoch
aus wenigen und starken Haaren bestehend. Tarsalglied 2—4 dem
Metatarsus ähnlich bezüglich des Haarbesatzes, aber ohne Querreihen.

Hinterschienen. Mit 2 Endspornen wie Tibia II. Der
kleinere Sporn erscheint als der letzte und größte einer Reihe von
8 Dornen entlang der dorsalen Außenkante. An der Außenseite
eine Dörnchenlängszeile sowie eine Zeile feinerer Haare, die am
Außenende der Schiene in einem Kamm endigt.

Hintertarsus. Metatarsus mit 2 ventralen, 2 außen- und
1 innenseitigen Dörnchenlängszeile, mit $5\frac{1}{2}$ Querreihen, welche
dorsal je mit 1 stärkeren Haar beginnen. An der ventralen Innen-
kante eine Reihe von 8—9 stärkeren Haaren. Tarsalglied 2—4 mit
Längszeilen, 5. ohne solche, nur einfach behaart.

Lebensweise.

3 Exemplare von Rv. Geo. Schwab am 18. Aug. 1912 bei
Anomma sjöstedti Em. zu Gr. Batanga, Kamerun, entdeckt.[1]

---

1) Während des Druckes fand sich in der Wasmann'schen Sammlung
noch ein Exemplar aus Stanleyville, Congo bei *Anomma kohli* Wasm.,
das aber wahrscheinlich eine andere Art der Gattung *Aenigmatopoeus*
repräsentiert.

Aenigmatias Meinert.

Aenigmatias blattoides Meinert.

Von dieser Art, welche in der Sammlung Wasmann nur einmal vertreten ist, habe ich folgende Exemplare gesehen:

1. ♀. Die Type von Meinert, aus dem Zool. Museum von Kopenhagen beschrieben und abgebildet in: Entomol. Meddel., Vol. 2 [1890], p. 1—15, tab. 4 fig. 1—6.

2. ♀ Ein später in Dänemark gefundenes Exemplar, aus demselben Museum.

3. ♀ Ein von Wasmann 1908 in Luxemburg in einem Beobachtungsnest von *Formica exsecta* mit Kokons von *F. fusca* gezüchtetes und an Meinert verschenktes Exemplar, jetzt in demselben Museum.

4. ♀ Ein zugleich mit No. 3 gezüchtetes Exemplar, in Coll. Wasmann (No. 3 und 4 sind erwähnt in: Biol. Ctrbl., Vol. 28 [1908], p. 728—730).

5. ♀ Das von H. St. Donisthorpe am 21. Juli 1913 in Schottland bei *F. fusca* entdeckte und in: Entomol. Record, Vol. 25 [1913], p. 277—278 besprochene Exemplar, aus dessen Sammlung.

Wahrscheinlich sind dies alle Stücke, die bisher gefangen wurden, wenigstens fand ich sonst keine in der Literatur erwähnt. Sie sind hier einzeln zu besprechen, erstens, weil die Originalbeschreibung Meinert's zu manchen Zweifeln Anlaß gegeben hat, und zweitens, weil kaum eines der 5 Exemplare mit dem anderen übereinstimmt.

No. 1. Die Originaltype ist auf Karton aufgeklebt, nur ein Vorderbein ist sichtbar, auch den Kopf, den Meinert wahrscheinlich besonders präpariert hat, sah ich nicht.

Die Färbung ist ein Braun, das in guter Beleuchtung deutlich r o t b r a u n erscheint (Unterschied von No. 5). Infolge starker Kontraktion erscheint das Tier kürzer und breiter, als es Meinert l. c. fig. 1 dargestellt hat. An dieser Abbildung ist noch folgendes irreführend: der Ausschnitt am Hinterrande des Thorax existiert nur in der P e r s p e k t i v e, ebenso der bogenförmige Ausschnitt des 6. Tergits. Das scheinbare 7. Tergit, welches diesen Ausschnitt auf der Zeichnung ausfüllt, ist in Wirklichkeit der häutige Hintersaum des 6. Tergits, der zufällig stark gebräunt, geschrumpft und wegen der vollständigen Einziehung des Ovipositors nach unten und innen

gezogen ist. Der von Meinert gar nicht beschriebene Ovipositor
ist ahnlich wie bei *Aenigmatias (Oniscomyia) dorni* End. gebildet,
1. Glied kurz und breit und mit vielen chitinösen Längsleisten versehen, 2. mit einem Kranz schwarzer Doppelhäkchen,
die auch Enderlein bei seiner Art unerwähnt gelassen hat
(s. Näheres bei *A. dorni*).

Auch die übrigen Figuren von Meinert sind in manchen Einzelheiten mißverständlich und unzutreffend, und es ist erklärlich, daß
sie Enderlein, der bei Begründung seiner Gattung *Oniscomyia*
völlige Genauigkeit bei ihnen voraussetzte, in Irrtum führen mußten.
Die Vorderbeine sind wie bei *dorni* End, also nicht „pedes graciles",
wie Meinert sich ausdrückt. An der Type läßt sich auch erkennen,
wie der letzte Satz der lat. Originaldiagnose zu verstehen ist: „pilis
parvis in series transversas, in margine anolorum (sic) majoribus,
vestibus". Es ist hier nicht der Hinterrand der Abdominalsegmente, sondern der Außenrand der Körpersegmente gemeint,
wo die Behaarung — wiederum ganz in Übereinstimmung mit *dorni*
Enderlein — an gewissen Stellen etwas länger ist.

No. 2. Dieses Exemplar, von dem mir nicht mitgeteilt wurde,
ob und bei welchen Ameisen man es antraf, ist in Alkohol konserviert. Es erscheint kleiner als alle anderen wegen starker In-
einanderschachtelung der Segmente; die Legeröhre ist z. B. so weit
zurückgezogen, daß man nichts von ihr sieht, nicht einmal den
Hakenkranz an ihrem Ende. Da man aber die Eier durchschimmern
sieht (wie bei allen feucht aufbewahrten *blattoides* und *dorni*, die ich
sah; die Eier sind länglich-oval und zahlreich!), so steht auch für
dieses Exemplar das Geschlecht fest.

Abweichend und auffallend ist die große Zahl der Borsten
auf der Unterseite des Kopfes (vgl. Textfig. L, die Reihe beiderseits vom Rüssel bis zu den Augen). Sonst beträgt die Anzahl
jeder Reihe im Mittel etwa 7, hier sind es links 12 und rechts 11,
und zwar beginnt die Reihe jederseits mit einer Gruppe von 6—7,
ferner wird sie am hinteren Augenrand entlang von den dort
stehenden ca. 11 Borsten in halber Stärke fortgesetzt und endigt
oberhalb der Augen, also fast auf der Oberseite des Kopfes, mit
einer etwas kräftigeren Borste. In der stärkeren Ausbildung der
Augenhinterrand-Borsten liegt auch sonst ein Unterscheidungsmerkmal
von *blattoides* gegenüber *dorni*; doch tritt es bei diesem Exemplar
besonders hervor. Ferner: der linke Taster schon von der Mitte
an beborstet, im ganzen mit 9, der rechte nur an der Spitze mit

6 Borsten. Die Taster sind nicht 2gliedrig, sondern 1gliedrig, wie sie Meinert auch selbst zeichnet (l. c., Fig. 3).[1]).

No. 3. Wegen der vorzüglichen Konservierung zum Vergleiche mit *dorni* besonders geeignet. Man erkennt: Kopfform die gleiche wie bei *dorni* (Seitenansicht!), die nur schwach angedeuteten Fühlergruben als flache Mulden von der etwas vorgewölbten, dann unmittelbar über dem Mundrande sanft eingebogenen Stirn getrennt, 3. Fühlerglied auch hier von der Seite gesehen o v a l erscheinend wie bei *dorni* (Taf. 30 Fig. 10), Fühlerborste völlig gleich, Taster keulenförmig, rechter mit 7, linker mit 4 Borsten, Facettenanzahl ca. 70, also weniger als bei *dorni*. Vom Mundrand bis zum Auge jederseits 8 Borsten, von denen die 4 ersten eine Gruppe, die folgenden eine Reihe bilden. Schlundgerüst im Innern sehr deutlich, an den „Kopftrichter" von *Chonocephalus* erinnernd (Wandolleck's fig. 12). Das eigentümlich behaarte „Flügelrudiment" von *dorni* auch hier vorhanden, davor am Seitenrande des Thorax eine längere Borste. Ovipositor mit Chitinlängsleisten und Kranz von 2×8 Doppelhaken an der Spitze, 5. Tergit gleich den anderen gleichmäßig chitinisiert und überall behaart — wesentliches Unterscheidungsmerkmal von *dorni* Enderlein.

No. 4. Dem aus demselben Nest stammenden Exemplar No. 3 ziemlich gleich, Borsten neben der Mundöffnung links 7 rechts 9. Die Labellen der deutlich vorstehenden Proboscis sind bei *blattoides* mehr und länger behaart als bei *dorni*, man sieht vier größere und mehrere kleinere Haare. Von den 6 Abdominalsegmenten sind bei diesem Exemplar das 1.—3. unregelmäßig ineinandergestülpt, das 4.—6. dagegen auseinander gezogen, der Vorderrand des 6. Tergits unregelmäßig gekerbt, Legeröhre eingezogen, der fleischige Zylinder in ihrem Innern (2. Glied) mehr als sonst aus der Öffnung hervortretend. Hakenkranz deutlich.

No. 5. Ein großes, trächtiges Weibchen in der Färbung von No. 1—4 auffallend abweichend, g r a u s c h w a r z, ohne eine Spur von Rotbraun. Es handelt sich wahrscheinlich um eine lokale hochnordische Varietät, für die ich den Namen *var. highlandica* vorschlage, nach dem Fundgebiete im schottischen Inverness.

---

1) Übrigens ist gerade diese Figur Meinert's ziemlich rätselhaft und offenbar ungenau.

Lebensweise.

Parasitisch in den Puppen von Formica fusca. Schlüpft meist
im Juli und lebt vielleicht zeitweilig außerhalb der Nester. Vgl.
Wasmann, Nachtrag zu: Weitere Beiträge zum sozialen Parasitismus
und der Sklaverei bei den Ameisen in: Biol. Ctrbl., Vol. 28 [1908],
3. Aenigmatias ein Parasit der Ameisenpuppen?, p. 728—730. Von
den dort erwähnten Aenigmatias-Funden bezieht sich nur der letzte
vom 10. Juli 1908 auf blattoides, die drei vorhergehenden auf Aenigmatias (Oniscomyia) dorni Enderl., wie unten gezeigt werden wird.
Damit ist auch klargestellt, welches die ausschließliche Wirtsameise
von Ae. blattoides Meinert ist. Bei F. rufibarbis ist nie ein echter
blattoides gefunden worden. Von den 5 oben beschriebenen Exemplaren ist für No. 2 die Wirtsameise unbekannt, No. 1 und 5 wurde
in fusca-Nestern im Freien angetroffen, No. 3 und 4 entwickelten
sich in einem Beobachtungsnest von F. exsecta-fusca, und Wasmann
weist l. c. nach, daß sie sich nur aus Kokons von F. fusca, die
16 Tage vor dem Ausschlüpfen der Aenigmatias in das exsecta-Nest
gegeben worden waren, entwickelt haben konnten.

Aenigmatias dorni Enderlein.
(Taf. 30 Fig. 10—12 und Textfig. L.)

Syn.: Oniscomyia dorni Enderlein.

Die Unterscheidung und Beschreibung dieser interessanten Art,
die der Meinert'schen äußerst ähnlich ist, bleibt ein Verdienst des
Stettiner Entomologen, wenn auch die dafür kreierte Gattung unhaltbar ist. Die letztere wurde irrtümlich errichtet für
1 Exemplar, dem zufällig beide Taster fehlten. Den
Beweis liefert das Material der Wasmann'schen Sammlung. Sie
enthält 3 Stücke, die vollständig mit Oniscomyia dorni übereinstimmen, aber große, keulenförmige, an der Spitze stark beborstete
Taster von ähnlicher Bildung wie bei blattoides besitzen.

Man vergleiche fig. 7 von Enderlein (in: Zool. Jahrb., Vol. 27,
Syst. [1908], tab. 7) mit meiner Taf. 30 Fig. 10. Beide stellen den
Kopf von der Seite dar, bei Enderlein etwas schräg von unten,
bei mir ein wenig schräg von oben gesehen (dadurch erklären sich
einige unbedeutende, rein perspektivische Unterschiede). Was
Enderlein für den sehr stark reduzierten, nur noch durch

ein knopfartiges Rudiment dargestellten rechten und linken Maxillarpalpus hält, sind in Wirklichkeit die beiden Labellen der Proboscis. Diese weisen auch bei den Wasmannschen Exemplaren keine Beborstung auf, sondern — genau wie bei Enderlein — nur einzelne sehr feine Härchen, von denen bei Profilansicht je 3 sichtbar werden. (Vgl. hierzu die Artbeschreibung bei Enderlein: „Jede der knopfförmigen Rudimente der Maxillarpalpen mit 3 winzigen Härchen".) Indem nun Enderlein die wahre Proboscis gänzlich verkannte, wurde er dazu geführt zu behaupten: „Rüssel fehlt völlig und ist nur noch durch ein höckerartiges Rudiment angedeutet." Dieses höckerartige Rudiment ist nichts anderes als das aus einer etwas gewölbten Chitinplatte bestehende Hypostom, also die hintere Begrenzung des Atrium buccale (Fig. 10 hypost).

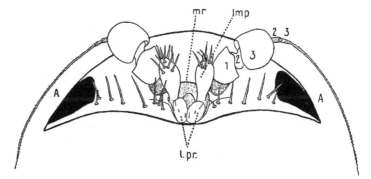

Fig. L. *Aenigmatias dorni* Enderlein, Kopf von unten. *A* Augen. *mr* Mundrand. *lmp* linker Maxillarpalpus. *lpr* Labellen der Proboscis.

Aus dem Innern dieses letzteren ragen nun die an dem Enderleinschen Exemplar offenbar zufällig fehlenden wirklichen Palpen hervor (Taf. 30 Fig. 10 *rmxp*, vgl. auch Textfig. L). Sie sind schwach keulenförmig und gegen das Ende hin mit einer variabeln Anzahl ziemlich ansehnlicher Borsten besetzt.

Die Fühler, die Augen, die Kopfform und anderes stimmen in unseren Zeichnungen überein. Es ist jedoch zu bemerken, daß auch bei *A. dorni* die Fühler nicht „5gliedrig" sind, sonder „6gliedrig" bzw. 3gliedrig mit 3teiliger Borste. Das 2. ist im 3. in der bekannten Weise eingeschlossen. Die Längen- und Dickenverhältnisse der 3 Fühlerborstenglieder fand ich so, wie es in Taf. 30 Fig. 10 dargestellt ist. In Textfig. L ist das Basalglied der Borste nicht zu sehen. Die Augenhinterrandborsten fehlen bei Enderlein, sie sind auch in der Tat bei *dorni* zum Unterschied von *blattoides* nur schwach. Der Unterschied in der Behaarung der Kopfoberseite (vorn sehr fein, hinten stärker) tritt zufällig bei dem von mir abgebildeten Exemplar weniger als bei den anderen hervor. Bei *blattoides* ist dieser Unterschied auffallender.

Nach dem Vorstehenden kann es wohl keinem Zweifel unterliegen, daß *Oniscomyia* als Synonym zu *Aenigmatias* eingezogen werden muß. Von letzterer sagt Enderlein: Sie steht *Oniscomyia* sehr nahe und unterscheidet sich von ihr durch folgendes: Maxillarpalpus langgestreckt, beborstet, 2gliedrig und etwas gekrümmt; Proboscis vorhanden (sehr klein); Beine schlank. Diese Angaben beruhen auf der Darstellung von Meinert, die, wie oben nachgewiesen, teilweise ungenau ist; sobald sie berichtigt wird, fällt jeder Gattungsunterschied weg.

Es bleibt allein ein Artunterschied: die Beschaffenheit des 5. Tergits. Die etwas knappe Schilderung lautet bei Enderlein, l. c., p. 151: 5. Tergit mit Ausnahme der Seiten v ö l l i g o h n e P u b e s c e n z, sehr dünnhäutig (p. 152 . . . und ohne Chitinstrukturen).

Ich möchte darauf aufmerksam machen, daß man manchmal sehr genau zusehen muß, um dieses Merkmal zu verifizieren, weil die Tergite so sehr ineinander geschoben sein können, daß man vom 5. Tergit nur die normal chitinisierten und normal behaarten Seiten gewahrt. So ist es z. B. bei dem Exemplar Wasmann's vom 31./7. 1905. Sind dagegen die Somite weit auseinandergezogen, so fällt am 5. Tergit der helle weichhäutige, ganz unbehaarte Bezirk, der vom Vorder- bis zum Hinterrande reicht, sofort auf. Bei dem abgebildeten Hinterleibsende Taf. 30 Fig. 11 ist die weiche Partie des 5. Tergits größtenteils unter dem Hinterrande des 4. verborgen, dagegen wird die Basis des 6. Tergits nur ganz schmal vom Hinterrande des 5. überlagert. All dies ändert sich von einem Exemplar zum anderen.

An derselben Fig. 11 ist ersichtlich, daß auch der Hinterrand des 6. Tergits weichhäutig, aber mit einigen kräftigen Haaren besetzt ist; genau so wie bei *A. blattoides*. Von der Unterseite und stärker vergrößert wird das 6. Segment mit der Legeröhre in Taf. 30 Fig. 12 dargestellt. Über den Bau der Legeröhre vollständig ins klare zu kommen, ist ohne frisches Material schwer. Nach meiner Ansicht, die ich besonders durch Untersuchung des in Coll. Wasmann trocken präparierten ganz vorzüglichen Exemplars vom 19. Juli 1904 gewonnen habe, ist die Legeröhre sicher 2-, vielleicht 3gliedrig.

Das die anderen an Volumen weit übertreffende 1. Glied ist kurz und breit, kegel- oder glockenförmig, die Wandung chitinisiert, mit vielen sich teilenden Chitinstreifen versteift; hinten befindet sich eine kleine kreisförmige Öffnung, die wahrscheinlich dorsal in einen Spalt nach vorn sich fortsetzt, dessen Ränder bei Hervorstülpung des im 1. Glied verborgenen weit dünneren 2. Gliedes m. o. w. auseinanderweichen. Jene Öffnung wird von einem Hakenkranz (16 Haken) umsäumt, der aber vermutlich dem 2. Gliede der Legeröhre angehört, welches bis zu diesem Kranze eingezogen zu werden pflegt. So kommt der tiefschwarze Hakenkranz an die Spitze der scheinbar 1gliedrigen Legeröhre zu liegen.

Das 2. Glied der Legeröhre ist auf Taf. 30 Fig. 12 im Innern des 1. als fleischiger, zentraler Zylinder (durch punktierte Linien angedeutet) sichtbar. Was nun auf der Abbildung als zweilippiges behaartes Ende dieses Zylinders aus dem Hakenkranz und der runden Öffnung des 1. Gliedes herausragt, ist entweder wirklich seine Endregion oder aber ein kurzes 3. Glied des Ovipositors, und der Hakenkranz stünde dann auf der Grenze zwischen dem 2. und 3. Gliede.

Die „Subgenitalplatte" Enderlein's scheint dem 2. Gliede der Legeröhre anzugehören.

Daß die letztere wirklich mehrgliedrig ist, wird übrigens schon durch folgenden Passus von Donisthorpe über *Aenigmatias blattoides* nahegelegt (in: Entomol. Rec., Vol. 25 [1913], p. 277): „When placed in a tube the anal segments of the insect's body were observed to be rapidly exserted and retracted."

Die schwarzen Haken, die weder Enderlein noch Meinert erwähnt, nehmen von oben nach unten an Größe zu und sind zweispitzig, so daß man bei ungünstiger Stellung des Objekts leicht 2 Hakenkränze hintereinander zu sehen vermeint.

Lebensweise.

Wie bei *A. blattoides* parasitisch aus Ameisenpuppen meist im Juli sich entwickelnd. Die Wirtsameise ist fast sicher *Formica rufibarbis*. P. Wasmann schließt das (nach mündlichen Mitteilungen) aus den Umständen, unter welchen die 4 bis jetzt bekannten Exemplare gefunden worden:

No. 1. Die Type von Enderlein auf dem Grunde eines Nestes von *Polyergus rufescens* am 18. August 1907, Hohe Wart, Zeyern bei Kronals in Oberfranken. *Polyergus* hat bei uns keine eigenen Gäste, sondern nur diejenigen ihrer Sklavenarten *Formica fusca* oder *rufibarbis*. Bei *fusca* lebt *blattoides*, also *dorni* wahrscheinlich bei *rufibarbis*. Leider ist nicht angegeben, welche Sklavenart in jenem *Polyergus*-Nest vorkam.

No. 2. Alkoholexemplar Coll. Wasmann, gefangen 17. Juli 1902, Luxemburg. Hierüber sagt Wasmann in: Biol. Ctrbl., Vol. 28 [1908] p. 729): „Am 17. Juli 1902 ließ ich in meinem Zimmer aus einem Lubbock-Nest mit *Formica rufibarbis*, denen ich einige Zeit vorher Arbeiterkokons von *Lasius niger* gegeben hatte, die Ameisen in ein anderes Lubbock-Nest umziehen. Plötzlich sah ich auf der Außenseite der Glasröhre, welche beide Nester verband, eine *Aenigmatias* hurtig umherlaufen ... Ob die kleine Fliege in diesem Falle ursprünglich zu *F. rufibarbis* gehörte oder ob sie mit den Kokons von *Lasius niger* in das Beobachtungsnest gelangt war, blieb zweifelhaft.“

No. 3. Das trocken präparierte Exemplar der Coll. Wasmann. Herkunft l. c.: „Das zweite Exemplar von *Aenigmatias* fing ich im Garten unseres Hauses (Bellevue, Luxemburg) am 19. Juli 1904 unter einem Steine, der ein zusammengesetztes Nest von *F. rufibarbis* mit *Lasius niger* bedeckte. Auch in diesem Falle ließ sich nicht feststellen, zu welcher der beiden Ameisenarten der Gast gehörte.“

No. 4. Coll. Wasmann, in Alkohol kons. Herkunft Wasmann l. c.: „Das dritte Exemplar fand ich am 31. Juli 1905 unter einem Steine in unserem Garten, der ein reines *rufibarbis*-Nest bedeckte. ... Diesmal war über ihre Zugehörigkeit zu *F. rufibarbis* kein Zweifel.“

Alle diese Exemplare sind Weibchen. Es ist also immer noch eine offene Frage, ob *Platyphora lubbocki* das ♂ einer *Aenigmatias*-Art ist oder nicht. Die Wirtsameise der Verrall'schen Type läßt sich nicht feststellen; neuerdings sind 2 Exemplare bei *Formica sanguinea* gefangen worden (s. II. Teil). Daraus läßt sich vorläufig nichts schließen, weil *F. sanguinea* in gemischten Kolonien mit *fusca* und *rufibarbis* lebt und deren Kokons raubt. *Platyphora lubbocki* kann also ebensogut auf eine besondere Gast- bzw. Parasitenart von *sanguinea* als auf *blattoides* ♂ (Parasit von *fusca*) oder auf *dorni* ♂ (dto. von *rufibarbis*) bezogen werden. Es zeigt sich hier wieder einmal, wie wichtig es bei Myrmecophilen-Funden ist, auf die Wirtsameise und ihre etwaigen Sklaven genau zu merken.

Allgemeine Bemerkungen über die myrmecophilen Platyphorinen.

Die myrmecophilen *Platyphorinae* gehören, soweit bis jetzt bekannt, alle zur Tribus *Platyphorini* Enderlein. Alles, was Enderlein zur Charakteristik seiner Subfamilie l. c. p. 146 sagt, kann ich für diese Tribus vollständig bestätigen; mit *Thaumatoxena* habe ich mich nicht beschäftigt, kann daher nicht beurteilen, ob der Widerspruch Trägårdh's (*Cryptopteromyia* etc., 1909, p. 341 ff.) gegen Enderlein's Auffassung der Thoraxbildung (*Oniscomyia* etc., 1908, p. 146) berechtigt ist. Daß die *Thaumatoxenini* überhaupt eine Tribus der *Platyphorinae* bilden, nehme ich wegen der doch sehr bedeutenden Unterschiede nur mit Vorbehalt an.

Als Thorax ist immer nur das erste auf den Kopf folgende Körpersegment aufzufassen. Spuren des Pro- und Metathorax sind an diesem Segment aufzusuchen, alle Beinpaare sind an ihm eingelenkt. Der folgende Abschnitt ist also immer das 1. Abdominalsegment, und Meinert, Coquillett, Shelford sind alle, jeder in verschiedener Weise, im Irrtum.

Das Abdomen ist überall 6gliedrig. Eine Drüsenöffnung auf dem 5. Tergit ist nicht vorhanden; bei 2 Arten ist es jedoch weichhäutig bzw. „bereift" (*Aenigmatias dorni* End. und *schwartzii* Coquillett).

Alle bis jetzt bekannten Exemplare sind Weibchen (außer *Platyphora lubbocki*?[1])). Coquillet will zwar seine Art als Männchen betrachtet wissen, aber seine Gründe sind unstichhaltig und die besondere Bildung des 5. Tergits weist unzweifelhaft auf ein ♀ hin. Shelford hält seinen *Aenigmatistes* auch selbst für ein ♀, allerdings mit Zweifel.

---

[1] Aus welchem Grunde man die Originaltype von Verrall allgemein als ♂ in der Literatur verzeichnet findet, weiß ich nicht. Verrall selbst sagt: I am unable to divide on the sex! Leider konnte ich die beiden neuerdings von Donisthorpe gezüchteten Stücke nicht zur Ansicht erhalten.

Zweiter Teil.
Kritische Übersicht der bis Anfang 1914 bekannt gewordenen myrmecophilen und termitophilen Phoriden.

Von der Literatur sind nur die ersten Beschreibungen und eventuell neue Tatsachen oder Gesichtspunkte enthaltende spätere Erwähnungen ausgeführt; infolgedessen sind die Monographien von Becker, Brues, Wood und Malloch nur in speziellen Fällen zitiert.

Erste Abteilung. Myrmecophile Phoriden.

A. Subfam. *Platyphorinae* Enderlein.

Tribus *Platyphorini* Enderlein.

1. *Platyphora* Verrall 1878.　♂(?).

Verrall, in: Journ. Linn. Soc. London, Vol. 13 (1878), p. 259.

Platyphora lubbocki Verrall.　♂(?).

Verrall, l. c.

In Ameisennestern ohne Artangabe.

Lubbock, Ameisen, Bienen und Wespen, 1883, p. 371.

Wasmann, Kritisches Verzeichnis der myrmecophilen und termitophilen Arthropoden, Berlin 1894, p. 174.

Donistorpe, H. St., erzog nach brieflicher Mitteilung 2 Exemplare aus einem Nest von *Formica sanguinea* Latr. in England. 11. und 26. Juli 1913.

Malloch, in: Ann. Scott. nat. Hist., Jan. 1910.

Exemplare von New Forest, Schottland.

2. *Aenigmatias* Meinert 1890.　♀.

Meinert, in: Entomol. Meddel., Vol. 2 (1890), p. 212—227.

Aenigmatias blattoides Meinert.　♀.

Meinert, l. c.

Bei *Formica fusca* L. Geel Skov bei Kopenhagen, 15. August 1890. 1 ♀.

Wasmann, Krit. Verz. etc., p. 175.

Bei *F. fusca*.

Wasmann, in: Biol. Ctrbl., Vol. 28 (1908), p. 227.

In einem Beobachtungsnest von *F. exsecta* mit *fusca* aus *fusca*-Kokons gezogen 2 Exemplare, Luxemburg, 10. Juli 1908.

Aenigmatias blattoides var· highlandica Schmitz. ♀.

Schmitz, s. oben im 1. Teile.

Donisthorpe, in: Entomol. Record, Vol. 25 (1913), p. 277—278.

1 Exemplar (♀) in einem Neste von *F. fusca* am 31. Juli 1913, Forest Lodge Nethy Bridge, Inverness, Schottland.

Aenigmatias schwartzii Coquillett. ♀.

Coquillett, in: Canadian Entomol., Vol. 35 (1903), p. 20—22.

Ein Exemplar (angeblich ♂) im Sommer 1901 bei Flagstaff, Arizona, U. S. A. Wahrscheinlich myrmecophil, obwohl nicht bei Ameisen gefunden. Denn nach Wasmann leben auch die anderen *Aenigmatias*-Arten vermutlich nur zur Fortpflanzungszeit in den Ameisennestern.

Malloch, in: Proc. U. S. nation. Mus., Vol. 43 (1912), p. 511,

erwähnt ein zweites Exemplar aus Bozeman, Montana. „Taken in a greenhouse".

Aenigmatias dorni Enderlein. ♀.

Enderlein, in: Zool. Jahrb., Vol. 27, Syst. (1908), p. 145—156, tab. 7 fig. 1—8.

Von Enderlein als „*Oniscomyia dorni*, eine neue deutsche als Ameisengast lebende flügellose Fliegengattung" beschrieben, aber als Gattung nicht haltbar (vgl. 1. Teil).

1 ♀ in einer Kolonie von *Polyergus rufescens* Latr. am 18. August 1907 Hohe Wart b. Zeyern (bei Kronach) in Bayern.

Wasmann, in: Biol. Ctrbl., Vol. 28 (1908), p. 729

als *A. blattoides* Meinert bei *F. rufibarbis.*

(*Oniscomyia* Enderlein 1908.)

Siehe unter *Aenigmatias dorni* Enderlein.

3. *Aenigmatistes* Shelford 1908. ♀.

Shelford, in: Trans. Linn. Soc. London, Vol. 30 (1908), p. 150—155, tab. 22, fig. 1—5.

Aenigmatistes africanus Shelford. ♀.

Shelford, l. c.

Wirt unbekannt. Über die Lebensweise sagt Shelford p. 154:
Unfortunately nothing is known of the habits of *Aenigmatistes*; the
unique specimen was found in a miscellaneous collection of insects
sent to the Paris Museum.

1 ♀ Kisumu, Victoria Nyanza, Britisch Ost-Afrika (Ch. Alluaud,
1904). Wahrscheinlich myrmecophil, wie auch Enderlein vermutet.

4. *Aenigmatopoeus n. g.* ♀.

Schmitz, im 1. Teile.

Beschreibung s. oben S. 534 ff.

Aenigmatopoeus orbicularis n. sp. ♀.

Schmitz, s. o.

Bei *Anomma sjöstedti* 3 ♀♀ von Rev. G. Schwab am 18. August
1912 in Gr.-Batanga, Kamerun, entdeckt und an P. E. Wasmann
gesandt.

B. Subfam. *Phorinae* Enderlein.

5, 6, 7. *Hypocera* Lioy 1864. ♂, ♀. *Phora* Latr. 1802. ♂, ♀
(= *Trineura* Meig. 1803). *Aphiochaeta* Brues 1903. ♂, ♀.

Verschiedene Arten dieser Gattungen sind in Ameisennestern
sowohl auf dem Kontinent als ganz besonders in England beobachtet
worden und manche mehrmals. Von einigen *Aphiochaeta*- und
Hypocera-Arten steht fest, daß sie in Insecten oder Insectenlarven
parasitieren (z. B. *Hypocera vitripennis* in Wespenlarven), und so ist
es nicht ausgeschlossen, daß es auch solche gibt, die gelegentlich
oder gesetzmäßig bei Ameisen schmarotzen. Die englischen Forscher,
die Herren Donisthorpe und Dr. Wood, sind jedoch nach brieflicher
Mitteilung überzeugt, daß fast alle Arten nur zufällige Gäste der
Ameisen waren, die man auch außerhalb der Nester antrifft. Folgende
Hypocera-, *Phora-* und *Aphiochaeta*-Arten werden in der Literatur
erwähnt:

Hypocera femorata Meig., Syst. Beschr. Vol. 6, 2113, 5. ♂, ♀.
Becker, Die Phoriden, Wien 1901, p. 41 (als *Phora*).

Nach brieflicher Mitteilung von DONISTHORPE in einem Nest von *Myrmica ruginodis*, Nethy Bridge, Inverness, Mai 1912.

Phora (Trineura) aterrima F. ♂, ♀.

DONISTHORPE, in: Entomol. Record, Vol. 21—22 (1910), No. 10, 11, s. p. 5.

Bei *Lasius fuliginosus*, Darenth Wood, 6. Juni 1909. ♂, ♀.

Phora (Trineura) sp.

WASMANN, Krit. Verzeichnis etc., p. 175.

„Bei *F. fusca* L. England teste

WESTWOOD, Introduction to the modern Classification of Insects, Vol. 2, 1814, p. 234.

Nach der Beschreibung des Nestes scheint es *F. rufa* gewesen zu sein."

Aphiochaeta pulicaria FALLEN. ♂, ♀.

WASMANN, in: Krit. Verzeichnis etc., p. 174.

Zahlreich bei *Formica rufa* in Holländisch Limburg.

DONISTHORPE, nach brieflicher Mitt.

Einmal aus *rufa*-Nest von WEYBRIDGE gezüchtet 1909.

WASMANN, aus Nest von *Polyergus rufescens* 1906 gezüchtet, s. oben S. 533. ♀.

Aphiochaeta rufipes MEIGEN. ♂, ♀.

WASMANN, in: Krit. Verzeichnis etc., p. 174.

Zahlreich in den Nestern von *Lasius fuliginosus* in Holl. Limburg.

Aphiochaeta rata WOOD. ♂, ♀.

WOOD, in: Entomol. monthl. Mag., Vol. 19 (1908), p. 172. Nach brieflicher Mitteilung von demselben:

Auch aus Wespennest und aus faulenden Vegetabilien gezüchtet, worin *Nepticula* gelebt.

DONISTHORPE, in: Entomol. Record, Vol. 23 (1911), p. 9.

1 Exemplar aus *exsecta*-Nest gezüchtet von der Insel Wight, früher aber auch aus Larven, die in lebenden *Clerus formicarius* schmarotzten.

Aphiochaeta aequalis Wood. ♂, ♀.

Wood, in: Entomol. monthl. Mag., Vol. 20 (1909), p. 25.
Donisthorpe, in: Entomol. Rec., Vol. 21—22 (1910), p. 5.

In Anzahl in einem Nest von *Lasius fuliginosus*, Darenth wood, 24. September 1909, 2. April 1910 und Wellington College, Berkshire, April 1912. Brieflich bemerkt Wood: „*A. aequalis* is such an abundant insect that if the ants' nest were its natural home, it ought to be found there in numbers instead of one here and there."

Aphiochaeta conformis Wood. ♂, ♀.

Wood, in: Entomol. monthl. Mag., Vol. 20 (1909), p. 113.
Donisthorpe, in: Entomol. Record, Vol. 24, No. 2, p. 36.

2 Expl. in einem Neste von *Myrmica laevinodis* unter Stein Rannoch, 14. Juli 1911.

Aphiochaeta longicostalis Wood. ♀.

Wood, in: Entomol. monthl. Mag., Vol. 23 (1912), p. 171.

Ein ♀ unter totem Maulwurf!

Donisthorpe, in: Entomolog. Record, Vol. 21, No. 10, 11, 12.

Bei *Lasius fuliginosus*, Darenth Wood, Sept. 1909 und bei Ameisen Whitsand Bay, Cornwall.

Aphiochaeta ciliata Zett. (= inaequalis Wood). ♂, ♀.

Zetterstedt, Dipt. Scand., Vol. 7, 2872, 22.
Donisthorpe, in: Entomol. Record, Vol. 23, p. 9.

Bei *L. fuliginosus* zu Darenth Wood, Kent, 2. April 1910 und Wellington College 1906.

Aphiochaeta conica Malloch. ♀.

Malloch, in: Proc. U. S. nation. Mus., Vol. 43 (1912), p. 462—463.

Lebensweise: „Bred from abdomen of *Camponotus pennsylvanicus* 22. Aug. 1901 (T. Pergande!) Washington D. C.

8. *Melaloncha* Brues 1903. ♂, ♀.

Brues, in: Trans. Amer. entomol. Soc., No. 4, Vol. 29 (1903)[1]), p. 374—375.

---

1) Brues zitiert in den Genera Insectorum als Erscheinungsjahr

Melaloncha pulchella Brues. ♂, ♀.

Brues, l. c.

Beschrieben nach einem Pärchen aus Songo, Bolivia, Südamerika. Lebensweise nicht bekannt, aber nach Brues, l. c., höchst wahrscheinlich ähnlich wie *Apocephalus pergandei*, also parasitisch bei Ameisen.

Melaloncha stylata Schiner. ♀.

Schiner, Dipteren Novara-Reise 1868, p. 224.

Lebensweise unbekannt, doch gilt dasselbe wie bei der vorigen Art. Südamerika, Columbia.

9. *Apocephalus* Coquillett 1901. ♂, ♀.

Coquillett, in: Trans. entomol. Soc. Washington, Vol. 4 (1901), p. 501, tab. 8 fig. 47—48.

Apocephalus spinicosta Malloch. ♀.

Malloch, in: Proc. U. S. nation. Mus., Vol. 43 (1912), p. 442.

Brownsville, Texas, 1 ♀, 7. Mai 1904. Lebensweise: „Flying erratically over ants."

Apocephalus coquilletti Malloch. ♀.

Malloch, in: Proc. U. S. nation. Mus., Vol. 43 (1912), p. 443.

1 ♀ von Jalapa, Tennessee bei *Camponotus* sp., 8. Juni 1912.

Brues, in: Trans. Amer. entomol. Soc., Vol. 29 (1903), p. 373 (als *pergandei* Coquillett beschrieben, cf. Malloch, l. c.).

2 ♀♀ bei *Camponotus pennsylvanicus* Frankford Pa. und 1 ♀ in Nest von *Camponotus maculatus var. sansabeanus* Bkly. in Austin, Texas.

Apocephalus similis Malloch. ♂, ♀.

Malloch, in: Proc. U. S. nation. Mus., Vol. 43 (1912), p. 444.

Mehrere Expl. bei *Camponotus* sp. Madero Canyon, San Rita Mountains, Arizona.

---

immer 1904, tatsächlich findet sich die Monographie aber im Jahrgang 1903 jener Zeitschrift.

Apocephalus pergandei Coquillett. ♂, ♀.

Coquillett, in: Trans. entomol. Soc. Washington, Vol. 4 (1901), p. 501.

Bei *Camponotus pennsylvanicus.* Typen von Cabin John Bridge.
Pergande, ibid., 1901.

„The ant-decapitating Fly."

Malloch, in: Proc. U. S. nation. Mus., Vol. 43 (1912), p. 443.

3 Expl. von Washington D. C. 1 Expl. von Cranmoor, Wisconsin
12. Juni 1910.

Apocephalus wheeleri Brues. ♀.

Brues, in: Trans. Amer. entomol. Soc., Vol. 29 (1903), p. 373—374.

1 ♀, Pine Lake, Wis. 7. Juni 1890. Lebensweise: „The habits
of the present species are not known, but close structural similarity
with *A. pergandei* suggest that it probably lives parasitically on
ants, like the latter (Brues, l. c.)."

Vielleicht gilt dies auch von den 3 folgenden Arten:

Apocephalus aridus Malloch. ♂.

Malloch, in: Proc. U. S. nation. Mus., Vol. 43 (1912), p. 444.

1 Expl. von Córdoba, Vera Cruz, Mexico, 20. April 1908. Ohne
Angabe der Lebensweise.

Apocephalus brasiliensis Enderlein.

Enderlein, in: Stettin. entomol. Ztg., Vol. 73 (1912), p. 24—25.

Ohne Angabe der Lebensweise.

Apocephalus parvifurcatus Enderlein.

Enderlein, in: Stettin. entomol. Ztg., Vol. 73 (1912), p. 25—26.

Ohne Angabe der Lebensweise.

10. Plastophora Brues 1905. ♀, ♂.

Brues, in: Ann. Mus. nation. Hung., Vol. 3 (1905), p. 551.

Plastophora beirne Brues. ♀.

Brues, in: Ann. Mus. nation. Hung., Vol. 3 (1905), p. 552.

1 ♀ Friedrich-Wilhelmshafen, Neuguinea. Lebensweise noch
unbekannt, doch wahrscheinlich parasitisch bei Ameisen, wie die
aller übrigen bekannten Arten.

Plastophora formicarum Verrall. ♂, ♀.

Verrall, in: Journ. Linn. Soc. London, Zool., Vol. 13 (1877), p. 258 (als *Phora*).

Bei *Lasius niger* L. Später von Donisthorpe bei vielen anderen Ameisen gefunden.

Die übrige Literatur ist im 1. Teile S. 532 zitiert. Über die Lebensweise sagt Donisthorpe, l. c.: It was captured hovering over and striking at ants in nests of *F. sanguinea, Lasius niger* and *L. flavus*. It hovers in a very steady and deliberate manner over an ant, getting gradually nearer and nearer. It was very amusing to observe an ant, when it had become aware of the presence of the fly, run as hard as it could for shelter, pursued by the fly. Häufig, im Juli, Bewdley Forest. Weitere Beobachtungen von demselben:

Donisthorpe, in: Entomol. Record, Vol. 21—22, No. 10, 11 and 1, p. 5 (als *Phora*).

Bei *L. niger* im August, Insel Wight. Bei *Lasius fuliginosus* Wellington College und Darenth Wood, England.

Donisthorpe, in: Entomol. Record, Vol. 24, No. 1—2, p. 36 (als *Phora*).

Weybridge, 22. Juli 1911 mehrere Exemplare bei *Formica sanguinea, Lasius umbratus* und *Myrmica lobicornis*. Nach brieflicher Mitteilung ferner: bei *F. sanguinea*, Wolsing, Mai 1913, bei *Lasius niger*, Insel Wight, Aug. 1913.

Plastophora solenopsidis n. sp. ♀.

Schmitz, im 1. Teile, s. oben S. 531.

Bei *Solenopsis geminata* in Süd-Brasilien. 4 Expl. von Rio Grande do Sul.

Plastophora spatulata Malloch. ♀.

Malloch, in: Proc. U. S. nation. Mus., Vol. 43, p. 502.

1 ♀ von Dallas, Texas zusammen mit *Pl. crawfordii* gefangen (also bei *Solenopsis geminata!*).

Plastophora wasmanni n. sp. ♀.

Schmitz, im 1. Teile, s. oben S. 528.

2 ♀♀ bei *Solenopsis geminata*, Joinville, S. Catarina, Süd-Brasilien.

Plastophora crawfordii Coquillett. ♂, ♀.

Coquillett, in: Canad. Entomol., Vol. 39 (1907), p. 207—208.

3 ♂♂, 7 ♀♀ bei *Solenopsis geminata* Dallas, Texas 17./6., 19./7. und 22./10. 1906.

Plastophora curriei Malloch. ♂, ♀.

Malloch, in: Proc. U. S. nation. Mus., Vol. 43, p. 501.

4 Expl. von Kaslo, British Columbia. Hovering over ant galeries in stump.

Plastophora antiguensis Malloch. ♂.

Malloch, in: Proc. U. S. nation. Mus., Vol. 43, p. 502—503.

7 Expl. von Antigua, West-Indien. Teste Malloch etikettiert: „attacking Solenopsis geminata"!?

(*Pseudacteon* Coquillett 1907.)

Nach Brues synonym mit *Plastophora* Brues 1905.
Brues, in: Entomol. News, Vol. 18 (1907), p. 430.
S. unter *Plastophora crawfordii*.

11. *Chonocephalus* Wandolleck 1898. ♀, ♂.

Wandolleck, in: Zool. Jahrb., Vol. 11, Syst. (1898), p. 428—433.
Becker, in: Die Phoriden, Wien 1901, p. 86, Beschreibung des ♂.

Von den 7 bisher bekannt gewordenen Arten wurde nur eine bei Ameisen gefunden. Es ist:

Chonocephalus mexicanus Silvestri. ♀.

Silvestri, in: Boll. Lab. Zool. gen. agrar. Portici, Vol. 5 (1911), p. 172—174, fig. 1, 2.

Lebensweise: „Exemplaria duo in nidis formicae *Brachymyrmex heeri* Forel, subsp. *obscurior* Forel ad Córdoba Mexico legi".

12. *Metopina* Macquart 1835. ♂, ♀.

Macquart, in: Hist. Nat. des Diptères, Vol. 2, p. 666.
Becker, in: Die Phoriden, Wien 1901, p. 83, tab. 5 fig. 86—88.
Schmitz, in: Ztschr. wiss. Insektenbiol., Vol. 10 (1914), p. 91—94.

Ob die folgende Art wirklich zu dieser sonst nicht myrmecophilen Gattung gehört, dürfte wegen der abweichenden Flügelnervatur zweifelhaft sein.

Metopina pachycondylae Brues. ♀.

Brues, in: Trans. Amer. entomol. Soc., Vol. 29 (1903), p. 384.

Mehrere Exemplare Austin, Texas, Nov. 1901. Die Larven werden von *Pachycondyla harpax* gemeinschaftlich mit den eigenen Larven erzogen.

13. *Commoptera* Brues 1901. ♀.

Brues, in: Amer. Natural., Vol. 35 (1901), p. 344—347, fig. 2.—5.

Commoptera solenopsidis Brues. ♀.

Brues, l. c.

3 ♀♀ in einem Nest von *Solenopsis geminata* Fabr., Austin, Texas, U. S. A., 24. Okt. 1900. 1 Expl. bei derselben Ameise, 6. April 1901.

14. *Psyllomyia* Loew 1857. ♀.

Loew, in: Wien. entomol. Mon., Vol. 1 (1857), p. 54—56, tab. 1, fig. 22—25.

Psyllomyia testacea Loew. ♀.

Loew, l. c.

1 Expl. von Wahlberg in Caffraria gesammelt. Ohne Angabe über Lebensweise.

Wasmann, in: Zool. Jahrb., Vol. 14, Syst. (1900), p. 268.

Ein etwas abweichendes Exemplar bei Port Elizabeth, Capkolonie, von Dr. H. Brauns unter einem Steine bei *Dorylus helvolus* gefunden. Beschreibung desselben s. oben S. 522.

15. *Puliciphora* Dahl 1897. ♂, ♀.

Dahl, in: Zool. Anz., No. 543 (1897), p. 409—412.

Wandolleck, in: Zool. Jahrb., Vol. 11, Syst. (1898), p. 424—428 (*Stethopathus*).

Puliciphora incerta Silvestri. ♀.

Silvestri, in: Boll. Lab. Zool. gen. agrar. Portici, Vol. 5 (1911), p. 174—175.

Lebensweise. Die Beziehungen zu Ameisen sind sehr zweifelhaft, zumal die Gattung sonst nicht myrmecophil ist. Silvestri sagt: Exemplum descriptum sub saxo prope formicas *Solenopsis gemi-*

36*

nata Fabr. (non inter formicas, ergo incertum est an species myrmeco-
phila sit vel non!) ad Jalapa legi." Mexico.

16. *Myrmomyia* Silvestri 1911. ♀.

Silvestri, in: Boll. Lab. Zool. gen. agrar. Portici, Vol. 5 (1911),
    p. 175—176, fig. 4, 5.

Myrmomyia brachymyrmecis Silvestri. ♀.

Silvestri, l. c., p. 176—178.

3 ♀♀ in demselben Nest von *Brachymyrmex heeri* Forel *subsp.*
obscurior Forel bei Córdoba, Mexico, in welchem auch *Chonocephalus*
mexicanus gefunden wurde.

17. *Hexacantherophora n. g.* ♀.

Schmitz, im 1. Teile, s. oben S. 512.

Hexacantherophora cohabitans n. sp. ♀.

Schmitz, s. o.

1 ♀ bei *Anomma kohli* Wasm. 1902 von P. H. Kohl, St. Gabriel
bei Stanleyville, Belgisch Congo entdeckt.

18. *Ecitophora n. g.* ♀.

Schmitz, im 1. Teile, s. o. S. 524.

Ecitophora comes n. sp. ♀.

Schmitz, s. o.

Myrmecophil bei *Eciton praedator*. 3 ♀♀ von P. Heyer gesammelt
bei São Leopoldo, Rio Grande do Sul, Süd-Brasilien.

19. *Ecitomyia* Brues 1901. ♂, ♀.

Brues, in: Amer. Natural., Vol. 35 (1901), p. 347—354, fig. 6—11.

Ecitomyia wheeleri Brues. ♂, ♀.

Brues, l. c.

Zahlreiche ♀♀ bei Austin, Texas, von Oktober bis Februar in
den Nestern von *Eciton coecum* Latr. 2 ♂♂ im Februar. Bei
Eciton schmitti Emery 2 Expl., welche entweder dieser oder einer
nahe verwandten Art angehörten.

Vgl. Brues, New and little known guests of the Texan legionary ants,
    in: Amer. Natural., Vol. 36 (1902), p. 378.

20. *Acontistoptera* BRUES 1902. ♀.

BRUES, in: Amer. Natural., Vol. 36 (1902), p. 373—376, fig. 4—5.

Acontistoptera melanderi BRUES. ♀.

BRUES, l. c.

Bei *Eciton opacithorax* EMERY, Austin, Texas U. S. A., zahlreiche Exemplare 24./3. 1899, 6. u. 7./12. 1901.

Acontistoptera brasiliensis n. sp. ♀.

SCHMITZ, Beschreibung s. oben (im 1. Teil) S. 527.

1 ♀ bei *Eciton praedator*, S. Catarina.

Acontistoptera mexicana MALLOCH. ♀.

MALLOCH, in: Proc. U. S. nation. Mus., Vol. 43 (1912), p. 509.

1 ♀ von Córdoba, Mexico, ohne Angabe über Lebensweise.

21. *Xanionotum* BRUES 1902. ♀.

BRUES, in: Amer. Natural., Vol. 36 (1902), p. 376—378, fig. 6 + 7.

Xanionotum hystrix BRUES. ♀.

BRUES, l. c., p. 299.

2 ♀♀ bei *Eciton opacithorax*, Austin, Texas 24./3. und 6./12. 1901.

22. *Rhynchomicropteron* ANNANDALE 1912. ♀.

ANNANDALE, in: Spolia ceylanica, Vol. 8 (1912), p. 85—89, tab. 1,
     fig. 1—3.

Rhynchomicropteron puliciforme ANNANDALE. ♀.

ANNANDALE, l. c.

1 Exemplar bei *Lobopelta ocellifera* ROG., Peradeniya, Ceylon,
August 1911.

Rhynchomicropteron caecutiens n. sp. ♀.

SCHMITZ im 1. Teil, Beschreibung s. oben S. 519.

1 ♀ bei *Prenolepis longicornis*, Bombay 1902 (J. ASSMUTH leg.).

Zweite Abteilung. Termitophile Phoriden.

A. Subfam. *Platyphorinae* Enderlein.

Tribus *Thaumatoxenini* Enderlein.

23. *Thaumatoxena* Breddin et Börner 1904. ♂(?), ♀.

Breddin u. Börner, in: SB. Ges. naturf. Freunde Berlin 1904, p. 84, fig. 1—4.
Silvestri, in: Redia, Vol. 3 (1905), p. 350, fig. 10—22.
Trägårdh, in: Ark. Zool., Vol. 4 (1908), No. 10, p. 1—12, Textfig. 1—7.
Enderlein, in: Zool. Jahrb., Vol. 27, Syst. (1908), p. 145—156.
Trägårdh, ibid., Vol. 28, Syst. (1909), p. 329—346, mit Textfig. J—Q und tab. 6.
Brues, in: Psyche, Vol. 17 (1910), p. 33—36.

Thaumatoxena wasmanni Bredd. et Börn. ♂(?), ♀.

Bredd. u. Börner, l. c.

Bei *Termes natalensis*, Natal, Afrika.

Trägårdh, l. c., in: Ark. Zool. und Zool. Jahrb.

Bei derselben Termite.

Thaumatoxena andreinii Silvestri. ♂.

Silvestri, in: Redia, l. c.

Bei *Termes bellicosus* Smeath., Eritrea (Afrika).

Enderlein, in: Zool. Jahrb., l. c. (als *Termitodeipnus n. g.*).
Trägårdh, in: Zool. Jahrb., Vol. 28, Syst. (1909), p. 339—345.

Nach Trägårdh ist *Termitodeipnus* syn. mit *Thaumatoxena*, und es ist zweifelhaft, ob *andreinii* und *wasmanni* überhaupt verschiedene Arten sind.

(*Termitodeipnus* Enderlein 1908.)

Enderlein, in: Zool. Jahrb., Vol. 27, Syst. (1908), p. 145—156.

S. unter *Thaumatoxena*.

24. *Dohrniphora* Dahl. ♂, ♀.

Dahl, in: SB. Ges. nat. Freunde Berlin, No. 10 (1898), p. 188.

Dohrniphora sp.

Eine neue, noch unbeschriebene Art dieser Gattung wurde öfters von P. Hermann Kohl C. SS. C. in Stanleyville, Belgisch Congo in Termitennestern angetroffen.

B. Subfam. *Phorinae* ENDERLEIN.

25. *Bolsiusia* SCHMITZ 1913. ♀.

SCHMITZ, in: Zool. Anz., Vol. 42 (1913), p. 268—273, fig. 1—4.

Bolsiusia termitophila SCHMITZ. ♀.

SCHMITZ, l. c.

Bei *Odontotermes bangalorensis* HOLMGREN, ♀, am 2. Nov. 1911, Bangalore, Vorderindien.

26. *Termitophora* SCHMITZ 1913. ♀.

SCHMITZ, in: Entomol. Meddel., Vol. 10 (1913), p. 9—16, tab. 1.

Termitophora velocipes SCHMITZ.

SCHMITZ, l. c.

Bei *Odontotermes obesus* RAMB. Khandala, Präsidentschaft Bombay, Indien, mehrere Exemplare im Mai 1902 und Mai 1911.

27. *Eutermiphora* M. LEA. ♀.

M. LEA, in: Proc. Roy. Soc. Victoria, Vol. 24 (N. S.), Pt. 1 (1911), p. 76—77, tab. 24.

Eutermiphora abdominalis M. LEA ♀.

M. LEA, l. c.

1 Expl. ♀ bei Sydney, N. S. Wales, in einem Neste von *Eutermes fumipennis*, Herbst 1910.

28. *Echidnophora* n. g. ♀.

Echidnophora butteli n. sp. ♀.

Eine neue von Herrn v. BUTTEL-REEPEN in Ostindien entdeckte termitophile Gattung und Art, deren Beschreibung später erscheinen wird.

C. Subfam. *Termitoxeniinae* WASMANN.[1]

29. *Termitoxenia* WASMANN. ☿.

WASMANN, in: Z. wiss. Zool., Vol. 67 (1900), p. 601—616, tab. 23, fig. 1—23; Vol. 70 (1901).

---

1) Von dieser Subfamilie liegen mir eine neue Gattung und mehrere neue Arten vor, die Herr v. BUTTEL-REEPEN auf Ceylon, Malakka, Sumatra und Java entdeckte und deren Beschreibung später erscheinen wird.

Wasmann, in: Verh. 5. internat. Zool. Congress., Berlin 1901, p. 852—872.
Wasmann, in: Zool. Jahrb., Vol. 17, Syst., p. 151—159.
Wasmann, in: Verh. Deutsch. zool. Ges. (1903), p. 113—119.
Mik, in: Wien. entomol. Ztg., Vol. 50 (1900), Heft 8.
Brues, in: Science (N. S.), Vol. 27 (1908), No. 703.
Bugnion, in: Ann. Soc. entomol. Belgique, Vol. 57 (1913), p. 23—44.
Michl, in: Mitt. nat. Ver. Wien, Vol. 9 (1911) p. 53—60, 84—92.

Termitoxenia havilandi Wasm. ☿.

Wasmann, ibid.

Bei *Termes latericius* Hav.

Termitoxenia heimi Wasmann. ☿.

Wasmann, ibid.

Bei *Odontotermes obesus* Ramb., Ostindien, Ahmednagar.

Termitoxenia jaegerskioeldi Wasmann. ☿.

Wasmann, in: Results Swedish Exped. Egypt and White Nile, Vol. 13,
    p. 16—17.

1 Expl. bei *Termes affinis* Träg., südl. von Kaka, Sudan.

Termitoxenia assmuthi Wasmann. ☿.

Wasmann, in: Zool. Jahrb., Vol. 17, Syst. (1902), p. 161.

Bei *Odontotermes obesus* Ramb., Vorderindien.

Assmuth, in: *Termitoxenia assmuthi* Wasm., Anat.-hist. Untersuchung,
    Inaug.-Diss., Berlin 1910.
Assmuth, in: Nova Acta L.-Carol. Akad., Vol. 98 (1913), p. 191—316,
    mit 11 Taf.

Termitoxenia peradeniyae Wasmann. ☿.

Wasmann, in: Ann. Soc. entomol. Begique, Vol. 57 (1913), p. 19—20.

Bei *Odontotermes obscuriceps*, *redemanni*, *ceylonicus* und *horni*
Wasmann, Peradeniya, Ceylon.

Bugnion, in: Ann. Soc. entomol. Belgique, Vol. 57 (1913), p. 23—44,
    fig. 3—14, 16—21, 23.

Termitoxenia butteli Wasm. ☿.

Wasmann, ibid.

Bei *Odontotermes obscuriceps* Wasm., Ceylon.

Termitoxenia bugnioni Wasm. ☿.

Wasmann, ibid.

Bei *Odontotermes horni* WASM., Ambalangodes, Ceylon, ein Exemplar.

BUGNION, in: Ann. Soc. entomol. Belgique, Vol. 57 (1913), p. 23—44, fig. 1, 2, 15, 22.

30. *Termitomyia* WASMANN 1900. ☿·

WASMANN, in: Ztschr. wiss. Zool., Vol. 70 (1901), p. 295 (als Subgenus von *Termitoxenia*).

Termitomyia mirabilis WASM. ☿.

WASMANN, in: Ztschr. wiss. Zool., Vol. 67 (1900), p. 610.

Bei *Termes vulgaris* HAVILAND. Natal, Südafrika.

Termitomyia braunsi WASM. ☿.

WASMANN, ibid.

Bei *Termes tubicola* WASM. Oranje-Freistaat.

Termitosphaera WASMANN 1913. ☿.

WASMANN, in: Ann. Soc. entomol. Belg., Vol. 57 (1913), p. 17—19 fig. 1 u. 1a.

Termitosphaera fletcheri WASM. ☿.

WASMANN, l. c.

In einem Termitennest zu Banhura, Ost-Bengalen am 29. Dez. 1911 in einigen Exemplaren gefunden.

Erklärung der Abbildungen.

Tafel 29.

Fig. 1. *Hexacantherophora cohabitans* n. g. n. sp.

Fig. 2. *Rhynchomicropteron caecutiens* n. sp.

Fig. 3. *Psyllomyia testacea* Loew.

Fig. 4. *Ecitophora comes* n. g. n. sp. Von der Seite: Kopf, Thorax mit Hüften, Hinterleibsbasis.

Fig. 5. Dieselbe, von oben.

Fig. 6. *Acontistoptera brasiliensis* n. sp. Vorderkörper von oben; Flügelrudimente schematisch.

Tafel 30.

Fig. 7. *Aenigmatopoeus orbicularis* n. g. n. sp.

Fig. 8. Von der Seite. Feinbehaarung nur auf Kopf und Thorax eingezeichnet.

Fig. 9. Kopf von unten. *A* Auge. *f* Fühler. *mp* Maxillarpalpen. *pr* Proboscis. *rfg* rechte Fühlergrube.

Fig. 10. *Aenigmatias dorni* Enderlein, Kopf von der Seite. *1b, 2b, 3b* erstes, zweites, drittes Glied der Fühlerborste. *2 fgl, 3 fgl* zweites und drittes Fühlerglied. *hypost* Hypostom. *prob* Proboscis. *rmxp* rechter Maxillarpalpus.

Fig. 11. Viertes bis sechstes Tergit und Ovipositor (*ovp*).

Fig. 12. Hinterleibsspitze von unten, stark vergrößert.

Über die Entstehung des neuzeitlichen Melanismus der Schmetterlinge und die Bedeutung der Hamburger Formen für dessen Ergründung.[1])

Von

Dr. med. **K. Hasebroek** in Hamburg.

Mit 8 Abbildungen im Text.

Die Engländer haben am meisten Anrecht darauf, über den Melanismus der Schmetterlinge gehört zu werden. In England ist der Melanismus zuerst beobachtet, wenigstens zuerst beschrieben worden, und England gilt seitdem als das eigentliche Land der dunklen Falterformen. Nimmt man hinzu, daß in England in ganz hervorragender Weise und früher als in anderen Ländern es leidenschaftliche Schmetterlingsentomologen gegeben hat, die noch dazu in der Lage waren, mit großen pekuniären Mitteln zu arbeiten, so müssen gerade in lepidopterologischen Fragen die Stimmen der englischen Sammler von großem Gewicht sein.

Es ging mir Anfang dieses Jahres, wohl veranlaßt durch meine Mitteilungen[2]) über unsere Hamburger höchst melanistische *Cymato-*

---

1) Vorgetragen im Entomol. Verein von Hamburg-Altona 27./2. 1914.

2) Hasebroek, Über Cym. or ab. albingensis Warn. und die entwicklungsgeschichtliche Bedeutung ihres Melanismus, in: Entomol. Rundschau, 1909, Stuttgart; dsgl. in: Verh. internat. Congr. Entomol. (Brüssel), 1911, p. 79. Ferner: Wie haben wir die melanist. Cym. or ab. albingensis Warn. nach den Mendel'schen Regeln weiterzuzüchten, in: Intern. entomol. Ztschr., Guben 1911, No. 2. Endlich: Eine bemerkenswerte

phera or F. ab. albingensis Warnecke, vom „Evolution Committee of the Royal Society“ in Cambridge eine Aufforderung zu, an einer Sammelforschung über den Melanismus mitzuarbeiten. Es handelte sich um zwei ältere Rundschreiben von 1900 und 1904. Und da diesen Schreiben eine größere zusammenfassende Arbeit von L. Doncaster M. A. betitelt: „Collection Inquiry as to Progressive Melanismn in Lepidoptera“ als Separatum aus Entomol. Record Juli-Oktober 1906 beigelegt war, so ist diese Arbeit bereits als der summarische Ausdruck einer ersten Sammelforschung auf Grund des eingegangenen Sammelmaterials zu betrachten.

Da in dieser Arbeit das Methodologische einer solchen Sammelforschung schon ziemlich fest umrissen ist, da ferner bereits Schlüsse gezogen und Erwägungen angestellt werden, auf Grund des überhaupt bedeutendsten Materiales, so muß es wertvoll sein, diese englischen Resultate in Beziehung zu setzen zu unseren Erfahrungen in Deutschland und ganz speziell zu einem phänomenalen neueren Ereignis innerhalb der Hamburger Fauna — man wird sehen, daß ich nicht übertreibe, wenn ich von phänomenal spreche —: nämlich zu einem erstmaligen Auftreten der Umprägung eines hellgrauen Falters in einen tiefschwarzen.

Ich will zunächst die Arbeit Doncaster's im kurzen Auszug wiedergeben, um dann mit meiner eigenen kritischen Untersuchung an ihr anzuknüpfen. Das englische Material ist als Grundlage an und für sich für uns Deutsche wichtig.

1. *Odonestes bidentata*: Grad des Melanismus nach Lokalität verschieden in Intensität und Begrenzung durch die Bindenzeichnung. Orte, wo 1 8 6 0 nur die helle Form war, weisen jetzt die d u n k e l b r a u n e als die gewöhnlichste auf.

2. *Hemerophila abruptaria*: In Nord-England nur die helle Form. Die d u n k l e ist charakteristisch für L o n d o n und seine Vorstädte, aber weniger häufig als die Stammform. Da eine Kreuzungszucht aus 1905 erwähnt wird, so haben wir wohl die Jahreszahl 1 9 0 4 als diejenige zu setzen, wo der Falter schon reichlich melanistisch geworden ist.

3. *Boarmia repandata*: In allen bekannten partiell gebänderten Melanismen jetzt bekannt. Die g a n z s c h w a r z e F o r m zuerst 1 8 8 8 bei H u d d e r s f i e l d beobachtet und seit 1 9 0 0 bereits in 20—25 % vorhanden. In und bei S h e f f i e l d vorherrschend seit 1 8 9 0.

4. *Boarmia rhomboidaria = gemmaria* Brahm: Die s c h w a r z e F o r m zuerst 1 8 7 0 in L o n d o n, jetzt auch in B i r m i n g h a m und anderen „großen Städten“, prävalierend in S ü d - Y o r k s h i r e.

bei Hamburg auftretende Schmetterlingsmutation, in: Umschau, Frankfurt a. M. 1913, No. 49.

5. *Hibernia progemmaria = marginaria.* Im ganzen Süden von England noch die helle Form erhalten, nach dem Norden zu die rotbraune.
Einförmig „rauchig" trat die Art erst 1865 in Süd-Yorkshire auf,
seitdem ist sie hier die gewöhnliche Form. An anderen Orten erschien die
dunkle Form unvermittelt zwischen 1900—1904 und ist jetzt bis
zu 20% in der schwärzesten Abart dort vorhanden, wo vor 1865
nur die helle Art vertreten war. In Sheffield ist die dunkle Form
seit 1890—95.

6. *Phigalia pilosaria = pedaria*: In der rauchbraunen Form
lokal in Yorkshire erst von 1865 an beobachtet, jetzt hier weit verbreitet als einförmig dunkelster Falter. In Huddersfield, wo
vor 1865 nur helle Stücke waren, zuerst 1875 die dunkle Form, die
seit 1890 immer häufiger wurde. Die ganz schwarze Form erschien
in W_{i}arncliffe 1884, in Gainsbourough 1891, Sheffield
1896 und ist in York sicher erst seit 1900 und 1903 beobachtet.
Überall jahrweise scheinbar häufiger auftretend und in manchen Orten in
rascher Zunahme begriffen.

7. *Amphidasis betularia*, der für uns wichtigsten Art, wird ein großer
Abschnitt der Abhandlung gewidmet: Bis 1848 kannte man sicher nur
die helle Stammform. Die schwarze *ab. doubledayaria* erschien in
Manchester 1850, in Cannock-Chase 1878, in Berkshire
1885, in Cambridge 1892, in Essex 1893, in Norfolk 1893, in
Suffolk 1896, in London 1897, in Dovercourt 1902, in Wood-
fort 1905.

In Newport, wo man jetzt die schwarze Form fast ausschließlich findet, hielten sich 1870 noch beide Formen die Wage.

In Huddersfield, wo 1860 nur die Stammform war, ist ebenfalls jetzt nur noch die schwarze *doubledayaria*. Die gleiche Erscheinung
ist für Halifax zwischen 1860 und 1870 eingetreten. Mittlerweile ist
in unendlich vielen Orten wie Leeds, Rotherham, Barnsley,
Sheffield, Doncaster, Hull, Middlesborough die *ab. doubledayaria* prävalent über die Stammform geworden.

Dieser allgemeinen Ausbreitung in Mittel-England gegenüber ist in
Schottland die Stammform so gut wie unberührt geblieben, es
ist nur ein einziges braunes ♂ bekannt geworden. Ebenso ist in Irland
die Stammform geblieben: es sind nur je 1 Stück *doubledayaria* 1894 und
1896 beobachtet. Ähnlich verhält es sich mit der Insel Man mit nur
2 Ausnahmen.

8. *Venusia (= Larentia) cambrica* (bei uns in Deutschland nicht vorhanden): Eigentümlich ist das Auftreten von 2 zu unterscheidenden Melanismen: in Süd-Yorkshire eine rauchige Form mit schwarzem
Hfl. und in Nord-Yorkshire eine mit hellem Hfl., während die
schwarze Grundfarbe der Vfl. von heller Strahlung außenrandwärts
unterbrochen wird. Ferner in den letzten Jahren auffallend lokales Auftreten in Sheffield bis zu 90% und in Doncastre bis zu 50%.

9. *Acidalia aversata*: Während dunkelgebänderte und ungebänderte
Stücke, auch besonders diffus stark rötlich-gelbe Formen in den östlichen

Provinzen seit langem bekannt sind, konzentriert sich auf London, wie es scheint, die dick schwarz bestäubte Abart.

10. *Eupithecia* (= *Chlorocystis*) *rectangulata*: war bis 1840 nur vereinzelt bekannt. Jetzt in Newcastle häufig die schwarze Form, und absolut vorherrschend in London, Lee, Mixton, Hammersmith, Catford.

11. *Camptogramma* (= *Larentia*) *bilineata*: Über ganz England — selten im Süden, häufiger in Osten und Westen, mehr nach der Küste als nach dem Inland — in den Formen mit mehr oder weniger dunkleren Binden bekannt. In Schottland sind letztere prävalierend, ebenso in Irland und an der Westküste von Island.

12. *Tephronia* (= *Boarmia*) *consonaria*: Die ersten schwarzen Tiere dieser Art 1892, und ebenso der

13. *T. consortaria* sind erst seit einigen Jahren bekannt. Sie zeichnen sich beide dadurch aus, daß sie zweifellos ein gemeinsames Zentrum (in der Nähe von Maidstone) haben, daß dieses Zentrum bisher das einzigste zu sein scheint und daß — was höchst merkwürdig ist — diese einzige Stelle des Vorkommens einige Meilen entfernt von jeder Stadt und jedem Fabrikschornstein liegt.

14. *Acronycta psi*: Nur in London und Umgebung die dunkelgraue Form ohne die helle bekannt, und zwar seit 1870. An einigen anderen Stellen trat die dunkle Form 1885 auf, und sie ist in Lee zurzeit gemein.

15. *Xylophasia* (= *Hadena*) *monoglypha*: In Süd-England nur die helle Form. Die dunkle wurde zuerst 1857 aus Schottland beschrieben und ist in den Mooren gemein geworden zwischen 1890 und 1896. Es gibt viele Übergänge zwischen hell und dunkel. In Hartlepool war die schwarze Form, die heute sicher viel gemeiner ist als um 1880 herum, im Jahre 1860 noch unbekannt.

16. *Miana strigilis*: Wohl meistens überwiegend in der hellen gebänderten Zeichnung, dominiert diese Art in der einförmig dunklen bis schwarzen Form jetzt wesentlich und nimmt sicher mehr zu als früher: in London, Hartlepool und Huddersfield.

17. *Polia chi*: In der Abart *suffusa* — die mir für den Melanismus hauptsächlich in Betracht zu kommen scheint — nirgends sehr überwiegend vorhanden. Eine extrem dunkle Form ist erst seit 1890 beobachtet. Dieser Melanismus soll auffallend sprungartig vorkommen, ist vorhanden und nicht vorhanden schon in Entfernungen von nur 12 Meilen voneinander. Die bekannte *ab. olivacea* — die in ihrer Färbungsnuance überhaupt wohl etwas vereinzelt dasteht — ist scheinbar bei Hartlepool gegen 1860 aufgetreten. Sie erscheint nach den Angaben mit Vorliebe bei den großen Städten im Gegensatz zu der *suffusa*, die in den Mooren sich überwiegend zeigen soll.

18. *Aplecta* (= *Mamestra*) *nebulosa*: Im Süden ist nur die hellste Form vorhanden, das Tier wird gegen Norden allgemein dunkler. Auch in Schottland und Irland ist die bleiche Form die vorherrschende allzeit geblieben. Sehr schwarze Stücke erscheinen erst seit 1890; 1894 wurden bei 10% dunklen 3% schwarze gezählt.

Überblickt man dieses englische Material, so ergibt sich daraus in Anlehnung an die Schlüsse DONCASTER's folgendes:

1. Die Beobachtung, daß in den letzten 60 Jahren der Melanismus in England zugenommen hat, ist absolut sicher: die Beobachtungen fallen nämlich in Jahre, wo bereits wissenschaftlich sicher registriert und mit Verständnis für das Problem gesammelt wurde; man kann nicht mehr den Einwand machen, daß die schwarzen Formen schon früher dagewesen sind. Zudem hatte bereits 1900 eine erste Sammelforschung einen Status festgelegt, der 1906 sowohl nach neuen Örtlichkeiten als auch in einigen neuen Melanismen überschritten ist.

2. Es steht seit 1900 fest, daß Mittel-England die meisten schwarzen Formen aufzuweisen hat.

3. Hieraus geht mit großer Wahrscheinlichkeit hervor, daß der Melanismus in Verbindung mit der Industrie steht. Dies ist die Regel, aber nicht Gesetz, denn

4. es gibt scharfe Ausnahmen, insofern auch in Landgegenden — man sehe die *Boarmia*-Arten No. 12 u. 13 — Melanismen plötzlich erscheinen.

5. Es ist nicht angängig, in dem Melanismus nur einen Übergang vom Landtier zum Stadttier zu erblicken.

6. Man kann kaum an einer Vererbungsfähigkeit des Melanismus zweifeln.

Ich muß hierzu noch nachträglich die von DONCASTER mitgeteilten, in England erhaltenen Zuchtresultate aus Kreuzungen wiedergeben, die an sich wert sind, in Deutschland bekannt zu werden. Sie können deutschen Züchtern vielleicht einmal zum Vergleich dienen. Ich stelle sie in übersichtlicher Tabelle (s. nächste Seite) zusammen:

Man sieht, daß die Zuchtergebnisse überwiegend sich in den einfachen Zahlenverhältnissen der MENDEL'schen Regeln bewegen. Nur *Acidalia aversata*, *Boarmia consonaria* und *Mamestra nebulosa*, auch einmal *Amphidasis betularia* fallen aus der Rolle. Ich komme später auf die Zucht- resp. Kreuzungsverhältnisse noch ausführlich bei Gelegenheit unserer Hamburger *Cym. or ab. albingensis* zurück.

7. Die Ausdehnung eines entstehenden Melanismus stellt sich in England sehr verschieden ein.

8. Es handelt sich offenbar um Zentren, die sich auftun, in denen der Melanismus verharrt und indem er mit der Entfernung abklingt resp. verschwindet; daß aber bei einigen Arten die Verbreitung

	Eltern	Ergebnis		
		Hell	Dunkel	Un-gefähres Ver-hältnis
Hemerophila abruptaria	hell $\times$ dunkel	11	9	1:1
	dunkel $\times$ dunkel (die Kinder)	18	39	1:2
	dunkel ♂ $\times$ dunkel ♀	—	67	0:1
	hell ♂ $\times$ hell ♀	18	—	1:0
	hell ♀ $\times$ dunkel ♂	6	23	1:4
	hell ♂ $\times$ ♂ dunkel ♀ (alles Enkelkinder)	15	33	. 1:2
	hell ♂ $\times$ hell ♀	18	1	1:0
	hell ♂ $\times$ dunkel ♀	9	11	1:1
	hell ♀ $\times$ dunkel ♂	8	8	1:1
	dunkel ♂ $\times$ dunkel ♀	17	48	1:3
Phigalia pedaria	dunkles ♀	25%	75%	1:3
	dunkles ♀	11	10	1:1
Amphidasis betularia	hell ♂ $\times$ dunkel ♀	123	109	1:1
	hell ♀ $\times$ dunkel ♂	57	47	1:1
	hell ♂ $\times$ dunkel ♀	18	11	2:1
	hell ♀ $\times$ dunkel ♂	57	50	1:1
	hell ♂ $\times$ dunkel ♀	123	109	1:1
	dunkles Pärchen	—	alle	0:1
	dunkles Pärchen (davon 3 dunkle Großeltern, das 4. unbekannt)	—	—	1:2
	hell ♂ $\times$ dunkel ♀ (mit weißen Flecken)	dunkle, weiß ge-sprenkelte Vfl. helle Hfl.		—
Acidalia aversata	helles, ungebändertes ♀	gleiche Zahl gebän-derte u. ungebänd.		1:1
	dunkel bestäubtes ♀ mit Bändern	3 sehr dunkel, 2 dunkel bestäubt, 2 dunkel, 3 hell		—
Boarmia consonaria	helles ♀	10% dunkel		1:10
	dunkle ♀♀ (mehrere)	30—75 % dunkel		—
	dunkel ♀ $\times$ dunkel ♂	4	38	1:10
Mamestra nebulosa	dunkle Eltern	5	14	—
		und Zwischenformen		
	dunkel ♀	21 dunkel	4 schwarz	—
		grau		
	helle Eltern	11	1	1:10

eine außerordentlich große geworden ist. Das ist ganz besonders
bei *Amph. betularia* der Fall. Für diese ist charakteristisch, daß
sie sich von Manchester über Lancashire, Yorkshire und das nörd-

liche Mittel-England nach Osten bis an die Küste ausgedehnt hat, während Süden und Südosten kaum bestrichen werden.

9. Der Einfluß der großen Städte auf die Bildung von Zentren scheint evident zu sein. Besonders spielt Sheffield eine große Rolle, und London paradiert mit zwei Melanismen, die sonst kaum vorkommen. In dieser Beziehung handelt es sich dann stets um die krassesten Fälle von tiefschwarzem Melanismus, in denen sich die Form hält. Wenn der Melanismus in Gegenden ohne Industrie und ohne starken Regenfall — den DONCASTER mit berucksichtigt — eine große Ausbreitung gewinnt, so sind hier die Melanismen meistens nicht prävalierend. Das Prävalieren bis zur Verdrängung erfolgt gewöhnlich in den großen Städten. TUTT will in einer Arbeit von 1890—1893 dies allerdings nicht gelten lassen.[1] Ich glaube aber, daß die Verhältnisse sich jetzt seit 1890/93 so sehr verändert haben, daß seine Ansicht eine andere werden muß. Die meisten Melanismen der DONCASTER'schen Abhandlung fallen schon 10—15 Jahre später.

Bevor ich zur eigenen Untersuchung des Melanismus übergehe, möchte ich noch die DONCASTER'schen Fälle dahin ergänzen, daß einige weitere englische Melanismen, die nicht näher untersucht zu sein scheinen, ihrer Entstehung nach ebenfalls in die wirksamen Jahre hineingehören: es betrifft dies ganz auffallenderweise ausschließlich die Acronycten-Gruppe, und zwar: *A. leporina* mit der *ab. bradyporina* (TUTT, 1886), die *ab. semivirga* (TUTT, 1888) und die tiefsammtschwarze *ab. melanocephala* (MANSBRIDGE, 1905)[2]), die für mich, wie wir später sehen werden, in einem zweiten bei Hamburg aufgetretenen Stück wichtig ist. Ferner: *A. menyanthidis ab. suffusa* (TUTT, 1886), *tridens ab. virga* (1888), *euphorbiae ab. myricae* (TUTT, 1891), die letzte auch jetzt in einem Exemplar in Hamburg 1908. —

Es geht nun klar aus der Studie DONCASTER's hervor, daß trotz so manchem Fortschritt in der Kenntnis des Melanismus man auf die wirklichen Gründe für die erste Entstehung der melanotischen Formen nur recht wenig Schlüsse ziehen kann. Man kann nach der englischen Sammelforschung doch den Mantel in dieser

---

1) TUTT, Melanisme in Lepidoptera, in: Entomol. Record, 1890—1893.
2) GILLMER, Eine interessante melanistische Form von A. leporina T. aus England, in: Entomol. Ztschr. (Guben), 1906, No. 36.

Beziehung sehr nach dem Winde hängen, und es bleibt für den
Zweifler und Skeptiker noch allzuviel übrig. Das liegt einzig und
allein daran, daß eben für England bereits viel zu lange Zeit seit
der Entstehung des Melanismus verstrichen ist und daß eine Übersicht aller Bedingungen nicht mehr möglich ist.

Hier ist es nun, wo unsere deutsche Forschung und ganz speziell
unsere Hamburger Beobachtungen weiter einzusetzen haben; letztere
gewinnen größere Bedeutung dadurch, daß hier seit zwei Menschen-
altern eine kleine Kerntruppe hervorragender Sammler bereits gearbeitet hat und daß unser Entomologischer Verein in den letzten
Jahren sich es hat angelegen sein lassen, das eingangs schon erwähnte große Ereignis eines isolierten ersten Auftretens
eines Melanismus, nämlich desjenigen der *ab. albingensis*
unserer *Cym. or*, scharf zu verfolgen. Es wird das dem
Verein noch zum Ruhme gereichen, wenn auch ein unerhörtes Glück
ihm zu Hilfe gekommen ist. Leider ist auch das Unglück zu verzeichnen, daß unser wissenschaftlicher Ausbau durch die Verkennung
des Zieles von seiten einiger Vereinsmitglieder in seiner ruhigen
Entwicklung etwas gestört wurde, indem zu früh unser spezifisches
Puppenmaterial in andere Gegenden verschickt worden ist. Das
Gute dabei ist noch, daß gerade die allerersten Jahre unserer Forschung dadurch nicht mehr berührt werden können.

Was lehrt nun im allgemeinen der Melanismus in Deutschland?
Ohne Frage steht dieses fest: auch hier hat er sich am entschie-
densten herausgebildet in den Industriebezirken des Rheinlandes.
Auch hier sind in Industriegebieten die schwarzen Formen reichlich
vorhanden bis zur Verdrängung der Stammform, und auch hier
werden aus den Industriegebieten neue Melanismen von Zeit zu
Zeit gemeldet. Auch in Deutschland wird durch diese neuzeitlichen
Meldungen der Einwand nicht mehr möglich, daß die melanistischen
Formen sollten schon immer dagewesen sein.

Es waren vor allem die krassen kompleten Melanismen, die in
England für die Herausbildung in den Industrie- und Großstadt-
bezirken uns entgegentraten. Diese Melanismen sind es daher in
erster Linie, an denen unsere Untersuchung für Deutschland an-
zugreifen hat. Wir haben hierzu die beste Gelegenheit in der am
meisten verfolgten *Amph. betularia ab. doubledayaria*.

Für diese ist, sicher zu belegen, folgendes bekannt. Schon nach
Doncaster's allgemeiner Angabe erschien die Form auf dem Kontinent gegen 1888 (Doncaster, p. 6). Genauer stellt sich das Auf-

treten hier so dar: In den „ersten 80er Jahren" in C r e f e l d vereinzelt,
1895/96 schon zu 50% (DONCASTER, p. 6). Um 1885 herum ziem,
lich gleichzeitig in H o l l a n d (D o r d r e c h t und H a a g) (SNELLEN,
1885).[1]) In B e l g i e n Zwischenformen 1886 und 1896 beobachtet
(DONCASTER, p. 6). In H a n n o v e r 1884 (DONCASTER, p. 5). In
H a m b u r g sicher schon vor 1896 (LAPLACE, Fauna). In D r e s d e n
1892 (STEINERT).[1]) In B e r l i n 1903 (DONCASTER, p. 6). Im H a r z
1900 (PAULS und FISCHER).[1]) In P o m m e r n: 1900 auf R ü g e n,
um S t r a l s u n d 1905/06 wiederholt gefunden und 1908 durch die
Zucht erhalten (SPORMANN).[2]) Schlesien steht mit 1892 (HARTMANN)[1])
auffallend früh, man beachte dies sehr! 1900 erstatten schon
DE VRIÈRE, STORCH, VOSS, GAUCKLER ausführliche Berichte darüber,
daß in gewissen Fällen die Abart die Stammform fast verdrängt
hat. 1900 weist bereits REY im Berliner entomol. Verein auf die
zunehmende Verbreitung in südöstlicher Richtung hin.[3])

Stellen wir nun zunächst die Verbreitungszonen mit den von
DONCASTER angegebenen Daten für die *ab. doubledayaria*: Manchester
1850, Cannock 1878, B e r k s h i r e 1885, Cambridge 1892, N o r f o l k
1893, Suffolk 1896, L o n d o n 1897, zusammen, so ergibt sich zwingend,
d a ß v o n e i n e m k o n t i n u i e r l i c h e n Ü b e r w a n d e r n a u f d e n
K o n t i n e n t, e i n e m e i n f a c h e n W e i t e r w a n d e r n u n m ö g -
l i c h d i e R e d e s e i n k a n n. Die schwarze Form tritt auf dem
Kontinent schon viel früher auf, als in England der Fortschritt zur
Ostküste erfolgt ist. Auch in Deutschland ist Crefeld zu Anfang
der 80er Jahre mit vereinzelten Tieren und 1895/96 schon mit 50%
vertreten. Schlesien steht mit 1892 wieder vor Pommern, Berlin,
Sachsen und Hamburg. Muß man auch im allgemeinen eine analoge
Verbreitung von Nordwest nach Südost und Süden wie in England
anerkennen, so erhält man doch unbedingt den Eindruck, daß es
sich bei dem Auftreten in Deutschland mindestens um s e l b s t ä n -
d i g e Z e n t r e n h a n d e l t, i n d e n e n d i e E n t s t e h u n g n u r
u n t e r d e n i n z w i s c h e n g l e i c h a r t i g g e w o r d e n e n B e d i n -
g u n g e n w i e i n E n g l a n d e r f o l g t e. Es wäre doch höchst
merkwürdig, wenn der Melanismus — durch den Flug oder auf dem
Wege des Verkehrs — weniger rasch von Berkshire nach London

---

1) Zitiert nach BACHMETJEW, Experimentelle entomol. Studien,
Sophia 1907, p. 903.

2) SPORMANN, Die in Neuvorpommern bisher beobacht. Großschmetter-
linge, Schulprogramm, 2. Teil, 1908.

3) BACHMETJEW, l. c., p. 903 u. 357.

— erst in 12 Jahren — sollte gelangt sein als von Berkshire nach dem Kontinent und vollends bis Pommern.

Nimmt man für England und Deutschland selbständige Zentren an, so wird man natürlich nach irgendwelcher gemeinsamen Einwirkung suchen müssen: und tatsächlich ist es möglich, einen einheitlichen Faktor zu finden, von dem man nachweisen kann, daß er eben in Deutschland nur später eingesetzt hat als in England, im übrigen aber hier wie dort in einer gleichen Entwicklungsrichtung sich bewegt hat: es sind das die Industrie und die Industriebetriebe mit ihren Begleiterscheinungen in Kohlenverbrennung und Rauch.

Niemand hat bisher daran gedacht, daß man diesem Faktor in ausgezeichneter Weise statistisch nachgehen kann, wenn man sich an die seit 100 Jahren vorliegenden Zahlen der Dampfmaschinen hält. Es ist klar, daß wir hierin seit der Erfindung der Dampfmaschine den getreuen Ausdruck der Zunahme der Fabrikbetriebe haben müssen.

Nach Meyer's großem Konvers. Lexik. von 1888 kam in England 1782 die erste Dampfmaschine in Betrieb, und 1810 waren bereits 5000 Dampfmaschinen vorhanden.

In Deutschland wurde die erste zwar auch schon 1788 aufgestellt, aber 1822 kam es erst zur zweiten und erst von 1830 an datiert ein nennenswerter Aufschwung. Wir haben also ein Nachhinken Deutschlands von ca. 25—30 Jahren im Auftreten der Fabrikbetriebe.

In England waren 1870/72 schon 52000 Dampfmaschinen mit $3^1/_2$ Mill. Pferdestärken.

In Deutschland waren (nach Meyer's kleinem Konversationslexikon von 1898) in Preußen im Jahre 1879 33748 Maschinen mit ca. $2^1/_2$ Mill. Pferdestärken vorhanden.

Berücksichtigt man die ungefähre gleiche Größe von Mittel-England, um das es sich im wesentlichen handelt, und Preußens mit Ausschluß seiner wenig industriellen östlichen Provinzen, und überlegt man, daß in England erst Mitte der 60er Jahre der Melanismus mehr hervortrat, so kann man nach den Zahlen der vorhandenen Pferdestärken sehr wohl dazu kommen, in Preußen den Melanismus nicht vor den 80er Jahren unter gleichem Einfluß der Industrie überhaupt zu erwarten.

Es geht weiter aus der Statistik der Dampfmaschinen der ganzen Erde hervor, daß — ein solcher Einfluß der Industrie vorausgesetzt — England mit dem Melanismus an der Spitze marschieren, daß Deutschland an zweiter Stelle kommen, von Deutschland wieder Preußen und von Preußen wieder das Rheinland sich vordrängen müssen in der Lieferung von Melanismen.

Nach BROCKHAUS' großem Konversationslexikon von 1901 hatten nämlich die Industriebetriebe in Pferdestärken:

	1888	1900
England	9,2 Mill.	10,2 Mill.
Deutschland	6,2	7,5
Frankreich	4,5	5,5
Rußland	2,0	4,0
Österreich	2,1	3,0
Italien	0,8	1,2

Da von Deutschland Preußen 1901 mit 4,3 Mill. Pferdestärken figuriert, so sieht man ohne weiteres, daß Preußen in den betreffenden Jahren ein so beträchtliches Überwiegen in seiner Industrie erhält, daß es mit seinen 4,3 Mill. über die Hälfte der Gesamtpferdestärken von 7,5 Mill. repräsentiert.

Und nimmt man drittens hinzu, daß nach einer Tabelle (im großen MEYER von 1888) von 900 000 Pferdestärken in Preußen nicht weniger als 500 000 auf Bergbau-, Hütten- und Salinenbetriebe entfällt, so springt in die Augen, daß gerade die Rheinprovinz und Westfalen die Provinzen des Melanismus par excellence werden müssen, indem sie so überaus ähnlich Mittel-England werden. Mit Recht spricht daher auch DONCASTER von der deutschen „dark country".

Rekapitulieren wir kurz: England mußte in der Hervorbringung von Melanismen zuerst erscheinen. Und dieser Vorsprung in Verbindung mit dem Nachweis des nicht einfachen Weiterwanderns des Melanismus über seine Ostküste nach und in Deutschland hinein spricht für

1. den Zusammenhang des Melanismus mit der Industrie und Industriebetrieben,

2. die Entstehung des Melanismus nach voneinander mehr oder weniger getrennten Zentren.

Damit komme ich zur Besprechung des Einflusses der Großstädte an einem Paradigma, wie es Hamburg bietet. Ich schicke die in und um Hamburg bekannten Melanismen voraus:

1. *Acronycta leporina ab. bradyporina*, sicher seit 1886 schon verbreitet und seit 1904 viel häufiger als die Stammform. 1910 erschien das pechschwarze samtglänzende Stück, das ich bereits S. 573 als identisch mit der aus England 1905 beobachteten *ab. melanocephala* erwähnt habe.

Acronycta menyanthidis: Seit 1888 bei uns bis zu kompleter tiefer Ausschwärzung der *ab. suffusa* bekannt. 1903 wurde die *ab. sartorii* bei der Zucht gewonnen, die das Samtschwarz nur zwischen Wellenlinie und Außenrand, also als breites Außenfeld hat.

Acronycta megacephala: 1900 ein schwarzes Tier. 1907 von mir ein in der Grundfarbe eigenartig schmutzig gelbbraunes Stück geködert.

Acronycta euphorbiae: Dunkle Tiere seit langem als gewöhnlich bekannt. Im Jahre 1908 ein pechschwarzes Stück von Herrn Jaeschke in den Elbmooren geködert, identisch mit der in England seit 1891 bekannten *ab. myricae* (S. 573).

Agrotis cursoria: Seit 1886 reichliche schware Tiere bekannt. Variiert sehr bis zu dunkelrotbraun ohne Zeichnung.

Agrotis occulta ab. passetii: Seit 1904 bei uns bekannt.

Miana ophiogramma, ab. maerens: Dieser Melanismus ist überhaupt zuerst in Hamburg 1904 bekannt geworden und ist sicherlich in den ersten Jahren nur auf das Hamburger Gebiet beschränkt geblieben. wenn dies nicht etwa auch zurzeit noch gilt.

Mamestra nebulosa: in der *ab. robsoni* seit 1904 vereinzelt beobachtet.

Hadena scolopacina ab. hammoniensis: 1898 wurden von dem Beschreiber Sauber in Hamburg die ersten 2 Exemplare gefunden, 1900 bereits 12mal geködert, seitdem häufiger unter der Stammform. Auch dieser Melanismus ist für Hamburg bis jetzt typisch geblieben.

Chlorocystis rectangulata ab. nigrosericeata: wie es scheint zuerst von mir selbst in meinem Hausgarten in Hamburg 1910 gefangen. Seitdem auch sonst in der Stadt von Anderen beobachtet; auch 1912 wieder in meinem Garten.

Amphidasis betularia ab. doubledayaria: gut bekannt seit 1896; auch früher schon in Hamburg angetroffen.

Boarmia repandata: in dunklen Stücken, gebändert und diffus melanistisch, seit 1904, aber immer noch vereinzelt.

Nicht erschienen sind bei uns bis jetzt von den englischen melanotischen Tieren: *Odonestes bidentata, Boarmia consortaria* und *consonaria*, desgleichen nicht *Phigalia pedaria* in tieferer einförmiger Schwärzung.

Diese Hamburger Daten, nach denen einerseits in England bei uns nicht vorhandene Melanismen vorkommen, andrerseits bei uns spezifische Formen erschienen sind, die in England nicht beobachtet wurden, bestätigen es, daß im Prinzip jedenfalls nicht eine einfache Einwanderung oder Fortsetzung des englischen Melanismus bei uns vorliegt. Auch das vereinzelte e r s t e H a m b u r g e r E r s c h e i n e n der sonst noch nicht in Deutschland bekannten A c r o n y c t e n - f o r m e n mit tiefstem Schwarz, nämlich von *leporina* und *euphorbiae*, sprechen ohne weiteres für die S e l b s t ä n d i g k e i t e i n e s Z e n - t r u m s b e i H a m b u r g.

Allem aber setzt in dieser Beziehung die Krone auf: unsere tiefschwarze H a m b u r g e r *Cym. or* ab. *albingensis* [1]), zu deren genauer Betrachtung ich mich jetzt wende.

Es fällt diese erste Form unter die Diagnose: „*nigra, maculis albis*" (s. S. 581 Fig. B). Von dieser gleichen Type wurden zunächst, lediglich am Zuckerköder, gefangen:

1904 4 Stück im sogenannten „E p p e n d o r f e r M o o r", dicht vor den Thoren Hamburgs,

1905 1 Stück im E p p e n d o r f e r M o o r",

1906 1 Stück im „E i d e l s t e d t e r M o o r" 10 km von Hamburg,

1907 3 Stück im „E p p e n d o r f e r M o o r",

1908 1 Stück bei W i n s e n a. L u h e, 34 km südöstlich von Hamburg auf Heideterrain im wesentlichen,

1908 1 Stück bei H a r b u r g a. E., 10 km von Hamburg.

Es wurde damals schon festgestellt, daß das Tier keinen Übergang vom Stammtier zum schwarzen Tier enthielt, daß es nach seiner tiefen Schwärzung weder mit den bisher registrierten dunklen Formen der ab. *obscura* (SPULER) noch mit der ab. *fasciata* (TEICH) noch mit der v. *scotica* (TUTT) etwas zu tun hatte und daß auch nach der Mitteilung von PROUT an PÜNGELER Ende Februar 1908 eine solche Form bis dahin in England n i c h t b e k a n n t war.

Diese Alleinherrschaft der *albingensis* (die an der Elbe wohnende) ist für Hamburg gegenüber dem übrigen Deutschland und Österreich noch 1913 durch WARNECKE festgestellt. [2]) Unsere Form

---

1) WARNECKE, in: Intern. entomol. Ztschr. (Stuttgart), 1908, No. 22, No. 2, woselbst die erste Beschreibung erfolgte.

2) WARNECKE, in: Entomol. Mitteilungen deutsch. entomol. Museum Berlin Dahlem 1913, Vol. 2, No. 9.

kann also in den ersten 9 Jahren ihrer Beobachtung nur isoliert um Hamburg herum entstanden sein. Und daß die Form in den Jahren vordem auch in Hamburg nicht da war, dafür garantieren die Angaben unserer ausgezeichneten alten Sammler, die seit 60 Jahren gerade das „Eppendorfer Moor" bis in alle Winkel genau durchforscht und die auch die *Cym. or* in der Stammform vielfach gezogen haben.

Als man nach 1908 begann, auch die Raupen der in unserer Umgegend häufigen *Cym. or* fleißig einzutragen, zeigten sich schon bis 1911, daß die schwarze Form teilweise bis zu 95 % bei den Zuchten erhalten wurde, so daß die Stammform verdrängt erschien.

Eine von mir für 1911 unter 9 Sammlern angestellte Umfrage ergab das Überraschende, daß das reichliche Auftreten der Abart mit der Himmelsrichtung in Zusammenhang stand: es erschienen an *ab. albingensis* aus eingesammelten Raupen: aus dem Westen des Stadtgebietes 0—1 %, aus dem Süden 0 %, aus dem Norden 0—0,2 %, während der Osten und Nordosten je 2mal 90—100 % und je 2mal 50 % schwarze Falter lieferten. Niemals waren Übergänge zu verzeichnen.

Der weitere Verlauf ist nun ein höchst merkwürdiger. Es ist nicht bei dieser einfach schwarzen Form geblieben, sondern es sind bis 1913 innerhalb derselben Entwicklungsrichtung zur schwarzen Färbung vereinzelte weitere Nuancen aufgetreten, die sich erstens (s. Fig. D) in einer weißen Radiärzeichnung = *ab. albingoratiata* Bunge, zweitens (s. Fig. C) in einer scharf begrenzten hellen Außenrandbinde = *ab. marginata* Warn., drittens (s. Fig. E) in dem Fortfallen der weißen Makel = *ab. albingosubcaeca* Bunge, und in dem Auftreten von gelben Farbentönen (gelben Makeln und diffus lehmgelber Färbung aller Flügel) gezeigt haben.

Ich gebe nebenstehend meine in der „Umschau" (Frankfurt a. M.-Niederrad)[1] reproduzierte Abbildung der zugleich sehr schönen Falter (Fig. A—E).

Die Zuchtresultate in Hamburg waren folgende. Aus 50 Puppen von ca. 100 aus verschiedenen Bezirken zusammen getragenen Raupen erhielt Herr Zimmermann 22 *ab. albingensis* und 25 Stammformen. Ich selbst erhielt 1912 aus einer Portion Raupen (von der Fund-

---

1) Hasebroek, Eine bemerkenswerte bei Hamburg auftretende Schmetterlingsmutation, in: Umschau, 1913, No. 49.

stelle C, s. S. 583) 20 ♂ 21 ♀ *ab. albingensis* und 5 ♂ 4 ♀ Stammformen; von einem anderen, einige Kilometer nördlicher gelegenen
Ort (von der Fundstelle B, s. S. 583) 4 ♂ 2 ♀ *ab. albingensis* und
4 ♂ der Stammform.

Die Kreuzung *albingensis* × *albingensis* lieferte Herrn Zimmermann 9 Exemplare *albingensis* bei 3 der Stammform, und er erhielt
von deren Kindern *albingensis* × *albingensis* 20 Exemplare *albingensis*
bei 6 der Stammform, das entspricht beide Male dem Mendel-
Verhältnis 3:1.

Fig. A. Stammform des Nachtfalters *Cymatophora or* F.

Fig. B.   Fig. C.

Fig. D.   Fig. E.

Fig. B—E. Melanismus des Nachtfalters *Cymatophora or* F. aus der Nähe von
Hamburg.

Daß man an einer Vererbung kaum zweifeln kann, ist hiernach
klar. Der Umstand, daß wir so auffallend reine Verhältniszahlen
bei unserem im erstmaligen Auftreten erscheinenden Melanismus
erhielten, läßt mich hier eine wichtige Frage aufrollen. Wir hatten
in unserem Melanismus eine komplete Ausfärbung in Verbindung mit dem Fehlen von jeglichen Übergängen vor uns.
Sollte hier nicht ein Hinweis darauf gegeben sein, daß in dem kom-
pletten Melanismus die Vorbedingung gegeben ist dafür, daß keine
intermediäre Produkte vorkommen? Es fällt nämlich auf, daß nach

der oben gegebenen Zuchttabelle Doncaster's diejenigen Falter intermediäre Übergangsbilder liefern, die sich durch mehr unregelmäßig
oder doch partiell gezeichnetes Farbenkleid auszeichnen, d. h. deren
Zeichnungselemente in Strichen und Wischen bestehen. Man sehe
S. 572 die Typen *Amph. betularia*, *Acid. aversata*, die Boarmien und
in höherem Grade *Mamestr. nebulosa* darauf hin an: hier erscheinen
die Übergänge vielleicht, weil als Kreuzungseltern nicht völlig diffus
ausgefärbte Melanismen benutzt wurden. Ich erinnere ferner an
Psil. monacha, die Nonne, mit ihrem unregelmäßig gescheckten weiß
und schwarzen Gewande. Für diese hat Standfuss schon auf die
Häufigkeit von Übergängen aufmerksam gemacht. Betrachtet man
die einzelnen kleineren Zeichnungspartien für sich als Einheiten,
die durch ein sogenanntes Stammes-Gen oder neues Melanose-Gen
in den Keimesanlagen bestimmt werden, so würde vielleicht eine
Mendel-Vererbung auch für diese Einheitselemente anzunehmen
sein. Alsdann müßte man aber im Gesamtbilde vielfach Übergangs-
falter erhalten. Erst bei weiterer Kreuzung würde auch im Gesamtbild ein Fehlen von Übergängen eintreten. Tatsächlich spricht
für solchen Vorgang die interessante Mitteilung Doncaster's, daß
in manchen Fällen von „kontinuierlichem" Melanismus die
weitere Züchtung und Kreuzung unzweifelhaft einen „diskontinuier-
lichen" Melanismus der Nachkommen erscheinen läßt.[1]) Diese Verhältnisse sind wohl einer weiteren Forschung wert, scheint mir.

Was lehrt uns nun unser Hamburger Fall der *Cym. or ab.*
albingensis mit einem so intensiv ausgefärbten Melanismus?

Außer dem fast absolut sicheren Resultat, d a ß w i r e i n
Z e n t r u m g r o ß s t ä d t i s c h e r E n t s t e h u n g b i s z u r e r b -
l i c h e n F i x i e r u n g v o r u n s h a b e n, geht mit höchster Wahrscheinlichkeit aus unseren näheren Beobachtungen hervor, daß
G r o ß s t a d t l u f t und G r o ß s t a d t a t m o s p h ä r e hier ihr Wesen
treiben: denn die Himmelsrichtungen O und NO für das evidente
Überwiegen des Vorkommens, fast bis zur Auslöschung der hellen
Stammform, stimmte 1911 überein mit der W i n d r i c h t u n g, d i e i n
H a m b u r g v o r h e r r s c h e n d i s t: nämlich von Juni bis August
aus NW, nächstdem aus W und dann aus SW; im September/Oktober
am häufigsten aus SW, nächstdem aus W. Im Jahre herrscht SW
vor. Es müssen somit gegen O und NO am intensivsten die Ausdünstungen der Stadt mit Rauch in Niederschlägen wirken.

---

1) Doncaster, l. c., p. 11 (des Separatums).

Und daß es sich hier um Fabrikbetriebe im speziellen handeln
kann, geht aus Folgendem hervor:

Ich habe in der beistehenden Skizze die größten Fabrikbetriebe
in den Stadtplan eingezeichnet. Es handelt sich um den Vorort
B a r m b e c k von Hamburg, der als die eigentliche Industriegegend
anzusehen ist. Vor 30 Jahren war hier noch vorherrschend Acker-
baubetrieb. Wir befinden uns an der N o r d - O s t - G r e n z e der
Stadt, wie sich aus der M ü l l v e r b r e n n u n g s a n l a g e und A b -
d e c k e r e i von selbst schon ergibt. Trotz der vielen Straßenzüge
finden sich aber auch noch innerhalb dieser kleinere stehengebliebene
Gartenlandinseln, die zum Teil Knicks mit reichlicher Populus tremula aufweisen. Das ist sogar noch der Fall bei *A* (Fig. F), wo
eine Straße — die F l u r s t r a ß e — bis 1912 eine der Hauptfundstellen

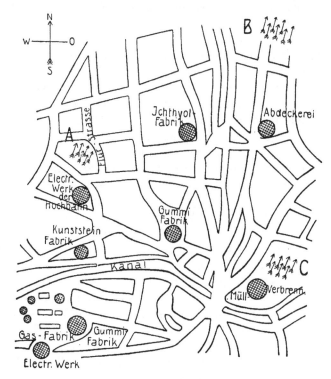

Fig. F. Stadtplan des Vorortes Barmbeck.

⬤ Größere Fabrikbetriebe.

A, B, C, ↑↑↑ Fundstellen der *Cym. or ab. albingensis.*

derjenigen Raupen war, von denen die erstmaligen hohen Prozente der
ab. albingensis erhalten wurden. Die Fundstelle B befindet sich schon
auf freiem Ackerland (bei S t e i l s h o p) und umfaßt noch ein kleinstes
Wäldchen mit ein paar Hundert armstarker Bäume. Leider ist auch
dieses Dorado für manchen schönen Spanner 1913 niedergelegt. Der
Fundort C ist schon .reines Acker- resp. Gartenland, zwischen denen
einige · Kuhweiden sich befinden. Getrennt werden diese durch
Knicks, in denen reichlich Populus tremula steht, zwischen deren
im Herbst bereits schmutzigen und weißbestäubten Blättern man die
Raupen der *Cym. or* findet. Es ist überhaupt bezeichnend, scheint
mir, daß dieser Schmetterling selbst in größter Verwahrlosung, was
Reinlichkeit anlangt, gedeiht. Seine Zucht ist daher sehr leicht.

Nun die Fabriken selbst und ihrer Lage: die enorme Gasfabrik
im Südwesten, die beiden Gummifabriken, die mit ihren Vulkani-
sationsapparaten auf Schwefel prädestiniert sind: sollten letztere
nicht schon einen Hinweis auf spezifische Ausdünstungen mit schwef-
liger Säure abgeben? Niemand wird leugnen können, daß die Ge-
samtlage der Fabriken zu den Hauptfundstellen B und C, die sich
bereits auf ganz freiem Felde befinden, direkt der von SW nach
NO streichenden Windrichtung entspricht. Hinzu kommt, daß außer
den Fabriken im Vorort Barmbeck die Bevölkerung von Hamburg
am meisten zugenommen hat und damit die Zahl der rauchenden
Schornsteine. In dieser Beziehung gibt die Statistik der Baupolizei
folgende Übersicht: während zwischen 1880—1885 jährlich nur 2000,
1900—1905 ca. 5000, wurden von 1909—1913 jährlich ca. 10000
Wohnungen m e h r geheizt; ja das Jahr 1910 figuriert sogar allein
mit einem Plus von 15700 Wohnungen. Diese Zunahme kam zum
überwiegenden Teil auf den Vorort Barmbeck.

Alles in allem genommen, so glaube ich mir den Schluß er-
lauben zu können: e s l i e g t h i e r e i n g r o ß a r t i g e s u n w i l l -
k ü r l i c h e n t s t a n d e n e s E x p e r i m e n t v o r, i n w e l c h e m
d u r c h e i n e e n o r m u n d r a s c h w a c h s e n d e P r o d u k t i o n
v o n R a u c h u n d R a u c h g a s e n b e i e i n e r F a l t e r a r t e i n
s t ä r k s t e r M e l a n i s m u s e r z e u g t w o r d e n i s t. Und das Experiment konnte zustande kommen, weil in der *Cym. or* eine Falter-
art vorhanden war, die erstens gerade in unmittelbarer Stadtnähe
reichlich ihre Futterpflanze hatte und die zweitens· hinsichtlich ihrer
Existenz wenig empfindlich während der Verpuppung und als Puppe
ist. Vielleicht ist diese Widerstandsfähigkeit gegenüber dem Milieu
mit die Ursache, daß, wie es scheint, eine förmliche Revolution in

der ganzen Entwicklungsrichtung hervorgerufen worden ist und auch ertragen wird.

Es wäre sicher gezwungen, die Entstehung dieses lokalen Melanismus des *Cym. or* nur auf präformierte Keimesvariationen zurückzuführen und nicht einen Anstoß von außen als das eigentlich Treibende zu betrachten. Wie wollte man die so auffallende Zeitfolge des Auftretens und der starken Zunahme der *albingensis* gegenüber der enormen Zunahme des Vorortes Barmbeck mit dem Zufall abfertigen können! Und um so weniger, als jetzt auch eine Autorität wie Ludwig Plate auf dem Standpunkt steht, daß „auch bei stärkster Skepsis und schärfster Kritik" das Vorkommen der erblichen Übertragung erworbener Eigenschaften zugegeben werden muß.[1])

Hinzu kommt außerdem ein drittes: eine andere bis zu 50 % ergiebige Fundstelle unserer *albingensis* ist eine Meile weiter östlich von der Stadt auf etwas aufgehöhtem Terrain eines Moores unmittelbar und östlich von einem Zinkhüttenbetrieb gelegen (Schiffbeck).

Allem diesen gegenüber verschlägt es nichts, daß in der ersten Zeit des Auftretens der *albingensis* 1906 1 Stück im „Eidelstedter Moor", 10 km von Hamburg, 1908 1 Stück bei Winsen, 34 km von Hamburg auf Heidegrund und ebenso 1 Stück bei Harburg a. E., 10 km von Hamburg geködert wurden, denn Eidelstedt sowohl als Harburg haben ebenfalls große Fabrikbetriebe, und Winsen kann mit dem großen Verkehr von Hamburg sehr wohl ein transportiertes oder vielleicht verflogenes Exemplar geliefert haben. Zudem hat sich noch bis heute (1913) bestätigt, daß aus weiterer Umgebung von Hamburg eingetragene Raupen so gut wie nur die Stammform ergeben. Das jetzt seit 1912 beobachtete Erscheinen der *albingensis* im Westen der Stadt (Bahrenfeld) kann meine so positive Statistik aus 1911 kaum mehr umstoßen.

Wir kommen also in unseren Darlegungen für die *Cym. or* so gut wie einwandfrei auf einen Nachweis der Wahrscheinlichkeit eines direkten und unmittelbaren Einflusses von Kohlenverbrennung und Rauch auf die Entstehung des Melanismus. Ich glaube nicht, daß bisher dieser Nachweis hat so strikte geführt werden können wie in unserem Falle.

---

1) L. Plate, Selektionsprinzip und Probleme der Artbildung. Ein Handbuch des Darwinismus, 4. Aufl., 1913, Leipzig und Berlin.

Nun erscheint auch der zeitlich schon weiter zurückliegende
Melanismus unserer Hamburger Fauna überraschend klar im Rahmen
dieser Anschauung: es stammt nämlich der größte Teil schwarzer
und tief dunkler Noctuen, die im Hamburger Verein von einigen
Mitgliedern seit 10 Jahren in steigendem Maße vorgezeigt werden,
aus einem lokal ziemlich abgeschlossenen Gebiet zwischen den sich
teilenden Armen der Elbe, gegenüber der Stadt Hamburg im engeren
Sinn. Hier befinden wir uns innerhalb des Getriebes des verkehrs-
reichsten Teiles des Stromes, in der Nähe von Tausenden von kontinuierlich dampfenden Schiffsschloten, dicht bei den großen Hamburger Werften und in der Nähe einer enormen Gasfabrik. Von
jeher war das innerhalb dieses Gebietes liegende noch unbebaute
und zum Teil in Wiesen und allerlei Niedergehölz bestehende
Terrain, auf dem zum Teil Baggersand abgelagert ist, den Hamburger Sammlern eine Fundstelle vieler Falter. Es sind die Örtlichkeiten S t e i n w ä r d e r, k l e i n e r G r a s b r o o k, die V e d d e l
usw., die durch die Elbe mit vielen kleineren Kanälen mit Kais etc.
in viele Inseln aufgeteilt sind. Südwärts schließt sich an dieses
Terrain als Hinterland dann das große Fabrikgebiet W i l h e l m s -
b u r g unmittelbar an, wo die großen Elbbrücken ansetzen, um auch
weiter südwärts die Verbindung mit dem ebenfalls enorm ange-
wachsenen I n d u s t r i e o r t H a r b u r g auf der hannöverschen Seite
der Elbe herzustellen. Hier haben wir noch weit ausgedehnte
Weideflächen, mooriges Gelände, wallende Rohrwerbungen und
manches Ackerland. Von diesem Strominselgebiet, ganz besonders
aber von dem durch den neuen Elbtunnel und auf kleinen Dampfern
von Hamburg in 10 Minuten zu erreichenden nächsten Bezirk
S t e i n w ä r d e r und G r a s b r o o k stammen folgende dunkle Tiere:
Agrotis cursoria in tiefschwarzen Stücken mit der selteneren
gesättigt rotbraunen Form, wie sie in England noch scheinbar fehlt;
Agrotis ripae mit sehr reichlichem Rotbraun wie die *ab. desilii* aus
M i t t e l - E n g l a n d; *Agr. corticea,* tiefschwarz *Agr. occulta,* so schwarz
wie die e n g l i s c h e Abart *passetii* von 1886; *Agrotis nigricans,* mit
Übergang bis zu dunkelrotbraun. Dann vor allen Dingen eine Spe-
zialität: *Miana ophiogramma ab. maerens* mit schwarz ausgefülltem
Innenrandfeld. Auch die pechschwarze *Miana strigilis,* dunkelste
Had. adusta und fast samtschwarze *Had. monoglypicha* sind hier reich-
lich. Typisch ist ferner hier die *Cal. phragmitidis ab. rufescens.*
Diese Aufzählung mag genügen.
Der enorme Aufschwung des Dampferverkehrs gerade an dieser

Stelle des Hamburger Hafens erhellt nun aus folgendem. Es kamen jährlich in den Hafen:

im Durchschnitt der Jahre

1851—60	900 D.	mit	300 Taus.Reg.T.
1861—70	1700		750
1871—80	2800		1700
1881—90	4600		3200

und in den Jahren

1895	6800 D.	mit	5500 Taus.Reg.T.
1905	10000		9500
1912	12000		12500

An stetig kreuzenden Schleppdampfern und Guterflußschiffen der Oberelbe verkehrten jährlich:

1851—60	131 D.
1871—80	1511
1881—90	3003
1912	6040

Die Zahl der in Hamburg beheimateten Flußschiffkessel, die fast ununterbrochen im Hafen unter Dampf liegen und die der Behörde direkt gemeldet wurden, betrug

1880 = 151 und 1913 = 1363

Das entspricht allein einer ca. 10fachen Produktion von Rauch wie vor 30 Jahren.

———

Ich komme jetzt zur Betrachtung des Einflusses der Moore und der moorigen Gegenden für den Melanismus. Wenngleich bei Doncaster nur 2mal die Moore erwähnt werden, so z. B. für eine weite Verbreitung der schwarzen *Had. monoglyphica*, so sprechen meine eigenen Erfahrungen an der Hamburger Fauna schon für irgendwelchen Zusammenhang des Melanismus mit den Mooren. Seit 10 Jahren sammle ich so gut wie ausschließlich in einem noch leidlich erhaltenen Moorgebiet 25 km von Hamburg elbabwärts, gegenüber dem Ort Blankenese, auf der Südseite der Elbe. Ich habe diese Moore nur der dunklen Formen wegen immer wieder aufgesucht, weil ich hier auch nicht beschriebene Stücke in melanistischer Richtung zu finden Aussicht habe. Von hier stammen auch die beiden bisher in Deutschland nicht beobachteten Falter der tiefschwarzen

Acronycta leporina (= *var. melanocephala* des Engländers MANSBRIDGE
(1905) und die ebenso tiefschwarze Form der *Acronycta euphorbiae*
(entsprechend der *var. myricae* TUTT's 1891 in England), die ich
S. 578 erwähnt habe. Hier finde ich die *ab. suffusa* der *Acr. menyanthidis* in extremstem Melanismus, die *Hadena rurea* bis zur dunkelsten
Schattierung zum einförmigen Schwarz. Von hier habe ich eine hell-
graue *Leucania strominea* mit sehr schwarzer Aderbestäubung erhalten, die noch nicht beschrieben zu sein scheint. Auch manche
Tagfalter sind hier auffallend dunkel, z. B. *Coenonympha philoxenos*
und *Pieris napi* mit sehr dunkler und breiter Bestäubung der Adern.

Trotz alledem bin ich zu dem Schluß gekommen, daß die Moore
an sich es nicht sein können, die unmittelbar den Melanismus er-
zeugen, denn abgesehen von allem: es ist nicht einzusehen, weshalb
bei einem solchen Einfluß der Melanismus nicht schon vor 50 Jahren
und früher sollte erschienen sein, weil alles was Moor heißt seitdem
durch die einsetzende Bodenkultur zurückgegangen ist. Der Melanismus hätte eher ab- als zunehmen müssen. Dieses Argu-
ment scheint mir entscheidend. Es gilt sicher auch für England.

Auch der Umstand, daß unsere Hamburger *ab. albingensis* in den
ersten Jahren, wie ich S. 579 registriert habe, geködert wurde im
„Eppendorfer" und im „Eidelstedter Moor", verschlägt nichts zu-
gunsten der Moore an sich aus folgenden Gründen: erstens hätte
man dann hier das Tier auch schon früher erwarten sollen, als das
Moor noch unberührter vom Sonntagspublikum und der Kultur war;
zweitens aber entnehmen wir zurzeit die Raupen mit 95% des
Melanismus gar nicht dem Moor, sondern dem Garten-, Wiesen- und
Ackerland im NO der Stadt.

Wie sollen wir dann aber das offensichtliche reichliche Vorkommen allgemeiner Melanismen in den Elbmooren deuten? Die
Tatsache besteht entschieden! Ich glaube, man braucht nur zu berücksichtigen, daß die Moore durch ihre Neigung zur Nebelbildung besonders gute Bedingungen für das Nieder-
schlagen der in der Atmosphäre weit um Hamburg
sich herumziehenden Produkte der Rauchverbren-
nung liefern. Ich erlebe es in jedem Jahre wieder, wenn ich
nach meinem Moor an der Elbe fahre, daß es schon von ferne,
gegen Spätnachmittag, in einem undurchdringlichen Schleier erscheint, während nach der anderen Seite die Natur klar vor mir
liegt.

Der Nebel ist aber notorisch der Träger der Städteausdünstungen.

Es liegen hierüber aus neuester Zeit genaue Untersuchungen des bekannten englischen Botanikers OLIVER vor, der sich mit der Schädlichkeit des Stadtnebels für die Vegetation eingehend be. schäftigt hat. Es ist klar, daß gerade dies auch für uns in Frage kommt. OLIVER fand zwei Ursachen: erstens die Entziehung des Lichtes, wie durch einen undurchdringlichen Schirm; zweitens die Anwesenheit von giftigen Stoffen, in denen in erster Linie die Verbindungen des Schwefels in Betracht kommen sollen, und zwar namentlich schweflige Säure und Schwefelsäure, alsdann Kohlenwasserstoffe.

Man sieht sofort ein, daß mit diesen Stoffen wir uns wieder bei Kohlenverbrennung, Rauchproduktion und Fabrikbetrieben befinden. Und so gibt mir gerade diese Beziehung des Moornebels und des Stadtnebels vor allen Dingen Veranlassung auf schweflige Säure und Schwefelsäure als die spezifisch schweren gasförmigen Produkte als letzte Ursache des Melanismus zu fahnden. Es bleibt eigentlich nichts anderes übrig, das man heranziehen könnte. Es wird wohl kaum Jemand mehr daran denken, corpusculäre Elemente von Rauch und Ruß verantwortlich zu machen: so mechanisch wird sich die Natur schwerlich beeinflussen lassen. Sicher sind es lösliche chemisch wirksame Potenzen, die hier in Frage kommen, sei es unmittelbar von außen oder auf dem Wege der Ernährung resp. durch Vermittlung der Futterpflanze. Für den Weg über die Pflanze käme nur noch eine sekundäre Kalkarmut in Betracht, denn experimentelle Bodenversuche in der Aachener Gegend durch Prof. WIELER von der Hochschule haben eine Entkalkung des Bodens durch Bindung und Löslichmachung des Kalkes durch die schweflige Säure der Hochofenatmosphäre wahrscheinlich gemacht, mit sekundärer Auswaschung durch den Regen. Ex contrario würde vielleicht das bekannte Vorkommen auffallend heller Tiere auf Kalkboden für einen solchen Zusammenhang sprechen.

Es gilt jetzt noch abzurechnen mit einigen anderen physikalischen Faktoren, die man zur Erklärung des Melanismus herangezogen hat. Wie unkritisch man zum Teil gewesen ist, zeigt die Angabe, daß z. B. Trockenheit und trockenes Futter Melanismen liefern soll, da 1877 PREST im Verlauf von wenigen Generationen vollständig schwarze *Amph. betularia* gezogen hätte: daß PREST ein Engländer ist und daher wohl in England züchtete, ist nicht beachtet.

Durchaus entbehrt es ferner der Unterlagen dafür, daß Feuchtigkeit die Ursache ist. Man hat von England als Inselland auf den Einfluß des Meeres geschlossen, ohne aber zu bedenken, daß vielfach die Melanismen — z. B. *Amphidasis ab. doubledayaria* — im Innern des Landes entstanden und erst sehr langsam bis zur Ostküste zogen. Man hat vergessen, daß die deutschen Melanismen im Rheinland und in Hannover viel früher (1884/85) vorhanden waren, als sie bei Hamburg und Stralsund erschienen. Direkt gegen die Feuchtigkeit spricht, daß nach Doncaster die *doubledayaria* unmittelbar am Rhein, im Loreleyfelsengebiet, überhaupt noch nicht unter der häufigen Stammform angetroffen ist. Auch von Helgoland ist mir kein neuerer Melanismus bekannt.

Ebenso in der Luft schwebend sind die Erklärungen des Melanimus aus Klimaschwankungen, die man bis zur Konstruktion einer 50-Jahresperiode ausgebeutet hat, so daß man von einem „säkulären" Wechsel sogar spricht. Absolut unerklärt bleibt auf diese Weise das charakteristische sprunghafte Auftreten des Melanismus der großen Städte, das doch jetzt sicher steht.

Es bleibt weiter zu besprechen: ein eventueller Einfluß von Wärme und Kälte während des Puppenstadiums, da man experimentell so reichliche Pigmentanhäufung bis zur Dunkelfärbung erzielen kann. Reine lokale Einwirkungen, wie im Experiment, sind doch bei den Faltern von zu vielen Zufälligkeiten abhängig. Zudem hat niemand darauf aufmerksam gemacht, daß solche lokale Einflüsse, die wohl die frei aufgehängte Puppe des Tagfalters gelegentlich treffen können, für die Nachtfalter, die sich überwiegend geschützt in Laub und Erde verpuppen, kaum zum Austrag kommen werden; für die Wärme jedenfalls nur unter besonderen sicher seltenen Bedingungen. Gegen die Kälte, z. B. durch strenge Winter, spricht bis jetzt alles, wenigstens für Norddeutschland, denn bei uns hier sind die Winter sicher milder geworden seit 30 Jahren.

Es bleibt nur noch ein Moment, wie mir scheint, übrig, das ist die Entziehung von Licht und der Lichtstrahlen, und zwar schon aus dem Grunde, weil — was man noch niemals gebührend gewürdigt hat — der neuere Melanismus, den wir hier besprechen, so gut wie ausschließlich Nachtfalter, Noctuen und Spanner, betrifft. Das weist unbedingt auf das Nachtleben der Raupen sowohl als der Falter als prädisponierendes Moment hin. Ich meine, daß man auch dieser allgemeinen Tatsache durch die Annahme des Einflusses von Kohlendunst und Rauch näher treten

kann: denn einerseits stehen Nebel und Niederschlage in
Beziehung zur kälteren Nacht, andrerseits sind Wechsel-
wirkungen zwischen Kohlenstoffpartikelchen der Luft und das Tages-
licht verdüsternden Nebeln sicher vorhanden; ein klassisches Beispiel
liefert hierfür England, das Land der Melanismen, in so hohem Grade,
daß man dies fast als Beweis benutzen könnte.

Unter einer solchen Berücksichtigung der Nebelbildung könnte
es fast deutbar werden, daß ich in meinem Moorgebiet bei Hamburg
auch Andeutungen von Melanismus bei den Tagfaltern antreffe, um
so mehr, als die Moornebel den Faltern den Tag auch zeitlich verkürzen.

Wenn wir bisher durch unsere Analyse der Erscheinungen auf
ein bestimmtes chemisches Agens, eine Art Vergiftung, wenn
man so will, als Ursache des neuzeitlichen Melanismus gekommen
sind, so erlaubt diese Auffassung des Geschehens die Annahme eines
Umzwingens der Bedingungen für den Stoffwechsel mit dem
Resultat einer alles überwuchernden Produktion des
schwarzen Pigments. Das hat kaum etwas zu tun mit irgendwelcher Anpassung als Schutz aus Gründen der Wärmeökonomie
oder im Sinne einer Schutzfärbung. Nur auf letztere Ansicht muß
ich kurz eingehen, da für die Notwendigkeit eines etwaigen Wärme-
schntzes etc. für unseren Melanismus jegliche Unterlagen, etwa in
erheblichen Temperaturschwankungen eines veränderten Klimas, fehlen.

TUTT vertrat, wie ich früher schon erwähnte, die Theorie der
Schutzfärbung, wie sie zur Deutung einer die helle Stammform ver-
drängenden Tendenz unter dem Selektionsprinzip herangezogen werden
könnte. Die ganze Frage eines größeren Schutzes durch die schwarze
Färbung scheint mir an sich höchst problematisch zu sein. Wenn
die schwarze Färbung des Kleides die Schutzfarbe für die Nacht
wäre, so würden kaum so viele schneeweiße Spinner und Noctuen,
auch nicht so viele hellste Spanner, sich in solchen Mengen haben
erhalten können. Und Schwarz als Schutzfarbe für den Tag? Hier
kommt eine solche überhaupt nicht in Frage für die Nachtfalter, da
diese, in den Eulen wenigstens, die ausgesprochene Tendenz haben,
sich zu verkriechen. Und wenn sie sich frei unserem Blick zeigen,
an Hecken und Zäunen, so erscheint ein Grau durchschnittlich vor-
teilhafter als ein Pechschwarz. Man denke auch an die gelbgetönten
und die gräulichen Spanner, die an den Waldrändern und im Gras
sitzen.

Ich habe folgendes beim Köderfang in meinem Moor beobachtet: Mein Terrain ist eine ins Moor hineinziehende Birkenallee. Links sind die Stämme durch die Wetterseite, dem Wege zugekehrt, s c h w a r z und d u n k e l, rechts dagegen liegen die h e l l e n Stammseiten dem Wege zu. Ich bestreiche mit dem Zuckerköder natürlich die dem Wege zugewandten Seiten. Mehr als einmal habe ich es nun erlebt, daß lächerlicherweise gerade die schwarzen *ab. suffusa* der sonst hellen *Acr. menyanthidis* ausgerechnet an den h e l l e n Stämmen sich an der Lockspeise gütlich taten und von mir gefangen wurden. Ich habe mich niemals für die Schutzfarbentheorie, vollends nicht im Sinne einer Mimikry, für die Schmetterlinge begeistern können, weil der Begriff der Schutzfarbe doch allzusehr mir nur von dem zufälligen Sitz der Tiere abzuhängen schien.

Ich komme auf die Entstehung des Melanismus durch zwar v e r ä n d e r t e, a b e r a n s i c h p h y s i o l o g i s c h e Stoffwechselvorgänge zurück. Ich glaube in der Lage zu sein, auch hier manche neue Gesichtspunkte liefern zu können.

Daß die Verdunklung des Falterkleides durch reichlich sich ablagerndes schwarzes Pigment zustande kommt, dürfte sicher sein. Wichtig ist für uns hier die experimentelle Erzeugung der Schwärzung der Falter, die gesetzmäßig durch die bekannten Temperaturversuche erzielt wird. Aus den jahrelangen Untersuchungen besonders von M. Gräfin v. Linden haben sich zwei allgemeine Tatsachen ergeben: e r s t e n s, daß jeder Einfluß, der bei der jungen Puppe die O x y d a t i o n und A t m u n g s t ä t i g k e i t h e m m t, zu Bildungen führt, die sich durch Überhandnahme schwarz pigmentierter Schuppen und durch die Reaktion des roten Farbstoffes auszeichnen; z w e i t e n s, daß hierbei dem Auftreten des schwarzen Farbstoffes ein Z e r f a l l d e s r o t e n v o r a u s z u g e h e n hat.[1]

Ich kann nun nachweisen, daß bei unserem neueren Melanismus die Herausbildung des Schwarz ebenfalls wie beim Experiment ihren Weg über den gelben und roten Farbstoff nimmt:

Es war mir aufgefallen, daß unter den neuen Entwicklungsrichtungen unserer schwarzen *Cym. or ab. albingensis* in letzter Zeit g e l b e F a r b e n t ö n e auftraten: ein Stück mit gelben Makeln und ein Stück mit schmutzig lehmgelber Allgemeinfärbung, ferner bei der *ab. marginata* der Stich ins Gelbe bei der Randzone, hatten in mir den Gedanken erweckt, daß das G e l b, daß man am Stammtier

---

1) Bachmetjew, Experimentelle Studien etc., Sophia 1907, p. 817 ff.

kaum findet, in Beziehung zum Schwarz stünde. Und nun fand ich zu meinem Erstaunen, daß auf der mir von dem englischen Sammelforschungskomitee von 1900 und 1904 zugesandten Farbentafel unter 15 Faltern 13mal ein nahes Verhältnis von **gelben Farbentönen zum Schwarz des Melanismus offenbar vorlag:**

Larentia cambrica hat gelbe Töne gerade dort, wo sie sich an den Vfl. geschwärzt hat. *Hem. abruptaria* ist von Haus aus gelb. *Boarm. gemmaria* hat überwiegend gelbe Töne, die über Grau zu Dunkelgrau sich umwandeln. *Acid. aversata* ist in einer dem Melanismus zugerechneten Form fast orange geworden.. Bei *Phig. pedaria* sind die gelblichen Vfl. zum Schwarz, die weißlichen Hfl. aber zu Gelb umgestimmt. *Boarm. repandata* läßt in der Stammform viel Gelb erkennen, das wieder über Dunkelgrau in Schwarz übergeht. *Mian. strigilis* nimmt bis zum Übergang in die schwarze Form in die Hfl. schmutziges Gelb auf. *Hib. marginaria* ist im orange Vfl. dunkelbraun und im hellgelben Hfl. schmutzig orange geworden. *Eup. rectangulata* läßt in Übergängen dunkelgelb auf den Vfl. und Hfl. erscheinen. *Mam. nebulosa* läßt die hellgelblichen Hfl. in der dunkelgrauen Form dunkel schmutzig gelb bleiben. *Had. monoglyphica* hat in der Form mit schwarzen Vfl. auf den Hfl. im Mittel- und Wurzelfeld goldgelb sich erhalten. *Acr. psi* zeigt allgemeine Tendenz zur Einmischung von dunkelgelb bei ihrer dunklen Form. *Gon. bidentata* ist von Haus aus gelb und zeigt im dunkelbräunen Melanismus noch einen orange oder dunkelgelben Thorax.

Nun bestätigt sich mir bei näherer Verfolgung ganz allgemein die Regel, daß **Gelb die Basis für die dunklen Töne liefert.** Ich habe meine Sammlung daraufhin durchgesehen und finde folgendes:

Acronycta ab. bradyporina hat vielfach gelb in seinem Grau. Eine *Acr. menyanthidis ab. arduenna* aus den Ardennen ist von gelbbrauner Grundfarbe, im Mittelfeld dunkelbraun werdend. Von meiner dunklen schmutzig gelben *Acr. megacephalu* aus dem Moor sprach ich schon früher. Die *Agr. ripae* von Steinwärder erscheint mit vielem dunkelgelbbraun. Ich besitze einige rotbraune *Agr. cursoria* neben den pechschwarzen Stücken. Die *Agr. nigricans* wird zum Teil fast rot. Bei unseren dunklen *Agr. xanthographa ab. cohaesa* bleibt ein gelbes Mittelfeld in den Hfl. bestehen; die schwarze *Had. monoglyphica* behält vielfach eine orange Wellenlinie. *Taen. incerta* von tiefem Schwarz zeigt noch gelbe, fast orange Säume. Eine *Mam. thalassina ab. achatina* hat ebenfalls noch eine goldgelbe

Wellenlinie, dasselbe zeigt *Mam. brassicae* und *pisi*, letztere bei einem
ganz dunklen Stück nur noch in einem fast orange Innenrandfleck.
Eine *M. reticulata* mit sonst weißem Netzwerk hat letzteres jetzt in
der dunklen Form in orange angelegt, so daß das Tier fast einfarbig erscheint. Ich habe eine *Miana strigilis* aus den Ardennen
mitgebracht, bei der die Makel auf dem schwarzen Vfl. gelb sind.

Und nun erinnere ich noch an die vielen anderen goldgelben
Falter, die im Melanismus zu einförmigen dunkelbraunen sich umwandeln: *Xanth. aurago* in der *ab. fucata*. An den gelben *Larentia
bilineata* sieht man förmlich, wie in der Mittelbinde das Gelb in
Schwarz übergeht. Noch deutlicher ist dies zu verfolgen bei
Angeroma prunata, wo das Orange im Außenfelde unregelmäßig begrenzt, in Dunkelbraun sich verwischt in der *ab. sordiata*. 1906
fand man eine *Hyb. aurantiaria ab. fumipennaria* in Brixen a. E.,
die „als vereinzelt" unter der Stammform mit folgender Diagnose
versehen ist: „multo obscurior, alis anter. unicoloribus, sordide
violaceo-brunneis, posterioribus valde infumatis." [1])

Nach allem diesen ist ein Zweifel an einer Vorstufe des Gelb
zum Schwarz kaum möglich. Und da nach den übereinstimmenden
Untersuchungsresultaten von Urech, Eimer und M. Gräfin v. Linden
auch an normalen Faltern ontogenetisch in der Puppe Gelb und
Rot die Vorstufen des Schwarz sind [2]), so kann es ebensowenig
zweifelhaft sein, daß es sich bei der Genese des Melanismus um
die Innehaltung des physiologischen Instanzenweges handelt, der nur forciert und verändert wird.

Wenn es sich um Stoffwechselprodukte handelt, die den Melanismus hervorrufen, so müssen wir annehmen, daß deren Wirkung
auf dem Wege der Blutcirculation erfolgt, daß die Blutflüssigkeit
es jedenfalls ist, die den Kontakt mit den zur Schuppenbildung
führenden Zellen vermittelt. Ich kann auch dieses mit Hilfe unserer
Hamburger *ab. albingensis* höchst wahrscheinlich machen, da bei
dieser die Schwärzung in mannigfachen Variationen, die sich gesetzmäßig wiederholt haben, aufgetreten ist.

In Betracht kommt besonders eine neueste Form, die von Herrn
Lilienthal in Hamburg aus Raupen gezogen, unter den schwarzen

---

1) In: Internat. entomol. Ztschr., Guben 1906, No. 29.
2) M. Gräfin v. Linden, Uutersuchungen über die Entwicklung der
Schmetterlingsflügel in der Puppe, in: Tübinger zool. Arb., Leipzig 1898,
p. 460.

albingenses erschienen ist. Es handelt sich um ein der *ab. marginata*
(s. S. 581 Fig. C) ähnliches Stück: während aber bei dieser nur die
Oberseiten der Vfl. den hellen Außenrand zeigen, findet sich bei
dem neuen Tier außer diesem Rand auch auf der Unterseite an
sämtlichen Flügeln die scharf begrenzte hell ledergelbe Außen-
randzeichnung. Ich gebe die Abbildung dieses höchst interessanten
Falters. Ich habe ihn mit dem Namen der *ab. permarginata* belegt,
um damit anzudeuten, daß erstens die Randbänder sehr reichlich
sind und zweitens auf den Vfl. die Flügeldicke scheinbar durch-
schlagen (in: Gubener Intern. Ztschr., 1914, No. 10).

Fig. G.　　　　　　　　　　　　　Fig. H.

Fig. G u. H. *Cym. or F. ab. permarginata.* Fig. G Oberseite. Fig. H Unterseite.

Die nähere Betrachtung ergibt nun 3 besondere Tatsachen:

1. daß die Berandung der Vfl. auf der Unterseite etwas breiter
ist als auf der Oberseite;

2. daß die Schwarzfärbung auf den Vfl. zwischen den Adern
abklingt, so daß eine Andeutung der von mir oben erwähnten *ab.
albingoradiata* Bunge (s. S. 581 Fig. D) vorliegt;

3. daß trotz der Schwärze die Zeichnung von Querbinden und
Wellenlinien sowohl auf der Ober- als Unterseite deutlich zu verfolgen ist.

Diese drei an einem und demselben Tier vorhandenen Tatsachen ergeben wichtige Anhaltspunkte für die Vorgänge bei der
Entwicklung des Melanismus:

Aus Punkt 1 in Verbindung damit, daß an den Hfl. die Binde
überhaupt nur auf der Unterseite erscheint, geht hervor, daß die
Schwärzung bei unserer neuen *ab. permarginata* nicht etwa durch
eine an die Flügelflächen diffus herantretende Einwirkung hervorgebracht ist, sondern daß die in der Entwicklung zum
Flügel getrennt angelegten chitinösen Ober- und
Unterflächenmembranen[1]) jede für sich in den Schuppen

---

1) Spuler, Schmetterlingswerk, Vol. 1, p. XLIII.

schwarz ausgefärbt wurden: und zwar muß bei der *ab. permarginata*
auf den Oberseitenlamellen an den Vfl. die Schwärzung weiter rand-
wärts, an den Hfl. ganz bis zum Rande vorgedrungen sein gegenüber der Schwärzung auf den Unterseitenlamellen.

Hieraus muß geschlossen werden, daß die Schwärzung von der
flüssigen Trennungsschicht der zwischen den Flügel-
lamellen gelegenen ernährenden Blutlymphe aus bewirkt worden ist.

Da ferner — nach ·Punkt 3 der Tatsachen — die normalen
Zeichnungselemente in der Schwärzung vorhanden sind, so wird
höchst wahrscheinlich die melanistische Ausfärbung gleichzeitig mit
der Entwicklung der Anlage der normalen Querbindenzeichnung der
Cym. or F. vor sich gehen. Eine genaue Durchsicht von vielen einförmig tiefschwarzen *ab. albingensis* Warn. hat mir ergeben, daß es
in allen Fällen gelingt, bei geeigneter Beleuchtung die Erhaltung
der normalen Zeichnung zu konstatieren.

Nun wird bei der weiteren Entwicklung des Flügels in der
Puppe die intralamelläre Flüssigkeitsschicht immer mehr in die bestimmten Bahnen des entstehenden Flügelgeäders eingeengt, und so
muß naturgemäß in späteren und letzten Stadien die tiefste
Schwärzung sich an die Flüssigkeitsbahnen im Geäder halten.

Hiermit aber wird Punkt 2 unseren Tatsachen verständlich —
und in noch höherem Maße die Tatsache, daß die *ab. albingoradiata*
Runge (s. S. 581 Fig. D) mit ihren hellen Radiärstreifen entstehen
kann: es erreichen nämlich die von je 2 Adern in der
Richtung der Flügelbreite gegeneinander sich aus-
breitenden Schwärzungen sich in der Mitte zwischen
den Adern eben nicht, und es bleibt ein mehr oder
weniger ungeschwärzter heller Zwischenstreifen übrig.
In der Tat findet man bei sehr vielen schwarzen *albingensis*, wenn
man genauer zusieht, diese Streifung mehr oder weniger angedeutet.

Ich meine, daß wir hier zum erstenmal einen Anhaltspunkt
haben, in welcher Richtung wir vielleicht die verschiedenen vorkommenden, offenbar gesetzmäßigen Bilder der melanistischen Ausfärbung der Flügel zu erforschen haben: es bedarf der ontogenetischen Verfolgung der in der Puppe erstehenden
Flügel und der Feststellung der Beziehungen der
Schwärzung zu dem Geäder. Es wird sich dann herausstellen müssen, ob das Befallenwerden einzelner Partien vom Schwarz,
das Stehenbleiben der Schwärzung an gewissen Binden, das gewöhn-

liche Freibleiben der Makel von der Schwärzung etc., mit der morphologischen Entwicklung des Geäders in Zusammenhang zu bringen
ist. In Hinsicht darauf, daß der Melanismus bis jetzt noch einer
der größten und interessantesten Rätsel der Natur ist, wäre eine
solche systematische Untersuchung wohl des Schweißes der Edlen
wert. In jedem zoologischen Institut müßten genug Arbeitskräfte
vorhanden sein, um nach dieser Richtung zu untersuchen. Und das
Material dazu ist leicht zu erhalten, man denke nur an die reichlichen Melanismen der *Amphidasis betularia ab. doubledayaria*, die
man von überall her leicht um ein Geringes in Puppenmaterial beziehen kann.

Nun noch eins: Wir haben früher gesehen, daß es wahrscheinlich
atmosphärische gasförmige Produkte sind, die die Veränderung zum
Melanismus auslösen. Hier sind zwei Wege möglich. Es kann
erstens von den Tracheen aus der Blutflüssigkeit das Agens zugeführt
werden. Das kann sowohl in der Raupe geschehen als auch im
Puppenstadium der Fall sein, wo wir die bekannten traubenförmigen
mit Luft gefüllten Erweiterungen der Tracheen haben. In letzteren
würden wir geradezu Depots der gasförmigen Schädlichkeiten haben,
die intensiv ihren Einfluß während der Entwicklungszeit des Falters
in der Puppe äußern: denn daß die melanistische Ausfärbung in der
Puppe erfolgen muß, ist klar. So würde sich vielleicht deuten lassen,
daß z. B. von Hamburg aus schon im Herbst weit verschickte Puppen
unserer spezifischen *albingensis* den Melanismus ebenso sicher im Frühjahr ergeben.

Ein zweiter Weg, auf dem die Einwirkung zustande kommen
könnte, wäre der, daß die Schädlichkeit mit den feuchten Niederschlägen mit der Pflanze eingeführt und so der Stoffwechsel früh
verändert wird. Alsdann müßte man natürlich annehmen, daß bereits
irgendwelche gebundene artfremde Substanzen in den flüssigen
Medien von Raupe und Puppe vorhanden sind, um ihren Einfluß
bei der Schuppenbildung auszuüben.

Für jeden dieser beiden Wege aber, scheint mir, könnte man
sehr gut auf die s c h w e f l i g e S ä u r e als das eigentliche Agens
rekurrieren und somit die Erscheinungen mit unseren früheren sta-
tistischen Resultaten in Übereinstimmung bringen: die s c h w e f l i g e
S ä u r e hat die Eigenschaft, den Sauerstoff begierig in Beschlag zu
nehmen; herabgesetzte und gehemmte Oxydationsvorgänge sind es
aber, die experimentell die Anreicherung des schwarzen Pigments
am Falterkleid veranlassen. So schließt sich, meine ich, der Ring

zu einer hypothetischen Deutung der Ursachen der Bildung des
neueren Melanismus so gut, wie es gegenüber den bisher herrschenden
Verlegenheiten in einer Erklärung nur möglich ist. Und auch für
die schweflige Säure habe ich noch eine weitere induktive
Stütze: ich habe bei meinen bereits eingeleiteten Versuchen mit der
schwefligen Säure gefunden, daß *Pieris brassicae* Puppen unter deren
Einwirkung tief gelbe und orange Farbentöne bekommen,
wenn sie absterben. Gelbe Töne aber waren es, wie wir gesehen
haben, über die zweifellos der Melanismus sich entwickelt.

Nun kann man ja freilich einwenden, was ich zu erwähnen nicht
unterlassen will, daß die schweflige Säure für alle die massenhaften
bereits phyletisch fixierten Melanismen der alpinen und der Falter
des hohen Nordens kaum in Frage kommen kann. Diesem gegenüber will ich nur folgendes bemerken. Für uns kommt es zunächst
nur auf den Melanismus der neuen Zeit an: wer kann wissen, wie
in früheren Zeitepochen, seitdem längst eine Fixation der Typen.
durch Vererbung erfolgt ist, die Verhältnisse gelegen haben. Wir
finden ja auch bei unserem jetzigen Melanismus schon, daß bei der
Verbreitung der neuen Falter in absolut fabrikfreie Gegenden die
Tendenz zur Schwarzfärbung keineswegs mehr verloren geht. Immerhin scheint es mir vom praktischen Standpunkt wichtig, von irgendwelcher weitgehenden Verallgemeinerung unserer Ideen noch ab-
zusehen und sie nicht auf den Melanismus schlechthin auszudehnen.
Ich halte den Vorschlag Püngeler's, den jetzigen Melanismus mit
dem Namen eines „Neomelanismus" zu bezeichnen, für durchaus
empfehlenswert.

Sicherlich bedarf es noch einer entschieden schärferen Begrenzung
alles dessen, was Melanismus in unserem Sinne nur sein kann. Ich
glaube, daß als Erster der erfahrene Standfuss schon sehr richtig
erkannt hat, daß nicht jede dunkle Aberration unter den Begriff
des Melanismus fallen darf. Er betont in seinem schönen Handbuch
scharf den Unterschied zwischen einer Schwärzung der Grundfarbe und einer Ausbreitung der an sich schwarzen Zeichnungselemente. Zu letzterer Kategorie gehören z. B. alle die vielen
dunklen *Argynnis*- und *Melitaea*-Formen; auch die *Mel. galathea*
liefert solche Formen. Ineinander über gehen die Schwärzungen
bei der Nonne, ja vielleicht auch bei der *Amphidasis betularia*. Hier
gibt es noch viel systematisch zu untersuchen: mir macht es schon
bei flüchtiger Betrachtung meiner Sammlung ganz den Eindruck,
als wenn diese Schwärzung resp. die Ausbreitung von schwarzen

Zeichnungselementen durchaus an die Zwischenaderräume gebunden ist, z. B. bei den dunklen *Melitaea*- und *Argynnis*-Formen.

Nachtrag während des Druckes.

Am 24. April 1914 legte im Hamburger Entomologischen Verein der bekannte erfolgreiche Tagfalterzüchter Herr Aug. Selzer eine große Anzahl der bekanntlich melanotischen *Pieris napi ab. bryoniae* O. ♀ (♂) vor, die er aus von Abisko in Schwedisch Lappland mitgebrachten Raupen in Hamburg zum Falter gezogen hatte. An diesen Faltern zeigte sich 1., daß alle in Hamburg entwickelten melanotischen ♀♀ ausnahmslos s e h r v i e l h e l l e r geworden waren — und zwar in einem Grade, daß man es auf den ersten Anblick bemerken konnte — als die entsprechenden in Lappland gefangenen ♀♀; 2., daß die Puppen dieser ♀♀ sämtlich einige Tage vor dem Schlüpfen des Falters o r a n g e g e f ä r b t e F l ü g e l s c h e i d e n aufwiesen, gegenüber den ausnahmslos diffus hell bleibenden ♂♂-Puppen. Dies weist offenbar darauf hin, daß auch für den bereits phylogenetisch fixierten Melanismus eine äußere Ursache in ähnlicher Richtung von Einfluß ist, wie wir sie für den neuzeitlichen Melanismus in unseren Darlegungen aufzuzeigen versucht haben: denn es kann kaum nur ein Zufall sein, daß die *ab. bryoniae* ♀♀-Puppen d i e g l e i c h e O r a n g e - F a r b e n t ö n u n g z e i g e n wie die von mir durch schweflige Säure-Einwirkung künstlich erzielte Färbung von *P. brassicae*-Puppen. Freilich haben wir für die Annahme eines gleichen wirksamen Agens natürlich zunächst noch absolut keinen Anhalt. Wir haben hier aber ohne Zweifel eine äußerst wichtige Beobachtung vor uns, die uns veranlassen muß, nunmehr nach irgendwelchen ähnlichen oder analogen Faktoren zu suchen, die einerseits in Kohlenverbrennung und Rauchproduktion liegen und andrerseits im hohen Norden und im Hochgebirge — an die die *ab. bryoniae* gebunden ist — vorhanden sind.

Herr Selzer hat übrigens bereits wieder aus der Weiterzucht seiner *bryoniae*-Falter in Hamburg Raupen erhalten, und man darf gespannt sein, ob von diesen die ♀♀-Falter nun noch zunehmend heller werden, ja vielleicht ganz den Charakter der nordischen Form verlieren und zur nicht melanotischen Form der Ebene werden. Nachdem es Herrn Selzer in den letzten Jahren gelungen ist, die

nordische *var. adyte* der *Erebia ligea* durch Weiterzucht vom Ei aus
in Hamburg in die typische *Erebia ligea* der Ebene überzuführen [1])
— wenigstens nach dem äußeren Farbenkleid —, erscheint die
Herausbildung einer *Pieris napi* der Ebene aus der Abart *bryoniae*
nicht unwahrscheinlich.

1) Aug. Selzer, Die Umwandlung von Er. ligea L. var. adyte Hb.
zu Er. ligea ·L., in: Intern. entomol. Ztschr., Guben 1913, v. 4. Jan.,
No. 40 (mit Abbildungen).

MAYR's Gattung Ischnomyrmex (Hym.)

nebst Beschreibung einiger neuer Arten aus anderen Gattungen.

Von

H. Viehmeyer, Dresden.

Mit 3 Abbildungen im Text.

———

Die Gattung *Ischnomyrmex* (in: Verh. zool.-bot. Ges. Wien, 1862, p. 738), die bisher als Untergattung bei *Aphaenogaster* rangierte, umfaßt, wie wir jetzt wissen, sehr heterogene Formen. Die Art, auf welche MAYR einst das Genus gründete, *I. longipes* F. SM. ☿, hat sich durch die v. BUTTEL-REEPEN'sche Entdeckung des Soldaten als eine *Pheidole* mit undeutlicher, nicht verdickter Clava der Fühler herausgestellt. Demzufolge gliederte sie FOREL (in: Zool. Jahrb., Vol. 36, 1913, p. 49) diesem Genus als Untergattung an = *Pheidole subg. Ischnomyrmex.* Die restierenden Arten der MAYR'schen Gattung vereinigte er unter dem Namen *Deromyrma* und beließ sie als Subgenus bei *Aphaenogaster* (in: Rev. Zool. Afr., 1913, p. 350).

Auch dieser Rest zeigt in sich wenig Übereinstimmung. So macht FOREL in letztgenannter Arbeit darauf aufmerksam, daß die amerikanischen Arten (*cockerelli* und *albisetosa*) von den altweltlichen durch die Fühlerbildung abweichen, und Herr Prof. C. EMERY teilt mir brieflich mit, daß er ebenfalls die amerikanische Gruppe nicht in das Subgenus *Deromyrma* einbegreife. Ich kenne die Arten nicht genug, um darüber urteilen zu können.

Sicher muß aber aus FOREL's Untergattung zunächst die von

Mayr ohne Vaterlandsangabe in einem Stücke (☿) beschriebene *I. exasperata* (in: SB. Akad. Wiss. Wien, 1866, p. 506), von der weiter unten zwei neue Varietäten bekannt gemacht werden, ausscheiden. Das Vorhandensein eines Soldaten und die 3gliedrige, wenn auch nur schwach verdickte Fühlerkeule kennzeichnen sie als eine echte *Pheidole*. Sie bildet den Übergang zur Untergattung *Ischnomyrmex*.

Die nun noch bei *Deromyrma* verbleibenden Arten weisen als gemeinsames, von der Obergattung *Aphaenogaster* unterscheidendes Merkmal eine einzige Cubitalzelle (gegen 2 bei *Aph.*) auf. Sie lassen sich in 2 Gruppen bringen, je nachdem ihr Hinterkopf in einen Hals verlängert ist (*swammerdami, loriai, dromedarius* etc.) oder nicht (*sagei, longiceps* etc.), und Forel wirft bereits die Frage auf, ob sie auf dieses Merkmal hin zu trennen sind oder nicht. Er meint, es käme darauf an, ob man der halsförmigen Einschnürung des Kopfes als dem trennenden Merkmale mehr Bedeutung zumesse als dem gemeinsamen, der einen Cubitalzelle.

Ich glaube, der Hals der verschiedenen *Ischnomyrmex* (im alten Sinne) ist bisher systematisch zu hoch bewertet worden. Sein Vorkommen bei Arbeitern der Gattung *Pheidole* s. str. (*exasperata*) und der Untergattung *Ph. Ischnomyrmex* (*longipes*), dann wieder bei einer Gruppe von *Aph. Deromyrma* beweist deutlich genug, daß er seine Ausbildung in erster Linie einer sekundären gleichartigen Anpassung verdankt und nicht der primären natürlichen Verwandtschaft.

Sehr richtig kennzeichnet Forel darum die Lage (in: Zool. Jahrb., Vol. 36, 1913, p. 52) dahin, daß alles von dem Bekanntwerden der uns von verschiedenen Arten der Untergattung *Deromyrma* noch fehlenden Kasten abhängt. Daß wir auch jetzt noch nicht vor Überraschungen sicher sind, beweist das unten beschriebene ♂ von *I. loriai* Em.

Auf meine Veranlassung hat Herr L. Wagner, Deutsch Neuguinea, verschiedene Nester dieser Art aufgegraben und dabei festgestellt, daß die Art keine Soldaten besitzt. Außerdem ist es ihm geglückt, sowohl das ♀ als das ♂ zu sammeln. Letzteres zeichnet sich durch 12gliedrige Fühler (*Aphaenogaster* und *Deromyrma* 13gliedrige Fühler) aus. Herr Prof. Forel sowohl als Herr Prof. Emery machen mich auf die Möglichkeit einer Anomalie aufmerksam; aber ich kann versichern, daß davon keine Rede ist, die Fühler sind bei allen 6 (zum Teil leider stark defekten) Tieren durchaus gleich. Auch eine Verlötung benachbarter Glieder, wie Forel das

z. B. bei *Tetramorium* bezeichnet, scheint nicht der Fall zu sein (siehe Fig. A).

Es entsteht die Frage: welche Stellung geben wir nun *loriai*?

Um diese Frage beantworten zu können, müssen wir die Geschlechtstiere des *loriai* mit denen von *swammerdami* For., dem

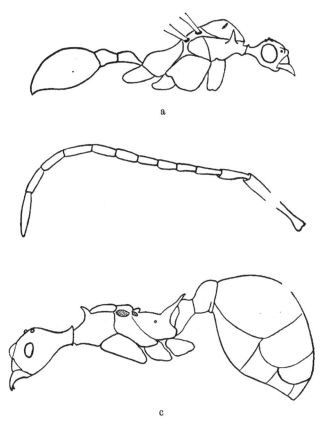

Fig. A. *Aph. (Planimyrma) loriai* Em.

a ♂ in Profilansicht. b Antenne des ♂. c ♀ in Profilansicht.

Typus des Subgenus *Deromyrma*, vergleichen (s. dazu die Abbildung bei Grandidier, Hist. Madagascar, Vol. 20, tab. 4, fig. 14a u. b).[1] Sofort fallen uns weitere Unterschiede auf, und zwar im Thorax-

---

1) Die Geschlechter von *swammerdami* liegen mir natürlich in natura vor.

bau. Männchen und Weibchen von *swammerdami* sind ihrem Thorax
nach echte *Aphaenogaster*; das Mesonotum ist bei beiden sehr groß,
vorn vertikal und überlagert das Pronotum kissenförmig, das
Scutellum ist buckelförmig aufgetrieben. Der weibliche Thorax von
loriai ist dagegen äußerst schlank, etwas schmäler als der Kopf;
obwohl er geflügelt ist, übertrifft seine vertikale Ausdehnung die
der Arbeiterbrust nur sehr wenig. Das Mesonotum ist niedrig, ganz
flach, dem Pronotum weniger überlagert und mit dem Proscutellum
und Scutellum verschmolzen. Beim Männchen ist wohl das Mesonotum in der vertikalen Richtung stärker entwickelt, aber ganz
anders als bei *swammerdami* gebildet; es ähnelt in der Profilansicht
etwas dem Promesonotum von *dromedarius* Em. ☿. Der Thorax erscheint seitlich zusammengedrückt; das Scutellum ist ganz flach.
Beim ♀ fällt außerdem die relativ große Gaster auf.

Diese Unterschiede gewinnen an Bedeutung bei Berücksichtigung
der Tatsache, daß bei den Ameisen die Geschlechtstiere verwandter
Formen, als die biologisch am wenigsten beeinflußten Kasten, gewöhnlich nur wenig verschieden sind, weiter auch gegenüber der
oben schon gewonnenen Erkenntnis, daß die halsförmige Einschnürung des Kopfes augenscheinlich ein Produkt konvergenter
Lebensweise ist. Bei alledem läßt sich aber nicht verkennen, daß
wir in *loriai* einen *Aphaenogaster* (sens. lat.) vor uns haben, wie das
außer anderem sehr charakteristisch beim ♂ durch die Verlängerung
des Epinotums zum Ausdruck kommt.

Wir werden darum für *loriai* eine neue Untergattung gründen
müssen, die wir *Deromyrma* For. an die Seite stellen.

Aphaenogaster n. subg. *Planimyrma*.

☿. Habituell mit *Aph.* (*Deromyrma*), Gruppe *swammerdami* übereinstimmend; Kiefertaster 4-, Lippentaster 3gliedrig.

♀. Thorax auffallend schlank, mit niedrigem, ebenem Mesonotum und Scutellum; Gaster relativ groß. Geflügelt.

♂. Kopf wie beim ☿ ♀ stark halsförmig eingeschnürt. Fühler
12gliedrig, mit undeutlicher, nicht verdickter Keule, Scapus so lang
wie die ersten 3 Geißelglieder. Kiefertaster 4-, Lippentaster
2gliedrig. Thorax schmal; Scutellum flach. Flügel mit einer
Cubital- und Discoidalzelle.

Typus *loriai* Em.

Aph. (*Planimyrma*) *loriai* EM.

♂ (bisher nicht beschrieben). Kopf hinten halsförmig eingeschnürt, mit sehr großen, stark konvexen Augen und großen, erhöhten Ocellen. Clypeus stark gewölbt, mit breitem, wenig vorgezogenem, vorn ziemlich geradem Lappen; Stirnfeld undeutlich.
Scapus der 12gliedrigen Antennen so lang wie die ersten 3 Geißelglieder, 1. Glied des Funiculus gestreckt, etwas länger als das 2.,
3.—6. Glied kürzer und etwas dicker, die letzten 5 wieder länger
und schmäler, eine nur durch Streckung der Glieder ausgedrückte,
undeutliche Keule bildend. Kiefertaster 4-, Lippentaster 2gliedrig;
Mandibeln schlank, mit langem, gezähneltem Kaurande.

Thorax schmäler als der Kopf, mit nach rückwärts verlängertem
Epinotum. Pronotum vorn sehr kurz, schräg ansteigend, vorn seitlich, an der Grenze des Mesonotums, mit 2 nach oben gerichteten,
schwach nach außen divergierenden, breiten Dornen. Mesonotum
im Profil gerundet dreieckig, mit seinem Vorderrande den Hinterrand des Pronotums überragend, auf dem vorderen Abfalle, kurz
unterhalb der höchsten Erhebung, mit 2 kleinen, schräg nach vorn
und außen gerichteten Dörnchen. Scutellum ganz eben und flach,
überhaupt der ganze Rücken von der höchsten Erhebung des Mesonotums bis zur Einsattlung des Epinotums sowohl seitlich als der
Länge nach ziemlich eben.

Fig. B.   *Aph.* (*Planimyrma*) *loriai* EM.
Äußere Genitalteile des ♂, von hinten, von der Seite und von innen gesehen.

Stielchen (Fig. B) dem des ☿ ähnlich, nur mit niedrigeren Knoten.
Gaster klein. Genitalapparat braunschwarz; Mandibeln, Hüften
und Trochanteren, Spitze der Gaster bräunlich-gelb, Fühlergeißel
und Tarsen rotbraun. Flügel sehr dunkel, mit schwarzbraunem
Geäder. Thorax an den Seiten zum Teil gestreift, der übrige Körper
glänzend glatt. Kopf teilweise fein längsgerunzelt und genetzt;
Mandibeln an der Basis mit einigen Längsriefen, sonst glatt und

zerstreut punktiert. Abstehende Behaarung lang und fein, braun,
an den Extremitäten schräg; Pubescenz nicht erkennbar.

L. 9 mm.

Wareo, D. Neuguinea.

Ischnomyrmex exasperata Mayr ⚥ = *Pheidole* s. str.

Die Begründung siehe vorn.

Pheidole exasperata Mayr var. n. polita.

⚥. Kopf und Prothorax, Abdomen, Beine und Fühlerschaft zum
größten Teile glänzend glatt. Mandibeln seicht längsgestreift,
zwischen Fühlergrube und Augen mit einigen gebogenen Längs-
runzeln, dazwischen sehr schwach genetzt. Meso- und Epinotum
auf der Dorsalfläche sehr fein genetzt, mit Spuren einer Quer-
runzelung, aber immer noch glänzend; Seiten dicht genetzt, matt.

Herr Dr. Maidl, Wien, war so gütig, ein Tier mit der Type
der Stammart zu vergleichen und noch festzustellen, daß die Schenkel
der Varietät an den Enden stärker verjüngt und mehr spindel-
förmig sind.

L. 3,5 mm.

⚤. Kopf länger als breit, mit ziemlich parallelen Seiten, diese
vor den Augen gerade, hinter denselben schwach konvex; Hinterrand tief, spitzwinklig ausgeschnitten; Scheitel mit einem starken
Quereindrucke und vollständiger Stirnrinne. Clypeus hinten gekielt,
sein Vorderrand schwach ausgerandet; Stirnleisten mäßig divergierend, hinten parallel; keine eigentlichen Fühlerfurchen, Scapus
der Antennen überragt den Quereindruck.

Thorax dem von *plagiaria* sehr ähnlich, aber Mesoepinotalsutur
tiefer. Petiolus an seiner oberen Kante schwach ausgerandet; Postpetiolus breiter als lang, sechsseitig, mit rechtwinkligen, etwas zugespitzten seitlichen Ecken.

Mandibeln zerstreut punktiert und an der Außenseite längsgestreift, sonst glänzend glatt.

Kopf kräftig längsgestreift; Streifen parallel, die äußeren
(zwischen Augen und Stirnleisten) mit breiteren Zwischenräumen;
überall eine feine, undeutlich runzlige oder auch netzmaschige Unterskulptur, auf den Hinterhauptslappen die Streifen netzmaschig verbunden, Unterskulptur deutlicher. Thorax, Petiolus und Postpetiolus

mehr oder weniger regelmäßig querrunzelig, letztere außerdem mit
einigen seichten Längseindrücken; Gaster glänzend glatt mit zerstreuten, erhabenen Punkten.

Abstehende Behaarung lang, rötlich-gelb, überall an den Extremitäten etwas schief; Pubescenz nicht erkennbar. Farbe braun
mit etwas helleren Beinen.

L. 6,5 mm.

Nest in einem morschen, am Boden liegenden Aste. Von dem
Bukit Timah, einem Hügel bei Singapore (H. OVERBECK).

Ph. exasperata MAYR *var. n. fusiformis.*

☿. Nicht sicher von der *var. polita* zu unterscheiden, mit der
gleichen Skulptur und denselben spindelförmigen Schenkeln. Farbe
dunkler, dunkelkastanienbraun mit heller braunen Beinen, bräunlich-
gelben Mandibeln, Tarsen, Gelenken und ebensolcher Fühlergeißel.
Eine Spur kleiner.

♃. Kopf mit konvexeren Seiten, etwas breiter, der Hinterrand
weniger tief und stumpfwinklig ausgeschnitten, Quereindruck und
Stirnrinne weniger deutlich, Clypeus ungekielt, Fühlerschaft länger,
den Hinterrand des Kopfes fast erreichend, die Unterskulptur
zwischen den Längsrippen kräftiger. Promesonotum etwas konvexer, vor die Querwulst eine feine Querrinne; seitliche Ecken des
Postpetiolus weniger scharf. Kleiner; sonst wie *var. polita.*

L. 5 mm.

♂. Kopfseiten hinter den Augen sehr stark verengt, halsförmige Einschnürung sehr kurz und breit, Netzaugen und Ocellen
stark entwickelt. Fühler 13gliedrig; Scapus so lang wie die ersten
beiden Geißelglieder, das 1. Glied des Funiculus kurz und dick, die
übrigen gestreckter. Scutellum etwas buckelig; Basalfläche und abschüssige Fläche treffen in einem ziemlich scharfen stumpfen Winkel
zusammen, beide gerade, die Basalfläche bedeutend länger. Mandibeln mit 1 großen Endzahne und 2 kleineren, äußerst fein und
dicht gerunzelt; Vorderkopf ebenso, vor den Ocellen eine stark
glänzende, glatte Fläche; Hinterkopf dicht und fein runzelig längsgestreift. Mesonotum ebenso, vorn in der Mitte schwach glänzend;
Scutellum undeutlich quergerunzelt; Abdomen glänzend glatt.

Kopf und Thorax pechschwarz, Vorderkopf, Proscutellum, Abdomen und Beine pechbraun; Mandibeln, Fühler und Tarsen gelb.

39*

Flügel mit 1 Discoidal- und 2 Cubitalzellen, schwach bräunlich-gelb, mit wenig dunklerem Geäder.

L. 4 mm.

Wareo, D. Neuguinea.

☿, ♃, ♂ sind zwar nicht als Angehörige ein und derselben Kolonie separiert gesandt worden, befanden sich aber in ein und demselben Gläschen und waren überhaupt die einzigen *Pheidole* der Sendung. Außerdem verbürgt die halsförmige Einschnürung des Kopfes vom ♂ ihre Zusammengehörigkeit.

Ph. (*Ischnomyrmex*) *longipes* F. Sm. *var. continentis* For.

♃ (noch nicht beschrieben). Mit dem Soldaten der *var. conicicollis* Em. verglichen, ist der Kopf hinten viel breiter, seine Seiten nur nach vorn verengt, ziemlich gerade, Hinterrand flacher ausgeschnitten, Stirnrinne schärfer, Fühlerschaft etwas kürzer, Streifen der Stirn nach rückwärts früher erlöschend, resp. auf dem Hinterkopfe mikroskopisch fein und dicht werdend, hier ohne abstehende Behaarung und erhabene Punkte. Basalfläche des Epinotums der ganzen Länge nach (bei *var. conicicollis* nur vorn) deutlich gefurcht, Postpetiolus etwas breiter, Schenkel in der Mitte stärker verdickt. Farbe dunkler, etwas größer.

L. 9 mm.

Nest in einem halbverfaulten, am Boden liegenden Aste. Eine volkreiche Kolonie, ♃ und ☿ sehr angriffslustig. Bukit Timah, Singapore (H. Ovebeck).

Anhang.

Beschreibung einiger neuer Arten aus anderen Gattungen.

Euponera (*Mesoponera*) *n. sp. papuana.*

☿. Kopf rechteckig, ungefähr ¹/₂mal länger als breit, mit schwach gebogenen Seiten, abgerundeten Hinterecken und etwas konkavem Hinterrande. Clypeus mit dreieckig vorgezogenem Vorderrande, stark gekielt (ähnlich *Leptogenys*). Mandibeln sehr lang und schlank, am Außenrande gemessen, fast so lang wie der Kopf ohne Clypeuslappen, Außenrand schwach konkav, Kaurand mit 13 Zähnen. Augen klein, flach, länglich, wenig länger als der Scapus an seiner

stärksten Stelle breit, vom Vorderrande des Kopfes eine reichliche
Augenlänge entfernt; Stirnrinne bis zur Gegend des Medianocellus
deutlich. Scapus der Antennen überragt den Hinterrand des Kopfes
um ¹/₅ seiner Länge, 1. Geißelglied kürzer als das 2.

Thorax mit deutlichen Suturen, Mesoepinotalnaht tief eingesenkt.
Mesonotum so lang wie breit, flach. Epinotum seitlich zusammengedrückt (ähnlich *luteipes*), vor dem Abfall zur abschüssigen Fläche
auf dem Rücken sehr seicht quer eingedrückt. Abschüssige Fläche
etwa so lang wie die Basalfläche, dreieckig, mit der Basalfläche einen
ganz flach verrundeten, stumpfen Winkel bildend, seitlich ziemlich
deutlich, aber nicht sehr scharf gerandet, im vorderen Abschnitte
mit einem dreieckigen Längseindrucke.

Petiolus schuppenförmig, im Profil dreieckig, mit gerader Vorder-
und etwas konvexer Hinterfläche; Seiten der Schuppe nach unten
mäßig konvergierend, oberer Rand von links nach rechts schwach
konvex, in der Mitte etwas winklig nach vorn gezogen. Postpetiolus
etwa so lang wie das 1. Gastersegment; Sutur zwischen beiden nicht
sehr tief.

Mandibeln, abschüssige Fläche des Epinotums, Vorder- und
Hinterfläche der Petiolusschuppe glänzend glatt (d. h. nur mit mikro-
skopischer Skulptur), der übrige Körper dicht und fein punktiert
und schwach glänzend.

Pechschwarz; Mandibeln, Clypeus, Antennen, Beine, Analgegend
der Gaster mehr oder weniger gelbrot; Hinterrand des Postpetiolus
und der Gastersegmente und Schenkel bräunlich.

L. 8 mm (mit den Mandibeln).

Wareo, D. Neuguinea.

Leptogenys (*Lobopelta*) *caeciliae* VIEHM. *var. n. optica.*

☿. Mit längerem, nach rückwärts weniger erweiterten und
niedrigerem Petiolus, an der Basis viel stärker punktiertem Postpetiolus und ganz anders gebildeten Augen. Bei der Stammart
liegen die Augen in einer rings geschlossenen, tiefen Furche und
sind von oben nach unten zusammengedrückt, von vorn gesehen,
schief kegelförmig oder auch linsenförmig mit stumpfem Außenrande,
mit längerer oberer und ¹/₂ so großer unterer Fläche. Bei der
var. optica sind die Augen gleichmäßig und sehr schwach gewölbt,
größer und nur hinten deutlich eingefurcht.

Wareo, D. Neuguinea.

Myrmecina mandibularis n. sp.

☿. Kopf quadratisch, mit mäßig gebogenen Seiten und stark ausgerandetem Hinterkopfe. Unterseite des Kopfes breit ausgehöhlt, beiderseits gerandet, Hinterecken tief herabgebogen. Augen mäßig konvex, nicht länger als der Scapus, am Ende dick, von dem Vorderrande des Kopfes etwa eine Augenlänge entfernt. Antennen kräftig, Scapus am Grunde stark gebogen, den Hinterrand des Kopfes kaum erreichend, 2.—8. Geißelglied stark quer, das Endglied der 3gliedrigen Keule länger als die beiden vorausgehenden Glieder. Clypeus beiderseits stumpf gekielt, dazwischen kaum erkennbar konkav; Vorderrand gerade. Mandibeln mit 2 starken Endzähnen und einigen darauf folgenden undeutlichen, am Innenrande mit einer breiten, stumpfen Erweiterung, nicht unähnlich der von *Acropyga butteli* For. ☿.

Thorax ähnlich *latreillei*, aber vorn breiter, ohne erkennbare Suturen, mit viel längeren Epinotumdornen, vor denselben jederseits mit einem spitzen, aufrechten Zähnchen. Petiolus und Postpetiolus, von oben gesehen, rechteckig, ersterer etwas länger als breit, letzterer stark quer, etwa $\frac{1}{2}$mal breiter als lang. Gaster kleiner und rundlicher als bei *latreillei*.

Kopf und Thorax mit starken regelmäßigen Längsrippen, die sich auf dem Kopfe oft gabeln und nach rückwärts etwas divergieren. Innerhalb der Stirnleisten 11 Rippen, ebensoviel am Vorderrande des Pronotums, die aber auf dem Thorax nach hinten konvergieren. Die Zwischenräume glänzend glatt. Petiolus und Postpetiolus im hinteren Teile und seitwärts mit tiefen Längseindrücken. Mandibeln, Clypeus, abschüssige Fläche des Epinotums und Gaster glänzend glatt. Scapus der Antennen und die Beine nur mit den kleinen (nicht grübchenförmigen) Punkten der abstehenden Behaarung. Diese viel weniger dicht und länger als bei *latreillei*.

L. 2,5 mm.

Wareo, D. Neuguinea.

Anscheinend der *M. sulcata* Em. ähnlich, von ihr aber durch die Mandibelbildung und die glatten Zwischenräume der Rippen verschieden.

Pheidole (Pheidolacanthinus) flavothoracica n. sp.

☿. Kopf ohne die Mandibeln so lang wie breit, mit konvexen Seiten und vollständig verrundeten Hinterecken. Augen ziemlich

klein und konvex, in der Mitte der Kopfseiten; Antennen 12gliedrig,
mit 3gliedriger Keule, Scapus den Hinterrand des Kopfes ein wenig
überragend, 1. Glied der Geißel 3mal so lang wie das 2., die
mittleren Glieder so lang wie breit; Stirnleisten weit getrennt, ihr
Zwischenraum größer als $^1/_8$ der Kopfbreite, bis zur Höhe der
Augen reichend, nach rückwärts mäßig divergierend; Stirnfeld wenig
deutlich; Kaurand der Mandibeln gezähnelt.

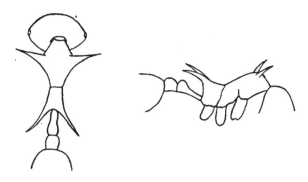

Fig. C. *Ph. (Pheidolacanthinus) flavothoracica* n. sp. ☿.

Form des Thorax und Stielchens siehe Fig. C. Der Thorax-
rücken flach, vor dem Epinotum mit einem sehr seichten Quereindrucke. Obere Kante des Petiolusknotens schwach ausgerandet.

Oberseite des Kopfes und Gaster schwarz, Unterseite des
Kopfes und Stielchenknoten braun, Thorax und Beine hellgelb,
Mandibeln und Fühler bräunlich-gelb. Glänzend glatt, nur mit den
Punkten der abstehenden Behaarung, diese auf Kopf und Gaster
sehr zerstreut, auf dem Thorax fehlend, auf den Extremitäten fast
anliegend.

L. 2,5 mm.

Wareo, D. Neuguinea.

Nach der Abbildung F. Smith's mit *quadrispinosa* ungefähr übereinstimmend, aber ohne Mesonotalzähne (Mayr, 1886) und ganz
anders gefärbt.

Polyrhachis caulomma Viehm. var. n. parallela.

☿. Ein wenig kleiner und schmäler als der Typus; das Pronotum mehr rechteckig, mit weniger verrundeten Hinterecken, der Hinterrand bildet mit den Seitenrändern kleinere Winkel; Mesonotum kürzer; Mesoepinotum nach rückwärts etwas mehr verengt; Epinotumdornen kürzer, etwa so lang wie Mesonotum und Basalfläche des Epinotums zusammen, durchaus parallel; Dornen der Schuppe ebenfalls kürzer, gerader, weniger divergierend, die kleinere Gaster nicht mehr umfassend, mit der oberen Kante der Schuppe einen deutlichen Winkel bildend (bei der Stammart bogenförmig in die Kante einlaufend). Auf dem Hinterkopfe überall bogig quergestreift (beim Typus bis zum Hinterrande der Länge nach); Mesonotum etwas schwächer skulpturiert.

Wareo, D. Neuguinea.

Berichtigung.

„Die natürlichen Bienengenera Südamerikas". Vol. 34.

p. 86. Anstatt *Spinoliella* Cockll. ist zu setzen *Spinoliella* Ashm.
p. 86. „ *Perditomorpha* Cockll. „ *Perditomorpha* Ashm.
p. 105. „ *Coel. punctiventris* „ *Coel. punctipennis.*

„Über Phylogenie und Klassifikation der sozialen Vespiden". Vol. 36.

p. 329 bei *Parapolybia* Sauss. ist hinter den Worten „hinten in ganz eigenartiger Weise" einzuschalten: angeschwollenen Hinterleibsstiel.

A. Ducke.

G. Pätz'sche Buchdr. Lippert & Co. G. m. b. H., Naumburg a. d. S.

Lightning Source UK Ltd.
Milton Keynes UK
UKHW041027070119
334942UK00011B/1760/P